Cours de mathématiques spéciales

Tome 3

Analyse fonctionnelle
et calcul différentiel

COLLECTION DIRIGÉE PAR PAUL DEHEUVELS

COURS DE MATHÉMATIQUES SPÉCIALES

TOME 3

Analyse fonctionnelle et calcul différentiel

BERNARD GOSTIAUX

PRESSES UNIVERSITAIRES DE FRANCE

ISBN 2 13 045849 1
ISSN 0246-3822

Dépôt légal — 1re édition : 1993, août

108, boulevard Saint-Germain, 75006 Paris

Sommaire

Avant-propos

Dans ce troisième volume sur les espaces fonctionnels, j'applique les résultats de Topologie et d'Algèbre, à l'étude des espaces préhilbertiens réels ou complexes.

En disant un mot des fonctions réglées, j'ai voulu mettre en évidence le procédé constructif qui consiste à passer à une adhérence, procédé que l'on retrouve dans le lemme de Lebesque.

J'ai voulu, en rédigeant cet ouvrage, donner une vision constructive des mathématiques, qui dégage les raisonnements fondamentaux, et c'est pourquoi je ne me suis pas trop soucié d'un programme. Je ne sais pas si je suis parvenu à mon but, mais je me suis fait plaisir en rédigeant ces pages. Puissent-elles vous servir.

Symboles

CHAPITRE 11

Séries numériques séries dans les espaces vectoriels normés

Comment donner une idée amusante des séries? En pensant peut être aux pyramides, ou aux cairns en montagne, c'est-à-dire à une œuvre obtenue en rajoutant sans arrêt un petit quelque chose, un caillou. Ou bien un stalagmite auquel chaque goutte qui tombe apporte quelques grains de calcite... ou à un objet en laque, obtenu par couches successives.

La formulation mathématique de ces ajouts va donc faire intervenir une addition, et un passage à la limite : le cadre tout trouvé des séries sera donc celui des espaces vectoriels normés.

1. Vocabulaire

DÉFINITION 11.1. — *Soit un espace vectoriel normé E. On appelle série à valeurs dans E tout couple $(u, \mathcal{U})$ de deux suites d'éléments de E telles que pour tout n de $\mathbb{N}$, $U_n = u_0 + u_1 + \ldots + u_n$, soit le terme général de la suite $\mathcal{U}$, avec u_k terme général de la suite u.*

Cette définition est ridicule par excès de formalisme. Comment prendre au sérieux les mathématiques quand on lit des choses pareilles!

Mais est-il nécessaire de prendre les mathématiques trop au sérieux?

11.2. En somme, une série, c'est une suite $u = (u_n)_{n \in \mathbb{N}}$ mais à partir de laquelle on s'intéresse à une nouvelle suite, de terme général $U_n = u_0 + u_1 + \ldots + u_n$, appelé *somme partielle d'ordre* n de la série des u_k.

11.3. *On notera encore* $u = ((u_n))_{n\in\mathbb{N}}$ *la série de terme général* u_n, *et on parlera de la série des* u_n. **Le travail qui nous attend, c'est d'obtenir des résultats pour la suite des U_n en examinant seulement les u_n.**

DÉFINITION 11.4. — *Soit u une série de terme général* u_n *dans E espace vectoriel normé. Elle est dite convergente, de somme U si et seulement si la suite des sommes partielles* U_n *converge, avec* $U = \lim_{n\to+\infty} U_n$.

La série sera dite divergente si elle ne converge pas.

11.5. *En cas de convergence l'élément* $R_n = U - U_n$ *est appelé reste d'ordre n de la série.*

On note parfois $U = \sum_{k=0}^{\infty} u_k$ la somme de la série u des u_k, en cas de convergence, et $R_n = \sum_{k=n+1}^{\infty} u_k$ le reste d'ordre n, bien qu'il s'agisse de limites qui, nous le verrons, n'ont pas tout à fait les propriétés des sommes.

11.6. Un exemple, la série géométrique

On va considérer d'abord un exemple simple, où on pourra calculer effectivement les sommes partielles.

Soit, dans $E = \mathbb{R}$, **la série u de terme général $u_n = k^n$ avec k fixé dans $\mathbb{R}$.**

L'identité $1 - k^{n+1} = (1 + k + k^2 + \ldots + k^n)(1 - k)$ fournit, pour $k \neq 1$, l'égalité

$$U_n = 1 + k + k^2 + \ldots + k^n = \frac{1 - k^{n+1}}{1 - k}.$$

On sait alors que, si $|k| < 1$, $\lim_{n\to+\infty} k^{n+1} = 0$, **donc**

$\lim_{n\to+\infty} U_n = \dfrac{1}{1-k}$ **: la série converge, on connait sa somme, $\dfrac{1}{1-k}$, mais aussi son reste d'ordre n, $R_n = \dfrac{k^{n+1}}{1-k}$.**

Par contre, si $|k| \geqslant 1$, la série des k^n est divergente. A ce stade ce n'est pas tout à fait évident mais on va établir un résultat qui va nous permettre de conclure.

On a vu, (remarque 4.84) que si une suite est convergente, elle est de Cauchy, (la réciproque n'étant vraie que dans les espaces complets).

Donc si la série u des u_n est convergente, la suite des sommes partielles, U_n, est de Cauchy dans E vectoriel normé donc on a :

$$\forall \varepsilon > 0,\ \exists n_0,\ \forall p \geqslant n_0,\ \forall q > p,\ ||U_q - U_p|| \leqslant \varepsilon$$

ou encore,

$$||u_{p+1} + u_{p+2} + \ldots + u_q|| \leqslant \varepsilon.$$

A fortiori, $\forall \varepsilon > 0$, $\exists n_0$, $\forall p \geqslant n_0$, $||u_{p+1}|| \leqslant \varepsilon$, (on prend $q = p + 1$) ce qui signifie que $\lim\limits_{n \to +\infty} u_n = 0$. On a donc :

THÉORÈME 11.7. — *Si une série u de terme général u_n est convergente, on a* $\lim\limits_{n \to +\infty} u_n = 0$. ■

Application pour la série géométrique des k^n, $n \in \mathbb{N}$, si $|k| \geqslant 1$, pour tout n on a $|k^n| \geqslant 1$ donc le terme général ne tend pas vers 0 : la série diverge. ■

REMARQUE 11.8. — *Il ne suffit pas que le terme général d'une série tende vers 0 pour qu'elle converge* : prenons par exemple dans $\mathbb{R}$ la série de terme général $u_n = \dfrac{1}{n+1}$. Il tend vers 0 et pourtant la série diverge car, pour les sommes partielles, on a

$$U_{2n-1} - U_{n-1} = \frac{1}{n+1} + \ldots + \frac{1}{2n} \geqslant n \cdot \frac{1}{2n} = \frac{1}{2},$$

si la série convergeait, en notant U sa somme on devrait avoir

$$\lim_{n \to +\infty} (U_{2n-1} - U_{n-1}) = U - U = 0 : \text{c'est absurde.}$$

Conséquence : faire calculer la somme d'une série dont on ne sait pas si elle converge, par un ordinateur, en lui disant de s'arrêter quand la suite des sommes partielles devient stationnaire relève de la fumisterie ou de la naïveté. L'ordinateur ne fera pas le travail de justification pour vous.

11.9. Un autre exemple : lien avec une suite

Soit, dans E espace vectoriel normé, la suite de terme général x_n. On pose $u_n = x_{n+1} - x_n$, pour tout entier naturel n, d'où

$$U_n = \sum_{k=0}^{n} u_k = x_{n+1} - x_0$$

et la série des u_n est convergente si et seulement si la suite des x_n est convergente. En cas de convergence, on aura $U = (\lim_{n\to+\infty} x_n) - x_0$.

Ces deux exemples, (série géométrique et série dont le terme général est la différence de deux termes consécutifs d'une suite) sont des cas particuliers, où l'on peut effectivement calculer les sommes partielles. S'il n'y avait que des cas de ce type on n'aurait aucune raison d'étudier les séries mais le plus souvent on ne pourra pas calculer les sommes partielles : il nous faut autre chose.

Si l'espace vectoriel E est complet, la suite des sommes partielles, U_n, de la série de terme général u_k sera convergente si et seulement si elle est de Cauchy.

Si on forme $U_p - U_{q-1}$, pour $p \geqslant q$, il vient

$$U_p - U_{q-1} = u_q + u_{q+1} + \ldots + u_p$$

et on a donc :

THÉROÈME 11.10. — *Soit dans E espace vectoriel normé complet, une série de terme général u_n. Elle est convergente si et seulement si on a :*

$$\forall \varepsilon > 0,\ \exists n_0 \in \mathbb{N},\ \forall q \geqslant n_0,\ \forall p \geqslant q,\ ||u_q + u_{q+1} + \ldots + u_p|| \leqslant \varepsilon. \quad \blacksquare$$

Or, l'inégalité triangulaire donne

$$||u_q + u_{q+1} + \ldots + u_p|| \leqslant ||u_q|| + ||u_{q+1}|| + \ldots + ||u_p||,$$

donc si le majorant est inférieur à ε, le minorant le sera, (que voilà des idées simples !) ou encore si la série des $||u_n||$ converge, (dans $\mathbb{R}$) celle des u_n convergera, (dans E e.v.n. complet). On introduit alors la notion de convergence absolue.

DÉFINITION 11.11. — *Soit u une série de terme général u_n dans E espace vectoriel normé. Elle est dite absolument convergente si la série des $||u_n||$ est convergente, (dans $\mathbb{R}$).*

THÉROÈME 11.12. — *Si E est un espace vectoriel normé complet, la convergence absolue, (d'une série) implique la convergence.*

Car soit la série absolument convergente, de terme général u_n. Alors

$$\forall \varepsilon > 0,\ \exists n_0,\ \forall q \geqslant n_0,\ \forall p \geqslant q,\ ||u_q|| + ||u_{q+1}|| + \ldots + ||u_p|| \leqslant \varepsilon,$$

(Critère de Cauchy dans $\mathbb{R}$ pour la série des $||u_n||$), d'où *a fortiori*, on a

$$\forall q \geqslant n_0,\ \forall p \geqslant q,\ ||u_q + u_{q+1} + \ldots + u_p|| \leqslant \varepsilon$$

(inégalité triangulaire) : le critère de Cauchy appliqué cette fois à la série des u_n dans E complet permet de conclure. ■

La réciproque est fausse : une série peut être convergente sans l'être absolument, comme le montre le cas de la série dite harmonique de terme général réel $u_n = \dfrac{(-1)^n}{n+1}$. On a $|u_n| = \dfrac{1}{n+1}$, c'est le terme d'une série divergente (voir la remarque 11.8.), donc la série des u_n n'est pas absolument convergente, mais elle est convergente comme on le verra au Théorème 11.56, si vous êtes impatient, allez-y, moi je ne peux pas, je ne l'ai pas encore écrit.

REMARQUE 11.13. — *Si E n'est pas complet, une série peut être absolument convergente sans être convergente.*

Chaque fois que l'on veut un espace vectoriel normé non complet, il faut passer à la dimension infinie, ($\mathbb{R}^n$ étant toujours complet) et on a vu (corollaire 6.33) que $E = \mathbb{R}[X]$ n'est jamais complet.

On prend donc $E = \mathbb{R}[X]$, normé par la norme infinie : si $P(X) = \sum_{n \in \mathbb{N}} a_n X^n$, (les a_n étant presque tous nuls), est un polynôme on pose $||P||_\infty = \sup\{|a_n|;\ n \in \mathbb{N}\}$, (existe car le cardinal de l'ensemble des n tels que $a_n \neq 0$ est fini).

Soit $u_n = \dfrac{X^n}{2^n}$, on a $||u_n||_\infty = \dfrac{1}{2^n}$: la série des U_n est absolument convergente, puisque la série géométrique des $\dfrac{1}{2^n}$ converge (voir 11.6). Mais la série des U_n diverge dans E, car si le polynôme P était somme de la série des u_n, en notant $P = \sum_{n=0}^{p_0} a_n X^n$, ($p_0 = 0$ ou degré de P), pour tout $n > p_0$, le polynôme $U_n - P$ a son terme de degré $p_0 + 1$ de coefficient non nul, égal à $\frac{1}{2^{p_0+1}}$ donc

$$||U_n - P||_\infty \geqslant \frac{1}{2^{p_0+1}}, \text{ (avec } U_n = \sum_{k=0}^{n} u_k).$$

Mais alors,

$$\exists \varepsilon = \frac{1}{2^{p_0+1}}, \forall n_0 \in \mathbb{N}, \exists n \geqslant n_0,$$

tel que $||U_n - P||_\infty \geqslant \varepsilon$ (il suffit de prendre $n \geqslant p_0 + 1$ en fait), ceci nie le fait que la suite des sommes partielles U_n converge vers P. ∎

Attention donc sur les espaces non complets à ne pas conclure trop vite, d'autant plus qu'on va pratiquement toujours chercher la convergence absolue dans ce qui suit, et ceci non par masochisme, mais parce que la structure d'ordre sur $\mathbb{R}$ va nous permettre, pour les séries à termes positifs, d'établir des critères de comparaison dont on déduira des critères de convergence.

Un dernier résultat d'ordre général avant de passer aux séries à termes positifs :

THÉORÈME 11.14. — *On ne change pas la nature (convergence ou divergence) d'une série si on en modifie un nombre fini de termes.*

On appelle nature d'une série le fait qu'elle soit convergente, ou divergente.

Soit une série u de terme général u_n. On se donne un nombre fini, p, d'indices : $n_1, n_2, \ldots, n_p$, et on remplace u_{n_k}, (pour $k = 1, \ldots, p$) par une valeur donnée a_k.

Notons v la série de terme général v_n défini par $v_{n_k} = a_k$ si $k \in \{1, 2, \ldots, p\}$ et $v_n = u_n$ sinon.

Pour tout $n > \sup\{n_1, n_2, \ldots, n_p\}$, on a de manière évidente

$$V_n = U_n + \sum_{k=1}^{p} (a_k - u_{n_k}),$$

donc $V_n - U_n$ est constant par rapport à $n > \sup(n_1, n_2, \ldots, n_p)$. On a donc convergence de la série des u_n si et seulement si celle des v_n converge, (même équivalence pour la convergence absolue).

Ce théorème nous permettra de formuler des énoncés sous la forme « ... pour tout $n \geqslant n_0$... » ou « ... pour tout n assez grand... » et de les justifier en prenant l'hypothèse pour tout n.

2. Séries à termes réels positifs

THÉORÈME 11.15. — *Une série de terme général réel u_n positif est convergente si et seulement si la suite des sommes partielles est majorée.*

En effet, avec $U_n = u_0 + u_1 + \ldots + u_n$, on a $U_{n+1} - U_n = u_{n+1} \geqslant 0$, la suite des sommes partielles est donc croissante, et on sait alors qu'elle converge si et seulement si elle est majorée.

Rappelons rapidement la justification : si $U = \lim\limits_{n \to +\infty} U_n$ existe, soit $\varepsilon = 1$, $\exists n_0$, $\forall n \geqslant n_0$, $|U - U_n| \leqslant 1$ d'où *a fortiori* $U_n \leqslant U + 1$, donc

$$\forall n \in \mathbb{N},\ U_n \leqslant \sup\{1 + U, U_0, U_1, \ldots, U_{n_0-1}\},$$

la suite est majorée ; et réciproquement, si la suite est majorée, l'ensemble des U_n admet une borne supérieure, U, mais alors $\forall \varepsilon > 0$, $U - \varepsilon$ n'est plus majorant, donc il existe $n_0 \in \mathbb{N}$ tel que $U - \varepsilon \leqslant U_{n_0} \leqslant U$, et la suite $(U_n)_{n\in\mathbb{N}}$ étant croissante, $\forall n \geqslant n_0$, on a $U - \varepsilon \leqslant U_n \leqslant U$ d'où $\lim\limits_{n \to +\infty} U_n = U$. ■

Ce théorème va nous permettre de connaître la nature des séries de terme général positif $u_n = \dfrac{1}{n^\alpha}$, (pour $n \geqslant 1$) avec α réel, par comparaison avec des intégrales impropres.

THÉORÈME 11.16. (dit de Cauchy) — *Soit une fonction f de $[0, +\infty[$ dans $\mathbb{R}^+$, décroissante. La série de terme général $f(n)$ est de même nature que l'intégrale impropre $\int_0^{+\infty} f(t)dt$.*

D'abord f, monotone, est intégrable sur tout segment de $[0, +\infty[$, (corollaire 8.23), donc l'intégrale impropre $\int_0^{+\infty} f(t)dt$ converge si et seulement si, avec $F(X) = \int_0^X f(t)dt$, on a $\lim\limits_{X \to +\infty} F(X)$ existe. Comme f est à valeurs positives, F est croissante, donc cette limite existe si et seulement si F est bornée, (et d'ailleurs $I = \lim\limits_{X \to +\infty} F(X) = \sup\{F(X), X \geqslant 0\}$). La justification du théorème 11.16 est alors visuelle.

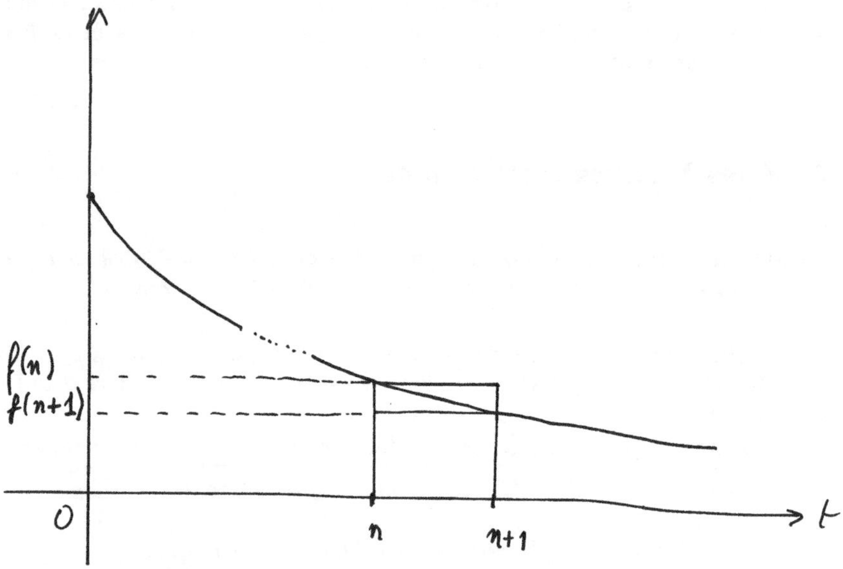

Pour tout t de $[n, n+1]$, on a $f(n+1) \leqslant f(t) \leqslant f(n)$, d'où en intégrant l'inégalité, $f(n+1) \leqslant \int_n^{n+1} f(t)dt \leqslant f(n)$, d'où l'on tire $\int_n^{n+1} f(t)dt \leqslant f(n) \leqslant \int_{n-1}^{n} f(t)dt$ pour $n \geqslant 1$.

En sommant ces inégalités, et en notant $U_n = \sum_{k=0}^{n} f(k)$, il vient

$$\int_0^{n+1} f(t)dt \leqslant U_n \leqslant f(0) + \int_0^n f(t)dt.$$

Mais alors, si la série des $f(n)$ converge, la suite croissante des sommes partielles U_n est majorée, et comme $\forall X \geqslant 0, \exists n \in \mathbb{N}, X \leqslant n+1$ on a

$$F(X) = \int_0^X f(t)dt \leqslant \int_0^{n+1} f(t)dt \leqslant U_n \leqslant \text{constante par rapport à } X,$$

la fonction F étant majorée, l'intégrale impropre converge.

Réciproquement, si l'intégrale converge, F est majorée, et comme $U_n \leqslant f(0) + F(n)$, la suite croissante des U_n est majorée donc convergente. La convergence de la série étant équivalente à celle de l'intégrale impropre on a bien le résultat. ∎

REMARQUE 11.17. — *Le résultat reste valable si l'hypothèse devient f positive décroissante sur* $[a, +\infty[$, ($a \geqslant 0$), car en modifiant f sur $[0, a]$ en posant $f(x) = f(a)$ sur ce segment on retrouve le théorème 11.16. et on n'a pas modifié la nature de la série (théorème 11.14.) ni celle de l'intégrale impropre en $+\infty$. ∎

COROLLAIRE 11.18. — *Les séries dites de Riemann, de terme général $u_n = \dfrac{1}{n^\alpha}$, pour $n \geqslant 1$ et α réel sont convergentes si et seulement si $\alpha > 1$, (et donc divergente pour $\alpha \leqslant 1$).*

D'abord, si $\alpha \leqslant 0$, la suite des u_n ne converge pas vers 0, donc la série diverge (Théorème 11.7). Puis si $\alpha > 0$, la fonction $t \rightsquigarrow \dfrac{1}{t^\alpha}$ est strictement positive décroissante sur $[1, +\infty[$ donc la série des u_n est de même nature que l'intégrale impropre $\displaystyle\int_1^{+\infty} \frac{dt}{t^\alpha}$.

Pour $\alpha = 1$, $\displaystyle\int_1^X \frac{dt}{t} = \text{Log}\, X$ n'a pas de limite en $+\infty$,

pour $\alpha \neq 1$, $\displaystyle\int_1^X \frac{dt}{t^\alpha} = \frac{1}{1-\alpha}\left(\frac{1}{X^{\alpha-1}} - 1\right)$ n'a de limite en $+\infty$ que si $\alpha > 1$. ∎

REMARQUE 11.19. — *En cas de convergence, on peut encadrer le reste.*

L'étude d'une série ne se borne pas à en déterminer la nature, ce qui est le plus facile. En cas de convergence, on aime calculer sa somme mais il est rare qu'on y parvienne, d'où un problème de majoration (en norme), du reste pour savoir avec quelle incertitude on connait la somme en calculant une somme partielle. D'où l'intérêt de toute évaluation du reste.

On suppose donc qu'avec f positive décroissante de $[a, +\infty[$ dans $[0, +\infty[$, la série des $f(n)$, converge, donc $\int_a^{+\infty} f(t)dt$ aussi.

On veut évaluer le reste d'ordre n : $R_n = \displaystyle\sum_{p=n+1}^{\infty} f(p)$.

Pour cela on utilise l'encadrement :

$$\int_p^{p+1} f(t)dt \leqslant f(p) \leqslant \int_{p-1}^{p} f(t)dt$$

valable si $p-1 \geqslant a$, (et ceci pour $p \geqslant n+1$) donc finalement si $n \geqslant a$. Pour tout $q \geqslant n+1$, on a

$$\int_{n+1}^{q+1} f(t)dt \leqslant \sum_{p=n+1}^{q} f(p) \leqslant \int_{n}^{q} f(t)dt$$

d'où, en passant à la limite si q tend vers $+\infty$:

$$\int_{n+1}^{+\infty} f(t)dt \leqslant R_n \leqslant \int_{n}^{+\infty} f(t)dt.$$

Si on note S la somme de la série et S_n la somme partielle d'ordre n, comme $R_n = S - S_n$, on a finalement

$$S_n + \int_{n+1}^{+\infty} f(t)dt \leqslant S \leqslant S_n + \int_{n}^{+\infty} f(t)dt$$

d'où, en prenant pour valeur de S, non pas S_n mais la moyenne arithmétique des deux bornes, une incertitude de $\dfrac{1}{2}\displaystyle\int_{n}^{n+1} f(t)dt$.

REMARQUE 11.20. — *En cas de divergence* de la série des $f(n)$ et de l'intégrale, c'est que les quantités positives $S_n = \displaystyle\sum_{k=0}^{n} f(k)$ et $F(n) = \displaystyle\int_{0}^{n} f(t)dt$ tendent vers $+\infty$ si n tend vers $+\infty$, donc sont des infiniment grands. Ces infiniment grands sont équivalents, bien plus *la différence $S_n - F(n)$ admet une limite si n tend vers $+\infty$.*

On suppose ici f positive décroissante sur $[0, +\infty[$. Si ce n'était vrai que sur $[a, +\infty[$ avec $a > 0$, on introduirait un entier $p_0 \geqslant a$, et on travaillerait sur les sommes $\displaystyle\sum_{k=p_0}^{n} f(k)$ et sur l'intégrale $\displaystyle\int_{p_0}^{n} f(t)dt$.

Soit donc

$$S_n = \sum_{k=p_0}^{n} f(k),\ G(n) = \int_{p_0}^{n} f(t)dt \text{ et } x_n = S_n - G(n)$$

La suite $(x_n)_{n \geqslant p_0}$ est monotone :

car $x_{n+1} - x_n = f(n+1) - \int_n^{n+1} f(t)dt \leqslant 0$ puisque f décroit sur $[n,\ n+1]$.

Cette suite est bornée. Comme ici elle décroit on va justifier qu'elle est minorée, elle convergera donc, (et elle sera *a fortiori* bornée).

On a :

$$x_n = \left(f(p_0) - \int_{p_0}^{p_0+1} f(t)dt\right) + \ldots + \left(f(k) - \int_k^{k+1} f(t)dt\right) + \ldots$$
$$+ \left(f(n-1) - \int_{n-1}^{n} f(t)dt\right) + f(n),$$

donc c'est une somme de termes positifs, (toujours f décroissante). La suite $(x_n)_{n\in\mathbb{N}}$ est donc décroissante, minorée par 0 : elle converge.

L'idée exploitée pour comparer la somme S_n et l'intégrale G_n est de découper l'intégrale en une somme indexée comme la somme S_n, pour comparer terme à terme $f(k)$ avec $\int_{k-1}^{k} f(t)dt$ ou avec $\int_k^{k+1} f(t)dt$. Suivant que l'on veuille minorer ou majorer, le choix s'impose.

Si on se donne 4 entiers relatifs b, c, d, e et que l'on pose :

$$S_n = \sum_{k=p_0+b}^{n+c} f(k),\ G(n) = \int_{p_0+d}^{n+e} f(t)dt \text{ et } x_n = S_n - G(n),$$

on aura encore une suite monotone bornée donc convergente, le sens de la monotonie dépendant cette fois de la place de c par rapport à e.

On a donc une gamme étendue d'applications. ■

EXEMPLE 11.21. — La suite de terme général $x_n = 1 + \frac{1}{2} + \frac{1}{3} + \ldots + \frac{1}{n} - \operatorname{Log} n$ admet une limite, $\gamma \approx 0.571$, (*appelée constante d'Euler*) et ce résultat est bien utile.

Une dernière remarque. Soit toujours f positive décroissante de $[0, +\infty[$ dans $\mathbb{R}^+$ (ou de $[a, +\infty[$ dans $\mathbb{R}^+$). Si au lieu de « découper » aux valeurs entières, on utilise le terme général u_n d'une suite strictement croissante qui diverge vers $+\infty$, et que l'on introduit la série de terme général $\int_{u_n}^{u_{n+1}} f(t)dt$, tout ce qui précède s'applique et cette série est de même nature que $\int^{+\infty} f(t)dt$.

3. Critères de convergence pour les séries de terme général positif

Nous connaissons la nature des séries géométriques et des séries de Riemann, en $\frac{1}{n^\alpha}$. Après avoir établi des critères de comparaison, nous en déduirons des critères de convergence.

THÉORÈME 11.22. — *Soient deux séries u et v de termes généraux u_n et v_n positifs à partir d'un certain rang et vérifiant l'inégalité $u_n \leqslant v_n$ à partir d'un certain rang. Alors si u diverge, v diverge, et si v converge, u converge.*

La phrase à partir d'un certain rang signifie : $\exists n_0 \in \mathbb{N}$, $\forall n \geqslant n_0$ ... Comme on conclut sur la nature des séries on fait la justification en supposant les u_n et v_n positifs pour tout n, et l'hypothèse $u_n \leqslant v_n$ valable aussi pour tout n, (on utilise donc le théorème 11.14).

En sommant les inégalités on obtient $U_n \leqslant V_n$ pour les sommes partielles.

Donc si v converge, la suite des V_n est majorée, celle des U_n aussi, donc la série u converge, (on applique le théorème 11.15). Par contraposition, si u diverge, v diverge.

COROLLAIRE 11.23. — *Soit deux séries u et v de termes généraux u_n et v_n positifs à partir d'un certain rang. S'il existe deux constantes a et b strictement positives telles que $au_n \leqslant v_n \leqslant bu_n$ à partir d'un certain rang, les deux séries sont de même nature.*

On utilise le fait que, pour $a \neq 0$, la série des x_n et celle des $a \cdot x_n$ sont de même nature puisque les sommes partielles X_n et aX_n de ces 2 séries ont simultanément une limite.

Donc si v converge, la série des au_n converge (11.22), donc celle des u_n aussi ; et si u converge, la série des bu_n converge aussi donc v converge (11.22). Les deux séries sont simultanément convergentes, donc aussi divergentes. ■

COROLLAIRE 11.24. — *Soit deux séries u et v de termes généraux u_n et v_n positifs à partir d'un certain rang. Si $\lim_{n \to +\infty} \frac{u_n}{v_n} = \lambda$ existe avec $\lambda > 0$, les deux séries sont de même nature.*

L'existence de $\lim_{n \to +\infty} \frac{u_n}{v_n}$ suppose les v_n non nuls, donc > 0 pour n assez grand.

Soit $\varepsilon \in]0, \lambda[$, $\exists n_0$, $\forall n \geqslant n_0$, $\lambda - \varepsilon \leqslant \dfrac{u_n}{v_n} \leqslant \lambda + \varepsilon$, d'où, puisque $v_n > 0$ pour n « assez grand », il existe $a = \lambda - \varepsilon$, $b = \lambda + \varepsilon$, nombres strictement positifs, et $n_1 (\geqslant n_0)$ tel que $\forall n \geqslant n_1$, $av_n \leqslant u_n \leqslant bv_n$: les deux séries sont de même nature d'après le corollaire 11.23. ∎

COROLLAIRE 11.25. — *Soit deux séries de termes généraux u_n et v_n positifs. Si u_n et v_n sont équivalents quand n tend vers $+\infty$, les deux séries sont de même nature.*

En effet, il existe une suite $(x_n)_{n \in \mathbb{N}}$ qui converge vers 0, telle que $u_n = v_n(1 + x_n)$. Soit $\varepsilon = \dfrac{1}{2}$, $\exists n_0$, $\forall n \geqslant n_0$, $|x_n| \leqslant \dfrac{1}{2}$ d'où

$$\forall n \geqslant n_0, \ \frac{1}{2} \leqslant 1 + x_n \leqslant \frac{3}{2} \Rightarrow \frac{v_n}{2} \leqslant u_n \leqslant \frac{3v_n}{2}$$

le corollaire 11.23 s'applique. ∎

La première chose à faire, pour une série de terme général positif est d'en chercher un équivalent (plus simple) pour étudier la nature.

Remarque. Soient toujours u_n et v_n les termes généraux positifs de deux séries u et v.

11.26. *Si u_n est négligeable par rapport à v_n, (on note $u_n = o(v_n)$), si v converge, la série u des u_n converge ; et si u diverge la série v diverge.*

Soit en effet $\varepsilon = 1$ par exemple, $\exists n_0$, $\forall n \geqslant n_0$, $u_n \leqslant \varepsilon v_n$ soit ici $0 \leqslant u_n \leqslant v_n$: on est ramené au Théorème 11.22, d'où la conclusion.

11.27. *De même, si u_n est infiniment grand par rapport à v_n, (positif), la convergence de u implique celle de v, et la divergence de v celle de u,* car cette fois, avec $A = 1$, $\exists n_1$, $\forall n \geqslant n_1$, $u_n \geqslant v_n$ et là encore le Théorème 11.22 s'applique. ∎

Appliquons tout ce qui précède aux séries dites de Bertrand, qui doivent être connues.

THÉORÈME 11.28. — *La série de Bertrand, de terme général positif $u_n = \dfrac{1}{n^\alpha (\operatorname{Log} n)^\beta}$ est convergente pour $\alpha > 1$, ou pour $\alpha = 1$ et $\beta > 1$, divergente sinon.*

En effet le n^α l'emporte sur $(\operatorname{Log} n)^\beta$ d'où la présomption de convergence si $\alpha > 1$.

Supposons $\alpha > 1$, *posons* $\alpha = 1+2a$ avec $a > 0$. On « pique » à n^{1+2a} le terme n^a pour « effacer » le $(\operatorname{Log} n)^\beta$.

On a $u_n = \dfrac{1}{n^{1+a}} \cdot \dfrac{1}{n^a(\operatorname{Log} n)^\beta}$ négligeable par rapport à $\dfrac{1}{n^{1+a}}$ (et ce pour tout β) puisque $a > 0$. Comme $1+a > 1$, la série des $\dfrac{1}{n^{1+a}}$ converge donc aussi celle des u_n.

Par contre si $\alpha < 1$, on pose $\alpha = 1 - 2a$ avec $a > 0$ et alors $u_n = \dfrac{1}{n^{1-a}} \cdot \dfrac{n^a}{(\operatorname{Log} n)^\beta}$ avec $\lim\limits_{n\to+\infty} \dfrac{n^a}{(\operatorname{Log} n)^\beta} = +\infty$, et ce pour tout β, puisque $a > 0$: u_n est infiniment grand par rapport à $\dfrac{1}{n^{1-a}}$ terme général d'une série divergente, donc la série des u_n diverge.

Enfin si $\alpha = 1$, $u_n = \dfrac{1}{n(\operatorname{Log} n)^\beta}$. Si $\beta \leqslant 0$, $\dfrac{1}{(\operatorname{Log} n)^\beta} \geqslant 1$ (dès que $\operatorname{Log} n \geqslant 1$ soit $n \geqslant 3$) d'où $u_n \geqslant \dfrac{1}{n}$: la série diverge, alors qu'avec $\beta > 0$, la fonction $t \overset{f}{\rightsquigarrow} \dfrac{1}{t(\operatorname{Log} t)^\beta}$ est positive décroissante pour $t > e$, et $\displaystyle\int^{+\infty} f(t)dt = \left[\frac{-1}{(\beta-1)(\operatorname{Log} t)^{\beta-1}}\right]^{+\infty}$ converge pour $\beta > 1$. Il résulte de la remarque 11.17 que la série des $f(n)$ est alors convergente. Enfin pour $\beta \in]0, 1]$ l'intégrale diverge, donc la série aussi.

Dans le cas où u_n et v_n sont positifs équivalents, on peut encore préciser les résultats.

THÉORÈME 11.29. — *Soient deux séries u et v de termes généraux positifs u_n et v_n équivalents lorsque n tend vers l'infini. En cas de divergence, les sommes partielles sont des infiniment grands équivalents, en cas de convergence, les restes sont des infiniment petits équivalents.*

11.30. On sait que :

$$\forall \varepsilon > 0,\ \exists n_0,\ \forall n \geqslant n_0,\ u_n(1-\varepsilon) \leqslant v_n \leqslant u_n(1+\varepsilon).$$

Si les deux séries convergent, on somme ces inégalités pour n entre $p+1$ et $q \geqslant p+1$, si $p \geqslant n_0$:

$$(1-\varepsilon) \sum_{n=p+1}^{q+1} u_n \leqslant \sum_{n=p+1}^{q+1} v_n \leqslant (1+\varepsilon) \sum_{n=p+1}^{q+1} u_n$$

d'où, si q tend vers $+\infty$, $(1-\varepsilon)R_p \leqslant S_p \leqslant (1+\varepsilon)R_p$, en notant R_p et S_p les restes d'ordre p des séries u et v.

On a bien :

$$\forall\varepsilon > 0,\ \exists n_0,\ \forall p \geqslant n_0,\ (1-\varepsilon)R_p \leqslant S_p \leqslant (1+\varepsilon)R_p :$$

les restes sont équivalents.

Si les deux séries divergent, on repart de la relation 11.30 que l'on somme pour n variant de n_0 à $p > n_0$: on a

$$(1-\varepsilon)(U_p - U_{n_0-1}) \leqslant V_p - V_{n_0-1} \leqslant (1+\varepsilon)(U_p - U_{n_0-1})$$

(en notant, comme d'habitude, U_p et V_p les sommes partielles d'ordre p). On en déduit l'encadrement :

$$(1-\varepsilon)U_p-(1-\varepsilon)U_{n_0-1}+V_{n_0-1} \leqslant V_p \leqslant (1+\varepsilon)U_p-(1+\varepsilon)U_{n_0-1}+V_{n_0-1},$$

or les U_p deviennent > 0 pour n assez grand, ($\lim\limits_{p\to+\infty} U_p = +\infty$) d'où, pour p assez grand :

$$1-\varepsilon+\frac{V_{n_0-1}-(1-\varepsilon)U_{n_0-1}}{U_p} \leqslant \frac{V_p}{U_p} \leqslant 1+\varepsilon+\frac{V_{n_0-1}-(1+\varepsilon)U_{n_0-1}}{U_p}.$$

Le minorant tend vers $1-\varepsilon$ donc devient supérieur à $1-2\varepsilon$ pour p assez grand, et le majorant tend vers $1+\varepsilon$ donc devient inférieur à $1+2\varepsilon$ pour p assez grand, d'où :

$$\forall\varepsilon > 0,\ \exists p_1,\ \forall p \geqslant p_1,\ 1-2\varepsilon \leqslant \frac{V_p}{U_p} \leqslant 1+2\varepsilon$$

ceci traduit l'équivalence des sommes partielles, qui sont des infiniment grands. ■

Avant de passer aux critères de convergence, un dernier critère de comparaison :

THÉORÈME 11.31. — *Soient deux séries u et v de termes généraux strictement positifs u_n et v_n pour n assez grand. S'il existe n_0 tel que, $\forall n \geqslant n_0$, $\dfrac{u_{n+1}}{u_n} \leqslant \dfrac{v_{n+1}}{v_n}$ alors si la série v converge, la série u converge, (et si la série u diverge, la série v diverge).*

Le deuxième résultat n'est que la contraposition du premier. On suppose donc que pour $n \geqslant n_1 \geqslant n_0$, on a $u_n > 0$, $v_n > 0$ et l'inégalité $\dfrac{u_{n+1}}{u_n} \leqslant \dfrac{v_{n+1}}{v_n}$ qui donne $\dfrac{u_{n+1}}{v_{n+1}} \leqslant \dfrac{u_n}{v_n}$.

On a donc $\frac{u_n}{v_n} \leqslant \frac{u_{n-1}}{v_{n-1}} \leqslant \ldots \leqslant \frac{u_{n_1}}{v_{n_1}}$ d'où, avec $\lambda = \frac{u_{n_1}}{v_{n_1}} > 0$, l'inégalité $u_n \leqslant \lambda v_n$ pour tout $n \geqslant n_1$: il en résulte bien que si v converge, la série des λv_n converge, celle des u_n aussi, toujours d'après le théorème 11.22. ■

Venons en au cœur du sujet, **les critères de convergence pour les séries à termes positifs.**

Critère de Riemann, dit en $n^\alpha u_n$

THÉORÈME 11.32. — *Soit une série u de terme général positif u_n. S'il existe α réel tel que $\lim\limits_{n \to +\infty} n^\alpha u_n = \lambda$ existe avec $\lambda > 0$, si $\alpha > 1$ la série converge et si $\alpha \leqslant 1$ elle diverge.*

On a en effet u_n équivalent à $\frac{\lambda}{n^\alpha}$ donc les deux séries sont de même nature (corollaire 11.25), et la connaissance des séries de Riemann (corollaire 11.18), permet de conclure. ■

REMARQUE 11.33. — *S'il existe $\alpha > 1$ tel que $\lim\limits_{n \to +\infty} n^\alpha u_n = 0$, la série converge, et s'il existe $\alpha \leqslant 1$ tel que $\lim\limits_{n \to +\infty} n^\alpha u_n = +\infty$, elle diverge.*

Car dans le 1er cas, u_n positif est $o\left(\frac{1}{n^\alpha}\right)$ avec $\alpha > 1$, et dans le 2ème cas u_n est infiniment grand par rapport à $\frac{1}{n^\alpha}$ avec $\alpha \leqslant 1$: les remarques 11.26 et 11.27 permettent de conclure.

Critère dit de Cauchy

On va procéder par étapes.

LEMME 11.34. — *Soit une série de terme général positif u_n. S'il existe une constante k avec $0 \leqslant k < 1$, et un entier n_0 tel que pour tout $n \geqslant n_0$, $\sqrt[n]{u_n} \leqslant k$, la série converge. S'il existe une infinité d'indices n tels que $\sqrt[n]{u_n} \geqslant 1$, la série diverge.*

Dans le premier cas, pour n assez grand, on a $0 \leqslant u_n \leqslant k^n$, terme général d'une série géométrique convergente, (raison $\in [0, 1[$), le théorème 11.22 permet de conclure.

Dans le deuxième cas, u_n ne tend pas vers 0 donc la série des u_n diverge, (théorème 11.7). ■

THÉORÈME 11.35. (Critère de Cauchy). — *Soit une série de terme général positif u_n. Si $\lim_{n\to+\infty} \sqrt[n]{u_n} = \lambda$ existe, si $\lambda < 1$ la série converge, si $\lambda > 1$ elle diverge, si $\lambda = 1$ on ne peut pas conclure, sauf si la limite est atteinte par valeurs supérieures auquel cas il y a divergence.*

Si $\lambda < 1$, avec $\varepsilon \in]0, 1-\lambda[$, $\exists n_0, \forall n \geqslant n_0$, $\sqrt[n]{u_n} \leqslant \lambda+\varepsilon < 1$ le lemme 11.34 s'applique et donne la convergence, alors que si $\lambda > 1$, en choisissant ε dans $]0, \lambda-1[$ cette fois, on aura n_1 tel que $\forall n \geqslant n_1$, $\sqrt[n]{u_n} \geqslant \lambda-\varepsilon > 1$, le lemme 11.34 s'applique encore et u_n ne tend pas vers 0. Si $\sqrt[n]{u_n}$ tend vers 1 par valeurs supérieures, les u_n restent supérieurs à 1 pour n assez grand : il y a divergence.

Enfin, soit $u_n = \dfrac{1}{n^\alpha}$, (pour $n \geqslant 1$), on a $\sqrt[n]{u_n} = \dfrac{1}{n^{\frac{\alpha}{n}}} = e^{-\frac{\alpha}{n}\operatorname{Log} n}$, tend vers 1, pour tout α, or la série converge ou diverge suivant la place de α par rapport à 1. ■

REMARQUE 11.36. — En cas de convergence, si on a k dans $]0, 1[$ et n_0 entier tel que $\forall n \geqslant n_0$, $\sqrt[n]{u_n} \leqslant k$, on peut évaluer le reste d'ordre $n \geqslant n_0 - 1$.

En effet, $\forall p \geqslant n_0$, on a $u_p \leqslant k^p$, d'où

$$\sum_{p=n+1}^{q} u_p \leqslant k^{n+1} + \ldots + k^q = \frac{k^{n+1} - k^{q+1}}{1-k},$$

et si q tend vers $+\infty$ on a $R_n \leqslant \dfrac{k^{n+1}}{1-k}$, une telle majoration permettant de trouver n pour avoir une incertitude connue. ■

En utilisant la notion de limite supérieure, (ou de plus grande limite) on va pouvoir raffiner le critère de Cauchy. Rappelons que :

DÉFINITION 11.37. — *On dit qu'une suite réelle $(x_n)_{n\in\mathbb{N}}$ admet une limite supérieure (ou plus grande limite), l, si l vérifie :*

$$\forall \varepsilon > 0,\ \exists n_0 \in \mathbb{N},\ \forall n \geqslant n_0,\ x_n \leqslant l + \varepsilon$$

et si le cardinal de l'ensemble des n tels que $x_n \geqslant l - \varepsilon$ est infini.

Un exemple valant mieux qu'un discours, la suite (x_n) définie par $x_{2n} = \dfrac{1}{n+1}$ et $x_{2n+1} = -n$ admet 0 pour plus grande limite, bien que la suite ne converge pas.

On parle encore de limite supérieure, que l'on note $\limsup\limits_{n\to+\infty} x_n$.

On définirait de même la plus petite limite, ou limite inférieure, notée lim inf, par :

DÉFINITION 11.38. — *On dit qu'une suite réelle $(x_n)_{n\in\mathbb{N}}$ admet une plus petite limite, l, notée $\liminf\limits_{n\to+\infty} x_n = l$, si on a :*

$$\forall\varepsilon > 0,\ \exists n_0 \in \mathbb{N},\ \forall n \geqslant n_0,\ l - \varepsilon \leqslant x_n,$$

et si le cardinal de l'ensemble des n tels que $x_n \leqslant l + \varepsilon$ est infini.

Une suite réelle $(x_n)_{n\in\mathbb{N}}$ n'a pas forcément de limite supérieure, ou de limite inférieure finie, mais si elle admet une limite supérieure, (resp. inférieure), elle est unique. En effet supposons qu'il existe l et l' distinctes, qui soient limites supérieures, avec $l < l'$ par exemple.

Soit $\varepsilon = \dfrac{l'-l}{3}$, on doit avoir l'existence d'un n_0 tel que $\forall n \geqslant n_0$, $x_n \leqslant l + \varepsilon < l' - \varepsilon$, et en même temps l'existence d'une infinité d'indices n tels que $l' - \varepsilon \leqslant x_n$: c'est impossible.

REMARQUE 11.40. — Si une suite $(x_n)_{n\in\mathbb{N}}$ est convergente, sa limite l est à la fois limite supérieure et limite inférieure.

REMARQUE 11.41. — Si $l' = \limsup\limits_{n\to+\infty} x_n$ et $l'' = \liminf\limits_{n\to+\infty} x_n$ existent, avec $l' \leqslant l''$, en fait $l' = l''$ et alors la suite converge vers cette valeur.

Car si $l' < l''$, avec $\varepsilon = \dfrac{l''-l'}{3}$, on aurait un n_0 et un n_1 dans $\mathbb{N}$ tels que

$$\begin{aligned} &\forall n \geqslant n_0,\ x_n \leqslant l' + \varepsilon \\ \text{et}\ &\forall n \geqslant n_1,\ l'' - \varepsilon \leqslant x_n \end{aligned}$$

d'où

$$\forall n \geqslant \sup\,(n_0, n_1)\ x_n \leqslant l' + \varepsilon < l'' - \varepsilon \leqslant x_n$$

c'est absurde vu l'inégalité stricte. Donc $l' = l'' = l$ et alors on a $\forall n \geqslant \sup(n_0, n_1)$, $l - \varepsilon \leqslant n \leqslant l + \varepsilon$ donc $\lim\limits_{n\to+\infty} x_n = l$.

Revenons au critère de Cauchy.

THÉORÈME 11.42. — *Soit une série de terme général positif* u_n. *Si* $\limsup_{n\to+\infty} \sqrt[n]{u_n} = \lambda$ *existe, si* $\lambda < 1$ *la série converge, si* $\lambda > 1$ *elle diverge, si* $\lambda = 1$ *on ne conclut pas.*

En effet, si $\lambda < 1$ et si $\varepsilon > 0$ est tel que $\lambda + \varepsilon < 1$, on a un n_0 tel que $\forall n \geqslant n_0$, $\sqrt[n]{u_n} \leqslant \lambda + \varepsilon < 1$: la série est convergente (lemme 11.34).

Mais si $\lambda > 1$, avec $\varepsilon > 0$ tel que $\lambda - \varepsilon \geqslant 1$, on a une infinité d'indices n tels que $\sqrt[n]{u_n} \geqslant 1$, la suite u_n ne tend pas vers 0 et la série diverge.

Les séries en $\frac{1}{n^\alpha}$, (pourquoi se fatiguer) donnent des exemples de limite, (donc de limite supérieure) égale à 1, avec convergence ou divergence. ■

Critère de d'Alembert

LEMME 11.43. — *Soit une série de terme général* u_n *strictement positif à partir d'un certain rang.*

S'il existe k, avec $0 < k < 1$, *et* $n_0 \in \mathbb{N}$ *tel que,* $\forall n \geqslant n_0$ *on ait* $u_n > 0$ *et* $\frac{u_{n+1}}{u_n} \leqslant k < 1$, *la série converge.*

S'il existe $n_0 \in \mathbb{N}$ *tel que* $\forall n \geqslant n_0$, $\frac{u_{n+1}}{u_n} \geqslant 1$, *la série diverge.*

En effet, avec $v_n = k^n$, terme général d'une série géométrique convergente si $k \in]0,1[$, dans le 1er cas on a $\frac{u_{n+1}}{u_n} \leqslant \frac{v_{n+1}}{v_n}$ d'où la convergence de la série des u_n d'après le Théorème 11.31.

Par contre, dans le deuxième cas, $\forall n \geqslant n_0$, $u_{n+1} \geqslant u_n$ d'où finalement, $\forall n \geqslant n_0$ on a $u_n \geqslant u_{n_0} > 0$: u_n ne tend pas vers 0 donc la série diverge. ■

11.44. Attention aux points suivants

1) Il ne suffit pas d'avoir $\frac{u_{n+1}}{u_n} < 1$ pour tout n assez grand pour conclure à la convergence. Exemple, $u_n = \frac{1}{n+1}$, $\frac{u_{n+1}}{u_n} = \frac{n+1}{n+2} < 1$ et il y a divergence.

2) Contrairement au lemme préliminaire au critère de Cauchy, il ne suffit pas d'avoir $\frac{u_{n+1}}{u_n} \geqslant 1$ pour une infinité de termes pour conclure à la

divergence. (Intuitivement, les termes, positifs, peuvent croître de temps en temps si, après, une brusque décroissance annule par anticipation les effets de la croissance qui suivra).

EXEMPLE 11.45. — Soient a et b réels positifs, on pose $u_{2n} = a^n b^n$ et $u_{2n+1} = a^{n+1}b^n$.

Si on forme $\dfrac{u_{p+1}}{u_p}$, le rapport prend deux formes suivant la parité de p.

On a $\dfrac{u_{2p+1}}{u_{2p}} = a$ et $\dfrac{u_{2p+2}}{u_{2p+1}} = b$.

Donc si $a \geqslant 1$ et $b \geqslant 1$ la série diverge, si $a < 1$ et $b < 1$, elle converge puisque, pour tout n, $\dfrac{u_{n+1}}{u_n} \leqslant k = \sup(a,b) < 1$.

Mais si $a < 1$ et $b \geqslant 1$, ou $a \geqslant 1$ et $b < 1$, on ne peut conclure par cette méthode.

Or $(u_{2p})^{\frac{1}{2p}} = \sqrt{ab}$ et $(u_{2p+1})^{\frac{1}{2p+1}} = a^{\frac{p+1}{2p+1}} b^{\frac{p}{2p+1}}$ tend vers $\sqrt{ab}$ si p tend vers $+\infty$, donc $\lim\limits_{n\to+\infty} \sqrt[n]{u_n} = \sqrt{ab}$, le critère de Cauchy (théorème 11.35) permet de conclure : si $ab < 1$, convergence, si $ab > 1$ divergence et si $ab = 1$, l'examen direct de u_{2n} montre que $u_{2n} = 1$ donc la série diverge car son terme général ne tend pas vers 0.

En particulier si $a = 3$ et $b = \dfrac{1}{4}$, il y aura convergence de la série des u_n bien que pour une infinité d'indices, $\dfrac{u_{n+1}}{u_n} \geqslant 1$. ■

3) Toutes ces conditions sont des conditions suffisantes de convergence ou de divergence. Vous n'aurez jamais d'énoncé du type « comme la série converge $\dfrac{u_{n+1}}{u_n}$ reste $\leqslant k < 1 \ldots$ »

THÉORÈME 11.46. (Critère de d'Alembert). — *Soit une série u de terme général $u_n > 0$ à partir d'un certain rang, et telle que $\lim\limits_{n\to+\infty} \dfrac{u_{n+1}}{u_n} = \lambda$ existe. Si $\lambda < 1$, la série converge; si $\lambda > 1$ elle diverge, si $\lambda = 1$ on ne peut pas conclure, sauf si elle est atteinte par valeurs supérieures, auquel cas il y a divergence.*

Si $\lambda < 1$, avec $\varepsilon > 0$ tel que $\lambda + \varepsilon = k < 1$ et $n_0 \in \mathbb{N}$ tel que $\forall n \geqslant n_0$, $\dfrac{u_{n+1}}{u_n} \leqslant \lambda + \varepsilon = k < 1$, le lemme 11.43 donne la convergence.

Si $\lambda > 1$, soit $\varepsilon > 0$ tel que $\lambda - \varepsilon \geqslant 1$ et $n_0 \in \mathbb{N}$ tel que $\forall n \geqslant n_0$ on ait $\dfrac{u_{n+1}}{u_n} \geqslant \lambda - \varepsilon \geqslant 1$, il y a divergence car u_n ne tend pas vers 0.

Si $\lambda = 1^+$, on a aussi $n_0 \in \mathbb{N}$ tel que $\forall n \geqslant n_0$, $1 \leqslant \frac{u_{n+1}}{u_n} \leqslant 1+\varepsilon$ on conclut donc encore à la divergence d'après le lemme 11.43.

Si $\lambda = 1$, l'exemple de $u_n = \frac{1}{n^\alpha}$, (qui donne $\frac{u_{n+1}}{u_n} = \left(\frac{n}{n+1}\right)^\alpha$ tendant vers 1) montre que suivant les valeurs de α, il y aura convergence ou divergence. ∎

REMARQUE 11.47. — *Evaluation du reste d'ordre n, en cas de convergence.*

Supposons trouvés $k \in]0,1[$ et n_0 tel que $\forall n \geqslant n_0$, $\frac{u_{n+1}}{u_n} \leqslant k$.

On a donc

$$u_{n+1} \leqslant k u_n,\ u_{n+2} \leqslant k^2 u_n, \dots, u_{n+p} \leqslant k^p u_n$$

donc

$$\sum_{p=1}^{q} u_{n+p} \leqslant u_n(k + k^2 + \dots + k^q) \leqslant k u_n \frac{(1-k^q)}{1-k} \leqslant \frac{k u_n}{1-k},$$

d'où un majorant du reste d'ordre n, si q tend vers l'infini, $R_n \leqslant \frac{k u_n}{1-k}$, u_n, dernier terme calculé.

Si on veut, sans calculer les u_n, estimer le nombre de termes à calculer pour obtenir une incertitude donnée, avec les mêmes hypothèses on a

$$u_{n+1} \leqslant k^{n-n_0+1} u_{n_0}, \dots, u_{n+p} \leqslant k^{n-n_0+p} u_{n_0}$$

ce qui conduit à $R_n \leqslant \frac{k^{n-n_0+1}}{1-k} u_{n_0}$, ce qui permet une évaluation de n, sans avoir à calculer $u_{n_0+1}, u_{n_0+2}, \dots, u_n$. ∎

Passons à un raffinement à l'aide des limites supérieures et inférieures.

THÉORÈME 11.48. — *Soit une série u de terme général u_n strictement positif à partir d'un certain rang. Si* $\limsup_{n\to+\infty} \frac{u_{n+1}}{u_n} = \lambda < 1$ *la série converge ; si* $\liminf_{n\to+\infty} \frac{u_{n+1}}{u_n} = \lambda > 1$ *la série diverge.*

C'est toujours le même type de justification. Dans le premier cas, avec $\varepsilon > 0$ tel que $\lambda + \varepsilon < 1$ et un n_0 de $\mathbb{N}$ tel que $\forall n \geqslant n_0$, $\frac{u_{n+1}}{u_n} \leqslant \lambda + \varepsilon$, on conclut à la convergence (lemme 11.43); alors que dans le deuxième cas, avec $\varepsilon > 0$ tel que $\lambda - \varepsilon \geqslant 1$ et n_0 tel que $\forall n \geqslant n_0$, $\dfrac{u_{n+1}}{u_n} \geqslant \lambda - \varepsilon \geqslant 1$ on conclut à la divergence puisque u_n ne tend pas vers 0. ■

Ces deux critères, Cauchy et d'Alembert, suscitent de l'agacement à cause de ce cas où la limite est 1. Que peut on faire de plus? Si on trouve 1 comme limite par un critère, peut-il être utile d'appliquer l'autre? Et bien non, comme le montre le théorème suivant.

THÉORÈME 11.49. — *Soit une suite de nombres strictement positifs,* a_n. *Si* $\lim\limits_{n\to+\infty} \dfrac{a_{n+1}}{a_n} = \lambda$ *existe dans* $[0, +\infty]$, *alors* $\lim\limits_{n\to+\infty} \sqrt[n]{a_n} = \lambda$ *aussi.*

Donc si on ne conclut pas par d'Alembert, inutile d'appeler Cauchy à la rescousse, et si on ne conclut pas par Cauchy, d'Alembert ne pourra rien car les $\dfrac{a_{n+1}}{a_n}$ n'auront pas de limite, ou auront 1 pour limite.

Justifions le théorème, en supposant d'abord que $\lambda \in]0, +\infty[$. Soit $\varepsilon > 0$, tel que $\lambda - \varepsilon \geqslant 0$, et $n_0 \in \mathbb{N}$ tel que $\forall n \geqslant n_0$, on ait

$$\lambda - \varepsilon \leqslant \frac{a_{n+1}}{a_n} \leqslant \lambda + \varepsilon.$$

Le produit, terme à terme de ces inégalités entre nombres positifs, pour n variant de n_0 à $p > n_0$ donne, après simplification

$$(\lambda - \varepsilon)^{p-n_0+1} \leqslant \frac{a_{p+1}}{a_{n_0}} \leqslant (\lambda + \varepsilon)^{p-n_0+1},$$

d'où $$(\lambda - \varepsilon)^{p+1} \frac{a_{n_0}}{(\lambda - \varepsilon)^{n_0}} \leqslant a_{p+1} \leqslant (\lambda + \varepsilon)^{p+1} \cdot \frac{a_{n_0}}{(\lambda + \varepsilon)^{n_0}},$$

puis $$(\lambda-\varepsilon) \left(\frac{a_{n_0}}{(\lambda - \varepsilon)^{n_0}}\right)^{\frac{1}{p+1}} \leqslant (a_{p+1})^{\frac{1}{p+1}} \leqslant (\lambda+\varepsilon) \left(\frac{a_{n_0}}{(\lambda + \varepsilon)^{n_0}}\right)^{\frac{1}{p+1}}.$$

Le minorant tend vers $\lambda - \varepsilon$, et le majorant vers $\lambda + \varepsilon$, lorsque p tend vers l'infini, donc ils deviennent respectivement supérieurs à $(\lambda - \varepsilon) - \varepsilon$ et inférieurs à $(\lambda + \varepsilon) + \varepsilon$, pour p assez grand. On obtient donc :

$$\forall \varepsilon > 0,\ \exists n_1 \in \mathbb{N},\ \forall n \geqslant n_1,\ \lambda - 2\varepsilon \leqslant (a_n)^{1/n} \leqslant \lambda - 2\varepsilon$$

ce qui prouve que $\lim\limits_{n\to+\infty} \sqrt[n]{a_n} = \lambda$.

Si $\lambda = 0$ on part de $0 \leqslant \frac{a_{n+1}}{a_n} \leqslant \varepsilon$, on effectue le même travail, les termes inférieurs de la double inégalité étant toujours nuls, on arrive à $0 \leqslant (a_n)^{1/n} \leqslant 2\varepsilon$ pour n assez grand, donc $\lim\limits_{n\to+\infty} \sqrt[n]{a_n} = 0$.

Si $\lambda = +\infty$, soit $A > 0$, $\exists n_0$, $\forall n \geqslant n_0$, $A \leqslant \frac{a_{n+1}}{a_n}$. On a le point de départ, où A remplace $\lambda - \varepsilon$, et sans $\lambda + \varepsilon$ en majorant.

Le même travail conduit à

$$A\left(\frac{a_{n_0}}{A^{n_0}}\right)^{\frac{1}{p+1}} \leqslant (a_{p+1})^{\frac{1}{p+1}},$$

valable pour tout $p > n_0$, le minorant tend vers A donc devient supérieur à $A - 1$ pour p assez grand, donc :

$$\forall A,\ \exists n_1 \in \mathbb{N},\ \forall n \geqslant n_1,\ A - 1 \leqslant (a_n)^{1/n},$$

ce qui prouve bien que $\lim\limits_{n\to\infty} \sqrt[n]{a_n} = +\infty$. ■

Lorsque, pour une série u de terme général positif u_n, le rapport $\frac{u_{n+1}}{u_n}$ tend vers 1 par valeurs inférieures on peut dans certains cas conclure grâce au critère de Duhamel.

THÉORÈME 11.50. — (Critère de Duhamel). *Soit une série u de terme général u_n strictement positif (à partir d'un certain rang).*

S'il existe $n_0 \in \mathbb{N}$ tel que $\forall n \geqslant n_0$, $\frac{u_{n+1}}{u_n} \geqslant 1 - \frac{1}{n}$, la série diverge.

S'il existe $k > 1$, et $n_0 \in \mathbb{N}$ tel que $\forall n \geqslant n_0$, $\frac{u_{n+1}}{u_n} \leqslant 1 - \frac{k}{n}$ la série converge.

Dans le premier cas, $\frac{u_{n+1}}{u_n} \geqslant \frac{n-1}{n}$ soit encore $\frac{u_{n+1}}{u_n} \geqslant \frac{\frac{1}{n}}{\frac{1}{n-1}}$.

La série de terme général $v_n = \frac{1}{n-1}$, $(n \geqslant 2)$ diverge, donc la série u diverge aussi, (Théorème 11.31).

Dans le deuxième cas, c'est un peu plus subtil. Soit la fonction $x \rightsquigarrow f(x) = (1+x)^{-k}$. Elle est de classe C^∞ de $]-1, +\infty[$ dans $\mathbb{R}$, en lui appliquant la formule de Taylor Lagrange à l'ordre 2, entre 0 et x non nul, il existe $\theta(x)$ dans $]0,1[$ tel que

$$f(x) = f(0) + xf'(0) + \frac{x^2}{2} f''(\theta(x)).$$

On a $f'(x) = -k(1+x)^{-k-1}$ donc $f'(0) = -k$,
puis $f''(x) = k(k+1)(1+x)^{-k-2}$ est à valeurs positives, donc $f(x) \geqslant f(0) - kx$. Avec $x = \frac{1}{n}$, et $f(0) = 1$, il vient

$$1 - \frac{k}{n} \leqslant f\left(\frac{1}{n}\right) = \left(1 + \frac{1}{n}\right)^{-k} = \left(\frac{n+1}{n}\right)^{-k} = \frac{\frac{1}{(n+1)^k}}{\frac{1}{n^k}}.$$

On obtient donc,

$$\forall n \geqslant n_0, \quad \frac{u_{n+1}}{u_n} \leqslant \frac{\frac{1}{(n+1)^k}}{\frac{1}{n^k}},$$

or, avec $k > 1$, la série des $\frac{1}{n^k}$ converge, donc la série u converge, (Théorème 11.31). ■

Ce critère semble d'un emploi difficile, mais pas tellement. Souvent le terme général u_n est fonction de n, et le rapport $\frac{u_{n+1}}{u_n}$ devient une fonction $g(n)$ qui admet un développement limite en $\frac{1}{n}$, du type $\frac{u_{n+1}}{u_n} = 1 - \frac{a}{n} + \mathrm{o}\left(\frac{1}{n}\right)$; lorsque $\frac{u_{n+1}}{u_n}$ tend vers 1.

Si $a > 1$, il y a convergence ; si $a < 1$ divergence et ... si $a = 1$ on ne conclut pas, donc la conclusion est rapide, une fois $\frac{u_{n+1}}{u_n}$ connu.

Si $a > 1$, avec $a = 1 + 2\alpha$, $\alpha > 0$, on a

$$\frac{u_{n+1}}{u_n} = 1 - \frac{(1+\alpha)}{n} - \frac{\alpha}{n}(1 + \mathrm{o}(1)), \quad \lim_{n\to+\infty}(1 + \mathrm{o}(1)) = 1,$$

positif, donc $1 + \mathrm{o}(1)$ est positif pour n assez grand d'où $\frac{u_{n+1}}{u_n} \leqslant 1 - \frac{(1+\alpha)}{n}$ avec $1 + \alpha > 1$: il y a convergence. Même travail si

$a < 1$, en plus simple. Soit $a = 1 - \alpha$, $\alpha > 0$, cette fois on a

$$\frac{u_{n+1}}{u_n} = 1 - \frac{1}{n} + \frac{\alpha}{n} + \mathrm{o}\left(\frac{1}{n}\right) = 1 - \frac{1}{n} + \frac{\alpha}{n}(1 + \mathrm{o}(1)) \geqslant 1 - \frac{1}{n}$$

pour n assez grand puisque $\frac{\alpha}{n}(1 + \mathrm{o}(1))$ est alors positif.

Après cette longue étude concernant les séries de terme général réel positif, on peut revenir aux séries de terme général réel de signe quelconque, ou complexe, ou plus généralement dans un espace vectoriel normé E.

4. Critères de convergence des séries à valeurs réelles ou complexes

Soit une série u de terme général u_n réel ou complexe. Comme $\mathbb{R}$ et $\mathbb{C}$ sont complets on a vu, (Théorème 11.12) que la convergence absolue implique la convergence. Il en est de même si u est à valeurs dans E espace vectoriel normé complet. En appliquant les critères des séries positives aux $||u_n||$ on conclura donc en ce qui concerne la convergence absolue. Il restera à examiner le cas des séries convergentes sans être absolument convergentes, appelées *séries semi-convergentes.*

Une fois pour toute, si on parle de convergence absolue, l'espace E est complet.

11.51. Dans le cas des u_n complexes, en posant $u_n = a_n + ib_n$, avec a_n et b_n réels, avec des notations évidentes pour les sommes partielles on a $U_n = A_n + iB_n$, et la topologie sur $\mathbb{C}$, (donc sur $\mathbb{R}^2$) montre que $\left(\lim\limits_{n\to+\infty} U_n = U \text{ existe}\right) \Leftrightarrow \left(\lim\limits_{n\to+\infty} A_n = A \text{ existe, ainsi que } \lim\limits_{n\to+\infty} B_n = B\right)$, et de plus $U = A + iB$.

La série de terme général complexe u_n converge donc si et seulement si les séries réelles de termes généraux $\mathrm{Re}(u_n)$ et $\mathrm{Im}(u_n)$ convergent.

En fait, la série des u_n converge absolument si et seulement si les séries des $\mathrm{Re}(u_n)$ et $\mathrm{Im}(u_n)$ convergent absolument.

En effet, avec $u_n = a_n + ib_n$, on a $|a_n| \leqslant |u_n|$ et $|b_n| \leqslant |u_n|$ mais aussi $|u_n| \leqslant |a_n| + |b_n|$, d'où une justification de ce résultat.

CRITÈRE DE RIEMANN 11.52. — *Soit une série u de terme général réel ou complexe u_n. S'il existe $\alpha > 1$ tel que $\lim_{n \to +\infty} n^\alpha |u_n|$ existe la série converge absolument, donc elle converge.*

Enoncé valable aussi pour des u_n dans E espace vectoriel normé complet, si $\lim_{n \to +\infty} n^\alpha ||u_n||$ existe, avec $\alpha > 1$. ■

CRITÈRE DE CAUCHY 11.53. — *Soit une série u de terme général u_n dans E espace vectoriel normé complet. Si $\lim_{n \to +\infty} \sqrt[n]{||u_n||} = \lambda$ existe, si $\lambda < 1$ la série converge absolument, (donc elle converge), si $\lambda > 1$ la série diverge; si $\lambda = 1$ on ne conclut pas, sauf si $\lambda = 1$ est atteinte par valeurs supérieures auquel cas il y a divergence.*

Le seul point à justifier, c'est la divergence quand $\lambda > 1$, ou $\lambda = 1^+$.

Or on sait dans ce cas que $||u_n||$ ne tend pas vers 0, (voir Théroème 11.35), donc u_n ne tend pas vers 0 dans E : il y a divergence. ■

CRITÈRE DE D'ALEMBERT 11.54. — *Soit une série u de terme général u_n non nul dans E espace vectoriel normé complet. Si $\lim_{n \to +\infty} \frac{||u_{n+1}||}{||u_n||} = \lambda$ existe, si $\lambda < 1$ la série converge absolument, donc elle converge, si $\lambda > 1$ la série diverge; si $\lambda = 1$ on ne conclut pas, sauf si $\lambda = 1^+$ auquel cas il y a divergence.*

Là encore, si $\lambda > 1$, la suite des $||u_n||$ ne tend pas vers 0 (voir Théorème 11.46) donc la série diverge puisque u_n ne tend pas vers 0 dans E. Il en est de même si $\lambda = 1$ est atteinte par valeurs supérieures. ■

Il nous reste à parler des séries semi-convergentes, dans le cas réel, le cas complexe s'y ramenant, ainsi en fait que celui des séries à valeurs dans un espace vectoriel normé de dimension finie. Pour étudier de telles séries on fait souvant intervenir les opérations sur les séries, ce qui sera traité dans les paragraphes suivants. Mais il y a un type particulier de séries semi-convergentes, les séries alternées convergentes.

DÉFINITION 11.55. — *Une série u réelle est dite alternée si son terme général peut s'écrire $u_n = (-1)^n a_n$ avec les a_n tous positifs, (ou les a_n tous négatifs).*

THÉORÈME 11.56. — (Critères des séries alternées). *Soit une série alternée dont le module du terme général tend vers 0 en décroissant, alors la série converge.*

Le cas $u_n = (-1)^n a_n$ avec des a_n tous négatifs se ramène au cas des a_n tous positifs en changeant u en $-u$, aussi suppose-t-on que u a son terme général sous la forme $u_n = (-1)^n a_n$, avec les $a_n \geqslant 0$, $\lim\limits_{n \to +\infty} a_n = 0$ et, $\forall n \in \mathbb{N}$, $a_{n+1} \leqslant a_n$.

On a

$$S_{2n+2} - S_{2n} = u_{2n+1} + u_{2n+2} = a_{2n+2} - a_{2n+1} \leqslant 0,$$

et $$S_{2n+1} - S_{2n-1} = u_{2n} + u_{2n+1} = a_{2n} - a_{2n+1} \geqslant 0.$$

La suite des S_{2n} est décroissante, minorée car

$$S_{2n} = (a_0 - a_1) + (a_2 - a_3) + \ldots + (a_{2n-2} - a_{2n-1}) + a_{2n} \geqslant 0$$

comme somme de termes positifs, elle converge donc : soit

$$S' = \lim_{n \to +\infty} S_{2n}.$$

La suite des (S_{2n+1}) est croissante, elle est majorée car

$$S_{2n+1} = a_0 - (a_1 - a_2) - (a_3 - a_4) \ldots - (a_{2n-1} - a_{2n}) - a_{2n+1} \leqslant a_0$$

puisque a_{2n+1} et les $a_{2k-1} - a_{2k}$ sont positifs.

Elle converge donc : soit $S'' = \lim\limits_{n \to +\infty} S_{2n+1}$.

Comme on a $S_{2n+1} - S_{2n} = u_{2n+1}$ qui tend vers 0, on a $S' = S'' = \lim\limits_{n \to +\infty} S_n$ d'où la convergence de la série. ■

Quand une série alternée converge suivant son critère, on dispose d'un encadrement facile du reste.

THÉORÈME 11.57. — *Soit une série alternée u qui converge suivant le critère des séries alternées, et n_0 tel que pour $n \geqslant n_0$, le module du terme général décroisse. Pour $n \geqslant n_0$, le reste d'ordre n de la série est du signe du premier terme négligé, majoré en module par la valeur absolue du premier terme négligé.*

Il faut comprendre que le module du terme général peut commencer par ne pas décroitre, d'ailleurs la série peut être alternée uniquement à partir d'un certain rang. On adapte en conséquence la justification du théorème 11.56. Supposons donc que u_n s'écrive $(-1)^n a_n$, pour $n \geqslant n_0$, avec les a_n positifs décroissants. On aura encore $S_{2n+2} - S_{2n} = a_{2n+2} -$

$a_{2n+1} \leqslant 0$ si $2n + 1 \geqslant n_0$, d'où la décroissance de la suite des S_{2n}, et avec $2p_0$ pair supérieur à n_0, on aura, si $2n \geqslant 2p_0$:

$$S_{2n} = S_{2p_0-1} + (a_{2p_0} - a_{2p_0+1}) + \ldots + (a_{2n-2} - a_{2n-1}) + a_{2n} \geqslant S_{2p_0-1}$$

la suite des S_{2n} est décroissante minorée, on aurait de même la suite des S_{2n+1} croissante majorée, et avec S somme de la série on a donc, pour tout n tel que $2n \geqslant n_0$, l'encadrement

$$S_{2n+1} \leqslant S \leqslant S_{2n}.$$

Mais alors, $R_{2n} = S - S_{2n}$ est négatif, donc du signe de $u_{2n+1} = -a_{2n+1}$ et

$$S_{2n} - S = |R_{2n}| \leqslant S_{2n} - S_{2n+1} = -u_{2n+1} = |u_{2n+1}|$$

on a bien R_{2n} du signe du premier terme négligé, et de module majoré par le module du premier terme négligé.

L'encadrement $S_{2n+1} \leqslant S \leqslant S_{2n+2}$ conduirait de même à

$$0 \leqslant S - S_{2n+1} = R_{2n+1} \leqslant S_{2n+2} - S_{2n+1} = a_{2n+2}$$

R_{2n+1} est positif, donc du signe du premier terme négligé et majoré par a_{2n+2}, module du premier terme négligé. ∎

Le cas des a_n négatif conduirait au même résultat.

Cette évaluation du reste est fondamentale dans les séries alternées.

11.58. *Attention à un piège* : il arrive fréquemment que dans l'étude d'une série alternée u_n, un équivalent v_n de $|u_n|$ tende vers 0 en décroissant mais ceci ne prouve pas que $|u_n|$ décroit : et le Théorème 11.57 ne s'applique pas.

Exemple. $u_n = \dfrac{(-1)^n}{n + (-1)^n}$, pour $n \geqslant 2$. On a $|u_n| \underset{n\to+\infty}{\sim} \dfrac{1}{n}$, $\dfrac{1}{n}$ tend vers 0 en décroissant, mais $|u_n|$ ne décroit pas car $|u_{2n+1}| = \dfrac{1}{2n}$ alors que $|u_{2n}| = \dfrac{1}{2n+1}$ donc $|u_{2n+1}| > |u_{2n}|$.

Que faire dans un tel cas? Et bien utiliser l'équivalent $\dfrac{(-1)^n}{n}$ de u_n pour écrire

$$u_n = \frac{(-1)^n}{n} + \left(\frac{(-1)^n}{n + (-1)^n} - \frac{(-1)^n}{n}\right) = \frac{(-1)^n}{n} + v_n$$

où v_n est donc le terme général diminué de son équivalent.

On a

$$v_n = (-1)^n \left(\frac{1}{n + (-1)^n} - \frac{1}{n} \right) = (-1)^n \frac{(n - n - (-1)^n)}{n(n + (-1)^n)}$$

soit $v_n = \dfrac{-1}{n(n + (-1)^n)} \simeq \dfrac{-1}{n^2}$: la série des v_n est absolument convergente, donc convergente, la série des $\dfrac{(-1)^n}{n}$ est alternée convergente suivant son critère, donc la série u dont le terme général u_n est somme des termes généraux de 2 séries convergentes est elle-même convergente. Mais j'anticipe sur le paragraphe suivant par cette opération sur les séries.

5. Opérations algébriques sur les séries

Les séries u de terme général u_n dans E, espace vectoriel normé complet, sont finalement les suites d'éléments de E, donc les éléments de $\mathcal{S} = E^{\mathbb{N}}$, ensemble des applications de $\mathbb{N}$ dans E.

J'introduis les sous-ensembles $\mathcal{S}_C$ (des séries convergentes), $\mathcal{S}_D$ (des séries divergentes), $\mathcal{S}_{AC}$ (des séries absolument convergentes), et $\mathcal{S}_{SC}$ (des séries semi-convergentes).

On a des partitions de $\mathcal{S}$ en $\mathcal{S}_C \cup \mathcal{S}_D$, et de $\mathcal{S}_C$ en $\mathcal{S}_{AC} \cup \mathcal{S}_{SC}$.

Par ailleurs, E étant un espace vectoriel, $\mathcal{S}$ en est un, espace vectoriel des applications de $\mathbb{N}$ dans E. Qu'en est-il des parties de $\mathcal{S}$ introduites ?

THÉORÈME 11.59. — *L'ensemble $\mathcal{S}_{A.C}$ des séries absolument convergentes est un sous-espace vectoriel de l'ensemble $\mathcal{S}_C$ des séries convergentes, lui même sous-espace vectoriel de l'espace $\mathcal{S}$. De plus l'application qui à une série u convergente associe sa somme U est une forme linéaire.* (On suppose bien sûr E complet.)

Il suffit en fait de remarquer que, si u et v sont les séries de termes généraux u_n et v_n, et w la série de terme général $\lambda u_n + \mu v_n$, (donc $w = \lambda u + \mu v$), on a, pour les sommes partielles, la relation $W_n = \lambda U_n + \mu V_n$ donc si u et v sont dans $\mathcal{S}_C$, $U = \lim\limits_{n \to +\infty} U_n$ et $V = \lim\limits_{n \to +\infty} V_n$ existent, et la continuité de l'addition et du produit par un scalaire dans un espace vectoriel normé impliquent l'existence de $W = \lim\limits_{n \to +\infty} W_n$ et l'égalité $W = \lambda U + \mu V$: on a bient $\mathcal{S}_C$ sous-espace vectoriel de $\mathcal{S}$ et linéarité de l'application qui à u associe sa somme.

Pour les séries absolument convergentes, si u et v sont dans $\mathcal{S}_{A\cdot C}$, l'inégalité triangulaire fournit $||w_n|| \leqslant |\lambda|\ ||u_n|| + |\mu|\ ||v_n||$, d'où la convergence de la série des $||w_n||$ puisque les séries de termes généraux $|\lambda|\ ||u_n||$ et $|\mu|\ ||v_n||$ sont convergentes dans $\mathbb{R}$, leur somme aussi, et on applique le Théorème 11.22 pour conclure à la convergence de la série des $||w_n||$. ■

REMARQUE 11.60. — Comme un espace vectoriel n'est jamais réunion de deux sous-espaces vectoriels propres, $\mathcal{S}_D$, et $\mathcal{S}_{S.C}$ ne sont pas des sous-espaces vectoriels.

Produit, structure d'algèbre

Nous allons munir l'ensemble $\mathcal{S}$ d'une deuxième loi de composition interne : le produit de deux séries, ce qui suppose qu'un produit commutatif existe sur E.

Aussi allons nous restreindre l'étude au cas de $E = \mathbb{R}$ ou $\mathbb{C}$, l'étude pouvant s'étendre au cas de $\mathcal{L}_C(E)$, en prenant des applications linéaires qui commutent.

DÉFINITION 11.61. — *Soient deux séries u et v de termes généraux u_n et v_n dans $\mathbb{R}$ (ou $\mathbb{C}$). On appelle série produit, la série w de terme général $w_n = u_0v_n + u_1v_{n-1} + \ldots + u_nv_0$.*

THÉORÈME 11.62. — *L'ensemble $\mathcal{S}$ des séries réelles (ou complexes) est muni par les lois somme et produit d'une structure d'anneau commutatif unitaire intègre. C'est donc aussi une algèbre commutative unitaire.*

Il s'agit de vérifications simples. L'élément neutre pour le produit est la série **1** définie par $u_0 = 1$ et $u_n = 0$, $\forall n \geqslant 1$.

L'anneau est intègre : si $u \neq 0$ et $v \neq 0$, avec $p = \inf\{n, u_n \neq 0\}$ et $q = \inf\{n, v_n \neq 0\}$ on aura $w_{p+q} = u_pv_q \neq 0$, donc $w \neq 0$.

Les vérifications de la structure d'anneau ne présentent aucune difficulté. ■

Il est plus intéressant de voir ce que donne la convergence vis-à-vis du produit et là, ce n'est pas triste ! Faisons le ménage en dégageant quelques certitudes.

THÉORÈME 11.63. — *La série produit w d'une série u absolument convergente, et d'une série v convergente, est elle même convergente, et pour les sommes on a l'égalité $W = UV$.*

Ce théorème explique la raison de la définition de ce produit compliqué (il aurait été si simple de considérer $u_n v_n$). C'est pour avoir l'égalité $W = UV$ entre sommes en cas de convergence, qu'on a pris ce produit.

Formons

$$U_nV_n - W_n = \left(\sum_{p=0}^{n} u_p\right)\left(\sum_{q=0}^{n} v_q\right) - \sum_{r=0}^{n}\left(\sum_{k=0}^{r} u_k v_{r-k}\right)$$

$$= \sum_{p=0}^{n}\sum_{q=0}^{n} u_p v_q - \sum_{r=0}^{n}\sum_{k=0}^{r} u_k v_{r-k}.$$

Les $u_k v_{r-k}$ figurent parmi les $u_p v_q$: ils disparaissent et il ne reste que les $u_p v_q$ avec $p + q > n$, que l'on va sommer en travaillant pour un indice p fixé. On a :

$$U_nV_n - W_n = \sum_{\substack{p=0\\p+q>n}}^{n}\sum_{q=0}^{n} u_p v_q = \sum_{p=1}^{n} u_p(v_{n-p+1} + \ldots + v_n)$$

$$= \sum_{p=1}^{n} u_p(V_n - V_{n-p}).$$

Il nous reste à rendre cette quantité arbitrairement petite pour n grand. Comme U_nV_n tend vers UV, on aura alors $\lim_{n\to+\infty} W_n = UV$.

Le critère de Cauchy, appliqué à la série convergente des $|u_p|$, permet de rendre des sommes du type $\sum_{p=q}^{n} |u_p|$, petites. La différence $V_n - V_{n-p}$ est bornée, (suite V_n convergente). Il reste les petites valeurs de p dans $\sum_{p=1}^{q} u_p$, mais alors $n - p$ est grand, $V_n - V_{n-p}$ sera petit : on doit se tirer d'affaire.

La convergence absolue de u, et celle de v permet de dire qu'il existe une constante positive A telle que, $\forall n, \sum_{p=1}^{n} |u_p| \leqslant A$, et $|V_n| \leqslant A$.

Soit $\varepsilon > 0$, il existe n_1 tel que $\forall r \geqslant n_1$, $\forall s \geqslant r$, $\sum_{p=r}^{s} |u_p| \leqslant \frac{\varepsilon}{4A}$ (convergence absolue de u).

On suppose $n > n_1$ on aura donc

$$\sum_{p=n_1+1}^{n} |u_p|\,|V_n - V_{n-p}| \leqslant \sum_{p=n_1+1}^{n} |u_p| \cdot 2A \leqslant 2A \cdot \frac{\varepsilon}{4A} = \frac{\varepsilon}{2}$$

d'où, pour $n > n_1$,

$$|U_nV_n - W_n| \leqslant \sum_{p=1}^{n_1} |u_p|\,|V_n - V_{n-p}| + \frac{\varepsilon}{2}.$$

Les indices $n-p$ varient de $n-n_1$ à $n-1$. Or au même ε on associe n_2 tel que

$$\forall r \geqslant n_2,\ \forall s \geqslant r,\ |V_s - V_r| \leqslant \frac{\varepsilon}{2A},$$

(convergence de la série v).

Si ici $n - n_1 \geqslant n_2$, (soit $n \geqslant n_1 + n_2$) les indices $n-p$ intervenant seront supérieurs à n_2, on aura $|V_n - V_{n-p}| \leqslant \dfrac{\varepsilon}{2A}$ d'où

$$\sum_{p=1}^{n_1} |u_p|\,|V_n - V_{n-p}| \leqslant \frac{\varepsilon}{2A} \sum_{p=1}^{n_1} |u_p| \leqslant \frac{\varepsilon}{2A} A = \frac{\varepsilon}{2}.$$

Finalement, $\forall \varepsilon > 0$, $\exists (n_1 + n_2) \in \mathbb{N}$ tel que $\forall n \geqslant n_1 + n_2$ on ait $|U_nV_n - W_n| \leqslant \varepsilon$. On a $\lim\limits_{n\to+\infty} W_n - U_nV_n = 0$ et comme $\lim\limits_{n\to+\infty} U_nV_n = UV$, c'est que $\lim\limits_{n\to+\infty} W_n = UV$ ce qui achève la justification du théorème. ■

COROLLAIRE 11.64. — *L'ensemble $\mathcal{S}_{A\cdot C}$ des séries réelles ou complexes absolument convergentes est un sous-anneau de $\mathcal{S}$ et l'application qui à une série u associe sa somme U est un morphisme d'anneaux.*

Soient u et v deux séries absolument convergentes, et w la série produit. Pour tout $n \in \mathbb{N}$, on a

$$|w_n| = |u_0v_n + u_1v_{n-1} + \ldots + u_nv_0| \leqslant |u_0|\,|v_n| + |u_1|\,|v_{n-1}| + \ldots + |u_n|\,|v_0|$$

La série des $|u_n|$ est absolument convergente, celle des $|v_n|$ est convergente, leur série produit, (Théorème 11.63) est convergente et comme $|w_n|$ est positif, inférieur au terme général de cette série, la série des

w_n est bien absolument convergente. L'ensemble $\mathcal{S}_{A \cdot C}$ est donc stable par produit : c'est un sous-anneau de $\mathcal{S}$. Enfin si u et v sont absolument convergentes, le Théorème 11.63 s'applique et donne l'égalité $W = UV$ pour les sommes des trois séries u, v et w série produit : on a bien un morphisme d'anneaux. ■

REMARQUE 11.65. — *$\mathcal{S}_C$ n'est pas stable par produit.*

Soit $u = v$ la série de terme général $u_n = \dfrac{(-1)^n}{\sqrt{n+1}}$, qui est semi convergente, (alternée qui converge suivant son critère et $|u_n| \sim \dfrac{1}{n^{1/2}}$ diverge).

Le terme général de la série produit w est

$$\begin{aligned} w_n &= u_n u_0 + u_{n-1}u_1 + \ldots + u_0 u_n \\ &= (-1)^n \left(\frac{1}{\sqrt{n+1}} + \frac{1}{\sqrt{n}\sqrt{2}} + \ldots + \frac{1}{\sqrt{n-k}\sqrt{k+2}} + \ldots \right. \\ &\quad \left. + \frac{1}{\sqrt{n+1}} \right). \end{aligned}$$

Or $n - k + k + 2 = n + 2$ est constant par rapport à k et l'inégalité $4uv \leqslant (u+v)^2$, $(\Leftrightarrow 0 \leqslant (u-v)^2)$ valable sur $\mathbb{R}$ donne $4(n-k)(k+2) \leqslant (n+2)^2$ d'où $\dfrac{2}{n+2} \leqslant \dfrac{1}{\sqrt{n-k}\sqrt{k+2}}$.

On a donc $|w_n| \geqslant (n+1) \cdot \dfrac{2}{n+2}$, soit $|w_n| \geqslant 1$: la série produit diverge puisque son terme général ne tend pas vers 0. ■

REMARQUE 11.66. — *Le produit de deux séries semi-convergentes peut cependant être une série convergente.*

Soit cette fois $u = v$ la série de terme général $u_n = \dfrac{(-1)^n}{n+1}$, le terme général de la série produit w est

$$w_n = (-1)^n \left(\frac{1}{n+1} + \frac{1}{n \cdot 2} + \ldots + \frac{1}{(n-k+1)(k+1)} + \ldots + \frac{1}{n+1} \right).$$

La fraction rationnelle, (en k), $\dfrac{1}{(n-k+1)(k+1)}$ se décompose en $\dfrac{1}{(n-k+1)(k+1)} = \dfrac{1}{n+2} \left(\dfrac{1}{k+1} + \dfrac{1}{n-k+1} \right)$, et, quand k varie de 0 à n, $k+1$ varie de 1 à $n+1$ et $n-k+1$ de $n+1$ à 1, d'où $w_n = \dfrac{2\cdot(-1)^n}{n+2}\left(1+\dfrac{1}{2}+\ldots+\dfrac{1}{n+1}\right)$.

On a le terme général d'une série alternée, $|w_n| \sim \dfrac{2\,\mathrm{Log}\,n}{n}$ tend vers 0, (voir l'exemple 11.21 pour un équivalent de $1+\dfrac{1}{2}+\ldots+\dfrac{1}{n+1}$). Est-ce en décroissant ?

On a

$$|w_{n+1}|-|w_n| = \frac{2}{n+3}\sum_{k=1}^{n+2}\frac{1}{k} - \frac{2}{n+2}\sum_{k=1}^{n+1}\frac{1}{k}$$
$$= \left(\sum_{k=1}^{n+1}\frac{1}{k}\right)\left(\frac{2}{n+3}-\frac{2}{n+2}\right)+\frac{2}{(n+3)(n+2)}.$$

Comme $\dfrac{2}{n+3}-\dfrac{2}{n+2}=\dfrac{-2}{(n+2)(n+3)}$ il reste

$$|w_{n+1}|-|w_n| = \frac{2}{(n+2)(n+3)}\left(1-1-\frac{1}{2}-\frac{1}{3}-\ldots-\frac{1}{n+1}\right)\leqslant 0$$

donc la série des w_n est alternée, convergente suivant son critère. ■

Il résulte de ces remarques, que la prudence s'impose quand on veut affirmer quelque chose concernant le produit de deux séries quelconques, d'autant plus que la série produit de deux séries divergentes peut elle même converger ! (Voir l'étude des séries entières pour un exemple d'une telle situation).

Signalons cependant le résultat suivant :

THÉORÈME 11.67. — *Soient deux séries u et v de termes généraux réels ou complexes u_n et v_n, tels que u, v et w, série produit, convergent. On a forcément l'égalité $W = UV$ pour les sommes de ces séries.*

Soit $W_n = \displaystyle\sum_{p=0}^{n}\left(\sum_{r=0}^{p}u_r v_{p-r}\right)$ la somme partielle d'ordre n de w. On intervertit les sommations, r variant de 0 à n, (p variant de 0 à n) on a :

$$W_n = \sum_{r=0}^{n}u_r\left(\sum_{p=r}^{n}v_{p-r}\right) = \sum_{r=0}^{n}u_r V_{n-r} = \sum_{q=0}^{n}u_{n-q}V_q$$

(si on pose $r = n - q$).

L'astuce de la démonstration va consister à appliquer la convergence suivant Césaro à la suite des sommes partielles W_n.

On a $\sum_{n=0}^{N} W_n = \sum_{n=0}^{N}\left(\sum_{q=0}^{n} u_{n-q}V_q\right)$ et on intervertit les sommations : d'où

$$\sum_{n=0}^{N} W_n = \sum_{q=0}^{N} V_q\left(\sum_{n=q}^{N} u_{n-q}\right) = \sum_{q=0}^{N} V_q U_{N-q},$$

donc, $\frac{1}{N+1}\sum_{n=0}^{N} W_n = \frac{1}{N+1}\sum_{q=0}^{N} V_q U_{N-q}$.

On sait alors que $\lim_{n\to+\infty} W_n = W \Rightarrow \lim_{N\to+\infty} \frac{1}{N+1}\left(\sum_{n=0}^{N} W_n\right) = W$ (c'est la convergence au sens de Césaro), mais de même, si U_n et V_n sont les termes généraux de suites qui convergent vers U et V respectivement on a $\lim_{N\to+\infty} \frac{1}{N+1}\sum_{q=0}^{N} V_q U_{N-q} = VU$. On obtient donc ici l'égalité $W = UV$. ■

11.68. *Justifions le résultat utilisé sur les suites*, (avec $V_q = 1$ pour tout q on a le résultat de Césaro).

Soit donc

$$x_N = \frac{1}{N+1}\sum_{q=0}^{N} V_q U_{N-q} - VU = \frac{1}{N+1}\sum_{q=0}^{N}(V_q U_{N-q} - VU).$$

On a $V_q U_{N-q} - VU = (V_q - V)U_{N-q} + V(U_{N-q} - U)$ et, intuitivement pour q grand, $V_q - V$ sera petit, facteur de U_{N-q} borné, et pour $N - q$ grand, $U_{N-q} - U$ sera petit. Formulons tout ceci.

Il existe $A > 0$ tel que $\forall k \in \mathbb{N}$, $|U_k| \leqslant A$ et $|V_k| \leqslant A$, (des suites convergentes sont bornées).

Soit $\varepsilon > 0$, $\quad \exists q_0,\ \forall q \geqslant q_0,\ |V_q - V| \leqslant \varepsilon$

et $\quad \exists p_0,\ \forall p \geqslant p_0,\ |U_p - U| \leqslant \varepsilon$.

Avec $p = N - q$, on aura $p \geqslant p_0$ pour $q \leqslant N - p_0$. Soit donc $N \geqslant q_0$ et $N \geqslant p_0$, on veut couper la somme en trois parties et pour cela on suppose $q_0 \leqslant N - p_0$, soit finalement $N \geqslant p_0 + q_0$.

On a

$$x_N = \frac{1}{N+1} \sum_{q<q_0} (V_q U_{N-q} - VU) + \frac{1}{N+1} \sum_{q_0 \leqslant q \leqslant N-p_0} (V_q U_{N-q} - VU)$$
$$+ \frac{1}{N+1} \sum_{N-p_0<q\leqslant N} (V_q U_{N-q} - VU).$$

Notons, y_N, z_N et t_N ces trois sommes. On a, par inégalité triangulaire,

$$|y_N| \leqslant \frac{1}{N+1} q_0 (A^2 + |VU|),$$
$$|t_N| \leqslant \frac{1}{N+1} p_0 (A^2 + |VU|)$$

quant à la deuxième somme, comme $|V_q - V| \leqslant \varepsilon$, (car $q \geqslant q_0$), et $|U_{N-q} - U| \leqslant \varepsilon$, (car $N - q \geqslant N - q_0 \geqslant p_0$), on a

$$|z_N| \leqslant \frac{1}{N+1}(N - p_0 - q_0 + 1)(\varepsilon A + \varepsilon|V|) \leqslant \varepsilon(A + |V|)$$

En fait, la majoration $|U_k| \leqslant A$ et $|V_k| \leqslant A$ pour k assez grand conduit à $|U| \leqslant A$ et $|V| \leqslant A$ en passant à la limite, d'où

$$|x_N| \leqslant 2\varepsilon A + \frac{2A^2(p_0 + q_0)}{N+1},$$

majorant ayant $2\varepsilon A$ pour limite si N tend vers l'infini, donc devenant inférieur à $\varepsilon(2A + 1)$ pour N assez grand, ce qui prouve la convergence de x_N vers 0 et achève la justification. On donnera, dans le chapitre sur les séries entières, une justification plus rapide de ce résultat. ■

On peut remarquer que la mise en forme consiste à mettre en évidence les hypothèses. D'abord, pour retrancher un nombre à une somme, le plus simple est de transformer ce nombre en somme indexée de la même manière, d'où un travail terme à terme sur $V_q U_{n-q} - VU$, où l'on peut faire apparaître la différence $(V_q - V)U_{n-q}$ ... ce qui introduit $(U_{n-q} - U)V$. Le reste n'est que routine.

Venons en enfin aux traitements bizarres que l'on peut faire subir aux séries, certains de ces traitements mettant en évidence le fait que la somme d'une série convergente n'a pas les propriétés algébriques d'une somme.

6. Le « fin du fin » sur les séries

On va étudier quatre propriétés, trois portant en fait sur l'indexation, permutation, sommation par paquets, partition des indices, la quatrième, la *transformation d'Abel* concernant un travail sur le terme général de la série.

Action des permutations

Soit une série u de terme général u_n dans $\mathbb{R}$ ou $\mathbb{C}$, ou plus généralement dans E espace vectoriel normé. On a vu qu'en fait u est une application de $\mathbb{N}$ dans E. Si φ est une bijection de $\mathbb{N}$ dans $\mathbb{N}$, l'application $v = u \circ \varphi$ est une nouvelle suite donc on lui associe une série v de terme général $v_n = u_{\varphi(n)}$ obtenue en permutant les termes de u.

11.69. *Un exemple.* Soit la série alternée u de terme général $u_n = \dfrac{(-1)^n}{n+1}$ (*série dite harmonique*), de somme U. On permute les termes de u de façon à prendre un terme positif puis deux négatifs, dans l'ordre où ils figurent dans u.

On pose donc

$$v_0 = 1,\ v_1 = -\frac{1}{2},\ v_2 = -\frac{1}{4};$$
$$v_3 = \frac{1}{3},\ v_4 = -\frac{1}{6},\ v_5 = -\frac{1}{8};$$

et plus généralement comme on travaille par tranches de trois termes, v_{3k} fera intervenir l'inverse du $(k+1)^{ième}$ nombre impair, soit $v_{3k} = \dfrac{1}{2k+1}$, et $v_{3k+1} = -\dfrac{1}{2(2k+1)}$, $v_{3k+2} = -\dfrac{1}{2(2k+2)}$.

On verra, tout de suite après l'étude de l'action des permutations, que l'on peut, dans la série v, associer 2 termes, en prendre 1, en associer 2, en prendre 1, ..., sans modifier la nature ni la somme de la série en cas de convergence (voir Théorème 11.78).

Cela donne

$$w_0 = \left(1 - \frac{1}{2}\right) = \frac{1}{2};\ w_1 = -\frac{1}{4},$$
$$w_2 = \left(\frac{1}{3} - \frac{1}{6}\right) = \frac{1}{6};\ w_3 = -\frac{1}{8};\ldots$$

et plus généralement

$$w_{2k} = \frac{1}{2k+1} - \frac{1}{2(2k+1)} = \frac{1}{2(2k+1)} \text{ et } w_{2k+1} = -\frac{1}{2(2k+2)}$$

la série w a donc pour terme général $\frac{1}{2}\left(\frac{(-1)^n}{n+1}\right)$. Diantre ! ■

L'action de la permutation initiale a donc divisé par deux la somme. Où allons-nous si on ne peut plus faire ce qu'on veut.

Cet exemple nous montre la nécessité de résultats précis, que nous allons établir.

THÉORÈME 11.70. — *Soit une série u de terme général u_n dans E espace vectoriel normé complet, et φ une permutation de $\mathbb{N}$. Si u est absolument convergente, la série v des $v_n = u_{\varphi(n)}$ est absolument convergente, et de somme $V = U$.*

Ce résultat sera d'un emploi fréquent pour les séries entières. Si on pose $a_n = ||u_n||$ et $A_n = a_0 + a_1 + \ldots + a_n$, on sait que la suite des sommes partielles A_n est convergente, donc majorée par une constante A. (Sa somme d'ailleurs).

Avec $b_k = ||v_k|| = ||u_{\varphi(k)}|| = a_{\varphi(k)}$, on aura donc

$$B_n = b_0 + b_1 + \ldots + b_n = a_{\varphi(0)} + \ldots + a_{\varphi(k)} \leqslant A_{\sup\{\varphi(0),\ldots,\varphi(k)\}} \leqslant A.$$

La suite, croissante, des B_n étant majorée est convergente, d'où la convergence absolue de la série v.

Soit alors $U_n = u_0 + u_1 + \ldots + u_n$ une somme partielle de u. Comme φ est une bijection de $\mathbb{N}$ et que $v_k = u_{\varphi(k)}$, on a $u_r = v_{\varphi^{-1}(r)}$ donc

$$U_n = v_{\varphi^{-1}(0)} + v_{\varphi^{-1}(1)} + \ldots + v_{\varphi^{-1}(n)}.$$

Soit $r(n) = \sup\{\varphi^{-1}(0),\ \varphi^{-1}(1), \ldots, \varphi^{-1}(n)\}$, la somme partielle $V_{r(n)}$ est telle que $V_{r(n)} - U_n$ soit la somme des v_k, pour $k \leqslant r(n)$, mais

$k \notin \{\varphi^{-1}(0), \varphi^{-1}(1), \ldots, \varphi^{-1}(n)\}$ soit encore k tel que $\varphi(k) \notin \{0, 1, \ldots, n\}$. Or la série u converge absolument. On a :

$$\forall \varepsilon > 0,\ \exists n_0,\ \forall p \geqslant n_0,\ \forall q > n_0,\ \sum_{n=p}^{q} ||u_n|| \leqslant \varepsilon,$$

a fortiori toute somme d'un nombre fini de $||u_n||$ pour des indices $n \geqslant n_0$ sera majorée par une somme du type précédent, donc par ε.

Si on choisit dans ce qui précède, $n \geqslant n_0$, il existe donc $r(n)$, (r est fonction de n), tel que $||V_{r(n)} - U_n|| \leqslant \varepsilon$. En outre, $r(n)$, borne supérieure d'un ensmble de $n+1$ entiers est supérieur ou égal à n. Si donc n tend vers l'infini, $r(n)$ aussi, et à la limite on obtient $||V - U|| \leqslant \varepsilon$. Ceci pour tout $\varepsilon > 0$ d'où $V = U$. ■

Quand aux séries semi-convergentes, l'exemple donné montre qu'il faut se méfier. On peut en fait établir le résultat suivant :

THÉORÈME 11.71. — *Soit une série semi-convergente réelle, u, non absolument convergente. Pour tout S de $\mathbb{R} \cup \{-\infty\} \cup \{+\infty\}$, il existe au moins une permutation φ de $\mathbb{N}$ telle que la série $v = u \circ \varphi$ « converge » vers S.*

« Converge » car si $S = +\infty$ ou $-\infty$ il y a divergence.

Procédons par étapes. On dispose de u, de terme général réel u_n, semi-convergente, non absolument convergente.

LEMME 11.72. — *Soit $I = \{n;\ u_n > 0\}$ et $J = \{n;\ u_n < 0\}$, I et J sont des ensembles infinis.*

Car si card(I) était fini par exemple, et si $n_0 = \sup I$, $\forall n \geqslant n_0$, $u_n \leqslant 0$, donc $u_n = -|u_n|$, et la convergence de la série u serait alors absolue. On conclut de même si card(J) fini. ■

Comme il faut mettre les termes nuls quelque part, on va noter, pour $p \in \mathbb{N}$, $\varphi(p)$ l'indice du $(p+1)^{ième}$ terme u_n, avec $u_n > 0$ et $\psi(p)$ l'indice du $(p+1)^{ième}$ terme u_n, avec $u_n \leqslant 0$, $a_n = u_{\varphi(n)}$, le $(n+1)^{ième}$ terme strictement positif de u, et $b_n = u_{\psi(n)}$, le $(n+1)^{ième}$ terme négatif ou nul de u.

LEMME 11.73. — *Les séries a et b de termes généraux a_n et b_n sont divergentes.*

Soit N un entier donné. On note $p(N) = \sup\{r; r \in \mathbb{N}, r \leqslant N, u_r > 0\}$ et $q(N) = \sup\{s; s \in \mathbb{N}, s \leqslant N, u(s) \leqslant 0\}$, avec la convention $p(N)$ et $q(N)$ égaux à -1 tant qu'ils n'existent pas.

Les applications p et q sont croissantes, non majorées car si l'une ou l'autre était majorée elle deviendrait constante ce qui contredirait le lemme 11.72. On a donc $\lim_{N\to+\infty} p(N) = \lim_{n\to+\infty} q(N) = +\infty$.

On a aussi, pour tout N,

$$U_N = A_{p(N)} + B_{q(N)} \text{ et } \sum_{k=0}^{N} |u_k| = A_{p(N)} - B_{q(N)},$$

(avec $A_{-1} = B_{-1} = 0$ si nécessaire).

Si alors l'une des séries a ou b, par exemple a, converge, on a $\lim_{N\to+\infty} B_{q(N)} = \lim_{N\to+\infty} (U_N - A_{p(N)})$ qui existe, donc b converge, la suite décroissante de ses sommes partielles ayant une suite extraite convergente. Mais alors la série u est absolument convergente : c'est absurde.

Donc $\lim_{n\to+\infty} A_n = \lim_{n\to+\infty} B_n = +\infty$. ∎

LEMME 11.74. — *Soit S dans $\mathbb{R}$. Il existe une permutation σ de $\mathbb{N}$ telle que la série $v = u \circ \sigma$ converge vers S.*

Pour cela on va prendre des termes positifs jusqu'au moment où on dépasse S, puis des négatifs pour revenir sous S, et répéter ce processus.

Comme $\lim_{n\to+\infty} A_n = +\infty$, il existe $p_1 \in \mathbb{N}$ tel que $A_{p_1-1} \leqslant S < A_{p_1}$ (si $a_0 > S$, en fait $p_1 = 0$ et A_{0-1} n'intervient pas).

Puis, comme $\lim_{n\to+\infty} B_n = -\infty$, il existe $q_1 \in \mathbb{N}$ tel que

$$A_{p_1} + B_{q_1} \leqslant S < A_{p_1} + B_{q_1-1},$$

(là encore, si $A_{p_1} + b_0 \leqslant S$, $q_1 = 0$ et B_{q_1-1} n'intervient pas).

Il faut remarquer que p_1 est unique mais pas q_1, ceci parce que parmi les bj peuvent figurer des termes nuls.

On prend les termes dans l'ordre $a_0, a_1, \ldots, a_{p_1}$; $b_0, b_1, \ldots, b_{q_1}$; c'est *la première étape*.

Puis il existe un seul p_2 tel que $A_{p_2-1} + B_{q_1} \leqslant S < A_{p_2} + B_{q_1}$ (et $p_2 > p_1$, car partant de la somme $A_{p_1} + B_{q_1} \leqslant S$, il faut vraiment ajouter des termes $a_n > 0$ pour obtenir $A_{p_2} + B_{q_1} > S$); et de même il existe des $q_2 > q_1$ tels que

$$A_{p_2} + B_{q_2} \leqslant S < A_{p_2} + B_{q_2-1}.$$

(Les entiers p_2 et q_2 existent parce que les A_n tendent vers $+\infty$ et les B_n vers $-\infty$).

La deuxième étape consiste à prendre les termes dans l'ordre

$$a_{p_1+1}, \dots, a_{p_2};\ b_{q_1+1}, \dots, b_{q_2};$$

On continue ainsi, à chaque étape on prend au moins un terme > 0 et au moins un terme $\leqslant 0$, donc chaque a_k et chaque b_k est pris, (au plus tard à la $(k+1)^{ième}$ étape) et ceci une seule fois : on construit ainsi une bijection σ de $\mathbb{N}$. Il reste à prouver que $\sum_{n=0}^{\infty} u_{\sigma(n)} = S$.

Or la convergence de la série u implique la convergence de la suite u vers 0.

Soit $\varepsilon > 0$, $\exists N$, $\forall n \geqslant N$, $|u_n| \leqslant \varepsilon$.

Comme $a_p = u_{\varphi(p)}$ avec $\varphi(p)$ indice du $(p+1)^{ième}$ terme strictement positif, on a $\varphi(p) \geqslant p$, donc $\forall n \geqslant N$, $|a_n| \leqslant \varepsilon$ et de même $|b_n| \leqslant \varepsilon$.

Supposons effectuée la $N+1^{ième}$ *étape*, on est alors certain que les a_j et b_j avec $j < N$ ont tous été pris.

On suppose donc déjà pris les termes

$$a_0, \dots;\ a_{p_N+1}, \dots, a_{p_{N+1}};\ b_{q_N+1}, \dots, b_{q_{N+1}},$$

et soit r_0 l'entier tel que $\sigma(r_0)$ soit l'indice du dernier terme de la série u qui a été pris, donc ici $\sigma(r_0) = \psi(q_{N+1})$.

On va prouver que, $\forall r \geqslant r_0$, $|S - \sum_{s=0}^{r} u_{\sigma(s)}| \leqslant \varepsilon$, (du moins je l'espère).

Notons $S_r = \sum_{s=0}^{r} u_{\sigma(s)}$, deux cas se présentent suivant le signe de $u_{\sigma(r)}$.

Premier cas : $u_{\sigma(r)} > 0$. Quand on prend $u_{\sigma(r)}$, on est dans une étape, disons la $k^{ième}$, avec $k > N+1$, et on est en train d'ajouter des termes positifs : la somme S_r est donc supérieure à la somme $A_{p_{k-1}} + B_{q_{k-1}}$, (fin de la $(k-1)^{ième}$ étape).

Si $u_{\sigma(r)}$ n'est pas le dernier terme positif ajouté à la $k^{ième}$ étape, on a donc

$$A_{p_{k-1}} + B_{q_{k-1}} \leqslant S_r \leqslant S < A_{p_{k-1}} + B_{q_{k-1}-1},$$

donc $|S - S_r| \leqslant |b_{q_{k-1}}| \leqslant \varepsilon$ puisque $q_{k-1} \geqslant k-1 \geqslant N$.

Si $u_{\sigma(r)}$ est le dernier terme positif ajouté, on vient de dépasser S, donc

$$S_r - u_{\sigma(r)} \leqslant S < S_r$$

d'où $|S - S_r| \leqslant u_{\sigma(r)} = un\ a_n$ avec $n \geqslant N$ d'où là encore $|S - S_r| \leqslant \varepsilon$.

Une démarche analogue permettrait de prouver que $|S - S_r| \leqslant \varepsilon$ si $u_{\sigma(r)} \leqslant 0$.

On a donc finalement : $\forall \varepsilon > 0,\ \exists r_0,\ \forall r \geqslant r_0,\ |S - \sum_{s=0}^{r} u_{\sigma(s)}| \leqslant \varepsilon$: la série $u \circ \sigma$ converge bien vers S. ∎

LEMME 11.75. — *Il existe une permutation σ de $\mathbb{N}$ telle que la série $v = u \circ \sigma$ diverge vers $+\infty$.*

La démarche sera analogue.

On va procéder par étapes indexées par $n \in \mathbb{N}^*$, la $n^{ième}$ étape consistant à ajouter des termes positifs pour dépasser n^2, puis des négatifs pour venir sous $n^2 - n$, ceci étant possible parce que les deux suites des A_n et des B_n divergent.

Première étape : il existe un seul $p_1 \in \mathbb{N}$ tel que $A_{p_1 - 1} \leqslant 1 < A_{p_1}$ puis il existe un q_1 tel que $A_{p_1} + B_{q_1} \leqslant 1 - 1 < A_{p_1} + B_{q_1 - 1}$, (il se peut que p_1 (ou q_1) soit nul auquel cas $p_1 - 1$ (ou $q_1 - 1$) n'existe pas).

Deuxième étape : il existe un seul $p_2 > p_1$ tel que

$$A_{p_2 - 1} + B_{q_1} \leqslant (1 - 1) + 2^2 < A_{p_2} + B_{q_1},$$

puis il existe $q_2 > q_1$ tel que

$$A_{p_2} + B_{q_2} \leqslant (1 - 1) + (2^2 - 2) < A_{p_2} + B_{q_2 - 1}$$

et on continue ainsi, à la $n^{ième}$ étape il existera un seul $p_n > p_{n-1}$ tel que

$$A_{p_n - 1} + B_{q_{n-1}} \leqslant (1 - 1) + (2^2 - 2) + \ldots + n^2 < A_{p_n} + B_{q_{n-1}}$$

et aussi un $q_n > q_{n-1}$ tel que

$$A_{p_n} + B_{q_n} \leqslant (1 - 1) + (2^2 - 2) + \ldots + (n^2 - n) < A_{p_n} + B_{q_n - 1}.$$

On détermine donc encore, en prenant les termes dans l'ordre

$$a_0, a_1, \ldots, a_{p_1};\ b_0, b_1, \ldots, b_{q_1};\ a_{p_1+1}, \ldots, a_{p_2};\ b_{q_1+1}, \ldots, b_{q_2};\ \ldots$$

une permutation σ de $\mathbb{N}$ et il reste à justifier $\lim_{r \to +\infty} \sum_{s=0}^{r} u_{\sigma(s)} = +\infty$.

On peut constater que la somme partielle $A_{p_n} + B_{q_n}$ qui devient inférieure à $R_n = \sum_{k=1}^{n}(k^2 - k)$, est obtenue à partir de $A_{p_n} + B_{q_n - 1}$ par adjonction d'un seul terme, $b_{q_n} = u_{\psi(q_n)}$, avec $\psi(q_n) \geqslant n - 1$.

Or la série u étant semi-convergente, la suite des u_n *est bornée*, et si a est tel que $\forall n \in \mathbb{N}$, $|u_n| \leqslant a$, on aura $A_{p_n} + B_{q_n} \geqslant R_n - a$, les sommes partielles suivantes de la série des $u_{\sigma(s)}$ augmentent donc restent supérieures à $R_n - a$, puis lorsqu'elles diminuent, (dans la $(n+1)^{ième}$ étape) elles demeurent supérieures à $R_n - a + (n+1)^2 - (n+1)$: elles sont donc supérieures à $R_n - a$.

Si r_0 est l'indice tel que $\sigma(r_0)$ = l'indice $\psi(q_n)$, on a donc,

$$\forall r \geqslant r_0,\ S_r = \sum_{s=0}^{r} u_{\sigma(s)} \geqslant R_n - a$$

avec $R_n \geqslant n^2 - n$.

Comme $n^2 - n - a$ peut être rendu arbitrairement grand on a bien $\lim_{r \to +\infty} S_n = +\infty$ ce qui achève la justification.

Sommation par paquets

Nous venons de voir que la propriété de commutativité des sommes dans un espace vectoriel ne s'étend pas aux séries quelconques. Il en est de même de l'associativité. De quoi s'agit-il ? Eh bien de sommer par paquets les termes de la série initiale pour en obtenir une autre.

Supposons donnée une série u de terme général u_n dans E (espace vectoriel normé), ainsi qu'une suite strictement croissante d'entiers $(p_n)_{n \in \mathbb{N}}$, donc $p_n \geqslant n$ et $\lim_{n \to +\infty} p_n = +\infty$.

On pose alors $v_0 = \sum_{i=0}^{p_0} u_i$; $v_1 = \sum_{i=p_0+1}^{p_1} u_i$ et plus généralement, $v_n = \sum_{i=p_{n-1}+1}^{p_n} u_i$. On obtient ainsi une nouvelle série v dont le terme général est obtenu à partir de u en associant les termes u_k entre eux. Question : u et v sont elles de même nature ? En cas de convergence des deux y a-t-il égalité des sommes ?

La réponse à la première question est non, et à la deuxième oui.

EXEMPLE 11.76. — Soit u avec $u_n = (-1)^n$: la série diverge. On associe les termes 2 à 2 : $v_0 = 1 - 1 = 0$, $v_1 = 1 - 1 = 0, \ldots, v_n = 1 - 1 = 0, \ldots$ la série v converge.

Voici une liste de résultats valables.

THÉORÈME 11.77. — *Si une série u est convergente, quelle que soit la suite $(p_n)_{n\in\mathbb{N}}$ strictement croissante d'entiers, la série v obtenue en sommant par paquets est convergente et a la même somme.*

En effet $V_n = v_0 + v_1 + \ldots + v_n = U_{p_n}$ en fait, donc la suite des sommes partielles, de la série v est une suite extraite de la suite convergente des sommes partielles de u : le résultat en découle.

Ce théorème s'applique surtout pour calculer des sommes de séries que l'on sait être convergentes.

Nous avons vu, (exemple 11.76) que par associativité, une série divergente pouvait donner une série convergente. Il faut donc être prudent si on ne connait pas la nature de la série initiale. On dispose alors du théorème suivant.

THÉORÈME 11.78. — *Soit une série u de terme général u_n, qui tend vers 0. Soit une suite strictement croissante d'entiers $(p_n)_{n\in\mathbb{N}}$. Si le nombre de termes $r_n = p_n - p_{n-1} + 1$ par paquets est borné, la série u et la série v obtenue en sommant par paquets sont de même nature et ont même somme en cas de convergence.*

Comme (u convergente) $\Rightarrow$ (v convergente) est toujours vrai, il reste à justifier l'implication réciproque. On suppose donc v convergente.

Soit donc un entier k quelconque, on veut relier la somme partielle U_k aux sommes partielles de la série v. Pour cela, il existe un et un seul n tel que $p_n < k \leqslant p_{n+1}$, (suite $(p_n)_{n\in\mathbb{N}}$ strictement croissante), donc

$$U_k = \sum_{i=0}^{p_n} u_i + \sum_{i=p_n+1}^{k} u_i = V_n + \sum_{i=p_n+1}^{k} u_i.$$

Par hypothèse, il existe un entier m majorant le nombre de termes de chaque tranche, donc $k - p_n \leqslant m$; puis $\lim\limits_{i\to+\infty} u_i = 0$:

$$\forall \varepsilon > 0,\ \exists i_0,\ \forall i \geqslant i_0,\ \|u_i\| \leqslant \varepsilon;$$

la série v converge : si V est sa somme, au même $\varepsilon > 0$ on associe n_0 tel que $\forall n \geqslant n_0$, $||V_n - V|| \leqslant \varepsilon$; formons alors

$$||U_k - V|| \leqslant ||V_n - V|| + \sum_{i=p_n+1}^{k} ||u_i||,$$

on pourra utiliser les majorations si k est assez grand pour affirmer que $n \geqslant n_0$ et $i \geqslant i_0$.

Or l'application qui à k associe $n(k)$ tel que $p_n < k \leqslant p_{n+1}$ est croissante, non majorée, (sinon elle devient convergente donc constante car on est dans $\mathbb{N}$, et il existerait n_0 tel que $\forall k \in \mathbb{N}$, $k \leqslant p_{n_0+1}$).

On a donc $\lim\limits_{k\to+\infty} n(k) = +\infty$ d'où aussi $\lim\limits_{k\to+\infty} p_{n(k)} + 1 = +\infty$ et alors $\exists k_0$, $\forall k \geqslant k_0$, $n(k) \geqslant n_0$ et $p_{n(k)+1} \geqslant i_0$ d'où $\forall k \geqslant k_0$, $||U_k - V|| \leqslant \varepsilon + m\varepsilon$, vu les inégalités établies. Comme m est une constante et ε quelconque, ceci prouve bien la convergence de la série u. Les séries u et v étant simultanément convergentes sont de même nature, et on sait qu'en cas de convergence elles ont même somme (Théorème 11.77). ■

Exemple d'application du théorème 11.78. Nature de la série de terme général $u_n = \dfrac{(-1)^n}{n - \cos n\pi}$. La série est alternée, $|u_n| \sim \dfrac{1}{n}$ tend vers 0 mais pas en décroissant. On associe les termes 2 à 2 soit $v_p = u_{2p} + u_{2p+1}$ on a

$$v_p = \frac{1}{2p-1} - \frac{1}{2p+2} = \frac{3}{(2p-1)(2p+2)} \simeq \frac{3}{4p^2}.$$

La série des v_p converge, u_n tend vers 0, on a des paquets de 2 termes, le Théorème 11.77. s'applique donc u converge. ■

Il y a d'autres résultats, propres au cas réel, liés à la structure de corps ordonné.

THÉORÈME 11.79. — *Soit une série u de terme général u_n positif. Quelle que soit la suite strictement croissante d'entiers p_n, la série v obtenue en sommant par paquets est de même nature que u, et a une somme égale en cas de convergence.*

En effet la suite des $V_n = U_{p_n}$ est une suite extraite d'une suite croissante cette fois et dans ce cas les deux suites sont de même nature car, il est toujours vrai que $\lim\limits_{k\to+\infty} U_k = U$ implique $\lim\limits_{n\to+\infty} U_{p_n} = U$; mais réciproquement, si la suite extraite converge, soit $\varepsilon > 0$, $\exists n_0$, $\forall n \geqslant n_0$, $U - \varepsilon \leqslant U_{p_n} \leqslant U$ « $+\varepsilon$ » si U est la limite avec $+\varepsilon$ entre guillemets car la suite est croissante donc la limite est atteinte par valeurs inférieures.

Mais alors, $\forall k \geqslant p_{n_0}$, on a $U - \varepsilon \leqslant U_{p_{n_0}} \leqslant U_k \leqslant U$, ce qui traduit la convergence de la suite des sommes partielles vers U. ■

On peut encore raffiner.

THÉORÈME 11.80. — *Soit une série u de terme général réel u_n et une suite strictement croissante d'entiers, p_n. Si dans chaque somme $v_n = \sum_{i=p_{n-1}+1}^{p_n} u_i$, (avec $p_{-1} = -1$), les u_i sont de même signe ou nuls, les séries u et v sont de même nature et ont même somme en cas de convergence.*

Là encore il suffit de justifier que la convergence de la série v implique celle de la série u.

Soit donc $k \in \mathbb{N}$, il existe un seul n tel que $p_n < k \leqslant p_{n+1}$, donc $U_k = V_n + \sum_{i=p_n+1}^{k} u_i$.

Si les u_i pour $p_n + 1 \leqslant i \leqslant p_{n+1}$ sont tous $\geqslant 0$, on a

$$0 \leqslant \sum_{i=p_n+1}^{k} u_i \leqslant \sum_{i=p_n+1}^{p_{n+1}} u_i$$

d'où l'encadrement $V_n \leqslant U_k \leqslant V_{n+1}$; alors que si les u_i sont $\leqslant 0$, on aura

$$\sum_{i=p_n+1}^{p_{n+1}} u_i \leqslant \sum_{i=p_n+1}^{k} u_i \leqslant 0$$

et l'encadrement $V_{n+1} \leqslant U_k \leqslant V_n$.

Dans les 2 cas, on obtient $|V_n - U_k| \leqslant |V_{n+1} - V_n|$. La convergence de la série v, jointe au fait que $\lim\limits_{k \to +\infty} n = +\infty$, (voir démonstration du Théorème 11.78) montre que $\lim\limits_{k \to +\infty} U_k = \lim\limits_{n \to +\infty} V_n$ d'où le résultat. ■

11.81. Partition des indices

Soit une série u de terme général u_n dans E espace vectoriel normé complet. Soit par ailleurs une partition de $\mathbb{N}$ en deux parties I et J de cardinal infini.

On peut définir deux séries a et b de termes généraux respectifs a_n et b_n définis par :

si $n \in I$, $a_n = u_n$ et $a_n = 0$ si $n \notin I$;

si $n \in J$, $b_n = u_n$ et $b_n = 0$ sinon.

On a donc, $\forall n \in \mathbb{N}$, $a_n + b_n = u_n$. Il est évident que si les deux séries a et b sont convergentes, la série u est aussi convergente, et a pour somme $U = A + B$; mais également que si a et b sont absolument convergente, u le sera.

De même si a converge et b diverge, u diverge (sinon, $b = u - a$ convergerait...). Par contre a divergente et b divergente n'implique pas u divergente, comme le montre le cas de la série harmonique des $u_n = \dfrac{(-1)^n}{n+1}$ dans laquelle on isolerait les termes pairs, $\left(a_{2p} = \dfrac{1}{2p+1}, a_{2p+1} = 0\right)$ des termes impairs.

On peut généraliser à une partition en un nombre fini de parties de cardinal infini.

Transformation d'Abel

Il s'agit tout simplement de la mise en forme d'une interversion des sommations dans une somme finie.

Supposons que le terme général d'une série s'écrive $a_n = u_n v_n$, ce qui suppose l'existence d'un produit, c'est pourquoi nous supposerons les u_n et les v_n réels ou complexes. Mais le type de raisonnement se généraliserait avec des $u_n \in \mathcal{L}_c(E, E)$, des $v_n \in E$, d'où des $a_n \in E$, avec E espace vectoriel normé complet par exemple.

On veut, par application du critère de Cauchy des espaces complets, voir si la série des a_n converge, ce qui conduit à considérer les sommes du type $A_{p,q} = \sum_{n=p}^{q} u_n v_n$, avec $q \geqslant p$. On pose alors, pour $n \geqslant p$, $V_{p,n} = \sum_{i=p}^{n} v_i$, et on exprime les v_n à l'aide des $V_{p,r}$. On a $v_p = V_{p,p}$ et pour $n > p$, $v_n = V_{p,n} - V_{p,n-1}$. On a donc, si $q > p$,

$A_{p,q} = u_p V_{p,p} + \sum_{n=p+1}^{q} u_n(V_{p,n} - V_{p,n-1})$, expression que l'on réordonne par rapport aux $V_{p,n}$. Seul $V_{p,q}$ n'intervient qu'une fois, et l'on a

11.81.bis
$$A_{p,q} = \sum_{n=p}^{q-1} V_{p,n}(u_n - u_{n+1}) + u_q V_{p,q} = \sum_{n=p}^{q} u_n v_n.$$

11.82. Effectuer ce calcul c'est faire une *transformation d'Abel*. L'idée est la suivante : si dans $\sum_{n=p}^{q} u_n v_n$, v_n apparaît comme la différence de deux choses consécutives, on réordonne la somme en indexant sur ces choses. (Ne pas oublier que $u_n = u_n \cdot 1 = u_n((n+1) - n)$, cela peut parfois servir.)

Voyons maintenant plusieurs énoncés permettant de conclure à la convergence de la série des $u_n v_n$.

THÉORÈME 11.83. — *Soit une série de terme général $a_n = u_n v_n$, les u_n étant réels et les v_n complexes. Si u_n tend vers 0 en décroissant et si les sommes $V_{p,n} = \sum_{i=p}^{n} v_i$, (pour $n \geqslant p$) sont bornés, la série des a_n converge.*

En effet, en effectuant la transformation d'Abel qui précède, $\forall p \in \mathbb{N}$, $\forall q > p$, on a

$$|A_{p,q}| \leqslant \sum_{n=p}^{q-1} |V_{p,n}|\,|u_n - u_{n+1}| + |u_q|\,|V_{p,q}|.$$

Or il existe une constante $B > 0$ telle que, $\forall p \in \mathbb{N}$, $\forall n \geqslant p$, $|V_{p,n}| \leqslant B$; et de plus, la suite $(u_n)_{n\in\mathbb{N}}$ tend vers 0 en décroissant, on a donc $u_q \geqslant 0$, $u_n - u_{n+1} \geqslant 0$ et aussi, $\forall \varepsilon > 0$, $\exists p_0$, $\forall p \geqslant p_0$, $u_p \leqslant \frac{\varepsilon}{B}$.

Soit $p \geqslant p_0$ et $q > p$, en utilisant ces inégalités il vient

$$|A_{p,q}| \leqslant \sum_{n=p}^{q-1} B(u_n - u_{n+1}) + B(u_q) = B(u_p - u_q + u_q) = Bu_p \leqslant B\frac{\varepsilon}{B} = \varepsilon$$

dans $\mathbb{C}$ complet, le critère de Cauchy des espaces complets s'applique à la suite des sommes partielles A_n donc la série est convergente, (il faut noter que $|A_{pp}| = u_p|V_{p,p}| \leqslant \varepsilon$ aussi). ■

Ce théorème, qui porte parfois le nom de *Critère d'Abel* est d'un emploi commode et fréquent dans l'étude des séries entières.

Voici d'autres résultats.

THÉORÈME 11.84. — *Soit une série de terme général $u_n v_n$ avec les u_n et v_n complexes. Si les sommes $V_{p,n} = \sum_{i=p}^{n} v_i$ (pour $n \geqslant p$), sont bornées, si la série des $(u_n - u_{n+1})$ est absolument convergente, et si la suite des u_n converge vers 0, alors la série des $u_n v_n$ converge.*

Cet énoncé est moins pratique que le précédent, car il comporte trop d'hypothèses et il en est des hypothèses comme des médicaments : au delà de deux c'est difficile à maîtriser.

Avec les mêmes notations, et $B > 0$ qui majore les $|V_{p,n}|$, on a dans 11.81 :

$$\forall p \in \mathbb{N},\ \forall q > p,\ |A_{p,q}| \leqslant B\Big(|u_q| + \sum_{n=p}^{q-1} |u_n - u_{n+1}|\Big)$$

(et $|A_{p,p}| \leqslant B|u_p|$).

Or $\forall \varepsilon > 0, \exists p_0, \forall r \geqslant p_0, |u_r| \geqslant \varepsilon$, (traduit $\lim\limits_{n \to +\infty} u_n = 0$) et

$$\forall p \geqslant p_0,\ \forall q > p,\ \sum_{n=p}^{q-1} |u_n - u_{n+1}| \leqslant \varepsilon$$

puisque la série des $|u_n - u_{n+1}|$ converge.

On a donc, $\forall p \geqslant p_0,\ \forall q > p,\ |A_{p,q}| \leqslant 2\varepsilon B$, et $|A_{p,p}| \leqslant \varepsilon B$, donc là encore la série des $u_n v_n$ converge. ■

Enfin on a encore :

THÉORÈME 11.85. — *Soit une série de terme général $u_n v_n$ avec la suite des u_n monotone bornée, et la série de terme général complexe v_n convergente, alors la série des $u_n v_n$ converge.*

Il faut remarquer que le raisonnement qui consiste à dire que, si $\lambda = \lim\limits_{n \to +\infty} u_n$ est non nulle, $u_n v_n \sim \lambda v_n$ ne donne rien puisque les

v_n sont complexes. Là encore 11.81 nous donne

$$|A_{p,q}| \leqslant |u_q|\ |V_{p,q}| + \sum_{n=p}^{q-1} |u_n - u_{n+1}|\ |V_{p,n}|$$

pour $q > p$.

La suite $(u_n)_{n\in\mathbb{N}}$ est monotone, bornée par b, (en module), et la série des v_n étant convergente, on a :

$$\forall\varepsilon > 0,\ \exists p_0,\ \forall p \geqslant p_0,\ \forall n \geqslant p,\ |V_{p,n}| \leqslant \varepsilon$$

(critère de Cauchy des espaces complets).

On obtient donc,

$$\forall p \geqslant p_0 \text{ et } \forall q > p,\ |A_{pq}| \leqslant \varepsilon(|u_q| + \sum_{n=p}^{q-1} |u_n - u_{n+1}|)$$

avec soit les $u_n - u_{n+1}$ tous positifs, et alors $\sum_{n=p}^{q-1} |u_n - u_{n+1}| = u_p - u_q$, soit tous négatifs, et la somme vaut $u_q - u_p$.

Dans les deux cas $|A_{pq}| \leqslant 3\varepsilon b$, avec $|u_n| \leqslant b$, $\forall n$, donc là encore la série initiale converge. ■

En plus du critère d'Abel proprement dit (Théorème 11.83), la transformation d'Abel rend bien des services. Voyons, pour terminer cette étude, un calcul qui se fait aussi dans l'étude des séries de Fourier.

THÉORÈME 11.86. — *Pour $\theta \neq 0(2\pi)$, les sommes $V_{p,q} = \sum_{n=p}^{q} e^{in\theta}$, avec $q \geqslant p$ sont bornées par rapport à p et q.*

Car $V_{p,q}$ est la somme des termes d'une progression géométrique de raison $e^{i\theta} \neq 1$, donc

$$V_{p,q} = \frac{e^{i(q+1)\theta} - e^{ip\theta}}{e^{i\theta} - 1} = \frac{e^{ip\theta}(e^{i(q-p+1)\theta} - 1)}{e^{i\frac{\theta}{2}}(e^{i\frac{\theta}{2}} - e^{-i\frac{\theta}{2}})}$$

$$= e^{ip\theta}e^{-\frac{i}{2}\theta}e^{i(q-p+1)\frac{\theta}{2}} \frac{2i \sin \dfrac{q-p+1}{2}\theta}{2i \sin \dfrac{\theta}{2}}$$

$$= \frac{e^{i(q+p)\frac{\theta}{2}} \sin \dfrac{q-p+1}{2}\theta}{\sin \dfrac{\theta}{2}}$$

et $|V_{pq}| \leqslant \dfrac{1}{|\sin \frac{\theta}{2}|}$ est bien borné en p et q. On peut même dire que c'est bornée uniformément par rapport à $\theta \in [\alpha, 2\pi - \alpha]$ avec α vérifiant $0 < \alpha < \pi$, puisqu'on majore alors par $\dfrac{1}{|\sin \frac{\alpha}{2}|}$. ■

COROLLAIRE 11.87. — *Pour $\theta \neq 0(2\pi)$, les sommes $S_{p,q} = \sum_{n=p}^{q} \sin n\theta$ et $C_{p,q} = \sum_{n=p}^{q} \cos n\theta$ sont bornées par rapport à p et q, uniformément par rapport à θ dans $[\alpha, 2\pi - \alpha]$ pour $0 < \alpha < \pi$,* (toujours avec $q \geqslant p$).

Car

$$C_{p,q} = \mathrm{Re}(V_{p,q}) = \frac{\cos{(q+p)}\dfrac{\theta}{2} \sin \dfrac{q-p+1}{2}\theta}{\sin \dfrac{\theta}{2}}$$

et
$$S_{p,q} = \mathrm{Im}(V_{p,q}) = \frac{\sin{(p+q)}\dfrac{\theta}{2} \sin \dfrac{q-p+1}{2}\theta}{\sin \dfrac{\theta}{2}}$$

la conclusion s'impose. ■

EXERCICES

1. Nature des séries de termes généraux $u_n = \dfrac{1}{n \operatorname{Log} n(\operatorname{Log}\operatorname{Log} n)^\alpha}$, $v_n = \dfrac{1}{(\operatorname{Log} n)^{\operatorname{Log} n}}$.

2. Nature des séries de termes généraux $u_n = \dfrac{(-1)^n}{n^{\alpha+(-1)^n}}$ et $v_n = \dfrac{(-1)^{\frac{n(n-1)}{2}}}{n}$.

3. Nature, suivant les valeurs de a réel, de la série des $u_n = \left(\cos \dfrac{1}{\sqrt{n}}\right)^n - a$.

4. Nature, suivant $(x, y) \in \mathbb{R}^2$, de la série des $u_n = \dfrac{x^n}{1 + y^{2n}}$.

5. Nature de la série des $u_n = \displaystyle\int_0^{+\infty} \frac{dt}{1 + t^{3n}}$.

6. Construire une suite de réels u_n tels que la série des u_n converge et que pour tout p entier supérieure à 2, la série des $(u_n)^p$ diverge.

7. Existence de $u_n = \displaystyle\int_0^{+\infty} e^{-nx} \operatorname{Arctg} x \, dx$. Nature de la série des u_n.

8. On pose $P_n = \displaystyle\prod_{k=1}^{n} \left(1 + \frac{k}{n^2}\right)$; calculer $\displaystyle\lim_{n \to +\infty} P_n = \lambda$ et donner un équivalent de $P_n - \lambda$.

9. Soit $a_n = \displaystyle\prod_{p=1}^{n} \left(1 + \frac{(-1)^{p-1}}{\sqrt{p}}\right)$. Montrer que $\displaystyle\lim_{n \to +\infty} a_n = 0$. Que dire de $\displaystyle\lim_{n \to +\infty} \sqrt{n} a_n$?

10. Nature de la série de terme général
$u_n = \text{Arcsin}\dfrac{n^2}{n^2+1} - \text{Arcsin}\dfrac{n^2}{n^2+2}$.

11. Soit une série de terme général u_n strictement positif, tel que $\dfrac{u_{n+1}}{u_n} = 1 - \dfrac{\lambda}{n} + v_n$ où v_n est le terme général d'une série absolument convergente. Montrer que pour n assez grand on a
$\text{Log}\,\dfrac{u_{n+1}}{u_n} = -\dfrac{\lambda}{n} + w_n$, où la série des w_n est absolument convergente. En déduire l'existence de $A > 0$ tel que $u_n \sim \dfrac{A}{n^\lambda}$.

12. Nature des séries de termes généraux

$$u_n = \frac{1}{n^\alpha}\left((n+1)^{1+\frac{1}{n}} - (n-1)^{1-\frac{1}{n}}\right);$$
$$v_n = \frac{1}{n^{\text{tg}(\frac{\pi}{4}+\frac{1}{n})}};$$
$$w_n = n^p\left(e^{-a/n} - e^{-a\sin\frac{1}{n}}\right)$$

avec $a > 0$.

13. Nature des séries de termes généraux $u_n = \text{tg}(\pi\sqrt{n^2+an+b})$;
$v_n = \text{tg}\left(\dfrac{\pi}{4} + \dfrac{(-1)^n}{n^\alpha}\right) - 1$, avec $\alpha > 0$.

14. Montrer que la série des
$u_n = \dfrac{\sqrt{n!}}{(1+\sqrt{1})(1+\sqrt{2})\dots(1+\sqrt{n})(1+\sqrt{n+1})}$ converge. Calculer sa somme.

15. Nature de la série des $u_n = f(n)$ avec $f \in \mathcal{C}^1([1,+\infty[)$ et
$\lim\limits_{x\to+\infty} \dfrac{f'(x)}{f(x)} = \lambda < 0$.

16. Nature des séries de termes généraux $u_n = a^{E(\text{Log}\,n)}$, (avec $a > 0$);
$v_n = \dfrac{(-1)^{E(\sqrt{n})}}{n}$; ($E(x)$ désignant la partie entière de x, donc l'unique entier p tel que $p \leqslant x < p+1$).

17. Nature de la série des $\dfrac{1}{a^{p_n}}$ avec $a > 0$ et p_n nombre de chiffres de n en base 10. Calcul de la somme en cas de convergence.

18. Déterminer

$$\lim_{n\to+\infty}\left(1+\frac{1}{2}+\ldots+\frac{1}{n}-\frac{1}{n+1}-\frac{1}{n+2}-\ldots-\frac{1}{n^2}\right).$$

19. Nature des séries de termes généraux $u_n = \left(\dfrac{\operatorname{Log} n}{n}\right)^{cn^\alpha}$,

$c \geqslant 0,\ \alpha \geqslant 0$; et $v_n = \dfrac{\operatorname{Log}(1+n^\beta x^n)}{n^\alpha}$, $x > 0$.

20. Soit $y(x)$ et $z(x)$ définis par $x - y - y^3 = 0$ et $x - z + z^3 = 0$.

Etudier la série des u_n avec $u_n = \left|\dfrac{y\left(\dfrac{1}{n}\right) - z\left(\dfrac{1}{n}\right)}{y\left(\dfrac{1}{n}\right) + z\left(\dfrac{1}{n}\right)}\right|^{1/2}$.

21. Etude de la série des $\dfrac{\sin(\pi\sqrt{n})}{n^\alpha}$.

SOLUTIONS

1. Pour $\alpha \leqslant 0$, et n assez grand, on a $u_n \geqslant v_n$ avec $v_n = \dfrac{1}{n \operatorname{Log} n}$, terme général d'une série de Bertrand divergente. (Voir 11.28)

Pour $\alpha > 0$, la fonction $t \rightsquigarrow f(t) = \dfrac{1}{t \operatorname{Log} t (\operatorname{Log}\operatorname{Log} t)^\alpha}$ est positive décroissante pour t assez grand donc la série est de même nature que l'intégrale impropre $\displaystyle\int^{+\infty} \frac{dt}{t \operatorname{Log} t(\operatorname{Log}\operatorname{Log} t)^\alpha}$. Comme $(\operatorname{Log}\operatorname{Log} t)' = \dfrac{1}{t \operatorname{Log} t}$, le changement de variable $x = \operatorname{Log}(\operatorname{Log} t)$ ramène à l'intégrale impropre $\displaystyle\int^{+\infty} \frac{dx}{x^\alpha}$ d'où : la série des u_n converge si et seulement si $\alpha > 1$.

Soit $v_n = \dfrac{1}{(\operatorname{Log} n)^{\operatorname{Log} n}} = e^{-(\operatorname{Log} n)\operatorname{Log}(\operatorname{Log} n)}$.

On a $n^2 v_n = e^{(Log\, n)(2-\text{Log}(\text{Log}\, n))}$. L'exposant tend vers $-\infty$ donc $\lim\limits_{n\to+\infty} n^2 v_n = 0$: la série des v_n converge, (critère de Riemann).

2. On a $u_{2p} = \dfrac{1}{(2p)^{\alpha+1}}$ et $u_{2p+1} = \dfrac{-1}{(2p+1)^{\alpha-1}}$.
Si $\alpha > 2$, les 2 séries extraites, (partition des indices) des u_{2p} et des u_{2p+1} convergent donc u converge;
si $1 < \alpha \leqslant 2$, la série des u_{2p} converge, celle des u_{2p+1} diverge, u diverge;
si $\alpha \leqslant 1$, les $|u_{2p+1}|$ sont $\geqslant 1$, $u_n \nrightarrow 0$: la série diverge.

Pour la série des v_n, il faut déterminer le signe de $(-1)^{\frac{n(n-1)}{2}}$.
Or si $n = 4k$, $\dfrac{4k(4k-1)}{2}$ est pair, si $n = 4k+1$, $\dfrac{(4k+1)4k}{2}$ aussi alors que si $n = 4k+2$ et $4k+3$, on a $\dfrac{n(n-1)}{2}$ qui vaut $(2k+1)(4k+1)$ ou $(4k+3)(2k+1)$ donc qui est impair. On associe les termes 4 par 4, ce qui ne modifie pas la nature de la série puisque u_n tend vers 0.
On obtient

$$\begin{aligned} w_k &= u_{4k} + u_{4k+1} + u_{4k+2} + u_{4k+3}, \quad (\text{pour } k \geqslant 1) \\ &= \frac{1}{4k} + \frac{1}{4k+1} - \frac{1}{4k+2} - \frac{1}{4k+3} \\ &= \frac{2}{4k(4k+2)} + \frac{2}{(4k+1)(4k+3)} \end{aligned}$$

d'où $w_k \underset{k\to+\infty}{\sim} \dfrac{1}{4k^2}$: la série des w_k converge, celle des u_n aussi.

3. Pour $u_n = e^{n \text{ Log} \cos \frac{1}{\sqrt{n}}} - a$, un développement limité s'impose à l'ordre 1 en $\dfrac{1}{n}$, (comme il existe à tout ordre, si les termes constants et en $\dfrac{1}{n}$ disparaissent u_n sera $O\left(\dfrac{1}{n^2}\right)$ donc la série convergera).

On prend donc $n \text{ Log} \cos \dfrac{1}{\sqrt{n}}$ à l'ordre 1, d'où le cosinus à l'ordre 2 en $\dfrac{1}{n}$:

$\cos \dfrac{1}{\sqrt{n}} = 1 - \dfrac{1}{2n} + \dfrac{1}{24n^2} + o\left(\dfrac{1}{n^2}\right)$; on utilise $\text{Log}\,(1+u) = u - \dfrac{u^2}{2} + o(u^2)$

$$\begin{aligned} \text{Log} \cos \frac{1}{\sqrt{n}} &= -\frac{1}{2n} + \frac{1}{24n^2} - \frac{1}{2}\left(\frac{1}{4n^2}\right) + o\left(\frac{1}{n^2}\right), \\ &= -\frac{1}{2n} - \frac{1}{12n^2} + o\left(\frac{1}{n^2}\right) \end{aligned}$$

d'où

$$e^{n \text{ Log} \cos \frac{1}{\sqrt{n}}} = e^{-\frac{1}{2}} \cdot e^{-\frac{1}{12n} + o(\frac{1}{n})} = \frac{1}{\sqrt{e}}\left(1 - \frac{1}{12n} + 0\left(\frac{1}{n^2}\right)\right)$$

et $u_n = \left(\frac{1}{\sqrt{e}} - a\right) - \frac{1}{12\sqrt{e}n} + 0\left(\frac{1}{n^2}\right)$: *la série diverge toujours*, (si $a \neq \frac{1}{\sqrt{e}}$, $u_n \not\to 0$, si $a = \frac{1}{\sqrt{e}}$, $u_n \sim \frac{-1}{12\sqrt{e}n}$).

4. On prend des équivalents suivant la place de $|x|$ et de $|y|$ par rapport à 1.
Si $|y| < 1$, $u_n \sim x^n$ converge $\Leftrightarrow |x| < 1$;
si $|y| = 1$, $u_n = \frac{x^n}{2}$ converge $\Leftrightarrow |x| < 1$;
si $|y| > 1$, $u_n \sim \left(\frac{x}{y^2}\right)^n$ converge $\Leftrightarrow |x| < y^2$.

5. On a $u_n = \int_0^{+\infty} \frac{dt}{1+t^{3n}} > \int_0^1 \frac{dt}{1+t^{3n}} > \int_0^1 \frac{dt}{1+1} = \frac{1}{2}$: $u_n \not\to 0$ donc la série diverge.

6. La série des u_n cherchée ne peut pas être absolument convergente, car dans ce cas, u_n tend vers 0, et dès que les $|u_n|$ sont inférieurs à 1, pour $p \geqslant 2$, $|u_n|^p \leqslant |u_n|$: la série des $|u_n|^p$ serait convergente. On doit donc avoir des u_n non de signe constant, donc $(u_n)^p$ ne peut se définir que pour p entier (ou rationnel à dénominateur impair).

Soit $u_n = \frac{\cos\left(n \cdot \frac{2\pi}{3}\right)}{\operatorname{Log} n}$, c'est le terme d'une série convergente par le critère d'Abel, (Théorème 11.83) car $\frac{2\pi}{3} \neq 0(2\pi)$ et $\frac{1}{\operatorname{Log} n}$ tend vers 0 en décroissant.

On constate ensuite que $\cos\left(n \cdot \frac{2\pi}{3}\right)$ ne prend que les valeurs 1 et $-\frac{1}{2}$, donc si p pair $(u_n)^p \geqslant \frac{1}{2^p} \cdot \frac{1}{(\operatorname{Log} n)^p}$, série de Bertrand divergente, (ou bien $\sqrt{n} \cdot \frac{1}{2^p(\operatorname{Log} n)^p}$ tend vers $+\infty$) $\Rightarrow \sum_n u_n^p$ diverge); et si p impair, comme u_n^p tend vers 0 si n tend vers l'infini, en groupant les termes 3 par 3 on obtient une nouvelle série v de même nature, avec $v_n = (u_{3n})^{2k+1} + (u_{3n+1})^{2k+1} + (u_{3n+2})^{2k+1}$, avec $k \geqslant 1$ car $p = 2k+1$

est $\geqslant 2$,

$$v_n = \frac{1}{(\operatorname{Log} 3n)^{2k+1}} - \frac{1}{2^{2k+1}}\left(\frac{1}{(\operatorname{Log}(3n+1))^{2k+1}} + \frac{1}{(\operatorname{Log}(3n+2))^{2k+1}}\right)$$
$$= \frac{1}{(\operatorname{Log} 3n)^{2k+1}}\left(1 - \frac{1}{2^{2k+1}}\left[\left(\frac{\operatorname{Log} 3n}{\operatorname{Log}(3n+1)}\right)^{2k+1} + \left(\frac{\operatorname{Log} 3n}{\operatorname{Log}(3n+2)}\right)^{2k+1}\right]\right).$$

Le crochet est majoré par $1 + 1 = 2$, la parenthèses est minorée par $1 - \frac{1}{2^{2k}}$ et $k = 0$ étant exclu, on a $1 - \frac{1}{2^{2k}} > 0$ donc v_n est minoré par $\left(1 - \frac{1}{2^{2k}}\right)\frac{1}{(\operatorname{Log} 3n)^{2k+1}}$, terme général d'une série de Bertrand divergente donc u diverge.

7. L'intégrale $\int_0^{+\infty} e^{-nx}(\operatorname{Arctg} x)dx$ est impropre en $+\infty$, mais $e^{-nx}\operatorname{Arctg} x \leqslant \frac{\pi}{2}e^{-nx}$, fonction dont l'intégrale impropre converge si $n \geqslant 1$. Comme u_0 diverge, on a (u_n existe) $\Leftrightarrow$ ($n \geqslant 1$).
Une intégration par parties, ($u = \operatorname{Arctg} x$, $dv = e^{-nx}dx$ d'où $du = \frac{dx}{1+x^2}$, $v = -\frac{e^{-nx}}{n}$) conduit à

$$u_n = \left[-(\operatorname{Arctg} x)\frac{e^{-nx}}{n}\right]_0^{+\infty} + \int_0^{+\infty} \frac{e^{-nx}dx}{n(1+x^2)},$$

soit

$$u_n = \frac{1}{n}\int_0^{+\infty} \frac{e^{-nx}}{1+x^2}dx \leqslant \frac{1}{n}\int_0^{+\infty} e^{-nx}dx = \frac{1}{n^2}$$

comme les u_n sont positifs, la série converge.
On peut calculer la somme sous forme d'intégrale. Pour $x > 0$, $e^{-nx} \neq 1$ et

$$\sum_{k=1}^{n} e^{-kx} = \frac{e^{-(n+1)x} - e^{-x}}{e^{-x} - 1} = \frac{1 - e^{-nx}}{e^x - 1}$$

donc

$$\sum_{k=1}^{n} u_k = \int_0^{+\infty} \left(\frac{\operatorname{Arctg} x}{e^x - 1} - \frac{e^{-nx}\operatorname{Arctg} x}{e^x - 1}\right) dx.$$

Or $\displaystyle\int_0^{+\infty} \frac{\operatorname{Arctg} x}{e^x - 1} dx$ converge car $f(x) = \dfrac{\operatorname{Arctg} x}{e^x - 1}$ est > 0 sur $]0, +\infty[$ continue, la fonction f tend vers 1 en 0, et $f(x) \sim \dfrac{\pi}{2e^x}$ en $+\infty$; de plus $||f||_\infty$ existe, ($f \to 0$ en $+\infty$ et continue sur $[0, +\infty[$) donc

$$\left| \int_0^{+\infty} \frac{e^{-nx} \operatorname{Arctg} x}{e^x - 1} dx \right| \leqslant ||f||_\infty \int_0^{+\infty} e^{-nx} = \frac{||f||_\infty}{n}$$

on a donc

$$\sum_{k=1}^{n} u_k = \int_0^{+\infty} \frac{\operatorname{Arctg} x}{e^x - 1} dx - \int_0^{+\infty} \frac{e^{-nx} \operatorname{Arctg} x}{e^x - 1} dx$$

qui tend vers $\displaystyle\int_0^{+\infty} \frac{\operatorname{Arctg} x}{e^x - 1} dx$ si n tend vers $+\infty$.

8. Dans $P_n = \displaystyle\prod_{k=1}^{n} \left(1 + \frac{k}{n^2}\right)$, les $\dfrac{k}{n^2}$ sont majorés par $\dfrac{1}{n}$, donc en prenant les logarithmes on peut utiliser un développement de $\operatorname{Log}(1 + x)$.
Avec $x = \dfrac{k}{n^2}$, il faudra sommer des $\dfrac{k}{n^2}$, ce qui donne $\dfrac{n(n+1)}{n^2}$, et les $x^2 = \dfrac{k^2}{n^4}$ fournissent une expression en $\dfrac{n^3}{n^4}$: on peut conclure avec un développement à l'ordre 2.
Soit $\operatorname{Log}(1 + x) = x - \dfrac{x^2}{2} + x^2 \varepsilon(x)$ avec $\lim\limits_{x \to 0} \varepsilon(x) = 0$.
Soit $\eta > 0$, $\exists \alpha$, $|x| \leqslant \alpha \Rightarrow |\varepsilon(x)| \leqslant \eta$.
Comme on a $0 \leqslant \dfrac{k}{n^2} \leqslant \dfrac{1}{n}$, $\exists n_0$, $\forall n \geqslant n_0$, $\dfrac{1}{n} \leqslant \alpha$, on aura alors

$$\operatorname{Log}\left(1 + \frac{k}{n^2}\right) = \frac{k}{n^2} - \frac{k^2}{2n^4} + \frac{k^2}{n^4} \varepsilon_{k,n}$$

avec $|\varepsilon_{k,n}| \leqslant \eta$.
On en déduit

$$\begin{aligned}\operatorname{Log} P_n &= \frac{1}{n^2} \sum_{k=1}^{n} k - \frac{1}{2n^4} \sum_{k=1}^{n} k^2 + \sum_{k=1}^{n} \frac{k^2}{n^4} \varepsilon_{k,n} \\ &= \frac{n(n+1)}{2n^2} - \frac{1}{2n^4} \frac{n(n+1)(2n+1)}{6} + \frac{1}{n^4} \cdot \sum_{k=1}^{n} k^2 \varepsilon_{k,n}\end{aligned}$$

Or

$$\left| \sum_{k=1}^{n} k^2 \varepsilon_{k,n} \right| \leqslant \eta \sum_{k=1}^{n} k^2 = \eta \frac{n(n+1)(2n+1)}{6}$$

d'où

$$\operatorname{Log} P_n = \frac{1}{2} + \frac{1}{2n} - \frac{2n^2+3n+1}{12n^3} + u_n$$

avec $|u_n| \leqslant \frac{(n+1)(2n+1)}{6n^3}\eta$; c'est encore $\operatorname{Log} P_n = \frac{1}{2} + \frac{1}{3n} + \circ\left(\frac{1}{n}\right)$ d'où

$$P_n = e^{\operatorname{Log} P_n} = \sqrt{e}e^{\frac{1}{3n}+\circ(\frac{1}{n})} = \sqrt{e}\left(1 + \frac{1}{3n} + \circ\left(\frac{1}{n}\right)\right).$$

Donc $\lim_{n\to+\infty} P_n = \sqrt{e}$ et $P_n - \sqrt{e} \underset{n\to+\infty}{\sim} \frac{\sqrt{e}}{3n}$.

9. Partant de $\operatorname{Log}(1+x) = x - \frac{x^2}{2} + \frac{x^3}{3} - \frac{x^4}{4} + \circ(x^4)$, on a

$$\operatorname{Log}\left(1 + \frac{(-1)^{p-1}}{\sqrt{p}}\right) = \frac{(-1)^{p-1}}{\sqrt{p}} - \frac{1}{2p} + \frac{(-1)^{p-1}}{3p\sqrt{p}} + \frac{1}{p^2}C_p$$

avec la suite des C_p bornée puisque $\lim_{p\to+\infty} C_p = -\frac{1}{4}$.

Donc

$$\operatorname{Log} a_n = \sum_{p=1}^{n} \frac{(-1)^{p-1}}{\sqrt{p}} - \frac{1}{2}\left(1 + \frac{1}{2} + \ldots + \frac{1}{n}\right) + \sum_{p=1}^{n} O\left(\frac{1}{p^{3/2}}\right)$$

ce qui tend vers $-\infty$, les deux séries des $\frac{(-1)^{p-1}}{\sqrt{p}}$ et $O\left(\frac{1}{p^{3/2}}\right)$ étant convergentes. Donc $\lim_{n\to+\infty} a_n = 0$.

Comme $1 + \frac{1}{2} + \ldots + \frac{1}{n} = \operatorname{Log} n + C + o(1)$, C constante d'Euler, on a

$$\operatorname{Log} a_n + \frac{1}{2}\operatorname{Log} n = -\frac{C}{2} + \sum_{p=1}^{n} \frac{(-1)^{p-1}}{\sqrt{p}} + \sum_{p=1}^{n} O\left(\frac{1}{p^{3/2}}\right) + o(1)$$

admet une limite si n tend vers l'infini, donc en passant aux exponentielles, on obtient $a_n \simeq \frac{l}{\sqrt{n}}$ avec $l > 0$, (ou $\lim_{n\to+\infty} \sqrt{n}a_n = l > 0$).

10. On a $\lim_{n\to+\infty} u_n = \operatorname{Arcsin} 1 - \operatorname{Arcsin} 1 = 0$. Comme avec $f(x) = \operatorname{Arcsin} x$, f est la différence de deux valeurs de f pour des valeurs de x proches de 1, on peut penser, par les accroissements finis, avoir un équivalent de u_n si $f'(1) \neq 0$. Or $f'(x) = \frac{1}{\sqrt{1-x^2}}$ tend vers l'infini si x tend vers 1.

Il faut autre chose. On remarque que si $u_n \to 0$, $u_n \sim \sin u_n$ d'où ici

$$u_n \sim \sin\left(\operatorname{Arcsin}\frac{n^2}{n^2+1}\right)\cos\left(\operatorname{Arcsin}\frac{n^2}{n^2+2}\right)$$
$$-\sin\left(\operatorname{Arcsin}\frac{n^2}{n^2+2}\right)\cos\left(\operatorname{Arcsin}\frac{n^2}{n^2+1}\right),$$
$$u_n \sim \frac{n^2}{n^2+1}\left(1-\frac{n^4}{(n^2+2)^2}\right)^{1/2} - \frac{n^2}{n^2+2}\left(1-\frac{n^4}{(n^2+1)^2}\right)^{1/2}$$
$$\sim \frac{n^2}{(n^2+1)(n^2+2)}\left[(4n^2+4)^{1/2}-(2n^2+1)^{1/2}\right].$$

Comme

$$(4n^2+4)^{1/2}-(2n^2+1)^{1/2} = 2n\left(1+\frac{1}{n^2}\right)^{1/2} - \sqrt{2}n\left(1+\frac{1}{2n^2}\right)^{1/2}$$
$$\sim (2-\sqrt{2})n$$

on a finalement $u_n \underset{n\to+\infty}{\sim} \dfrac{(2-\sqrt{2})}{n}$: la série diverge.

11. La formule de Taylor Lagrange à l'ordre 2 pour $f(x) = \operatorname{Log}(1+x)$ entre 0 et x s'écrit :

$$f(x) = x + \frac{x^2}{2}f''(\theta x)$$

or $f''(x) = \dfrac{-1}{(1+x)^2}$ est bornée sur tout voisinage de 0. On a encore $f(x) = x + x^2u(x)$ avec $\lim\limits_{x\to 0} u(x) = -\dfrac{1}{2}$. On applique avec $x = -\dfrac{\lambda}{n} + v_n$, il existe des nombres a_n qui tendent vers $-\dfrac{1}{2}$ tels que

$$\operatorname{Log}\frac{u_{n+1}}{u_n} = -\frac{\lambda}{n} + v_n + \left(v_n^2 - \frac{2\lambda}{n}v_n + \frac{\lambda^2}{n^2}\right)a_n.$$

Avec $w_n = v_n + a_n\left(v_n^2 - \dfrac{2\lambda}{n}v_n + \dfrac{\lambda^2}{n^2}\right)$ on a bien le terme d'une série absolument convergente puisque v_n l'est et que les a_n sont bornés.
On a donc

$$\sum_{n=1}^{p-1}\operatorname{Log}\frac{u_{n+1}}{u_n} = \operatorname{Log}u_p - \operatorname{Log}u_1 = -\lambda\sum_{n=1}^{p-1}\frac{1}{n} + \sum_{n=1}^{p-1}w_n.$$

Comme $1+\frac{1}{2}+\ldots+\frac{1}{p-1}-\operatorname{Log} p$ tend vers une limite finie, on a finalement $\lim_{p\to+\infty}(\operatorname{Log} u_p+\lambda\operatorname{Log} p)=l$ existe d'où $\lim_{p\to+\infty}(u_p p^\lambda)=e^l=A>0$, et $u_p \underset{p\to+\infty}{\sim} \frac{A}{p^\lambda}$ avec $A>0$.

12. On a

$$\begin{aligned} u_n &= \frac{1}{n^\alpha}\left[e^{(1+\frac{1}{n})(\operatorname{Log} n+\operatorname{Log}(1+\frac{1}{n}))}-e^{(1-\frac{1}{n})(\operatorname{Log} n+\operatorname{Log}(1-\frac{1}{n}))}\right] \\ &= \frac{1}{n^\alpha}\left(e^{\operatorname{Log} n+\frac{\operatorname{Log} n}{n}+o(\frac{\operatorname{Log} n}{n})}-e^{\operatorname{Log} n-\frac{\operatorname{Log} n}{n}+o(\frac{\operatorname{Log} n}{n})}\right) \\ &= \frac{e^{\operatorname{Log} n}}{n^\alpha}\left(e^{\frac{\operatorname{Log} n}{n}+o(\frac{\operatorname{Log} n}{n})}-e^{-\frac{\operatorname{Log} n}{n}+o(\frac{\operatorname{Log} n}{n})}\right) \\ &\underset{n\to+\infty}{\sim} \frac{1}{n^{\alpha-1}}\cdot\frac{2\operatorname{Log} n}{n} \end{aligned}$$

soit $u_n \sim \frac{2\operatorname{Log} n}{n^\alpha}$, série de Bertrand (termes positifs) d'où (convergence) $\Leftrightarrow$ $(\alpha>1)$.
On a

$$\begin{aligned} v_n &= \frac{1}{e^{\frac{1+\operatorname{tg}\frac{1}{n}}{1-\operatorname{tg}\frac{1}{n}}\operatorname{Log} n}} = \frac{1}{e^{(1+2\operatorname{tg}\frac{1}{n}+o(\operatorname{tg}\frac{1}{n}))\operatorname{Log} n}} \\ &= \frac{1}{e^{\operatorname{Log} n}e^{(2\operatorname{tg}\frac{1}{n}+o(\operatorname{tg}\frac{1}{n}))\operatorname{Log} n}} \sim \frac{1}{n} \end{aligned}$$

la série diverge.

$$w_n = n^p e^{-a/n}(1-e^{\frac{a}{n}-a\sin\frac{1}{n}}).$$

Comme $\frac{a}{n}-a\sin\frac{1}{n}=x$ est un infiniment petit équivalent à $\frac{a}{6n^3}$ et que $1-e^x\sim -x$, on obtient $w_n\sim\frac{-a}{6n^{3-p}}$: il y a convergence si et seulement si $p<2$.

13. 1) Le terme $\pi(n^2+an+b)^{1/2}=\pi n\left(1+\frac{a}{n}+\frac{b}{n^2}\right)^{1/2}$ admet un développement limité de tout ordre en $\frac{1}{n}$, donc $u_n=\operatorname{tg}(\pi(n^2+an+b)^{1/2})$ aussi.
On prend un développement limité final à l'ordre 1 : s'il est nul, u_n est $O\left(\frac{1}{n^2}\right)$: c'est le terme général d'une série absolument convergente.

On a

$$u_n = \operatorname{tg}\left(n\pi + \frac{\pi a}{2} + \frac{(4b-a^2)\pi}{8n} + O\left(\frac{1}{n^2}\right)\right)$$
$$= \operatorname{tg}\left(a\frac{\pi}{2} + \frac{(4b-a^2)\pi}{8n} + O\left(\frac{1}{n^2}\right)\right).$$

Si $a \neq 2k$, $(k \in \mathbb{Z})$, u_n ne tend pas vers 0 : divergence;
si $a = 2k$ et $4b - a^2 \neq 0$, $u_n \sim \dfrac{(4b-a^2)\pi}{8n}$: divergence;
si $a = 2k$ et $b = k^2$ alors la série des u_n est absolument convergente.

2) On a $v_n = \dfrac{1+(-1)^n\operatorname{tg}\dfrac{1}{n^\alpha}}{1-(-1)^n\operatorname{tg}\dfrac{1}{n^\alpha}} - 1 = \dfrac{2(-1)^n\operatorname{tg}\dfrac{1}{n^\alpha}}{1-(-1)^n\operatorname{tg}\dfrac{1}{n^\alpha}}$ que l'on développe par rapport à l'infiniment petit $\operatorname{tg}\dfrac{1}{n^\alpha}$.

On a $v_n = 2(-1)^n\operatorname{tg}\dfrac{1}{n^\alpha} + \left(2\operatorname{tg}^2\dfrac{1}{n^\alpha}\right)(1+\varepsilon(n))$, avec $\lim\limits_{n\to+\infty}\varepsilon(n) = 0$.

Comme $2(-1)^n\operatorname{tg}\dfrac{1}{n^\alpha}$ est le terme général d'une série alternée convergente, et que $\left(2\operatorname{tg}\dfrac{1}{n^\alpha}\right)(1+\varepsilon(n)) \sim \dfrac{2}{n^{2\alpha}}$, finalement la série des v_n converge si et seulement si $\alpha > \dfrac{1}{2}$. Si $\alpha > 1$, il y a convergence absolue.

14. On a $\dfrac{u_{n+1}}{u_n} = \dfrac{\sqrt{n+1}}{1+\sqrt{n+2}}$ qui tend vers 1^-, on peut penser au critère de Raabe et Duhamel.
Or

$$1 - \frac{u_{n+1}}{u_n} = \frac{1+\sqrt{n+2}-\sqrt{n+1}}{1+\sqrt{n+2}} = \frac{1+\dfrac{1}{\sqrt{n+2}+\sqrt{n+1}}}{1+\sqrt{n+2}} \sim \frac{1}{\sqrt{n}}$$

donc $\lim\limits_{n\to+\infty} n\left(1-\dfrac{u_{n+1}}{u_n}\right) = +\infty$, en particulier $\exists n_0, \forall n \geqslant n_0$,
$1 - \dfrac{u_{n+1}}{u_n} \geqslant \dfrac{2}{n}$ soit $\dfrac{u_{n+1}}{u_n} \leqslant 1 - \dfrac{2}{n}$: la série converge.

On a $u_n = \dfrac{\sqrt{n!}(1+\sqrt{n+1}-\sqrt{n+1})}{(1+\sqrt{1})\dots(1+\sqrt{n})(1+\sqrt{n+1})} = a_n - a_{n+1}$ en posant
$a_n = \dfrac{\sqrt{n!}}{(1+\sqrt{1})\dots(1+\sqrt{n})}$. Donc $U_n = \sum\limits_{k=1}^{n} u_k = a_1 - a_{n+1}$.

Or

$$a_n = \prod_{k=1}^{n} \frac{1}{\left(1+\frac{1}{\sqrt{k}}\right)}\ ;\ \operatorname{Log}(a_n^{-1}) = \sum_{k=1} \operatorname{Log}\left(1+\frac{1}{\sqrt{k}}\right)$$

tend vers $+\infty$, (le terme général est équivalent à $\frac{1}{\sqrt{k}}$), donc a_n tend vers 0 et U_n tend vers $a_1 = \frac{1}{2}$, somme de la série. (Ceci prouve la convergence).

15. Soit $\varphi(x) = \operatorname{Log}|f(x)|$, (on suppose que f ne s'annule pas pour x assez grand, licite vu l'hypothèse).
Soit $\varepsilon > 0$ tel que $k = \lambda + \varepsilon < 0$, $\exists A$, $\forall x \geqslant A$, $\varphi'(x) \leqslant \lambda + \varepsilon = k$ d'où $\varphi(x) - \varphi(A) = \int_A^x \varphi'(t)dt \leqslant k(x - A)$, ou encore, $\forall x \geqslant A$ $\operatorname{Log}|f(x)| \leqslant kx + C$ avec $C = \varphi(A) - kA$ constante.
Pour n assez grand, on a $|f(n)| \leqslant e^C e^{kn}$ avec $k < 0$, donc $n^2|f(n)|$ tend vers 0 : la série converge absolument.

16. Les $u_n = a^{E(\operatorname{Log} n)}$ étant positifs, on peut sommer «par paquets» en associant les n tels que $E(\operatorname{Log} n) = p$ soit $e^p \leqslant n < e^{p+1}$.
Dans un tel paquet, $x_p = \sum_{n, E(\operatorname{Log} n)=p} a^{E(\operatorname{Log} n)}$, il y a un nombre de termes équivalents à $e^{p+1} - e^p$, valant tous a^p, donc $x_p \sim a^p e^p(e-1)$ d'où convergence si et seulement si $ea < 1$.
Pour v_n, on va aussi sommer par paquets de termes de signe constant. On a

$$E(\sqrt{n}) = p \Leftrightarrow p^2 \leqslant n \leqslant p^2 + 2p = (p+1)^2 - 1.$$

Soit donc

$$y_p = (-1)^p \left(\frac{1}{p^2} + \frac{1}{p^2+1} + \ldots + \frac{1}{p^2+2p}\right).$$

La série des y_p est de même nature que celle des v_n ; elle est alternée, on a$|y_p| \leqslant (2p+1) \cdot \frac{1}{p^2}$, (il y a $2p+1$ termes majorés par $\frac{1}{p^2}$), donc $|y_p|$ tend vers 0.
Est-ce en décroissant? Oui car l'inégalité $\frac{1}{n+1} \leqslant \int_n^{n+1} \frac{dx}{x} \leqslant \frac{1}{n}$ donne

$$|y_{p+1}| \leqslant \int_{(p+1)^2-1}^{(p+2)^2-1} \frac{dx}{x} = \operatorname{Log} \frac{p^2+4p+3}{p^2+2p}$$

et

$$\int_{p^2}^{(p+1)^2} \frac{dx}{x} = \mathrm{Log}\left(\frac{p^2+2p+1}{p^2}\right) \leqslant |y_p|.$$

Il suffit de justifier l'inégalité $\dfrac{p^2+4p+3}{p^2+2p} \leqslant \dfrac{p^2+2p+1}{p^2}$, (vu la croissance du Log) pour conclure, soit encore l'inégalité

$$p^4+4p^3+3p^2 \leqslant p^4+4p^3+5p^2+2p \Leftrightarrow 0 \leqslant 2p^2+2p,$$

c'est bon. La série est donc convergente.

17. On a $p_n = k \Leftrightarrow 10^{k-1} \leqslant n < 10^k$. On somme par tranches de termes associés à la même valeur k de p_n, c'est licite, les termes étant positifs. La série est donc de même nature (et a même somme) que celle des

$$v_k = \sum_{10^{k-1} \leqslant n < 10^k} \frac{1}{a^k} = \frac{9 \cdot 10^{k-1}}{a^k},$$

d'où convergence $\Leftrightarrow \dfrac{10}{a} < 1$, et la somme vaut $\dfrac{9}{10} \cdot \displaystyle\sum_{k=1}^{\infty} \left(\frac{10}{a}\right)^k$ soit

$$\frac{9}{10} \frac{\frac{10}{a}}{1-\frac{10}{a}} = \frac{9}{a-10}.$$

18. On sait que $\displaystyle\lim_{n\to+\infty}\left(1+\frac{1}{2}+\ldots+\frac{1}{n}-\mathrm{Log}\,n\right) = C$, constante d'Euler (voir comparaison des séries et des intégrales, exemple 11.21).
Ici on a :

$$\begin{aligned} u_n &= 2\left(1+\frac{1}{2}+\ldots+\frac{1}{n}\right) - \left(1+\frac{1}{2}+\ldots+\frac{1}{n}+\frac{1}{n+1}+\ldots+\frac{1}{n^2}\right) \\ &= 2\left(1+\frac{1}{2}+\ldots+\frac{1}{n}-\mathrm{Log}\,n\right) - \left(1+\frac{1}{2}+\ldots+\frac{1}{n^2}-\mathrm{Log}\,n^2\right) \end{aligned}$$

donc $\displaystyle\lim_{n\to+\infty} u_n = 2C - C = C$.

19. 1) On a $u_n = e^{Cn^\alpha(\mathrm{Log}\,(\mathrm{Log}\,n)-\mathrm{Log}\,n)}$.
D'abord, si $C = 0$, $u_n = 1$, la série diverge. On suppose donc $C \neq 0$. Comme $\mathrm{Log}\,(\mathrm{Log}\,n) - \mathrm{Log}\,n$ est équivalent à $-\mathrm{Log}\,n$ et tend vers $-\infty$, on examine le comportement de Cn^α, suivant α.

Si $C > 0$, et $\alpha = 0$: $u_n = \dfrac{(\mathrm{Log}\,n)^C}{n^C}$: on a une série de Bertrand convergente si et seulement si $C > 1$. (voir théorème 11.28).

Si $C > 0$ et $\alpha > 0$: $n^2 u_n = e^{Cn^\alpha(\mathrm{Log}\,(\mathrm{Log}\,n) - \mathrm{Log}\,n) + 2\,\mathrm{Log}\,n}$, l'exposant s'écrit $Cn^\alpha\left(-\mathrm{Log}\,n + \mathrm{Log}\,(\mathrm{Log}\,n) + \dfrac{2\,\mathrm{Log}\,n}{Cn^\alpha}\right)$, il tend vers $-\infty$, donc $\lim\limits_{n \to +\infty} n^2 u_n = 0$, la série converge.

2) Etude de $v_n = \dfrac{\mathrm{Log}\,(1 + n^\beta x^n)}{n^\alpha}$. Comme $x > 0$, la série est à termes positifs puisque $1 + n^\beta x^n > 1$. On a $n^\beta x^n = e^{n\,\mathrm{Log}\,x + \beta\,\mathrm{Log}\,n}$ et si $x \neq 1$, l'exposant est équivalent à $n\,\mathrm{Log}\,x$.

1er cas : $0 < x < 1$, $n^\beta x^n$ tend vers 0, $v_n \sim \dfrac{n^\beta x^n}{n^\alpha} = x^n n^{\beta - \alpha}$ et $n^2 \cdot x^n n^{\beta-\alpha} = e^{n\,\mathrm{Log}\,x + (2+\beta-\alpha)\mathrm{Log}\,n}$ tend vers 0, donc la série converge quelques soient α et β.

2ème cas : $x = 1$, $v_n = \dfrac{\mathrm{Log}\,(1 + n^\beta)}{n^\alpha}$. Si $\beta < 0$, $v_n \sim \dfrac{n^\beta}{n^\alpha} = \dfrac{1}{n^{\alpha-\beta}}$ il y a convergence pour $\alpha - \beta > 1$, divergence sinon.
Si $\beta = 0$, $v_n = \dfrac{\mathrm{Log}\,2}{n^\alpha}$ converge pour $\alpha > 1$.
Si $\beta > 0$, $v_n \sim \beta\dfrac{\mathrm{Log}\,n}{n^\alpha}$, série de Bertrand qui converge pour $\alpha > 1$.

3ème cas : $x > 1$, alors $v_n \sim \dfrac{\mathrm{Log}(x^n n^\beta)}{n^\alpha} = w_n$, avec

$$w_n = \frac{n\,\mathrm{Log}\,x}{n^\alpha} + \beta\frac{\mathrm{Log}\,n}{n^\alpha} = \frac{\mathrm{Log}\,x}{n^{\alpha-1}}\left(1 + \frac{\beta}{\mathrm{Log}\,x} \cdot \frac{\mathrm{Log}\,n}{n}\right)$$

donc $w_n \sim \dfrac{\mathrm{Log}\,x}{n^{\alpha-1}}$: il y a convergence pour $\alpha > 2$, (et pour tout β), divergence sinon.

20. Si on pose $f(x,y) = x - y - y^3$, on a $\dfrac{\partial f}{\partial y} = -1 - 3y^2$, toujours différent de 0, donc le théorème des fonctions implicites s'applique partout.
Comme $x_n = \dfrac{1}{n}$ va tendre vers 0, on considère l'équation $f(0,y) = 0$ d'où $y(1 + y^2) = 0 \Leftrightarrow y = 0$. Par le théorème des fonctions implicites en $(0,0)$ on sait que (x,y) voisin de $(0,0)$ et $f(x,y) = 0$ équivaut à $y = \varphi(x)$, avec φ dérivable et $\varphi(0) = 0$. On aura $\varphi(x) \sim x\varphi'(0)$ si $\varphi'(0) \neq 0$. La relation $f(x, \varphi(x)) = 0$ soit $x - \varphi(x) - \varphi^3(x) = 0$ implique $1 - \varphi'(x) - 3\varphi'\varphi^2 = 0$ donc $1 - \varphi'(0) - 3\varphi'(0)\varphi^2(0) = 0$.
Avec $\varphi(0) = 0$, on a $\varphi'(0) = 1$ d'où $\varphi(x) \underset{x \to 0}{\sim} x$: en particulier $y\left(\dfrac{1}{n}\right) \sim \dfrac{1}{n}$.
Avec $g(x,z) = x - z + z^3$, $\dfrac{\partial g}{\partial z} = -1 + 3z^2$.
Par ailleurs $g(0,z) = 0 \Leftrightarrow z(1 - z^2) = 0 \Leftrightarrow z = 0, 1$ ou -1. En ces trois points $(0,0)$; $(0,1)$ et $(0,-1)$ on a $\dfrac{\partial g}{\partial z} \neq 0$ donc là encore le théorème

des fonctions implicites s'appliquera et donnera $z = \psi(x)$ avec ψ fonction dérivable (localement).

1er cas : Si on travaille toujours au voisinage de $(0,1)$: si $x_n = \dfrac{1}{n}$ tend vers 0, $z(x_n)$ tend vers 1, alors u_n tend vers 1 : la série diverge; il en est de même si on travaille au voisinage de $(0,-1)$.

2ème cas : On résoud $z\left(\dfrac{1}{n}\right)$ toujours au voisinage de $(0,0)$.

D'abord $z(x) = -y(x)$ est exclu car on aurait

$$x - y(x) - y^3(x) = 0 \text{ et } x + y(x) - y^3(x) = 0,$$

d'où $y(x) = 0$ ce qui implique $x = 0$, or $x = \dfrac{1}{n}$ est non nul.

Puis l'identité $x - \psi(z) + \psi^3(z) = 0$ implique, en dérivant, la relation $1 - \psi' + 3\psi'\psi^2 = 0$. Comme $\psi(0) = 0$, il reste $\psi'(0) = 1$ donc $z\left(\dfrac{1}{n}\right) \sim \dfrac{1}{n}$.

On a

$$y - z = x - y^3 - (x + z^3) = -(y^3 + z^3) = -(y+z)(y^2 - yz + z^2)$$

donc $\dfrac{y-z}{y+z} = -\left[\left(y - \dfrac{z}{2}\right)^2 + \dfrac{3z^2}{4}\right]$. Le crochet est équivalent à $\dfrac{1}{4n^2} + \dfrac{3}{4n^2}$ donc $u_n \sim \dfrac{1}{n}$: la série diverge.

Il reste à traiter le cas général, ou quand n varie, on calcule $z\left(\dfrac{1}{n}\right)$ au voisinage de $(0,0)$ ou de $(0,1)$ ou de $(0,-1)$.

Si $\exists n_0, \forall n \geqslant n_0$, on calcule $z\left(\dfrac{1}{n}\right)$ au voisinage de $(0,0)$ on est ramené au 2ème cas, et $\forall n \geqslant n_0$, $u_n \sim \dfrac{1}{n}$: il y a divergence.

La négation sera : $\forall n_0, \exists n_1 \geqslant n_0$, $z\left(\dfrac{1}{n_1}\right)$ calculé au voisinage de $(0,1)$ ou de $(0,-1)$ on a vu alors que u_{n_1} est proche de 1, dans ce cas u_n ne tend pas vers 0, donc la série diverge. Il y a toujours divergence.

21. Si $\alpha > 1$, $u_n| = \left|\dfrac{\sin(\pi\sqrt{n})}{n^\alpha}\right| \leqslant \dfrac{1}{n^\alpha}$: convergence absolue.

Si $\alpha \leqslant 0$, $\dfrac{1}{n^\alpha} \geqslant 1$, or si $\left(2k + \dfrac{1}{4}\right)\pi \leqslant \sqrt{n}\pi \leqslant \left(2k + \dfrac{3}{4}\right)\pi$ soit si $\left(2k + \dfrac{1}{4}\right)^2 \leqslant n \leqslant \left(2k + \dfrac{3}{4}\right)^2$, on aura $\sin(\pi\sqrt{n}) \geqslant \dfrac{1}{\sqrt{2}}$.

Comme $\left(2k + \dfrac{3}{4}\right)^2 - \left(2k + \dfrac{1}{4}\right)^2 = 2k + \dfrac{1}{2}$, il y a de tels entiers pour lesquels $u_n \geqslant \dfrac{1}{\sqrt{2}}$, d'indice n arbitrairement grand : la série diverge car u_n ne tend pas vers 0.

Il reste le cas de $0 < \alpha \leqslant 1$.
En affinant le calcul précédent, il y a environ $2k$ termes u_n pour lesquels $\sin(\pi\sqrt{n}) \geqslant \frac{1}{\sqrt{2}}$, et $\frac{1}{n^\alpha} \geqslant \frac{1}{\left(2k+\frac{3}{4}\right)^{2\alpha}}$.
La somme des termes positifs de cette tranche est minorée par
$2k \cdot \frac{1}{\sqrt{2}} \cdot \frac{1}{\left(2k+\frac{3}{4}\right)^{2\alpha}}$, quantité qui tend vers $+\infty$ si $\alpha < \frac{1}{2}$, ou vers $\frac{1}{\sqrt{2}}$ si $\alpha = \frac{1}{2}$, donc, pour $0 < \alpha \leqslant \frac{1}{2}$ on peut nier le critère de Cauchy des espaces complets : il y a divergence.
Il reste le cas de $\frac{1}{2} < \alpha \leqslant 1$.

On introduit, pour $x \geqslant 1$, la fonction $f(x) = \frac{\sin(\pi\sqrt{x})}{x^\alpha}$, et F une primitive de f, puis $v_n = \int_n^{n+1} \frac{\sin(\pi\sqrt{x})}{x^\alpha} dx$.

L'intégrale impropre $\int^{+\infty} f(x)dx$ converge, (poser $\pi\sqrt{x} = t$ pour le voir, on est ramené à considérer $\int^{+\infty} \frac{\sin t}{t^{2\alpha-1}} dt$ avec $\alpha > \frac{1}{2}$, voir tome 2, exemple 9.18) ; comme une somme partielle des v_n est du type $\int^p f(x)dx$, la série des v_n converge, donc la série des u_n est de même nature que celle des $w_n = v_n - u_n$.
Or

$$w_n = F(n+1) - F(n) - F'(n) = \frac{1}{2}F''(\xi n)$$

avec ξn entre n et $n+1$.
On a $F''(x) = f'(x) = \frac{-\alpha \sin(\pi\sqrt{x})}{x^{\alpha+1}} + \frac{\pi \cos(\pi\sqrt{x})}{2x^{\alpha+\frac{1}{2}}}$.
Pour $n \leqslant \xi_n \leqslant n+1$, comme $\alpha + 1 > \alpha + \frac{1}{2} > 1$ et que $F''(\xi_n) = O\left(\frac{1}{n^{\alpha+\frac{1}{2}}}\right)$, il y a convergence absolue de la série des w_n, d'où finalement convergence de la série des u_n.

CHAPITRE 12

Espaces fonctionnels

Dans ce chapitre on aborde une « topologie à tiroirs » car on va travailler sur des espaces topologiques dont les éléments sont des fonctions, donc feront intervenir d'autres espaces topologiques.

1. Convergence simple, convergence uniforme

Soit E et F deux ensembles, on considère l'ensemble F^E des applications de E dans F et on appelle *suite de fonctions de E dans F, toute application u de* $\mathbb{N}$ *dans* F^E.

Le terme général, u_n, de cette suite est donc une application de E dans F, qui est connue lorsque l'on sait définir chaque $u_n(t)$ pour t variant dans E.

DÉFINITION 12.1. — *Soit une suite de fonctions* $(u_n)_{n\in\mathbb{N}}$ *de E dans F, l'ensemble F étant un espace topologique. On dit que la suite des* u_n *converge simplement vers la fonction u de E dans F, si et seulement si, pour chaque* t_0 *de E on a* $\lim\limits_{n\to+\infty} u_n(t_0) = u(t_0)$.

Il convient de remarquer que la lettre u ne désigne plus ici la suite en tant qu'application de $\mathbb{N}$ dans F^E, mais bel et bien un élément de F^E.

Un principe : la convergence simple est facile à mettre en place, mais elle ne conserve pas les propriétés des fonctions, comme nous allons le voir sur des exemples.

EXEMPLE 12.2. — $E = [0,1]$, $F = \mathbb{R}$, on définit u_n de $[0,1]$ dans $\mathbb{R}$ par $u_n(t) = (n+1)t$ sur $\left[0, \dfrac{1}{n+1}\right]$, et $u_n(t) = 1$ sur $\left[\dfrac{1}{n+1}, 1\right]$.

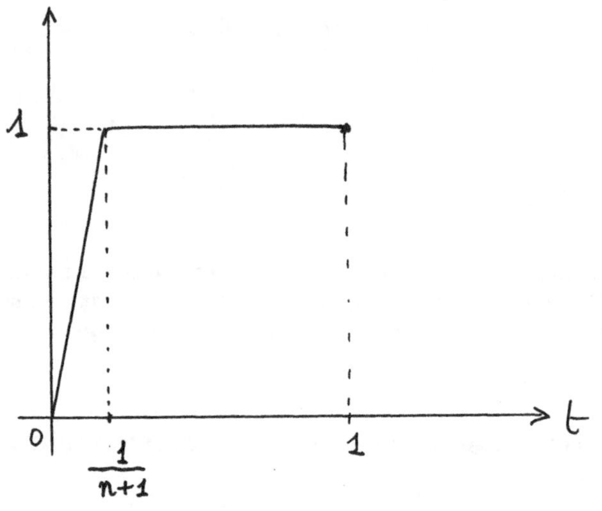

Chaque $u_n(0)$ est nul donc $\lim_{n \to +\infty} u_n(0) = 0$.

Si $t_0 > 0$, $\exists n_0 \in \mathbb{N}$, $\frac{1}{n_0+1} \leqslant t_0$, donc $\forall n \geqslant n_0$, $\frac{1}{n+1} \leqslant t_0$ d'où $u_n(t_0) = 1$ si $n \geqslant n_0$ et $\lim_{n \to +\infty} u_n(t_0) = 1$.

La suite des u_n converge simplement vers u définie par $u(0) = 0$ et $u(t) = 1$ sur $]0, 1]$.

On constate que *les u_n sont continues, mais que leur limite au sens de la convergence simple ne l'est pas.*

EXEMPLE 12.3. — $E =]0, 1]$, $F = \mathbb{R}$, on définit u_n par $u_n(t) = n + 1$ sur $\left]0, \frac{1}{n+1}\right]$ et $u_n(t) = \frac{1}{t}$ sur $\left[\frac{1}{n+1}, 1\right]$.

Pour chaque t_0 de $]0, 1]$, $\exists n_0 \in \mathbb{N}$, $\frac{1}{n_0+1} \leqslant t_0$, donc $\forall n \geqslant n_0$, $u_n(t_0) = \frac{1}{t_0}$ d'où $\lim_{n \to +\infty} u_n(t_0) = \frac{1}{t_0}$.

Il y a convergence simple de la suite des u_n vers la fonction u définie sur $]0, 1]$ par $u(t) = \frac{1}{t}$. On peut remarquer que *chaque u_n est bornée, mais que la limite au sens de la convergence simple ne l'est pas.*

EXEMPLE 12.4. — $E = [0,1]$, $F = \mathbb{R}$, on définit u_n sur $[0,1]$ par

$$u_n(t) = 4(n+1)^2 t \text{ sur } \left[0, \frac{1}{2(n+1)}\right],$$
$$u_n(t) = -4(n+1)^2\left(t - \frac{1}{2(n+1)}\right) + 2(n+1) \text{ sur } \left[\frac{1}{2(n+1)}, \frac{1}{n+1}\right]$$

et $u_n(t) = 0$ sur $\left[\frac{1}{n+1}, 1\right]$.

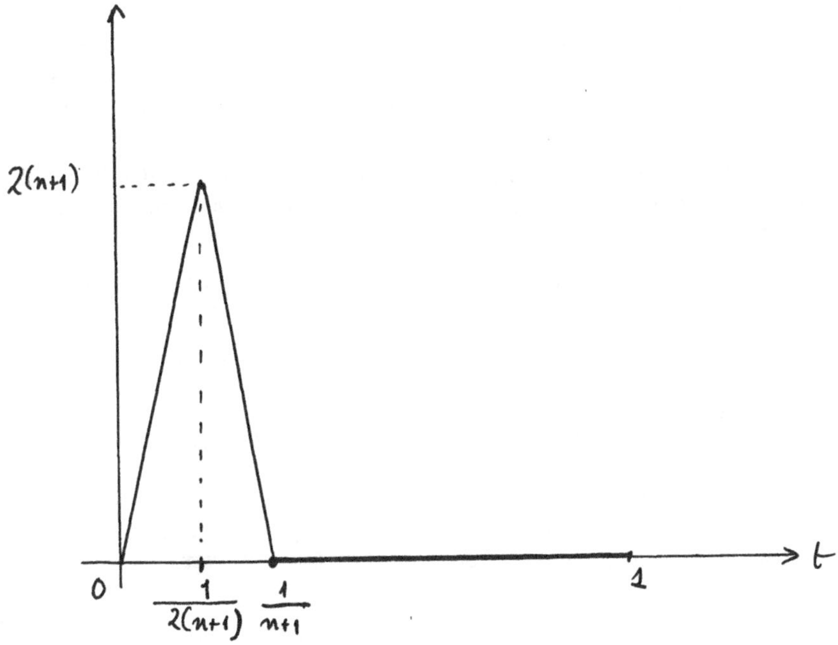

Comme $u_n(0) = 0$ pour tout n, $\lim_{n\to+\infty} u_n(0) = 0$.

Pour $t_0 > 0$, $\exists n_0$ tel que $\frac{1}{n_0+1} \leqslant t_0$ donc $\forall n \geqslant n_0$, $u_n(t_0) = 0$ d'où $\lim_{n\to+\infty} u_n(t_0) = 0$. La suite des u_n converge simplement vers la fonction $u = 0$. Cette fonction u, ainsi que chaque u_n, est intégrable, mais $\int_0^1 u_n = \frac{1}{2} \cdot \frac{1}{n+1} \cdot 2(n+1) = 1$, ne tend pas vers $\int_0^1 u = 0$. Donc $\lim \int_0^1 u_n \neq \int_0^1 (\lim u_n)$.

EXEMPLE 12.5. — On indexe les rationnels de $[0, 1]$ en une suite $(q_n)_{n \in \mathbb{N}}$ et on définit u_n par $u_n(t) = 1$ si $t \in \{q_0, q_1, \ldots, q_n\}$ et $u_n(t) = 0$ sinon. Il est facile de voir que les u_n convergent simplement vers la restriction à $[0, 1]$ de la fonction caractéristique de $\mathbb{Q}$. C'est une fonction non intégrable sur $[0, 1]$ alors que les u_n le sont car en les modifiant sur un ensemble fini elles deviennent constantes, voir tome 2, 8.12 et 8.33.

Finalement, la convergence simple est facile à exprimer mais elle ne préserve pas la continuité, ni le fait d'être borné, ou intégrable.

Il faut donc définir un autre mode de convergence, ce sera la *convergence uniforme*, mais cette définition suppose l'espace d'arrivée des fonctions métriques, ce qui n'était pas le cas pour la convergence simple.

DÉFINITION 12.6. — *Soit un ensemble E et un espace métrique F. Une suite de fonctions $(u_n)_{n \in \mathbb{N}}$ converge uniformément vers une fonction u de E dans F si et seulement si on a :*

$$\forall \varepsilon > 0,\ \exists N(\varepsilon) \in \mathbb{N},\ \forall n \geqslant N(\varepsilon),\ \forall t \in E,\ d(u(t), u_n(t)) \leqslant \varepsilon.$$

Une remarque s'impose : si la suite $(u_n)_{n \in \mathbb{N}}$ converge uniformément vers u, on aura en particulier, pour chaque t de E :

$$\forall \varepsilon > 0,\ \exists N(\varepsilon) \in \mathbb{N},\ \forall n \geqslant N(\varepsilon),\ d(u(t), u_n(t)) \leqslant \varepsilon,$$

d'où la convergence simples des u_n vers u.

Par contre la convergence simple n'implique pas la convergence uniforme, comme on va le voir grâce aux théorèmes suivants.

THÉORÈME 12.7. — *Soit une suite de fonctions continues, u_n, de E topologique dans F métrique qui converge uniformément vers u, la fonction u est continue.*

Soit t_0 dans E. Pour comparer $u(t_0)$ et $u(t)$ on va « passer par » $u_n(t_0)$ et $u_n(t)$.

On a :

$$d(u(t_0), u(t)) \leqslant d(u(t_0), u_n(t_0)) + d(u_n(t_0), u_n(t)) + d(u_n(t), u(t)).$$

On pourra appliquer la continuité de u_n si ... on connaît u_n. Il faut donc fixer n indépendamment de t, on dit uniformément en t, et c'est la convergence uniforme qui le permet.

Soit $\varepsilon > 0$, $\exists n_0$, $\forall n \geqslant n_0$, $\forall t \in E$, $d(u(t), u_n(t)) \leqslant \frac{\varepsilon}{3}$.

On fixe $n = n_0$, on aura donc, $\forall t \in E$,

$$d(u(t_0), u(t)) \leqslant 2\frac{\varepsilon}{3} + d(u_{n_0}(t_0), u_{n_0}(t)).$$

Puis u_{n_0} est continue en t_0, donc à $\varepsilon > 0$ on associe un voisinage $V(t_0)$ de t_0 tel que $\forall t \in V(t_0)$, $d(u_{n_0}(t_0), u_{n_0}(t)) \leqslant \varepsilon/3$ et finalement, à $\varepsilon > 0$ on a associé un voisinage $V(t_0)$ tel que $\forall t \in V(t_0)$, $d(u(t_0), u(t)) \leqslant \varepsilon$: la limite uniforme, u, des u_n continues est continue. ∎

REMARQUE 12.8. — Si E est métrique et si les u_n sont uniformément continues, et convergent uniformément vers u, la limite u est uniformément continue. Je laisse au lecteur le soin d'adapter la justification.

REMARQUE 12.9. — Comme les fonctions continues de l'exemple 12.2 convergent simplement vers u non continue, dans cet exemple il n'y a pas convergence uniforme, donc la convergence simple n'implique pas la convergence uniforme.

THÉORÈME 12.10. — *Soient des fonctions bornées $(u_n)_{n\in\mathbb{N}}$ de E dans F espace métrique, qui convergent uniformément vers u, la fonction u est bornée.*

Car pour $\varepsilon = 1$ par exemple, il existe n_0 tel que $\forall n \geqslant n_0$, $\forall t \in E$, $d(u(t), u_n(t)) \leqslant 1$. Or la fonction u_{n_0} est bornée, donc il existe une boule fermée $\mathcal{B}_f(a, r)$ de F telle que $\forall t \in E$, $u_{n_0}(t) \in \mathcal{B}_f(a, r)$. Mais alors, $\forall t$ de E on aura

$$d(a, u(t)) \leqslant d(a, u_{n_0}(t)) + d(u_{n_0}(t), u(t)) \leqslant r + 1$$

donc les $u(t)$ sont dans $\mathcal{B}_f(a, r+1)$: la fonction u est bornée. ∎

THÉORÈME 12.11. — *Soient des fonctions $(u_n)_{n\in\mathbb{N}}$ intégrables au sens de Riemann sur le segment $[a, b]$ de $\mathbb{R}$, à valeurs réelles, qui convergent uniformément vers u. Alors la fonction u est intégrable sur $[a, b]$ et* $\int_a^b u(t)dt = \lim_{n\to+\infty} \int_a^b u_n(t)dt.$

Voir Tome 2, chapitre 8 les notions de Darboux et Riemann intégrables.

D'abord, les u_n bornées convergeant uniformément vers u, la fonction u est bornée, puis,

$$\forall \varepsilon > 0, \ \exists n_0, \ \forall n \geqslant n_0, \ \forall t \in [a,b], \ |u(t) - u_n(t)| \leqslant \varepsilon.$$

En particulier, pour n_0 fixé, on aura, $\forall t \in [a,b]$:

$$-\varepsilon + u_{n_0}(t) \leqslant u(t) \leqslant \varepsilon + u_{n_0}(t).$$

Si $d : x_0 = a < x_1 < \ldots < x_p = b$ est une subdivision de $[a,b]$, en passant aux bornes, (inférieure et supérieure) de u et u_{n_0} on obtient, (avec les notations du chapitre 8, tome 2 en 8.3) :

$$-\varepsilon + m_i(u_{n_0}) \leqslant m_i(u) \leqslant \varepsilon + m_i(u_{n_0})$$

et aussi

$$-\varepsilon + M_i(u_{n_0}) \leqslant M_i(u) \leqslant \varepsilon + M_i(u_{n_0}),$$

d'où

$$0 \leqslant M_i(u) - m_i(u) \leqslant 2\varepsilon + M_i(u_{n_0}) - m_i(u_{n_0}).$$

Après multiplication par $x_{i+1} - x_i > 0$, et sommation, il vient

$$0 \leqslant S_u(d) - s_u(d) \leqslant 2\varepsilon(b-a) + S_{u_{n_0}}(d) - s_{u_{n_0}}(d),$$

et ce pour toute subdivision d de $[a,b]$. Mais, comme u_{n_0} est intégrable, il existe une subdivision d de $[a,b]$ telle que $S_{u_{n_0}}(d) - s_{u_{n_0}}(d) \leqslant \varepsilon$, d'où $0 \leqslant S_u(d) - s_u(d) \leqslant \varepsilon(1 + 2(b-a))$.

Comme ε est quelconque, on a bien l'intégrabilité de u, (Théorème de Darboux, 8.20, Tome 2).

Puis, toujours avec $\varepsilon > 0$ et n_0 tel que $\forall n \geqslant n_0$, $\forall t \in E$, $|u(t) - u_n(t)| \leqslant \varepsilon$, on aura

$$\left| \int_a^b u(t)dt - \int_a^b u_n(t)dt \right| \leqslant \int_a^b |u(t) - u_n(t)|dt \leqslant \varepsilon(b-a)$$

d'où $\displaystyle\int_a^b u = \lim_{n \to +\infty} \int_a^b u_n$. ■

Ce résultat s'applique aux intégrales impropres sur un intervalle borné. On a :

THÉORÈME 12.12. — *Soit $[a,b[$ un intervalle, (borné) de $\mathbb{R}$, et des fonctions $(u_n)_{n\in\mathbb{N}}$ de $[a,b[$ dans $\mathbb{R}$ telles que les intégrales impropres $\int_a^b u_n$ convergent. Si la suite des u_n converge uniformément vers u sur $[a,b[$, l'intégrale impropre $\int_a^b u$ converge et $\int_a^b u = \lim_{n\to+\infty} \int_a^b u_n$.*

D'abord, sur chaque segment $[a,x] \subset [a,b[$, il y a convergence uniforme des u_n vers u qui est donc intégrable sur $[a,x]$, (théorème 12.11).

Puis, soit

$$\varepsilon > 0,\ \exists n_0,\ \forall n \geqslant n_0,\ \forall t \in [a,b[,\ |u(t) - u_n(t)| \leqslant \frac{\varepsilon}{2(b-a)}.$$

A fortiori, pour x et x' avec $a \leqslant x < x' < b$, on aura

$$\begin{aligned}\left|\int_x^{x'} u\right| &= \left|\int_x^{x'} (u - u_{n_0}) + \int_x^{x'} u_{n_0}\right| \leqslant \int_x^{x'} |u - u_{n_0}| + \left|\int_x^{x'} u_{n_0}\right| \\ &\leqslant \frac{\varepsilon}{2(b-a)}(x'-x) + \left|\int_x^{x'} u_{n_0}\right| \leqslant \frac{\varepsilon}{2} + \left|\int_x^{x'} u_{n_0}\right|\end{aligned}$$

et ce pour tout x et tout x', avec $a \leqslant x < x' < b$.

Comme $\int_a^b u_{n_0}$ converge, au même $\varepsilon > 0$ on associe $x_0 \in]a,b[$ tel que

$$(x_0 \leqslant x < x' < b) \Rightarrow \left(\left|\int_x^{x'} u_{n_0}\right| \leqslant \frac{\varepsilon}{2}\right)$$

d'où $\left|\int_x^{x'} u\right| \leqslant \varepsilon$: d'après le critère de Cauchy d'existence de $\lim_{x\to b^-} \int_a^x u$, on a bien convergence de l'intégrale impropre $\int_a^b u$.

Enfin, avec le même $\varepsilon > 0$, le n_0 associé, pour un $n \geqslant n_0$, (n fixé), $\forall x \in [a,b[$ on aura :

$$\left|\int_a^x u - \int_a^x u_n\right| \leqslant \int_a^x |u - u_n| \leqslant (x-a)\frac{\varepsilon}{2(b-a)} < \frac{\varepsilon}{2}$$

et comme le premier membre a une limite si x tend vers b^- il vient $\left|\int_a^b u - \int_a^b u_n\right| \leqslant \frac{\varepsilon}{2}$, et ceci est valable pour chaque $n \geqslant n_0$. C'est donc que $\int_a^b u = \lim_{n\to+\infty} \int_a^b u_n$, ce qui achève la justification du théorème 12.12. ■

REMARQUE 12.13. — L'extension au cas d'intégrales impropres sur un intervalle non borné n'est pas possible.

Par exemple u_n égale à $\frac{1}{n}$ sur $[0, n]$, à 0 sur $\left[n + \frac{1}{n}, +\infty\right[$ et à $-t + n + \frac{1}{n}$ sur $\left[n, n + \frac{1}{n}\right]$, (pour $n \geqslant 1$) converge uniformément vers 0 sur $[0, +\infty[$. Les u_n et leur limite uniforme u sont intégrables sur $[0, +\infty[$, mais $\int_0^{+\infty} u_n = 1 + \frac{1}{2n^2}$ ne tend pas vers $\int_0^{+\infty} u = 0$.

Autre exemple : $v_n(x) = \frac{1}{x}$ sur $[1, n]$, $-x + n + \frac{1}{n}$ sur $\left[n, n + \frac{1}{n}\right]$, 0 si $x \geqslant n + \frac{1}{n}$. Cette fois les v_n convergent uniformément vers $v : x \rightsquigarrow \frac{1}{x}$, sur $[1, +\infty[$, mais ici $\int_1^{+\infty} v$ diverge. ■

REMARQUE 12.14. — *Soit une suite $(u_n)_{n\in\mathbb{N}}$ de fonctions de E dans F espace métrique complet. Il y a convergence uniforme si et seulement si on peut appliquer le critère de Cauchy uniformément par rapport à x variant dans E c'est-à-dire si et seulement si :*

12.15.
$$\forall \varepsilon > 0,\ \exists n_0 \in \mathbb{N},\ \forall n \geqslant n_0,\ \forall m \geqslant n_0,$$
$$\forall x \in E,\ d(u_n(x), u_m(x)) \leqslant \varepsilon.$$

Car si les u_n convergent uniformément vers u on a :

$$\forall \varepsilon > 0,\ \exists n_0,\ \forall n \geqslant n_0,\ \forall x \in E,\ d(u(x), u_n(x)) \leqslant \varepsilon/2.$$

Par inégalité triangulaire, avec $n \geqslant n_0$ et $m \geqslant n_0$ on obtient 12.15. *Et si on dispose de 12.15*, pour chaque x fixé de E, il en résulte que la suite $(u_n(x))_{n\in\mathbb{N}}$ est de Cauchy dans F complet, donc convergente. Soit $u(x)$ sa limite, on détermine ainsi une fonction u de E dans F vers laquelle la suite $(u_n)_{n\in\mathbb{N}}$ converge simplement.

En repartant de 12.15, avec n fixé, ($\geqslant n_0$), x fixé dans E, si m tend vers l'infini, on obtient $d(u_n(x), u(x)) \leqslant \varepsilon$ vu la continuité de la distance. C'est encore :

$$\forall \varepsilon > 0,\ \exists n_0,\ \forall n \geqslant n_0,\ \forall x \in E,\ d(u_n(x), u(x)) \leqslant \varepsilon$$

ce qui justifie la convergence uniforme des u_n vers u. ■

REMARQUE 12.16. — *Dire qu'une suite $(u_n)_{n\in\mathbb{N}}$ converge uniformément vers u, fonction de E dans F, revient à dire que, pour n assez grand, $d(u, u_n) = \sup_{x\in E} d(u(x), u_n(x))$ existe et que $\lim_{n\to+\infty} d(u, u_n) = 0$.*

En effet, avoir, (on ne se lasse pas de l'écrire) :

$$\forall \varepsilon > 0,\ \exists n_0,\ \forall n \geqslant n_0,\ \forall x \in E,\ d(u(x), u_n(x)) \leqslant \varepsilon$$

équivaut à avoir

$$\forall \varepsilon > 0,\ \exists n_0,\ \forall n \geqslant n_0,\ \sup\{d(u(x), u_n(x)); x \in E\} \leqslant \varepsilon$$ ■

Dans le cas où F est un espace vectoriel normé, on pourra écrire, pour $n \geqslant n_0$, $||u - u_n||_\infty = \sup\{||u(x) - u_n(x)||, x \in E\}$ et dire que la suite $(u_n)_{n\in\mathbb{N}}$ converge uniformément vers u revient à dire que, pour n assez grand, $u - u_n$ est dans l'espace vectoriel des applications bornées de E dans F, et que $\lim_{n\to+\infty} ||u - u_n||_\infty = 0$. Cette norme, $||\ ||_\infty$, s'appelle

12.17. *norme de la convergence uniforme, ou norme uniforme.*

Il faut cependant remarquer que u et les u_n peuvent fort bien ne pas être bornées.

REMARQUE 12.18. — Dans le cas particulier d'une suite $(u_n)_{n\in\mathbb{N}}$ de fonctions de I, (intervalle de $\mathbb{R}$) dans $\mathbb{R}$, la recherche d'une éventuelle convergence uniforme peut se faire en deux temps. L'étude de $\lim_{n\to+\infty} u_n(t) = u(t)$, au sens de la convergence simple, permet de déterminer la fonction u vers laquelle il peut y avoir convergence uniforme, et l'étude des variations de $u - u_n$ permet de déterminer $||u - u_n||_\infty$, ou un majorant, pour mettre en évidence une éventuelle convergence vers 0 de cette norme. A moins... à moins que la négation d'une des conséquences de la convergence uniforme donne la non-convergence uniforme.

REMARQUE 12.19. — On peut concevoir la convergence uniforme à l'aide des nouilles ou des sports d'hiver. Je m'explique, sinon vous allez croire que je suis fou. Soit des fonctions $(u_n)_{n\in\mathbb{N}}$ de E dans F métrique qui convergent uniformément vers u. On peut associer, $\varepsilon > 0$ étant fixé, la boule ouverte $\mathcal{B}_0(u(x), \varepsilon)$ à chaque x de E et introduire la réunion des $\mathcal{B}_0(u(x), \varepsilon)$ pour x dans E, qui est une sorte de chenille, ou de boudin, ou de macaroni (cuit, pour la souplesse), entourant le graphe $\Gamma = \{(x, u(x));\ x \in E\}$ de u : disons, plus mathématiquement, un voisinage tubulaire.

Et avoir convergence uniforme, c'est associer, à chaque voisinage tubulaire de ce type, (fonction de $\varepsilon > 0$), un n_0 de $\mathbb{N}$ tel que $\forall n \geqslant n_0$, le graphe Γ_n de u_n soit coincé dans ce voisinage tubulaire.

Et les sports d'hiver? Eh bien, imaginez une piste de descente avec une porte, de largeur 2ε, à franchir : tous les skieurs u_n passant dans cette porte « d'abscisse t » sont en train de faire de la convergence simple, surtout si vous déplacez la porte le long de la piste; et la convergence uniforme, c'est quand on les oblige à descendre dans un couloir, (une piste de bobsleigh par exemple).

Si ces images ne vous facilitent pas la compréhension de la convergence simple, ou uniforme, elles peuvent toujours vous faire rêver et ce n'est déjà pas si mal.

REMARQUE 12.20. — (La dernière). Et la dérivation dans tout cela? Eh bien, rien! La convergence uniforme d'une suite de fonctions dérivables n'implique rien. Intuitivement cela se conçoit : une fonction u_n dont le graphe est coincé dans un voisinage tubulaire peut se fâcher, se débattre et avoir de tels soubresauts que sa dérivée peut devenir infinie.

EXEMPLE 12.21. — On définit $u_n = \mathbb{R} \longmapsto \mathbb{R}$ par $u_n(x) = \dfrac{1}{n}\sin nx$. Les u_n convergent uniformément vers 0, $\left(\|u_n\|_\infty = \dfrac{1}{n}\right)$; ce sont des fonctions dérivables et $u_n'(x) = \cos nx$ n'a pas de limite sauf si $x = 2k\pi$, auquel cas $u_n'(2k\pi) = 1$ converge vers 1. En effet $H = \{nx + k(2\pi);\ (n, k) \in \mathbb{Z}^2\}$ est sous-groupe additif de $\mathbb{R}$, donc du type $\alpha\mathbb{Z}$ ou partout dense dans $\mathbb{R}$, (voir tome 2, exercice n° 1 du chapitre 5).

Si $\dfrac{x}{2\pi} \notin \mathbb{Q}$, le type $\alpha\mathbb{Z}$ est exclu, sinon, x et 2π étant dans H on aurait $x = p\alpha$ et $2\pi = q\alpha$, $(p, q) \in \mathbb{Z} \times \mathbb{Z}^*$ d'où $\dfrac{x}{2\pi}$ rationnel. Mais alors $\overline{H} = \mathbb{R}$, l'image de H par la fonction continue cosinus est donc $[-1, 1]$, et comme elle est paire, l'ensemble des $\cos nx$; $n \in \mathbb{N}$, est finalement partout dense dans $[-1, 1]$.

Si $\frac{x}{2\pi} \in \mathbb{Q}$, avec $\frac{x}{2\pi} = \frac{p}{q}$, irréductible, on a $nx + 2k\pi = n\left(2\pi\frac{p}{q}\right) + 2k\pi = \frac{2\pi}{q}(pn + kq)$, l'ensemble des $\cos nx$ est donc périodique si $q > 1$.■

On aimerait cependant pouvoir dériver une limite. Que faire ? Eh bien, modifier le théorème d'intégration.

THÉORÈME 12.22. — *Soit une suite $(u_n)_{n\in\mathbb{N}}$ de fonctions du segment $[a,b]$ de $\mathbb{R}$ dans $\mathbb{R}$. On suppose les u_n dérivables, les u_n' étant intégrables au sens de Riemann sur $[a,b]$. Si les u_n' convergent uniformément sur $[a,b]$ vers une fonction v, et si les u_n convergent pour une valeur x_0 de la variable, alors les u_n convergent uniformément vers une fonction u dérivable, telle que $u(x_0) = \lim\limits_{n\to+\infty} u_n(x_0)$ et $u' = v$.*

En fait, on ne dérive pas la limite des u_n, qui au départ n'existe pas, mais on intègre la limite des dérivées.

Les u_n', intégrables, convergent uniformément sur $[a,b]$ vers une fonction v qui est donc intégrable (théorème 12.11).

On pose $\alpha = \lim\limits_{n\to+\infty} u_n(x_0)$ et on définit une fonction u sur $[a,b]$ par $u(x) = \int_{x_0}^{x} v(t)dt + \alpha$.

Par ailleurs, on a :

$$u_n(x) = \int_{x_0}^{x} u_n'(t)dt + u_n(x_0)$$

car, si $x_0 < x$ par exemple, et si $x_0 < x_1 < \ldots < x_p = x$ est une subdivision d de $[x_0, x]$, on aura

$$u_n(x) - u_n(x_0) = \sum_{i=0}^{p-1}(u_n(x_{i+1}) - u_n(x_i)) = \sum_{i=0}^{p-1}(x_{i+1} - x_i)u_n'(\lambda_i)$$

avec des λ_i dans $[x_i, x_{i+1}]$, (accroissements finis). Mais on retrouve une somme de Riemann, et lorsque le pas de d tend vers 0, le second membre a pour limite $\int_{x_0}^{x} u_n'(t)dt$. On doit faire cela car on n'a pas supposé les u_n' continues.

On procède de même pour $x \geqslant x_0$.

Mais alors

$$u(x) - u_n(x) = \int_{x_0}^{x} (v - u_n')(t)dt + (\alpha - u_n(x_0)).$$

Or, $\forall\varepsilon > 0,\ \exists n_0, \forall n \geqslant n_0, ||v-u'_n||_\infty \leqslant \frac{\varepsilon}{2(b-a)}$ et $|\alpha - u_n(x_0)| \leqslant \frac{\varepsilon}{2}$, vu les hypothèses, d'où,$\forall n \geqslant n_0$ et $\forall x \in [a,b]$,

$$|u(x) - u_n(x)| \leqslant \left| \int_{x_0}^{x} ||v - u'_n||_\infty \right| + \frac{\varepsilon}{2} \leqslant |x - x_0| \frac{\varepsilon}{2(b-a)} + \frac{\varepsilon}{2} \leqslant \varepsilon$$

on a bien convergence uniforme des u_n vers u.

Comme $u(x_0) = \alpha$, il y a bien convergence des $u_n(x_0)$ vers α. Il reste à prouver que u est dérivable, et que $u'(x) = v(x)$.

On pose

$$u(x+h) - u(x) - hv(x) = \int_x^{x+h} v(t)dt - hv(x) = \alpha(h),$$

soit

$$\alpha(h) = \int_x^{x+h} (v(t) - u'_n(t))dt + \int_x^{x+h} u'_n(t)dt - hv(x).$$

Or on a justifié que $u_n(x) - u_n(x_0) = \displaystyle\int_{x_0}^{x} u'_n(t)dt$, donc on a encore

$$\alpha(h) = \int_x^{x+h} (v(t) - u'_n(t))dt + (u_n(x+h) - u_n(x) - hu'_n(x)) \\ - h(v(x) - u'_n(x)).$$

Mais la convergence uniforme des u'_n vers v donne :

$$\forall\varepsilon > 0,\ \exists n_0,\ \forall n \geqslant n_0,\ ||v - u'_n||_\infty \leqslant \frac{\varepsilon}{3}$$

d'où *a fortiori* si on fixe $n = n_0$,

$$\left| \int_x^{x+h} (v - u'_{n_0}) \right| \leqslant |h| \cdot \frac{\varepsilon}{3}$$

et aussi

$$|h(v(x) - u'_{n_0}(x))| \leqslant |h| \frac{\varepsilon}{3},$$

et ceci quelque soit h.

Mais alors $|\alpha(h)| \leqslant 2|h|\frac{\varepsilon}{3} + |u_{n_0}(x+h) - u_{n_0}(x) - hu'_{n_0}(x)|$, et comme la fonction u_{n_0} est dérivable, il existe $h_0 \geqslant 0$ tel que $|h| \leqslant h_0$ implique $|u_{n_0}(x+h) - u_{n_0}(x) - hu'_{n_0}(x)| \leqslant \frac{\varepsilon}{3}|h|$ d'où finalement :

$$\forall \varepsilon > 0,\ \exists h_0 > 0,\ \forall h,\ |h| \leqslant h_0 \Rightarrow |u(x+h) - u(x) - hv(x)| \leqslant \varepsilon|h|$$

on a bien u dérivable, de dérivée v. ■

REMARQUE — Si on remplace l'hypothèse u'_n intégrable au sens de Riemann par les u'_n continues, on simplifie la justification, car alors v est continue, (limite uniforme de fonctions continues), donc intégrable, et l'égalité de définition de u : $u(x) = \int_{x_0}^{x} v(t)dt + \alpha$ prouve la dérivabilité de u et l'égalité $u'(x) = v(x)$, (Théorème 12.68).

2. Séries de fonctions

Lorsque l'espace d'arrivée est un espace vectoriel normé, on va pouvoir considérer une série de fonctions $(u_n)_{n\in\mathbb{N}}$, de E dans F, c'est-à-dire associer aux fonctions u_n les fonctions sommes partielles U_n de E dans F définies par $U_n(t) = \sum_{p=0}^{n} u_p(t)$, et ce pour tout t de E.

12.23. *On dira que la série des $(u_n)_{n\in\mathbb{N}}$ converge simplement, (resp uniformément) vers une fonction somme U si et seulement si la suite des sommes partielles $(U_n)_{n\in\mathbb{N}}$ converge simplement (resp. uniformément) vers U.*

Compte tenu de la continuité de l'addition, de $F \times F$ dans F, on va pouvoir étendre au cas des séries de fonctions les résultats obtenus pour les suites.

Cependant, l'étude des séries, (voir 11.11), montre que dans le cas de F complet, on peut parler de convergence absolue pour une série de vecteurs de F.

12.24. *Soit une série de fonctions de E dans F, Banach, de terme général u_n. On dira qu'il y a convergence absolue simple (resp. absolue uniforme)* *si la série des fonctions de E dans $\mathbb{R}$ définies par $t \rightsquigarrow ||u_n(t)||$, converge simplement (resp. uniformément).*

Il résulte du Théorème 11.12 que la convergence absolue simple (resp. absolue uniforme), avec F complet, implique la convergence simple (resp. uniforme) de la série de fonctions.

Nous allons cependant introduire un nouveau type de convergence : la convergence normale, ou dominée, lorsque l'espace d'arrivée F est un Banach.

DÉFINITION 12.25. — *Soit un ensemble E, et un espace de Banach F. On dit qu'un série de fonctions $(u_n)_{n\in\mathbb{N}}$ de E dans F converge normalement, (ou en norme, ou qu'il y a convergence dominée) si et seulement si il existe une série de terme général réel positif α_n, convergente, et telle que $\forall n \in \mathbb{N}$, $\forall t \in E$, $||u_n(t)|| \leqslant \alpha_n$.*

Si c'est le cas, la série des $u_n(t)$ converge absolument dans F complet. De plus, le critère de Cauchy, dans $\mathbb{R}$ complet, appliqué à la série des α_n donne :

$$\forall \varepsilon > 0,\ \exists p_0 \in \mathbb{N},\ \forall p \geqslant p_0,\ \forall q > p,\ \forall t \in E$$
$$\left\| \sum_{k=p+1}^{q} u_k(t) \right\| = ||U_q(t) - U_p(t)|| \leqslant \sum_{k=p+1}^{q} \alpha_k \leqslant \varepsilon,$$

on a donc le critère de Cauchy, uniforme en t dans E, pour la suite des sommes partielles, U_n de la série initiale : il y a convergence uniforme d'après la remarque 12.14.

On a donc, avec F espace d'arrivée complet :

(convergence normale) $\Rightarrow$ (convergence absolue uniforme) $\Rightarrow$ (convergence uniforme) $\Rightarrow$ (convergence simple).

12.26. *Mais on peut avoir convergence uniforme sans convergence absolue.*

Exemple : E quelconque, $F = \mathbb{R}$, on définit les fonctions constantes u_n par $u_n(t) = \dfrac{(-1)^n}{n+1}$. Il y a convergence, uniforme en t puisque u_n ne dépend pas de t, mais pas convergence absolue.

12.27. *Il peut de même y avoir convergence absolue non uniforme.*

Exemple : $E = [0,1]$, $F = \mathbb{R}$ et on définit u_n par $u_n(t) = t^n - t^{n+1}$ sur $[0,1]$ si $n \geqslant 1$, et $u_0(t) = 1 - t$. On a $\sum_{k=0}^{n} u_k(t) = 1 - t^{n+1}$, avec des $u_k(t)$ positifs sur $[0,1]$. La série converge donc vers la fonction U définie par $U(1) = 0$ et $U(t) = 1$ sur $[0,1[$. La convergence est non uniforme, (les u_n étant continues mais pas U), bien qu'absolue car $|u_n(t)| = u_n(t)$.

12.28. *Enfin on peut avoir convergence absolue uniforme mais pas convergence normale.*

L'idée, avec $E = [0,1]$ et $F = \mathbb{R}$, est de partir d'une fonction U à valeurs positives, avec une suite de maximum, et de fractionner son support.

Pour cela on va définir u_n, affine par morceaux, pour $n \geqslant 2$, nulle sur

$$\left[0, \frac{1}{2}\left(\frac{1}{n} + \frac{1}{n+1}\right)\right] \cup \left[\frac{1}{2}\left(\frac{1}{n} + \frac{1}{n-1}\right), 1\right]$$

valant $\frac{1}{n}$ en $\frac{1}{n}$.

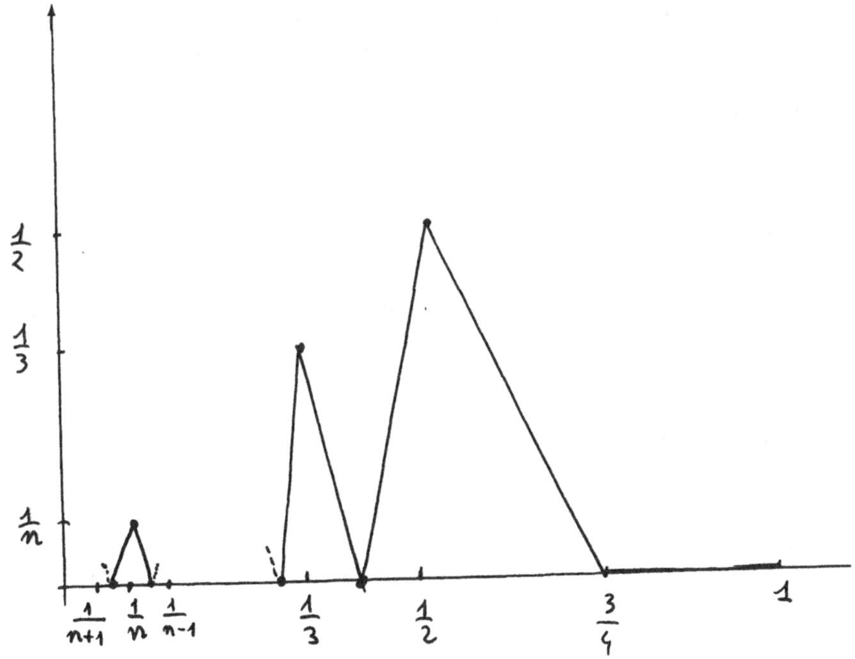

On posera $u_1 = u_0 = 0$. Alors la norme infinie de u_n existe et $||u_n||_\infty = \sup\{|u_n(t)|,\ t \in [0,1]\} = \frac{1}{n}$ pour $n \geqslant 2$.

Si on définit U sur $[0,1]$ par $U(0) = 0$ et par sa restriction à $\left[\frac{1}{2}\left(\frac{1}{n}+\frac{1}{n+1}\right), \frac{1}{2}\left(\frac{1}{n}+\frac{1}{n-1}\right)\right]$ égale à la restriction de u_n à ce même segment, en notant U_N la somme partielle des u_n on a $U - U_N$ est la fonction nulle sur $\left[\frac{1}{2}\left(\frac{1}{N}+\frac{1}{N+1}\right), 1\right]$, $(N \geqslant 2)$, et égale à U sur $\left[0, \frac{1}{2}\left(\frac{1}{N}+\frac{1}{N+1}\right)\right]$, donc $||U - U_N||_\infty \leqslant \frac{1}{N+1}$.

Il y a convergence uniforme, absolue (car les fonctions sont à valeurs positives) mais pas normale vu la valeur de $||u_n||_\infty$.

On peut enfin remarquer que :

THÉORÈME 12.29. — *Soit une série de fonctions à valeurs dans un Banach F. La convergence normale équivaut à l'existence de chaque $||u_n||_\infty = \sup\{||u_n(x)||; x \in E\}$ et à la convergence de la série numérique des $||u_n||_\infty$.*

Car si on a convergence normale, avec les $\alpha_n \geqslant 0$ tels que $\forall n \in \mathbb{N}$, $\forall x \in E$, $||u_n(x)|| \leqslant \alpha_n$, on aura u_n bornée d'où $||u_n||_\infty$ existe et $||u_n||_\infty \leqslant \alpha_n$: la convergence de la série des α_n donne celle de la série des $||u_n||_\infty$. Réciproquement, les $||u_n||_\infty$ conviennent comme suite α_n pour justifier la convergence normale. ■

Citons pour terminer, les résultats sur les séries de fonctions, déduits de ceux valables pour les suites.

THÉORÈME 12.30. — *Soit E topologique, F vectoriel normé. Si la série de fonctions $(u_n)_{n\in\mathbb{N}}$ de E dans F converge uniformément, et si les u_n sont continues, la fonction somme est continue.*

Car la continuité de l'addition, de $F \times F$ dans F, donne la continuité des fonctions sommes partielles U_n, et on conclut grâce au théorème 12.7.

THÉORÈME 12.31. — *Soit une série de fonctions $(u_n)_{n\in\mathbb{N}}$, Riemann intégrables de $[a,b]$ segment de $\mathbb{R}$ dans $\mathbb{R}$, qui converge uniformément sur $[a,b]$.*

La fonction somme est Riemann intégrable et on a

$$\int_a^b \left(\sum_{n=0}^{\infty} u_n(t)\right) dt = \sum_{n=0}^{\infty} \int_a^b (u_n(t))dt.$$

En effet les fonctions sommes partielles sont Riemann intégrables et le théorème 12.11 s'applique.

Il donne

$$\int_a^b \left(\sum_{n=0}^{\infty} u_n\right) = \lim_{N\to+\infty} \left(\int_a^b \left(\sum_{n=0}^{N} u_n\right)\right)$$
$$= \lim_{N\to+\infty} \left(\sum_{n=0}^{N} \left(\int_a^b u_n\right)\right)$$

par linéarité de l'intégrale, d'où la convergence de la série de terme général $\int_a^b u_n$ et la formulation. On dit qu'on intègre *terme à terme*. ■

On peut étendre ce résultat au cas d'intégrales impropres sur un intervalle borné. On a :

THÉORÈME 12.32.bis — *Soient des fonctions u_n de $[a, b[$ intervalle borné de $\mathbb{R}$ dans $\mathbb{R}$ telles que les intégrales impropres $\int_a^b u_n(t)dt$ convergent. Si la série des u_n converge uniformément sur $[a, b[$, sa fonction somme est d'intégrale impropre convergente sur $[a, b[$ et*
$$\int_a^b \left(\sum_{n=0}^{\infty} u_n\right) = \sum_{n=0}^{\infty} \left(\int_a^b u_n\right).$$

En effet, on applique le théorème 12.22 aux sommes partielles. ■

Enfin on ne peut pas dériver la fonction somme d'une série, même normalement convergente, on ne peut pas ! Mais... on pourra quand même dériver terme à terme une série grâce au théorème suivant.

THÉORÈME 12.32. — *Soit $(u_n)_{n\in\mathbb{N}}$ une série de fonctions de $[a, b]$ dans $\mathbb{R}$, dérivables, les u'_n étant Riemann intégrables. Si la série des u'_n converge uniformément, et si la série des $u_n(x)$ converge pour une valeur x_0 de la* *variable, alors la série des u_n converge uniformément, sa fonction somme est dérivable et on a*

$$\left(\sum_{n=0}^{\infty} u_n(x)\right)' = \sum_{n=0}^{\infty} u_n'(x).$$

C'est bien sûr, la version série du théorème 12.22 obtenue grâce à la linéarité de la dérivation.

3. Un espace fonctionnel : fonctions réglées

Je n'ai pas l'intention de vous ennuyer avec une étude exhaustive des fonctions réglées, mais j'aimerai en dire assez pour dégager la notion d'intégrale des fonctions réglées et, dans le cas des fonctions à valeurs réelles, comparer cette intégrale à celle de Darboux.

Dans tout ce qui suit, I désignera un segment $[a, b]$ de $\mathbb{R}$.

DÉFINITION 12.33. — *Soit $I = [a, b]$ un segment de $\mathbb{R}$ et E un espace vectoriel normé. On appelle fonction en escalier de I dans E toute fonction f telle qu'il existe une suite finie $x_0 = a < x_1 < \ldots < x_n = b$ avec f constante sur chaque $]x_i, x_{i+1}[$, pour $i = 0, 1, \ldots, n-1$.*

On ne dit rien des valeurs prises par f en chaque x_i, mais comme finalement f ne prend qu'un nombre fini de valeurs en ces points $||f||_\infty = \sup\{||f(x)||;\ x \in I\}$ existe, et les fonctions en escalier sont des éléments de l'espace vectoriel $\mathcal{B}(I, E)$ des applications bornées de I dans E, normé par la norme de la convergence uniforme, $||f||_\infty$.

12.34. *En fait l'ensemble $\mathcal{E}(I, E)$ des fonctions en escalier de I dans E est sous espace vectoriel de $\mathcal{B}(I, E)$.*

Le plus facile, pour le justifier sans se perdre dans des indices, c'est peut être de constater que f en escalier sur $I = [a, b]$ équivaut à dire qu'il existe une partition finie de I en intervalles $(A_k)_{k=1,\ldots,p}$ tels que f restreinte à chaque A_k soit constante. Si g est aussi en escalier, si $(B_l)_{l=1,\ldots,q}$ est une partition de I telle que g soit constante sur chaque B_l, on aura f et g constantes sur chaque $A_k \cap B_l$ non vide, donc, $\forall(\lambda, \mu) \in \mathbb{R}^2$, $\lambda f + \mu g$ est constante sur les intervalles non vides $A_k \cap B_l$ qui forment une partition de I. ■

DÉFINITION 12.35. — *On appelle fonction réglée de I dans E toute limite uniforme d'une suite de fonctions en escalier de I dans E.*

THÉORÈME 12.36. — *L'ensemble $\mathcal{R}(I,E)$ des fonctions réglées de I dans E est le sous-espace vectoriel adhérence de $\mathcal{E}(I,E)$ dans $\mathcal{B}(I,E)$ espace des applications bornées de I dans E, pour la norme de la convergence uniforme.*

En effet, dans $\mathcal{B}(I,E)$, on a f adhérent à $\mathcal{E}(I,E)$ si et seulement si il existe une suite $(g_n)_{n\in\mathbb{N}}$ de fonctions de $\mathcal{E}(I,E)$, (donc en escalier) telle que $\lim\limits_{n\to+\infty} \|f-g_n\|_\infty = 0$, ce qui traduit la convergence uniforme : on a $\overline{\mathcal{E}(I,E)} = \mathcal{R}(I,E)$. De plus, si f est réglée, elle est bornée comme limite uniforme de fonctions bornées.

Enfin, la continuité de l'addition et du produit par un scalaire, dans un E.V.N., donnent immédiatement la justification de la structure vectorielle de $\mathcal{R}(I,E)$: si f et f' sont réglées, avec les g_n et g'_n, en escalier, qui convergent vers f et f', on a, pour (λ,λ') dans $\mathbb{R}^2$,

$$\begin{aligned}\lambda f + \lambda f' &= \lambda\left(\lim_{n\to+\infty} g_n\right) + \lambda'\left(\lim_{n\to+\infty} g'_n\right)\\ &= \lim_{n\to+\infty}(\lambda g_n + \lambda' g'_n),\end{aligned}$$

les fonctions $\lambda g_n + \lambda' g'_n$ étant en escalier, d'où $\lambda f + \lambda' f'$ réglée. ■

12.37. *Remarque.* $\mathcal{R}(I,E)$ étant fermé dans $\mathcal{B}(I,E)$ il en résulte qu'une limite uniforme de fonctions réglées est réglée.

Est-il facile de voir si une fonction est réglée ? Assez, oui. Si l'espace *E est complet* on va avoir une caractérisation pratique.

THÉORÈME 12.38. — *Soit E un Banach. Une fonction f de $I = [a,b]$ dans E est réglée si et seulement si elle admet une limite à droite en tout point de $[a,b[$ et une à gauche en tout point de $]a,b]$.*

Supposons f réglée, et soit $x \in [a,b[$. L'espace E étant complet, l'existence de $\lim\limits_{t\to x^+} f(t)$ sera obtenue grâce au critère de Cauchy, (voir tome 2, Théorème 4.100).

Or, $\forall\varepsilon > 0$, $\exists g$ en escalier, avec $\|f-g\|_\infty \leqslant \dfrac{\varepsilon}{3}$; puis g étant fixée, elle admet une limite à droite en x, car il existe un $\alpha > 0$ tel que g soit constante sur $]x, x+\alpha[$, mais alors, à $\dfrac{\varepsilon}{3}$ on associe $\eta > 0$ tel que

$x < x' < x + n$ et $x < x'' < x + \eta$ implique $||g(x') - g(x'')|| \leqslant \frac{\varepsilon}{3}$, d'où finalement, pour ces x' et x'',

$$\begin{aligned}||f(x')-f(x'')|| &\leqslant ||f(x')-g(x')||+||g(x')-g(x'')||+||g(x'')-f(x'')|| \\ &\leqslant 2||f-g||_\infty + ||g(x')-g(x'')|| \leqslant \varepsilon\end{aligned}$$

on a bien le critère de Cauchy d'où l'existence de $\lim_{t \to x^+} f(t)$. On procède de même pour les limites à gauche sur $]a, b]$.

Réciproquement, on suppose l'existence des limites à droite et à gauche.

Soit $\varepsilon > 0$, à chaque x de $[a, b[$, on associe $d_x \in]x, b]$ tel que $\forall (t, t') \in]x, d_x[^2$, $||f(t) - f(t')|| \leqslant \varepsilon$, (existence d'une limite à droite). De même, pour $x \in]a, b]$, on associe $c_x \in [a, x[$ tel que si t et t' sont dans $]c_x, x[$, on ait $||f(t) - f(t')|| \leqslant \varepsilon$.

Le compact, (eh oui) $[a, b] = [a, d_a[\cup]c_b, b] \cup \left(\bigcup_{x \in]a,b[}]c_x, d_x[\right)$ étant recouvert par des ouverts de $[a, b]$, on en extrait un recouvrement fini noté

$$[a, d_a[\cup]c_b, b] \cup \left(\bigcup_{i=1}^{n}]c_{x_i}, d_{x_i}[\right).$$

Soit $Z = \{a, d_a, b, c_b;\ x_i, c_{x_i}, d_{x_i}, i = 1, \ldots, n\}$ cet ensemble fini d'éléments de $[a, b]$; on le reindexe en croissant sous la forme $z_0 = a < z_1 < \ldots < z_p = b$.

On va alors facilement construire g en escalier telle que $||g - f||_\infty \leqslant \varepsilon$.

En effet, soit, pour $j = 0, 1, \ldots, p-1$, $t_j = \frac{z_j + z_{j+1}}{2}$. Cet élément t_j est dans $[a, b]$, donc il est dans $[a, d_a[$, ou $]c_b, b]$, ou l'un des $]c_{x_i}, d_{x_i}[$. Par exemple supposons $t_j \in]c_{x_i}, d_{x_i}[$. Comme en outre $t_j \notin Z$, t_j n'est pas égal à x_i, donc il est dans $]c_{x_i}, x_i[$ ou dans $]x_i, d_{x_i}[$.

Par exemple supposons $t_j \in]c_{x_i}, x_i[$.

Comme z_j est le plus grand des z_k de Z qui sont inférieurs à t_j, vu l'indexation croissante, et que $c_{x_i} \in Z$, on a $c_{x_i} \leqslant z_j$. Mais de même z_{j+1} est le plus petit des z_k de Z qui sont supérieurs à t_j, or $x_i \in Z$ et $x_i > t_j$ donc $z_{j+1} \leqslant x_i$.

Mais alors $]z_j, z_{j+1}[\subset]c_{x_i}, x_i[$, intervalle sur lequel l'oscillation de f est majorée par ε.

Si on définit $g(t)$, pour $t \in]z_j, z_{j+1}[$, par $g(t) = f(t_j) = f\left(\frac{z_j + z_{j+1}}{2}\right)$, on aura

$$||g(t) - f(t)|| = ||f(t_j) - f(t)|| \leqslant \varepsilon$$

sur $]z_j, z_{j+1}[$.

Il est bien clair que si $t_j \in]x_i, d_{x_i}[$ on est conduit au même résultat, à savoir $]z_j, z_{j+1}[\subset]x_i, d_{x_i}[$ d'abord, puis à $||g(t) - f(t)|| \leqslant \varepsilon$ sur $]z_j, z_{j+1}[$ si on définit $g(t)$ par la valeur constante $f(t_j)$ sur cet intervalle.

Enfin, t_j dans $[a, d_a[$ ou dans $]c_b, b]$ se traite de la même façon.

En définissant donc g, en escalier, par $g(t) = f\frac{(z_j + z_{j+1})}{2}$ sur chaque intervalle consécutif $]z_j, z_{j+1}[$, et par $g(z_j) = f(z_j)$ si $j = 0, 1, \ldots, p$, on obtient g en escalier avec $||f - g||_\infty \leqslant \varepsilon$. Comme ε est quelconque, f est réglée. ■

REMARQUE 12.39. — La réciproque n'a pas utilisé l'hypothèse E complet. On peut donc en déduire le :

COROLLAIRE 12.40. — *Soit E espace vectoriel normé. Une fonction continue f de $I = [a, b]$ dans E est réglée.*

Les limites à droite et à gauche existent et valent $f(x)$. ■

Dans le cas particulier de $E = \mathbb{R}$, comme une fonction monotone bornée a une limite en tout point, on a

COROLLAIRE 12.41. — *Soit f monotone de $[a, b]$ dans $\mathbb{R}$, elle est réglée.* ■

Ces deux corollaires font penser aux fonctions Darboux intégrables. Mais avant de parler de l'intégrale des fonctions réglées, signalons que, le « plus souvent », (les guillemets parce que cela ne veut rien dire) les limites à droite et à gauche valent ... $f(x)$ car on a :

THÉORÈME 12.42. — *Soit f réglée de $I = [a, b]$ dans E espace vectoriel normé. Elle est continue sauf sur un ensemble dénombrable d'éléments de I au plus.*

Ensemble éventuellement vide, mais c'est équipotent c'est-à-dire en bijection avec une partie de $\mathbb{N}$.

En effet, f, réglée, est limite uniforme d'une suite $(g_n)_{n\in\mathbb{N}}$ de fonctions en escalier, chaque f_n ayant un ensemble fini H_n de points de discontinuité. Alors $H = \bigcup_{n\in\mathbb{N}} H_n$ est dénombrable et sur $[a,b]-H$, f est continue, car, soit $x_0 \in [a,b]-H$, soit $\varepsilon > 0$, $\exists g_{n_0}$ telle que $\|f - g_{n_0}\|_\infty \leqslant \frac{\varepsilon}{3}$, donc, $\forall x \in [a,b]$, on a

$$\begin{aligned}\|f(x) - f(x_0)\| &\leqslant \|f(x) - g_{n_0}(x)\| + \|g_{n_0}(x) - g_{n_0}(x_0)\| \\ &\quad + \|g_{n_0}(x_0) - f(x_0)\| \\ &\leqslant 2\frac{\varepsilon}{3} + \|g_{n_0}(x) - g_{n_0}(x_0)\|.\end{aligned}$$

Comme $x_0 \notin H$, *a fortiori* x_0 n'est pas point de discontinuité de la fonction en escalier g_{n_0}, donc g_{n_0} est constante sur un voisinage de x_0 : il existe $\alpha > 0$, $\forall x \in [a,b]\cap]x_0 - \alpha, x_0 + \alpha[$ on ait $g_n(x) = g_{n_0}(x_0)$. Finalement, à $\varepsilon > 0$, on a associé $\alpha > 0$ tel que

$$x \in [a,b]\cap]x_0 - \alpha, x_0 + \alpha[\Rightarrow \|f(x) - f(x_0)\| \leqslant \frac{2\varepsilon}{3}$$

la fonction réglée f est bien continue en x_0 de $[a,b] - H$. ∎

REMARQUE 12.42.bis — Comme c'est l'aspect localement constant de g_{n_0} qui a servi, et non continue en x_0, on aurait pu se contenter de couper ε en deux.

REMARQUE 12.42.ter — On peut très facilement donner la démonstration fausse suivante : sur $[a,b] - H$, chaque g_n est continue, les g_n convergent uniformément sur $[a,b]-H$ vers f, donc f est continue sur $[a,b]-H$. C'est vrai. Mais ceci n'implique pas la continuité, en chaque point de $[a,b]-H$, de f considérée *comme fonction de* $[a,b]$ *dans* E. (Revoir les questions de sous-espace topologique du chapitre 1 si vous avez des doutes).

THÉORÈME 12.43. — *Si E est un Banach, l'espace vectoriel $\mathcal{B}(I,E)$ des fonctions bornées de I dans E est un Banach pour la norme de la convergence uniforme.*

Car, soit $(u_n)_{n\in\mathbb{N}}$, une suite de Cauchy de $\mathcal{B}(I,E)$ pour $\|\ \|_\infty$, avec $\|u_n\|_\infty = \sup\{\|u_n(t)\|;\ t \in I\}$, qui existe puisque u_n est bornée. Il faut remarquer qu'ici I est un ensemble quelconque, pas forcément un intervalle. On a

12.44.

$$\forall \varepsilon > 0,\ \exists n_0 \in \mathbb{N},\ \forall p \geqslant n_0,\ \forall q \geqslant n_0, \forall t \in I,\ \|u_p(t) - u_q(t)\| \leqslant \varepsilon.$$

On lit 12.44. pour t fixé, cela signifie que la suite $(u_p(t))_{p\in\mathbb{N}}$ est de Cauchy dans E complet, donc convergente. On note $u(t)$ sa limite.

Dans 12.44, avec ε, n_0, $p \geqslant n_0$ et t fixés, si q tend vers $+\infty$, la continuité de la norme permet de dire que $||u_p(t) - u(t)|| \leqslant \varepsilon$. On a donc

12.45. $$\forall\varepsilon > 0,\ \exists n_0,\ \forall p \geqslant n_0,\ \forall t \in I,\ ||u_p(t) - u(t)|| \leqslant \varepsilon,$$

mais alors, avec p fixé, $p \geqslant n_0$, on a $||u_p - u||_\infty \leqslant \varepsilon$, d'où $u_p - u$ bornée et comme u_p est bornée, u est bornée. De plus on a $\forall\varepsilon > 0$, $\exists n_0$, $\forall p \geqslant n_0$, $||u_p - u||_\infty \leqslant \varepsilon$, ce qui prouve finalement, la convergence de la suite de Cauchy $(u_n)_{n\in\mathbb{N}}$ vers u pour la norme de $\mathcal{B}(I, E)$. ■

COROLLAIRE 12.46. — *L'espace $\mathcal{R}(I, E)$ des fonctions réglées, de $I = [a, b]$ dans E, espace vectoriel normé complet est complet pour la norme de la convergence uniforme.*

En effet, $\mathcal{R}(I, E)$, adhérence de l'espace des fonctions en escalier, est alors un fermé dans un complet, donc un complet. ■

Mais alors, si on dispose d'une application continue, (uniformément) de $\mathcal{E}(I, E)$ dans E, elle admettra un et un seul prolongement à $\mathcal{R}(I, E)$, (théorème 4.107) : c'est ce qui va nous permettre de définir l'intégrale des fonctions réglées.

Soit g en escalier sur $I = [a, b]$, $x_0 = a < x_1 < \ldots < x_n = b$ une subdivision de $[a, b]$ telle que $g(x) = k_i$ pour $x \in]x_i, x_{i+1}[$, pour $i = 0, 1, \ldots, n-1$.

On pose $\mu(g) = \sum_{i=0}^{n-1}(x_{i+1} - x_i)k_i$, ce que l'on note encore $\int_I g$.

On a

$$||\mu(g)|| \leqslant \sum_{i=0}^{n-1}(x_{i+1} - x_i)||k_i|| \leqslant \sum_{i=0}^{n-1}(x_{i+1} - x_i)||g||_\infty$$

soit $||\mu(g)|| \leqslant (b - a)||g||_\infty$.

Comme il est facile de vérifier que $g \rightsquigarrow \int_I g$ est linéaire de $\mathcal{E}(I, E)$ dans E, c'est que l'application μ est linéaire continue de $\mathcal{E}(I, E)$ dans E, donc uniformément continue de $\mathcal{E}(I, E)$ dans E, (théorème 6.18.).

Mais alors, pour f réglée de I dans E, limite uniforme des fonctions en escalier g_n, on posera $\int_I f = \lim_{n\to+\infty} \int_I g_n$, vu le rappel fait du théorème

4.107 du chapitre 4, et l'application $f \rightsquigarrow \int_I f$ est une application continue, linéaire, de $\mathcal{R}(I, E)$ dans E, vérifiant $\left\| \int_I f \right\| \leqslant (b-a)\|f\|_\infty$.

Rappelons que $I = [a, b]$. Il est facile de justifier la linéarité.

Pour la formule de majoration, par continuité de la norme, (de E dans $\mathbb{R}$) on a

$$\left\| \int_I f \right\| = \lim_{n \to +\infty} \left\| \int_I g_n \right\|, \text{ avec } \left\| \int_I g_n \right\| \leqslant (b-a)\|g_n\|_\infty$$

et là encore, $\lim_{n \to +\infty} \|g_n\|_\infty = \|f\|_\infty$, (convergence des g_n vers f pour $\| \ \|_\infty$, et continuité de cette norme) d'où

$$\lim_{n \to +\infty} \left\| \int_I g_n \right\| \leqslant (b-a)\|f\|_\infty.$$

Dans le cas des fonctions à valeurs dans E espace de Banach, c'est un moyen de définir une intégrale, valable pour les fonctions réglées.

***Dans le cas particulier de $E = \mathbb{R}$,* on peut se demander s'il y a un rapport avec l'intégrale de Riemann. En fait on a :**

THÉORÈME 12.47. — *Soit f réglée de $[a, b]$ dans $\mathbb{R}$, elle est Riemann intégrable et son intégrale au sens de Riemann est égale à son intégrale en tant que fonction réglée.*

Soit f, limite uniforme de la suite des fonctions en escalier $(g_n)_{n \in \mathbb{N}}$.

Si $x_0^{(n)} = a < s_1^{(n)} < \ldots < x_p^{(n)} = b$ est une subdivision de $[a, b]$ telle que g_n soit constante, égale à $k_i^{(n)}$ sur $]x_i^{(n)}, x_{i+1}^{(n)}[$ on a g_n Darboux intégrable sur chaque $[x_i^{(n)}, x_{i+1}^{(n)}]$, (on modifie g_n aux deux extrémités, et elle devient constante), et de plus $\int_{x_i^{(n)}}^{x_{i+1}^{(n)}} g_n(t)dt = (x_{i+1}^{(n)} - x_i^{(n)})k_i^{(n)}$, donc en sommant pour i variant de 0 à $p-1$, on a, (relation de Chasles),

$$\int_a^b g_n(t)dt = \sum_{i=0}^{p-1} (x_{i+1}^{(n)} - x_i^{(n)})k_i^{(n)} = \mu(g_n)$$

en notant $\mu(g_n)$ l'intégrale de la fonction en escalier g_n et $\int_a^b g_n(t)dt$ son intégrale de Riemann. Mais alors, l'intégrale de f, réglée, est $\mu(f) = \lim_{n\to+\infty} \mu(g_n)$ par définition.

Or les g_n, Riemann intégrables convergeant vers f uniformément on sait, (théorème 12.11) que f est Riemann intégrable, et que l'intégrale de Riemann, $\int_a^b f(t)dt$ est égale à $\lim_{n\to+\infty} \int_a^b g_n(t)dt$ d'où finalement l'égalité $\int_a^b f(t)dt = \mu(f)$.

12.48. *Enfin, il y a des fonctions Darboux intégrables, non réglées.*

Par exemple, f définie sur $[0,1]$ par $f(0) = 0$, $f(x) = \sin \frac{1}{x}$ si $x \neq 0$, est non réglée, ($\lim_{x\to 0^+} f$ n'existe pas, donc f non réglée d'après le théorème 12.38). Mais elle est Riemann intégrable car bornée et l'ensemble de ses points de discontinuité est $\{0\}$, de mesure nulle (au sens de Darboux) voir théorème 8.61, tome 2.

4. Théorème de Stone Weierstrass

C'est d'une pierre importante dans l'édifice de l'analyse fonctionnelle, qu'il va s'agir.

12.49. *Soit X un espace topologique compact, on considère l'algèbre $C^\circ(X, \mathbb{R})$ des applications continues de X dans* $\mathbb{R}$, le produit étant le produit usuel de deux fonctions f et $g : x \rightsquigarrow f(x)g(x)$.

En tant qu'espace vectoriel, $C^\circ(X, \mathbb{R})$ est normé par la norme de la convergence uniforme car f, continue de X compact dans $\mathbb{R}$ est bornée et atteint ses bornes (corollaire 2.19, Tome 2), X non vide bien sûr, donc $||f||_\infty = \sup\{|f(x)|; x \in X\}$ existe.

En fait on a, plus généralement, si E est un Banach, et si f est continue de X compact dans E, l'application $x \rightsquigarrow ||f(x)||$ est continue de X dans $\mathbb{R}$, (la norme étant continue de E dans $\mathbb{R}$) donc $||f||_\infty$ existe et :

THÉORÈME 12.50. — *Si E est un espace de Banach, l'espace vectoriel $\mathcal{C}^\circ(X, E)$ avec X topologique compact est un espace de Banach pour la norme de la convergence uniforme.*

En effet $\mathcal{C}^\circ(X, E)$ est sous-espace de l'espace $\mathcal{B}(X, E)$ des applications bornées de X dans E qui est un Banach pour la norme de la convergence uniforme (théorème 12.43), et comme une limite uniforme de fonctions continues est continue (théorème 12.7), $\mathcal{C}^\circ(X, E)$ est fermé dans un complet, donc complet. ■

Dans le cas particulier où E est un corps, ($\mathbb{R}$,ou $\mathbb{C}$), complet, $\mathcal{C}^\circ(X, E)$ devient une algèbre, et on se propose de trouver des conditions pour qu'une sous-algèbre $\mathcal{A}$ de $\mathcal{C}^\circ(X, E)$ soit partout dense dans cet espace. Si on étudie plus particulièrement le cas de $E = \mathbb{R}$, c'est parce qu'on récupère alors la relation d'ordre sur $\mathbb{R}$ qui va donner beaucoup de résultats, comme par exemple les théorèmes de Dini.

THÉORÈME 12.51. (Dini 1) — *Soit une suite croissante $(f_n)_{n\in\mathbb{N}}$ de fonctions continues de X compact dans $\mathbb{R}$. Si la suite converge simplement vers f continue, alors la convergence est uniforme.*

Soit $\varepsilon > 0$, fixé.

A chaque x de X on associe $n(x)$ tel que $n \geqslant n(x) \Rightarrow$ $|f(x) - f_n(x)| \leqslant \frac{\varepsilon}{2}$. En fait, la fonction $|f - f_{n(x)}|$ étant continue, majorée par $\frac{\varepsilon}{2}$ en x, reste localement majorée par ε : $\exists\omega(x)$ ouvert de X contenant x tel que, $\forall y \in \omega(x)$,

$$\Big| |f(y) - f_{n(x)}(y)| - |f(x) - f_{n(x)}(x)| \Big| \leqslant \frac{\varepsilon}{2}$$

d'où l'on déduit $|f(y) - f_{n(x)}(y)| \leqslant \varepsilon$, pour tout y de $\omega(x)$.

Enfin, comme la suite des fonctions est croissante, la limite $f(y)$ est obtenue par valeurs inférieures, et on a : $\forall x \in X$, $\exists n(x) \in \mathbb{N}$, $\exists\omega(x)$ ouvert contenant x, avec, $\forall y \in \omega(x)$,

$$f(y) - \varepsilon \leqslant f_{n(x)}(y) \leqslant f(y)$$

et comme les $f_n(y)$ convergent, en croissant, vers $f(y)$, (il y a convergence simple des f_n), $\forall n \geqslant n(x)$ on aura : $f_{n(x)}(y) \leqslant f_n(y) \leqslant f(y)$, d'où en fait :

12.52. $\qquad \forall n \geqslant n(x),\ \forall y \in \omega(x),\ f(y) - \varepsilon \leqslant f_n(y) \leqslant f(y).$

Du recouvrement ouvert $X = \bigcup_{x \in X} \omega(x)$ de X compact, on extrait un recouvrement fini associé aux éléments $x_1, \dots, x_p$, mais alors avec $n_0 = \sup\{n(x_i); 1 \leqslant i \leqslant p\}$, qui existe puisqu'on a un nombre fini d'entiers, (c'est à cela que sert la compacité), on a

$$\forall n \geqslant n_0, \ \forall y \in X, \ f(y) - \varepsilon \leqslant f_n(y) \leqslant f(y)$$

puisque y est dans un $\omega(x_i)$ pour un $i \leqslant p$, et que n est supérieur à $n(x_i)$: c'est 12.52 qui s'applique.

En fait, $\forall n \geqslant n_0$, $||f - f_n||_\infty \leqslant \varepsilon$: il y a convergence uniforme. ■

Il existe un deuxième énoncé très ressemblant : c'est Dini 2.

THÉORÈME 12.53. (Dini 2). — *Soit une suite $(f_n)_{n \in \mathbb{N}}$ de fonctions continues croissantes de $[a, b]$ dans $\mathbb{R}$ qui converge simplement vers f continue. Alors la convergence est uniforme.*

Ici ce sont les fonctions qui sont croissantes, ce qui suppose que l'ensemble de départ est dans $\mathbb{R}$.

D'abord, f est croissante aussi car si on a x et x' dans $[a, b]$ avec $x < x'$, comme pour tout n, $f_n(x) \leqslant f_n(x')$, à la limite, (x et x' fixés), on aura $f(x) \leqslant f(x')$.

Soit $\varepsilon > 0$ fixé. A chaque x de $[a, b]$, comme f est continue, on associe un $\alpha(x) > 0$ tel que $(|t - x| \leqslant \alpha(x) \text{ et } t \in [a, b]) \Rightarrow \left(|f(t) - f(x)| \leqslant \frac{\varepsilon}{3}\right)$. En fait comme f est croissante, si $x \in]a, b[$ on impose à $\alpha(x)$ d'être assez petit pour que $x - \alpha(x)$ et $x + \alpha(x)$ soient dans $[a, b]$, et on a alors, $\forall t \in]x - \alpha(x), \ x + \alpha(x)[= \omega(x)$:

$$f(x) - \frac{\varepsilon}{3} \leqslant f(x - \alpha(x)) \leqslant f(t) \leqslant f(x + \alpha(x)) \leqslant f(x) + \frac{\varepsilon}{3},$$

(les inégalités extrêmes par continuité de f, les autres par monotonie).

Si $x = a$, on pose $\omega(a) = [a, a + \alpha(a)[$, et, $\forall t \in \omega(a)$, il vient

$$f(a) \leqslant f(t) \leqslant f(a + \alpha(a)) \leqslant f(a) + \frac{\varepsilon}{3};$$

alors que pour $x = b$ on aura,

$$\forall t \in \omega(b) =]b - \alpha(b), b], \ f(b) - \frac{\varepsilon}{3} \leqslant f(b - \alpha(b)) \leqslant f(t) \leqslant f(b).$$

Soit $x \in]a,b[$: on a $\lim_{n\to+\infty} f_n(x-\alpha(x)) = f(x-\alpha(x))$ et aussi $\lim_{n\to+\infty} f_n(x+\alpha(x)) = f(x+\alpha(x))$, donc, à ε on associe $n(x)$ tel que $\forall n \geqslant n(x)$, $|f(x-\alpha(x)) - f_n(x-\alpha(x))| \leqslant \frac{\varepsilon}{3}$ et $|f(x+\alpha(x)) - f_n(x+\alpha(x))| \leqslant \frac{\varepsilon}{3}$. Mais alors, comme f_n est croissante, on aura, $\forall n \geqslant n(x)$ et $\forall t \in]x-\alpha(x), x+\alpha(x)[$:

$$f(x) - 2\frac{\varepsilon}{3} \leqslant f(x-\alpha(x)) - \frac{\varepsilon}{3} \leqslant f_n(x-\alpha(x)) \leqslant f_n(t) \leqslant f_n(x+\alpha(x)) \leqslant f(x+\alpha(x)) + \frac{\varepsilon}{3} \leqslant f(x) + 2\frac{\varepsilon}{3};$$

comme on a aussi

$$f(x) - \frac{\varepsilon}{3} \leqslant f(t) \leqslant f(x) + \frac{\varepsilon}{3}$$

il vient

$$f(x) - \frac{\varepsilon}{3} - \left(f(x) + 2\frac{\varepsilon}{3}\right) \leqslant f(t) - f_n(t) \leqslant f(x) + \frac{\varepsilon}{3} - \left(f(x) - \frac{2\varepsilon}{3}\right)$$

et finalement, à $x \in]a,b[$ on associe en entier $n(x)$ et un ouvert $]x-\alpha(x), x+\alpha(x)[= \omega(x)$, tels que $\forall n \geqslant n(x)$ et $\forall t \in \omega(x)$, $|f(t) - f_n(t)| \leqslant \varepsilon$.

Pour $x = a$, on ne traduit la limite qu'en $a + \alpha(a)$, d'où un $n(a) \in \mathbb{N}$ et un ouvert $\omega(a) = [a, a+\alpha(a)[$ de $[a,b]$ tels que $\forall n \geqslant n(a)$, $\forall t \in \omega(a)$, $|f(t) - f_n(t)| \leqslant \varepsilon$, et de même en b avec un ouvert du type $]b-\alpha(b), b]$.

Mais alors, $[a,b] = \bigcup_{x\in[a,b]} \omega(x)$, on extrait un recouvrement fini, $[a,b] = \bigcup_{i=1}^{p} \omega(x_i)$, et si $n_0 = \sup\{n(x_i), i = 1,\dots,p\}$ on a, comme pour Dini 1, $\forall n \geqslant n_0$, $\|f_n - f\|_\infty \leqslant \varepsilon$. ■

Remarque : la continuité des f_n n'a pas servi.

Le premier théorème de Dini va nous permettre d'obtenir un résultat technique, que l'on peut obtenir d'ailleurs tout à fait différemment (voir chapitre 15, exercice n° 2).

THÉORÈME 12.54. — *Il existe une suite de fonctions polynômes* $(P_n)_{n\in\mathbb{N}}$ *qui converge uniformément vers la fonction* $x \rightsquigarrow |x|$ *sur* $[-1,1]$.

En fait on approche d'abord uniformément la fonction $x \rightsquigarrow \sqrt{x}$ sur $[0,1]$, par des polynômes.

Pour cela on part du polynôme Q_0 nul. On a $0 \leqslant Q_0(x) \leqslant \sqrt{x}$ sur $[0,1]$ et en fait $Q_0(x) < \sqrt{x}$ sur $]0,1]$.

Supposons construits $Q_0, Q_1, \dots Q_n$ des polynômes vérifiant $Q_0(0) = Q_1(0) = \dots = Q_n(0)$ et $0 \leqslant Q_0(x) \leqslant \dots \leqslant Q_n(x) < \sqrt{x}$ sur $]0,1]$.

12.55. **Alors $Q_n^2(x) < x$ sur $]0,1]$, donc en posant $Q_{n+1}(x) = Q_n(x) + \frac{1}{2}(x - Q_n^2(x))$ on définit une fonction polynôme telle que $Q_{n+1}(0) = 0$, $Q_{n+1}(x) > Q_n(x)$ sur $]0,1]$, et de plus $Q_{n+1}(x) < \sqrt{x}$ sur $]0,1]$ car c'est équivalent à $\frac{1}{2}(x - Q_n^2(x)) < \sqrt{x} - Q_n(x)$, ou à**

$$\frac{1}{2}(\sqrt{x} - Q_n(x))(\sqrt{x} + Q_n(x)) < \sqrt{x} - Q_n(x),$$

donc, comme $\sqrt{x} - Q_n(x)$ est > 0 sur $]0,1]$, c'est équivalent à $\frac{1}{2}(\sqrt{x} + Q_n(x)) < 1$ sur $]0,1]$, ce qui est vrai puisque $Q_n(x) < \sqrt{x} \leqslant 1$.

Finalement, on a une suite croissante de fonctions polynômes, les Q_n, vérifiant les inégalités

$$0 \leqslant Q_0(x) \leqslant Q_1(x) \leqslant \dots \leqslant Q_n(x) \leqslant \sqrt{x} \quad \text{sur } [0,1].$$

Suite croissante majorée... il y a convergence et $f(x) = \lim_{n \to +\infty} Q_n(x)$ vérifie la relation $f(x) = f(x) + \frac{1}{2}(x - f^2(x))$, obtenue par passage à la limite dans la relation de récurrence 12.55.

Comme $f(x) \geqslant 0$, c'est que $f(x) = \sqrt{x}$.

Mais la limite étant fonction continue de x dans $[0,1]$ compact, et la suite croissante, par Dini 1, (théorème 12.51.), la convergence est uniforme. On a donc,

$$\forall \varepsilon > 0,\ \exists n_0,\ \forall n \geqslant n_0,\ \forall x \in [0,1],\ |\sqrt{x} - Q_n(x)| \leqslant \varepsilon.$$

Mais alors, pour tout t de $[-1,1]$, $x = t^2 \in [0,1]$, et on a $|\sqrt{t^2} - Q_n(t^2)| \leqslant \varepsilon$, c'est-à-dire qu'en posant $P_n(t) = Q_n(t^2)$, on définit une suite de polynômes telle que :

$$\forall \varepsilon > 0,\ \exists n_0 \in \mathbb{N},\ \forall n \geqslant n_0,\ \forall t \in [-1,1],\ \big||t| - P_n(t)\big| \leqslant \varepsilon$$

c'est bien le résultat cherché. ■

Ce résultat, utile pour la justification de Stone Weierstrass me plait aussi parce qu'il permet de répondre à une question en général non posée, du moins si j'en juge par mon passé d'étudiant : *la même suite peut-elle avoir des limites différentes pour des normes différentes ?* Honnêtement, on répond plutôt non... Eh bien non, c'est oui.

Soit en effet $E = \mathbb{R}[X]$, A une partie bornée, de cardinal infini de $\mathbb{R}$, on définit une norme N_{A} sur E par :

$$N_A(P) = \sup\{|P(x)|;\ x \in A\}.$$

C'est une norme car $A \subset \overline{A}$ fermé borné donc compact, et $N_A(P) = N_{\overline{A}}(P)$ d'ailleurs car P est continue, existe. Si c'est nul, le polynôme P est nul, (infinité de zéros), et on vérifie facilement qu'il s'agit d'une norme.

Soit alors les polynômes $(P_n)_{n\in\mathbb{N}}$ que nous venons de construire, et les deux polynômes $Q(x) = x$ et $-Q = R$.

Si $A = [-1, 0]$, comme alors $|t| = -t = R(t)$, on a

$$\forall \varepsilon > 0,\ \exists n_0 \in \mathbb{N},\ \forall n \geqslant n_0,\ \forall t \in [-1, 0],\ |R(t) - P_n(t)| \leqslant \varepsilon$$

soit $N_A(R - P_n) \leqslant \varepsilon$ pour $n \geqslant n_0$: la suite des P_n converge vers R pour la norme N_A.

Par contre, avec $B = [0, 1]$, pour $t \in [0, 1]$, $|t| = t = Q(t)$, et cette fois on aura $\lim\limits_{n\to+\infty} N_B(Q - P_n) = 0$.

Donc cette suite admet deux limites différentes pour deux normes différentes. ■

Par petits pas, approchons nous de Stone-Weierstrass, et parlons d'abord de partie réticulée.

DÉFINITION 12.56. — *Une partie A de l'algèbre $C^\circ(X, \mathbb{R})$, (X topologique compact) est dite réticulée si, lorsque f et g sont dans $\mathcal{A}$, les fonctions* $\sup(f, g)$ *et* $\inf(f, g)$ *sont dans $\mathcal{A}$.*

Remarquons d'abord, que ces deux fonctions sont continues. En effet on a

$$\sup(f, g)(x) = \frac{1}{2}(f(x) + g(x) + |f(x) - g(x)|)$$

et

$$\inf(f, g)(x) = \frac{1}{2}(f(x) + g(x) - |f(x) - g(x)|)$$

car, si $f(x) \geqslant g(x)$, le sup c'est $f(x)$, l'inf c'est $g(x)$, dans ce cas $|f(x) - g(x)| = f(x) - g(x)$, le résultat est vrai, on vérifierait de même le cas $f(x) < g(x)$.

Mais alors, $\sup(f, g) = \frac{1}{2}(f + g + |f - g|)$ est continue si f et g le sont, ainsi que $\inf(f, g)$. De plus ces formules vont nous donner le résultat suivant :

THÉORÈME 12.57. — *Une algèbre fermée de $C^\circ(X, \mathbf{R})$ est réticulée, (X compact).*

Il suffit pour cela de vérifier que, si f et g sont dans $\mathcal{A}$, la fonction $|f - g|$ y sera, et nos polynômes P_n du théorème 12.54 vont servir.

La fonction $f - g$ est continue sur X compact, donc $||f - g||_\infty$ existe, et alors, $\forall x \in X$, $\left|\frac{(f-g)(x)}{||f - g||_\infty}\right| \leqslant 1$, si $||f - g||_\infty \neq 0$. Mais si $|f - g| \equiv 0$ la fonction $f - g$, nulle, est dans l'algèbre.

Comme $\forall \varepsilon > 0$, $\exists n_0$, $\forall n \geqslant n_0$, $\forall t \in [-1, 1]$, $||t| - P_n(t)| \leqslant \frac{\varepsilon}{||f - g||_\infty}$, on aura,

$$\forall x \in X, \left|\frac{|f(x) - g(x)|}{||f - g||_\infty} - P_n\left(\frac{f(x) - g(x)}{||f - g||_\infty}\right)\right| \leqslant \frac{\varepsilon}{||f - g||_\infty}$$

soit, en multipliant par $||f - g||_\infty$, et en notant h_n la fonction de l'algèbre $\mathcal{A}$ définie par $h_n(x) = ||f - g||_\infty P_n\left(\frac{f(x) - g(x)}{||f - g||_\infty}\right)$, on a :

$$\forall \varepsilon > 0, \ \exists n_0 \in \mathbf{N}, \ \forall n \geqslant n_0 || \, |f - g| - h_n||_\infty \leqslant \varepsilon$$

la fonction $|f - g|$ est dans l'adhérence de $\mathcal{A}$ supposée fermée, donc dans $\mathcal{A}$. ■

Encore un petit pas.

THÉORÈME 12.58. — *Soit $\mathcal{A}$ une partie réticulée de $C^\circ(X, \mathbf{R})$, normée par la norme de la convergence uniforme. On aura f de $C^\circ(X, \mathbf{R})$ adhérente à $\mathcal{A}$ si et seulement si $\forall \{x, y\} \subset X$, $\forall \varepsilon > 0$, $\exists g \in \mathcal{A}$, $|g(x) - f(x)| < \varepsilon$ et $|g(y) - f(y)| < \varepsilon$.*

On ramène en quelque sorte la convergence uniforme à la convergence sur les paires d'éléments de E.

Il est évident que $(f \in \overline{\mathcal{A}}) \Rightarrow (\exists g \in \mathcal{A},\ \|f-g\|_\infty < \varepsilon)$, donc la condition sur les paires est vérifiée.

Réciproquement soit $f \in \mathcal{A}$ vérifiant la condition sur les paires. On fixe donc $\varepsilon > 0$ et à chaque paire $\{x, y\}$ de X on associe $g_{xy} \in \mathcal{A}$, vérifiant

$$f(x) - \varepsilon < g_{xy}(x) < f(x) + \varepsilon \text{ et } f(y) - \varepsilon < g_{xy}(y) < f(y) + \varepsilon.$$

Comme g_{xy} et f sont continues, l'ensemble $\omega_{x,y}$ des z de X tels que $g_{xy}(z) < f(z) + \varepsilon$ est un ouvert contenant x et y, car c'est l'image réciproque de $]-\infty, \varepsilon[$ par $g_{xy} - f$.

On a, pour x fixé, $\displaystyle\bigcup_{y \in X - \{x\}} \omega_{x,y} = X$, et de ce recouvrement ouvert de X compact on extrait un sous-recouvrement fini, associé aux éléments $y_1, \ldots, y_n$, (noter que x est dans chaque $\omega_{x,y}$).

Comme $\mathcal{A}$ est réticulée $g_x = \inf\{g_{x,y_i}; i = 1\ldots, n\}$ est dans la partie $\mathcal{A}$, de plus, $\forall z$ de X on a $g_x(z) < f(z) + \varepsilon$, car $\exists i \leqslant n$ tel que $z \in \omega_{x,y_i}$ et alors $g_x(z) \leqslant g_{x,y_i}(z) < f(z) + \varepsilon$ vu la définition de ω_{x,y_i}.

Enfin, pour chaque $i \leqslant n$, on a $g_{x,y_i}(x) > f(x) - \varepsilon$, comme $g_x(x)$ est l'un des $g_{x,y_i}(x)$, on a $g_x(x) > f(x) - \varepsilon$.

La fonction g_x étant continue, on peut introduire l'ouvert $\Omega_x = \{t \in X;\ g_x(t) > f(t) - \varepsilon\}$: c'est un ouvert de X contenant x et du recouvrement $X = \displaystyle\bigcup_{x \in X} \Omega_x$ on extrait un recouvrement fini $X = \displaystyle\bigcup_{i=1}^{p} \Omega_{x_i}$.

Soit enfin $g = \sup\{g_{x_i};\ i = 1\ldots p\}$. C'est un élément de la partie réticulée $\mathcal{A}$, pour tout t de X, il existe $i \leqslant p$ tel que $t \in \Omega_{x_i}$ donc $g(t) \geqslant g_{x_i}(t) > f(t) - \varepsilon$; et comme pour chaque x_i on a $g_{x_i}(t) < f(t) + \varepsilon$, $g(t)$ qui est l'un des $g_{x_i}(t)$ vérifie aussi $g(t) < f(t) + \varepsilon$.

On a finalement trouvé g dans $\mathcal{A}$ avec $\|f - g\|_\infty \leqslant \varepsilon$, donc f est adhérent à $\mathcal{A}$. ■

Si vous suivez toujours, encore un petit pas et nous découvririons Stone Weierstrass.

DÉFINITION 12.59. — *On dit qu'une partie $\mathcal{A}$ de $C^\circ(X, \mathbf{R})$ sépare les points si, $\forall (x, y) \in X^2$, $x \neq y$, $\exists h \in \mathcal{A}$, $h(x) \neq h(y)$.*

THÉORÈME 12.60. — *Si une algèbre $\mathcal{A}$ de $C^\circ(X, \mathbf{R})$ sépare les points, et si $\forall x \in X$, $\exists h \in \mathcal{A}$, $h(x) \neq 0$, alors pour toute paire $\{x, y\}$ de X, $\forall f \in C^\circ(X, \mathbf{R})$, $\forall \varepsilon > 0$, $\exists g \in \mathcal{A}$ avec $|f(x) - g(x)| < \varepsilon$ et $|f(y) - g(y)| < \varepsilon$.*

Car on va chercher g dans l'algèbre $\mathcal{A}$, telle que $g(x) = f(x) + \frac{\varepsilon}{2} = \alpha$ et $g(y) = f(y) + \frac{\varepsilon}{2} = \beta$, en cherchant d'abord g sous la forme d'une combinaison linéaire de h et h^2, avec $h \in \mathcal{A}$ telle que $h(x) \neq h(y)$.

On cherche donc 2 réels u et v tels que :

$$\begin{cases} uh(x) + vh^2(x) = \alpha \\ uh(y) + vh^2(y) = \beta \end{cases}$$

Ce système linéaire en u et v aura une solution si son déterminant $h(x)h^2(y) - h(y)h^2(x)$ est non nul, soit si $h(x)h(y)(h(y) - h(x)) \neq 0$. On a déjà $h(y) - h(x) \neq 0$ mais il se peut que $h(x)$ ou $h(y)$ soit nul.

Supposons $h(x) = 0$, on sait qu'il existe k dans $\mathcal{A}$ vérifiant $k(x) \neq 0$, on va donc remplacer h par une fonction $h + \lambda k = h_1$. λ réel choisi pour que $h_1(x)h_1(y)(h_1(y) - h_1(x)) \neq 0$ cette fois.

Or $h_1(x) = h(x) + \lambda k(x) = \lambda k(x)$ est $\neq 0$ si $\lambda \neq 0$, car $h(x) \neq 0$; $h_1(y) = h(y) + \lambda k(y) \neq 0$ si $\lambda \neq -\frac{h(y)}{k(y)}$ lorsque $k(y) \neq 0$ et c'est toujours $\neq 0$ si $k(y) = 0$ car alors $h_1(y) = h(y) \neq h(x) = 0$; enfin on a

$$h_1(x) - h_1(y) = h(x) - h(y) + \lambda(k(x) - k(y))$$

avec $h(x) - h(y) \neq 0$. Donc si $k(x) - k(y) = 0$, on a toujours $h_1(x) - h_1(y) \neq 0$, et si $k(x) - k(y) \neq 0$, il suffit d'avoir $\lambda \neq -\frac{h(x) - h(y)}{k(x) - k(y)}$ pour avoir $h_1(x) - h_1(y) \neq 0$.

En faisant le compte, on élimine 1, 2 ou 3 réels : il reste des λ et finalement on peut trouver h_1 qui remplace h et résoudre le système initial et trouver g dans $\mathcal{A}$ qui approche f à ε près en x et y. ■

Il nous reste à passer au théorème de Stone Weierstrass proprement dit, qui va découler de tout le travail précédent.

THÉORÈME 12.61. (de Stone Weierstrass). — *Soit X topologique compact, et $E = \mathcal{C}^\circ(X, \mathbb{R})$ l'espace vectoriel normé par la norme de la convergence uniforme. Si $\mathcal{A}$ est une algèbre de E qui sépare les points, et telle que $\forall x \in X$, $\exists f \in \mathcal{A}$, avec $f(x) \neq 0$, alors $\overline{\mathcal{A}} = E$.*

En effet, soit $\mathcal{B}$ l'adhérence de $\mathcal{A}$ dans E, comme $\mathcal{A} \subset \mathcal{B}$, $\mathcal{B}$ sépare les points ; $\forall x \in X$, $\exists f \in \mathcal{B}$, $f(x) \neq 0$. Si on prouve que $\mathcal{B}$ est une algèbre de E, le Théorème 12.60 s'appliquera et donc sur toute paire $\{x, y\}$ de X^2 on approchera les éléments de E par ceux de $\mathcal{B}$.

Comme $\mathcal{B}$ est une algèbre, (on va le prouver) fermée, donc réticulée (Théorème 12.57), et que les deux conditions du Théorème 12.58 sont vérifiées, l'adhérence de $\mathcal{B}$ sera E.

Or, (suprême astuce), $\mathcal{B} = \overline{\mathcal{A}}$ donc $\overline{\mathcal{B}} = \overline{\overline{\mathcal{A}}} = \overline{\mathcal{A}}$: on aura bien le résultat.

En somme, la démonstration de Stone Weierstrass consiste à justifier que l'adhérence d'une algèbre, $\mathcal{B} = \overline{\mathcal{A}}$, en est une.

La continuité de l'addition et du produit par un scalaire, prouvent que si $(f, g) \in \mathcal{B}^2$, avec $(f_n)_{n\in\mathbb{N}}$ et $(g_n)_{n\in\mathbb{N}}$ suites de $\mathcal{A}$ qui convergent vers f et g respectivement, on a

$$\lim_{n\to+\infty}(f_n + g_n) = f + g \text{ et } \lim_{n\to+\infty} \lambda f_n = \lambda f,$$

$(\forall\lambda \in \mathbb{R})$, donc $\mathcal{B}$ est sous-espace vectoriel; puis les $f_n g_n$ de $\mathcal{A}$ vont converger vers fg car

$$\begin{aligned} ||fg - f_n g_n||_\infty &\leqslant ||(f - f_n)g||_\infty + ||f_n(g - g_n)||_\infty \\ &\leqslant ||g||_\infty ||f - f_n||_\infty + ||f_n||_\infty ||g - g_n||_\infty \end{aligned}$$

et la suite $(f_n)_{n\in\mathbb{N}}$ étant convergente est bornée, donc le majorant tend vers 0 : on a bien fg dans $\mathcal{B} = \overline{\mathcal{A}}$. ■

COROLLAIRE 12.62. — *Si une algèbre de $\mathcal{C}^\circ(X, \mathbb{R})$ sépare les points et contient les fonctions constantes elle est partout dense dans $\mathcal{C}^\circ(X, \mathbb{R})$, X compact.*

Car alors, l'algèbre $\mathcal{A}$ sépare les points et la fonction constante égale à 1 est non nulle en chaque x de X. ■

COROLLAIRE 12.63. — *Toute fonction continue de $[a, b]$ dans $\mathbb{R}$ est limite uniforme d'une suite de polynômes.*

Car $[a, b]$ est compact, et l'algèbre $\mathcal{A}$ des fonctions polynômes contient les constantes, et la fonction monôme $x \rightsquigarrow x$ sépare les points. Donc $\overline{\mathcal{A}} = \mathcal{C}^\circ([a, b], \mathbb{R})$. ■

COROLLAIRE 12.64. — *L'algèbre des fonctions polynômes à n variables est partout dense dans $\mathcal{C}^\circ(K, \mathbb{R}^n)$, avec K compact de $\mathbb{R}^n$, pour la norme de la convergence uniforme.*

Car là encore, c'est une algèbre qui sépare les points, (si $a = \alpha_1, \ldots, \alpha_n)$ et $b = (\beta_1, \ldots, \beta_n)$ sont distincts, il existe une coordonnée

distincte : si $\alpha_i \neq \beta_i$ la fonction $(x_1, \ldots, x_n) \rightsquigarrow x_i$ sépare a et b de K) et qui contient les constantes. ■

Passons maintenant au cas des fonctions à valeurs complexes. On a :

COROLLAIRE 12.65. — *Soit X compact, $\mathcal{A}$ une algèbre de $\mathcal{C}^\circ(X, \mathbb{C})$ qui sépare les points de X, telle que $\forall x \in X$, $\exists f \in \mathcal{A}$, $f(x) \neq 0$, et telle que $\forall g \in \mathcal{A}$, $\overline{g} \in \mathcal{A}$. Alors l'algèbre $\mathcal{A}$ est partout dense dans $\mathcal{C}^\circ(X, \mathbb{C})$.*

On introduit $\mathcal{B} = \mathcal{A} \cap \mathcal{C}^\circ(X, \mathbb{R})$. Si $f \in \mathcal{A}$, en notant u et v les fonctions partie réelle et partie imaginaire de f, on a $f = u + iv$ et $\overline{f} = u - iv$ dans $\mathcal{A}$, algèbre, donc $u = \dfrac{f + \overline{f}}{2}$ et $v = \dfrac{f - \overline{f}}{2i}$ sont dans $\mathcal{A}$, à valeurs réelles, donc dans $\mathcal{B}$.

Si $x \neq y$, avec $f \in \mathcal{A}$ telle que $f(x) \neq f(y)$, on a soit $u(x) \neq u(y)$ soit $v(x) \neq v(y)$: de toute façon il existe un élément de $\mathcal{B}$ qui sépare x et y.

De même, pour $x \in X$, si f de $\mathcal{A}$ est telle que $f(x) \neq 0$ on a $u(x) \neq 0$ ou $v(x) \neq 0$ avec là encore u et v dans $\mathcal{B}$. Enfin $\mathcal{B}$ est sous algèbre de $\mathcal{C}^\circ(X, \mathbb{R})$ donc $\overline{\mathcal{B}} = \mathcal{C}^\circ(X, \mathbb{R})$.

Mais alors, si $f = u + iv \in \mathcal{C}^\circ(X, \mathbb{C})$, $\forall \varepsilon > 0$, il existe g et h dans $\mathcal{B}$ telles que $\|u - g\|_\infty \leqslant \dfrac{1}{2}$ et $\|v - h\|_\infty \leqslant \dfrac{1}{2}$ mais alors $\|(u + iv) - (g + ih)\|_\infty \leqslant 1$, avec en fait g et h dans $\mathcal{A}$, algèbre sur $\mathbb{C}$, donc $g + ih \in \mathcal{A}$: on a bien dans $\mathcal{A}$ des éléments arbitrairement proches de $f = u + iv$ quelconque de $\mathcal{C}^\circ(X, \mathbb{C})$. ■

COROLLAIRE 12.66. — *L'algèbre $\mathcal{A}$ des polynômes trigonométriques est partout dense dans E ensemble des fonctions continues, 2π périodiques, de $\mathbb{R}$ dans $\mathbb{C}$, pour la norme de la convergence uniforme.*

Là il y a un peu de travail.

D'abord les *polynômes trigonométriques* sont les fonctions du type

12.66.bis $x \rightsquigarrow \displaystyle\sum_{n=p}^{q} a_n e^{inx}$; $(p, q) \in \mathbb{Z}^2$, $p \leqslant q$, **les a_n étant complexes.**

Ensuite E est encore l'ensemble des fonctions continues de $[0, 2\pi]$ compact, dans $\mathbb{C}$, prenant la même valeur en 0 et 2π.

Si on note $\mathcal{A}$ l'algèbre des fonctions polynômes trigonométriques restreintes à $[0, 2\pi]$, $\mathcal{A}$ est stable par passage au conjugué, elle contient la

fonction 1, ($= e^{i0x}\dots$), enfin pour $x \neq y$ dans $[0, 2\pi]$, soit le cosinus soit le sinus seront différents sauf ... si $\{x, y\} = \{0, 2\pi\}$. Comme $\cos t = \dfrac{e^{it} + e^{-it}}{2}$ et $\sin t = \dfrac{e^{it} - e^{-it}}{2i}$, on a des fonctions cosinus et sinus de l'algèbre $\mathcal{A}$ qui séparent les paires $\{x, y\}$ sauf la paire $\{0, 2\pi\}$.

On pourrait appliquer le Corollaire 12.65 s'il n'y avait pas cette paire ! Mais on peut car on cherche la densité non pas dans $C^\circ([0, 2\pi], \mathbb{C})$ mais dans E où les fonctions prennent la même valeur en 0 et 2π. C'est bien fait, non ?

Or on avait besoin de séparer 0 et 2π, (voir Théorème 12.60) pour trouver, $f \in E$ étant donnée, g dans $\mathcal{A}$ proche de f en 0 et en 2π. Ici, si le travail est fait en 0, il l'est par périodicité en 2π. Or la fonction constante égale à $f(0)$ approche f à ε près en 0 et 2π. C'est gagné et on a ce corollaire qui sera utilisé au chapitre 15 sur les séries de Fourier.

5. Fonctions définies par des intégrales

Je n'ai pas l'intention de faire une étude fouillée de ce problème, aussi me contenterai-je de donner les résultats utiles à l'étude de ces questions.

THÉORÈME 12.67. — *Soit f intégrable de $[a, b]$ dans E espace de Banach. La fonction $F : x \rightsquigarrow \int_a^x f(t)dt$ est continue sur $[a, b]$.*

Le résultat est valable, que f soit réglée, ou Riemann intégrable dans le cas de $E = \mathbb{R}$, car dans les deux cas f est bornée sur $[a, b]$.

On a alors,

$$||F(x) - F(x')|| \leqslant \left| \int_x^{x'} ||f||_\infty \right| = |x - x'| \; ||f||_\infty$$

donc F est $||f||_\infty$ Lipschitzienne. ■

THÉORÈME 12.68. — *Si f est continue de $[a, b]$ dans E, Banach, la fonction $F : x \rightsquigarrow \int_a^x f(t)dt$ est dérivable sur $[a, b]$ de dérivée $F' = f$.*

En effet, pour $h \neq 0$ tel que le segment d'extrémités x et $x+h$ soit dans $[a,b]$, on a

$$\frac{F(x+h)-F(x)}{h} - f(x) = \frac{1}{h}\int_x^{x+h} (f(t)-f(x))dt.$$

Or,

$$\forall \varepsilon > 0,\ \exists \alpha > 0,\ |t-x| \leqslant \alpha,\ (\text{et } t \in [a,b]) \Rightarrow \|f(t)-f(x)\| \leqslant \varepsilon,$$

d'où, si $|h| < \alpha$,

$$\left\|\frac{1}{h}\int_x^{x+h}(f(t)-f(x))dt\right\| \leqslant \frac{1}{|h|}\left|\int_x^{x+h}\|f(t)-f(x)\|dt\right| \leqslant \varepsilon,$$

donc $\lim\limits_{\substack{h\to 0\\ h\neq 0}} \dfrac{F(x+h)-F(x)}{h} = f(x)$, et le résultat, avec bien sûr une restriction en $h > 0$ si $x = a$, ou $h < 0$ si $x = b$. ■

Il résulte de ces deux résultats, que, si on se donne u et v deux fonctions définies sur un intervalle I de $\mathbb{R}$, à valeurs dans $[a,b]$, et que l'on considère la fonction G définie par

12.69.
$$G(x) = \int_{u(x)}^{v(x)} f(t)dt$$

avec f réglée de $[a,b]$ dans E, Banach, ou f Riemann intégrable, on aura :

Si u et v sont continues, G est continue et si f est continue et u et v dérivables, G sera dérivable et on aura l'égalité
$G'(x) = f(v(x))v'(x) - f(u(x))u'(x)$.

En effet, avec les notations précédentes, on a $G = F\circ v - F\circ u$, et on applique ensuite les théorèmes de composition des applications. ■

Passons à une autre situation.

THÉORÈME 12.70. — *Soit I un intervalle de $\mathbb{R}$, $f : I \times [a,b] \mapsto \mathbb{R}$ une fonction continue, la fonction $x \rightsquigarrow F(x) = \int_a^b f(x,t)dt$ est continue sur l'intervalle I.*

On peut en fait remplacer I par une partie de $E \simeq \mathbb{R}^n$, et $\mathbb{R}$ à l'arrivée par F espace vectoriel normé aussi, ce que nous ferons. D'abord, f étant continue, il y a *a fortiori* continuité partielle donc pour chaque x fixé, $t \rightsquigarrow f(x,t)$ est continue donc intégrable, d'où l'existence de F.

Puis soit $x_0 \in I$, $V(x_0)$ un voisinage compact de x_0 dans I (si $I = [u,v]$, et $x_0 = u$, ce peut être $V(x_0) = [u, u+\alpha]$ avec $\alpha > 0$ par exemple...) un tel voisinage compact existe aussi dans $\mathbb{R}^n$.

La fonction f est continue sur $V(x_0) \times [a,b]$ compact, donc uniformément continue. Alors $\forall \varepsilon > 0$, $\exists \alpha > 0$, $\forall (x,t)$ et $\forall (x',t')$ de $V(x_0) \times [a,b]$, si $d^{(\infty)}((x,t),(x',t')) \leqslant \alpha$, on a :

$$||f(x,t) - f(x',t')|| \leqslant \frac{\varepsilon}{b-a}.$$

A fortiori, avec $x = x_0$, t quelconque, x' tel que $||x - x_0|| \leqslant \alpha$ et $t' = t$, on aura $||f(x_0,t) - f(x,t)|| \leqslant \dfrac{\varepsilon}{b-a}$ d'où

$$||F(x_0) - F(x)|| \leqslant \int_a^b ||f(x_0,t) - f(x,t)||dt \leqslant \int_a^b \frac{\varepsilon}{b-a} dt = \varepsilon,$$

d'où la continuité de F. ■

On comprend bien que les hypothèses sont trop fortes : une continuité partielle en x, uniforme en t suffirait.

Etude de la dérivation

Soyons raisonnables. Si I est une partie de $E \simeq \mathbb{R}^n$, et si f est définie sur $I \times [a,b]$, ce n'est pas une dérivation en x qui interviendra, mais une différentiabilité, et il faudra attendre d'avoir étudié cette notion avant d'en parler. Aussi vais-je revenir au cas de I intervalle de $\mathbb{R}$.

THÉORÈME 12.71. — *Soit I un intervalle de $\mathbb{R}$, $f : \mathbb{R} \times [a,b] \mapsto \mathbb{R}$ une fonction continue telle que pour tout t de $[a,b]$ et tout x de I, $\dfrac{\partial f}{\partial x}(x,t)$ existe, et que $\dfrac{\partial f}{\partial x}$ soit continue sur $I \times [a,b]$. Alors la fonction $x \rightsquigarrow F(x) = \displaystyle\int_a^b f(x,t)dt$ est dérivable et $F'(x) = \displaystyle\int_a^b \frac{\partial f}{\partial x}(x,t)dt$.*

Comme nous le verrons les hypothèses sont trop fortes, mais ce n'est ni le jour ni l'heure d'en débattre.

La continuité de f implique l'existence de F, la continuité de $\dfrac{\partial f}{\partial x}$ donne la continuité partielle, donc pour x fixé, $\displaystyle\int_a^b \frac{\partial f}{\partial x}(x,t)dt$ existe. Formons la quantité, pour $h \neq 0$ tel que x_0 et $x_0 + h$ soient dans I,

$$\begin{aligned} A(h) &= \frac{F(x_0+h)-F(x_0)}{h} - F'(x_0) \\ &= \int_a^b \left(\frac{f(x_0+h,t)-f(x_0,t)}{h} - \frac{\partial f}{\partial x}(x_0,t) \right) dt. \end{aligned}$$

Pour t fixé, $x \rightsquigarrow f(x,t)$ est continue, dérivable, on lui applique les accroissements finis entre x_0 et x_0+h : il existe $\theta(t,h)$ dans $[0,1]$ tel que

$$f(x_0+h,t) - f(x_0,t) = h\frac{\partial h}{\partial x}(x_0+\theta(t,h)h,t)$$

d'où

$$A(h) = \int_a^b \left(\frac{\partial f}{\partial x}(x_0+\theta(t,h)h,t) - \frac{\partial f}{\partial x}(x_0,t) \right) dt.$$

Comme dans le Théorème 12.70 avec $V(x_0)$ voisinage compact de x_0 contenu dans I, la continuité de $\dfrac{\partial f}{\partial x}$ sur $V(x_0) \times [a,b]$ est uniforme, donc

$$\begin{aligned} &(\forall \varepsilon > 0),\ (\exists \alpha > 0),\ (d^{(\infty)}((x,t),(x',t'))) \leqslant \alpha \Rightarrow \\ &\qquad \left| \frac{\partial f}{\partial x}(x,t) - \frac{\partial f}{\partial x}(x',t') \right| \leqslant \frac{\varepsilon}{(b-a)}. \end{aligned}$$

On impose $|h| \leqslant \alpha$, on prend $x = x_0$ et $x' = x_0 + \theta(t,h)h$, $t' = t$, il vient $|A(h)| \leqslant \int_a^b \dfrac{\varepsilon}{b-a} = \varepsilon$, d'où la dérivabilité de F et le résultat. ■

Extension de ces résultats aux intégrales impropres

Quand on doit étudier une fonction définie par une relation du type $F(x) = \int_a^{+\infty} f(x,t)dt$, pour x dans I intervalle de $\mathbb{R}$, (ou partie de $\mathbb{R}^n$), f fonction de $I \times [a,+\infty[$ dans $\mathbb{R}$, (ou dans un Banach E), la technique la plus simple consiste, après avoir justifié la convergence, à introduire les fonctions $F_n(x) = \int_a^n f(x,t)dt$, puis à appliquer les Théorèmes 12.70 et 12.71, si on peut, pour conclure à une éventuelle continuité ou dérivabilité des F_n, et voir enfin si la convergence des F_n vers F est uniforme, ainsi, en cas de dérivation, que celle des $F_n'(x)$ vers leur limite, pour appliquer les théorèmes de continuité ou de dérivabilité d'une limite, (Théorèmes 12.7 et 12.22).

Dans le cas d'une intégrale impropre $\int_a^b f(x,t)dt$, avec f définie sur $I \times [a,b[$ ou $I\times]a,b[$ ... ou même pour $\int_a^{+\infty} f(x,t)$ avec f définie sur $I\times]a,+\infty[$, le même raisonnement s'applique à partir des fonctions F_n avec $F_n(x) = \int_a^{b-\frac{1}{n}} f(x,t)dt$, ou $= \int_{a+\frac{1}{n}}^{b-\frac{1}{n}}$, ou $\int_{a+\frac{1}{n}}^{n}$ ... après justification des convergences.

Ce paragraphe laisse une impression d'inachevé. C'est parce qu'il manque en fait une théorie sérieuse de l'intégrale, qui permettrait de traiter correctement ces questions. Mais alors cet ouvrage n'aurait plus de bornes et deviendrait un roman feuilleton à je ne sais combien d'épisodes. Vous verrez Lebesgue ailleurs, et mieux que je ne saurais le faire.

EXERCICES

1. Etudier $\lim\limits_{n\to+\infty} \int_0^1 \frac{t^n - t^{2n}}{1-t} dt.$

2. Soit f_n définie par $f_n(t) = \frac{n}{n^2t^2+1}$ et g continue de $[a,b]$ dans $\mathbb{R}$.

Déterminer $\lim\limits_{n\to+\infty} \frac{1}{\pi} \int_a^b f_n(t)g(t)dt.$

3. Domaine de définition, continuité et limite en 0 de $\sum\limits_{n=0}^{\infty} e^{-x\sqrt{n}}.$

4. Montrer que $\int_0^{+\infty} \frac{\sin t}{e^t - 1} = \sum\limits_{n=1}^{+\infty} \frac{1}{n^2+1}.$

5. Soit une série convergente $\sum_{n=0}^{\infty} a_n$ à termes strictement positifs. On pose $f(x) = \sum_{n=0}^{\infty} a_n e^{-nx}$. Montrer que $\operatorname{Log} f$ est convexe sur $\mathbb{R}_+$.

6. Montrer que $\lim_{n\to+\infty} \int_0^n \left(1-\frac{x}{n}\right)^n x^{a-1}dx = \int_0^{+\infty} e^{-x}x^{a-1}dx$.

7. Soit $h_a(x) = \int_0^a \frac{\cos tx}{1+t^2}dt$, $a > 0$. Montrer que h_a est C^∞ sur $\mathbb{R}$. Trouver une équation différentielle vérifiée par h_a, déterminer h_a à l'aide de $\varphi_a : x \rightsquigarrow \varphi_a(x) = \int_0^x \frac{\sin ta}{t}dt$. Calculer $\int_0^{+\infty} \frac{\cos t}{1+t^2}dt$.

8. Etude, pour $x > 0$, de la série de fonctions de terme général $u_n : x \rightsquigarrow u_n(x) = \frac{(-1)^n}{n!(n+x)}$. Continuité, dérivabilité de la fonction somme, équivalents en 0, en $+\infty$. Relation entre $S(x)$ et $S(x+1)$, (S fonction somme). Développement limité en $+\infty$.

9. Soit la série de fonctions de terme général u_n défini, pour $x > 0$ et $n \geqslant 2$ par $u_n(x) = \frac{\sqrt{x}\operatorname{Log} n}{1+xn^2}$. Existence et continuité de la fonction somme, dérivabilité. Equivalents en 0 et $+\infty$.

10. Soit a et b réels > 0, et F la fonction définie pour $x \geqslant 0$ par
$$F(x) = \int_0^{+\infty} e^{-xt}\left(\frac{e^{-at}-e^{-bt}}{t}\right)dt.$$ Continuité, dérivabilité.
Calcul de $F'(x)$ pour $x > 0$.

11. Comportement en $+\infty$ de $\phi(t) = \int_0^1 \frac{dx}{(1+x+x^2)^t}$. En donner un équivalent.

12. Etudier la fonction $F(x) = \int_0^{+\infty} e^{-tx}\frac{\sin t}{t}dt$. Dérivabilité, calcul de F' et de F.

13. Etude de $\lim\limits_{n\to+\infty}\int_0^1 (x^3+1)\dfrac{ne^x+xe^{-x}}{n+x}dx.$

14. Etude de $\lim\limits_{n\to+\infty}\int_0^1 \dfrac{2^n x}{1+n2^n x^2}dx.$

15. Soit $f\in\mathcal{C}^\circ(\mathbb{R},\mathbb{R})$, étudier la convergence simple et uniforme de la suite de fonctions $(f_n)_{n\in\mathbb{N}}$ définies par $f_n(x)=\left(f^2(x)+\dfrac{1}{n}\right)^{1/2}$.

16. On pose $f(x)=\displaystyle\int_0^\pi \ln(1+x\cos t)dt$. Montrer que f est définie sur $[-1,1]$, paire, dérivable sur $]-1,1[$. Déterminer f'. En déduire f. Montrer que f est continue sur $[-1,1]$.

17. Etude de la série de fonctions de terme général u_n défini par $u_n(x)=(-1)^n\dfrac{e^{-nx}}{n}$, pour $n\geqslant 1$. Domaine de définition, continuité, dérivabilité et calcul de la fonction somme f.

18. Soit une suite $(f_n)_{n\in\mathbb{N}}$ de fonctions convexes sur $[a,b]$, qui converge simplement vers f. Montrer que la convergence est uniforme sur tout $[\alpha,\beta]\subset]a,b[$. Peut-on faire mieux ?

19. Convergence simple et uniforme de $\displaystyle\sum_{n=0}^{+\infty}\mathrm{Log}\,(1+x^{2n}+y^{2n})$. Continuité, dérivabilité de la fonction somme.

20. Etudier la suite des fonctions f_n définies sur $[0,1]$ par $f_n(t)=nt^n\sin\pi t$.

21. Soit (λn) une suite croissante de réels telle que $\lim\limits_{n\to+\infty}\lambda n=+\infty$, et $f:\mathbb{R}_+\mapsto\mathbb{R}$ telle que $\displaystyle\int_0^{+\infty}|f(t)|dt$ converge. Calculer $\lim\limits_{n\to+\infty}\int_0^{+\infty} f(t)\sin(\lambda_n t)dt.$

SOLUTIONS

1. On pose $u_n(t) = \dfrac{t^n(1-t^n)}{1-t}$ sur $[0,1[$, donc $u_n(t) = t^n(1+t+\ldots+t^{n-1})$, et $u_n(1) = n$ par continuité.
On a

$$\begin{aligned} I_n &= \int_0^1 u_n = \int_0^1 (t^n + \ldots + t^{2n-1})dt \\ &= \frac{1}{n+1} + \frac{1}{n+2} + \ldots + \frac{1}{n+n} = \frac{1}{n}\sum_{k=1}^{n} \frac{1}{1+\dfrac{k}{n}} \end{aligned}$$

tend vers $\displaystyle\int_0^1 \frac{dx}{1+x} = \operatorname{Log} 2$.

2. Comme $f_n(0) = n$, il n'y a pas convergence en 0 pour la suite de fonctions f_n, mais pour $t \neq 0$, $f_n(t) \sim \dfrac{1}{nt^2}$ tend vers 0, et même pour $|t| \geqslant r > 0$ on a $0 \leqslant f_n(t) \leqslant \dfrac{n}{n^2r^2} = \dfrac{1}{nr^2}$: il y a convergence uniforme vers 0 des f_n, sur $]-\infty, -r] \cup [r, +\infty[$, et ce pour chaque $r > 0$.
Donc si $0 \notin [a,b]$, g étant bornée sur $[a,b]$ compact, les $f_n g$ convergent uniformément vers 0 sur $[a,b]$ et la limite des $\dfrac{1}{\pi}\int_a^b f_n g$ est nulle.
Si $0 \in [a,b]$, soit $\varepsilon > 0$, $\exists \alpha > 0$ tel que $|t| \leqslant \alpha$ et $t \in [a,b] \Rightarrow |g(t) - g(0)| \leqslant \varepsilon$. On va poser

$$u_n = \frac{1}{\pi}\int_a^b f_n g = \frac{1}{\pi}\int_{[a,b]\setminus]-\alpha,\alpha[} f_n g + \frac{1}{\pi}\int_{[-\alpha,\alpha]\cap[a,b]} f_n g.$$

Sur $[a,b]\setminus]-\alpha,\alpha[$, compact ne contenant pas 0, les $f_n g$ convergent uniformément vers 0, leur intégrale tend vers 0.

Il reste à considérer $\lim\limits_{n\to+\infty} v_n$ avec $v_n = \dfrac{1}{\pi}\displaystyle\int_{[a,b]\cap[-\alpha,\alpha]} f_n g$.

On a

$$v_n = \frac{1}{\pi}\int_{[a,b]\cap[-\alpha,\alpha]} f_n(t)(g(t)-g(0))dt + \frac{1}{\pi}\int_{[a,b]\cap[-\alpha,\alpha]} f_n(t)g(0)dt.$$

La première intégrale se majore en module, en posant $[a,b] \cap [-\alpha,\alpha] = [u,v]$, par

$$\frac{1}{\pi}\int_u^v \varepsilon \cdot \frac{ndt}{1+n^2t^2} = \frac{\varepsilon}{\pi}[\operatorname{Arctg} nt]_u^v \leqslant \frac{\varepsilon}{\pi}\pi = \varepsilon,$$

la deuxième vaut $\frac{g(0)}{\pi}[\operatorname{Arctg} nt]_u^v = w_n$.
Si $0 \in]a,b[$, on a $u < 0 < v$ donc $\lim_{n\to+\infty} w_n = g(0)$;

si $a = 0$, $u = 0 < v$, $\lim_{n\to+\infty} w_n = \frac{g(0)}{2}$ ainsi que

si $b = 0$, $u < 0 < v = 0$, $\lim_{n\to+\infty} w_n = \frac{g(0)}{2}$; et finalement on obtient :

si $0 \notin [a,b]$, $\lim_{n\to+\infty} u_n = 0$, si $0 = a$, $\lim_{n\to+\infty} u_n = \frac{g(0)}{2}$, si $0 = b$, $\lim_{n\to+\infty} u_n = \frac{g(0)}{2}$ et si $0 \in]a,b[$, $\lim_{n\to+\infty} u_n = g(0)$.

3. Soit $u_n(x) = e^{-x\sqrt{n}}$. On a $u_n(0) = 1$ et si $x < 0$, $u_n(x) > 1$: il y a divergence de la série des $u_n(x)$ pour $x \leqslant 0$.
Si $x \geqslant a > 0$, $||u_n||_\infty = e^{-a\sqrt{n}}$, $\lim_{n\to+\infty} n^2||u_n||_\infty = 0$, il y a convergence normale de la série de fonction sur $[a, +\infty[$, pour tout $a > 0$, d'où en fait continuité de la fonction somme S sur chaque $[a, +\infty[$, pour $a > 0$, soit finalement sur $]0, +\infty[$. Commes les u_n sont à valeurs positives, on a, $\forall N \in \mathbb{N}$, $S_N(x) \leqslant S(x)$ or $\lim_{x\to 0+} S_N(x) = N + 1$. Soit donc $A > 0$, il existe N tel que $N \geqslant A$, à $\varepsilon = 1$ on associe $\alpha > 0$ tel que $0 < x < \alpha$ donne $|S_N(x) - (N+1)| \leqslant 1$, d'où $S_N(x) \geqslant N \geqslant A$ et *a fortiori*, $\forall x \in]0, \alpha[$, $S(x) \geqslant A$: on a $\lim_{x\to 0+} S(x) = +\infty$.

4. Soit $f(t) = \frac{\sin t}{e^t - 1}$, continue de $]0, +\infty[$ dans $\mathbb{R}$, avec $\lim_{t\to 0+} f(t) = 1$. On a $\int_0^1 f(t)dt$ qui converge en 0, et $|f(t)| \leqslant \frac{1}{e^t - 1}$: il y a convergence absolue de l'intégrale en $+\infty$ donc $I = \int_0^{+\infty} f$ existe.
On a $f(t) = \frac{\sin t}{e^t} \cdot \frac{1}{1 - e^{-t}}$, avec, pour $t > 0$, $e^{-t} \in]0, 1[$ et

$\frac{1}{1 - e^{-t}} = 1 + e^{-t} + \ldots + e^{-nt} + \frac{e^{-(n+1)t}}{1 - e^{-t}}$, et ceci pour tout n de $\mathbb{N}$,

d'où
$$f(t) = \left(\sum_{p=0}^{n} \sin t e^{-(p+1)t}\right) + \frac{\sin t}{e^t - 1} e^{-(n+1)t}$$

pour $t > 0$.
La fonction $g : t \rightsquigarrow \frac{\sin t}{e^t - 1}$ est prolongeable par continuité en 0, (avec $g(0) = 1$) et $\lim_{t\to+\infty} g(t) = 0$ donc $||g||_\infty$ existe, et $\int_0^{+\infty} g(t)e^{-(n+1)t}dt$

existe avec

$$\left|\int_0^{+\infty} g(t)e^{-(n+1)t}dt\right| \leqslant ||g||_\infty \int_0^{+\infty} e^{-(n+1)t}dt = \frac{||g||_\infty}{(n+1)}$$

on a donc

$$I = \sum_{p=0}^{n} \int_0^{+\infty} \sin t\, e^{-(p+1)t}dt + \int_0^{+\infty} g(t)e^{-(n+1)t}dt$$

avec $\lim_{n\to+\infty} \int_0^{+\infty} g(t)e^{-(n+1)t}dt = 0$, il reste

$$I = \sum_{p=0}^{\infty} \left(\int_0^{+\infty} (\sin t)e^{-(p+1)t}dt\right).$$

Or

$$\begin{aligned}
u_p = \int_0^{+\infty} \sin t\; e^{-(p+1)t}dt &= \lim_{X\to+\infty} \left(\int_0^X \frac{e^{(i-p-1)t} - e^{-(i+p+1)t}}{2i}dt\right) \\
&= \lim_{X\to+\infty} \frac{1}{2i}\left(-\frac{1-e^{(i-p-1)X}}{i-p-1} + \frac{1-e^{-(i+p+1)X}}{-(i+p+1)}\right) \\
&= \frac{1}{2i}\left(-\frac{1}{i-(p+1)} - \frac{1}{i+p+1}\right) = \frac{1}{2i}\frac{-2i}{-1-(p+1)^2} \\
&= \frac{1}{1+(p+1)^2}.
\end{aligned}$$

En posant $p+1 = k$ il vient finalement $I = \sum_{k=1}^{\infty} \frac{1}{k^2+1}$.

5. Soit $u_n(x) = a_n e^{-nx}$, sur $[0, +\infty[$, $||u||_\infty = a_n$: il y a convergence normale de la série.

Pour $x \geqslant a > 0$, $\forall p \in \mathbb{N}^*$, la dérivée $p^{ième}$ de u_n est $u_n^{(p)}(x) = (-1)^p n^p a_n e^{-nx}$ donc $||u_n||_\infty = n^p a_n e^{-na}$ sur $[a, +\infty[$, d'où une convergence normale de la série des dérivées de tout ordre : $f(x) = \sum_{n=0}^{+\infty} a_n e^{-nx}$ est C^∞ sur $[a, +\infty[$ pour tout $a > 0$, donc C^∞ sur $]0, +\infty[$.

Soit $\varphi(x) = \mathrm{Log}\, f(x)$, ($f(x) > 0$ car somme d'une série à terme > 0), on a, $\varphi''(x) = \left(\frac{f'}{f}\right)' = \frac{ff'' - f'^2}{f^2}$.

Pour $x > 0$ les séries définissant f, f' et f'' sont convergentes à termes tous de même signes (+ pour f et f'', − pour f'), donc absolument convergentes, on a alors :

$$ff'' - f'^2 = \sum_{n=0}^{+\infty} \sum_{p+q=n} (a_p a_q q^2 - a_p a_q pq) e^{-nx}.$$

Or

$$\sum_{p+q=n} a_p a_q (q^2 - pq) = \sum_{p+q=n} a_p a_q (p^2 - qp)$$

par symétrie des rôles des indices. C'est donc égal à la demi-somme, d'où :

$$\begin{aligned}\sum_{p+q=n} a_p a_q (q^2 - pq) &= \frac{1}{2} \sum_{p+q=n} a_p a_q (p^2 + q^2 - 2pq) \\ &= \frac{1}{2} \sum_{p+q=n} a_p a_q (p - q)^2 \geqslant 0.\end{aligned}$$

On a donc $\varphi'' \geqslant 0$ sur $]0, +\infty[$ d'où la fonction φ convexe sur $\mathbb{R}_+$.

6. Posons, pour $x < n$, $u_n(x) = \left(1 - \frac{x}{n}\right)^n = e^{n \operatorname{Log}\left(1 - \frac{x}{n}\right)}$. On a une fonction décroissante sur $[0, n[$, qui converge vers e^{-x}. Si on considère un compact $[0, A]$ de $\mathbb{R}$, et un $n_0 > A$, la convergence des u_n vers e^{-x} est donc uniforme sur $[0, A]$, (Dini 2, Théorème 12.53). On peut aussi le justifier en étudiant les variations de $v_n : x \rightsquigarrow \left(1 - \frac{x}{n}\right)^n - e^{-x}$ sur $[0, n]$.

On a $v_n'(x) = e^{-x} - \left(1 - \frac{x}{n}\right)^{n-1} > 0 \Leftrightarrow \frac{-x}{n-1} > \operatorname{Log}\left(1 - \frac{x}{n}\right)$.

Soit $\varphi_n(x) = \operatorname{Log}\left(1 - \frac{x}{n}\right) + \frac{x}{n-1}$, $\varphi_n'(x) = -\frac{1}{n\left(1 - \frac{x}{n}\right)} + \frac{1}{n-1}$ ou

$\varphi_n'(x) = \frac{1 - x}{(n - x)(n - 1)}$, (on suppose $n \geqslant 2$).

x	0		1		α_n		n
φ_n'		+	0	−			
φ_n	0	↗		↘	0	↘	$-\infty$
v_n'			−			+	
v_n	0		↘	m_n		↗	$-e^{-n}$

Sur $[0, n]$, $||v_n||_\infty = e^{-\alpha_n} - \left(1 - \frac{\alpha n}{n}\right)^n$, avec $\varphi_n(\alpha_n) = 0$ donc $\text{Log}\left(1 - \frac{\alpha n}{n}\right) = -\frac{\alpha_n}{n-1}$ soit $\left(1 - \frac{\alpha n}{n}\right)^n = \left(1 - \frac{\alpha_n}{n}\right)e^{-\alpha_n}$, d'où $||v_n||_\infty = e^{-\alpha_n}\left(1 - \left(1 - \frac{\alpha_n}{n}\right)\right) = \frac{\alpha_n e^{-\alpha_n}}{n}$, et comme la fonction θ : $x \rightsquigarrow xe^{-x}$ est bornée sur $\mathbb{R}$, on peut dire que $||v_n||_\infty \leqslant \frac{||\theta||_\infty}{n}$ d'où la convergence uniforme sur $[0, A]$. (Pourquoi faire court, ce qu'on peut faire long hein ?).

Soit alors $\varepsilon > 0$, $\exists A > 0$ tel que $\int_A^{+\infty} e^{-x}x^{a-1}dx \leqslant \frac{\varepsilon}{3}$, on fixe $n_0 > A$, et soit $n \geqslant n_0$, sur $[0, n]$ on a $e^{-x} - \left(1 - \frac{x}{n}\right)^n \geqslant 0$ (voir les variations de v_n), on a, sur $[A, n]$, $0 \leqslant \left(1 - \frac{x}{n}\right)^n \leqslant e^{-x}$, d'où pour $n \geqslant n_0$,

$$0 \leqslant \int_A^n \left(1 - \frac{x}{n}\right)^n x^{a-1}dx \leqslant \int_A^n e^{-x}x^{a-1}dx \leqslant \frac{\varepsilon}{3}$$

et

$$\left|\int_0^{+\infty} e^{-x}x^{a-1}dx - \int_0^n \left(1 - \frac{x}{n}\right)^n x^{a-1}dx\right| = w_n$$

est tel que

$$\begin{aligned} w_n &\leqslant \int_A^{+\infty} e^{-x}x^{a-1}dx + \int_A^n \left(1 - \frac{x}{n}\right)^n x^{a-1}dx \\ &\quad + \int_0^A \left(e^{-x} - \left(1 - \frac{x}{n}\right)^n\right) x^{a-1}dx \\ &\leqslant 2\frac{\varepsilon}{3} + \frac{1}{n}||\theta||_\infty \int_0^A x^{a-1}dx \end{aligned}$$

Le majorant tend vers $2\frac{\varepsilon}{3}$ si n tend vers l'infini : il devient inférieur à ε pour n assez grand.

7. Soit $V(x_0)$ un voisinage compact de x_0 réel. La fonction f de $[0, a] \times V(x_0)$ dans $\mathbb{R}$ qui à (t, x) associe $\frac{\cos tx}{1 + t^2}$ est continue donc h_a est continue, puis $\frac{\partial f}{\partial x}(t, x) = \frac{-t \sin tx}{1 + t^2}$ est aussi continue sur le compact $[0, a] \times V(x_0)$ d'où h_a dérivable, et $h_a'(x) = -\int_0^a \frac{t \sin tx}{1 + t^2}dt$, on peut dériver à tout ordre, ($\frac{\partial^n f}{\partial x^n}$ est toujours continue). On a $h_a''(x) = -\int_0^a \frac{t^2 \cos tx}{1 + t^2}dt$ d'où

$(h_a'' - h_a)(x) = -\int_0^a \cos tx\, dt = -\dfrac{\sin ax}{x}$, pour $x \neq 0$, *a priori*, mais défini en $x = 0$ par continuité.

La solution de l'équation sans second membre est $f(x) = \lambda e^x + \mu e^{-x}$. Avec second membre, on cherche des fonctions λ et μ dérivables vérifiant $W(x)\begin{pmatrix}\lambda' \\ \mu'\end{pmatrix} = \begin{pmatrix} 0 \\ -\dfrac{\sin ax}{x}\end{pmatrix}$ avec $W(x)$ matrice wronskienne du système, (voir 18.65) : $W(x) = \begin{pmatrix} e^x & e^{-x} \\ e^x & -e^{-x}\end{pmatrix}$.

On obtient $\lambda' = -\dfrac{1}{2}e^{-x}\dfrac{\sin ax}{x}$ et $\mu' = \dfrac{1}{2}e^{x}\dfrac{\sin ax}{x}$, ce qui conduit, sauf erreur, à une expression du type

$$h_a(x) = \lambda_0 e^x + \mu_0 e^{-x} - \int_0^x ch(x-t)\varphi_a'(t)dt$$

avec $\varphi_a(x) = \displaystyle\int_0^x \frac{\sin ta}{t}dt$, λ_0 et μ_0 étant calculés par les conditions initiales :

$$h_a(0) = \text{Arctg}\, a = \lambda_0 + \mu_0$$
$$h_a'(0) = 0 = \lambda_0 - \mu_0$$

d'où $\lambda_0 = \mu_0 = \dfrac{1}{2}$ Arctg a et

$$h_a(x) = (\text{Arctg}\, a)\text{ch}\, x - \int_0^x \varphi_a'(t)\text{ch}\,(x-t)dt.$$

Calcul de $f(x) = \displaystyle\int_0^{+\infty} \frac{\cos tx}{1+t^2}dt$. L'intégrale impropre converge, et $f(x) = \displaystyle\lim_{a\to+\infty} h_a(x)$, mais la présence de $\varphi_a(x)$ ne facilite pas les choses.

En fait, en posant $u_n(x) = \displaystyle\int_0^n \frac{\cos tx}{1+t^2}dt$, on a u_n de classe C^2,

$$|f(x) - u_n(x)| = \left|\int_n^{+\infty} \frac{\cos tx}{1+t^2}dt\right| \leqslant \int_n^{+\infty}\frac{dt}{1+t^2} = \frac{\pi}{2} - \text{Arctg}\, n$$

il y a convergence uniforme des u_n vers f.

Puis $u_n'(x) = -\displaystyle\int_0^n \frac{t\sin tx}{1+t^2}dt$, on intègre par parties, pour $x \neq 0$:

$$u_n'(x) = \left[\frac{t\cos tx}{x(1+t^2)}\right]_0^n - \int_0^n \frac{(\cos tx)(1-t^2)}{x(1+t^2)^2}dt$$

soit

$$u_n'(x) = \frac{n\cos nx}{x(1+n^2)} - \int_0^n \frac{(\cos tx)(1-t^2)}{x(1+t^2)^2}dt$$

et sous cette forme on voit qu'il y a convergence uniforme sur $[a, +\infty[$, avec $a > 0$, vers $-\displaystyle\int_0^{+\infty} \frac{(\cos tx)(1-t^2)}{x(1+t^2)^2}dt$.

Le théorème de dérivation d'une limite s'applique et donne f dérivable sur $]0, +\infty[$, avec $f'(x) = -\displaystyle\int_0^{+\infty} \frac{t\sin tx}{1+t^2}dt$, la convergence de la suite des u_n' assurant l'existence de cette intégrale.

On intègre alors $f(x) = \displaystyle\int_0^{+\infty} \frac{\cos tx}{1+t^2}dt$ par parties, pour $x \neq 0$, avec

$$u = \frac{1}{1+t^2},\ du = \frac{-2tdt}{(1+t^2)^2},\ dv = \cos xdt,\ v = \frac{1}{x}\sin tx$$

donc

$$f(x) = \left[\frac{\sin tx}{(1+t^2)x}\right]_0^\infty + \frac{2}{x}\int_0^{+\infty} \frac{t\sin tx}{(1+t^2)^2}dt$$

d'où l'égalité $xf(x) = 2\displaystyle\int_0^{+\infty} \frac{t\sin(tx)}{(1+t^2)^2}dt$. Comme la dérivée en x de $\dfrac{t\sin(tx)}{(1+t^2)^2}$ est $\dfrac{t^2\cos tx}{(1+t^2)^2}$, majorée par $\dfrac{1}{1+t^2}$ en module, on peut dériver cette intégrale en x, (écrire $\displaystyle\int_0^{+\infty} \frac{t\sin tx}{(1+t^2)^2}dt = \lim_{n\to+\infty} v_n(x)$ avec $v_n(x) = \displaystyle\int_0^n \frac{t\sin tx}{(1+t^2)^2}dt$: on a convergence uniforme des v_n et des v_n'), d'où en dérivant :

$$xf'(x) + f(x) = 2\int_0^{+\infty} \frac{t^2\cos tx}{(1+t^2)^2}dt = 2\int_0^{+\infty} \frac{(t^2+1-1)\cos txdt}{(1+t^2)^2}$$

soit

$$xf'(x) + f(x) = 2f(x) - 2\int_0^{+\infty} \frac{\cos tx}{(1+t^2)^2}dt$$

on peut encore dériver, donc

$$xf''(x) + 2f'(x) = 2f'(x) + 2\int_0^{+\infty} \frac{t\sin tx}{(1+t^2)^2}\,dt$$

soit $xf''(x) = xf(x)$ pour $x \neq 0$, d'où $f''(x) - f(x) = 0$, ce qui conduit à une expression en $f(x) = \lambda e^x + \mu e^{-x}$ sur $]0, +\infty[$, avec $f(x)$ bornée, $\left(|f(x)| \leqslant \int_0^{+\infty} \frac{dt}{1+t^2} = \frac{\pi}{2}\right)$, donc $\lambda = 0$, d'où $f(x) = \mu e^{-x}$, or f est continue et $f(0) = \frac{\pi}{2}$ donc

$$f(x) = \int_0^{+\infty} \frac{\cos tx}{1+t^2} dt = \frac{\pi}{2} e^{-x} \text{ et } \int_0^{+\infty} \frac{\cos t}{1+t^2} dt = \frac{\pi}{2e}.$$

8. Si $x \in \mathbb{R} - (-\mathbb{N})$, chaque $u_n(x)$ existe.
Sur tout compact $K \subset \mathbb{R} - (-\mathbb{N})$, avec $a > 0$ tel que $K \subset [-a, a]$, et $n \geqslant a + 1$, on a $\forall x \in K$, $|x + n| \geqslant |n - |x|| \geqslant n - a \geqslant 1$ et $||u_n||_\infty \leqslant \frac{1}{n!}$: il y a convergence uniforme de la série des u_n sur K, et de celle des u'_n : $(u'_n(x) = \frac{(-1)^{n+1}}{n!(n+x)^2}$, donc là encore, sur K, et pour $n \geqslant a + 1$, $||u'_n||_\infty \leqslant \frac{1}{n!}$). On a donc une fonction somme S continue, dérivable et même C^∞ sur l'ouvert $\Omega = \mathbb{R} - (-\mathbb{N})$.
Relation entre $S(x)$ *et* $S(x+1)$:

$$xS(x) = \sum_{n=0}^{+\infty} \frac{(-1)^n (x+n-n)}{n!(n+x)} = \sum_{n=0}^{+\infty} \frac{(-1)^n}{n!} - \sum_{n=0}^{+\infty} \frac{n(-1)^n}{n!(x+n)}$$

$$= \frac{1}{e} - \sum_{n=1}^{+\infty} \frac{(-1)^n}{(n-1)!(x+1+(n-1))} = \frac{1}{e} + S(x+1)$$

donc $xS(x) = \frac{1}{e} + S(x+1)$.

Equivalent en 0. On a : $S(x) = \frac{1}{x} + \sum_{n=1}^{\infty} u_n(x)$.

Sur $\left[-\frac{1}{2}, +\infty\right[$, $n + x \geqslant 1 - \frac{1}{2} = \frac{1}{2}$ dès que $n \geqslant 1$, donc pour $n \geqslant 1$ et $x \geqslant -\frac{1}{2}$, $|u_n(x)| \leqslant \frac{2}{n!} \Rightarrow \left|\sum_{n=1}^{\infty} u_n(x)\right| \leqslant 2e$ d'où $S(x) \simeq \frac{1}{x}$ en 0.

En $+\infty$: en posant $\frac{1}{x} = t$, t tend vers 0^+, et $u_n(x)$ donne
$v_n(t) = \frac{(-1)^n t}{n!(1+nt)} = t w_n(t)$ avec $w_n(t) = \frac{(-1)^n}{n!(1+nt)}$ d'où

$$S(x) = \frac{1}{x}\left(\sum_{n=0}^{+\infty} w_n\left(\frac{1}{x}\right)\right).$$

Or, pour $t \geqslant 0$, $||w_n||_\infty = \frac{1}{n!}$, la série des w_n converge uniformément sur $[0, +\infty[$, sa fonction somme est continue et

$$\lim_{x\to+\infty} \sum_{n=0}^{\infty} w_n\left(\frac{1}{x}\right) = \sum_{n=0}^{+\infty} w_n(0) = \frac{1}{e} \text{ donc } S(x) \simeq \frac{1}{ex} \text{ en } +\infty.$$

En fait $W(t) = \sum_{n=0}^{+\infty} \frac{(-1)^n}{n!(1+nt)}$ admet un développement limité de tout ordre en 0 car $w_n^{(p)}(t) = \frac{(-1)^{n+p}p!n^p}{n!(1+nt)^{p+1}}$ et pour $t \geqslant 0$, $||w_n^{(p)}||_\infty = \frac{p!n^p}{n!} = \alpha_n$, terme général d'une série convergente,

$$\left(\frac{\alpha_n+1}{\alpha_n} = \left(\frac{n+1}{n}\right)^p \frac{1}{n+1} \to 0\right) :$$

il y a convergence uniforme des séries de dérivées de tout ordre, donc W est de classe C^∞, et

$$W(t) = W(0) + tW'(0) + \ldots + \frac{t^p}{p!}W^{(p)}(0) + o(t^p)$$

ce qui conduit à

$$S(x) = \frac{1}{x}W(0) + \frac{1}{x^2}W'(0) + \ldots + \frac{1}{p!}\frac{1}{x^{p+1}}W^{(p)}(0) + o\left(\frac{1}{x^{p+1}}\right)$$

(en $+\infty$), avec $W^{(p)}(0) = \sum_{n=0}^{+\infty} \frac{(-1)^{n+p}p!n^p}{n!}$.

9. Pour $x \in [a, b] \subset]0, +\infty[$ on a $|u_n(x)| \leqslant \frac{\sqrt{b}\operatorname{Log} n}{1+an^2} = \alpha_n$ avec la série des α_n convergente : il y a convergence normale de la série sur $[a, b]$, d'où continuité de la fonction somme sur $]a, b[$, $\forall]a, b[\subset]0, +\infty[$: si on note S la fonction somme sur $]0, +\infty[$, on a S continue sur $]0, +\infty[$.
Puis

$$\begin{aligned} u_n'(x) &= \frac{1}{2\sqrt{x}}\frac{\operatorname{Log} n}{1+xn^2} - \frac{n^2\sqrt{x}\operatorname{Log} n}{(1+xn^2)^2} \\ &= \frac{(1-n^2x)\operatorname{Log} n}{2\sqrt{x}(1+xn^2)^2} \end{aligned}$$

d'où, sur $[a, b] \subset]0, +\infty[$,

$$||u_n'||_\infty \leqslant \frac{(1+bn^2)\operatorname{Log} n}{2\sqrt{a}(1+an^2)^2} = \beta_n \simeq \frac{b\operatorname{Log} n}{2a^2\sqrt{a}n^2}$$

il y a convergence normale de la série des dérivées, donc S dérivable sur $]0, +\infty[$, (d'abord sur chaque $]a, b[\subset]0, +\infty[$).

Equivalent en 0. La fonction $t \rightsquigarrow f(t) = \dfrac{\operatorname{Log} t}{1+t^2x}$, ($x > 0$ fixé) devient décroissante pour t assez grand car $f'(t) = \dfrac{1}{t(1+t^2x)} - \dfrac{2tx \operatorname{Log} t}{(1+t^2x)^2}$ soit $f'(t) = \dfrac{1+t^2x-2t^2x\operatorname{Log} t}{t(1+t^2x)^2}$ devient < 0 si t tend vers $+\infty$.

Il existe donc N tel que sur $[N-1, +\infty[$, f décroit, d'où, si $n \geqslant N$,

$$\int_n^{n+1} f(n+1)dt \leqslant \int_n^{n+1} f(t)dt \leqslant \int_n^{n+1} f(n) = \frac{\operatorname{Log} n}{1+xn^2}$$

et l'encadrement :

$$\sqrt{x}\int_n^{n+1} f(t)dt \leqslant \frac{\sqrt{x}\operatorname{Log} n}{1+xn^2} = u_n(x) \leqslant \sqrt{x}\int_{n-1}^{n} f(t)dt$$

et

$$I_1(x) = \sqrt{x}\int_N^{+\infty} \frac{\operatorname{Log} t}{1+t^2x}dt \leqslant \sum_{n=N}^{+\infty} u_n(x) \leqslant \sqrt{x}\int_{N-1}^{+\infty} \frac{\operatorname{Log} t}{1+t^2x}dt,$$

intégrale encore notée $I_2(x)$.

On calcule $I_1(x)$ en faisant le changement de variable $s = t\sqrt{x}$, d'où

$$\begin{aligned} I_1(x) &= \int_{N\sqrt{x}}^{+\infty} \frac{\operatorname{Log} s - \operatorname{Log}\sqrt{x}}{1+s^2}ds \\ &= \int_{N\sqrt{x}}^{+\infty} \frac{\operatorname{Log} s}{1+s^2}ds - \frac{1}{2}(\operatorname{Log} x)[\operatorname{Arctg} s]_{N\sqrt{x}}^{+\infty}. \end{aligned}$$

On travaille pour N fixé, si $x \to 0$, comme $\int_0^{+\infty} \dfrac{\operatorname{Log} s}{1+s^2}ds$ converge, on a $I_1(x) \underset{x\to 0}{\simeq} -\dfrac{1}{2}\dfrac{\pi}{2}\operatorname{Log} x$: on peut écrire $I_1(x) = -\dfrac{\pi \operatorname{Log} x}{4} + \alpha(x)\operatorname{Log} x$ avec $\lim\limits_{I\to 0^+} \alpha(x) = 0$, mais aussi $I_2(x) = -\dfrac{\pi \operatorname{Log} x}{4} + \beta(x)\operatorname{Log} x$ avec $\lim\limits_{x\to 0^+} \beta(x) = 0$.

Comme $\displaystyle\sum_{n=2}^{N-1} u_n(x)$ est une fonction continue de x, (N est fixé), cette expression a pour limite 0 si x tend vers 0, donc on a encadré finalement

$S(x)$ par deux expressions du type $-\dfrac{\pi \operatorname{Log} x}{4}(1 + o(\operatorname{Log} x))$ d'où $S(x) \simeq -\dfrac{\pi}{4} \operatorname{Log} x$ en 0. Comme $S(0) = 0$, il n'y a pas continuité en 0.

Equivalent en $+\infty$. On écrit $u_n(x) = \dfrac{\sqrt{x} \operatorname{Log} n}{xn^2} \dfrac{1}{1 + \dfrac{1}{xn^2}}$, or, pour $t > 0$, k entier, on a

$$\frac{1}{1+t} = 1 - t + t^2 + \ldots + (-1)^k t^k + (-1)^{k+1} \frac{t^{k+1}}{1+t}$$

d'où l'encadrement

$$\frac{1}{\sqrt{x}} \frac{\operatorname{Log} n}{n^2} \left(1 - \frac{1}{xn^2}\right) \leqslant u_n(x) \leqslant \frac{1}{\sqrt{x}} \frac{\operatorname{Log} n}{n^2}$$

qui donne

$$\frac{1}{\sqrt{x}} \sum_{n=2}^{\infty} \frac{\operatorname{Log} n}{n^2} - \frac{1}{x\sqrt{x}} \sum_{n=2}^{\infty} \frac{\operatorname{Log} n}{n^4} \leqslant S(x) \leqslant \frac{1}{\sqrt{x}} \sum_{n=2}^{\infty} \frac{\operatorname{Log} n}{n^2}$$

et $S(x) \underset{x \to +\infty}{\simeq} \dfrac{1}{\sqrt{x}} \displaystyle\sum_{n=2}^{\infty} \frac{\operatorname{Log} n}{n^2}$.

10. Il est ici possible de calculer F, donc inutile d'employer des théorèmes généraux.
On a

$$\begin{aligned}
I_{\varepsilon,x} &= \int_{\varepsilon}^{X} e^{-xt} \frac{(e^{-at} - e^{-bt})}{t} dt = \int_{\varepsilon}^{X} \frac{e^{-(a+x)t}}{t} dt - \int_{\varepsilon}^{X} \frac{e^{-(b+x)t}}{t} dt \\
&= \int_{(a+x)\varepsilon}^{(a+x)X} \frac{e^{-t}}{t} dt - \int_{(b+x)\varepsilon}^{(b+x)X} \frac{e^{-t}}{t} dt \\
&= \int_{(a+x)\varepsilon}^{(b+x)\varepsilon} \frac{e^{-t}}{t} dt + \int_{(b+x)X}^{(a+x)X} \frac{e^{-t}}{t} dt, \text{ (Chasles)}, \\
&= e^{-x_1} \int_{(a+x)\varepsilon}^{(b+x)\varepsilon} \frac{dt}{t} + e^{-x_2} \int_{(b+x)X}^{(a+x)X} \frac{dt}{t}
\end{aligned}$$

avec x_1 entre $(a + x)\varepsilon$ et $(b + x)\varepsilon$; x_2 entre $(a + x)X$ et $(b + x)X$.
C'est encore

$$I_{\varepsilon,X} = e^{-x_1} \operatorname{Log} \frac{b+x}{a+x} + e^{-x_2} \operatorname{Log} \frac{a+x}{b+x}.$$

Or si ε tend vers 0, x_1 tend vers 0 et $\lim\limits_{\varepsilon \to 0} e^{-x_1} = 1$, alors qu'avec X tendant vers $+\infty$, x_2 tend vers $+\infty$ et $\lim\limits_{X \to +\infty} e^{-x_2} = 0$, d'où

$\lim\limits_{\substack{\varepsilon \to 0^+ \\ X \to +\infty}} I_{\varepsilon,X} = \text{Log}\,\dfrac{b+x}{a+x} = F(x)$, d'où trivialement F continue dérivable pour $x > \sup(-a,-b)$ en fait et $F'(x) = \dfrac{1}{b+x} - \dfrac{1}{a+x}$, (et même F de classe C^∞).

11. Soit $f(x) = \dfrac{1}{(1+x+x^2)}$, pour $x \in [a,1]$ avec $a > 0$, on a $f(x) \leqslant f(a)$, donc $\displaystyle\int_a^1 \frac{dx}{(1+x+x^2)^t} \leqslant \frac{1}{(1+a+a^2)^t}$: ceci tend très vite vers 0 si t tend vers $+\infty$.
Vers 0, on a $f(x) = 1 - x + o(x)$, donc, $\forall \varepsilon > 0$, on choisit $a > 0$ tel que $0 \leqslant x \leqslant a$ implique

$$1 - (1+\varepsilon)x \leqslant f(x) \leqslant 1 - (1-\varepsilon)x$$

d'où si $1 - (1+\varepsilon)a > 0$, soit $a < \dfrac{1}{1+\varepsilon}$

$$\int_0^a (1-(1+\varepsilon)x)^t dx \leqslant \int_0^a (f(x))^t dx \leqslant \int_0^a (1-(1-\varepsilon)x)^t dx$$

soit

$$\frac{1-(1-(1+\varepsilon)a)^{t+1}}{(1+t)(1+\varepsilon)} \leqslant \int_0^a (f(x))^t dx \leqslant \frac{1-(1-(1-\varepsilon)a)^{t+1}}{(1+t)(1-\varepsilon)},$$

d'où

$$\frac{1-(1-(1+\varepsilon)a)^{t+1}}{1+\varepsilon} \leqslant (1+t)\int_0^a (f(x))^t dx \leqslant \frac{1-(1-(1-\varepsilon)a)^{t+1}}{1-\varepsilon}.$$

Si t tend vers $+\infty$, le minorant tend vers $\dfrac{1}{1+\varepsilon}$, le majorant vers $\dfrac{1}{1-\varepsilon}$ donc $\exists t_0$, $\forall t \geqslant t_0$, $\dfrac{1}{1+\varepsilon} - \varepsilon \leqslant (1+t)\displaystyle\int_0^a (f(x))^t dx \leqslant \dfrac{1}{1-\varepsilon} + \varepsilon$.
Comme $0 \leqslant (1+t)\int_a^1 (f(x))^t dx \leqslant \dfrac{1+t}{(1+a+a^2)^t}$ et que ce majorant tend vers 0 si t tend vers l'infini, $\exists t_1$, $\forall t \geqslant t_1$, $\dfrac{1+t}{(1+a+a^2)^t} \leqslant \varepsilon$ d'où $\forall t \geqslant \sup(t_0, t_1)$, en ajoutant :

$$\frac{1}{1+\varepsilon} - \varepsilon \leqslant (1+t)\int_0^1 (f(x))^t dx \leqslant \frac{1}{1-\varepsilon} + 2\varepsilon.$$

Il en résulte que $\lim\limits_{t\to+\infty}(1+t)\phi(t)=1$ donc $\phi(t)\simeq\dfrac{1}{1+t}$ en $+\infty$.

12. Soit $f(t,x)=\dfrac{e^{-tx}\sin t}{t}$, pour $t>0$, et $f(0,x)=1$, l'intégrale $\displaystyle\int_0^{+\infty}f(t,x)dt$ est convergente en 0, pour tout x, et en $+\infty$, comme $\left|\dfrac{\sin t}{t}\right|\leqslant 1$, si $x>0$ on a $|f(x,t)|\leqslant e^{-tx}$ donc $F(x)$ existe pour $x>0$.

Si $x=0$, $\displaystyle\int_0^{+\infty}\frac{\sin t}{t}dt$ existe, (intégrer par parties en $+\infty$, ou appliquer la deuxième formule de la moyenne :

$$\left|\int_{X'}^{X''}\frac{\sin t}{t}\right|=\frac{1}{X'}\left|\int_{X'}^{X'''}\sin t dt\right|$$

donc $\left|\displaystyle\int_{X'}^{X''}\frac{\sin t}{t}dt\right|\leqslant\dfrac{2}{X'}$, devient arbitrairement petit pour X' et X'' grands). Donc $F(0)$ existe.

Par contre, si $x<0$, $\lim\limits_{t\to+\infty}\dfrac{e^{-xt}}{t}=+\infty$, si t_0 est tel que $\dfrac{e^{-xt}}{t}\geqslant 1$ pour $t\geqslant t_0$, sur $\left[\dfrac{\pi}{4}+2k\pi,\dfrac{3\pi}{4}+2k\pi\right]$ on a $\sin t\geqslant\dfrac{\sqrt{2}}{2}$ donc avec k tel que $\dfrac{\pi}{4}+2k\pi\geqslant t_0$ on aura $\displaystyle\int_{\frac{\pi}{4}+2k\pi}^{3\frac{\pi}{4}+2k\pi}e^{-tx}\frac{\sin t}{t}dt\geqslant\frac{\sqrt{2}}{2}\cdot\frac{\pi}{2}$: on nie le critère de Cauchy donc $F(x)$ n'existe pas.
Finalement, F est définie sur $[0,+\infty[$.
Si on pose $u_n(x)=\int_{\frac{1}{n}}^{n}f(t,x)dt$, par les théorèmes 12.70 et 12.71, u_n est continue sur $[0,+\infty[$, dérivable de dérivée $u_n'(x)=\displaystyle\int_{\frac{1}{n}}^{n}-e^{-tx}\sin t dt$.

Comme $|f(t,x)|\leqslant e^{-ta}$, si $x\geqslant a$, on a

$$\begin{aligned}|F(x)-u_n(x)|&\leqslant\int_0^{1/n}e^{-ta}dt+\int_n^{+\infty}e^{-ta}dt\\&\leqslant\frac{1-e^{-a/n}}{a}+\frac{e^{-na}}{a}\end{aligned}$$

il y a convergence uniforme, sur $[a,+\infty[$, des u_n vers F qui est finalement continue sur $]0,+\infty[$.
Mais de même, $x\geqslant a$ donne $|-e^{-tx}\sin t|\leqslant e^{-ta}$, d'où une convergence uniforme sur $[a,+\infty[$, de $u_n'(x)$ vers $\displaystyle\int_0^{+\infty}-e^{-tx}\sin t dt$ qui est donc la dérivée de F sur $]0,+\infty[$.

On a

$$F'(x) = -\int_0^{+\infty} e^{-tx}\frac{e^{it}-e^{-it}}{2i} = +\frac{1}{2i}\int_0^{+\infty}(e^{-(i+x)t} - e^{(i-x)t})dt$$
$$= \frac{1}{2i}\left(\frac{1}{i+x} + \frac{1}{i-x}\right) = \frac{-1}{x^2+1}$$

(pour $x > 0$), donc $F(x) = -\operatorname{Arctg} x + C$, pour $x > 0$.

Or $|F(x)| \leqslant \int_0^{+\infty} e^{-tx}dt = \frac{1}{x}$ donc $\lim_{x\to+\infty} F(x) = 0$ donc $C = \frac{\pi}{2}$ et $F(x) = \pi/2 - \operatorname{Arctg} x$ pour $x > 0$.

Il reste la continuité en 0 à étudier. On a $\lim_{x\to 0+} F(x) = \frac{\pi}{2}$.

Formons $F(x)-F(0) = \int_0^{+\infty}(e^{-tx}-1)\frac{\sin t}{t}dt$, toujours avec $\left|\frac{\sin t}{t}\right| \leqslant 1$.

On écrit

$$F(x)-F(0) = \int_0^A (e^{-tx}-1)\frac{\sin t}{t}dt + \int_A^{+\infty} e^{-tx}\frac{\sin tdt}{t} - \int_A^{+\infty}\frac{\sin t}{t}dt$$

On a $\int_A^{+\infty} e^{-tx}\frac{\sin t}{t}dt = \lim_{X\to+\infty}\int_A^X e^{-tx}\frac{\sin t}{t}dt$, or par deuxième formule de la moyenne $\int_A^X \frac{e^{-tx}}{t}\sin t\ dt = \frac{e^{-xA}}{A}\int_A^{X'}\sin t\ dt$, (car $t \rightsquigarrow \frac{e^{-tx}}{t}$ est positive décroissante), majoré en module par $\frac{2}{A}$ donc $\left|\int_A^{+\infty} e^{-tx}\frac{\sin t}{t}dt\right| \leqslant \frac{2}{A}$ et $\int_A^{+\infty}\frac{\sin t}{t}dt$ est arbitrairement petit si $A \to +\infty$: $\forall\varepsilon > 0, \exists A, \frac{2}{A} + \left|\int_A^{+\infty}\frac{\sin t}{t}dt\right| \leqslant \frac{\varepsilon}{2}$, d'où

$$|F(x) - F(0)| \leqslant \frac{\varepsilon}{2} + \int_0^A |e^{-tx} - 1|dt,$$

or $x \rightsquigarrow \int_0^A e^{-tx}dt$ est continue, (théorèmes généraux) donc $\exists\alpha$,

$$|x| \leqslant \alpha \Rightarrow \int_0^A |e^{-tx} - 1|dt \leqslant \frac{\varepsilon}{2}$$

d'où finalement $|F(x) - F(0)| \leqslant \varepsilon$ pour $|x| \leqslant \alpha$. La fonction F est continue en 0. Il en résulte que $\int_0^{+\infty}\frac{\sin t}{t}dt = \frac{\pi}{2}$.

13. Soit $f_n(x) = (x^3+1)\dfrac{ne^x + xe^{-x}}{n+x} = (x^3+1)u_n(x)$ avec $u_n(x) \sim e^x$ si n tend vers $+\infty$, donc il y a convergence simple de la suite des u_n vers u : $x \rightsquigarrow u(x) = e^x$.

On a $|u(x) - u_n(x)| = \left|\dfrac{x(e^x - e^{-x})}{n+x}\right| \leqslant \dfrac{2e}{n}$ sur $[0,1]$, donc $||u - u_n||_\infty \leqslant \dfrac{2e}{n}$, comme la fonction $x \rightsquigarrow x^3+1$ est bornée sur $[0,1]$, il y a convergence uniforme des f_n vers $f : x \rightsquigarrow e^x(x^3+1)$ donc

$$\lim_{n\to+\infty}\int_0^1 f_n(x)dx = \int_0^1 (x^3+1)e^x dx = [(x^3-3x^2+6x-5)e^x]_0^1 = 5-e$$

14. La fonction f_n définie par $f_n(x) = \dfrac{2^n x}{1+n2^n x^2}$ est continue sur $[0,1]$, nulle en 0 donc $\lim\limits_{x\to 0} f_n(0) = 0$, et pour $x \neq 0$, $f_n(x) = \dfrac{2^n x}{1+n2^n x^2} \sim \dfrac{2^n x}{n2^n x^2} = \dfrac{1}{nx}$: ceci tend vers 0, donc il y a convergence simple vers 0. Dans l'équivalent, pour $x = \dfrac{1}{n}$ on trouve 1, ce qui fait subodorer une non convergence uniforme. Or

$$\begin{aligned} I_n &= \int_0^1 \frac{2^n x}{1+n2^n x^2}dx = \frac{1}{2n}[\operatorname{Log}(1+n2^n x^2)]_0^1 \\ &= \frac{1}{2n}\operatorname{Log}(1+2^n n) = \frac{1}{2n}\left(n\operatorname{Log}2 + \operatorname{Log}n + \operatorname{Log}\left(1+\frac{1}{n2^n}\right)\right) \end{aligned}$$

donc $\lim\limits_{n\to+\infty} I_n = \dfrac{\operatorname{Log}2}{2} \neq \displaystyle\int_0^1 0$: il n'y a pas convergence uniforme.

15. Au sens de la convergence simple, on a $\lim\limits_{n\to+\infty} f_n(x) = |f(x)|$.

La convergence est uniforme sur $\mathbb{R}$ car

$$\begin{aligned} f_n(x) - |f(x)| &= \frac{\left(\sqrt{f^2+\frac{1}{n}} - |f|\right)\left(\sqrt{f^2+\frac{1}{n}} + |f|\right)}{\sqrt{f^2+\frac{1}{n}} + |f|} \\ &= \frac{1}{n}\cdot\frac{1}{\sqrt{f^2+\frac{1}{n}} + |f|} \end{aligned}$$

Soit $\varepsilon > 0$, $A = \{x, |f(x)| \leqslant \varepsilon\}$ et $B = \mathbb{R} - A$.

Sur B, $|f(x)| + \sqrt{f^2(x) + \frac{1}{n}} \geqslant 2\varepsilon$, donc $|f_n(x) - |f(x)|| \leqslant \frac{1}{2\varepsilon} \cdot \frac{1}{n}$ alors que sur A, on a directement $|f(x)| \leqslant \varepsilon$ d'où $\sqrt{f^2(x) + \frac{1}{n}} \leqslant \sqrt{\varepsilon^2 + \frac{1}{n}}$ et $|f_n(x) - |f(x)|| \leqslant \varepsilon + \sqrt{\varepsilon^2 + \frac{1}{n}}$. On peut donc dire qu'*a fortiori* sur $\mathbb{R}$,

$$|f_n(x) - |f(x)|| \leqslant \frac{1}{2n\varepsilon} + \varepsilon + \sqrt{\varepsilon^2 + \frac{1}{n}}$$

et comme la majorant tend vers 2ε si n tend vers $+\infty$, $\exists n_0$, $\forall n \geqslant n_0$, on ait

$$\frac{1}{2n\varepsilon} + \varepsilon + \sqrt{\varepsilon^2 + \frac{1}{n}} \leqslant 2\varepsilon + \varepsilon$$

d'où finalement $||f_n - |f|\,||_\infty \leqslant 3\varepsilon$ pour tout $n \geqslant n_0$: il y a convergence uniforme des f_n vers $|f|$.

16. Pour $x = 0$, $f(0) = 0$ existe, pour $x \neq 0$, $\cos t = \frac{-1}{x}$ est exclu si $|x| < 1$, donc si $x \in]-1, 1[$, la fonction $t \rightsquigarrow \ln(1 + x \cos t)$ est continue sur $[0, \pi]$ d'où l'existence de $f(x)$.
Si $V(x)$ est voisinage compact de x, inclus dans $]-1, 1[$, (pour $|x| < 1$) la fonction $(t, x) \rightsquigarrow f(t, x) = \ln(1 + x \cos t)$ est continue sur le compact $[0, \pi] \times V(x)$, d'où f continue en x ; mais $\frac{\partial f}{\partial x}(t, x)$ existe aussi, est continue sur $[0, \pi] \times V(x)$ d'où f dérivable en $x \in]-1, 1[$ avec
$f'(x) = \int_0^\pi \frac{\cos t}{1 + x \cos t} dt.$
Existence de $f(1)$. On a $1 + \cos t > 0$ sur $[0, \pi[$, et si t tend vers π avec $\pi - t = s$, $1 + \cos t = 1 - \cos s$, mais $\sqrt{s} \ln(1 - \cos s)$ tend vers 0 si s tend vers 0 : l'intégrale impropre converge en π.

Donc $f(1) = \int_0^\pi \ln(1 + \cos t)dt$ existe, ainsi que

$f(-1) = \int_0^1 \ln(1 - \cos t)dt$, (impropre en 0 et $\sqrt{t} \ln(1 - \cos t) \to 0$).
D'où f définie sur $[-1, 1]$.
Le changement de variable $t \rightsquigarrow \pi - t = s$, et $x \rightsquigarrow -x$ donne

$$f(-x) = \int_0^\pi \ln(1 - x \cos t)dt = \int_\pi^0 \ln(1 + x \cos s)(-ds)$$
$$= \int_0^\pi \ln(1 + x \cos s)ds = f(x) \text{ donc } f \text{ est paire.}$$

Calcul de $f'(x) = \int_0^{\pi} \frac{\cos t}{1 + x \cos t} dt$. On a $f'(0) = [\sin t]_0^{\pi} = 0$, et si $x \neq 0$, on pose $u = \operatorname{tg} \frac{t}{2}$, d'où $2du = (1 + u^2)dt$ et

$$\begin{aligned} f'(x) &= \int_0^{+\infty} \frac{2}{1+u^2} \cdot \frac{\frac{1-u^2}{1+u^2} du}{1 + x\frac{1-u^2}{1+u^2}} \\ &= 2 \int_0^{+\infty} \frac{(1-u^2)du}{(1+u^2)(1+x+(1-x)u^2)} \\ &= \frac{2}{x} \int_0^{+\infty} \left(\frac{1}{1+u^2} - \frac{1}{(1+x)+(1-x)u^2} \right) du \end{aligned}$$

(on décompose en éléments simples), d'où, pour x non nul dans $]-1, 1[$:

$$\begin{aligned} f'(x) &= \frac{2}{x}[\operatorname{Arctg} u]_0^{+\infty} - \frac{2}{x(1-x)} \sqrt{\frac{1-x}{1+x}} \left[\operatorname{Arctg} \frac{u}{\sqrt{\frac{1+x}{1-x}}} \right]_0^{+\infty} \\ &= \frac{\pi}{x} - \frac{2}{x\sqrt{1-x^2}} \frac{\pi}{2} = \frac{\pi}{x} \left(1 - \frac{1}{\sqrt{1-x^2}} \right) \end{aligned}$$

(expression qui redonne $f'(0) = 0$ par continuité).
On a donc

$$f(x) = \pi \int_0^x \frac{1}{t} \left(\frac{\sqrt{1-t^2} - 1}{\sqrt{1-t^2}} \right) dt = \pi \int_0^x \frac{-t\, dt}{\sqrt{1-t^2}(\sqrt{1-t^2}+1)}.$$

Si on pose $t = \sin u$, il vient

$$f(x) = -\pi \int_0^{\operatorname{Arcsin} x} \frac{\sin u \cos u\, du}{\cos u(1 + \cos u)} = -\pi \int_0^{\operatorname{Arcsin} x} \frac{\sin u\, du}{1 + \cos u}$$

soit

$$f(x) = \pi[\operatorname{Log}\,(1 + \cos u)]_0^{\operatorname{Arcsin} x} = \pi \operatorname{Log} \frac{1 + \sqrt{1-x^2}}{2}$$

sur $]-1, 1[$.
Il reste à justifier la continuité de f en 1, (et en -1, mais la parité donnera le résultat).
Or pour $0 \leqslant x < 1$ et $t \in \left[\frac{\pi}{2}, \pi\right]$, (d'où $\cos t < 0$) on a
$\ln(1 + \cos t) \leqslant \ln(1 + x \cos t) \leqslant 0$,

d'où $|\ln(1+x\cos t)| \leqslant |\ln(1+\cos t)|$ et *a fortiori*

$$|\ln(1+x\cos t) - \ln(1+\cos t)| \leqslant 2|\ln(1+\cos t)|$$

Soit $\alpha < \frac{\pi}{2}$, on a donc

$$|f(x)-f(1)| \leqslant \int_0^{\pi-\alpha} |\ln(1+x\cos t) - \ln(1+\cos t)|dt + 2\int_{\pi-\alpha}^{\pi} |\ln(1+\cos t)|dt$$

La convergence de $\int_0^{\pi} |\ln(1+\cos t)|dt$, $(\sqrt{\pi-t}|\ln(1+\cos t)| \to 0)$ donne : $\forall \varepsilon > 0$, $\exists \alpha \left(< \frac{\pi}{2}\right)$ tel que $2\int_{\pi-\alpha}^{\pi} |\ln(1+\cos t)|dt \leqslant \frac{\varepsilon}{2}$, donc $\forall x \in [0,1[$,

$$|f(x)-f(1)| \leqslant \frac{\varepsilon}{2} + \int_0^{\pi-\alpha} |\ln(1+x\cos t) - \ln(1+\cos t)|dt$$

mais pour $(t,x) \in [0,\pi-\alpha] \times [0,1]$ cette fois, $(t,x) \rightsquigarrow \ln(1+x\cos t)$ est continue, ($1+x\cos t$ ne s'annule plus), donc la fonction $x \rightsquigarrow \int_0^{\pi-\alpha} \ln(1+x\cos t)dt$ est continue et au même ε on associe $x_0 \in [0,1[$ tel que $x_0 \leqslant x \leqslant 1 \Rightarrow$ $\int_0^{\pi-\alpha} |\ln(1+x\cos t) - \ln(1+\cos t)|dt \leqslant \frac{\varepsilon}{2}$ d'où $|f(x)-f(1)| \leqslant \varepsilon$ si $x \in [x_0, 1]$: on a bien f continue sur $[-1,1]$.

Donc $f(1) = \int_0^{\pi} \ln(1+\cos t)dt = -\pi \ln 2$.

17. La série est alternée pour tout x réel. On a $|u_n(x)| = \frac{e^{-nx}}{n}$ qui tend vers $+\infty$ si $x < 0$, donc divergence de la série, et si $x \geqslant 0$, $|u_n|$ tend vers 0, $\left(|u_n| \leqslant \frac{1}{n}\right)$ en décroissant car $\left|\frac{u_{n+1}}{u_n}\right| = \frac{n}{n+1}e^{-x} < 1$. Le domaine de définition est donc $[0,+\infty[$, de plus la convergence ayant lieu suivant le critère des séries alternées, si $U_n(x)$ est la somme partielle de rang n on a $|f(x) - U_n(x)| \leqslant \frac{e^{-(n+1)x}}{n+1} \leqslant \frac{1}{n+1}$ sur $[0,+\infty[$: il y a convergence uniforme sur $[0,+\infty[$ donc continuité de la somme.

Pour la dérivation, $u'_n(x) = (-1)^{n+1}e^{-nx}$, donc si $x \geqslant a > 0$ on a $||u'_n||_\infty = \frac{1}{e^{na}} = \left(\frac{1}{e^a}\right)^n$, d'où la convergence normale de la série des dérivées sur $[a, +\infty[$, donc la dérivabilité de f sur $]a, +\infty[$, $\forall a > 0$, donc sur $]0, +\infty[$ avec

$$f'(x) = \sum_{n=1}^{+\infty}(-1)^{n+1}(e^{-x})^n = -\sum_{n=1}^{+\infty}(-e^{-x})^n = \frac{-(-e^{-x})}{1-(-e^{-x})}$$

soit $f'(x) = \dfrac{1}{1+e^x}$ pour $x > 0$.

Comme f est continue en 0, et que $\lim\limits_{x\to 0^+} f'(x) = \dfrac{1}{2}$, f est dérivable en 0 avec $f'(0) = \dfrac{1}{2}$.

On a $f(x) - f(0) = \displaystyle\int_0^x \frac{dt}{1+e^t}$, se calcule avec $s = e^t$ $ds = sdt$ donc

$$f(x) - f(0) = \int_1^{e^x} \frac{ds}{s(1+s)} = \int_1^{e^x} \left(\frac{1}{s} - \frac{1}{1+s}\right) ds = \left[\operatorname{Log}\frac{s}{1+s}\right]_1^{e^x}$$
$$= \ln\frac{e^x}{1+e^x} - \ln\frac{1}{2} = x + \ln 2 - \ln(1+e^x).$$

Or $f(0) = \displaystyle\sum_{n=1}^{+\infty}\frac{(-1)^n}{n} = -\ln 2$, d'où finalement $f(x) = x - \ln(1+e^x)$, fonction définie sur $\mathbf{R}$, et qui coïncide sur $[0, +\infty[$ avec la somme de la série donnée.

18. D'abord la limite f est convexe car $\forall (x, y)$ dans $[a, b]^2$ et t dans $[0, 1]$, fixé, $f(tx + (1-t)y) = \lim\limits_{n\to+\infty} f_n(tx + (1-t)y)$ avec $f_n(tx + (1-t)y) \leqslant tf_n(x) + (1-t)f_n(y)$, d'où, en passant à la limite, (x et y fixés), $f(tx + (1-t)y) \leqslant tf(x) + (1-t)f(y)$.
Pour une fonction f convexe sur $[a, b]$ on sait que l'application $p : x \rightsquigarrow \dfrac{f(x) - f(c)}{x - c}$ est croissante sur $[a, b]\backslash\{c\}$, ce qui entraîne l'existence de $f'_d(y)$, $\forall y \in]a, b[$, de $f'_g(x)$, $\forall x \in]a, b[$ et, si $a < x < y < b$, on a les inégalités :

$$f'_g(x) \leqslant f'_d(x) \leqslant \frac{f(y) - f(x)}{y - x} \leqslant f'_g(y) \leqslant f'_d(y).$$

Puis f étant dérivable à gauche sur $]a, b[$ est continue à gauche sur cet intervalle, elle est de même continue à droite sur $]a, b[$ et finalement f est continue sur $]a, b[$.
Soit $[\alpha, \beta] \subset]a, b[$, pour tout x de $[\alpha, \beta]$, comme $a < \alpha \leqslant x \leqslant \beta < b$ on a, $\forall n \in \mathbf{N}$,

$$\frac{f_n(\alpha) - f_n(a)}{\alpha - a} \leqslant (f_n)'_g(x) \leqslant (f_n)'_d(x) \leqslant \frac{f_n(b) - f_n(\beta)}{b - \beta}.$$

Or, (α et β fixés), les suites de termes généraux $\dfrac{f_n(\alpha)-f_n(a)}{\alpha-a}$ et $\dfrac{f_n(b)-f_n(\beta)}{b-\beta}$ convergent vers $\dfrac{f(\alpha)-f(a)}{\alpha-a}$ et $\dfrac{f(b)-f(\beta)}{b-\beta}$, donc elles sont bornées et il existe deux constantes m et M telles que $\forall n \in \mathbf{N}$, $\forall x \in [\alpha,\beta]$, $m \leqslant (f_n)'_g(x) \leqslant (f_n)'_d(x) \leqslant M$, mais aussi telles que $\forall x \in [\alpha,\beta]$, $m \leqslant f'_g(x) \leqslant f'_d(x) \leqslant M$.

Avec $k = \sup\,(|m|,\ |M|)$, par accroissements finis, on a donc $\forall (x,y) \in [\alpha,\beta]^2, \forall n \in \mathbf{N}, |f_n(x)-f_n(y)| \leqslant k|x-y|$ et aussi $|f(x)-f(y)| \leqslant k|x-y|$, donc aussi

$$|(f-f_n)(x)-(f-f_n)(y)| \leqslant 2k|x-y|.$$

Soit alors $x \in [\alpha,\beta]$, $\exists n(x)$, $\forall n \geqslant n(x)$, $|(f-f_n)(x)| \leqslant \dfrac{\varepsilon}{2}$, mais alors si $|x-y| \leqslant \dfrac{\varepsilon}{4k}$, et si $y \in [\alpha,\beta]$, on aura

$$|(f-f_n)(y)| \leqslant |(f-f_n)(y)-(f-f_n)(x)|+|(f-f_n)(x)| \leqslant 2k\cdot\frac{\varepsilon}{4k}+\frac{\varepsilon}{2} = \varepsilon.$$

Donc $\forall x \in [\alpha,\beta]$, $\exists n(x) \in \mathbf{N}$ et $\exists \omega(x) = \left]x-\dfrac{\varepsilon}{4k}, x+\dfrac{\varepsilon}{4k}\right[\cap [\alpha,\beta]$ ouvert de $[\alpha,\beta]$ tels que $\forall n \geqslant n(x)$, $\forall y \in \omega(x)$, $|(f-f_n)(y)| \leqslant \varepsilon$. Comme $\omega(x)$ est un ouvert de $[\alpha,\beta]$ contenant x, on a $[\alpha,\beta] = \displaystyle\bigcup_{x\in[\alpha,\beta]} \omega(x)$. De ce recouvrement on extrait un recouvrement fini $[\alpha,\beta] = \displaystyle\bigcup_{i=1}^{p} \omega(x_i)$ et si $n_0 = \sup\{n(x_i), i=1,\ldots,p\}$, $\forall n \geqslant n_0$, $\forall t \in [\alpha,\beta]$ on a $|(f-f_n)(t)| \leqslant \varepsilon$ car t est dans l'un des $\omega(x_i)$ et $n \geqslant n(x_i)$.

On ne peut pas faire mieux : f_n définie sur $[0,1]$ pour $n \geqslant 2$, par : $f_n(x) = -nx+1$ sur $\left[0,\dfrac{1}{n}\right]$, 0 sur $\left[\dfrac{1}{n},1-\dfrac{1}{n}\right]$ et $n\left(x-1+\dfrac{1}{n}\right)$ sur $\left[1-\dfrac{1}{n},1\right]$ est convexe, converge simplement vers f avec $f(0)=f(1)=1$, $f = 0$ sur $]0,1[$, la convergence n'est pas uniforme sur $[0,1]$ ni $]0,1[$ d'ailleurs car $\|f-f_n\|_\infty = 1$ sur $]0,1[$.

19. Soit $u_n(x,y) = \mathrm{Log}\,(1+x^{2n}+y^{2n})$. Si $|x| \geqslant 1$ ou $|y| \geqslant 1$, $1+x^{2n}+y^{2n}$ reste $\geqslant 2$ donc $u_n(x,y) \geqslant \mathrm{Log}\,2$: la série diverge.

Si $|x|<1$ et $|y|<1$, $\displaystyle\lim_{n\to+\infty} x^{2n}+y^{2n} = 0$ donc $u_n(x,y) \underset{n\to+\infty}{\simeq} (x^{2n}+y^{2n})$: la série converge sur le domaine $\mathcal{D} =]-1,1[^2$. La concavité de la fonction Log donne l'inégalité $\mathrm{Log}\,(1+t) \leqslant t$ sur $]-1,+\infty[$, (courbe sous la tangente à l'origine) donc sur un compact $K \subset \mathcal{D}$ on aura $a<1$ tel que $|x| \leqslant a$ et $|y| \leqslant a$ d'où $x^{2n}+y^{2n} \leqslant 2a^{2n}$ et $|\mathrm{Log}\,(1+x^{2n}+y^{2n})| \leqslant 2a^{2n}$: il y a convergence normale donc la somme S est continue sur l'intérieur de tout compact de $\mathcal{D}$: elle est continue sur $\mathcal{D}$.

On peut dériver terme à terme en x, (et y : fonction symétrique) car $\dfrac{\partial u_n}{\partial x} = \dfrac{2nx^{2n-1}}{1+x^{2n}+y^{2n}}$ et là encore si $|x| \leqslant a < 1$ et $|y| \leqslant a < 1$ on obtient $\left|\dfrac{\partial u_n}{\partial x}(x,y)\right| \leqslant 2na^{2n-1}$: il y a convergence normale de la série des dérivées d'où l'existence et la continuité de $\dfrac{\partial S}{\partial x} = \displaystyle\sum_{n\geqslant 1} \dfrac{2nx^{2n-1}}{1+x^{2n}+y^{2n}}$, et on justifie en fait l'existence des dérivées de tout ordre car on obtient toujours un majorant du type somme finie de termes en $n^k a^{n-p}$, (k et p entiers) : S est de classe C^∞.

20. On a $f_n(1) = n \sin \pi = 0$, converge vers 0, et si $t \in [0,1[$, $\lim\limits_{n\to+\infty} nt^n = 0$, d'où $\lim\limits_{n\to+\infty} f_n(t) = 0$. La suite de fonctions f_n converge simplement vers f nulle. On évalue $||f_n||_\infty$ pour chercher la convergence uniforme.
On a $f_n'(t) = nt^{n-1}[n \sin \pi t + \pi t \cos \pi t]$, f_n' s'annule pour α_n solution de l'équation $\operatorname{tg} \pi t = -\dfrac{\pi t}{n}$.
Sur $\left]0, \dfrac{1}{2}\right[$, $\operatorname{tg} \pi t > 0$, $-\dfrac{\pi t}{n} < 0$: pas de racine.
Sur $\left]\dfrac{1}{2}, 1\right]$ la fonction $t \rightsquigarrow g_n(t) = \operatorname{tg} \pi t + \dfrac{\pi t}{n}$ est croissante de $-\infty$ à $\dfrac{\pi}{n}$ donc il existe un seul $\alpha_n \in \left]\dfrac{1}{2}, 1\right]$ tel que $f_n'(\alpha_n) = 0$. On a $f_n' > 0$ sur $]0, \alpha_n[$ puis $f_n' < 0$, avec $f_n(0) = f_n(1) = 0$, donc $||f_n||_\infty = f_n(\alpha_n)$ soit encore $||f_n||_\infty = n\alpha_n^n \sin \pi\alpha_n$ avec $\operatorname{tg}\, \pi\alpha_n = -\dfrac{\pi\alpha_n}{n}$ et $\pi\alpha_n \in \left]\dfrac{\pi}{2}, \pi\right]$, donc $-\dfrac{\pi\alpha_n}{n}$ tend vers 0, ($\pi\alpha_n$ borné), c'est que $\pi\alpha_n$ tend vers π donc α_n tend vers 1, puisque $\operatorname{tg}\, \pi\alpha_n$ tend vers 0.
En écrivant $\operatorname{tg} \pi\alpha_n = \operatorname{tg}(\pi\alpha_n - \pi) = \operatorname{tg} \pi(\alpha_n - 1)$ avec $\alpha_n - 1$ infiniment petit, on a $\pi(\alpha_n - 1) \underset{n\to+\infty}{\sim} -\dfrac{\pi}{n}$ donc $\alpha_n - 1 \sim -\dfrac{1}{n}$ si n tend vers l'infini.
Mais alors $||f_n||_\infty = ne^{n \operatorname{Log} \alpha_n} \sin \pi\alpha_n$ avec

$$n \operatorname{Log} \alpha_n = n \operatorname{Log}(1 + \alpha_n - 1) \simeq n\left(-\frac{1}{n}\right)$$

donc $\lim\limits_{n\to+\infty} n \operatorname{Log} \alpha_n = -1$, et

$$\sin \pi\alpha_n = -\sin \pi(\alpha_n - 1) \sim -\left(-\frac{\pi}{n}\right)$$

donc $||f_n||_\infty \sim n\dfrac{\pi}{en}$ et $\lim\limits_{n\to+\infty} ||f_n||_\infty = \dfrac{\pi}{e}$: il n'y a pas convergence uniforme.

21. On a, $\forall \varepsilon > 0, \exists A, \int_A^{+\infty} |f(t)|dt \leqslant \varepsilon$, donc pour tout n,

$$\left|\int_A^{+\infty} f(t) \sin(\lambda_n t)dt\right| \leqslant \int_A^{+\infty} |f(t)|dt \leqslant \varepsilon.$$

Si on prouve que, pour A fixé, $\lim_{n\to+\infty} \int_0^A f(t) \sin(\lambda_n t)dt = 0$ on aura, pour le même $\varepsilon > 0$, l'existence de n_0 tel que

$$\forall n \geqslant n_0, \left|\int_0^A f(t) \sin(\lambda_n t)dt\right| \leqslant \varepsilon$$

et *a fortiori* $\left|\int_0^{+\infty} f(t) \sin(\lambda_n t)dt\right| \leqslant 2\varepsilon$ donc la limite cherchée sera nulle.
Or pour $f(t) = \text{constante} = k$ sur $[0, A]$ on a

$$\int_0^A f(t) \sin(\lambda_n t)dt = \frac{k}{\lambda_n}(1 - \cos \lambda_n A)$$

ceci tend vers 0 si n tend vers l'infini, car λ_n tend vers l'infini, (ce qui justifie $\lambda_n \neq 0$).
Par linéarité de l'intégrale et des limites, si f est en escalier, on a $\lim_{n\to+\infty} \int_0^A f(t) \sin(\lambda_n t)dt = 0$.
Soit f intégrable sur $[0, A]$, si on suppose f réglée, il existe g en escalier telle que $||f - g||_\infty \leqslant \varepsilon$ d'où

$$\left|\int_0^A f(t) \sin(\lambda_n t)dt\right| \leqslant \int_0^A |f(t) - g(t)| \cdot 1dt + \left|\int_0^A g(t) \sin(\lambda_n t)dt\right|$$
$$\leqslant \varepsilon A + \left|\int_0^A g(t) \sin(\lambda_n t)dt\right|$$

et $\exists n_0, \forall n \geqslant n_0, \left|\int_0^A g(t) \sin(\lambda_n t)dt\right| \leqslant \varepsilon$, ($g$ en escalier), d'où $\left|\int_0^A f(t) \sin(\lambda_n t)dt\right| \leqslant \varepsilon(1 + A)$ pour $n \geqslant n_0$, on a bien la limite nulle : $\lim_{n\to+\infty} \left(\int_0^A f(t) \sin \lambda_n t dt\right) = 0$.

Si f est Darboux intégrable, il existe u et v en escalier, telles que $\forall t \in [0, A]$, $u(t) \leqslant f(t) \leqslant v(t)$ et $\int_0^A (v-u) \leqslant \varepsilon$, (penser aux sommes de Darboux).

Mais alors

$$\left| \int_0^A v(t) \sin(\lambda_n t) dt - \int_0^A f(t) \sin(\lambda_n t) dt \right|$$

est majoré par $\int_0^A |v(t) - f(t)| dt \leqslant \int_0^A (v-u) \leqslant \varepsilon$, et comme $\lim_{n \to +\infty} \int_0^A v(t) \sin(\lambda_n t) dt = 0$, ($v$ en escalier) on conclut comme précédemment à $\lim_{n \to +\infty} \int_0^A f(t) \sin(\lambda_n t) dt = 0$.

On a donc $\lim_{n \to +\infty} \int_0^A f(t) \sin(\lambda_n t) dt = 0$.

CHAPITRE 13

Séries entières

Nous allons appliquer les résultats tout neufs du chapitre XII à des séries d'un type particulier, adaptées à la représentation des fonctions de variable réelle ou complexe, à valeurs dans $\mathbb{R}$ ou $\mathbb{C}$, de classe C^∞. Et nous verrons que, contrairement à ce que peut laisser penser le vocabulaire, « si c'est complexe, c'est simple, mais si c'est réel, alors là... »

1. Définitions, domaine de convergence

DÉFINITION 13.1. — *On appelle série entière réelle, (resp. complexe) toute série de fonctions* $(u_n)_{n\in\mathbb{N}}$*, avec* u_n *fonction du type* $x \rightsquigarrow u_n(x) = a_n x^n$*, (resp.* $z \rightsquigarrow u_n(z) = a_n z^n$*)* x *étant dans* $\mathbb{R}$ *ainsi que les* a_n*, (resp.* z *et les* a_n *complexes).*

En somme, c'est la donnée de la suite des a_n qui compte. Je traiterai le cas complexe, le cas réel s'en déduisant facilement. On va commencer par chercher le domaine de convergence d'une série entière, c'est-à-dire l'ensemble des z pour lesquels la série des $a_n z^n$ converge.

THÉORÈME 13.2. — *Si une série entière converge pour* z_0*, elle converge absolument pour* z *vérifiant* $|z| < |z_0|$.

En effet, on a $\lim\limits_{n\to+\infty} a_n z_0^n = 0$, donc cette suite est bornée. Soit M une constante telle que $|a_n z_0^n| \leqslant M$, pour tout n.

Si $z_0 \neq 0$, et si $|z| < z_0$, on a

$$|a_n z^n| = |a_n z_0^n| \left|\frac{z}{z_0}\right|^n \leqslant M \left|\frac{z}{z_0}\right|^n.$$

Or $\left|\frac{z}{z_0}\right| < 1$, donc $\left|\frac{z}{z_0}\right|^n$ est le terme général d'une série géométrique convergente, *a fortiori* la série des $|a_n z^n|$ converge.

Si $z_0 = 0$, il n'y a pas de z avec $|z| < 0$, le problème est résolu. ■

THÉORÈME 13.3. — *Soit une série entière de terme général $a_n z^n$. Il existe un et un seul réel $R \in [0, +\infty]$ tel que*

si $|z| > R$ la série diverge;

si $|z| < R$ la série converge absolument, et

si $|z| = R$ on ne peut rien conclure de général.

13.4 Ce réel R est appelé le *rayon de convergence de la série.*

Soit $\mathcal{E} = \{|z_0|;\ z_0 \in \mathbb{C},\ \sum a_n z_0^n \text{ converge}\}$. Cet ensemble n'est pas vide, car il contient 0. Dans $\mathbb{R}$ il est majoré ou non. Si $\mathcal{E}$ est majoré, soit R sa borne supérieure.

Si $R = 0$, pour $z \neq 0$, $\sum a_n z^n$ diverge, sinon $|z| \in \mathcal{E}$ et on aurait $R \geqslant |z| > 0$. On a bien le résultat.

Si $R > 0$, pour $|z| > R$, la série diverge, sinon $|z| \in \mathcal{E}$ et on aurait $R \geqslant |z|$, alors que si $|z| < R$, il existe z_0 tel que $\sum a_n z_0^n$ converge et $|z| < |z_0| \leqslant R$, sinon $|z|$ majorerait $\mathcal{E}$, mais alors (Théorème 13.2), $\sum |a_n z^n|$ converge. On a là encore le résultat.

Enfin, si $\mathcal{E}$ n'est pas majoré, $\forall z \in \mathbb{C}$, il existe z_0 avec $|z_0| > |z|$ et $\sum a_n z_0^n$ converge, (sinon $|z|$ majore $\mathcal{E}$), donc (Théorème 13.2), il y a convergence absolue en z. Si on pose $R = +\infty$, on aura bien convergence absolue, pour tout z vérifiant $|z| < +\infty$, c'est-à-dire tout z de $\mathbb{C}$. Et pas de divergence mais... il n'y a pas de z vérifiant $|z| > +\infty$. ■

Des exemples montrant que pour $|z| = R$ tout peut se produire.

EXEMPLE 13.5. — $\sum_{n=0}^{\infty} z^n$, $\sqrt[n]{|z^n|} = |z|$: si $|z| < 1$, il y a convergence, si $|z| \geqslant 1$, $z^n \not\to 0$: divergence. On a $R = 1$ et divergence pour $|z| = R$.

EXEMPLE 13.6. — $\sum_{n=0}^{\infty} \frac{z^n}{(n+1)^2}$. Avec $u_n(z) = \frac{z^n}{(n+1)^2}$, pour $z \neq 0$ on a $\left|\frac{u_{n+1}(z)}{u_n(z)}\right| = |z| \left(\frac{n+1}{n+2}\right)^2$, tend vers $|z|$ donc, si $|z| < 1$ il y a convergence, si $|z| > 1$, divergence, $R = 1$. Or si $|z| = 1$, $|u_n(z)| = \dfrac{1}{(n+1)^2}$: il y a convergence (absolue) sur tout le bord du disque de rayon 1, soit pour $|z| = R = 1$ ici.

EXEMPLE 13.7. — $\displaystyle\sum_{n=0}^{\infty} \frac{z^n}{n+1}$, la règle de d'Alembert donne encore $R = 1$, mais, si $|z| = 1$, soit si $z = \cos\theta + i\sin\theta = e^{i\theta}$, pour $\theta \neq 0(2\pi)$ on a $\left|\displaystyle\sum_{n=p}^{q} e^{in\theta}\right| \leqslant \dfrac{1}{\left|\sin\dfrac{\theta}{2}\right|}$, (Théorème 11.86), et comme $\dfrac{1}{n+1}$ tend vers 0 en décroissant, par transformation d'Abel la série converge (Théorème 11.83). Par contre, si $\theta = 0(2\pi)$, $\sum \dfrac{1}{n+1}$ diverge. Ici le domaine de convergence est le disque de rayon 1, fermé, privé de 1.

EXEMPLE 13.8. — $\sum \dfrac{z^n}{n!}$, si $z \neq 0$, $\left|\dfrac{u_{n+1}}{u_n}\right| = \dfrac{|z|}{n+1}$ tend vers 0 : il y a convergence pour tout z : $R = +\infty$.

EXEMPLE 13.9. — $\sum n! z^n$, si $z \neq 0$, $\left|\dfrac{u_{n+1}}{u_n}\right| = (n+1)|z|$ tend vers $+\infty$, il y a divergence donc $R = 0$.

Ces exemples montrent donc que le domaine de convergence est un disque ouvert, de rayon R, rayon de convergence, auquel peut s'adjoindre une partie du bord du disque.

Ils peuvent laisser croire que l'on conclut grâce à d'Alembert ou Cauchy (critères des séries). C'est souvent le cas, mais pas toujours.

EXEMPLE 13.10. — $\sum a_n z^n$ avec a_n $n^{ième}$ chiffre derrière la virgule du développement décimal de $\sqrt{7}$.

On a $a_n \leqslant 9$, donc $|a_n z^n| \leqslant 9 \cdot |z|^n$, série qui converge pour $|z| < 1$ donc $R \geqslant 1$. Puis $\sqrt{7}$ non décimal donc il existe une infinité de chiffres supérieurs ou égaux à 1, si $|z| \geqslant 1$ on a alors $|a_n z^n| \geqslant 1$, donc $a_n z^n \nrightarrow 0$: la série diverge pour $|z| \geqslant 1$ d'où $R = 1$ et le domaine de convergence est le disque ouvert ici.

On peut préciser un résultat général concernant le rayon de convergence. On a :

THÉORÈME 13.11. (d'Hadamard) — *Soit une série entière de terme général $a_n z^n$. Son rayon de convergence R est égal à $\dfrac{1}{\limsup |a_n|^{1/n}}$, avec la convention $R = O$ si la limite supérieure n'existe pas.*

Remarquons d'abord que pour des nombres positifs $(u_n)_{n\in\mathbb{N}}$,

$$\left(\limsup_{n\to+\infty} u_n \text{ existe}\right) \Leftrightarrow (U = \{u_n;\ n \in \mathbb{N} \text{ borné}\}).$$

En effet, si $\limsup_{n\to+\infty} u_n = l$ existe, soit $\varepsilon = 1$, $\exists n_0, \forall n \geqslant n_0, u_n \leqslant l+1$, et... (sans intérêt), donc $\sup\{u_0, u_1, \ldots, u_{n_0-1}, l+1\}$ majore U.

Réciproquement si U est borné, dans le cas où $\text{card}(U)$ fini il y a des valeurs prises une infinité de fois, si $\text{card}(U)$ infini, U admet des points d'accumulation. De toute façon l'ensemble $V = \{$ points d'accumulations de U et des valeurs u_n prises « une infinité de fois »$\}$ est non vide, borné, (comme U) alors M borne supérieure de V existe et M est la limite supérieure des u_n. En effet, soit $\varepsilon > 0$, si cardinal $\{n;\ u_n \geqslant M + \varepsilon\}$ infini, on aurait un élément de V supérieur à $M + \varepsilon$: absurde, donc $\exists n_0$, $\forall n \geqslant n_0$, $u_n \leqslant M + \varepsilon$; puis $M - \dfrac{\varepsilon}{2}$ ne majore plus V, $\exists v \in V$ avec $M - \varepsilon < M - \dfrac{\varepsilon}{2} \leqslant v \leqslant M$ mais, que v soit point d'accumulation, ou valeur prise une infinité de fois, on aura $\text{card}\{n;\ u_n \geqslant M - \varepsilon\}$ infini.

Supposons que $\limsup_{n\to+\infty} |a_n|^{1/n}$ n'existe pas, la série diverge pour tout $z_0 \neq 0$, car en cas de convergence, $\{|a_n z_0^n|;\ n \in \mathbb{N}\}$ serait majoré, (par K) puisque $a_n z_0^n$ tend vers 0, mais alors $|a_n|^{1/n}|z_0| \leqslant K^{1/n}$ et $\lim_{n\to+\infty} K^{1/n} = 1$: l'ensemble des $|a_n|^{1/n}$ serait finalement majoré et $\limsup_{n\to+\infty} |a_n|^{1/n}$ existerait. On a donc bien $R = 0$.

Par contre, si $\limsup_{n\to+\infty} |a_n|^{1/n} = l$, on aura $\limsup_{n\to\infty} |a_n z^n|^{1/n} = l|z|$ et on sait alors que pour $|z| < \dfrac{1}{l}$ la série converge et qu'elle diverge pour $|z| > \dfrac{1}{l}$, (Théorème 11.42), d'où $R = \dfrac{1}{l}$. ∎

REMARQUE 13.12. — Ce résultat parait peu utile, mais il permet déjà de remarquer que, *pour tout choix de q dans $\mathbb{Z}$, une série entière $\sum a_n z^n$, et la série des $n^q a_n z^n$ auront même rayon de convergence*, car $\sqrt[n]{n^q |a_n|} =$

$n^{\frac{q}{n}}|a_n|^{\frac{1}{n}}$, ou encore $e^{\frac{q}{n}\text{Log}\, n}|a_n|^{\frac{1}{n}}$, et comme $\lim\limits_{n\to+\infty} e^{\frac{q}{n}\text{Log}\, n} = 1$, ($q$ est fixé) la limite supérieure des $(n^q|a_n|)^{1/n}$ existera en même temps que celle des $|a_n|^{1/n}$, et lui sera égale en cas d'existence.

On comprend intuitivement que des dérivations ou intégrations terme à terme ne modifieront pas le rayon de convergence.

2. Propriétés des séries entières

Il y a des propriétés liées aux opérations sur les séries, et d'autres aux fonctions sommes, en relation avec le mode de convergence.

THÉORÈME 13.13. — *Soit deux séries entières de termes généraux $a_n z^n$ et $b_n z^n$, de rayons de convergence R_A et R_B, de fonctions sommes $S_A(z)$ et $S_B(z)$ sur leurs domaines de convergence. La série somme de terme général $c_n z^n = (a_n + b_n)z^n$ a un rayon de convergence $R_C \geqslant \inf\,(R_A, R_B)$ et une fonction somme $S_C(z)$ avec $S_C(z) = S_A(z) + S_B(z)$ si S_A et S_B convergent.*

Si $R_A \neq R_B$, $R_C = \inf\,(R_A, R_B)$, mais si $R_A = R_B$ R_C peut être supérieur à $\inf\,(R_A, R_B)$.

Il est clair que pour $|z| < \inf\,(R_A, R_B)$, les séries $\sum a_n z^n$ et $\sum b_n z^n$ convergent, donc $\sum (a_n + b_n)z^n$ converge, donc $R_C \geqslant |z|$. De plus, dans le cas où $S_A(z)$ et $S_B(z)$ existent, on a bien $S_A(z) + S_B(z) = S_C(z)$.

Si $R_A \neq R_B$, par exemple $R_A < R_B$, et si pour un z_0 vérifiant $R_A < |z_0| < R_B$ on avait convergence de la série des $(a_n + b_n)z_0^n$, comme celle des $b_n z_0^n$ converge aussi, par soustraction on aurait convergence de $\sum a_n z_0^n$: c'est exclu. Dans ce cas $R_C = \inf(R_A, R_B)$.

Mais si $R_A = R_B$, R_C peut augmenter. Prenons par exemple $\sum (1 + 2^n)z^n$ et $\sum (1 - 2^n)z^n$, ces deux séries ont pour rayon de convergence $\frac{1}{2}$, $\left(\left|\frac{u_{n+1}}{u_n}\right| \to 2|z| \text{ si } z \neq 0\right)$, alors que la série somme, de terme général $2z^n$ a pour rayon de convergence 1. ■

On vérifierait de même que pour $\lambda \in \mathbb{C}^*$, la série des $\lambda a_n z^n$ a R_A pour rayon de convergence, même domaine de convergence en fait et λS_A pour fonction somme.

Considérons le produit

Si $a_n z^n$ et $b_n z^n$ sont les termes généraux de deux séries entières, on appelle série produit, la série de terme général $c_n z^n$ avec $c_n = (a_0 b_n + a_1 b_{n-1} + \ldots + a_n b_0)$. Il s'agit de la série produit étudiée au chapitre 11 ou nous avons vu au Théorème 11.63 que le produit d'une série convergente et d'une absolument convergente était une série convergente. Il en résulte ici que, si $|z| < \inf(R_A, R_B)$, les deux séries des $a_n z^n$ et $b_n z^n$ étant absolument convergentes, la série produit est convergente donc on a $R_C \geqslant \inf(R_A, R_B)$, et la fonction somme $S_C(z) = S_A(z)S_B(z)$. On sait même (théorème 11.67) que cette égalité est vérifiée dès que les trois séries convergent.

Mais ici, on peut avoir des situations bizarres. Si on prend le développement en série entière (j'anticipe) de

$$S_A(z) = \frac{1-z}{1-2z} = 1 + \sum_{n=1}^{\infty} 2^{n-1} z^n$$

on a $R_A = \dfrac{1}{2}$; et celui de

$$S_B(z) = \frac{1-2z}{1-z} = 1 - \sum_{n=1}^{\infty} z^n$$

où $R_B = 1$, si on note c_n le coefficient de z^n dans la série produit, on trouve $c_0 = 1$, et pour $n \geqslant 2$, $c_n = (2^{n-1} - (2^{n-2} + \ldots + 1 + 1)) = 2^{n-1} - \left(\dfrac{2^{n-1}-1}{2-1}\right) - 1 = 0$ et $C_1 = 1 - 1 = 0$ aussi, la série produit est réduite à 1 et $R_C = +\infty$.

Cet exemple montre qu'avec $R_A \neq R_B$ on peut avoir $R_C >$ inf (R_A, R_B), mais aussi que le *produit de deux séries divergentes peut converger*, (prendre $|z| = 3$ par exemple), ou que le *produit d'une série divergente et d'une convergente peut aussi converger*, (prendre z avec $|z| = \dfrac{2}{3}$).

Il en résulte qu'en dehors des énoncés précis et démontrés, il faut se méfier des affirmations non justifiées, et que face à un énoncé nouveau, mieux vaut se dire « si c'était vrai, cela se saurait » que de se dire « si c'est faux, le prof n'a qu'à le prouver » attitude largement répandue.

On vient de justifier le

THÉORÈME 13.14. — *Soient deux séries complexes de termes généraux $a_n z^n$ et $b_n z^n$, de rayons de convergence R_A et R_B, de fonctions sommes S_A et*

S_B. La série produit de terme général $c_n z^n$ avec $c_n = a_0 b_n + a_1 b_{n-1} + \ldots + a_n b_0$ a un rayon de convergence R_C tel que $R_C \geqslant \inf(R_A, R_B)$ et une fonction somme S_C vérifiant $S_C(z) = S_A(z) S_B(z)$ pour $|z| <$ $\inf(R_A, R_B)$.

Et on a remarqué que l'on peut avoir $R_C > \inf(R_A, R_B)$ même si $R_A \neq R_B$. ■

Venons en au mode de convergence. On a :

THÉORÈME 13.15. — *Une série entière de rayon de convergence $R > 0$ converge uniformément sur tout disque fermé D_r avec $D_r = \{z;\ |z| \leqslant r\}$, pour $r < R$.*

En effet, vu la définition de R, pour un z_0 avec $|z_0| = r$, la série $\sum |a_n|\ |z_0|^n$ converge, mais alors, sur D_r il y a convergence dominée (voir définition 12.25) donc uniforme, puisque $|a_n z^n| \leqslant |a_n| r^n$ dans ce cas.

Il en résulte qu'il y aura convergence uniforme sur tout compact K du disque ouvert de convergence, puisque la distance de K au compact $\Gamma_R = \{z, |z| = R\}$, (si $R \neq +\infty$) étant atteinte, est > 0, et il est facile de trouver $r < R$ tel que $K \subset D_r$. ■

Il en résulte surtout que :

COROLLAIRE 13.16. — *La fonction somme d'une série entière est continue sur le disque ouvert de convergence.*

Car si $|z_0| < R$, en prenant r avec $|z_0| < r < R$, z_0 devient intérieur au disque D_r sur lequel on a convergence uniforme d'une série de fonctions continues. ■

COROLLAIRE 13.17. — *Soit une série entière réelle, de terme général $a_n x^n$, de rayon de convergence R. Sur tout segment $[a, b] \subset]-R, R[$ on peut intégrer terme à terme la série.*

Puisqu'il y a convergence uniforme sur $[a, b]$, le Théorème 12.31 s'applique. On note S la fonction somme de la série des $a_n x^n$. Pour $|x| < R$, on a

$$\int_0^x \left(\sum_{n=0}^{\infty} a_n t^n \right) dt = \sum_{n=0}^{\infty} a_n \frac{x^{n+1}}{n+1}.$$

La série entière des $a_n \dfrac{x^{n+1}}{n+1}$ a un rayon de convergence $R_1 \geqslant R$, rayon de convergence de la série initiale, et, pour $x \in]-R, R[$ une fonction somme qui est une primitive de S, puisque S est continue. En fait grâce à la remarque suivant le théorème d'Hadamard, (Théorème 13.12) on sait que $R_1 = R$.

On pourrait en déduire que la série des dérivées terme à terme a aussi R pour rayon de convergence, (c'est la série des $na_n x^{n-1}$, et $\lim\sup(n|a_n|)^{\frac{1}{n}} = \lim\sup|a_n|^{1/n}$) et pour fonction somme $S_1(x)$ la dérivée de S car en intégrant S_1 on obtient $S(x) = a_0 + \int_0^x S_1(t)dt$, avec S_1 continue, d'où $S'(x) = S_1(x) = \sum\limits_{n=1}^{\infty} na_n x^{n-1}$.

Mais ce type de raisonnement ne s'applique pas au cas complexe, aussi allons nous justifier directement la dérivabilité terme à terme d'une série entière. Mais auparavant on va préciser un peu plus la convergence uniforme éventuelle.

THÉORÈME 13.18. — *Soit une série entière $S(z) = \sum\limits_{n\geqslant 0} a_n z^n$ de rayon de convergence $R > 0$. Si la série converge pour $z = Re^{i\theta}$, avec $\alpha \leqslant \theta \leqslant \beta$, ($\beta - \alpha \leqslant 2\pi$), uniformément en θ, elle converge uniformément pour les $z = re^{i\theta}$, avec $|r| \leqslant R$ et $\theta \in [\alpha, \beta]$.*

Avoir la convergence uniforme, c'est avoir le critère de Cauchy uniformément en z, (remarque 12.14).

Pour $z = re^{i\theta}$, on pose $a_n z^n = a_n R^n e^{in\theta}\left(\dfrac{r}{R}\right)^n$ et on effectue une transformation d'Abel.

Si on pose $S_{n,p} = \sum\limits_{k=n}^{p} a_k (Re^{i\theta})^k$, pour $p \geqslant n$, on aura, pour $q > n$

$$\sum_{s=n}^{q} a_s z^s = S_{n,n}\left(\frac{r}{R}\right)^n + \sum_{s=n+1}^{q} (S_{n,s} - S_{n,s-1})\left(\frac{r}{R}\right)^s$$
$$= \sum_{s=n}^{q-1} S_{n,s}\left(\left(\frac{r}{R}\right)^s - \left(\frac{r}{R}\right)^{s+1}\right) + S_{n,q}\left(\frac{r}{R}\right)^q.$$

On a $0 \leqslant \dfrac{r}{R} \leqslant 1$, donc $\left(\dfrac{r}{R}\right)^s - \left(\dfrac{r}{R}\right)^{s+1} \geqslant 0$.

De plus, $\forall \varepsilon > 0$, $\exists n_0$, $\forall n \geqslant n_0$, $\forall s \geqslant n$, $|S_{n,s}| \leqslant \varepsilon$, vu la convergence, uniforme en $\theta \in [\alpha, \beta]$, de la série des $a_n(Re^{i\theta})^n$, d'où $\forall n \geqslant n_0$, $\forall q > n$, $\forall z = re^{i\theta}$ avec $0 \leqslant r \leqslant R$ et $\theta \in [\alpha, \beta]$,

$$\begin{aligned}\left|\sum_{s=n}^{q} a_s z^s\right| &\leqslant \sum_{s=n}^{q-1} \varepsilon\left(\left(\frac{r}{R}\right)^s - \left(\frac{r}{R}\right)^{s+1}\right) + \varepsilon\left(\frac{r}{R}\right)^q \text{ soit} \\ &\leqslant \varepsilon\left(\frac{r}{R}\right)^n \leqslant \varepsilon.\end{aligned}$$

C'est vrai si $q = n$ car $|a_n z^n| = |S_{n,n}| \left(\frac{r}{R}\right)^n \leqslant |S_{n,n}| \leqslant \varepsilon$.

On a bien le critère de Cauchy uniformément en z, d'où la convergence uniforme sur l'ensemble des $z = re^{i\theta}$, $0 \leqslant r \leqslant R$, $\theta \in [\alpha, \beta]$. ■

COROLLAIRE 13.19. — *Si une série entière réelle $\sum a_n x^n$, de rayon de convergence R, converge en R, il y a convergence uniforme sur $[0, R]$ et sa fonction somme est continue en R.*

Ceci sera exploité pour justifier que $\text{Log}\, 2 = \sum_{n \geqslant 1} \frac{(-1)^{n-1}}{n}$ par exemple. ■

COROLLAIRE 13.20. — *Soient deux séries de termes généraux complexes u_n et v_n, convergentes, de sommes U et V, telles que la série produit des $w_n = u_0 v_n + u_1 v_{n-1} + \ldots + u_n v_0$ converge. Alors $W = UV$, avec W somme des w_n.*

On considère, pour x réel, les 3 séries entières de termes généraux $u_n x^n$, $v_n x^n$ et $w_n x^n$. Elles convergent pour $x = 1$, donc elles convergent uniformément pour $x \in [0, 1]$ vu le Théorème 13.18, et définissent trois fonctions continues de $[0, 1]$ dans $\mathbb{C}$,

$$f(x) = \sum_n u_n x^n,\ g(x) = \sum_n v_n x^n \text{ et } h(x) = \sum_n w_n x^n.$$

Pour $x \in [0, 1[$ la convergence est absolue, donc $f(x)g(x) = h(x)$, il en résulte que

$$W = \lim_{x \to 1^-} h(x) = \lim_{x \to 1^-} (f(x)g(x)) = \left(\lim_{x \to 1^-} f(x)\right)\left(\lim_{x \to 1^-} g(x)\right)$$

soit finalement $W = UV$. ■

A rapprocher de la justification du Théorème 11.67.

Venons en enfin au théorème de dérivation terme à terme.

THÉORÈME 13.21. — *Soit une série entière complexe, de terme général $a_n z^n$, de rayon de convergence $R > 0$. La série entière des $na_n z^{n-1}$ a le même rayon de convergence R, et pour $|z| < R$, sa somme est la fonction dérivée de la somme S de la série initiale.*

On définit la dérivée en z_0 d'une fonction f de la variable complexe z par $f'(z_0) = \lim\limits_{\substack{h\to 0 \\ h\in\mathbb{C}-\{0\}}} \dfrac{f(z_0+h)-f(z_0)}{h}$, lorsque cette limite existe.

Soit R' le rayon de convergence de la série des $na_n z^{n-1}$.

Si $r < R'$, la série des $n|a_n|r^{n-1}$ converge, elle majore celle des $|a_n|r^{n-1}$ qui converge donc, ainsi que celle des $|a_n|r^n$, (on multiplie par r), mais alors $R \geqslant r$, et ce pour tout $r < R'$, d'où $R \geqslant R'$.

Soit alors $r \in]0, R[$, on veut prouver la convergence de la série des $n|a_n|r^{n-1}$, et pour « gommer » le n en facteur, on va introduire un $r' \in]r, R[$ et écrire

$$n|a_n|r^{n-1} = \frac{1}{r}n\left(\frac{r}{r'}\right)^n |a_n|r'^n.$$

Soit $u_n = \dfrac{1}{r}n\left(\dfrac{r}{r'}\right)^n$, on a $\dfrac{u_{n+1}}{u_n} = \dfrac{n+1}{n}\dfrac{r}{r'}$, tend vers $\dfrac{r}{r'} < 1$, la série de terme général positif u_n converge donc $\lim\limits_{n\to+\infty} u_n = 0$: la suite u_n est bornée par une constante M et alors $n|a_n|r^{n-1} \leqslant M|a_n|r'^n$, terme d'une série convergente, $(r' < R)$ d'où la convergence de $\sum\limits_{n\geqslant 1} n|a_n|r^{n-1}$. On a donc $r \leqslant R'$, et ce pour tout $r < R$ d'où $R \leqslant R'$ et l'égalité $R = R'$, ainsi justifiée sans recourir à Hadamard. On note $S_1(z)$ la somme de la série des $na_n z^{n-1}$, $n \geqslant 1$ et on veut prouver que, pour $|z| < R$,

$$S_1(z) = S'(z) = \lim_{\substack{h\to 0 \\ h\neq 0}} \frac{S(z+h)-S(z)}{h}.$$

Pour cela on se fixe r avec $|z| < r < R$, et on considère $h \in \mathbb{C}$ avec $0 < |h| \leqslant r - |z|$. On aura $|z+h| \leqslant r$. Puis on a

$$\frac{S(z+h)-S(z)}{h} - S_1(z) = \sum_{n=0}^{\infty}\left(\frac{a_n}{h}[(z+h)^n - z^n] - na_n z^{n-1}\right).$$

Pour $n = 0$, le terme est nul, et pour $n \geqslant 1$ on pose

$$u_n(z,h) = a_n \left(\frac{1}{h}(z+h-z)((z+h)^{n-1} + (z+h)^{n-2}z + \ldots \right.$$
$$\left. \ldots + (z+h)z^{n-2} + z^{n-1}) - nz^{n-1} \right)$$
$$= a_n \left((z+h)^{n-1} + (z+h)^{n-2}z + \ldots + (z+h)z^{n-2} \right.$$
$$\left. + z^{n-1} - nz^{n-1} \right)$$

d'où

$$|u_n(z,h)| \leqslant |a_n|(nr^{n-1} + nr^{n-1})$$

puisque chacun des n termes $(z+h)^{n-i}z^{i-1}$ se majore en module par r^{n-1}.

Or $\forall \varepsilon > 0$, $\exists n_0$, $\sum\limits_{n>n_0} 2|a_n|nr^{n-1} < \frac{\varepsilon}{2}$, puisque la série des $2n|a_n|r^{n-1}$ converge, on a donc, $\forall h$ avec $0 < |h| \leqslant r - |z|$,

$$\left| \frac{S(z+h) - S(z)}{h} - S_1(z) \right| \leqslant \left| \sum_{n=1}^{n_0} u_n(z,h) \right| + \frac{\varepsilon}{2}$$

Or, pour chaque $n \leqslant n_0$, on a $\lim\limits_{h \to 0} u_n(z,h) = a_n(nz^{n-1} - nz^{n-1}) = 0$, c'est une somme finie de limites, donc finalement $\lim\limits_{h\to 0} \sum\limits_{n=1}^{n_0} u_n(z,h) = 0$: à ε (le même) on associe $\alpha > 0$ tel que $0 < |h| < \alpha$ implique : $\left| \sum\limits_{n=1}^{n_0} u_n(z,h) \right| \leqslant \frac{\varepsilon}{2}$ et finalement

$$0 < |h| < \inf(\alpha, r - |z|) \Rightarrow \left| \frac{S(z+h) - S(z)}{h} - S_1(z) \right| \leqslant \varepsilon$$

la somme de la série dérivée est bien égale à la dérivée de la fonction somme S. ■

Mais alors, la fonction somme d'une série entière, de rayon de convergence $R > 0$, cela se dérive et s'intègre terme à terme dans le disque ouvert de convergence. On a donc :

COROLLAIRE 13.22. — *Soit S la fonction somme de la série des $a_n z^n$, de rayon de convergence R. Elle est indéfiniment dérivable sur le disque ouvert de convergence et $\forall p \in \mathbb{N}$, $S^{(p)}(z) = \sum_{n=p}^{+\infty} n(n-1)\dots(n-p+1)a_n z^{n-p}$. En particulier $S^p(0) = p!a_p$.*

On dira que f est de classe C^∞.

Une question se pose naturellement : si on part de f de classe C^∞, peut-on la représenter, du moins localement, par la somme d'une série entière. Nous allons étudier ce problème qui nous réserve quelques surprises.

3. Développements en série entière : analycité

DÉFINITION 13.23. — *Soit une fonction f définie sur un voisinage V de z_0, (dans $\mathbb{C}$, ou dans $\mathbb{R}$). Elle est dite développable en série entière en z_0, s'il existe une série entière de terme général $a_n z^n$ et de rayon de convergence $R > 0$ telle que sur $V \cap D_0(z_0, R)$, $f(z) = \sum_{n=0}^{\infty} a_n (z - z_0)^n$.*

Il faut bien remarquer qu'à la suite de coefficients a_n, on associe la série de fonctions de terme général $a_n(z - z_0)^n$ d'où le en z_0 de la définition, où on note $D_0(z_0, R)$ le disque ouvert de centre z_0, de rayon R.

Il est clair, vu le § 2, que si c'est le cas, sur $V \cap D_0(z_0, R)$ la fonction f est indéfiniment dérivable, que pour chaque p de $\mathbb{N}$ on a

$$f^{(p)}(z) = \sum_{n=p}^{+\infty} n(n-1)\dots(n-p+1)a_n(z - z_0)^{n-p}$$

et qu'en particulier $f^{(p)}(z_0) = p!a_p$ *donc les a_n sont parfaitement déterminés si f est de classe C^∞ par $a_n = \dfrac{f^{(n)}(z_0)}{n!}$*. Ceci amène à une autre définition :

DÉFINITION 13.24. — *Soit f une fonction de classe C^∞ sur un voisinage V de z_0, à valeurs dans $\mathbb{C}$, on appelle série de Taylor de f en z_0 la série entière de terme général $\dfrac{f^{(n)}(z_0)}{n!}(z - z_0)^n$.*

On a le même énoncé pour une fonction de variable réelle à valeurs réelles.

DÉFINITION 13.25. — *Soit une fonction f définie sur un ouvert Ω de $\mathbb{R}$ (ou de $\mathbb{C}$) à valeurs dans $\mathbb{R}$ (ou $\mathbb{C}$). Elle est dite analytique sur Ω si elle est développable en série entière en tout z_0 de Ω.*

Si f est analytique sur Ω, elle est de classe C^∞, et on s'attend à ce que réciproquement... eh bien non ! Dans le cas réel ça coince.

Soit une fonction de classe C^∞ de Ω ouvert de $\mathbb{R}$ dans $\mathbb{R}$, alors il se peut qu'en x_0 de Ω sa série de Taylor ait un rayon de convergence nul, ou qu'elle ne converge pas vers la fonction.

Donc dans le cas réel : classe $C^\infty \not\Rightarrow$ analytique.

Voyons cela sur deux exemples.

EXEMPLE 13.26. — On définit la fonction u_n de $\mathbb{R}$ dans $\mathbb{R}$ par $u_n(x) = \dfrac{\sin 2^n x}{n^n}$ pour $n \geqslant 1$, et on considère la série des u_n.

On a $\|u_n\|_\infty = \dfrac{1}{n^n} \leqslant \dfrac{1}{n^2}$, pour $n \geqslant 2$, il y a convergence normale vers une fonction somme $f(x) = \displaystyle\sum_{n=1}^{\infty} \frac{\sin 2^n x}{n^n}$ qui est de classe C^∞ car, $\forall p \in \mathbb{N}^*$, $u_n^{(p)}(x) = \dfrac{2^{np} \sin\left(2^n x + p\frac{\pi}{2}\right)}{n^n}$ et $\|u_n^{(p)}\|_\infty = \left(\dfrac{2^p}{n}\right)^n$ or, (p fixé) il existe n_0 tel que $\dfrac{2^p}{n_0} = k < 1$, donc $\forall n \geqslant n_0$, $\|u_n^{(p)}\|_\infty \leqslant k^n$ terme général d'une série convergente, il y a convergence normale de chaque série des dérivées. Par des applications successives du théorème de dérivation d'une série, (Théorème 12.32), on justifie donc que f est de classe C^∞. Considérons sa série de Taylor en 0 : c'est la série entière de terme général $\dfrac{f^{(p)}(0)}{p!}x^p$.

Or

$$f^{(p)}(0) = \sum_{n=1}^{\infty} \frac{2^{np} \sin\left(p\frac{\pi}{2}\right)}{n^n} = \sin\left(p\frac{\pi}{2}\right) \sum_{n=1}^{\infty} \frac{2^{np}}{n^n}.$$

On a donc $f^{(2p)}(0) = 0$ et $f^{(2p+1)}(0) = (-1)^p \sum_{n=1}^{\infty} \frac{2^{n(2p+1)}}{n^n}$, donc le terme général de la série de Taylor devient

$$w_p = \frac{f^{(2p+1)}(0)}{(2p+1)!} x^{2p+1} = \frac{(-1)^p}{(2p+1)!} \left(\sum_{n=1}^{\infty} \frac{2^{n(2p+1)}}{n^n} \right) x^{2p+1}.$$

Eh bien, pour $x \neq 0$, w_p ne tend pas vers 0, car

$$|w_p| \geqslant \frac{|x|^{2p+1}}{(2p+1)!} \frac{2^{(2p+1)(2p+1)}}{(2p+1)^{2p+1}}$$

(on ne garde qu'un terme dans la série de termes positifs donnant $f^{(2p+1)}(0)$).

A fortiori

$$|w_p| \geqslant \frac{|x|^{2p+1} 2^{(2p+1)(2p+1)}}{(2p+1)^{2p+1}(2p+1)^{2p+1}} = \left(\frac{|x| 2^{2p+1}}{(2p+1)^2} \right)^{2p+1}$$

et

$$\ln \left(\frac{|x| 2^{2p+1}}{(2p+1)^2} \right) = (2p+1) \left[\ln 2 + \frac{\ln |x|}{2p+1} - \frac{2 \ln (2p+1)}{2p+1} \right]$$

tend vers $+\infty$ si p tend vers $+\infty$, on voit bien que $\lim_{n \to +\infty} |w_p| = +\infty$.

On vient donc de construire une fonction f de classe C^∞, dont la série de Taylor en 0 a un rayon de convergence nul : elle n'est pas analytique.

EXEMPLE 13.27. — On définit f de $\mathbb{R}$ dans $\mathbb{R}$ par $f(x) = 0$ si $x \leqslant 0$ et $f(x) = e^{-1/x^2}$ si $x > 0$. Elle est de classe C^∞ sur $]-\infty, 0[$ et sur $]0, +\infty[$. Ses dérivées de tout ordre à gauche en 0 sont nulles, or on justifie par récurrence, que pour $x > 0$ la dérivée d'ordre n est du type $\frac{P_n(x)}{x^{a_n}} e^{-1/x^2}$, avec $a_n \in \mathbb{N}$ et P_n polynôme en x. La présence de e^{-1/x^2} implique donc que f et toutes ses dérivées ont une limite nulle à droite en 0, d'où f de classe C^∞ sur $\mathbb{R}$, et, $\forall n \in \mathbb{N}$, $f^{(n)}(0) = 0$.

La *série de Taylor de f en 0 est donc ... la série nulle, de rayon de convergence infini mais de somme différente de f.*

Ces deux exemples montrent que, sur $\mathbb{R}$ la situation n'est pas simple, et qu'il va falloir des conditions supplémentaires à la classe C^∞, pour obtenir f analytique. Par contre, la suite de cette étude montrera que, dans le cas complexe c'est beaucoup plus simple.

Avant de traiter le cas réel, un résultat expliquant en partie pourquoi on a eu des ennuis avec le 2e exemple.

THÉORÈME 13.28. — *Sur un ouvert connexe Ω de $\mathbb{R}$, (ou de $\mathbb{C}$) les zéros d'une fonction analytique non identiquement nulle sont isolés.*

En effet, on remarque d'abord que, si les a_n ne sont pas tous nuls, et si la série entière $S(z) = \sum_{n=0}^{\infty} a_n(z - z_0)^n$ a un rayon de convergence non nul, il existe $r > 0$ tel que $(0 < |z - z_0| \leqslant r) \Rightarrow (S(z) \neq 0)$, car si $n_0 = \inf\{n;\ a_n \neq 0\}$, on a

$$S(z) = (z - z_0)^{n_0} \left(a_{n_0} + \sum_{n=n_0+1}^{\infty} a_n(z - z_0)^{n-n_0} \right)$$

et la fonction somme $g(z) = a_{n_0} + \sum_{n=n_0+1}^{\infty} a_n(z - z_0)^{n-n_0}$ étant continue, non nulle en z_0 reste localement non nulle d'où, si $n_0 \geqslant 1$, z_0 zéro isolé de S, et si $n_0 = 0$, S localement non nulle.

Soit alors $A = \bigcap_{n \in \mathbb{N}} (f^{(n)})^{-1}(0)$ *avec f analytique sur le domaine, (ouvert connexe) Ω.*

C'est un fermé, (intersection de fermés) ouvert de Ω car si $z_0 \in A$, la série de Taylor de f en z_0 est nulle, mais f analytique est localement égale à sa série de Taylor, donc il existe $r > 0$ tel que pour $|z - z_0| < r$, $f \equiv 0$, donc $f^{(n)} \equiv 0$ et ce disque ouvert de rayon r est dans A qui est bien ouvert dans Ω, (on prend r assez petit pour que $D_0(z_0, r) \subset \Omega$).

Conséquence : si f est non identiquement nulle, A est vide sinon $A = \Omega$, f serait partout égale à sa série entière de Taylor, toujours nulle. Mais alors si z_0 annule f, $\exists n_0$ avec $f^{(n_0)}(z_0) \neq 0$, et le début de la démonstration prouve que localement z_0 est le seul zéro de f. ■

4. Développements en série entière des fonctions usuelles : cas réel

Partant d'une fonction de classe C^{∞}, définie sur un ouvert de $\mathbb{R}$, à valeurs réelles, nous avons vu les trois points suivants :

1) si elle est développable en série entière en x_0, la seule série candidate est $\displaystyle\sum_{n=0}^{\infty} \frac{f^{(n)}(x_0)}{n!}(x - x_0)^n$, appelée série de Taylor de f en x_0 ;

2) malheureusement, cette série de Taylor peut avoir un rayon de convergence nul ;

3) même si le rayon de convergence est non nul, la série de Taylor peut converger vers autre chose que la fonction.

Il faut donc d'autres arguments pour assurer la convergence de la série de Taylor vers la fonction. Ce peut être la formule de Taylor Lagrange (Théorème 7.44).

THÉORÈME 13.29. — *Soit une fonction f de classe C^{∞} de I intervalle de $\mathbb{R}$ dans $\mathbb{R}$. Pour que f soit développable en série entière en x_0 intérieur à I, il faut et il suffit qu'il existe un voisinage V de x_0 dans I tel que le reste de Taylor Lagrange d'ordre n entre x et x_0, tende vers 0 si n tend vers l'infini, ceci pour tout x de V.*

Car, $\forall x \in I$, $\forall n \in \mathbb{N}$, $\exists \xi(n, x)$ entre x et x_0 tel que

$$f(x) = \sum_{p=0}^{n} \frac{f^{(p)}(x_0)}{p!}(x - x_0)^p + \frac{(x - x_0)^{n+1}}{(n+1)!} f^{(n+1)}(\xi(n, x))$$

et ce reste d'ordre n, $R_n(x) = \dfrac{(x - x_0)^{n+1}}{(n+1)!} f^{(n+1)}(\xi(n, x))$ apparaît comme la différence entre $f(x)$ et la somme partielle de rang n de sa série de Taylor : s'il tend vers 0 on a directement la convergence de la série de Taylor de f en x_0 vers la fonction f. ■

13.30. *On peut remarquer que ce sera le cas si on trouve un voisinage de x_0 sur lequel les dérivées $f^{(n)}$ sont bornées uniformément en n,* car avec $V(x_0)$ et M tels que $\forall n \in \mathbb{N}$, $\forall t \in V(x_0)$, $|f^{(n)}(t)| \leqslant M$, le reste d'ordre n devient majoré en valeur absolue par $a_n = \dfrac{|x - x_0|^{n+1}}{(n+1)!} M$ et a_n tend vers 0 car, pour $x \neq x_0$, $\dfrac{a_{n+1}}{a_n} = \dfrac{|x - x_0|}{n+2}$ tend vers 0, donc la série des a_n converge, donc la suite des a_n tend vers 0, (vrai si $x = x_0$ aussi). ■

Exemples. La fonction $x \rightsquigarrow f(x) = \cos x$ est de classe C^∞ sur $\mathbb{R}$, $f^{(n)}(x) = \cos\left(x + n\dfrac{\pi}{2}\right)$ est majorée par 1 sur $\mathbb{R}$, (en valeur absolue), donc f est égale à sa série de Taylor en chaque x_0, avec un rayon de convergence infini. En particulier en 0, $f^{(n)}(0) = \cos\left(n\dfrac{\pi}{2}\right) = 0$ si n impair, et $= (-1)^p$ si $n = 2p$ d'où

13.31.
$$\cos x = \sum_{p=0}^{\infty} \frac{(-1)^p x^{2p}}{(2p)!}, \quad R = \infty.$$

De même $g(x) = \sin x$ a ses dérivées de tout ordre majorées en module par 1, $g^{(n)}(0) = \sin\left(n\dfrac{\pi}{2}\right)$ est nul cette fois pour n pair et vaut $(-1)^p$ si $n = 2p + 1$ d'où

13.32.
$$\sin x = \sum_{p=0}^{\infty} \frac{(-1)^p x^{2p+1}}{(2p+1)!}, \quad R = \infty.$$

Pour la fonction exponentielle, $f(x) = e^x$, on a $f^{(n)}(x) = e^x$ qui est donc bornée sur chaque segment $[-r, r]$ par e^r. La série de Taylor de f en x, convergera donc sur $[-r, r]$ vers la fonction exponentielle, et ceci pour chaque $r > 0$, donc f est encore égale à sa série de Taylor sur $\mathbb{R}$. Comme $f^{(n)}(0) = e^0 = 1$, il vient

13.33.
$$e^x = \sum_{n=0}^{\infty} \frac{x^n}{n!}, \quad R = \infty.$$

Par addition et soustraction, opérations licites sur les séries entières, on obtient

13.34
$$\operatorname{ch} x = \sum_{n=0}^{\infty} \frac{x^{2n}}{(2n)!} \quad \text{et} \quad \operatorname{sh} x = \sum_{n=0}^{\infty} \frac{x^{2n+1}}{(2n+1)!}$$

(rayons de convergence infinis).

13.35. *Parmi les arguments justifiant un développement en série entière, il peut y avoir des identités.*

Ainsi, l'identité $1 - t^{n+1} = (1-t)(1+t+\ldots+t^n)$, conduit, pour $t \neq 1$, à l'identité

$$\frac{1}{1-t} = 1 + t + \ldots + t^n + \frac{t^{n+1}}{1-t}$$

et, comme pour $|t| < 1$, $\lim_{n\to+\infty} \frac{t^{n+1}}{1-t}$, on a directement ici la convergence de la série des t^n vers la fonction $t \rightsquigarrow \frac{1}{1-t}$, sur $]-1,1[$ sans référence à la série de Taylor, ou à quoi que ce soit. On a

13.36. $$\frac{1}{1-t} = \sum_{n=0}^{\infty} t^n,\ R = 1,\ \text{convergence sur }]-1,1[.$$

On en déduit, (t donne $-t$ sur $]-1,1[$), que

13.37. $$\frac{1}{1+t} = \sum_{n=0}^{\infty} (-1)^n t^n \text{ sur }]-1,1[,\ R = 1.$$

Comme les séries entières s'intègrent terme à terme, (corollaire 13.17), on a :

13.38. $$\mathrm{Log}\,(1+x) = \sum_{n=0}^{\infty} (-1)^n \frac{x^{n+1}}{n+1} = \sum_{p=1}^{\infty} (-1)^{p-1} \frac{x^p}{p},\ R = 1$$

et

$$\mathrm{Log}\,(1-x) = -\sum_{n=1}^{\infty} \frac{x^p}{p},\ R = 1.$$

13.39. *Une remarque* : la fonction $x \rightsquigarrow \mathrm{Log}\,(1+x)$ est continue sur $]-1,+\infty[$, la fonction somme de la série entière des $(-1)^{p-1}\frac{x^p}{p}$, $S(x) = \sum_{p=1}^{\infty} (-1)^{p-1} \frac{x^p}{p}$ converge pour $x = 1$ (série alternée dite *harmonique*) donc S est continue sur $[0,1]$, (Théorème 13.19), et comme $S(x) = \mathrm{Log}\,(1+x)$ si $x \in [0,1[$ on a $S(1) = \lim_{x\to 1^-} S(x) = \lim_{x\to 1^-} \mathrm{Log}\,(1+x) = \mathrm{Log}\,2$.

Donc $\operatorname{Log} 2 = 1 - \frac{1}{2} + \frac{1}{3} + \ldots + \frac{(-1)^{p-1}}{p} + \ldots$ est la somme de la série harmonique, et le domaine de convergence de la série entière $\operatorname{Log}(1+x)$ *est* $]-1,1]$, celui de $\operatorname{Log}(1-x)$ étant $[-1,1[$.

Pour tout $x \in]-1,1[$, $t = x^2 \in [0,1[$, donc on a $\frac{1}{1+x^2} = \sum_{n=0}^{\infty}(-1)^n x^{2n}$ et $\frac{1}{1-x^2} = \sum_{n=0}^{\infty} x^{2n}$, $(R = 1)$ ce qui, par intégration, fournira

13.40. $$\operatorname{Arctg} x = \sum_{n=0}^{\infty}(-1)^n \frac{x^{2n+1}}{(2n+1)}, \quad R = 1$$

avec $]-1,1]$ pour domaine de convergence, et l'égalité

13.41. $$\frac{\pi}{4} = \operatorname{Arctg} 1 = \sum_{n=0}^{\infty} \frac{(-1)^n}{(2n+1)}$$

(la même remarque que pour $\operatorname{Log}(1+x)$ s'appliquant).

On a de même

$$\operatorname{Arg\,th} x = \sum_{n=0}^{\infty} \frac{x^{2n+1}}{2n+1}, \quad R = 1.$$

13.42. ***Enfin, parmi les arguments employés figure le recours à la théorie des équations différentielles***, domaine d'utilisation par excellence des séries entières. Voyons le sur un exemple. Soit la fonction $f : x \rightsquigarrow (1+x)^\alpha$, $\alpha \in \mathbb{R}$, α non dans $\mathbb{N}$, définie et de classe C^∞ sur $]-1,+\infty[$.

On voudrait savoir si elle est développable en série entière en 0, et si oui, trouver son développement en série entière.

On remarque que $f'(x) = \alpha(1+x)^{\alpha-1}$ donc $(1+x)f'(x) = \alpha f(x)$.

On considère alors l'équation différentielle

13.43. $$(1+x)y' - \alpha y = 0.$$

L'étude théorique qui sera faite au chapitre 18 permet de savoir que, pour chaque couple $(x_0, y_0) \in]-1,+\infty[\times\mathbb{R}$ il existe une et une seule solution de 13.43. vérifiant la donnée initiale $y(x_0) = y_0$. Donc ici, comme la fonction f est solution de 13.43 et qu'elle vérifie l'égalité $f(0) = 1$, f est la seule solution de 13.43 valant 1 en 0.

Si on cherche alors une série entière de rayon de convergence R non nul, $S(x) = \sum_{n=0}^{\infty} a_n x^n$, qui soit solution de 13.43 et telle que $S(0) = a_0 = 1$, et si on en trouve une, on pourra dire que sur $]-R, R[\cap]-1, +\infty[$, $S = f$ grâce à l'unicité de la solution locale de 13.43, fournie par le théorème de Cauchy Lipschitz, (corollaire 18.17).

On cherche donc *a priori* des $(a_n)_{n\in\mathbb{N}}$ tels que

$$(1+x)\left(\sum_{n=0}^{\infty} a_n x^n\right)' - \alpha \sum_{n=0}^{\infty} a_n x^n = 0$$

ce qui, en utilisant la propriété de dérivabilité terme à terme des séries entières, (Théorème 13.21), conduit à

$$\sum_{n=1}^{\infty} n a_n x^{n-1} + \sum_{n=1}^{\infty} n a_n x^n - \alpha \sum_{n=0}^{\infty} a_n x^n = 0.$$

Le premier membre est une série entière, nulle, c'est que le coefficient de chaque x^p est nul, ce qui conduit à :

terme constant : $a_1 - \alpha a_0 = 0$,

terme de degré 1 : $2a_2 + a_1 - \alpha a_1 = 0$,

terme de degré p : $(p+1)a_{p+1} + p a_p - \alpha a_p = 0$,

d'où l'on tire $a_{p+1} = \dfrac{\alpha(\alpha-1)\dots(\alpha-p)}{(p+1)!} a_0$.

Il faut alors s'assurer qu'avec ces a_n on a un rayon de convergence non nul, car, pour justifier le calcul, il faut pouvoir dériver la série des $a_n x^n$, donc avoir un domaine de convergence non réduit à 0.

Ici, $\dfrac{a_{p+1}}{a_p} = \dfrac{\alpha - p}{p+1}$, $\lim_{p\to+\infty} \left|\dfrac{a_{p+1}}{a_p}\right| = 1$, par la règle de d'Alembert on sait que le rayon de convergence est 1, (les a_p non nuls car α non entier).

Mais alors, l'expression $S(x) = \sum_{p=0}^{\infty} \dfrac{\alpha(\alpha-1)\dots(\alpha-p+1)}{p!} a_0 x^p$ est l'expression, sur $]-1,1[$, de la solution de 13.43 valant a_0 en $x = 0$, en particulier, pour $f(x) = (1+x)^\alpha$, avec $a_0 = 1$ on peut dire que

13.44.
$$(1+x)^\alpha = \sum_{p=0}^{\infty} \frac{\alpha(\alpha-1)\dots(\alpha-p+1)}{p!} x^p$$

sur $]-1,1[$, le premier terme vaut 1, et on peut remarquer que pour α entier on récupère la formule du binôme de Newton.

Quelques cas particuliers

$$\alpha = \frac{1}{2}, \quad \frac{\alpha(\alpha-1)\dots(\alpha-p+1)}{p!} = \frac{\frac{1}{2}\left(-\frac{1}{2}\right)\dots\left(\frac{3}{2}-\frac{2p}{2}\right)}{p!}$$
$$= (-1)^{p-1}\frac{1\cdot 3\dots(2p-3)}{2^p p!}$$
$$= (-1)^{p-1}\frac{1\cdot 3\dots(2p-3)}{2\cdot 4\dots 2p}$$

donc

$$\sqrt{1+x} = 1 + \frac{x}{2} + \dots + (-1)^{p-1}\frac{1\cdot 3\cdot 5\dots(2p-3)}{2\cdot 4\cdot 6\dots 2p}x^p + \dots R = 1.$$

Pour $\alpha = -\frac{1}{2}$, on est conduit à

$$\frac{1}{\sqrt{1+x}} = 1 - \frac{x}{2} + \dots + (-1)^p\frac{1\cdot 3\cdot 5\dots(2p-1)}{2\cdot 4\cdot 6\dots 2p}x^p + \dots, \quad R = 1,$$

d'où l'on déduit les développements en série entière en 0 de $\frac{1}{\sqrt{1-x^2}}$ et $\frac{1}{\sqrt{1+x^2}}$ qui conduisent en intégrant à ceux de $\operatorname{Arcsin} x$ et $\operatorname{Arg\,sh} x$. On trouve

$$\frac{1}{\sqrt{1-x^2}} = 1 + \frac{x^2}{2} + \dots + \frac{1\cdot 3\cdot 5\dots(2p-1)}{2\cdot 4\cdot 6\dots 2p}x^{2p}\dots R = 1$$

et

$$\operatorname{Arcsin} x = x + \frac{1}{2}\frac{x^3}{3} + \dots + \frac{1\cdot 3\dots(2p-1)}{2\cdot 4\dots 2p}\,\frac{x^{2p+1}}{(2p+1)} + \dots R = 1;$$

puis

$$\frac{1}{\sqrt{1+x^2}} = 1 - \frac{x^2}{2} + \dots + (-1)^p\frac{1\cdot 3\cdot 5\dots(2p-1)}{2\cdot 4\cdot 6\dots(2p)}x^{2p} + \dots R = 1$$

d'où

$$\operatorname{Arg\,sh} x = x - \frac{1}{2}\frac{x^3}{3} + \dots + (-1)^p\frac{1\cdot 3\dots(2p-1)}{2\cdot 4\dots(2p)}\,\frac{x^{2p+1}}{(2p+1)} + \dots R = 1.$$

5. Fonctions élémentaires de variable complexe

On va d'une part étudier les fractions rationnelles sur le corps des complexes, et d'autre part, à l'aide des séries entières, définir des fonctions dites usuelles, de variable complexe, les propriétés de ces fonctions provenant de la famille des coefficients servant à définir la série entière. Ce qui conduit à se poser la question d'une extension de ces fonctions à autre chose que $\mathbb{C}$, à des algèbres commutatives d'endomorphismes par exemple.

THÉORÈME 13.45. — *Soit une fraction rationnelle sur $\mathbb{C}$, mise sous forme irréductible $f(z) = \dfrac{P(z)}{Q(z)}$. Si $z_1, \dots z_k$ sont les pôles de f, (zéros de Q), f est analytique sur l'ouvert $\Omega = \mathbb{C} - \{z_1, \dots, z_k\}$ et pour tout z_0 de Ω, le rayon de convergence de la série de Taylor de f en z_0 est* $\inf\{|z_0 - z_j|;\ j = 1, k\}$.

En effet, la fraction rationnelle f admet une décomposition en éléments simples du type

$$f(z) = E(z) + \sum_{j=1}^{k} \left(\sum_{r=1}^{n_j} \frac{\alpha_{j,r}}{(z - z_j)^r} \right)$$

où $E(z)$ est un polynôme en z, (partie entière de la fraction rationnelle), où n_j est le degré de z_j zéro de Q, et les $\alpha_{j,r}$ étant des constantes.

Si $d^\circ E = p$, on a $E(z) = \displaystyle\sum_{n=0}^{p} \frac{(z - z_0)^n}{n!} f^{(n)}(z_0)$, (formule de Taylor exacte, à l'ordre p = degré de E) : c'est une série entière convergente en $z - z_0$, de rayon de convergence infini.

Pour z_0 dans Ω, on a :

$$\frac{1}{z - z_j} = \frac{1}{z - z_0 + z_0 - z_j} = \frac{1}{(z_0 - z_j)} \cdot \frac{1}{1 + \dfrac{z - z_0}{z_0 - z_j}},$$

si $\left| \dfrac{z - z_0}{z_0 - z_j} \right| < 1$, l'identité

$$\frac{1}{1+t} = 1 - t + t^2 + \ldots + (-1)^n t^n + \frac{(-1)^{n+1} t^{n+1}}{1+t}$$

valable pour tout n et tout $t \neq -1$, prouve que la série de terme général $(-1)^n \dfrac{(z-z_0)^n}{(z_0-z_j)^n}$ converge, (le reste tend vers 0) et que

$$\frac{1}{z-z_j} = \sum_{n=0}^{\infty} \frac{(-1)^n}{(z_0-z_j)^{n+1}}(z-z_0)^n$$

pour $|z-z_0| < |z_0-z_j|$.

Comme les séries entières se dérivent terme à terme, (Théorème 13.21), pout tout p entier, en dérivant p fois, il vient

$$\frac{(-1)^p p!}{(z-z_j)^{p+1}} = \sum_{n=p}^{\infty} \frac{(-1)^n n(n-1)\dots(n-p+1)}{(z_0-z_j)^{n+1}}(z-z_0)^{n-p}$$

avec le même rayon de convergence, et, par combinaison de ces résultats, on obtient bien f somme d'une série entière pour

$$|z-z_0| < \inf\{|z_0-z_j|; j=1,\dots,k\}.$$

Comme f n'est pas continue en z_j, le rayon de convergence ne peut pas dépasser cette valeur. ■

Passons maintenant aux fonctions de variable complexe dites usuelles.

THÉORÈME 13.46. — *La fonction E définie sur $\mathbb{C}$ par $E(z) = \sum_{n=0}^{\infty} \dfrac{z^n}{n!}$ vérifie l'identité $E(z)E(z') = E(z+z')$ pour tout (z,z') de $\mathbb{C}^2$. On la note e^z au lieu de $E(z)$. C'est la fonction exponentielle.*

En effet la série des $\dfrac{|z|^n}{n!}$ et celle des $\dfrac{|z'^n|}{n!}$ convergent, donc les séries de sommes notées $E(z)$ et $E(z')$ sont absolument convergentes : la série produit converge (Théorème 11.63) et on a

$$\begin{aligned} E(z)E(z') &= \sum_{n=0}^{+\infty}\left(\sum_{p=0}^{n} \frac{z^p}{p!}\frac{z'^{n-p}}{(n-p)!}\right) \\ &= \sum_{n=0}^{+\infty}\frac{1}{n!}\left(\sum_{p=0}^{n}\frac{n!}{p!(n-p)!}z^p z'^{n-p}\right) \end{aligned}$$

$$= \sum_{n=0}^{+\infty} \frac{1}{n!} \sum_{p=0}^{n} C_n^p z^p z'^{n-p} = \sum_{n=0}^{+\infty} \frac{(z+z')^n}{n!}$$
$$= E(z+z').$$ ■

REMARQUE 13.47. — Si z et z' sont dans une algèbre commutative complète, ou plus simplement, si dans une algèbre complète (en tant qu'espace vectoriel normé) *z et z' commutent* et si la norme d'algèbre vérifie $||z^n|| \leqslant ||z||^n$, c'est le cas de la norme d'application linéaire continue (voir le Théorème 6.23), le même raisonnement s'applique et permet par exemple de définir $e^A = \sum_{n=0}^{\infty} \frac{A^n}{n!}$ si A est une matrice carrée, ou si $A \in \mathcal{L}_C(E,E)$, puis, si A et B commutent, d'établir l'égalité $e^{A+B} = e^A \circ e^B$. ■

Retour à la variable complexe.

On a $e^z \neq 0$, $e^{-z} = \frac{1}{e^z}$, puisque $e^{z-z} = e^0 = 1 = e^z e^{-z}$.

Par analogie avec le cas réel, on définit les fonctions ch, sh, cos et sin, sur $\mathbb{C}$, par les formules :

13.48. $\operatorname{ch} z = \frac{e^z + e^{-z}}{2} = \sum_{n=0}^{\infty} \frac{z^{2n}}{(2n)!}$; $\operatorname{sh} z = \frac{e^z - e^{-z}}{2} = \sum_{n=0}^{\infty} \frac{z^{2n+1}}{(2n+1)!}$

$$\cos z = \sum_{n=0}^{\infty} \frac{(-1)^n z^{2n}}{(2n)!} \text{ et } \sin z = \sum_{n=0}^{\infty} \frac{(-1)^n z^{2n+1}}{(2n+1)!}.$$

On constate alors que : $e^z = \operatorname{ch} z + \operatorname{sh} z$ et $e^{-z} = \operatorname{ch} z - \operatorname{sh} z$, d'où l'on déduit la formule $\operatorname{ch}^2 z - \operatorname{sh}^2 z = 1$, $(= e^{z-z} = e^0)$.

On peut justifier, grâce au fait que $z \rightsquigarrow e^z$ est un morphisme de $(\mathbb{C}, +)$ dans $(\mathbb{C}^*, \times)$, et en utilisant les formules de définition, les relations :

13.49.
$$\operatorname{ch}(z+z') = \operatorname{ch} z \operatorname{ch} z' + \operatorname{sh} z \operatorname{sh} z'$$
$$\operatorname{ch}(z-z') = \operatorname{ch} z \operatorname{ch} z' - \operatorname{sh} z \operatorname{sh} z'$$
$$\operatorname{sh}(z+z') = \operatorname{sh} z \operatorname{ch} z' + \operatorname{ch} z \operatorname{sh} z'$$
$$\operatorname{sh}(z-z') = \operatorname{sh} z \operatorname{ch} z' - \operatorname{ch} z \operatorname{sh} z'$$

Justifions par exemple la première : $\operatorname{ch}(z+z') = \dfrac{e^{z+z'}+e^{-z-z'}}{2}$ **alors que**

$$\begin{aligned}\operatorname{ch} z \operatorname{ch} z' + \operatorname{sh} z \operatorname{sh} z' &= \frac{1}{4}\left[(e^z+e^{-z})(e^{z'}+e^{-z'}) + (e^z-e^{-z})(e^{z'}-e^{-z'})\right] \\ &= \frac{1}{4}[e^{z+z'}+e^{-z+z'}+e^{z-z'}+e^{-z-z'} \\ &+ e^{z+z'}-e^{-z+z'}-e^{z-z'}+e^{-z-z'}] \\ &= \frac{1}{4}\cdot 2(e^{z+z'}+e^{-z-z'}) \text{ d'où l'égalité.}\end{aligned}$$ ■

On constate de même que $\cos z = \operatorname{ch} iz$ **et** $\sin z = \dfrac{\operatorname{sh} iz}{i}$ **d'où l'on déduit les relations** $\cos z = \dfrac{e^{iz}+e^{-iz}}{2}$ **et** $\sin z = \dfrac{e^{iz}-e^{-iz}}{2i}$ **puis** $\cos^2 z + \sin^2 z = 1$, **puis les formules trigonométriques :**

13.50.
$$\begin{aligned}\cos(z+z') &= \cos z \cos z' - \sin z \sin z' \\ \cos(z-z') &= \cos z \cos z' + \sin z \sin z' \\ \sin(z+z') &= \sin z \cos z' + \cos z \sin z' \\ \sin(z-z') &= \sin z \cos z' - \cos z \sin z'\end{aligned}$$

que l'on pourrait rejustifier à partir de $\cos z = \dfrac{e^{iz}+e^{-iz}}{2}$ **et** $\sin z = \dfrac{e^{iz}-e^{iz}}{2i}$.

On constate également, que si $z = x+iy$ **avec** x **et** y **réels, on a**

13.51.
$$e^z = e^{x+iy} = e^x e^{iy} = e^x(\cos y + i \sin y)$$

d'où l'on tire : ***module de*** $e^z = e^x$***; Argument de*** $e^z = y(2\pi)$, $\operatorname{Re}(e^z) = e^x \cos y$ ***et*** $\operatorname{Im}(e^z) = e^x \sin y$.

Les formules $e^{iz} = \cos z + i \sin z$ **et** $e^{-iz} = \cos z - i \sin z$ **sont évidemment valables pour tout** $z \in \mathbb{C}$.

THÉORÈME 13.52. — ***L'application*** $\varphi : y \rightsquigarrow e^{iy}$ ***est un morphisme de*** $\mathbb{R}$ ***additif sur le groupe multiplicatif des nombres complexes de module 1, de noyau*** $\operatorname{Ker}\varphi = 2\pi\mathbb{Z}$.

On suppose ici, les propriétés usuelles des fonctions trigonométriques réelles connues. Alors $|e^{iy}| = e^0 = 1$, $\varphi(y+y') = e^{i(y+y')} = e^{iy}e^{iy'} =$

$\varphi(y)\varphi(y')$, (Théorème 13.46.) : on a bien le morphisme annoncé, surjectif puisque, si a et b réels sont tels que $a^2+b^2 = 1$, il existe θ tel que $a = \cos\theta$ et $b = \sin\theta$, (une bonne utilisation d'Arcsin ou Arccos...) d'où $\varphi(\theta) = a+ib$, enfin $(y \in \operatorname{Ker}\varphi) \Leftrightarrow (\cos y = 1 \text{ et } \sin y = 0) \Leftrightarrow (y = 2k\pi,\ k \in \mathbb{Z})$. ■

On peut *également donner une existence légale à* π, ce chenapan que des générations de mathématiciens ont cherché à maîtriser, (pensez aux questions de quadrature du cercle !).

Faisons table rase des connaissances trigonométriques usuelles, et imaginons rencontrées pour la première fois les fonctions cosinus et sinus, pour t réel, sous la forme des séries entières

$$\cos t = \sum_{n=0}^{\infty}(-1)^n\frac{t^{2n}}{(2n)!} \quad \text{et} \quad \sin t = \sum_{n=0}^{+\infty}(-1)^n\frac{t^{2n+1}}{(2n+1)!}.$$

Les règles de dérivation des séries entières (Théorème 13.21), donnent $(\cos t)' = -\sin t$ et $(\sin t)' = \cos t$.

On a aussi la relation $\cos^2 t + \sin^2 t = 1$, car elle provient de $z \rightsquigarrow e^z$ morphisme de $(\mathbb{C}, +)$ dans $(\mathbb{C}^*, \times)$. On peut alors justifier le :

THÉORÈME 13.53. — *Oui π existe, je l'ai vu ! Ou si vous préférez, il existe un réel, 2π, tel que l'application $y \rightsquigarrow \cos y + i \sin y$ soit un morphisme de noyau $2\pi\mathbb{Z}$ de $\mathbb{R}$ additif sur le groupe multiplicatif des nombres complexes de module 1.*

En effet, supposons que la fonction cosinus, qui vaut 1 en 0, donc qui par continuité reste > 0 sur un segment $[0, \alpha]$, ne s'annule pas sur $[0, +\infty[$.

La fonction sinus est alors strictement croissante car $(\sin t)' = \cos t > 0$, donc $\sin\alpha > \sin 0 = 0$ et pour tout $y > \alpha$, $\sin t > \sin\alpha$ sur $[\alpha, y]$, donc $\int_\alpha^y \sin t\, dt \geqslant \int_\alpha^y (\sin\alpha) dt = (y-\alpha)\sin\alpha$.

Mais c'est aussi $\int_\alpha^y -(\cos t)' dt = \cos\alpha - \cos y \geqslant (y-\alpha)\sin\alpha$, d'où l'on tire

$$y - \alpha \leqslant \frac{\cos\alpha}{\sin\alpha} - \frac{\cos y}{\sin\alpha} \leqslant \frac{\cos\alpha}{\sin\alpha}$$

puisque $\cos y$ reste > 0, donc $-\dfrac{\cos y}{\sin\alpha} < 0$.

Mais il est impossible que tout y réel $> \alpha$ reste $\leqslant \alpha + \dfrac{\cos\alpha}{\sin\alpha}$.

C'est donc que la fonction cosinus s'annule. Comme elle est > 0 sur $[0, \alpha]$ avec $\alpha > 0$, si on note $\omega = \inf\{y > 0,\ \cos y = 0\}$ on aura $\omega > 0$, $\cos\omega = 0$ et $\cos t > 0$ sur $[0, \omega[$, donc sinus croissant strictement sur $[0, \omega]$ de 0 à 1, ($\sin^2\omega = 1 - \cos^2\omega = 1 \Rightarrow \sin\omega = \pm 1$ or $\sin\omega > 0$).

Mais alors $\sin t > 0$ sur $]0, \omega]$, d'où cosinus décroissante sur $[0, \omega]$. Au fait, ω c'est $\pi/2$ bien sûr.

Il en résulte que $t \rightsquigarrow (\cos t, \sin t)$ applique bijectivement, (stricte monotonie), $[0, \omega]$ sur le *quart de cercle ensemble des* (u, v) *avec* $u^2 + v^2 = 1$, $0 \leqslant u \leqslant 1$, $0 \leqslant v \leqslant 1$.

Puis si $s \in [\omega, 2\omega]$, $t = s - \omega \in [0, \omega]$, or

$$\begin{aligned} e^{is} &= e^{i\omega}e^{it} = (\cos\omega + i\ \sin\omega)(\cos t + i\ \sin t) = i(\cos t + i\ \sin t) \\ &= -\sin t + i\ \cos t. \end{aligned}$$

donc si s croit de ω à 2ω, on a :

$$\begin{aligned} \cos s &= -\sin(s - \omega) \quad &\text{décroit de } 0 \text{ à } -1 \\ \sin s &= \cos(s - \omega) \quad &\text{décroit de } 1 \text{ à } 0 \end{aligned}$$

et $s \rightsquigarrow (\cos s,\ \sin s)$ *applique bijectivement* $[\omega, 2\omega]$ *sur le quart de cercle ensemble des* (u, v) *avec* $u^2 + v^2 = 1$, $-1 \leqslant u \leqslant 0;\ 0 \leqslant v \leqslant 1$.

Pour $s \in [2\omega, 4\omega]$, on a $e^{is} = e^{2i\omega}e^{it}$ avec $t = s - 2\omega \in [0, 2\omega]$ et

$$\begin{aligned} (\cos s + i\ \sin s) &= (\cos 2\omega + i\ \sin 2\omega)(\cos t + i\ \sin t) = -(\cos t + i\ \sin t) \\ &= -\cos t - i\ \sin t \end{aligned}$$

montre que si s croit de 2ω à 4ω, $\cos s = -\cos t$ croit de -1 à 1 et $\sin s = -\sin t$ décroit de 0 à -1 puis croit de -1 à 0 : on décrit le demi-cercle symétrique du précédent par rapport à l'axe des abscisses.

On a enfin $e^{4i\omega} = 1$, et il n'existe aucun réel $t \in]0, 4\omega[$ tel que $e^{it} = 1$: 4ω engendre le noyau du morphisme $t \rightsquigarrow e^{it}$. On peut, par ce procédé, donner une existence légale à $\pi = 2\omega$. ■

Je suis certain que vous vous sentez mieux, et d'attaque pour aller considérer le théorème d'interversion des limites, et un peu de fonctions holomorphes. Mais avant quelques remarques encore sur les fonctions usuelles de variable complexe.

L'utilisation des formules de définition permet de résoudre des questions du type $\cos z = a$, $a \in \mathbb{C}$, ($a = 1515$ par exemple).

En posant $Z = e^{iz}$, on doit résoudre $\dfrac{Z + 1/Z}{2} = a$ soit $Z^2 - 2aZ + 1 = 0$, équation ayant sur $\mathbb{C}$ deux racines non nulles Z_1 et Z_2, puis avec

$z = x + iy$ on a $e^{-y+ix} = Z_1$ ou Z_2 d'où $e^{-y} = |Z_1|$, (ou $|Z_2|$) et $x = \text{Arg}\,(Z_1)\ (2\pi)$, ou $\text{Arg}\,(Z_2)\ (2\pi)$.

Voyons par exemple où on peut définir $\text{cotg}\, z = \dfrac{\cos z}{\sin z}$ ou $\text{coth}\, z = \dfrac{\text{ch}\, z}{\text{sh}\, z}$.

On aura $\sin z = \dfrac{e^{iz} - e^{-iz}}{2i} = 0 \Leftrightarrow (e^{iz})^2 = 1 \Leftrightarrow e^{iz} = 1$ ou -1.

Avec $z = x + iy$,

$$e^{ix-y} = 1 \Leftrightarrow e^{-y} = 1 \text{ et } x = 2k\pi,$$
$$e^{ix-y} = -1 \Leftrightarrow e^{-y} = 1 \text{ et } x = \pi + 2k\pi,$$

donc $\sin z = 0 \Leftrightarrow z = k\pi$, $k \in \mathbb{Z}$.

Sur $\mathbb{C} - \{k\pi;\ k \in \mathbb{Z}\}$ on peut définir $\text{cotg}\, z = \dfrac{\cos z}{\sin z}$.

La définition de $\text{tg}\, z$, exige $\cos z \neq 0$, donc $e^{iz} \neq \pm i$, d'où $z \neq \dfrac{\pi}{2} + k\pi$.

Enfin $\text{th}\, z$ serait défini pour $\text{ch}\, z \neq 0$ soit $e^z \neq \pm i$, or $e^z = i = e^{x+iy}$ conduit à $x = 0$ et $y = \pi/2 (2\pi)$ alors que $e^z = -i$ donne $z = i\left(-\dfrac{\pi}{2} + 2k\pi\right)$, c'est donc pour $z \neq i\left(\dfrac{\pi}{2} + k\pi\right)$ que l'on définit $\text{th}\, z$, et pour $z \neq ik\pi$ que l'on définirait $\text{coth}\, z$.

13.54. Dernière remarque : porte ouverte vers les séries formelles

L'utilisation de la suite des coefficients du développement en série entière de e^x, $\cos x$, $\sin x$..., pour x réel, a permis de définir des fonctions de la variable complexe : e^z, $\cos z$, $\sin z$... qui avaient des propriétés analogues ($e^{z+z'} = e^z e^{z'}$), parcequ'il y avait convergence absolue, que $zz' = z'z$, et que les vérifications portaient sur les coefficients de ces séries entières.

Soit alors E un Banach, u un endomorphisme continu de E et trois fonctions développables en série entière :

$$f(x) = \sum_{n\geqslant 0} a_n x^n,\ g(x) = \sum_{n\geqslant 0} b_n x^n \text{ et } h(x) = \sum_{n\geqslant 0} c_n x^n$$

qui vérifient, pour $|x| < \inf\,(R_a, R_b, R_c)$, (leurs rayons de convergence) $h(x) = f(x)g(x)$ par exemple.

On aura, pour $|||u||| < \inf\,(R_a, R_b, R_c)$ convergence des séries d'endomorphismes $f(u) = \sum\limits_{n\geqslant 0} a_n u^n$, $g(u) = \sum\limits_{n\geqslant 0} b_n u^n$ et $h(u) = \sum\limits_{n\geqslant 0} c_n u^n$, (convergence absolue dans $\mathcal{L}_c(E, E)$ complet, donc convergence), et de plus $h(u) = f(u) \circ g(u)$ car cette dernière égalité provient de ce que $c_n = a_0 b_n + a_1 b_{n-1} + \ldots + a_n b_0$.

Par exemple, si $(1+x)^{1/2} = \sum_{n=0}^{\infty} a_n x^n$, on aura

$$(\mathrm{id}_E + u)^{1/2} = v = \sum_{n=0}^{\infty} a_n u^n$$

est un endomorphisme tel que $v^2 = \mathrm{id}_E + u$, à condition ici que $|||u||| < 1$, ou que... u soit nilpotent ! Il y a là matière à de nombreux développements.

6. Théorème d'interversion des limites, retour sur l'analycité

EXEMPLE 13.55. — *Soit une famille* $(a_{n,p})_{(n,p)\in\mathbb{N}^2}$ *de nombres réels positifs tels que chaque* $s_n = \sum_{p=0}^{\infty} a_{n,p}$ *converge, puis que la série des* s_n *converge ; alors chaque* $\alpha_p = \sum_{n=0}^{\infty} a_{n,p}$ *existe, la série des* α_p *converge et*
$$A = \sum_{p=0}^{\infty} \alpha_p = S = \sum_{n=0}^{\infty} s_n.$$

En quoi a-t-on interverti des limites ? En ce qu'on écrit

$$\lim_{q\to+\infty}\left(\sum_{p=0}^{q}\left(\lim_{r\to+\infty}\sum_{n=0}^{r} a_{n,p}\right)\right) = \lim_{r\to+\infty}\left(\sum_{n=0}^{r}\left(\lim_{q\to+\infty}\sum_{p=0}^{q} a_{n,p}\right)\right)$$

La justification est liée à l'rodre sur $\mathbb{R}$:

$\forall (n,p) \in \mathbb{N}^2$ on a $0 \leqslant a_{n,p} \leqslant s_n$, la convergence de la série des s_n donne celle de la série des $(a_{n,p})_{n\in\mathbb{N}}$ d'où l'existence des α_p.

Soit alors p_0 et n_0 fixés. On a $\sum_{p=0}^{p_0} a_{n,p} \leqslant s_n$ donc

$$\sum_{n=0}^{n_0} \left(\sum_{p=0}^{p_0} a_{n,p} \right) \leqslant \sum_{n=0}^{n_0} s_n \leqslant S$$

soit encore $\sum_{p=0}^{p_0} \left(\sum_{n=0}^{n_0} a_{n,p} \right) \leqslant S.$

Mais pour p_0 fixé, comme chaque $\lim_{n_0 \to +\infty} \sum_{n=0}^{n_0} a_{n,p} = \alpha_p$ existe, on peut passer à la limite (somme finie de limites) et obtenir : $\sum_{p=0}^{p_0} \alpha_p \leqslant S.$

La suite croissante des sommes partielles de la série des α_p est majorée, donc cette série converge et sa somme A vérifie l'inégalité $A \leqslant S$.

Mais alors en inversant les rôles des sommations, maintenant que les α_p existent ainsi que $A = \sum_{p=0}^{\infty} \alpha_p$, on obtient $S \leqslant A$ d'où l'égalité. ■

Soit maintenant une famille $(x_{n,p})_{(n,p)\in\mathbb{N}^2}$ dans un Banach E telle que chaque série des $(x_{n,p})_{p\in\mathbb{N}}$ soit absolument convergente, et qu'avec $s_n = \sum_{p=0}^{+\infty} ||x_{n,p}||$, la série S des s_n converge.

Alors, chaque $\alpha_p = \sum_{n=0}^{+\infty} ||x_{n,p}||$ convergera ainsi que la série des α_p.

A fortiori, chaque $X_n = \sum_{p=0}^{\infty} x_{n,p}$ existera, avec $||X_n|| \leqslant s_n$ donc $X = \sum_{n=0}^{+\infty} X_n$ converge; mais aussi chaque $Y_p = \sum_{n=0}^{+\infty} X_{n,p}$ converge, avec $||Y_p|| \leqslant \alpha_p$ donc $Y = \sum_{p=0}^{+\infty} Y_p$ existe mais... on est coincé car rien ne justifie, pour l'instant l'égalité $X = Y$.

C'est là que nous allons établir un résultat puissant qui règlera cette question, mais bien d'autres également.

THÉORÈME 13.56. — *Soient deux ensembles Λ et E munis de filtres (ou de bases de filtres) $\mathcal{B}$ et $\mathcal{C}$ et $f : \Lambda \times E \longmapsto F$ une application, avec F espace métrique.*

Si la famille des $(f(\lambda, \cdot))_{\lambda \in \Lambda}$, $(f(\lambda, \cdot) : x \rightsquigarrow f(\lambda, x)$ de E dans $F)$, admet une limite φ, (application de E dans F), pour le filtre $\mathcal{B}$, uniformément en $x \in E$; et si la famille des $(f(\cdot, x))_{x \in E}$ admet pour le filtre $\mathcal{C}$ une limite ψ, (application de Λ dans F), alors si $\lim\limits_{\mathcal{B}} \psi = l$ existe, on a $\lim\limits_{\mathcal{C}} \varphi = l$ aussi.

On veut prouver que $d(l, \varphi(x))$ tend vers 0 suivant $\mathcal{C}$, or l est limite des $\psi(\lambda)$ et $\varphi(x)$ des $f(\lambda, x)$, uniformément en x. On va d'abord écrire :

$$d(l, \varphi(x)) \leqslant d(l, \psi(\lambda)) + d(\psi(\lambda), f(\lambda, x)) + d(f(\lambda, x), \varphi(x)).$$

Pour maîtriser le $d(\psi(\lambda), f(\lambda, x))$ il faut avoir fixé λ, uniformément en x. Or $\forall \varepsilon > 0$, comme $\lim\limits_{\mathcal{B}} \psi = l$ et $\lim\limits_{\mathcal{B}} f(\lambda, \cdot) = \varphi$, uniformément en x, $\exists B_1$ et B_2 dans $\mathcal{B}$ tels que $\forall \lambda \in B_1$, $d(\psi(\lambda), l) \leqslant \frac{\varepsilon}{3}$, et $\forall \lambda \in B_2$ et $\forall x \in E$, $d(f(\lambda, x), \varphi(x)) \leqslant \varepsilon/3$, donc $\exists B_3 \subset B_1 \cap B_2$ tel que $\forall \lambda \in B_3$ et $\forall x \in E$ on ait

$$d(l, \varphi(x)) \leqslant 2\frac{\varepsilon}{3} + d(\psi(\lambda), f(\lambda, x)).$$

On fixe λ dans B_3 non vide, la traduction de $\lim\limits_{\mathcal{C}} f(\lambda, x) = \psi(\lambda)$ se traduit par : $\exists C \in \mathcal{C}$, $\forall x \in C$, $d(f(\lambda, x), \psi(\lambda)) \leqslant \varepsilon/3$ et finalement, $\forall \varepsilon > 0$, $\exists C \in \mathcal{C}$, $\forall x \in C$, $d(l, \varphi(x)) \leqslant \varepsilon$: on a bien $\lim\limits_{\mathcal{C}} \varphi = l$. ∎

En fait, si (F, d) est complet, (et très souvent on évolue dans des espaces complets), la dernière hypothèse est inutile, elle est conséquence des deux premières. On a donc :

THÉORÈME 13.57. — *Soient deux ensembles Λ et E munis de filtres ou de bases de filtres $\mathcal{B}$ et $\mathcal{C}$ et $f : \Lambda \times E \longmapsto F$ une application, avec F métrique complet. Si les $(f(\lambda, \cdot))_{\lambda \in \Lambda}$ ont une limite φ uniformément en $x \in E$, pour le filtre $\mathcal{B}$, et si les $(f(\cdot, x))_{x \in E}$ ont une limite ψ pour le filtre $\mathcal{C}$, alors $\lim\limits_{\mathcal{B}} \psi$ et $\lim\limits_{\mathcal{C}} \varphi$ existent et elles sont égales.*

Il suffit de justifier l'existence de $\lim_{\mathcal{B}} \psi$ puisqu'alors le Théorème 13.56 s'appliquera et donnera le résultat.

Or $\forall \varepsilon > 0$, $\exists B \in \mathcal{B}$, $\forall x \in E$, $\forall (\lambda, \mu) \in B^2$, $d(f(\lambda, x), \varphi(x)) < \varepsilon/2$ et $d(f(\mu, x), \varphi(x)) < \varepsilon/2$ d'où *a fortiori* $d(f(\mu, x), f(\lambda, x)) < \varepsilon$.

On fixe λ et μ dans ce B, on sait que $\lim_{\mathcal{C}} f(\mu, x) = \psi(\mu)$ et $\lim_{\mathcal{C}} f(\lambda, x) = \psi(\lambda)$, or la distance de $F \times F$ dans $\mathbb{R}$ est continue donc en passant à la limite suivant $\mathcal{C}$, (2 limites simples) on obtient $d(\psi(\mu), \psi(\lambda)) \leqslant \varepsilon$ et finalement

$$\forall \varepsilon > 0,\ \exists B \in \mathcal{B},\ \forall (\lambda, \mu) \in B^2,\ d(\psi(\lambda), \psi(\mu)) \leqslant \varepsilon$$

le critère de Cauchy est vérifié dans F métrique complet, on a donc $\lim_{\mathcal{B}} \psi$ qui existe et le Théorème 13.56 s'applique.

Applications. Revenons sur notre exemple d'une suite double.

THÉORÈME 13.58. — *Soit une famille $(x_{n,p})_{(n,p)\in\mathbb{N}^2}$ d'éléments de F espace vectoriel normé complet, telle que pour chaque n fixé, la série $s_n = \sum_{p=0}^{\infty} ||x_{n,p}||$ converge et que la série des s_n converge. Alors $x_n = \sum_{p=0}^{+\infty} x_{n,p}$ existe, ainsi que $y_p = \sum_{n=0}^{+\infty} x_{n,p}$, ces séries étant absolument convergentes ainsi que les séries des x_n et des y_p, enfin on a $\sum_{n=0}^{\infty} x_n = \sum_{p=0}^{\infty} y_p$.*

Plus schématiquement, si cela converge dans un sens en norme, cela converge absolument dans les deux sens et les sommes sont égales.

On a vu, après l'exemple 13.55 que $\alpha_p = \sum_{n=0}^{\infty} ||x_{n,p}||$ existe, et que les séries de termes généraux x_n et y_p sont absolument convergentes. Notre problème est de justifier l'égalité $\sum_{n=0}^{\infty} x_n = \sum_{p=0}^{\infty} y_p$.

Pour cela on considère $\Lambda = E = \mathbb{N}$ muni du filtre de Frechet $\mathcal{B}$ et on définit $f : \Lambda \times E \longmapsto F$, par $f(p, n) = \sum_{i=0}^{n} \sum_{j=0}^{p} x_{i,j}$, et, pour appliquer le Théorème 13.57 d'interversion des limites, on va prouver que

1) les fonctions $f(p,\cdot) : n \rightsquigarrow f(p,n)$ ont une limite suivant $\mathcal{B}$ uniformément en $n \in \mathbb{N}$, soit φ cette limite;

2) les fonctions $f(\cdot,n) : p \rightsquigarrow f(p,n)$ ont une limite suivant $\mathcal{B}$, simple en p, noté ψ.

En effet $f(p,n) = \sum_{i=0}^{n}\left(\sum_{j=0}^{p} x_{i,j}\right)$, avec la série des $(x_{i,j})_{j\in\mathbb{N}}$ convergente absolument, et sa somme x_i telle que $\|x_i\| \leqslant s_i = \sum_{j=0}^{\infty}\|x_{i,j}\|$.

On a $\lim_{p\to+\infty} f(p,n) = \sum_{i=0}^{n} x_i$, somme finie de limites, et si on pose $\varphi(n) = \sum_{i=0}^{n} x_i$, la convergence de $f(p,n)$ vers $\varphi(n)$ est uniforme en n. En effet

$$\begin{aligned}\varphi(n) - f(p,n) &= \sum_{i=0}^{n}\left(x_i - \sum_{j=0}^{p} x_{i,j}\right)\\ &= \sum_{i=0}^{n}\left(\sum_{j=p+1}^{\infty} x_{i,j}\right).\end{aligned}$$

Or $\left\|\sum_{j=p+1}^{+\infty} x_{i,j}\right\| \leqslant \sum_{j=0}^{+\infty}\|x_{i,j}\| = s_i$ et $\sum s_i$ converge donc $\forall\varepsilon > 0$, $\exists n_0$, $\sum_{i=n_0+1}^{\infty} s_i \leqslant \frac{\varepsilon}{2}$, mais alors $\forall n \geqslant n_0$, $\forall p$ on a

$$\left\|\sum_{i=n_0+1}^{n}\left(\sum_{j=p+1}^{+\infty} x_{i,j}\right)\right\| \leqslant \sum_{i=n_0+1}^{n} s_i \leqslant \frac{\varepsilon}{2}$$

alors que $\sum_{i=0}^{n_0}\left\|x_i - \sum_{j=0}^{p} x_{i,j}\right\|$ peut être rendu $\leqslant \frac{\varepsilon}{2}$ pour p assez grand puisqu'on a une somme finie de (n_0+1) limites nulles. Au même $\varepsilon > 0$,

…e p_0 tel que $\forall p \geqslant p_0$,

$$\sum_{i=0}^{n_0} \left\| x_i - \sum_{j=0}^{p} x_{i,j} \right\| \leqslant \frac{\varepsilon}{2}.$$

Mais alors, $\forall p \geqslant p_0$, et $\forall n \in \mathbb{N}$ on va avoir $\|\varphi(n) - f(p,n)\| \leqslant \varepsilon$ car …oit $n \leqslant n_0$, et alors

$$\|\varphi(n) - f(p,n)\| = \left\| \sum_{i=0}^{n} \left(x_i - \sum_{j=0}^{p} x_{i,j} \right) \right\| \leqslant \sum_{i=0}^{n} \left\| x_i - \sum_{j=0}^{p} x_{i,j} \right\|$$
$$\leqslant \sum_{i=0}^{n_0} \left\| x_i - \sum_{j=0}^{p} x_{i,j} \right\| \leqslant \frac{\varepsilon}{2}$$

puisque $p \geqslant p_0$; alors que si $n \geqslant n_0$,

$$\|\varphi(n) - f(p,n)\| \leqslant \sum_{i=0}^{n_0} \left\| x_i - \sum_{j=0}^{p} x_{i,j} \right\| + \sum_{i=n_0+1}^{n} s_i \leqslant \frac{\varepsilon}{2} + \frac{\varepsilon}{2},$$

la convergence des $(f(p,\cdot))_{p \in \mathbb{N}}$ vers φ est uniforme en n.

Il y a convergence simple, en p, des $(f(\cdot,n))_{n \in \mathbb{N}}$ vers une fonction ψ car on peut, dans une somme finie, intervertir les sommations et écrire

$$f(p,n) = \sum_{j=0}^{p} \left(\sum_{i=0}^{n} x_{i,j} \right)$$

et comme chaque $y_j = \sum_{i=0}^{\infty} x_{i,j}$ existe, on peut passer à la limite, pour p fixé, quand n tend vers l'infini et écrire

$$\psi(p) = \lim_{n \to +\infty} f(p,n) = \sum_{j=0}^{p} y_j.$$

Le Théorème 13.57 s'applique et nous dit alors que $\lim_{p \to +\infty} \psi(p)$ existe et c'est $\lim_{n \to +\infty} \varphi(n)$, soit finalement $\sum_{i=0}^{\infty} x_i = \sum_{j=0}^{\infty} y_j$: ce que nous voulions obtenir. ■

Autres applications : en fait les théorèmes généraux sur la convergence uniforme sont souvent des cas particuliers d'application du théorème d'interversion des limites.

Par exemple. Soit des fonctions $(f_n)_{n\in\mathbb{N}}$ continues qui convergent uniformément vers f. On prend $\Lambda = \mathbb{N}$, $\mathcal{B}$ filtre de Frechet, et $\mathcal{C}$ filtre des voisinages de x_0.

Les f_n convergent uniformément vers f suivant $\mathcal{B}$; $\lim_{\mathcal{C}} f_n(x) = f_n(x_0)$: on note $\psi(n)$ cette limite, on a $\lim_{\mathcal{B}} \psi(n) = \lim_{n\to+\infty} f_n(x_0) = f(x_0)$.

Le Théorème 13.56 s'applique et nous dit que $\lim_{\mathcal{C}} f = f(x_0)$: c'est la continuité de f en x_0. ■

De même, si cette fois on prend des fonctions Darboux intégrables de $[a, b]$ dans $\mathbb{R}$ qui convergent uniformément vers f, et si on introduit le filtre $\mathcal{C}$ dont les parties $\mathcal{C}(\varepsilon)$ sont formées des subdivisions d : $x_0 = a < x_1 < \ldots < x_n = b$ de pas $\leqslant \varepsilon$, (je vous laisse vérifier qu'il s'agit d'une base de filtre), on a, toujours avec $\mathcal{B}$ filtre de Frechet sur $\mathbb{N}$, $\lim_{\mathcal{B}} f_n = f$, uniformément en $x \in [a, b]$, $\lim_{\mathcal{C}} f_n = \int_a^b f_n$ existe, on note $\psi(n)$ cette limite, on est à valeurs dans $\mathbb{R}$ complet, donc le Théorème 13.57 donne $\lim_{n\to+\infty} \psi(n)$ existe et c'est $\lim_{\mathcal{C}} f$ c'est-à-dire $\int_a^b f$, ce qui se traduit encore par f intégrable, (au sens de Darboux) sur $[a, b]$ et $\int_a^b f = \lim_{n\to+\infty} \int_a^b f_n$. ■

Je vais en fait utiliser ce théorème d'interversion des limites pour justifier deux choses. D'abord le fait que la fonction somme d'une série entière est analytique, puis donner un critère d'analycité ; et ensuite pour substituer une série entière à la variable d'une autre série entière.

THÉORÈME 13.59. — *Soit la fonction somme* $S(z) = \sum_{n=0}^{\infty} a_n(z - z_0)^n$ *d'une série entière de rayon de convergence* $R > 0$. *Elle est analytique sur le disque ouvert* $D_0(z_0, R)$, *et la série de Taylor de* S *en* z_1 *de ce disque ouvert à un rayon de convergence* $R_1 \geqslant R - |z_1 - z_0|$, *et une fonction somme égale à* $S(z)$ *sur* $D_0(z_0, R) \cap D_0(z_1, R - |z_0 - z_1|)$.

La deuxième précision n'est pas ridicule puisqu'on a vu, (exemple 13.27), qu'une série de Taylor peut converger vers autre chose que la fonction.

On a, pour z_1 tel que

$$|z_0 - z_1| < R, \quad \frac{S^{(p)}(z_1)}{p!} = \frac{1}{p!}\sum_{q\geqslant p} \frac{q!}{(q-p)!} a_q (z_1 - z_0)^{q-p}.$$

Soit z tel que $|z - z_1| < R - |z_1 - z_0|$, on pose $|z - z_1| = r - |z_1 - z_0|$ avec $r < R$.

On va prouver que la série des $\dfrac{|S^{(p)}(z_1)|\,|z - z_1|^p}{p!}$ converge, en prouvant qu'une série majorante converge. Or, sous réserve d'existence, on a

$$\left|\frac{S^p(z_1)(z - z_1)^p}{p!}\right| \leqslant \sum_{q\geqslant p} \frac{q!}{p!(q-p)!}|a_q|\,|z_1 - z_0|^{q-p}|z - z_1|^p.$$

On définit la famille des $(u_{p,q})_{(p,q)\in\mathbb{N}^2}$ par :

$$u_{p,q} = \frac{q!}{p!(q-p)!} a_q (z_1 - z_0)^{q-p}(z - z_1)^p$$

si $q \geqslant p$, $u_{p,q} = 0$ si $q < p$.

Si on prouve la convergence en module dans un ordre de sommation, on aura convergence dans les deux sens de sommations et égalité des sommes (Théorème 13.58).

Or pour q fixé,

$$\sum_{p=0}^{\infty} |u_{p,q}| = \sum_{p=0}^{q} \frac{q!}{p!(q-p)!}|a_q|\,|z_1 - z_0|^{q-p}|z - z_1|^p$$

avec $|z - z_1| = r - |z_1 - z_0|$, c'est donc

$$\sum_{p=0}^{\infty} |u_{p,q}| = \sum_{p=0}^{q} C_q^p |a_q|\,|z_1 - z_0|^{q-p}(r - |z_1 - z_0|)^p$$
$$= |a_q|(|z_1 - z_0| + r - |z_1 - z_0|)^q = |a_q| r^q$$

puis $\sum_{q=0}^{+\infty} |a_q| r^q$ converge, $(r < R)$, donc le Théorème 13.58 s'applique.

Or

$$\sum_{p=0}^{\infty} u_{p,q} = \sum_{p=0}^{q} a_q C_q^p (z_1 - z_0)^{q-p}(z - z_1)^p = a_q(z - z_1 + z_1 - z_0)^q$$
$$= a_q(z - z_0)^q$$

donc

$$\sum_{q=0}^{\infty}\left(\sum_{p=0}^{\infty} u_{p,q}\right) = \sum_{q=0}^{\infty} a_q(z - z_0)^q = S(z)$$

pour $|z - z_0| < R$; alors que pour p fixé,

$$\sum_{q=0}^{\infty} u_{p,q} = \sum_{q \geqslant p} \frac{1}{p!} \cdot \frac{q!}{(q-p)!} a_q (z_1 - z_0)^{q-p}(z - z_1)^p$$
$$= \frac{1}{p!}(z - z_1)^p \left(\sum_{q \geqslant p} q(q-1)\dots(q-p+1) a_q (z_1 - z_0)^{q-p}\right)$$
$$= \frac{S^{(p)}(z_1)}{p!}(z - z_1)^p$$

donc $\sum_{p=0}^{+\infty}\left(\sum_{q=0}^{+\infty} u_{p,q}\right)$ existe, c'est $\sum_{p=0}^{\infty} \frac{S^{(p)}(z_1)}{p!}(z - z_1)^p$, ce qui prouve la convergence de la série de Taylor de S en z_1 pour $|z - z_1| < R - |z_0 - z_1|$ d'où son rayon de convergence R_1 est bien $\geqslant R - |z_0 - z_1|$, mais ce qui donne aussi l'égalité annoncée :

$$S(z) = \sum_{p=0}^{\infty} \frac{S^{(p)}(z_1)}{p!}(z - z_1)^p$$

pour z tel que $|z - z_0| < R$ et $|z - z_1| < R - |z_1 - z_0|$. ■

THÉORÈME 13.60. — *Une fonction f de classe C^∞ sur un intervalle ouvert I de $\mathbb{R}$ est analytique sur I si et seulement si, $\forall x_0 \in I$, $\exists V$ voisinage de x_0, $V \subset I$, et deux nombres > 0, M et t, tels que $\forall x \in V$,*
$\forall p \in \mathbb{N}$, $\left|\frac{1}{p!} f^{(p)}(x)\right| \leqslant M t^p$.

Si la condition est réalisée, par Taylor Lagrange d'ordre n entre x_0 et $x \in V$, le reste d'ordre n prend la forme :

$$f(x) - \sum_{k=0}^{n} \frac{f^{(k)}(x_0)(x-x_0)^k}{k!} = \frac{(x-x_0)^{n+1}}{(n+1)!} f^{(n+1)}(\xi)$$

ce qui se majore en module par $M|t(x-x_0)|^{n+1}$, et ce qui prouve que pour $|x-x_0| < \frac{1}{t}$, la série de Taylor de f converge effectivement vers f.

La condition est nécessaire, car si f est analytique sur I, elle est développable en série entière en $x_0 \in I$, et si on a $f(x) = \sum_{n=0}^{+\infty} a_n(x-x_0)^n$, pour $x \in I$ tel que $|x-x_0| < R$, en reprenant le calcul du Théorème 13.59 pour x_1 de I vérifiant $|x_1 - x_0| < R$, et pour x tel que $|x - x_1| = r - |x_1 - x_0|$, avec $r < R$ en posant encore

$$u_{p,q} = \frac{q!}{p!(q-p)!} a_q (x_1 - x_0)^{q-p}(x-x_1)^p$$

si $q \geqslant p$ et 0 sinon, on obtient

$$\sum_{p=0}^{\infty} |u_{p,q}| = |a_q| r^q \text{ et } \sum_{q=0}^{\infty} \left(\sum_{p=0}^{\infty} |u_{p,q}| \right) = \sum_{q=0}^{\infty} |a_q| r^q = M;$$

puis

$$\left| \sum_{q=0}^{\infty} u_{p,q} \right| = \left| \frac{f^{(p)}(x_1)}{p!} (x-x_1)^p \right| \leqslant \sum_{q=0}^{\infty} |u_{p,q}| \leqslant \sum_{p=0}^{\infty} \left(\sum_{q=0}^{\infty} |u_{p,q}| \right)$$
$$= \sum_{q=0}^{\infty} \left(\sum_{p=0}^{\infty} |u_{p,q}| \right) = M$$

d'où

$$\left| \frac{f^{(p)}(x_1)}{p!} \right| \leqslant \frac{M}{(r - |x_1 - x_0|)^p}$$

puisque $|x - x_1| = r - |x_1 - x_0|$.

Mais avec r' tel que $|x_1 - x_0| < r' < r < R$, on a $r - |x_1 - x_0| \geqslant r - r'$, et pour tout x_1 vérifiant $|x_1 - x_0| < r'$, (r' assez petit pour que $x_1 \in I$), on a finalement

$$\frac{1}{p!}\left|f^{(p)}(x_1)\right| \leqslant \frac{M}{(r-r')^p} = Mt^p$$

avec $t = \dfrac{1}{r - r'}$, d'où la condition cherchée. ■

Nous verrons au paragraphe suivant que, dans le cas complexe, il n'y a pas de condition aussi pénible. Mais auparavant, il reste à substituer une série entière dans une autre.

THÉORÈME 13.61. — *Soit la fonction somme U d'une série entière de terme général $u_n z^n$, de rayon de convergence $R_u > 0$, et la fonction somme V d'une série entière de terme général $v_n z^n$ de rayon de convergence $R_v > 0$. Si $u_0 = 0$, (soit $U(0) = 0$), il existe $R > 0$ tel que pour $|z| < R$ la fonction $V \circ U$ soit somme d'une série entière.*

Le théorème 13.61 s'applique, que tout soit réel ou complexe. Pour $|z| < R_u$, la série des $u_n z^n$ converge absolument, ainsi que la série des $|u_n| z^n$, ce qui permet, (produit de séries absolument convergentes) de dire que pour tout p de $\mathbb{N}^*$, $\left(\sum\limits_{n=0}^{\infty} u_n z^n\right)^p$ et $\left(\sum\limits_{n=0}^{\infty} |u_n| z^n\right)^p$ sont des séries entières en z.

Posons

$$\left(\sum_{n=0}^{\infty} u_n z^n\right)^p = \sum_{q=0}^{\infty} c_{q,p} z^q \text{ et } \left(\sum_{n=0}^{+\infty} |u_n| z^n\right)^p = \sum_{q=0}^{\infty} \gamma_{q,p} z^q.$$

Les règles de calcul des coefficients d'une série produit permettent de justifier, par récurrence sur p, que $|c_{q,p}| \leqslant \gamma_{q,p}$, pour $p \geqslant 1$ et $q \geqslant 0$. En effet, on a :

$$c_{q,1} = u_q \text{ et } \gamma_{q,1} = |u_q| \text{ donc } |c_{q,1}| = |\gamma_{q,1}|,$$

puis si pour p on a les $|c_{q,p}| \leqslant \gamma_{q,p}$, comme on aura

$$c_{q,p+1} = \sum_{n=0}^{q} c_{n,p} c_{q-n,1} \text{ et } \gamma_{q,p+1} = \sum_{n=0}^{q} \gamma_{n,p} \gamma_{q-n,1}$$

l'inégalité triangulaire et l'hypothèse de récurrence donnent le résultat.

De plus $u_0 = 0$ donc $U(z) = z(u_1 + u_2 z + \dots)$ d'où $(U(z))^p$ sera du type z^p (série entière), donc les $c_{q,p}$ et les $\gamma_{q,p}$ sont nuls si $q < p$. Comme la fonction $g : z \rightsquigarrow \sum_{n=0}^{+\infty} |u_n| z^n$ est nulle en 0, continue, $\forall \rho > 0$, $\exists \eta > 0$ tel que $\sum_{n=0}^{+\infty} |u_n| \eta^n \leqslant \rho$, d'où $(|z| \leqslant \eta \Rightarrow |g(z)| \leqslant \rho)$.

On fixe $\rho < R_v$, pour le η associé, pour $|z| \leqslant \eta$ on aura $|u(z)| \leqslant \sum_{n=0}^{+\infty} |u_n| \eta^n \leqslant \rho$, donc la série de terme général $v_p(U(z))^p$ est une série de fonctions convergentes et on a

$$\begin{aligned} V(U(z)) &= \lim_{P \to +\infty} \sum_{p=0}^{P} v_p (U(z))^p \\ &= \lim_{P \to +\infty} \left(\sum_{p=0}^{P} v_p \lim_{Q \to +\infty} \left(\sum_{q=0}^{Q} c_{q,p} z^q \right) \right) \end{aligned}$$

et on se trouve devant une interversion de limites.

On pose

$$f(P, Q) = \sum_{p=0}^{P} \sum_{q=0}^{Q} v_p c_{q,p} z^q$$

pour $|z| \leqslant \eta$, η associé à ρ, d'où f de $\mathbb{N} \times \mathbb{N}$ dans $\mathbb{C}$ complet, avec $\mathbb{N}$ muni du filtre de Frechet.

13.62. Première étape

Il y a convergence uniforme en Q des $(f(P, \cdot))_{P \in \mathbb{N}}$ vers $\varphi : \mathbb{N} \longmapsto \mathbb{C}$ (ou $\mathbb{R}$ si tout est réel) que nous allons définir.

En effet

$$f(P, Q) = \sum_{p=0}^{P} v_p \left(\sum_{q=0}^{Q} c_{q,p} z^q \right)$$

avec

$$\left|\sum_{q=0}^{Q} c_{q,p} z^q\right| \leqslant \sum_{q=0}^{Q} \gamma_{q,p} \eta^q \leqslant \sum_{q=0}^{+\infty} \gamma_{q,p} \eta^q$$

(nombres $\geqslant 0$) or, vu la définition des $\gamma_{q,p}$, le majorant c'est $\left(\sum_{n=0}^{\infty} |u_n| \eta^n\right)^p$ soit $(g(\eta))^p$ avec $0 \leqslant g(\eta) \leqslant \rho$.

La série de fonction de terme général $a_{p,Q}(z) = v_p \sum_{q=0}^{Q} c_{q,p} z^q$ admet donc, pour $|z| \leqslant \eta$, la série numérique majorante des $|v_p|\rho^p$ (on a $|a_{p,Q}(z)| \leqslant |v_p|\rho^p$), d'où une convergence dominée uniformément en Q, et une convergence de

$$\sum_{p=0}^{+\infty} a_{p,Q}(z) = \lim_{P \to +\infty} f(P, Q) = \varphi(Q)$$

uniformément en Q. ■

13.63. Deuxième étape

Il y a convergence, (simple en P), des $(f(\cdot, Q))_{Q \in \mathbb{N}}$ vers une fonction $\psi : \mathbb{N} \longmapsto \mathbb{C}$, (ou $\mathbb{R}$), si Q tend vers l'infini.

En effet, pour P fixé, $f(P, Q) = \sum_{p=0}^{P} v_p \left(\sum_{q=0}^{Q} c_{q,p} z^q\right)$ avec, par définition des $c_{q,p}$, $\sum_{q=0}^{Q} c_{q,p} z^q$ somme partielle de rang Q de la série entière de somme $(U(z))^p$ donc

$$\lim_{Q \to +\infty} \sum_{q=0}^{Q} c_{q,p} z^q = (U(z))^p$$

existe, et une somme de $P + 1$ limites, (p variant de 0 à P) existe aussi, donc $\psi(P) = \sum_{p=0}^{P} v_p (U(z))^p = \lim_{Q \to +\infty} f(P, Q)$ existe. ■

Comme f est à valeurs dans $\mathbb{C}$, (ou $\mathbb{R}$), complet, le théorème d'interversion des limites va s'appliquer (Théorème 13.57), et nous dire que $\lim\limits_{P\to+\infty} \psi(P)$ existe, ainsi que $\lim\limits_{Q\to+\infty} \varphi(Q)$, ces limites étant égales.

Or $\lim\limits_{P\to+\infty} \psi(P) = \sum\limits_{p=0}^{+\infty} v_p(U(z))^p = V(U(z))$ existe, on le savait puisque, pour $|z| \leqslant \eta$, $|U(z)| < \rho < R_v$, donc la série entière donnant V converge en $U(z)$.

Considérons

$$\varphi(Q) = \lim_{P\to+\infty} f(P,Q) = \lim_{P\to+\infty}\left(\sum_{q=0}^{Q}\left(\sum_{p=0}^{P} v_p c_{q,p} z^q\right)\right).$$

Si $p > q$, $c_{q,p} = 0$, donc chaque somme $\sum\limits_{p=0}^{P} v_p c_{q,p} z^q$ s'écrit pour $P > Q$, $\sum\limits_{p=0}^{Q} v_p c_{q,p} z^q$, ce qui devient constant par rapport à $P > Q$, donc la limite $\varphi(Q)$ est trouvée et c'est $\varphi(Q) = \sum\limits_{q=0}^{Q}\left(\sum\limits_{p=0}^{Q} v_p, c_{q,p}\right) z^q$.

Si on pose $w_q = \sum\limits_{p=0}^{Q} v_p c_{q,p}$, on a donc $\varphi(Q) = \sum\limits_{q=0}^{Q} w_q z^q$ et la série des $w_q z^q$ converge pour $|z| \leqslant \eta$, (c'est l'existence de $\lim\limits_{Q\to+\infty} \varphi(Q)$), et sa somme vaut $V(U(z))$: on a bien $V(U(z)) = \sum\limits_{q=0}^{+\infty} w_q z^q$ pour $|z| < \eta$: la fonction $V \circ U$ est bien, localement en 0, somme d'une série entière. ■

REMARQUE 13.64. — Si $R_v = +\infty$, quelque soit $|z| < R_u$ on aura toujours $|U(z)| \leqslant \sum\limits_{n=0}^{+\infty} |u_n|\,|z|^n = \rho$, avec $\rho < R_v$, donc la série entière donnant $V \circ U$ converge pour $|z| < R_u$.

APPLICATION 13.65. — *Si $f(z)$ est la fonction somme d'une série entière de rayon de convergence $R > 0$, telle que $f(0) \neq 0$, pour $|z|$ assez petit la fonction $1/f$ est somme d'une série entière.*

En effet, si $f(z) = \sum_{n=0}^{\infty} a_n z^n$, pour $|z| < R$, avec $a_0 \neq 0$, c'est encore $f(z) = a_0(1 + U(z))$ avec $U(z) = \sum_{n=1}^{\infty} \frac{a_n}{a_0} z^n$, somme d'une série entière de rayon de convergence R, nulle en 0.

Puis

$$\frac{1}{f(z)} = \frac{1}{a_0} \cdot \frac{1}{1 + U(z)} = \frac{1}{a_0} V(U(z))$$

avec $V(t) = \sum_{n=0}^{+\infty} (-1)^n t^n$, de rayon de convergence 1, le Théorème 13.61 s'applique et pour $|z|$ assez petit $\frac{1}{f(z)} = \frac{1}{a_0} V(U(z))$ est somme d'une série entière.

7. Un peu de variable complexe

Nous allons voir dans ce paragraphe que, dans le cas des fonctions de variable complexe, à valeurs complexes, l'analycité est beaucoup plus simple à obtenir que dans le cas réel.

13.66. Fixons d'abord les notations

Soit Ω un ouvert de $\mathbb{C}$, on notera $\widetilde{\Omega} = \{(x, y) \in \mathbb{R}^2,\ z = x + iy \in \Omega\}$ l'ouvert correspondant de $\mathbb{R}^2$.

Si $f : z \rightsquigarrow f(z) = \alpha(z) + i\beta(z)$ est une fonction de Ω dans $\mathbb{C}$ de parties réelles et imaginaires α et β, on notera $\widetilde{\alpha}$ et $\widetilde{\beta}$ les fonctions de $\widetilde{\Omega}$ dans $\mathbb{R}$ définies par $\widetilde{\alpha}(x, y) = \alpha(x + iy)$ et $\widetilde{\beta}(x, y) = \beta(x + iy)$ et $\widetilde{f} : \widetilde{\Omega} \longmapsto \mathbb{R}^2$ l'application de composantes $\widetilde{\alpha}$ et $\widetilde{\beta}$.

Il est clair que $f : \Omega \longmapsto \mathbb{C}$ continue équivaut à α et β continues, donc équivaut à $\widetilde{\alpha}$ et $\widetilde{\beta}$ continues, soit à $\widetilde{f}$ continue.

Qu'en est-il de la dérivation ?

DÉFINITION 13.67. — *Une fonction $f : \Omega \longmapsto \mathbb{C}$, ($\Omega$ ouvert de $\mathbb{C}$), est dite holomorphe en z_0 de Ω si elle est dérivable en z_0 et holomorphe sur Ω si elle est dérivable partout sur Ω.*

La dérivée en z_0 est la limite de $\dfrac{f(z_0+h)-f(z_0)}{h}$ lorsque $h \in \mathbb{C} - \{0\}$ et tend vers 0.

THÉORÈME 13.68. — *La fonction f est dérivable en z_0 si et seulement si $\widetilde{f}$ est différentielle en $(x_0, y_0) \in \widetilde{\Omega}$, la différentielle en (x_0, y_0) étant une similitude directe.* (Voir en 13.66 les notations $\widetilde{f}$ et $\widetilde{\Omega}$).

Supposons d'abord l'existence de $f'(z_0) = \lambda + i\mu$ avec λ et μ réels. C'est qu'il existe une fonction $\varepsilon : h \rightsquigarrow \varepsilon(h) = \varepsilon_1(h) + i\varepsilon_2(h)$ qui tend vers 0 lorsque h tend vers 0 dans $\mathbb{C}$, et telle que

$$f(z_0+h) - f(z_0) = (\lambda + i\mu)h + h\varepsilon(h),$$

(ε_1 et ε_2 à valeurs réelles).

En posant $h = u + iv$, et en prenant parties réelles et imaginaires, on a :

$$\alpha(x_0+iy_0+u+iv)-\alpha(x_0+iy_0) = \lambda u-\mu v+u\varepsilon_1(u+iv)-v\varepsilon_2(u+iv)$$
$$\beta(x_0+iy_0+u+iv)-\beta(x_0+iy_0) = \mu u+\lambda v+v\varepsilon_1(u+iv)+u\varepsilon_2(u+iv).$$

soit encore, en termes d'applications de $\widetilde{\Omega}$ dans $\mathbb{R}$, (voir 13.66),

$$\widetilde{\alpha}(x_0+u, y_0+v) - \widetilde{\alpha}(x_0, y_0) = \lambda u - \mu v + u\widetilde{\varepsilon}_1(u,v) - v\widetilde{\varepsilon}_2(u,v)$$
$$\widetilde{\beta}(x_0+u, y_0+v) - \widetilde{\beta}(x_0, y_0) = \mu u + \lambda v + v\widetilde{\varepsilon}_1(u,v) + u\widetilde{\varepsilon}_2(u,v).$$

Comme $u\widetilde{\varepsilon}_1(u,v)-v\widetilde{\varepsilon}_2(u,v)$ et $v\widetilde{\varepsilon}_1(u,v)+u\widetilde{\varepsilon}_2(u,v)$ sont $o\left(\sqrt{u^2+v^2}\right)$, (si on pose $u = \rho\cos\theta$, $v = \rho\sin\theta$, ces expressions contiennent ρ en facteur de quelque chose qui tend vers 0 si ρ tend vers 0), les relations écrites prouvent que l'application $\widetilde{f}$ est différentiable, la matrice jacobienne (voir définition 16.36) étant $\begin{pmatrix} \lambda & -\mu \\ \mu & \lambda \end{pmatrix}$, donc celle d'une similitude directe. Réciproquement, si $d\widetilde{f}(x_0, y_0)$ est une similitude directe, on remonte les calculs pour obtenir l'existence de $f'(z_0)$. ■

Soit alors γ un arc paramétré de classe C^1, à support dans $\widetilde{\Omega}$. C'est la donnée d'un couple (I, g) avec I intervalle de $\mathbb{R}$ et g fonction de classe C^1 de I dans $\mathbb{R}^2$: $t \rightsquigarrow g(t) = (p(t), q(t))$ telle que $\{(p(t), q(t));\ t \in I\} \subset \widetilde{\Omega}$. L'ensemble des $p(t) + iq(t)$ est alors dans Ω. On suppose désormais que I

est un segment. On appelle *intégrale de f, (continue de Ω dans $\mathbb{C}$) le long de γ* le scalaire.

$$\begin{aligned}\int_\gamma f(z)dz &= \int_I [\widetilde{\alpha}(p(t),q(t)) + i\widetilde{\beta}(p(t),q(t))][p'(t)+iq'(t)]dt \\ &= \int_I (\widetilde{\alpha}(p(t),q(t))p'(t) - \widetilde{\beta}(p(t),q(t))q'(t))dt \\ &\quad + i\int_I (\widetilde{\alpha}(p(t),q(t))q'(t) + \widetilde{\beta}(p(t),q(t))p'(t))dt\end{aligned}$$

ces intégrales de fonctions continues sur un segment, I, existant.

C'est encore, en termes d'intégrales curviligne :

$$\int_\gamma f(z)dz = \int_\gamma (\widetilde{\alpha}(x,y)dx - \widetilde{\beta}(x,y)dy) + i\int_\gamma \widetilde{\alpha}(x,y)dy + \widetilde{\beta}(x,y)dx.$$

Si on suppose f holomorphe, de dérivée continue, par application de la formule de Green Riemann, si γ est le bord orienté $\partial\mathcal{D}$ d'un domaine $\mathcal{D}$ contenu dans Ω, limité par des arcs de classe C^1, on a :

$$\begin{aligned}\int_\gamma f(z)dz &= \iint_{\mathcal{D}} \left(\frac{\partial(-\widetilde{\beta})}{\partial x} - \frac{\partial\widetilde{\alpha}}{\partial y}\right)dxdy + i\iint_{\mathcal{D}}\left(\frac{\partial\widetilde{\alpha}}{\partial x} - \frac{\partial\widetilde{\beta}}{\partial y}\right)dxdy \\ &= \iint_{\mathcal{D}} (-\mu+\mu)dxdy + i\iint_{\mathcal{D}}(\lambda-\lambda)dxdy\end{aligned}$$

vu la forme de la matière jacobienne. Donc $\int_{\partial\mathcal{D}} f(z)dz = 0$. Nous venons de justifier le :

THÉORÈME 13.69. — *Si f est holomorphe de dérivée continue sur un ouvert Ω de $\mathbb{C}$, et si $\mathcal{D}$ est une partie fermée bornée de Ω, de bord orienté $\partial\mathcal{D}$, on a $\int_{\partial\mathcal{D}} f(z)dz = 0$.*

On suppose $\mathcal{D}$ domaine tel qu'on puisse appliquer la formule de Green Riemann. En général $\mathcal{D}$ est limité par des arcs de classe C^1. ■

Supposons maintenant qu'une fonction g soit holomorphe sur un ouvert Ω de $\mathbb{C}$ sauf en un point a de Ω, g étant continue sur Ω et g' continue sur $\Omega - \{a\}$.

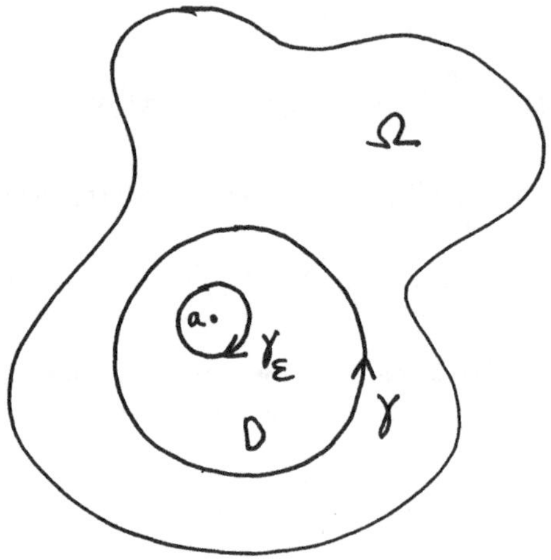

Soit D un disque fermé avec $a \in \overset{\circ}{D} \subset D \subset \Omega$, et $\Delta = D$, privé d'un disque de centre a de rayon $\varepsilon > 0$, assez petit pour être contenu dans $\overset{\circ}{D}$.

Sur Δ, la fonction g est holomorphe, de dérivée g' continue donc $\int_{\partial\Delta} g = 0$. Or $\partial\Delta$ est formé du bord de D orienté classiquement dans le sens trigonométrique et du bord du disque D_ε de centre a, de rayon ε orienté en sens indirect.

Si on note $\gamma = \partial D$ et $\gamma_\varepsilon = \partial D_\varepsilon$, (sens direct tous les deux), on a $\int_{\partial\Delta} g = 0 = \int_\gamma g - \int_{\gamma_\varepsilon} g$, donc $\int_\gamma g = \int_{\gamma_\varepsilon} g$, ce qui laisse supposer que cela ne dépend pas de ε.

Comme g, continue en a, est localement bornée, il existe $\varepsilon_0 > 0$ et une constante M telle que $|z - a| \leqslant \varepsilon_0$ donne $|g(z)| \leqslant M$, mais alors, si $0 < \varepsilon < \varepsilon_0$, la longueur du cercle γ_ε étant $2\pi\varepsilon$ on aura $\left|\int_{\gamma_\varepsilon} g\right| \leqslant 2\pi\varepsilon M$, donc $\left|\int_\gamma g\right| \leqslant 2\pi M\varepsilon$, ceci pour tout $\varepsilon \in]0, \varepsilon_0]$, à la limite $\int_\gamma g = 0$. On a donc :

THÉORÈME 13.70. — *Si g est holomorphe sur $\Omega - \{a\}$, Ω ouvert de $\mathbb{C}$, continue sur Ω, g' étant continue sur $\Omega - \{a\}$, pour tout disque D tel que $a \in \overset{\circ}{D} \subset D \subset \Omega$, on a :* $\int_{\partial D} g(z)dz = 0$. ■

On va en déduire un résultat qui montrera que f holomorphe de dérivée continue est analytique ! On est bien loin des difficultés de l'analycité dans le cas réel.

THÉORÈME 13.71. — *Soit f holomorphe, de dérivée continue sur Ω ouvert de $\mathbb{C}$, D un disque de bord orienté γ, (sens direct) contenu dans Ω et $a \in \overset{\circ}{D}$, on a $f(a) = \dfrac{1}{2i\pi} \displaystyle\int_\gamma \frac{f(z)}{z-a} dz$.*

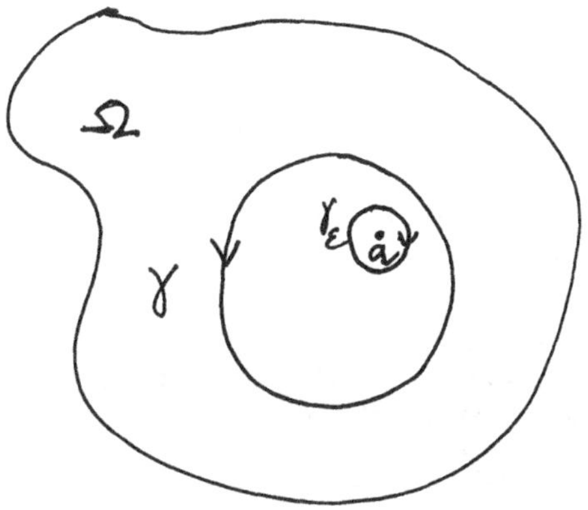

On entoure a d'un disque D_ε de rayon ε tel que $D_\varepsilon \subset \overset{\circ}{D}$. Soit g définie sur Ω par $g(a) = f'(a)$ et $g(z) = \dfrac{f(z) - f(a)}{z - a}$ si $z \in \Omega - \{a\}$.

Cette fonction g est continue en a, donc sur Ω, dérivable sur $\Omega - \{a\}$ et de dérivée continue sur $\Omega - \{a\}$.

Le Théorème 13.70 s'applique et donne $\displaystyle\int_\gamma g(z)dz = 0$, soit $\displaystyle\int_\gamma \frac{f(z)}{z-a} dz = \int_\gamma \frac{f(a)}{z-a} dz$ vu la définition de $g(z)$ sur γ.

Mais sur le domaine $\mathcal{D}$ formé de D privé du disque D_ε de centre a et de rayon ε, la fonction $z \rightsquigarrow \dfrac{f(a)}{z-a}$ est holomorphe de dérivée continue, donc le Théorème 13.69 s'applique, et comme le bord orienté $\partial\mathcal{D}$ est égal à $\gamma - \gamma_\varepsilon$, on a

$$\int_\gamma \frac{f(a)}{z-a} dz - \int_{\gamma_\varepsilon} \frac{f(a)}{z-a} dz = 0$$

et finalement $\int_\gamma \frac{f(z)}{z-a}dz = \int_{\gamma_\varepsilon} \frac{f(a)}{z-a}dz$. Nous allons calculer cette dernière intégrale, en paramétrant le cercle γ_ε par $z = a + \varepsilon e^{it}$ pour $t \in [0, 2\pi]$ d'où :

$$\int_{\gamma_\varepsilon} \frac{f(a)}{z-a}dz = \int_0^{2\pi} \frac{f(a)i\varepsilon e^{it}}{\varepsilon e^{it}}dt = if(a)\int_0^{2\pi} dt = 2\pi i f(a)$$

et on obtient bien la relation $f(a) = \frac{1}{2i\pi}\int_\gamma \frac{f(z)}{z-a}dz$. ■

COROLLAIRE 13.72. — *Si Ω est un ouvert de $\mathbb{C}$, et si $f : \Omega \longmapsto \mathbb{C}$ est dérivable de dérivée continue, elle est analytique sur Ω.*

Je pense que vous êtes sensibles à la simplicité de cette condition, surtout si on la compare à la condition d'analycité dans le cas réel (Théorème 13.60).

De plus, ceci entraîne aussi que f dérivable une fois, avec f' continue implique f indéfiniment dérivable ! C'est fabuleux. Qui oserait soutenir que les complexes c'est compliqué.

Soit a dans Ω, D un disque tel que $a \in \overset{\circ}{D} \subset D \subset \Omega$, b le centre du disque. On a $f(a) = \frac{1}{2i\pi}\int_\gamma \frac{f(z)}{z-a}dz$, avec γ bord orienté de D.

Or $\frac{1}{z-a} = \frac{1}{z-b+b-a}$ et, sur le bord du disque, $z \neq b$, donc $\frac{1}{z-a} = \frac{1}{(z-b)\left(1-\frac{a-b}{z-b}\right)}$, avec $\left|\frac{a-b}{z-b}\right| = \frac{|a-b|}{r}$ si r est le rayon du disque D, soit, comme $a \in \overset{\circ}{D}$, $\frac{|a-b|}{r} = k < 1$.

Mais alors la série de terme général $\left(\frac{a-b}{z-b}\right)^n$ converge normalement pour $z = b + re^{it}$, et on a

$$\begin{aligned} f(a) &= \frac{1}{2i\pi}\int_\gamma \frac{f(z)}{z-b}\left(\sum_{n=0}^{\infty}\frac{(a-b)^n}{(z-b)^n}\right)dz \\ &= \frac{1}{2i\pi}\int_\gamma \sum_{n=0}^{\infty}\frac{f(z)(a-b)^n}{(z-b)^{n+1}}dz \end{aligned}$$

avec, sur γ, $\left| f(z)\frac{(a-b)^n}{(z-b)^{n+1}} \right| \leqslant \|f\|_\infty \frac{k^n}{r}$, $\|f\|_\infty$ étant prise sur le compact D.

Cette convergence normale justifie une intégration terme à terme, (Théorème 12.31), donc

$$f(a) = \sum_{n=0}^{\infty} \left(\frac{1}{2i\pi} \int_\gamma \frac{f(z)}{(z-b)^{n+1}} dz \right) (a-b)^n$$

ce qui prouve qu'en posant

13.73. $$a_n = \frac{1}{2i\pi} \int_\gamma \frac{f(z)}{(z-b)^{n+1}} dz,$$

on obtient une série entière convergente pour a tel que $|a-b| < r$ (r rayon de γ) : la fonction f est développable en série entière centrée en b.

Comme en fait, pour tout b de l'ouvert Ω, il existe un $r > 0$ tel que le disque fermé de centre b de rayon r soit contenu dans Ω, on aura f développable en série entière en chaque b de Ω. ■

Les formules 13.73 donnant a_n sous forme d'intégrale sont très utiles; *ce sont les formules de Cauchy.*

En toute rigueur, l'hypothèse f' continue est en trop, mais la justification des résultats est alors plus délicate. Comme mon propos était de montrer la différence de difficulté entre cas réel et cas complexe, je n'ai pas de scrupule à l'avoir introduite.

Il y a une théorie très riche derrière tout cela : fonctions méromorphes, calculs des résidus, séries de Laurent... mais il faut savoir s'arrêter. Pas cependant sans retrouver le théorème de d'Alembert. D'abord on a

THÉORÈME 13.74. (de Liouville) — *Si f est holomorphe sur le plan, bornée, elle est constante.*

Je supposerai en fait f dérivable de dérivée continue pour ne pas tricher et n'utiliser que ce que j'ai justifié.

En effet, soit $z \in \mathbb{C}$, $r > 0$ tel que $|z| < r$, on a $f(z) = \sum_{n=0}^{\infty} a_n z^n$, avec (voir 13.73), $a_n = \frac{1}{2i\pi} \int_{\gamma_r} \frac{f(\mathcal{T})}{\mathcal{T}^{n+1}} d\mathcal{T}$, où γ_r est le cercle de rayon r, centré en 0, donc paramétré par $\mathcal{T} = re^{it}$ pour $t \in [0, 2\pi]$, d'où

$$a_n = \frac{1}{2i\pi} \int_0^{2\pi} \frac{f(re^{it})}{(re^{it})^{n+1}} ire^{it} dt$$

soit $a_n = \frac{1}{2\pi r^n}\int_0^{2\pi} e^{-int} f(re^{it})dt$, d'où, comme $||f||_\infty$ existe sur le plan, la majoration $|a_n| \leqslant \frac{2\pi||f||_\infty}{2\pi r^n} = \frac{||f||_\infty}{r^n}$ valable pour tout $r > |z|$: c'est que pour $n \geqslant 1$ on a $|a_n| = 0$, (on fait tendre r vers l'infini). Il reste $f(z) = a_0$: elle est constante. ■

COROLLAIRE 13.75. — *(Théorème de d'Alembert). Tout polynôme P de degré $n \geqslant 1$ à coefficients complexes a des racines dans $\mathbb{C}$.*

Car P est dérivable de dérivée continue sur $\mathbb{C}$ donc si P ne s'annule pas sur $\mathbb{C}$, la fonction $f : z \rightsquigarrow \frac{1}{P(z)}$ est holomorphe de dérivée continue, or si $|z|$ tend vers $+\infty$, $\lim\limits_{|z|=+\infty} f(z) = 0$, (si $P(z) = a_n z^n + a_{n-1}z^{n-1} + \ldots + a_0$, $f(z) \simeq \frac{1}{a_n z^n}$ si $|z| \to +\infty$) donc f est bornée sur $\mathbb{C}$, (soit $\varepsilon = 1$, $\exists r$, $|z| \geqslant r \Rightarrow |f(z)| \leqslant 1$ puis f continue sur le disque de centre 0 de rayon r, compact, y est bornée). Mais alors f serait constante (théorème de Liouville) donc P aussi ce qui contredit $d^\circ P \geqslant 1$. ■

COROLLAIRE 13.76. — *Le corps $\mathbb{C}$ est algébriquement clos.*

Car si $P \in \mathbb{C}[X]$ est de degré $n \geqslant 1$, P a un zéro z_1 dans $\mathbb{C}$, il existe Q_1 tel que $P(z) = (z - z_1)Q_1(z)$, avec $d^\circ Q_1 = d^\circ P - 1$. Si $d^\circ Q_1 \geqslant 1$, on a encore Q_1 admet un zéro z_2, d'où $P(z) = (z - z_1)(z - z_2)Q_2(z)$ et on continue ainsi, d'où finalement n zéros distincts ou non pour P de degré n. ■

Pour terminer cette (trop) brève incursion dans le domaine des fonctions de variable complexe, disons un mot des fonctions méromorphes et du calcul des résidus.

THÉORÈME 13.77. — *Soit une fonction holomorphe, (de dérivée continue) sur la couronne $C_{\rho_1,\rho_2} = \{z,\ 0 < \rho_2 < |z| < \rho_1\}$. Il existe des $(a_n)_{n\in\mathbb{Z}}$ tels que $f(z) = \sum\limits_{n\in\mathbb{Z}} a_n z^n$.*

13.78. *On dit que f est développée en série de Laurent.*

On introduit les réels r_1, r_2, vérifiant :

$$0 < \rho_2 < r_2 < r_1 < \rho_1.$$

Pour tout z intérieur à la couronne C_{r_1,r_2} on a
$f(z) = \frac{1}{2i\pi}\int_{\partial C_{r_1,r_2}} \frac{f(t)}{t-z}dt$, car si on entoure z d'un petit disque de centre z et de rayon ε, $D_{z,\varepsilon}$, avec ε assez petit pour que ce disque soit dans $\overset{\circ}{C}_{r_1,r_2}$, sur le domaine $D = C_{r_1,r_2} \backslash D_{z,\varepsilon}$ la fonction
$\varphi : t \rightsquigarrow \frac{f(t)}{t-z}$ est holomorphe et $\int_{\partial D} \varphi(t)dt = 0$, (Théorème 13.69).

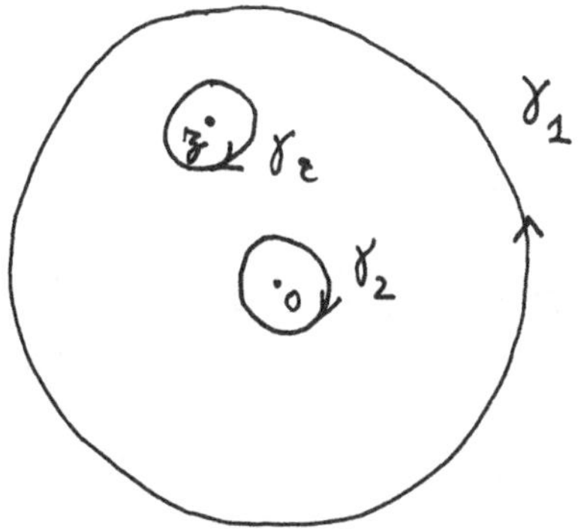

Mais en notant γ_1, γ_2 et γ_ε les cercles orientés dans le sens direct, respectivement de centre O de rayon r_1, r_2 et de centre z de rayon ε, on a $\partial D = \gamma_1 - \gamma_2 - \gamma_\varepsilon$, donc

$$\int_{\gamma_1} \varphi(t)dt - \int_{\gamma_2} \varphi(t)dt = \int_{\partial C_{r_1,r_2}} \varphi(t)dt = \int_{\gamma_\varepsilon} \frac{f(t)}{t-z}dt$$

et la dernière intégrale vaut $2i\pi f(z)$, (Théorème 13.71). On a donc

13.79. $$f(z) = \frac{1}{2i\pi}\int_{\gamma_1} \frac{f(t)}{t-z}dt - \frac{1}{2i\pi}\int_{\gamma_2} \frac{f(t)}{t-z}dt.$$

Sur γ_1, $t = r_1 e^{i\theta}$ est tel que $|t| > |z|$, on peut écrire

$$\frac{f(t)}{t-z} = \frac{f(t)}{t}\frac{1}{1-\frac{z}{t}} = \frac{f(t)}{t}\sum_{n=0}^{\infty} \frac{z^n}{t^n}$$

avec une convergence normale en $\theta \in [0, 2\pi]$ de la série des $\left(\frac{z}{r_1 e^{i\theta}}\right)^n$ car $\left|\frac{z}{r_1 e^{i\theta}}\right| = \frac{|z|}{r_1} < 1$. La fonction $t \rightsquigarrow \frac{f(t)}{t}$ étant bornée sur le cercle γ_1, (continue) on conserve une convergence normale en θ de la série des $\frac{f(t)z^n}{t^{n+1}}$, on peut donc intégrer terme à terme, donc

13.80. $$\frac{1}{2i\pi}\int_{\gamma_1}\frac{f(t)}{t-z}dt = \sum_{n=0}^{\infty}\left(\frac{1}{2i\pi}\int_{\gamma_1}\frac{f(t)}{t^{n+1}}dt\right)z^n.$$

De même, sur γ_2, on a $|t| = r_2 < |z|$ donc $\left|\frac{r_2 e^{i\theta}}{z}\right| = \frac{r_2}{|z|} < 1$: en écrivant $\frac{f(t)}{t-z}$ sous la forme

$$\frac{f(t)}{t-z} = -\frac{f(t)}{z}\cdot\frac{1}{1-\frac{t}{z}} = -\sum_{n=0}^{\infty}\frac{f(t)t^n}{z^{n+1}}$$

on a une convergence uniforme en θ, (convergence normale de la série), donc

$$-\frac{1}{2i\pi}\int_{\gamma_2}\frac{f(t)}{t-z}dt = \sum_{n=0}^{\infty}\left(\frac{1}{2i\pi}\int_{\gamma_2}f(t)t^n dt\right)z^{-n-1}.$$

Si on pose $-n-1 = n'$, n' variant de -1 à $-\infty$, c'est encore avec $t^{-n} = t^{n'+1}$:

13.81. $$-\frac{1}{2i\pi}\int_{\gamma_2}\frac{f(t)}{t-z}dt = \sum_{n'=-1}^{-\infty}\left(\frac{1}{2i\pi}\int_{\gamma_2}\frac{f(t)}{t^{n'+1}}dt\right)z^{n'}.$$

Or si r et r' sont deux réels vérifiant $\rho_2 < r < r' < \rho_1$, sur la couronne $C_{r',r}$, la fonction $t \rightsquigarrow \frac{f(t)}{t^{n+1}}$ étant holomorphe, (ici n est fixé dans $\mathbb{Z}$), on a, (théorème 13.69),

$$\int_{\partial C_{r',r}}\frac{f(t)}{t^{n+1}} = 0 = \int_{\gamma_{r'}}\frac{f(t)dt}{t^{n+1}} - \int_{\gamma_r}\frac{f(t)}{t^{n+1}}dt.$$

Il en résulte *qu'en définissant, pour r dans $]\rho_2, \rho_1[$ et n dans $\mathbb{Z}$, les a_n par :*

13.82.
$$a_n = \frac{1}{2i\pi} \int_{\gamma_r} \frac{f(t)}{t^{n+1}} dt,$$

(γ_r cercle de centre O de rayon $r > 0$, orienté dans le sens direct), les a_n ne dépendent pas de r, et pour f holomorphe à l'intérieur de la couronne C_{ρ_1,ρ_2}, on a l'égalité

13.83.
$$f(z) = \sum_{n \in \mathbb{Z}} a_n z^n,$$

puisqu'il est possible de trouver r_1, r_2 avec $\rho_2 < r_2 < |z| < r_1 < \rho_1$, et d'appliquer le calcul précédent, en utilisant 13.81 et 13.81 dans 13.79. ■

DÉFINITION 13.84. — *On dit que z_0 est un point singulier isolé de la fonction f définie sur un voisinage V de z_0 privé de z_0, si f ne peut pas se prolonger en une fonction holomorphe sur V.*

En faisant une translation ($Z = z - z_0$) dans le théorème 13.77 on s'aperçoit que pour f holomorphe sur $V - \{z_0\}$, (V voisinage de z_0) on aura z_0 point singulier isolé si et seulement si tous les a_n, pour $n < 0$, du développement de Laurent de f ne sont pas nuls.

13.85. *Il y aura alors deux cas de figure :*

Soit card$\{n;\ n < 0,\ a_n \neq 0\}$ est infini, et dans ce cas z_0 est dit *point singulier essentiel* ;

soit $\exists n < 0$ avec $a_n \neq 0$ et, $\forall k < n$, $a_k = 0$ et alors z_0 *est dit pôle d'ordre $-n$ de f.*

On peut donc remarquer que, pour f holomorphe sur $V - \{z_0\}$, on a z_0 pôle d'ordre k, ($k \in \mathbb{N}^*$) si et seulement si $\lim_{z \to z_0} |f(z)| = +\infty$ et $\lim_{z \to z_0} (z - z_0)^k f(z)$ existe, en étant non nulle.

DÉFINITION 13.86. — *Soit f holomorphe sur une couronne $C_{\rho_1,\rho_2}(z_0) = \{z;\ 0 < \rho_2 < |z - z_0| < \rho_1\}$, on appelle résidu de f en z_0 le coefficient a_{-1} de $\dfrac{1}{z - z_0}$ du développement de f en série de Laurent en z_0.*

DÉFINITION 13.87. — *On appelle fonction méromorphe sur un ouvert Ω de $\mathbb{C}$ une fonction holomorphe sur $\Omega' = \Omega - P$ avec P ensemble discret d'éléments de Ω qui sont des pôles pour f.*

THÉORÈME 13.88. — *Soit Ω un compact de $\mathbb{C}$ limité par des arcs de courbe de classe C^1, tel que f soit holomorphe sur $\Omega - \{z_1, \ldots, z_k\}$, les z_j étant dans $\overset{\circ}{\Omega}$. On a* $\displaystyle\int_{\partial\Omega} f(z)dz = 2i\pi \sum_{j=1}^{k}$ *résidu* (f, z_j).

Les z_j étant intérieurs à Ω, on peut trouver $\varepsilon > 0$ tel que chaque disque $D_j = \{z,\ |z - z_j| \leqslant \varepsilon\}$ soit dans $\overset{\circ}{\Omega}$, les D_j étant 2 à 2 disjoints. On note γ_j le cercle de centre z_j de rayon ε orienté dans le sens direct.

Sur $D = \Omega - \left(\bigcup_{j=1}^{k} D_j\right)$, f est holomorphe, donc $\displaystyle\int_{\partial D} f(z)dz = 0$, (Théorème 13.69), or $\partial\mathcal{D} = \partial\Omega - \left(\bigcup_{j=1}^{k} \gamma_j\right)$, donc

$$\int_{\partial\Omega} f(z)dz = \sum_{j=1}^{k} \int_{\gamma_j} f(z)dz = \sum_{j=1}^{k} \int_{\gamma_j} \frac{f(z)}{(z - z_j)^0} dz$$

Or $\displaystyle\int_{\gamma_j} \frac{f(z)}{(z - z_j)^0} dz$ est le coefficient de $\dfrac{1}{z - z_j}$ dans le développement en série de Laurent de f en z_j, (voir 13.82 avec $n = -1$ d'où $n + 1 = 0$), c'est-à-dire le résidu de f en z_j : on a bien le résultat. ■

Si on connait les résidus, on connait l'intégrale. Voici des exemples.

EXEMPLE 13.89. — Calculer $I = \displaystyle\int_0^{+\infty} \frac{dx}{1 + x^6}$.

La fonction : $z \rightsquigarrow \dfrac{1}{1 + z^6}$ est méromorphe sur $\mathbb{C}$, elle a six pôles simples, (d'ordre 1) les $z_k = e^{i\frac{\pi}{6} + \frac{2k\pi}{6}}$, $k = 1, \ldots, 6$.

Soit Ω le demi-disque de centre O, rayon $R > 1$, situé dans le demi-plan $\operatorname{Im} z > 0$, on a trois pôles, z_1, z_2 et z_3 dans $\overset{\circ}{\Omega}$. Or, en z_j pôle simple de f, le développement de Laurent va être du type $f(z) = \dfrac{a_{-1}}{z - z_j} +$ série entière en $z - z_j$ donc

$$a_{-1} = \lim_{z \to z_j} (z - z_j) f(z) = \lim_{z \to z_j} \frac{f(z)}{\dfrac{1}{z - z_j}}.$$

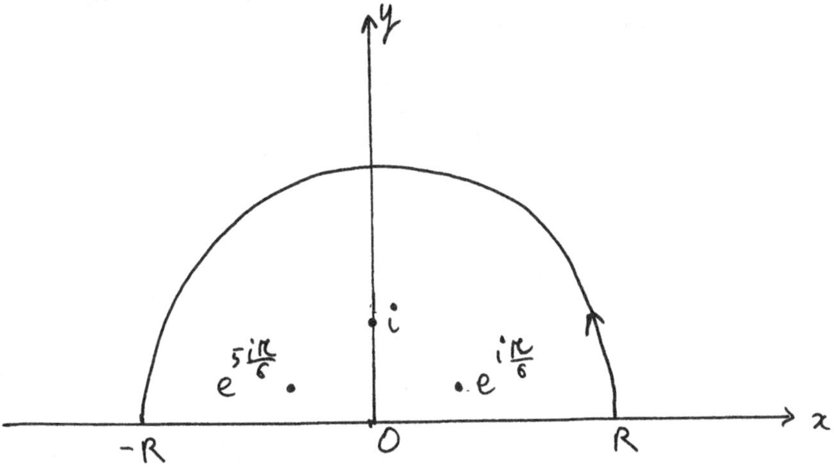

Quand f est un quotient $\dfrac{u}{v}$ avec z_j zéro simple de v, (et non de u), on a

$$a_{-1} = \lim_{z\to z_j} \frac{u(z)}{\dfrac{v(z)-v(z_j)}{z-z_j}} = \frac{u(z_j)}{v'(z_j)}$$

sous réserve de continuité de u et de dérivabilité de v.

Ici, avec $u = 1$ et $v(z) = 1 + z^6$, cela donne

$$\mathrm{Res}\,(f, z_j) = \frac{1}{6z_j^5} = \frac{z_j}{6z_j^6} = -\frac{z_j}{6}$$

car $z_j^6 = -1$, donc

$$\int_{-R}^{R} \frac{dx}{1+x^6} + \int_{\Gamma_R} f(z)dz = 2i\pi\left(-\frac{1}{6}\right)\left(e^{i\frac{\pi}{6}} + e^{i\frac{\pi}{2}} + e^{5\frac{i\pi}{6}}\right)$$

Il faut se débarrasser de $\displaystyle\int_{\Gamma_R} f(z)dz$. Or $\displaystyle\lim_{|z|\to+\infty} |zf(z)| = 0$, donc $\forall\varepsilon > 0,\ \exists R_0\,;\ |z| \geqslant R_0 \Rightarrow |f(z)| \leqslant \dfrac{\varepsilon}{|z|}$, mais alors si $R \geqslant R_0$,

$$\left|\int_{\Gamma_R} f(z)dz\right| \leqslant \int_{\Gamma_R} |f(z)dz| \leqslant \pi R \cdot \frac{\varepsilon}{R} = \pi\varepsilon$$

(sur le demi-cercle de longueur πR, on intègre une fonction majorée par $\frac{\varepsilon}{R}$...) et en passant à la limite on a

$$2\int_0^{+\infty} \frac{dx}{1+x^6} = -\frac{i\pi}{3}\left(i+\frac{2i}{2}\right) = \frac{2\pi}{3}$$

d'où $I = \frac{\pi}{3}$.

EXEMPLE 13.90. — Soit $\alpha \in]0,1[$, calculer $\int_0^{+\infty} \frac{dx}{x^\alpha(1+x)} = I$.

L'intégrale impropre I converge.

La fonction $z \rightsquigarrow f(z) = \frac{1}{z^\alpha(1+z)}$ admet 0 pour point singulier et -1 pour pôle simple.

On considère le contour suivant : le segment $[\varepsilon, R]$.

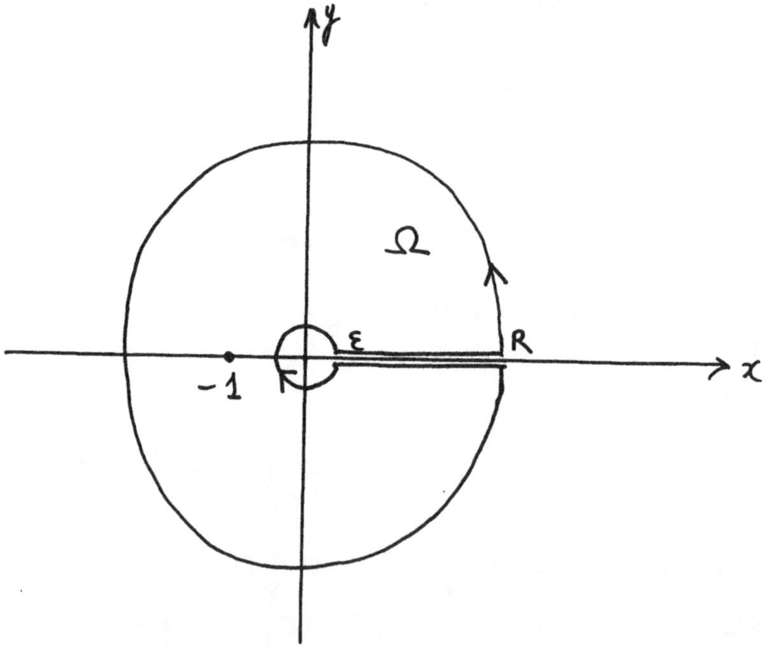

parcouru en croissant, le cercle Γ_R de centre O, rayon R (sens direct) le segment $[R, \varepsilon]$ en décroissant, le cercle γ_ε de centre O, rayon ε, (sens indirect), avec $\varepsilon < 1 < R$. On a un seul pôle, -1, dans $\overset{\circ}{\Omega}$, donc

$$\int_{\partial\Omega} f(z)dz = 2i\pi \operatorname{Res}(f,-1) = 2i\pi \cdot \frac{1}{\text{dérivée en } -1 \text{ de } z^\alpha(1+z)}$$
$$= \frac{2i\pi}{(e^{i\pi})^\alpha}$$

Puis $\int_{\partial\Omega} f(z)dz$ est égale à :

$$\int_\varepsilon^R \frac{dx}{x^\alpha(1+x)} + \int_{\Gamma_R} f(z)dz + \int_R^\varepsilon \frac{dx}{e^{2i\pi\alpha}x^\alpha(1+x)} - \int_{\gamma_\varepsilon} f(z)dz$$

car lorsqu'on parcourt le segment $[R,\varepsilon]$, l'argument de z a augmenté de 2π, donc $z = xe^{2i\pi}$ avec $x > 0$.

On a $\lim\limits_{|z|\to 0} |zf(z)| = 0$ et $\lim\limits_{|z|\to+\infty} |zf(z)| = 0$, ceci permet de dire que $\lim\limits_{\varepsilon\to 0} \int_{\gamma_\varepsilon} f(z) = 0$ et $\lim\limits_{R\to+\infty} \int_{\Gamma_R} f(z) = 0$. Pour $|z| \to +\infty$, c'est déjà vu, et pour $|z| \to 0$, on a de même, $\forall\eta > 0, \exists\varepsilon_0 > 0, |z| < \varepsilon_0 \Rightarrow |f(z)| < \dfrac{\eta}{|z|}$, si on paramètre $\int_{\gamma_\varepsilon} f(z)dz$, avec $z = \varepsilon e^{it}$, pour $\varepsilon < \varepsilon_0$, on a

$$\left|\int_{\gamma_\varepsilon} f(z)dz\right| = \left|\int_0^{2\pi} f(\varepsilon e^{it}) i\varepsilon e^{it} dt\right|$$
$$\leqslant \int_0^{2\pi} |f(\varepsilon e^{it})|\varepsilon dt$$

avec $|f(\varepsilon e^{it})| < \dfrac{\eta}{2}$ d'où $\left|\int_{\gamma_\varepsilon} f(z)dz\right| \leqslant \int_0^{2\pi} \dfrac{\eta}{\varepsilon}\varepsilon dt = 2\pi\eta$ avec η arbitrairement petit.

Finalement, si $\varepsilon \to 0$ et $R \to +\infty$, on obtient à la limite :

$$(1 - e^{-2i\pi\alpha})I = 2i\pi e^{-i\pi\alpha} = e^{-i\pi\alpha}(e^{i\pi\alpha} - e^{-i\pi\alpha})I$$

d'où $2i(\sin\pi\alpha)I = 2i\pi$ et $I = \dfrac{\pi}{\sin\pi\alpha}$.

Il est évident que si on connait toutes les « ficelles du métier » qui permettent de traiter rapidement les limites, on dispose d'un outil de calcul puissant.

EXEMPLE 13.91. — Calculer $I = \int_0^{+\infty} \frac{\sin x}{x} dx$. L'intégrale converge, ($\lim_{x \to 0} \frac{\sin x}{x} = 1$, et on applique la deuxième formule de la moyenne en $+\infty$ par exemple, voir tome 2, exemple 9.18).

La fonction $f : z \rightsquigarrow \frac{e^{iz}}{z}$ admet 0 pour seul pôle simple. Il nous faut un contour ne passant pas par 0, (on tourne autour : il faut éviter l'obstacle).

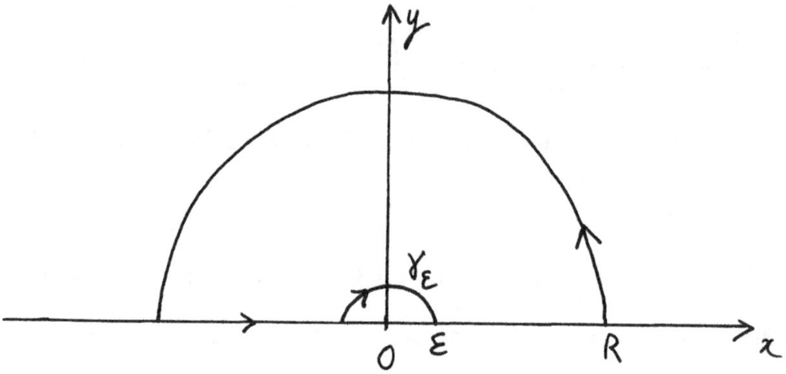

On n'a pas de point singulier dans Ω donc $\int_{\partial\Omega} f(z)dz = 0$, soit

$$\int_\varepsilon^R \frac{\cos x + i \sin x}{x} dx + \int_{\Gamma_R} f(z)dz + \int_{-R}^{-\varepsilon} \frac{\cos x + i \sin x}{x} dx + \int_{\gamma_\varepsilon} f(z)dz = 0.$$

On a

$$\int_{-R}^{-\varepsilon} \frac{\cos x + i \sin x}{x} dx = \int_R^\varepsilon \frac{\cos x - i \sin x}{x} dx, \ (x \rightsquigarrow -x)$$
$$= \int_\varepsilon^R \frac{-\cos x + i \sin x}{x} dx$$

donc $2i \int_\varepsilon^R \frac{\sin x}{x} dx + \int_{\Gamma_R} f(z)dz + \int_{\gamma_\varepsilon} f(z)dz = 0.$

Sur Γ_R, $z = Re^{i\theta}$, $dz = iRe^{i\theta}d\theta$, on a

$$\int_{\Gamma_R} f(z)dz = \int_0^{\pi} \frac{e^{iR(\cos\theta+i\,\sin\theta)}}{Re^{i\theta}} iRe^{i\theta}d\theta = i\int_0^{\pi} e^{iR(\cos\theta+i\,\sin\theta)}d\theta$$

donc

$$\left|\int_{\Gamma_R} f(z)dz\right| \leqslant \int_0^{\pi} e^{-R\,\sin\theta}d\theta \leqslant \int_0^{\alpha} 1d\theta + \int_{\alpha}^{\pi-\alpha} e^{-R\,\sin\alpha}d\theta + \int_{\pi-\alpha}^{\pi} 1\cdot d\theta$$

si on fixe α dans $\left]0, \frac{\pi}{2}\right[$. On a donc encore $\left|\int_{\Gamma_R} f(z)dz\right| \leqslant 2\alpha + \pi e^{-R\,\sin\alpha}$.

Comme $\lim\limits_{R\to+\infty} e^{-R\,\sin\alpha} = 0$, ($\alpha > 0$ fixé, $\alpha < \frac{\pi}{2}$), on a pour R assez grand, $\left|\int_{\Gamma_R} f(z)dz\right| \leqslant 3\alpha$, avec α arbitraire d'où $\lim\limits_{R\to+\infty}\int_{\Gamma_R} f(z)dz = 0$.

Il reste à considérer $\int_{\gamma_\varepsilon} f(z)dz$.

Or $\frac{e^{iz}}{z}$ est « équivalent » à $\frac{1}{z}$ si z tend vers 0, et un procédé pratique en analyse, est d'ajouter et de retrancher l'équivalent car on travaille d'une part sur l'équivalent, plus simple, et d'autre part sur quelque chose de « plus petit », on peut espérer s'en tirer.

Ici cela donne

$$f(z) = \frac{e^{iz}-1}{z} + \frac{1}{z}$$

et

$$h(z) = \frac{e^{iz}-1}{z} = \sum_{n=1}^{\infty} \frac{(i)^n z^{n-1}}{n!}$$

est holomorphe sur $\mathbb{C}$, donc $\lim\limits_{z\to 0} zh(z) = 0$, d'où $\lim\limits_{\varepsilon\to 0}\int_{\gamma_\varepsilon} h(z)dz = 0$.

On a $\int_{\gamma_\varepsilon} \frac{dz}{z} = \int_{\pi}^{0} i\frac{\varepsilon e^{i\theta}}{\varepsilon e^{i\theta}}d\theta = -i\pi$, (attention au sens de parcours sur $\gamma_\varepsilon = \{\varepsilon e^{i\theta}, \theta$ « entre » π et $0\}$), d'où finalement, en passant à la limite ($\varepsilon \to 0$ et $R \to +\infty$)

$$2i\int_0^{+\infty} \frac{\sin x}{x}dx - i\pi = 0$$

donc $\displaystyle\int_0^{+\infty} \frac{\sin x}{x} dx = \frac{\pi}{2}$.

Ces quelques exemples montrent l'intérêt de cette théorie, mais ce bref exposé n'est qu'une porte entre-ouverte ! Il y a encore beaucoup à faire dans l'étude des fonctions de variable complexe à valeurs complexes.

EXERCICES

1. Soit p un entier $\geqslant 1$. Déterminer le rayon de convergence de $\displaystyle\sum_{n=0}^{\infty} n^p z^n$ et donner un équivalent de la somme en 1^-.

2. Soit $\alpha \in \mathbb{R}^{*+}$. On pose $v_n = \ln\left(1 + \dfrac{\alpha}{n}\right)$ et $u_n = \displaystyle\sum_{k=1}^{n} v_k - \alpha \ln n$.
Montrer que la suite (u_n) converge.
Domaine de convergence de la série entière des $\dfrac{n!}{(\alpha+1)\dots(\alpha+n)} z^n$.

3. Soit $f : \mathbb{R} \longmapsto \mathbb{R}$ développable en série entière, $f(x) = \displaystyle\sum_{n=0}^{\infty} a_n x^n$, avec $a_n \geqslant 0$, et $\displaystyle\sum_{n=0}^{+\infty} a_n$ divergente.
Que dire de $\displaystyle\lim_{x \to 1^-} f(x)$? Soit une suite $(b_n)_{n\in\mathbb{N}}$ de nombres $\geqslant 0$ avec $a_n \sim b_n$ à l'infini. Rayon de convergence de la série entière $g(x) = \displaystyle\sum_{n=0}^{\infty} b_n x^n$. Montrer que $f(x) \sim g(x)$ au voisinage de 1.

4. Développer $f(x) = \cos x \operatorname{ch} x$ en série entière.

5. Développer en série entière la fonction $x \rightsquigarrow e^{-\frac{x^2}{2}} \displaystyle\int_0^x e^{\frac{t^2}{2}} dt$.

6. Développer en série entière la fonction $\exp(\operatorname{Arcsin} x)$.

7. Déterminer le rayon de convergence, R, de la série entière $\sum_{n=1}^{\infty} \frac{\cos\sqrt{n}}{\sqrt{n}} x^n$. Etude pour $x = R$.

8. Rayon de convergence de la série entière $\sum a_n x^n$ où $a_n = \frac{(3n)!}{n! n^{2n}}$. Etude aux bornes de l'intervalle de convergence.

9. Soit $f \in C^\circ([0,1], \mathbb{R})$, positive, avec $f(1) \neq 0$. On pose $a_n = (-1)^n \int_0^1 t^n f(t) dt$. Etude de la série entière $\sum_{n=0}^{\infty} a_n x^n$. Calcul de la somme.

10. Etudier la convergence et calculer la somme de la série des $(a^n \cos^{2n} x)_{n \geqslant 0}$.

Développer en série entière $f(a) = \int_0^{\pi/2} \frac{dx}{1 - a \cos^2 x}$. En déduire la valeur de $\int_0^{\pi/2} \cos^{2n} x dx$.

11. Développer en série entière autour de 0 la fonction $f(x) = \operatorname{Log}(1 + x + x^2)$.

12. Résoudre $\sum_{n=0}^{\infty} (3n+1)^2 x^n = 0$.

13. Rayon de convergence et domaine de convergence de

$$\sum_{n=1}^{\infty} \left(\ln\left(1 + \frac{1}{n}\right)\right) x^n.$$

Valeur de la somme en -1.

Convergence et calcul de $\int_0^1 \frac{(-1)^{E(\frac{1}{x})} dx}{x}$, $E\left(\frac{1}{x}\right)$ désignant la partie entière de $\frac{1}{x}$.

14. Rayon de convergence de la série $\sum_{n \geqslant 1} a^{(n^2)} z^{1+2+\ldots+n}$, avec $a > 0$ donné.

15. Etude du domaine de convergence de la série entière des $\dfrac{\cos n}{\sqrt{n}+\cos n}x^n$.

16. Soit S la somme de la série des $u_n(x) = x^n \left(1+\dfrac{x}{n}\right)^n$. Ensemble de convergence ? Montrer que S est de classe C^∞, développable en série entière en 0. Donner ce développement.

17. Soit la série $\displaystyle\sum_{n\geqslant 0} \frac{(-1)^n x^{2n}}{2^{2n}(n!)^2}$. Etude de la convergence. Soit $f(x)$ sa somme. Existence et calcul de $\displaystyle\int_0^{+\infty} e^{-st}f(t)dt$.

18. Soit $f(z) = \displaystyle\sum_{n=0}^{\infty} a_n z^n$ une série entière telle que $\displaystyle\lim_{n\to+\infty} \frac{a_{2n+1}}{a_{2n}} = l_1$ et $\displaystyle\lim_{n\to+\infty} \frac{a_{2n+2}}{a_{2n+1}} = l_2$ avec l_1 et l_2 dans $\mathbb{R}_+$. Que dire du rayon de convergence de la série.

19. Deux suites (u_n) et (v_n) vérifient les relations de récurrence $u_{n+1} = u_n - 2v_n$ et $v_{n+1} = u_n + v_n$.

Déterminer la somme des séries entières $f(x) = \displaystyle\sum_{n=0}^{\infty} \frac{u_n}{n!}x^n$ et $g(x) = \displaystyle\sum_{n=0}^{\infty} \frac{v_n}{n!}x^n$.

20. Continuité et développement en série entière de $f(x) = \displaystyle\int_0^{+\infty} e^{-t^2}\cos(tx)dt$.

21. On définit une suite complexe $(u_n)_{n\in\mathbb{N}}$ par $u_0 = 0$, $u_1 = 1$ et $u_{n+1} = \alpha u_n + \beta u_{n-1}$, $(\alpha, \beta) \in \mathbb{C}^2$. Déterminer le rayon de convergence de la série des $u_n z^n$ et la fonction somme.

SOLUTIONS

1. Avec $u_n = n^p z^n$, pour $z \neq 0$, $\left|\dfrac{u_{n+1}}{u_n}\right| = \left(\dfrac{n+1}{n}\right)^p |z|$ tend vers $|z|$ si n tend vers l'infini, donc $R = 1$, et, pour $|z| = 1$, $|u_n| \to +\infty$: le domaine de convergence est le disque ouvert de rayon 1.

En fait $S_p(x) = \sum_{n=0}^{+\infty} n^p x^n = \sum_{n=1}^{+\infty} n^p x^n$ se calcule. Pour $p = 1$, partant de

$S(x) = \sum_{n=0}^{\infty} x^n$, en dérivant et en multipliant par x on a $S_1(x) = xS'(x)$,

soit encore $= x\left(\dfrac{1}{1-x}\right)'$ donc $S_1(x) = \dfrac{x}{(1-x)^2}$.

On a

$$xS_p'(x) = x\sum_{n=1}^{+\infty} n^{p+1}x^{n-1} = \sum_{n=1}^{+\infty} n^{p+1}x^n$$

d'où $xS_p'(x) = S_{p+1}(x)$.

Donc

$$S_2(x) = x\cdot\left(\frac{1}{(1-x)^2} + \frac{2x}{(1-x)^3}\right) = \frac{2x^2 + x(1-x)}{(1-x)^3}$$

d'où $S_2(x) \simeq \dfrac{2}{(1-x)^3}$ en 1^-, et $S_1(x) \simeq \dfrac{1}{(1-x)^2}$ en 1^-.

On suppose, par récurrence, que $S_p(x) = \dfrac{Q_p(x)}{(1-x)^{p+1}}$ avec $Q_p(x)$ polynôme tel que $Q_p(1) = p!$.

Alors

$$\begin{aligned} S_{p+1}(x) &= x\left(\frac{Q_p'}{(1-x)^{p+1}} + \frac{(p+1)Q_p(x)}{(1-x)^{p+2}}\right) \\ &= \frac{x(p+1)Q_p(x) + x(1-x)Q_p'}{(1-x)^{p+2}} \end{aligned}$$

est bien du type voulu et $Q_{p+1}(x) = x(p+1)Q_p(x) + x(1-x)Q_p'(x)$ est bien un polynôme tel que $Q_{p+1}(1) = (p+1)!$ Donc $S_p(x) \simeq \dfrac{p!}{(1-x)^{p+1}}$.

2. Par Taylor Lagrange à l'ordre 2 entre 0 et $\dfrac{\alpha}{k}$, pour la fonction $f : x \rightsquigarrow \ln(1+x)$, on a θ_k dans $]0,1[$ tel que

$$\ln\left(1+\frac{\alpha}{k}\right) = f(0) + \frac{\alpha}{k}f'(0) + \frac{\alpha^2}{2k^2}f''(0) + \frac{\alpha^3}{6k^3}f^{(3)}\left(\theta_k\cdot\frac{\alpha}{k}\right)$$

Or $f'(x) = \dfrac{1}{1+x}$, $f''(x) = \dfrac{-1}{(1+x)^2}$ et $f'''(x) = \dfrac{2}{(1+x)^3}$.
Si on pose

$$a_k = f^{(3)}\left(\theta_k \frac{\alpha}{k}\right) = \frac{2}{\left(1+\theta_k \frac{\alpha}{k}\right)^3} \leqslant 2$$

on obtient

$$u_n = \alpha\left(\sum_{k=1}^{n} \frac{1}{k} - \ln(n)\right) - \frac{\alpha^2}{2}\sum_{k=1}^{n}\frac{1}{k^2} + \frac{\alpha^3}{6}\sum_{k=1}^{n}\frac{a_k}{k^3},$$

or la série des $\dfrac{1}{k^2}$ converge, celle des $\left|\dfrac{a_k}{k^3}\right|$ aussi puisque $\left|\dfrac{a_k}{k^3}\right| \leqslant \dfrac{2}{k^3}$, et $\lim\limits_{n\to+\infty}\left(\sum\limits_{k=1}^{n}\dfrac{1}{k} - \ln n\right)$ existe, (constante d'Euler) donc la suite (u_n) converge.

Posons $w_n = \dfrac{n!}{(\alpha+1)\dots(\alpha+n)}z^n$, pour $z \neq 0$, on a $\left|\dfrac{w_{n+1}}{w_n}\right| = \dfrac{n+1}{\alpha+n+1}|z|$ qui tend vers $|z|$, donc le rayon de convergence est 1. De plus, avec $\beta_n = \dfrac{n!}{(\alpha+1)\dots(\alpha+n)}$ on a $\dfrac{\beta_{n+1}}{\beta_n} = \dfrac{n+1}{\alpha+n+1} < 1$, (car $\alpha > 0$) : les β_n décroissent, puis $\beta_n = \prod\limits_{k=1}^{n}\dfrac{1}{\left(1+\frac{\alpha}{k}\right)}$.

Or $\lim\limits_{n\to+\infty}\left(\sum\limits_{k=1}^{n}\ln\left(1+\dfrac{\alpha}{2}\right) - \alpha\ln n\right)$ existe,

donc $\lim\limits_{n\to+\infty}\sum\limits_{k=1}^{n}\ln\left(1+\dfrac{\alpha}{k}\right) = +\infty$, (équivalent à $\alpha\ln n$) donc le produit des $\left(1+\dfrac{\alpha}{k}\right)$, diverge vers $+\infty$, d'où la suite des β_n tend vers 0 en décroissant. Avec $z = e^{i\theta}$, on a $w_n = \beta_n e^{in\theta}$ qui converge si $\theta \neq 0(2\pi)$, (critère d'Abel), et si $\theta = 0(2\pi)$, $w_n = \beta_n = \dfrac{1}{\prod\limits_{k=1}^{n}\left(1+\frac{\alpha}{k}\right)}$.

Mais

$$\prod_{k=1}^{n}\left(1+\frac{\alpha}{k}\right) = e^{\sum_{k=1}^{n}\ln\left(1+\frac{\alpha}{k}\right)} = e^{u_n+\alpha\ln n} = n^{\alpha}e^{u_n}$$

avec $\lim\limits_{n\to+\infty} u_n = u$, donc $\prod\limits_{k=1}^{n}\left(1+\frac{\alpha}{k}\right) \simeq n^\alpha e^u$ et $w_n \simeq \frac{1}{e^u n^\alpha}$ d'où convergence en $z = 1 \Leftrightarrow \alpha > 1$.

Si $\alpha > 1$, il y a convergence absolue pour $|z| = 1$ car alors $|w_n z^n| \sim \frac{1}{e^u n^\alpha}$.
Le recours au critère d'Abel n'a d'intérêt que pour $\alpha \in]0, 1]$.

3. Sur $[0, 1[$, les $a_n x^n$ étant des fonctions croissantes de x, $(a_n \geqslant 0)$ la fonction f est croissante.

Si $\lim\limits_{x\to 1^-} f(x) = l$ existait, pour N fixé et $x \in [0, 1[$ on aurait $\sum\limits_{n=0}^{N} a_n x^n \leqslant f(x) \leqslant l$, d'où $\sum\limits_{n=0}^{N} a_n \leqslant l$, (en passant à la limite quand x tend vers 1) mais alors la série des a_n convergerait. C'est absurde, donc $\lim\limits_{x\to 1^-} f(x) = +\infty$.

Pour $x \neq 0$, $|a_n x^n| \sim |b_n x^n|$ donc les rayons de convergence des séries sont égaux, $\leqslant 1$. Rien dans le texte ne justifie que ce rayon soit 1. Mais pour traiter la suite on le suppose, sinon f et g ne sont pas définies pour x proche de 1.

Si donc $R = 1$, comme $a_n \sim b_n$ on sait déjà que $\sum b_n$ diverge, donc que $\lim\limits_{x\to 1^-} g(x) = +\infty$ aussi. Puis, $\forall \varepsilon < 0$, $\exists n_0 \in \mathbb{N}$, $\forall n \geqslant n_0$, $-\varepsilon a_n \leqslant b_n - a_n \leqslant \varepsilon a_n$, d'où en multipliant par $x^n > 0$ et en sommant à partir de $n_0 + 1$, en notant $S_n(f)$ et $S_n(g)$ les sommes partielles des séries entières :

$$\begin{aligned}-\varepsilon(f(x) - S_{n_0}(f)(x)) &\leqslant g(x) - S_{n_0}(g)(x) - f(x) + S_{n_0}(f)(x)\\ &\leqslant \varepsilon(f(x) - S_{n_0}(f)(x))\end{aligned}$$

soit encore

$$\begin{aligned}(1-\varepsilon)(f(x) - S_{n_0}(f)(x)) + S_{n_0}(g)(x) &\leqslant g(x)\\ &\leqslant (1+\varepsilon)(f(x) - S_{n_0}(f)(x)) + S_{n_0}(g)(x)\end{aligned}$$

On divise par $f(x)$, (qui devient > 0 pour x proche de 1 car $\lim\limits_{x\to 1^-} f(x) = +\infty$); il vient

$$\begin{aligned}(1-\varepsilon)\left(1 - \frac{S_{n_0}(f)(x)}{f(x)}\right) &+ \frac{S_{n_0}(g)(x)}{f(x)}\\ &\leqslant \frac{g(x)}{f(x)} \leqslant (1+\varepsilon)\left(1 - \frac{S_{n_0}(f)(x)}{f(x)}\right) + \frac{S_{n_0}(g)(x)}{f(x)}\end{aligned}$$

et comme le minorant tend vers $1 - \varepsilon$ et la majorant vers $1 + \varepsilon$ puisque $S_{n_0}(g)(x) \leqslant \sum\limits_{n=0}^{n_0} b_n$ est borné ainsi que $S_{n_0}(f)(x)$ et que $f(x)$ tend vers l'infini, on trouve $x_0 \in]0,1[$ tel que $x \in]x_0, 1[$ implique

$$1 - 2\varepsilon \leqslant \frac{g(x)}{f(x)} \leqslant 1 + 2\varepsilon$$

donc $f(x) \sim g(x)$ quand x tend vers 1^-.

4. On a

$$\begin{aligned} f(x) &= \frac{1}{4}(e^{ix} + e^{-ix})(e^x + e^{-x}) \\ &= \frac{1}{4}(e^{(1+i)x} + e^{(-i+1)x} + e^{(i-1)x} + e^{-(i+1)x}) \\ &= \sum_{n=0}^{+\infty} \frac{1}{4n!}((1+i)^n + (1-i)^n + (i-1)^n + (-i-1)^n)x^n \end{aligned}$$

et comme $1 + i = \sqrt{2}e^{i\pi/4}$, $1 - i = \sqrt{2}e^{-i\pi/4}$, $i - 1 = -\sqrt{2}e^{-i\frac{\pi}{4}}$, $-1 - i = -\sqrt{2}e^{i\pi/4}$, il vient :

$$\begin{aligned} f(x) &= \sum_{n=0}^{\infty} \frac{1}{4n!}(\sqrt{2})^n(1 + (-1)^n)(e^{ni\frac{\pi}{4}} + e^{-ni\frac{\pi}{4}})x^n \\ &= \sum_{p=0}^{\infty} \frac{1}{4(2p)!} 2^p \cdot 2 \cdot 2 \left(\cos p\frac{\pi}{2}\right) x^{2p} \end{aligned}$$

il ne reste que les p pairs, donc avec $p = 2k$, on a

$$f(x) = \sum_{k=0}^{\infty} \frac{1}{(4k)!} 2^{2k}(-1)^k x^{4k}.$$

5. Posons $f(x) = \displaystyle\int_0^x e^{\frac{t^2}{2}}\,dt$. La fonction f est dérivable de dérivée $f'(x) = e^{x^2/2}$. Donc g définie par $g(x) = e^{\frac{-x^2}{2}} f(x)$ est telle que

$$g'(x) = -xe^{-\frac{x^2}{2}} f(x) + e^{-\frac{x^2}{2}} f'(x) = -xg(x) + 1$$

la fonction g est la solution de l'équation différentielle $g'(x) + xg(x) = 1$ valant 0 si $x = 0$.

On cherche $g(x)$ sous la forme $\displaystyle\sum_{n=0}^{\infty} a_n x^n$ d'où l'égalité :

$$\sum_{n=1}^{\infty} n a_n x^{n-1} + \sum_{n=0}^{+\infty} a_n x^{n+1} = 1$$

Terme constant : $a_1 = 1$;
terme de degré p : $(p+1)a_{p+1} + a_{p-1} = 0$ donc $a_{p+1} = -\dfrac{a_{p-1}}{p+1}$.
On a aussi $a_0 = g(0) = 0$, d'où les a_{2p} nuls et l'égalité
$a_{2p+1} = \dfrac{(-1)^p}{1 \cdot 3 \cdot 5 \ldots (2p+1)}$.
Comme $\dfrac{a_{2p+1}}{a_{2p-1}} = -\dfrac{1}{2p+1}$, le rayon de convergence de cette série est $+\infty$, la fonction somme est une solution de l'équation différentielle, elle vaut 0 en 0 : c'est donc $g(x)$ d'où

$$g(x) = \sum_{p=0}^{\infty} \frac{(-1)^p x^{2p+1}}{1 \cdot 3 \cdot 5 \ldots (2p+1)}$$

6. On va encore passer par une équation différentielle.
Si $f(x) = \exp(\operatorname{Arcsin} x)$, pour $x \in]-1, 1[$, on a f dérivable et
$f'(x) = \dfrac{f(x)}{\sqrt{1-x^2}}$ d'où $f''(x) = \dfrac{f'(x)}{\sqrt{1-x^2}} + \dfrac{xf(x)}{(1-x^2)^{3/2}}$ soit
$f''(x) = \dfrac{f(x)}{1-x^2} + \dfrac{x}{1-x^2} f'(x)$, donc f vérifie l'équation différentielle

$$(1-x^2)f''(x) - xf'(x) - f(x) = 0$$

avec $f(0) = 1$ et $f'(0) = 1$. On cherche $f(x)$ sous la forme
$f(x) = \displaystyle\sum_{n=0}^{\infty} a_n x^n$, d'où :

$$\sum_{n=2}^{\infty} n(n-1)a_n x^{n-2} - \sum_{n=2}^{\infty} n(n-1)a_n x^n - \sum_{n=1}^{\infty} n a_n x^n - \sum_{n=0}^{\infty} a_n x^n = 0.$$

Terme constant : $2a_2 - a_0 = 0$ d'où $a_2 = \dfrac{1}{2}$, $(a_0 = 1)$;
degré 1 : $6a_3 - a_1 - a_1 = 0$: d'où $a_3 = \dfrac{1}{3}$, $(a_1 = 1)$;
degré k : $(k+2)(k+1)a_{k+2} - k(k-1)a_k - ka_k - a_k = 0$ d'où

$$a_{k+2} = \frac{k^2+1}{(k+1)(k+2)} a_k.$$

On obtient donc les relations

$$a_{2p} = \frac{\displaystyle\prod_{k=0}^{p-1}(1+4k^2)}{(2p)!}$$

et

$$a_{2p+1} = \frac{\prod_{k=0}^{p-1}(1+(2k+1)^2)}{(2p+1)!}$$

avec $a_0 = a_1 = 1$.
Comme $\lim_{k\to+\infty} \frac{a_{k+2}}{a_k} = 1$, les deux séries des $a_{2p}x^{2p}$ et des $a_{2p+1}x^{2p+1}$ ont 1 pour rayon de convergence, mais de plus, pour $|x| > 1$, $\lim_{n\to+\infty} |a_n x^n| = +\infty$, (cas de divergence dans le critère de d'Alembert), donc le rayon de convergence de la série est 1.

7. Soit $u_n = \frac{\cos\sqrt{n}}{\sqrt{n}} x^n$, pour $|x| < 1$, $|u_n| \leqslant \frac{|x|^n}{\sqrt{n}} \leqslant |x|^n$ ($n \geqslant 1$) donc la série converge (absolument).
Si $|x| > 1$, $\lim_{n\to+\infty} \frac{|x|^n}{\sqrt{n}} = +\infty$, or il existe des n arbitrairement grands tels que $\cos\sqrt{n} \geqslant \frac{1}{2}$ car ceci équivaut à avoir $-\frac{\pi}{3} + 2k\pi \leqslant \sqrt{n} \leqslant \frac{\pi}{3} + 2k\pi$, avec k arbitrairement grand. Pour $k \geqslant 1$, c'est encore équivalent à

$$4k^2\pi^2 - \frac{4k\pi^2}{3} + \frac{\pi^2}{9} \leqslant n \leqslant 4k^2\pi^2 + \frac{4k\pi^2}{3} + \frac{\pi^2}{9}$$

et les nombres extrêmes différant de $8k\frac{\pi^2}{3}$, il y en a de tels entiers !

Donc $\frac{|x^n|\cos\sqrt{n}}{\sqrt{n}}$ ne tend pas vers 0 si $|x| > 1$: le rayon de convergence est 1.
Etude pour $x = R = 1$. On considère la série des $\frac{\cos\sqrt{n}}{\sqrt{n}} = v_n$. Nous venons de voir qu'il y a environ $\frac{8k\pi^2}{3}$ entiers n tels que $2k\pi - \frac{\pi}{3} \leqslant \sqrt{n} \leqslant \frac{\pi}{3} + 2k\pi$, donc pour lesquels $\cos\sqrt{n} \geqslant \frac{1}{2}$.
La somme des v_n pour ces n est donc supérieure à $\frac{1}{2} \cdot \sum_{k\ldots} \frac{1}{\sqrt{n}}$ et comme la fonction $x \rightsquigarrow \frac{1}{\sqrt{x}}$ décroît, cette somme est de l'ordre de grandeur de

$$\frac{1}{2}\int_{4k^2\pi^2 - \frac{4k\pi^2}{3} + \frac{\pi}{9}^2}^{4k^2\pi^2 + \frac{4k\pi^2}{3} + \frac{\pi}{9}^2} \frac{dx}{\sqrt{x}} = \left[\sqrt{x}\right]_{(2k\pi - \frac{\pi}{3})^2}^{(2k\pi + \frac{\pi}{3})^2} = \left(\left(2k\pi + \frac{\pi}{3}\right) - \left(2k\pi - \frac{\pi}{3}\right)\right)$$
$$= \frac{2\pi}{3}$$

cette somme est supérieure à quelque chose d'équivalent à $\frac{2\pi}{3}$. On peut donc nier le critère de Cauchy.

On peut aussi minorer chaque $\frac{1}{\sqrt{n}}$ par $\frac{1}{\frac{\pi}{3}+2k\pi}$, et la somme par une quantité équivalente à $\frac{1}{2}\cdot\frac{8k\pi^2}{3}\cdot\frac{1}{\left(2k\pi+\frac{\pi}{3}\right)}\simeq\frac{2\pi}{3}$).

Finalement $\sum_{n\geqslant 1}\frac{\cos\sqrt{n}}{\sqrt{n}}$ diverge.

8. Avec $u_n = a_n x^n$, pour $x \neq 0$, on a

$$\begin{aligned}\left|\frac{u_{n+1}}{u_n}\right| &= \frac{(3n+1)(3n+2)(3n+3)}{(n+1)}\frac{n^{2n}}{(n+1)^{2n+2}}|x| \\ &= 3\cdot\frac{(3n+1)(3n+2)}{(n+1)^2}\frac{1}{\left(1+\frac{1}{n}\right)^{2n}}|x|\end{aligned}$$

ce qui tend vers $\frac{27}{e^2}|x|$ donc le rayon de convergence est $R = \frac{e^2}{27}$.

Avec la formule de Stirling, si $x = \pm\frac{e^2}{27}$, (ou même si $z = \frac{e^2}{27}e^{i\theta}$) on a $|u_n| = \frac{(3n)!}{n!n^{2n}}\frac{e^{2n}}{3^{3n}}$ donc

$$|u_n| \sim \frac{e^{2n}}{3^{3n}n^{2n}}\cdot\frac{e^{-3n}(3n)^{3n}\sqrt{6\pi n}}{e^{-n}n^n\sqrt{2\pi n}} = \sqrt{3}$$

donc $|u_n| \not\to 0$: il y a divergence aux bornes de l'intervalle de convergence, (et sur le bord du disque dans le cas complexe).

9. On a

$$\begin{aligned}|a_n| &= \int_0^1 t^n(f(t)-f(1))dt + \int_0^1 t^n f(1)dt \\ &= \frac{f(1)}{n+1} + \int_0^1 t^n(f(t)-f(1))dt.\end{aligned}$$

Soit $\varepsilon > 0$, $\exists t_0 \in [0,1[$ tel que $t \in [t_0, 1] \Rightarrow |f(t)-f(1)| \leqslant \varepsilon$ d'où

$$\left||a_n| - \frac{f(1)}{n+1}\right| \leqslant \varepsilon\int_{t_0}^1 t^n dt + 2||f||_\infty\int_0^{t_0} t^n dt$$

soit en majorant $\int_{t_0}^{1} t^n dt$ par $\int_0^1 t^n dt = \frac{1}{n+1}$:

$$\left| |a_n| - \frac{f(1)}{n+1} \right| \leqslant \frac{\varepsilon}{n+1} + 2||f||_\infty \frac{t_0^{n+1}}{n+1}$$

Or $\lim_{n \to +\infty} t_0^{n+1} = 0$ donc $\exists n_1$, $\forall n \geqslant n_1$, $2||f||_\infty t_0^{n+1} \leqslant \varepsilon$ et finalement, $\forall n \geqslant n_1$, $\left| |a_n| - \frac{f(1)}{n+1} \right| \leqslant \frac{2\varepsilon}{n+1}$, ce qui prouve que $|a_n|$ est équivalent à $\frac{f(1)}{n}$, donc la série des $a_n x^n$ admet 1 pour rayon de convergence, puisque $a_n x^n \sim f(1)\frac{x^n}{n}(-1)^n$ pour $x \neq 0$.

Soit $z = e^{i\theta}$, on a $a_n z^n = (-1)^n \left(\int_0^1 t^n f(t) dt \right) z^n$, soit encore $a_n z^n = \left(\int_0^1 t^n f(t) dt \right) e^{i(\theta+\pi)n}$.

Pour $\theta + \pi \neq 0 (2\pi)$, les sommes $\sum_{n=p}^{q} e^{in(\theta+\pi)}$ sont bornées par rapport à p et q, comme $f(t) \geqslant 0$, $n \rightsquigarrow \int_0^1 t^n f(t) dt$ décroit, vers 0, (c'est équivalent à $\frac{f(1)}{n}$) : par le critère d'Abel la série converge pour $z = e^{i\theta}$ avec $\theta \neq -\pi \cdot (2\pi)$. Pour $z = -1$, $a_n z^n = \int_0^1 t^n f(t) dt \sim \frac{f(1)}{n}$: il y a divergence.

Calcul de la somme

Pour $|x| < 1$, on a $a_n x^n = \int_0^1 (-xt)^n f(t) dt$, avec, pour $t \in [0,1]$ $|(-xt)^n f(t)| \leqslant |x|^n ||f||_\infty$: il y a convergence normale en t de la série de fonctions $v_n(t) = (-xt)^n f(t)$, (x paramètre fixé) donc on intègre « terme à terme » et

$$\sum_{n=0}^{\infty} a_n x^n = \int_0^1 f(t) \left(\sum_{n=0}^{\infty} (-xt)^n \right) dt = \int_0^1 \frac{f(t)}{1+xt} dt.$$

10. Soit $u_n(x) = a^n \cos^{2n} x$, $||u_n||_\infty = |a|^n$ donc pour $|a| < 1$, il y a convergence normale en x de la série des u_n vers $S(x) = \frac{1}{1 - a \cos^2 x}$.

Pour x fixé la série converge si et seulement si $|a \cos^2 x| < 1$, (par exemple, si $x = \frac{\pi}{3}$, il y a convergence pour $|a| < 4$).

Pour $|a| < 1$, on a

$$f(a) = \int_0^{\pi/2} S(x)dx = \sum_{n=0}^{+\infty} a^n \int_0^{\pi/2} (\cos^{2n} x)dx$$

vu la convergence uniforme en x, donc avec $I_n = \displaystyle\int_0^{\pi/2} (\cos^{2n} x)dx$ le développement en série cherché est $f(a) = \displaystyle\sum_{n=0}^{\infty} I_n a^n$, avec pour l'instant, un rayon de convergence $R \geqslant 1$.

Par ailleurs, $f(a) = \displaystyle\int_0^{\pi/2} \frac{dx}{1 - a\cos^2 x}$ se calcule avec $\operatorname{tg} x = t$ d'où

$$dx = \frac{dt}{1+t^2},\ f(a) = \int_0^{+\infty} \frac{dt}{(1+t^2)\left(1 - \dfrac{a}{1+t^2}\right)}$$
$$= \int_0^{+\infty} \frac{dt}{t^2 + (1-a)}$$

soit

$$f(a) = \frac{1}{\sqrt{1-a}} \left[\operatorname{Arctg} \frac{t}{\sqrt{1-a}}\right]_0^{+\infty} = \frac{\pi}{2\sqrt{1-a}} = \frac{\pi}{2}(1-a)^{-1/2}$$
$$= \frac{\pi}{2} \sum_{n=0}^{\infty} \left(-\frac{1}{2}\right)\left(-\frac{3}{2}\right)\cdots\left(-\frac{2n-1}{2}\right)\frac{(-a)^n}{n!}$$
$$= \sum_{n=0}^{\infty} \frac{\pi \cdot 1 \cdot 3 \ldots (2n-1) a^n}{2 \cdot 2^n n!}.$$

On a donc $I_n = \displaystyle\int_0^{\pi/2} \cos^{2n} x dx = \frac{1 \cdot 3 \ldots (2n-1)}{2 \cdot 4 \ldots 2n} \cdot \frac{\pi}{2}$, et aussi un rayon de convergence égal à 1 pour la série puisque $\displaystyle\lim_{a \to 1^-} f(a)$ n'existe pas.

11. Le trinôme $1 + x + x^2$ reste toujours positif donc f est définie sur $\mathbb{R}$. On a $f'(x) = \dfrac{1+2x}{1+x+x^2}$, donc pour $x \neq 1$,

$$f'(x) = \frac{1+2x}{\dfrac{1-x^3}{1-x}} = \frac{(1+2x)(1-x)}{1-x^3} = \frac{1+x-2x^2}{1-x^3}.$$

C'est encore

$$f'(x) = (1 + x - 2x^2) \sum_{k=0}^{+\infty} x^{3k} = \sum_{n=0}^{\infty} a_n x^n$$

avec $a_{3k} = 1$, $a_{3k+1} = 1$ et $a_{3k+2} = -2$, et un rayon de convergence égal à 1. Sur $]-1, 1[$ on intègre terme à terme et $f(0)$ étant nul, on a $\text{Log}\,(1 + x + x^2) = \sum_{k=1}^{\infty} b_k x^k$ avec $b_{3k+1} = \frac{1}{3k+1}$, $b_{3k+2} = \frac{1}{3k+2}$ et $b_{3k+3} = \frac{-2}{3k+3}$.

12. Soit $u_n(x) = (3n+1)^2 x^n$, pour $|x| \neq 0$, $\left|\frac{u_{n+1}}{u_n}\right| = \left(\frac{3n+4}{3n+1}\right)^2 |x|$ tend vers $|x|$ donc le rayon de convergence de la série entière est 1 avec divergence si $|x| = 1$ car alors $|u_n|$ ne tend pas vers 0. La somme $S(x)$ s'écrit encore

$$S(x) = \sum_{n=0}^{+\infty} (9n^2 + 6n + 1) x^n$$

On a $\sum_{n=0}^{+\infty} x^n = \frac{1}{1-x}$.

On dérive et on multiplie par x d'où $x \left(\frac{1}{(1-x)^2}\right) = \sum_{n=0}^{\infty} n x^n$. On redérive et on multiplie par x :

$$x \left[\frac{1}{(1-x)^2} + \frac{2x}{(1-x)^3}\right] = \sum_{n=0}^{\infty} n^2 x^n$$

et finalement

$$\begin{aligned} S(x) &= \frac{18x^2}{(1-x)^3} + \frac{9x}{(1-x)^2} + \frac{6x}{(1-x)^2} + \frac{1}{1-x} \\ &= \frac{18x^2 + 15x(1-x) + (1-x)^2}{(1-x)^3} \end{aligned}$$

et les solutions cherchées sont les x de $]-1, 1[$ annulant $4x^2 + 13x + 1 = P(x)$. On trouve $x = \frac{-13 \pm \sqrt{153}}{8}$. Comme $P(1) = 18 > 0$ et $P(-1) = -8 < 0$ on a -1 entre les racines et 1 extérieur, donc seule la racine $\frac{-13 + \sqrt{153}}{8}$ convient.

13. Soit $u_n(x) = \left(\ln\left(1+\frac{1}{n}\right)\right)x^n$, on a, pour $x \neq 0$, $|u_n| \sim \frac{|x|^n}{n}$ donc le rayon de convergence est 1.

Puis $n \rightsquigarrow \ln\left(1+\frac{1}{n}\right)$ tend vers 0 en décroissant, pour $z = e^{i\theta}$ les sommes $\sum_{n=p}^{q} e^{in\theta}$ sont bornées pour $\theta \neq 0(2\pi)$ donc (critère d'Abel) la série converge et le domaine de convergence est le disque fermé de centre 0 de rayon 1, privé de 1, $\left(u_n(1) = \ln\left(1+\frac{1}{n}\right) \sim \frac{1}{n}\right)$.

Calcul de $S(-1)$

$$\begin{aligned}
S(-1) &= \sum_{n=1}^{+\infty}(-1)^n(\ln(n+1) - \ln(n)) \\
&= \lim_{p\to+\infty} \sum_{n=1}^{2p}(-1)^n(\ln(n+1) - \ln(n)) \\
&= \lim_{p\to+\infty} [2(-\ln(2) + \ln(3) + \ldots - \ln(2p)) + \ln(2p+1)] \\
&= \lim_{p\to+\infty} \ln\left[\left(\frac{3\cdot 5\ldots(2p-1)}{2\cdot 4\ldots 2p}\right)^2 (2p+1)\cdot\left(\frac{2\cdot 4\ldots 2p}{2\cdot 4\ldots 2p}\right)^2\right] \\
&= \lim_{p\to+\infty} \ln\left(\frac{(2p)!^2(2p+1)}{2^{4p}(p!)^4}\right).
\end{aligned}$$

Or, par Stirling, on a

$$\frac{(2p)!^2(2p+1)}{2^{4p}(p!)^4} \sim \left(\frac{2p}{e}\right)^{4p} \frac{(\sqrt{4p\pi})^2(2p+1)}{2^{4p}\left(\frac{p}{e}\right)^{4p}(\sqrt{2\pi p})^4} \sim \frac{2}{\pi}$$

donc $S(-1) = \ln\left(\frac{2}{\pi}\right)$.

Pour $x \in]0,1]$, $E\left(\frac{1}{x}\right)$ existe et $E\left(\frac{1}{x}\right) = k \Leftrightarrow$
$k \leqslant \frac{1}{x} < k+1 \Leftrightarrow x \in \left]\frac{1}{k+1}, \frac{1}{k}\right]$.

Soit $X \in]0,1]$, $\exists ! n$ tel que $\frac{1}{n+1} < X \leqslant \frac{1}{n}$ et $\lim_{X\to 0^+} n = +\infty$, on a

$$\begin{aligned}
\int_X^1 &= \int_X^{\frac{1}{n}} \frac{(-1)^n}{x}dx + \sum_{k=1}^{n-1}\int_{\frac{1}{k+1}}^{\frac{1}{k}} \frac{(-1)^k}{x}dx \\
&= (-1)^n \mathrm{Log}\left(\frac{1}{nX}\right) + \sum_{k=1}^{n-1}(-1)^k \ln\left(\frac{k+1}{k}\right).
\end{aligned}$$

Comme $\dfrac{n}{n+1} < nX \leqslant 1$, on a $\lim\limits_{X \to 0^+} \operatorname{Log}\left(\dfrac{1}{nX}\right) = 0$, et la série des $(-1)^k \ln\left(1 + \dfrac{1}{k}\right)$ étant convergente, on a finalement

$$\lim_{X \to 0^+} \int_X^1 \frac{(-1)^{E(\frac{1}{x})} dx}{x} = S(-1) = \ln\left(\frac{2}{\pi}\right)$$

14. Soit $u_n(z) = a^{(n^2)} z^{\frac{n(n+1)}{2}}$. Pour $z \neq 0$, on a

$$\frac{u_{n+1}(z)}{u_n(z)} = a^{(n+1)^2 - n^2} z^{n+1} = a^{2n+1} z^{n+1} = (a^2 z)^n az$$

Pour $|a^2 z| > 1$, la série diverge car $u_n(z) \not\to 0$, si $|a^2 z| < 1$ elle converge donc $R = \dfrac{1}{a^2}$.

En fait, si $|a^2 z| = 1$, avec $z = e^{i\theta} a^{-2}$ on a

$$u_n(z) = a^{n^2} a^{-2\frac{n^2}{2}} a^{-2\frac{n}{2}} e^{i\frac{n(n+1)}{2}\theta} = \frac{e^{i\frac{n(n+1)}{2}\theta}}{a^n}$$

donc, si $a > 1$, il y a convergence pour $|z| = \dfrac{1}{a^2}$, mais si $a \leqslant 1$, il y a divergence car $u_n(z) \not\to 0$.

15. Le réel $a_n = \dfrac{\cos n}{\sqrt{n} + \cos n}$ existe pour tout $n \in \mathbb{N}$.

On a $a_n = \dfrac{\cos n}{\sqrt{n}} \cdot \dfrac{1}{1 + \dfrac{\cos n}{\sqrt{n}}}$ pour $n \geqslant 1$, et pour $n \geqslant 2$,

$\left|\dfrac{\cos n}{\sqrt{n}}\right| \leqslant \dfrac{1}{\sqrt{2}} < 1$. En prenant un développement limité de $\dfrac{1}{1+x}$, on a

$$a_n = \frac{\cos n}{\sqrt{n}} \left(1 - \frac{\cos n}{\sqrt{n}} + \frac{\cos^2 n}{n}(1 + \varepsilon(n))\right)$$

avec $\lim\limits_{n \to +\infty} \varepsilon(n) = 0$. Si on pose $b_n = 1 + \varepsilon(n)$, les b_n sont bornés et

$$a_n = \frac{\cos n}{\sqrt{n}} - \frac{\cos^2 n}{n} + \frac{b_n \cos^3 n}{n\sqrt{n}}.$$

La série entière des $(\cos n)\dfrac{x^n}{\sqrt{n}}$ (majoré par $\dfrac{|x|^n}{\sqrt{n}}$, en module), converge si $|x| < 1$, de même les séries de termes généraux $\dfrac{(\cos^2 n)x^n}{n}$ et $\dfrac{b_n(\cos^3 n)x^n}{n\sqrt{n}}$ convergent si $|x| < 1$.

Pour $|x| > 1$, pour n « proche » de $2k\pi$, disons entre $2k\pi - \frac{\pi}{3}$ et $2k\pi + \frac{\pi}{3}$, (il y en a car la différence vaut $\frac{2\pi}{3} > 1$), on aura $\cos n \geqslant \frac{1}{2}$, $\sqrt{n} \sim \sqrt{2k\pi}$ alors que $|x|^n$, de l'ordre de grandeur de $|x|^{2k\pi}$ va tendre vers l'infini « plus vite » que $\sqrt{n}$, donc pour ces $n \in \left[2k\pi - \frac{\pi}{3}, 2k\pi + \frac{\pi}{3}\right]$, on a $\lim\limits_{k\to+\infty} |a_n x^n| = +\infty$: la série diverge d'où son rayon de convergence, $R = 1$.

Plus précisément, $a_n z^n$, avec $z = e^{i\theta}$, s'écrit

$$a_n z^n = \frac{(e^{in} + e^{-in})}{2\sqrt{n}} e^{in\theta} - \frac{\left(1 + \dfrac{e^{2in} + e^{-2in}}{2}\right)}{2n} e^{in\theta} + \frac{b_n(\cos^3 n) e^{in\theta}}{n^{3/2}}$$

La série des $\frac{b_n(\cos^3 n)e^{in\theta}}{n^{3/2}}$ converge uniformément, (et absolument) en θ car les b_n sont bornés.

Quand aux autres, par application du critère d'Abel, on a convergence de $\sum \frac{e^{in(1+\theta)}}{\sqrt{n}}$ pour $\theta \neq -1(2\pi)$, puis convergence de la série des $\frac{e^{in(\theta-1)}}{\sqrt{n}}$ pour $\theta \neq 1(2\pi)$, convergence des $\frac{e^{in\theta}}{2n}$ si $\theta \neq 0(2\pi)$; des $\frac{e^{in(2+\theta)}}{4n}$ si $\theta \neq -2(2\pi)$ enfin de la série des $\frac{e^{in(\theta-2)}}{4n}$ pour $\theta \neq 2(2\pi)$.

Finalement il y a convergence pour $|z| < 1$ et $z = e^{i\theta}$ avec $\theta \neq -2, -1, 0, 1, 2(2\pi)$, car pour chaque valeur exclue une et une seule des séries diverge.

16. On a

$$|u_n(x)| = \left| x^n \left(1 + \frac{x}{n}\right)^n \right| \sim e^x |x|^n :$$

il y a donc convergence si et seulement si $x \in]-1, 1[$.

Pour $|x| < 1$, on a

$$S(x) = \sum_{n=1}^{\infty} \left(\sum_{k=0}^{n} C_n^k \frac{x^k}{n^k} \right) x^n = \sum_{n=1}^{\infty} \left(\sum_{p=n}^{2n} C_n^{p-n} \frac{x^p}{n^{p-n}} \right).$$

Si on pose $u_{n,p} = 0$ si $1 \leqslant p < n$ ou $p > 2n$ et $u_{n,p} = C_n^{p-n} \frac{x^p}{n^{p-n}}$ pour $n \leqslant p \leqslant 2n$, alors

$$\sum_{p=1}^{\infty} |u_{n,p}| = \sum_{p=n}^{2n} C_n^{p-n} \frac{|x|^p}{n^{p-n}} = |x|^n \left(1 + \frac{|x|}{n}\right)^n \leqslant e^{|x|} |x|^n,$$

(car $\left(1+\frac{|x|}{n}\right)^n \leqslant e^{|x|} \Leftrightarrow 1+\frac{|x|}{n} \leqslant e^{\frac{|x|}{n}}$, vrai par convexité),
et $\sum_{n=1}^{\infty}\left(\sum_{p=1}^{+\infty}|u_{n,p}|\right)$ converge, donc le théorème d'interversion des sommations s'applique et donne l'existence et l'égalité des sommes calculées pour p, ou n, fixé d'abord.
D'où

$$\sum_{n=1}^{\infty}\left(\sum_{p=1}^{\infty}u_{n,p}\right)=\sum_{p=1}^{\infty}\left(\sum_{n=1}^{\infty}u_{n,p}\right)$$

soit

$$\sum_{n=1}^{\infty}\left(1+\frac{x}{n}\right)x^n=\sum_{p=1}^{\infty}\left(x^p\sum_{\frac{p}{2}\leqslant n\leqslant p}C_n^{p-n}\frac{1}{n^{p-n}}\right)$$

ce qui donne, pour $|x|<1$, un développement de $S(x)$ en série entière sous la forme $S(x)=\sum_{p=1}^{\infty}a_px^p$ avec $a_p=\sum_{\frac{p}{2}\leqslant n\leqslant p}C_n^{p-n}\frac{1}{n^{p-n}}$.

17. Pour $x\neq 0$, avec $u_n(x)=(-1)^n\frac{x^{2n}}{2^{2n}(n!)^2}$ on a $\left|\frac{u_{n+1}}{u_n}\right|=\frac{x^2}{4}\frac{1}{(n+1)^2}$ qui tend vers 0, donc la série converge pour tout x réel.
Un peu de culture : $I_{2n}=\int_0^{\pi/2}(\sin t)^{2n}dt=\frac{1\cdot 3\cdot 5\ldots(2n-1)}{2\cdot 4\ldots 2n}\frac{\pi}{2}$ soit $I_{2n}=\frac{(2n)!}{2^{2n}(n!)^2}\frac{\pi}{2}$, (intégrale de Wallis), donc, partant de $e^{ix\sin t}=\sum_{n\geqslant 0}\frac{(ix\sin t)^n}{n!}$ qui converge normalement en t, (x fixé) on a

$$\int_{-\pi}^{\pi}e^{ix\sin t}dt=\sum_{n\geqslant 0}\frac{(ix)^n}{n!}\int_{-\pi}^{\pi}(\sin t)^n dt$$

Les intégrales pour n impair sont nulles, (fonction impaire sur $[-\pi,\pi]$), il reste, (parité et symétrie par rapport à $\frac{\pi}{2}$ du sinus),

$$\int_{-\pi}^{\pi}e^{ix\sin t}dt=\sum_{n\geqslant 0}\frac{(-1)^n x^{2n}}{(2n)!}\left(4\int_0^{\pi/2}(\sin t)^{2n}dt\right)$$

$$=\sum_{n\geqslant 0}(-1)^n\frac{x^{2n}}{(2n)!}\cdot 4\frac{(2n)!}{2^{2n}(n!)^2}\frac{\pi}{2}=2\pi f(x).$$

D'où $f(x) = \frac{1}{2\pi}\int_{-\pi}^{\pi} e^{ix \sin t} dt$. Mais alors $|f(x)| \leqslant 1$ et l'intégrale impropre $\int_0^{+\infty} e^{-st} f(t)dt$ converge pour $s > 0$. C'est la *transformée de Laplace de* f : notons là $L(f)(s)$.
Soit $y > 0$. On a

$$\int_0^y e^{-st} f(t)dt = \int_0^y e^{-st}\left(\int_{-\pi}^{\pi} \frac{e^{it \sin u}}{2\pi} du\right) dt$$
$$= \frac{1}{2\pi}\int_{-\pi}^{\pi}\left(\int_0^y e^{-st} e^{it \sin u} dt\right) du$$

(par Fubini), et

$$Lf(s) = \lim_{y \to +\infty} \frac{1}{2\pi}\int_{-\pi}^{\pi} \theta(y, u) du$$

avec $\theta(y, u) = \int_0^y e^{-st} e^{it \sin u} dt$.

Comme $|e^{-st} e^{it \sin u}| \leqslant e^{-st}$ et que $\int_0^{+\infty} e^{-st} dt$ converge, $\lim_{y \to +\infty} \theta(y, u)$ existe, uniformément en $u \in [-\pi, \pi]$ car

$$\left|\int_0^{+\infty} e^{-st} e^{it \sin u} dt - \int_0^y e^{-st} e^{it \sin u} du\right| \leqslant \int_y^{+\infty} e^{-st} dt = \frac{e^{-sy}}{s}$$

majorant qui tend vers 0 si y tend vers $+\infty$.
On a donc

$$Lf(s) = \frac{1}{2\pi}\int_{-\pi}^{\pi}\left(\int_0^{+\infty} e^{-st+it \sin u} dt\right) du$$
$$= \frac{1}{2\pi}\int_{-\pi}^{\pi}\left[\frac{e^{t(-s+i \sin u)}}{-s+i \sin u}\right]_0^{+\infty} du$$
$$= \frac{1}{2\pi}\int_{-\pi}^{\pi} \frac{du}{s - i \sin u} = \frac{1}{2\pi}\int_{-\pi}^{\pi} \frac{(s + i \sin u)du}{s^2 + \sin^2 u}$$

la partie imaginaire de l'intégrale est nulle, (fonction impaire en u) donc

$$Lf(s) = \frac{1}{2\pi}\int_{-\pi}^{\pi} \frac{s\, du}{s^2 + \sin^2 u} = \frac{s}{\pi}\int_0^{\pi} \frac{du}{s^2 + \sin^2 u}$$
$$= \frac{2s}{\pi}\int_0^{\pi/2} \frac{du}{s^2 + \sin^2 u}.$$

Avec $t = \operatorname{tg} u$, $dt = (1+t^2)du$ il vient

$$\begin{aligned} Lf(s) &= \frac{2s}{\pi}\int_0^{+\infty}\frac{dt(1+t^2)}{(1+t^2)((1+t^2)s^2+t^2)} = \frac{2s}{\pi}\int_0^{+\infty}\frac{dt}{t^2(s^2+1)+s^2} \\ &= \frac{2s}{\pi(s^2+1)}\int_0^{+\infty}\frac{dt}{t^2+\dfrac{s^2}{(s^2+1)}} \\ &= \frac{2}{\pi\sqrt{s^2+1}}\left[\operatorname{Arctg}\frac{t\sqrt{s^2+1}}{s}\right]_0^{+\infty} \end{aligned}$$

et finalement $Lf(s) = \dfrac{1}{\sqrt{1+s^2}}$ pour $s > 0$.

18. L'énoncé suppose les a_n non nuls (pour former les rapports). On a

$$\lim_{n\to+\infty}\frac{a_{2n+2}}{a_{2n}} = \lim_{n\to+\infty}\frac{a_{2n+2}}{a_{2n+1}}\frac{a_{2n+1}}{a_{2n}} = l_2 l_1$$

donc la série des $a_{2n}z^{2n}$ converge si $|z^2 l_2 l_1| < 1$, et diverge si $|z^2 l_2 l_1| > 1$ parce que dans ce cas $a_{2n}z^{2n}$ ne tend pas vers 0.
Comme on a aussi $\lim\limits_{n\to+\infty}\dfrac{a_{2n+3}}{a_{2n+1}} = l_1 l_2$ on a le même résultat pour la série des $a_{2n+1}z^{2n+1}$, d'où $R = \dfrac{1}{\sqrt{l_1 l_2}}$, (et $R = \infty$ si l_1 ou $l_2 = 0$).

19. Avec $A = \begin{pmatrix} 1 & -2 \\ 1 & 1 \end{pmatrix}$ et $U_n = \begin{pmatrix} u_n \\ v_n \end{pmatrix}$ on a $U_n = A^n U_0$; les valeurs propres de A sont, (sauf erreur) $1 + i\sqrt{2}$ et $1 - i\sqrt{2}$ soit encore $\sqrt{3}e^{\pm i\theta}$ avec θ tel que $\cos\theta = \dfrac{1}{\sqrt{3}}$ et $\sin\theta = \sqrt{\dfrac{2}{3}}$. Avec la matrice de passage $P = \begin{pmatrix} i\sqrt{2} & -i\sqrt{2} \\ 1 & 1 \end{pmatrix}$ on trouve $P^{-1}AP = \begin{pmatrix} \sqrt{3}e^{i\theta} & 0 \\ 0 & \sqrt{3}e^{-i\theta} \end{pmatrix}$ d'où

$$\begin{aligned} A^n &= P\begin{pmatrix} (\sqrt{3})^n e^{in\theta} & 0 \\ 0 & (\sqrt{3})^n e^{-in\theta} \end{pmatrix} P^{-1}. \\ &= \frac{1}{2i\sqrt{2}}\begin{pmatrix} i\sqrt{2} & -i\sqrt{2} \\ 1 & 1 \end{pmatrix}\begin{pmatrix} (\sqrt{3})^n e^{in\theta} & 0 \\ 0 & (\sqrt{3})^n e^{-in\theta} \end{pmatrix}\begin{pmatrix} 1 & i\sqrt{2} \\ -1 & i\sqrt{2} \end{pmatrix} \end{aligned}$$

et après de longs calculs, on arrive, sauf erreur à

$$\begin{aligned} u_n &= (\sqrt{3})^n(u_0\cos n\theta - \sqrt{2}v_0\sin n\theta) \\ v_n &= (\sqrt{3})^n\left(\frac{u_0}{\sqrt{2}}\sin n\theta + v_0\cos n\theta\right) \end{aligned}$$

du moins, je le pense.
On a alors

$$\left|\frac{u_n x^n}{n!}\right| \leqslant (|u_0| + \sqrt{2}|v_0|)\frac{(\sqrt{3}|x|)^n}{n!}$$

d'où la convergence pour tout x de la série des $\frac{u_n x^n}{n!}$, et de même de celle des $v_n \frac{x^n}{n!}$.
On a enfin

$$\begin{aligned} f(x) &= u_0 \sum_{n=0}^{\infty} \mathrm{Re}\frac{(\sqrt{3}xe^{i\theta})^n}{n!} - v_0\sqrt{2}\,\mathrm{Im}\left(\sum_{n=0}^{\infty}\frac{(\sqrt{3}xe^{i\theta})^n}{n!}\right) \\ &= u_0\,\mathrm{Re}\,e^{\sqrt{3}x(\cos\theta+i\sin\theta)} - v_0\sqrt{2}\,\mathrm{Im}\,e^{\sqrt{3}x(\cos\theta+i\sin\theta)} \end{aligned}$$

donc

$$f(x) = u_0 e^{\sqrt{3}x\cos\theta}\cos(x\sqrt{3}\sin\theta) - v_0\sqrt{2}e^{\sqrt{3}x\cos\theta}\sin(x\sqrt{3}\sin\theta).$$

Il est temps de se rappeler que $\cos\theta = \frac{1}{\sqrt{3}}$ et $\sin\theta = \sqrt{\frac{2}{3}}$, d'où

$$f(x) = u_0 e^x\cos(x\sqrt{2}) - v_0\sqrt{2}e^x\sin(x\sqrt{2}), \text{ et on trouverait}$$
$$g(x) = \frac{u_0}{\sqrt{2}}e^x\sin(x\sqrt{2}) + v_0 e^x\cos(x\sqrt{2}).$$

20. Comme $|e^{-t^2}\cos tx| \leqslant e^{-t^2}$, l'intégrale $f(x) = \int_0^{+\infty} e^{-t^2}\cos tx\,dt$ converge absolument, en outre f est limite uniforme des f_n définies par $f_n(x) = \int_0^n e^{-t^2}\cos tx\,dt$, fonctions continues en x, ($(t,x) \rightsquigarrow e^{-t^2}\cos tx$ continue sur $[0,n]\times[x-1,\ x+1]$ compact par exemple). Donc f est continue. De plus f_n est dérivable, avec $f_n'(x) = \int_0^n -te^{-t^2}\sin tx\,dt$, (théorèmes généraux), et les fonctions f_n' convergent uniformément vers $g(x) = -\int_0^{+\infty} te^{-t^2}\sin tx\,dt$ car $|g(x) - f_n'(x)| \leqslant \int_n^{+\infty} te^{-t^2}dt$, quantité qui tend vers 0 si n tend vers l'infini, uniformément en $x \in \mathbb{R}$. Mais alors f est dérivable, avec $f'(x) = \int_0^{+\infty} -te^{-t^2}\sin tx\,dt$, et on peut poursuivre les dérivations : f est de classe C^∞.
On peut calculer $f'(x)$ par parties : $-te^{-t^2}dt = dv$, $v = \frac{1}{2}e^{-t^2}$, $u = \sin tx$, $du = x\cos tx\,dt$, donc

$$f'(x) = \left[\frac{1}{2}\sin txe^{-t^2}\right]_0^{+\infty} - \frac{x}{2}\int_0^{+\infty} e^{-t^2}\cos xt\,dt = -\frac{x}{2}f(x).$$

La fonction f vérifie donc l'équation différentielle $f'(x)+\frac{x}{2}f(x)=0$ et c'est la solution telle que $f(0)=\int_0^{+\infty} e^{-t^2}dt=\frac{\sqrt{\pi}}{2}$, d'où $f(x)=\frac{\sqrt{\pi}}{2}e^{-\frac{x^2}{4}}$, donc $f(x)=\sum_{n=0}^{+\infty}\frac{\sqrt{\pi}}{2}\frac{(-1)^n}{4^n n!}x^{2n}$.

21. L'équation caractéristique de la suite est $r^2-\alpha r-\beta=0$. Si $\alpha^2+4\beta\neq 0$, elle a deux racines distinctes r' et r'' et u_n est du type $\lambda r'^n+\mu r''^n$, avec $u_0=0=\lambda+\mu$ et $u_1=1=\lambda r'+\mu r''$. Comme $\lambda=-\mu$ on a $1=\lambda(r'-r'')$ d'où $u_n=\frac{r'^n-r''^n}{(r'-r'')}$ et $u_n z^n=\frac{(r'z)^n}{(r'-r'')}-\frac{(r''z)^n}{r'-r''}$ a un rayon de convergence $R\geqslant \inf\left(\frac{1}{|r'|},\frac{1}{|r''|}\right)$, (attention, on peut avoir $r'\neq r''$ mais avec $|r'|=|r''|$).

Si $\alpha^2+4\beta=0$ l'équation a une racine double, r, et alors u_n est du type $u_n=\lambda r^n+\mu n r^n$ avec $u_0=0=\lambda$ et $u_1=1=\mu r$. (A remarquer que $r=0$ nécessite $\alpha=\beta=0$, alors $u_0=0$, $u_1=1$, $u_n=0$, $\forall n\geqslant 2$, cette suite n'est pas du type indiqué mais donne une série entière réduite à x.

La forme rappelée de u_n suppose $r\neq 0$, donc lorsque r est racine double, c'est dans le cas où β et α sont non nuls que nous poursuivons l'étude.

On a $u_n=nr^{n-1}$ d'où la série des $nr^{n-1}z^n$ de *rayon de convergence* $\frac{1}{|r|}$. (Si $r=0$ est racine double, $S(z)=z$ admet $+\infty$ pour rayon de convergence).

Si $S(z)=\sum_{n=0}^{+\infty}u_n z^n$, $(1-\alpha z-\beta z^2)S(z)$ est une série entière telle que le coefficient de z^{n+1}, pour $n\geqslant 1$ devient $u_{n+1}-\alpha u_n-\beta u_{n-1}$, nul.

Il reste $(1-\alpha z-\beta z^2)S(z)=u_0+u_1 z=z$, et comme pour $|z|<\frac{1}{|r'|}$ et $|z|<\frac{1}{|r''|}$ avec $\frac{1}{r'}$ et $\frac{1}{r''}$ racines de $1-\alpha z-\beta z^2=0$, on a $1-\alpha z+\beta z^2\neq 0$, on a finalement $S(z)=\frac{z}{1-\alpha z-\beta z^2}$ sur son disque ouvert de convergence.

On peut remarquer que le rayon de convergence est la distance de 0 à l'ensemble des pôles de cette fraction rationnelle, c'est bien le plus petit des modules des zéros $\frac{1}{r'}$ et $\frac{1}{r''}$ du polynôme $1-\alpha z-\beta z^2$.

CHAPITRE 14

Espaces préhilbertiens réels, espaces euclidiens

Ce chapitre est certainement celui qui plonge ses racines au plus profond de notre histoire. Non pas à cause d'Euclide, mais plutôt parcequ'il est lié à la station debout de l'homme. Qui sait.

Si dans ce lointain passé de plusieurs millions d'années, nos ancêtres d'Afrique orientale n'avaient pas adopté la station debout pour s'adapter aux modifications climatiques de leur milieu, peut être que l'humanité n'aurait jamais soupçonné les merveilles de la projection orthogonale, de la base orthonormée, et que je ne serais pas en train de me livrer à ces élucubrations qui ont pour but de mettre en évidence la place fondamentale qu'occupe cette notion d'orthogonalité dans la structure que nous allons étudier.

Accessoirement, les voyages dans le temps et l'espace font rêver et développent l'imagination.

1. Définitions, premières propriétés

DÉFINITION 14.1. — *On appelle espace préhilbertien réel, tout espace vectoriel réel E, muni d'une forme quadratique ϕ définie positive.*

Il revient au même de dire que E est muni de ϕ non dégénérée positive (Algèbre, Corollaire 11.59).

14.2. Il en résulte que *l'application $X \rightsquigarrow \sqrt{\phi(X)}$ est une norme sur E* (voir tome 2, définition 6.1), car $\sqrt{\phi(X)} \geqslant 0$, et si c'est nul, comme ϕ est définie, c'est que X est nul; on a $\sqrt{\phi(\lambda X)} = \sqrt{\lambda^2\phi(X)} = |\lambda|\sqrt{\phi(X)}$

et l'inégalité de Minkowski, (Algèbre, Corollaire 11.61), donne l'inégalité triangulaire.

14.3. Un espace préhilbertien réel est donc en fait un *espace vectoriel normé*, la norme étant associée à une forme bilinéaire symétrique φ, forme polaire de ϕ, et qui s'appelle *produit scalaire*.

14.4. L'espace est dit de *Hilbert* s'il est complet pour la norme préhilbertienne $||x|| = \sqrt{\phi(X)}$, et *euclidien* s'il est de dimension finie (et dans ce cas il est complet, toutes les normes étant équivalentes en dimension finie, et munissant $\mathbb{R}^n$ d'une structure d'espace vectoriel normé complet (Tome 2, théorème 6.28).

14.5 Soient x et y deux vecteurs de E préhilbertien réel, on dira qu'ils *sont orthogonaux, (au lieu de conjugués), si* $\varphi(x,y) = 0$, φ forme polaire de ϕ, ce que l'on notera $\langle x, y\rangle$, (qui se lit x scalaire y).

L'inégalité de *Cauchy devient* :

14.6 $$\forall (x,y) \in E^2,\ |\langle x,y\rangle| \leqslant ||x||\ ||y||$$

et, si x et y sont non nuls, il existe un seul $\theta \in [0,\pi]$ tel que $\cos\theta = \dfrac{\langle x,y\rangle}{||x||\ ||y||}$, ce qui permet de parler de l'angle de deux vecteurs non nuls x et y de E préhilbertien réel, θ étant une mesure en radians de cet angle. Bien sûr on dira comme tout le monde que θ est l'angle des deux vecteurs.

Si x et y sont orthogonaux, on a

$$||x+y||^2 = \langle x+y, x+y\rangle = \langle x,x\rangle + 2\langle x,y\rangle + \langle y,y\rangle = \langle x,x\rangle + \langle y,y\rangle$$

puisque $\langle x,y\rangle = 0$, soit encore $||x+y||^2 = ||x||^2 + ||y||^2$: c'est Pythagore que voilà. D'un seul coup nous sommes passés des premiers hommes à l'antiquité grecque !

THÉORÈME 14.7. — *Dans E préhilbertien réel on a* $\langle x,y\rangle = 0 \Leftrightarrow ||x+y||^2 = ||x||^2 + ||y||^2$. ■

On peut alors se demander dans quel cas une norme sur un espace vectoriel E est associée à un produit scalaire. C'est simple, c'est lorsque l'application $x \rightsquigarrow ||X||^2$ est une forme quadratique, donc lorsque l'application $(x,y) \rightsquigarrow \dfrac{1}{4}(||x+y||^2 - ||x-y||^2)$ est bilinéaire, (voir Algèbre, théorème 11.8).

Une notion importante sera celle de base orthonormée, c'est-à-dire d'une base formée de vecteurs deux à deux orthogonaux, et tous de norme 1. Ce que l'on sait, c'est qu'en dimension dénombrable, de telles bases existent.

THÉORÈME 14.8. — *(dit du procédé d'orthonormalisation de Schmidt). Soit E un espace vectoriel euclidien, (ou préhilbertien réel de dimension dénombrable stricte) il admet des bases orthonormées.*

Plus précisément, si $\mathcal{B} = (e_k)_{k\in K}$, ($K$ partie finie ou non de $\mathbb{N}$), est une base de E, il existe une base $\mathcal{C} = (\varepsilon_k)_{k\in K}$ orthonormée telle que pour tout k de K, $\text{Vect}\,(e_0, e_1, \ldots, e_k) = \text{Vect}\,(\varepsilon_0, \varepsilon_1, \ldots, \varepsilon_k)$.

On procède par récurrence sur k.

Pour $k = 0$, on prend $\varepsilon_0 = \pm\dfrac{e_0}{\|e_0\|}$: il est de norme 1.

On suppose construit $\varepsilon_0, \ldots, \varepsilon_p$ deux à deux orthogonaux, de norme 1 et tels que $\forall k \leqslant p$,

$$\text{Vect}\,(e_0, e_1, \ldots, e_k) = \text{Vect}\,(\varepsilon_0, \varepsilon_1, \ldots, \varepsilon_k) = E_k.$$

On cherche ε_{p+1} tel que

$$E_{p+1} = \text{Vect}\,(e_0, e_1, \ldots, e_p, e_{p+1}) = E_p \oplus \mathbb{R}e_{p+1}$$

soit aussi

$$\text{Vect}\,(\varepsilon_0, \varepsilon_1, \ldots, \varepsilon_p, \varepsilon_{p+1}) = \text{Vect}\,(\varepsilon_0, \ldots, \varepsilon_p) \oplus \mathbb{R}\varepsilon_{p+1} = E_p \oplus \mathbb{R}\varepsilon_{p+1}.$$

On choisit d'abord $e'_{p+1} = e_{p+1} + u$ avec u dans E_p tel que e'_{p+1} soit orthogonal aux ε_i, $0 \leqslant i \leqslant p$.

En posant $u = \sum\limits_{i=0}^{p} \lambda_i \varepsilon_i$, les conditions $\langle \varepsilon_i, e'_{p+1}\rangle = 0$ pour $i = 0, \ldots, p$ donnent $0 = \langle \varepsilon_i, e_{p+1}\rangle + \lambda_i$, d'où un choix possible de e'_{p+1}, qui est non nul, (composante suivant e_{p+1} égale à 1 dans sa décomposition dans la famille libre $e_0, \ldots, e_p, e_{p+1}$). Le vecteur $\varepsilon_{p+1} = \pm\dfrac{e'_{p+1}}{\|e'_{p+1}\|}$ sera donc de norme 1, orthogonal à chaque ε_i pour $i \leqslant p$, et $\text{Vect}\,(\varepsilon_0, \ldots, \varepsilon_{p+1}) = \text{Vect}\,(e_0, \ldots, e_{p+1})$.

Le procédé est récurrent et fournit donc une base orthonormée de E euclidien, ou préhilbertien de dimension dénombrable stricte. ∎

Il convient de remarquer que la matrice de passage de $(e_0, \ldots, e_{p+1})$ à $(\varepsilon_0, \ldots, \varepsilon_{p+1})$ est triangulaire, et que, si le signe des coefficients diagonaux est précisé, elle est unique.

2. Des exemples

EXEMPLE 14.9. — $E = \mathbb{R}^n$, rapporté à sa base canonique $\mathcal{B} = (e_1, \ldots, e_n)$. Si $x = \sum_{i=1}^{n} x_i e_i$ et $y = \sum_{i=1}^{n} y_i e_i$ on pose $\langle x, y\rangle = \sum_{i=1}^{n} x_i y_i$. On a une forme bilinéaire définie positive, de matrice I_n dans la base $\mathcal{B}$.

La base $\mathcal{B}$ est orthonormée, et $||x||^2 = \sum_{i=1}^{n} x_i^2$.

Le théorème 14.8 nous prouve que tout espace euclidien de dimension n est de ce type, lorsque l'on a choisi une base orthonormée.

EXEMPLE 14.10. — $E = \mathbb{R}[X]$. Si $P = \sum_{i=0}^{\infty} a_i X^i$ et $Q = \sum_{i=0}^{\infty} b_i X^i$, les a_i et les b_i étant presque tous nuls, on pose $\langle P, Q\rangle = \sum_{i\in\mathbb{N}} a_i b_i$, (somme finie en fait) et $(P, Q) \rightsquigarrow \langle P, Q\rangle$ est une forme bilinéaire symétrique définie positive. On a un espace préhilbertien réel qui n'est pas de Hilbert, un espace vectoriel normé de dimension dénombrable stricte n'étant jamais complet, voir tome 2, corollaire 6.33.

EXEMPLE 14.11. — $l^2(\mathbb{R})$. Soit l'ensemble E des séries $u = (u_n)_{n\in\mathbb{N}}$ de terme général réel u_n, telles que la série des $(u_n)^2$ converge. Cet ensemble est un sous-espace vectoriel de l'espace $\mathbb{R}^{\mathbb{N}}$ des suites réelles car la suite nulle est dans E et, comme pour tout entier n on a $2|u_n|\,|v_n| \leqslant u_n^2 + v_n^2$ (c'est $(|u_n| - |v_n|)^2 \geqslant 0$) si u et v sont dans $l^2(\mathbb{R})$, la série de terme général $\lambda u_n + \mu v_n$ y sera aussi car la série des $u_n v_n$ étant absolument convergente, la majoration $(\lambda u_n + \mu v_n)^2 \leqslant \lambda^2 u_n^2 + 2|\lambda\mu u_n v_n| + \mu^2 v_n^2$ prouve la convergence de la série des $(\lambda u_n + \mu v_n)^2$. Donc $\lambda u + \mu v \in l^2(\mathbb{R})$.

On définit alors une forme bilinéaire symétrique sur E par

$$\langle u, v\rangle = \sum_{n=0}^{\infty} u_n v_n$$

C'est une forme définie positive car $\langle u, u\rangle = \sum_{n=0}^{\infty} u_n^2 \geqslant 0$ et c'est nul si et seulement si chaque $u_n = 0$.

14.12. *En fait $l^2(\mathbb{R})$ est un espace de Hilbert.* Vérifions donc que, pour sa norme préhilbertienne, l'espace est complet.

Soit $(u^p)_{p\in\mathbb{N}}$ une suite de Cauchy d'éléments de $l^2(\mathbb{R})$. On notera $u^p = (u_n^p)_{n\in\mathbb{N}}$.

La suite $(u^p)_{p\in\mathbb{N}}$ étant de Cauchy, on a

14.13. $\forall \varepsilon > 0,\ \exists p_0,\ \forall p \geqslant p_0,\ \forall q \geqslant p_0,\ ||u^p - u^q||^2 = \sum_{n=0}^{\infty}(u_n^p - u_n^q)^2 \leqslant \varepsilon.$

Une remarque préalable : dans les espaces préhilbertiens, on utilise le plus souvent le carré de la norme pour simplifier les calculs.

A fortiori, pour chaque n fixé dans $\mathbb{N}$ on a $|u_n^p - u_n^q|^2 \leqslant \varepsilon$ dès que $p \geqslant p_0$ et $q \geqslant q_0$, p_0 étant associé à ε. C'est que la suite $(u_n^p)_{p\in\mathbb{N}}$ et n fixé cette fois, est de Cauchy dans $\mathbb{R}$ complet, donc convergente.

Posons $u_n = \lim_{p\to+\infty} u_n^p$.

La relation 14.13 implique également que, pour chaque N fixé dans $\mathbb{N}$ on a

14.14. $\forall \varepsilon > 0,\ \exists p_0,\ \forall p \geqslant p_0,\ \forall q \geqslant q_0,\ \forall N \in \mathbb{N},\ \sum_{n=0}^{N}(u_n^p - u_n^q)^2 \leqslant \varepsilon.$

Dans 14.14, pour p fixé et N fixé, si q tend vers $+\infty$ on a

$$\lim_{q\to+\infty} \sum_{n=0}^{N}(u_n^p - u_n^q)^2 = \sum_{n=0}^{N}(u_n^p - u_n)^2$$

(somme finie de limites), d'où, en passant à la limite quand q tend vers $+\infty$,

14.15. $\forall \varepsilon > 0,\ \exists p_0,\ \forall p \geqslant p_0,\ \forall N \in \mathbb{N},\ \sum_{n=0}^{N}(u_n^p - u_n)^2 \leqslant \varepsilon$

ce qui implique la convergence de la série des $(u_n^p - u_n)^2$, (n indice), puisque les sommes partielles sont majorées par ε, et aussi que

$$\textbf{\textit{14.16.}} \qquad \forall \varepsilon > 0,\ \exists p_0,\ \forall p \geqslant p_0,\ \sum_{n=0}^{\infty} (u_n^p - u_n)^2 \leqslant \varepsilon.$$

Mais alors, en fixant p, et en notant u la suite des u_n, on a en particulier $u^p - u \in l^2(\mathbb{R})$ puisque la série des $(u_n^p - u_n)^2$ converge, et comme $u^p \in l^2(\mathbb{R})$, espace vectoriel, c'est que $u \in l^2(\mathbb{R})$ et enfin 14.16 se lit :

$$\forall \varepsilon > 0,\ \exists p_0,\ \forall p \geqslant p_0,\ \|u^p - u\|^2 \leqslant \varepsilon$$

ce qui traduit la convergence de la suite de Cauchy des u^p vers u dans $l^2(\mathbb{R})$. ■

REMARQUE 14.17. — Ceci permet de répondre à une question non posée : l'espace $l^2(\mathbb{R})$ n'est pas de dimension dénombrable puisque complet pour une norme. *A fortiori* $\mathbb{R}^{\mathbb{N}}$ n'est pas non plus de dimension dénombrable.

EXEMPLE 14.18. — $E = \mathcal{C}^{\circ}([a,b],\mathbb{R})$. On se donne une fonction ρ, définie continue de $[a,b]$ dans $\mathbb{R}^+$, ne s'annulant qu'en des points isolés. On pose $\varphi(f,g) = \displaystyle\int_a^b f(t)g(t)\rho(t)dt$.

L'intégrale étant une forme linéaire positive sur les fonctions, φ est bilinéaire symétrique positive; elle est définie car $\phi(f) = \displaystyle\int_a^b f^2\rho = 0$ avec $f^2\rho$ continue implique $f^2\rho$ nulle, donc f nulle sauf *a priori* en des points isolés de $[a,b]$: par continuité f est nulle.

14.19. Cet espace n'est pas de Hilbert, même pas de temps en temps, une petite fois, avec ρ bien choisie. Non ! jamais !

En effet soit f_n de graphe ci après, (pour n assez grand).

Pour $n < m$, on a $f_m - f_n$ nulle sur $\left[a, \dfrac{a+b}{2}\right]$ et sur $\left[\dfrac{a+b}{2} + \dfrac{1}{n+1}, b\right]$ majorée par 1, en valeur absolue, sur $\left[\dfrac{a+b}{2}, \dfrac{a+b}{2} + \dfrac{1}{n+1}\right]$ donc

$\|f_m - f_n\|^2 \leqslant \displaystyle\int_{\frac{a+b}{2}}^{\frac{a+b}{2}+\frac{1}{n+1}} \rho(t)dt \leqslant \dfrac{\|\rho\|_\infty}{n+1}$, quantité qui tend vers 0 si

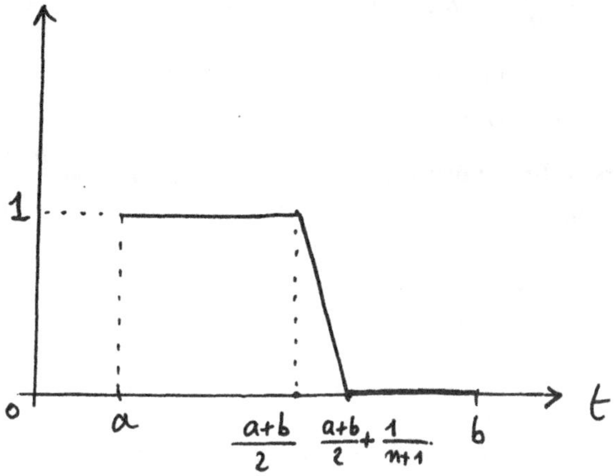

n tend vers l'infini donc la suite $(f_n)_{n\in\mathbb{N}}$ est de Cauchy dans E normé par $||f|| = \left(\int_a^b f^2\rho\right)^{1/2}$.

S'il y avait convergence, dans E, pour cette norme, vers g, on devrait avoir $g(t) = 1$ sur $\left[a, \frac{a+b}{2}\right[$ et $g(t) = 0$ sur $\left]\frac{a+b}{2}, b\right]$. En effet g dans E est continue. Soit $t_0 \in \left[a, \frac{a+b}{2}\right[$. Si $g(t_0) \neq 1$, la fonction $t \rightsquigarrow |g(t) - 1|$ étant continue, non nulle en t_0, si $c = |g(t_0) - 1|$, par continuité il existe un intervalle I contenant t_0, contenu dans $\left[a, \frac{a+b}{2}\right[$ de longueur non nulle sur lequel $|g(t) - 1| \geqslant \frac{c}{2}$. Comme pour tout n, $f_n(t) = 1$ sur $\left[a, \frac{a+b}{2}\right]$ on a

$$||g - f_n||^2 \geqslant \int_I (g - f_n)^2\rho \geqslant \left(\frac{c}{2}\right)^2 \int_I \rho$$

avec $\int_I \rho > 0$, donc $||g - f_n||$ ne peut pas tendre vers 0.

Sur $\left]\frac{a+b}{2}, b\right]$ on procède de même en commençant, si $g(t_1) \neq 0$, par fixer n_0 tel que $\frac{a+b}{2} + \frac{1}{n_0 + 1} < t_1$, puis en déterminant, par continuité de g, un intervalle J de longueur non nulle, contenant t_1, sur lequel

$|g(t)| \geqslant c = \dfrac{|g(t_1)|}{2}$ avec $J \subset \left[\dfrac{a+b}{2} + \dfrac{1}{n_0+1}, b\right]$. Alors $\forall n \geqslant n_0$, $g - f_n = g$ sur J et on aura $||g - f_n||^2 \geqslant \displaystyle\int_J c^2 \rho > 0$: ici encore les f_n ne convergent pas vers g.

Mais alors g, limite éventuelle, n'est pas continue en $\dfrac{a+b}{2}$. L'espace n'est pas complet. ■

Bien sûr, g est associé à la limite de la suite des f_n dans le complété de E car ... toute suite de Cauchy d'un espace E converge, si ce n'est pas dans E, c'est dans son complété (tome 2, théorème 4.111).

Je n'abandonne pas ces espaces, véritables « trésors » pleins de ressources.

En effet, dans E figurent les fonctions monômes $e_n : t \rightsquigarrow t^n$.

Le *procédé d'orthonormalisation de Schmidt*, (Théorème 14.8) permet donc de construire une famille $(P_n)_{n \in \mathbb{N}}$ de polynômes, de degrés échelonnés, orthogonaux pour le produit scalaire, de norme 1. De plus, si le signe du coefficient directeur est précisé ces polynômes sont déterminés de manière unique.

14.20. *Chaque P_n admet n zéros distincts dans* $]a, b[$, $(n \geqslant 1)$.

En effet, on commence par remarquer que si Q est de degré $q < n$, $Q \in \operatorname{Vect}(P_0, P_1, \dots, P_q)$, or les P_j, pour $j \leqslant q < n$ sont tous orthogonaux à P_n donc $\langle Q, P_n \rangle = 0$.

Soit alors $\alpha_1, \alpha_2, \dots, \alpha_r$ les zéros d'ordre impair de P_n dans $]a, b[$ ordonnés :

$$a < \alpha_1 < \alpha_2 < \dots < \alpha_r < b$$

Le polynôme Q défini par $Q(x) = \displaystyle\prod_{j=1}^{r} (x - \alpha_j)$ change de signe, sur $]a, b[$, en même temps que P_n, donc la fonction continue $x \rightsquigarrow Q(x)P_n(x)$ est de signe constant sur $[a, b]$, nulle en un nombre fini de points : on a $\langle Q, P_n \rangle = \displaystyle\int_a^b P_n Q \rho \neq 0$.

C'est donc que le degré r de Q vérifie $r \geqslant n$. Mais P_n, de degré n ayant au plus n zéros et en ayant r d'ordre impair avec $r \geqslant n$, c'est que $r = n$, et que tous les zéros de P_n sont simples et dans $]a, b[$. ■

Nous retrouverons ces polynômes au paragraphe suivant, car, comme les « pâtes riches » il s'agit d'une structure « riche ». Disons simplement qu'on peut prendre pour intervalle d'intégration un intervalle non borné, ou semi ouvert, et prendre des fonctions d'intégrale impropre convergente. Le schéma directeur reste le même.

Voici des exemples

14.21. E = {fonctions continues de $]-1,1[$ dans $\mathbb{R}$ telles que $\displaystyle\int_{-1}^{1} \frac{f^2(t)}{\sqrt{1-t^2}}dt$ converge},

$\displaystyle\langle f,g\rangle = \int_{-1}^{1} \frac{f(t)g(t)}{\sqrt{1-t^2}}dt$ conduit aux *polynômes de Tchebychev*, P_n, avec $P_n(x) = \cos(n \operatorname{Arccos} x)$.

14.22. $E = \mathcal{C}^\circ([-1,1],\mathbb{R})$, $\rho(t) = 1$, donc $\displaystyle\langle f,g\rangle = \int_{-1}^{1} f(t)g(t)dt$. On obtient les *polynômes de Legendre*, on a $\displaystyle P_n(x) = \frac{1}{2^n n!}\frac{d^n}{dx^n}[(x^2-1)^n]$.

14.23. E = {fonctions continues de $\mathbb{R}$ dans $\mathbb{R}$ telles que $\displaystyle\int_{\mathbb{R}} f^2(t)e^{-t^2}dt$ converge} ce qui conduit aux *polynômes de Hermite*.

Cette fois on obtient $\displaystyle P_n(x) = (-1)^n e^{x^2}\frac{d^n(e^{-x^2})}{dx^n}$.

14.24. E = {fonctions continues de $[0,+\infty[$ dans $\mathbb{R}$ telles que $\displaystyle\int_0^{+\infty} f^2(t)e^{-t}dt$ converge} conduit aux *polynômes de Laguerre*. On a $\displaystyle P_n(x) = \frac{e^x}{n!}\frac{d^n}{dx^n}(e^{-x}x^n)$.

La liste n'est pas close et tout lecteur peut inventer sa famille de polynômes personnalisée. La recette est simple : choisir l'intervalle et la fonction ρ puis ... établir des propriétés !

3. Projection orthogonale

Nous voici parvenus à ce que je pense être l'essentiel des espaces préhilbertiens : la projection orthogonale.

Rappelons d'abord qu'un projecteur, dans E espace vectoriel, est un endomorphisme p de E vérifiant $p^2 = p$. On a alors $E = p(E) \oplus \operatorname{Ker} p$ et si x de E se décompose en $y + z$ dans cette somme directe, on a $p(x) = y$, p s'appelant encore projection sur $p(E)$ parallèlement à $\operatorname{Ker} p$, (Algèbre 6.48).

DÉFINITION 14.25. — *Soit E préhilbertien réel. On dit qu'une projection p sur F parallèlement à G est orthogonale si et seulement si $G = F^\perp$.*

Donc avoir une projection orthogonale de E sur F équivaut à avoir $E = F \oplus F^\perp$.

Remarquons que, la forme quadratique servant à définir la structure préhilbertienne étant définie, on a $F \cap F^\perp = \{0\}$ pour tout sous-espace F de E, (x de $F \cap F^\perp$ est tel que $\langle x, x\rangle = ||x||^2 = 0$), cette condition de somme directe revient donc à justifier que $E = F + F^\perp$.

Avant de voir si, étant donné un sous-espace F de E, il existe une projection orthogonale sur F, voyons l'intérêt de cette notion.

THÉORÈME 14.26. — *Soit E un espace préhilbertien réel et F un sous espace tel que $E = F \oplus F^\perp$. Si x_0 de E se décompose en $x_0 = u_0 + v_0$ dans cette somme directe, ($u_0 \in F$, $v_0 \in F^\perp$), la distance de x_0 à F est atteinte en u_0 et vaut $||v_0||$.*

En effet, $(d(x_0, F))^2 = \inf\{||x_0 - u||^2;\ u \in F\}$.

Or $x_0 - u = (u_0 - u) + v_0$ avec $u_0 - u \in F$ et $v_0 \in F^\perp$: par Pythagore on a

$$||x_0 - u||^2 = ||u_0 - u||^2 + ||v_0||^2 \geqslant ||v_0||^2$$

borne inférieure atteinte lorsque $u = u_0$. ■

On verra comment on peut encore caractériser le point u_0 où cette distance est atteinte, à la remarque 14.33, et au lemme 14.32.

Venons-en à la question de savoir si, F étant donné, on peut projeter orthogonalement sur lui. La réponse sera : pas toujours !

THÉORÈME 14.27. — *Si F est sous-espace vectoriel de dimension finie de E préhilbertien, on a $E = F \oplus F^\perp$.*

En effet $F \cap F^\perp = \{0\}$ donc F est alors sous espace non isotrope de dimension finie, le résultat a été justifié, (Algèbre, théorème 11.25). ■

CONSÉQUENCE 14.28. — *Soit F sous-espace de dimension n, une base orthonormée $\mathcal{B} = \{e_1, \ldots, e_n\}$ de F. Si p est la projection orthogonale de E sur F, on a $\forall x \in E$, $p(x) = \sum_{i=1}^{n} \langle x, e_i \rangle e_i$.*

Car, en décomposant $p(x)$ dans la base $\mathcal{B}$ en $p(x) = \sum_{i=1}^{n} \alpha_i e_i$ on a $p(x)$ caractérisé par la condition : $x - p(x) \in \operatorname{Ker} p = F^{\perp}$ ce qui équivaut à :

$$\forall i = 1, \ldots, n, \ \langle x - p(x), e_i \rangle = 0$$

soit $\langle x, e_i \rangle - \alpha_i = 0$ d'où le résultat. ■

Voici un autre cas où la projection orthogonale existe.

THÉORÈME 14.29. — *Soit E préhilbertien réel et F un sous-espace vectoriel de E, complet pour la norme induite par celle de E. Alors $E = F \oplus F^{\perp}$.*

Procédons par étapes.

LEMME 14.30. — *(Théorème de Riesz). Soit K une partie non vide de E, complète et convexe. Alors pour tout $x \in E$ il existe un et un seul y de K tel que $\|x - y\| = d(x, K)$.*

Autrement dit, la distance de x au convexe complet K est atteinte en un point unique.

Soit $\delta = d(x, K) = \inf\{\|x - t\|; t \in K\}$. Ce réel existe et comme pour tout $n \in \mathbb{N}$, il existe $t_n \in K$ tel que $\|x - t_n\| \leqslant \delta + \dfrac{1}{n+1}$, (sinon δ non borne inférieure) on considère cette suite $(t_n)_{n \in \mathbb{N}}$ d'éléments de K telle que $\lim\limits_{n \to +\infty} \|x - t_n\| = \delta$.

Que faire de cette suite dans K complet, si ce n'est justifier qu'elle est de Cauchy ? Et pour cela évaluer $\|t_p - t_q\|$. On est dans un espace préhilbertien où l'on dispose de la *relation dite du parallélogramme* :

14.31. *Soient a et b dans E préhilbertien, on a $\|a + b\|^2 + \|a - b\|^2 = 2(\|a\|^2 + \|b\|^2)$*, (il suffit de développer), ou encore : la somme des carrés des longueurs des diagonales d'un parallélogramme est égale à la somme des carrés des longueurs des côtés.

On applique cette identité avec $a = t_p - x$ et $b = t_q - x$ d'où $a - b = t_p - t_q$ et $a + b = t_p + t_q - 2x = 2\left(\frac{t_p + t_q}{2} - x\right)$.

On a

$$||t_p - t_q||^2 + 4\left(\left\|\frac{t_p + t_q}{2} - x\right\|^2\right) = 2||x - t_p||^2 + 2||x - t_q||^2$$

d'où

$$||t_p - t_q||^2 \leqslant 2\left(\left(\delta + \frac{1}{p+1}\right)^2 + \left(\delta + \frac{1}{q+1}\right)^2 - 2\left\|x - \frac{t_p + t_q}{2}\right\|^2\right)$$

Mais K étant convexe, $\frac{t_p + t_q}{2} \in K$ donc $\left\|x - \frac{t_p + t_q}{2}\right\| \geqslant \delta$, d'où *a fortiori*

$$||t_p - t_q||^2 \leqslant 2\left(\left(\delta + \frac{1}{p+1}\right)^2 + \left(\delta + \frac{1}{q+1}\right)^2 - 2\delta^2\right)$$

majorant qui tend vers 0 si p et q tendent vers $+\infty$: on a bien $\forall \varepsilon > 0$, $\exists p_0 \in \mathbb{N}$, $\forall p \geqslant p_0$, $\forall q \geqslant p_0$, $||t_p - t_q||^2 \leqslant \varepsilon^2$: la suite est de Cauchy, dans K complet, donc convergente dans K. Soit y sa limite, la continuité de la norme dans un espace vectoriel normé implique que $||x - y|| = \lim_{n\to+\infty} ||x - t_n||$ soit $||x - y|| = \delta$.

Enfin, y est le seul élément de K convexe où la distance est atteinte.

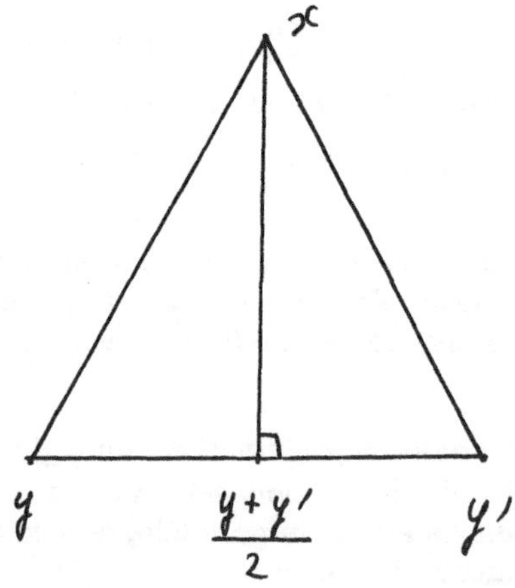

Si on avait $||x-y|| = ||x-y'|| = \delta$, le triangle (x, y, y') serait isocèle et comme $\dfrac{y+y'}{2} \in K$, on aurait

$$\left\|x - \frac{y+y'}{2}\right\|^2 = ||x-y||^2 - \left\|\frac{y-y'}{2}\right\|^2$$

Donc si $y \neq y'$, $\left\|x - \dfrac{y+y'}{2}\right\|^2 < \delta^2$, l'élément $\dfrac{y-y'}{2}$ serait donc trop près de x, d'où $y = y'$. ■

LEMME 14.32. — *L'élément y de K tel que $||x-y|| = d(x, K)$ est caractérisé par la condition : $y \in K$ et $\forall z \in K$, $\langle x-y, z-y\rangle \leqslant 0$.*

Si on suppose qu'il existe $y \in K$ tel que, $\forall z \in K$, $\langle x-y, z-y\rangle \leqslant 0$, on a

$$\begin{aligned} ||x-z||^2 &= ||(x-y)+(y-z)||^2 \\ &= ||x-y||^2 + 2\langle x-y, y-z\rangle + ||y-z||^2 \geqslant ||x-y||^2 \end{aligned}$$

puisque, par hypothèse, $2\langle x-y, y-z\rangle \geqslant 0$. Mais alors, la borne inférieure des $||x-z||^2$ quand z varie dans K est atteinte en y.

Réciproquement, soit y tel que $||x-y|| = d(x, K)$ et z dans K, pour tout $t \in [0, 1]$, l'élément $tz + (1-t)y$ est dans K, (convexe), donc

$$||x-y||^2 \leqslant ||x-(tz+(1-t)y)||^2 = ||(x-y)+t(y-z)||^2$$

soit

$$||x-y||^2 \leqslant ||x-y||^2 + t^2||y-z||^2 + 2t\langle x-y, y-z\rangle$$

d'où l'on déduit l'inégalité :

$$2t\langle x-y, z-y\rangle \leqslant t^2||y-z||^2$$

valable pour tout t de $]0, 1]$. On simplifie par t et on fait tendre t vers 0, il en résulte que $\langle x-y, z-y\rangle \leqslant 0$, d'où le résultat. ■

REMARQUE 14.33. — La justification du lemme 14.32 utilise le fait que K est convexe, et que $d(x, K)$ est atteinte, par le fait que K soit complet. Le résultat s'applique donc dans le cadre du théorème 14.27 ou plus généralement de tout projecteur orthogonal de E sur un sous-espace F

et *permet de dire que $y = p(x)$ est le seul élément de F, (convexe) tel que, $\forall z \in F$, $\langle x - y, z - y\rangle \leqslant 0$.*

Achevons la justification du théorème 14.29.

Soit E préhilbertien réel et F sous-espace complet de E.

Comme F, sous-espace vectoriel, est convexe, le théorème de Riesz (lemme 14.30), s'applique : pour chaque x de E, il existe un unique élément $y = p(x)$ dans F tel que $||x - (px)|| = d(x, F)$, donc aussi (lemme 14.32), tel que $\forall z \in F$, $\langle x - p(x),\ z - p(x)\rangle \leqslant 0$.

Mais, $\forall u \in F$, $z = u + p(x) \in F$, (sous-espace), et alors $z - p(x) = u$ d'où, $\forall u \in F$, $\langle x - p(x), u\rangle \leqslant 0$.

Comme $-u \in F$, on a aussi $\langle x - p(x), -u\rangle = -\langle x - p(x), u\rangle \leqslant 0$ d'où finalement $\forall u \in F$, $\langle x - p(x), u\rangle = 0$ donc $x - p(x) \in F^{\perp}$.

Enfin, on a $x = x - p(x) + p(x)$, donc $E = F^{\perp} + F$, puisque $x - p(x)$ est dans $F^{\perp}$ et $p(x)$ dans F, ce qui achève la justification du résultat $E = F \oplus F^{\perp}$. ■

REMARQUE 14.34. — Les calculs ont surtout fait intervenir le carré de la norme.

REMARQUE 14.35. — Une vision géométrique, (triangle isocèle, parallélogramme, angles obtus pour la condition $\langle x - y, z - y\rangle \leqslant 0$) permet de comprendre intuitivement la situation.

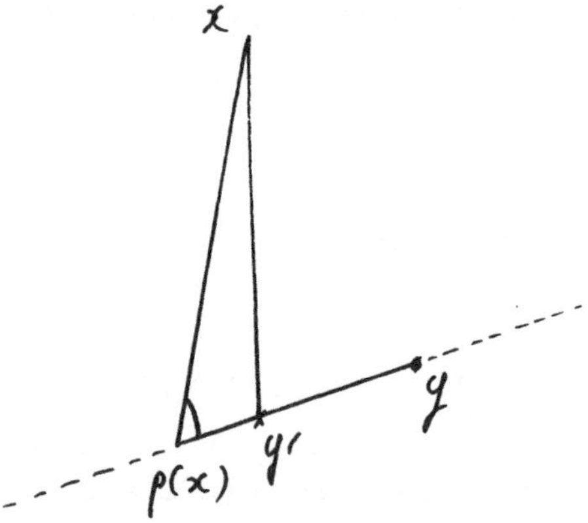

Si dans K convexe on a un y tel que l'angle $\widehat{xp(x)y}$ soit aigu, entre $p(x)$ et y il y a des points de K plus près de x que $p(x)$.

Voici d'autres résultats pour compléter cette étude.

THÉORÈME 14.36. — *Soit E préhilbertien réel. Si F est un sous-espace vectoriel de E tel que $E = F \oplus F^{\perp}$, on a F et $F^{\perp}$ fermés et $F = F^{\perp\perp}$.*

D'abord $F = F^{\perp\perp}$, car $F \subset (F^{\perp})^{\perp}$ est évident, (x de F est bien orthogonal à tout y de $F^{\perp}$ donc x vérifie la condition d'appartenance à $(F^{\perp})^{\perp}$). Puis, soit $x \in F^{\perp\perp}$, on le décompose en $x = y + z$ dans la somme directe $F \oplus F^{\perp}$. Comme $z \in F^{\perp}$ on a $\langle x, z\rangle = \langle y, z\rangle + ||z||^2 = 0$, or $y \in F$ donc $\langle y, z\rangle = 0$ il reste $||z||^2 = 0$ d'où $x = y \in F$ et l'inclusion $F^{\perp\perp} \subset F$.

Soit maintenant p la projection orthogonale sur F. Si x de E est décomposé en $x = y + z$ avec y dans F et z dans $F^{\perp}$, on a $p(x) = y$ et

$$||p(x)||^2 = ||y||^2 \leqslant ||y||^2 + ||z||^2 = ||x||^2$$

par Pythagore, d'où $\forall x \in E$, $||p(x)|| \leqslant ||x||$: l'application linéaire p est continue car 1 lipschitzienne (Tome 2, Théorème 6.18). Mais alors $F^{\perp} = p^{-1}(\{0\})$ est fermé comme image réciproque d'un fermé par p continue. Comme l'application $x \rightsquigarrow q(x) = x - p(x)$ est aussi continue, (c'est $q = \mathrm{id}_E - p$) et que $F = q^{-1}(\{0\})$ on a aussi F fermé de E. ■

REMARQUE 14.37. — *Le fait que F et $F^{\perp}$ soient fermés ne suffit pas pour obtenir $E = F \oplus F^{\perp}$.*

On va se placer dans E préhilbertien non complet, (sinon F fermé dans un complet serait complet et le Théorème 14.29 s'appliquerait.

Soit donc $E = \mathbb{R}[X]$, (espace de dimension dénombrable stricte, il ne sera pas complet), avec, si P et Q sont les polynômes $P(x) = \sum\limits_{n\in\mathbb{N}} a_n X^n$ et $Q = \sum\limits_{n\in\mathbb{N}} b_n X^n$, le produit scalaire $\langle P, Q\rangle = \sum\limits_{n\in\mathbb{N}} a_n b^n$, expression ayant un sens puisque les a_n et les b_n sont presque tous nuls.

On définit $l : E \longmapsto \mathbb{R}$ par $l(P) = \sum\limits_{n\in\mathbb{N}} \dfrac{a_n}{n+1}$, somme finie en fait.

Si $p = d^\circ P$, $l(P) = \sum\limits_{n=0}^{p} \dfrac{a_n}{n+1}$, donc par application de l'inégalité de Cauchy Schwarz dans $\mathbb{R}^{p+1}$ euclidien canonique on a

$$(l(P))^2 \leqslant \left(\sum_{n=0}^{p} \frac{1}{(n+1)^2}\right)\left(\sum_{n=0}^{p} a_n^2\right) \leqslant \left(\sum_{n=1}^{\infty} \frac{1}{n^2}\right) \cdot ||P||^2$$

Or, un exercice classique sur les séries de Fourier, (voir exercice 1, chapitre 15) donne $\sum_{n=1}^{\infty} \frac{1}{n^2} = \frac{\pi^2}{6}$. Il en résulte que : $|l(P)| \leqslant \frac{\pi}{\sqrt{6}} \|P\|$: l'application linéaire l est une forme continue donc son noyau F est un hyperplan fermé de E (hyperplan car $l \neq 0$).

On a $F^\perp = \{0\}$, en effet, si Q non nul existe dans $F^\perp$, soit $q = d^\circ Q$ et, pour $i \leqslant q$, on considère le polynôme $R_i(X) = -(i+1)X^i + (q+2)X^{q+1}$. On a $l(R_i) = -\frac{(i+1)}{i+1} + \frac{q+2}{q+2} = 0$, donc $R_i \in F$. Mais alors $\langle R_i, Q\rangle = 0$, d'où, si $Q(X) = \sum_{j=0}^{q} a_j X^j$, il vient $-(i+1)a_i = 0$. Donc chaque $a_i = 0 \Rightarrow Q = 0$.

On a donc F fermé, $F^\perp$ fermé, et $F \oplus F^\perp = F$, (car $F^\perp = \{0\}$) avec $F \neq E$ puisque la forme l n'est pas nulle, $l(X) = \frac{1}{2}$ par exemple.

Sur cet exemple, il n'y a pas de projection orthogonale sur F. ■

Cet exemple prouve aussi, puisque $F^\perp = \{0\}$, que $F^{\perp\perp} = E$ et on a $F \subsetneqq F^{\perp\perp}$, inclusion stricte.

L'étude des projections orthogonales permet d'introduire la notion de *famille totale*, qui montrera pourquoi on se contente des bases orthonormées dénombrables.

Je considère de nouveau $E = \mathcal{C}^\circ([a,b], \mathbf{R})$ muni du produit scalaire

$$\langle f, g\rangle = \int_a^b f(t)g(t)\rho(t)dt$$

(exemple 14.18).

Soit

$F = \{$restrictions des fonctions polynômes au segment $[a,b]\}$ et

$F_n = \{$restrictions des fonctions polynômes de degré n au plus, au segment $[0,b]\}$.

Le procédé d'orthonormalisation de Schmidt, appliqué à la base canonique de F formée des fonctions monômes donne une famille orthonormée $(e_n)_{n\in\mathbf{N}}$ de polynômes, de degrés échelonnés.

Pour chaque $n \in \mathbf{N}$, $(e_0, e_1, \ldots, e_n)$ est une base orthonormée de F_n. Soit alors $f \in E$. Comme F_n est de dimension finie, la projection orthogonale, f_n, de f sur F_n existe, et on sait que

$$f_n = \sum_{k=0}^{n} \langle f, e_k \rangle e_k$$

(conséquence 14.28).

On a $f = f - f_n + f_n$ avec $f - f_n \in F_n^{\perp}$ et $f_n \in F_n$ d'où

$$||f||^2 = ||f - f_n||^2 + ||f_n||^2$$

et, vu la décomposition de f_n dans une base orthonormée de F_n on a $||f_n||^2 = \sum_{k=0}^{n} (\langle f, e_k \rangle)^2$.

La série de terme général $(\langle f, e_k \rangle)^2$, positif, est donc convergente, la suite des sommes partielles étant majorée par $||f||^2$ puisque

$$\sum_{k=0}^{n} (\langle f, e_k \rangle)^2 = ||f||^2 - ||f - f_n||^2 \leqslant ||f||^2.$$

14.38. De plus, *sa somme vérifie l'inégalité* $\sum_{k=0}^{\infty} (\langle f, e_k \rangle)^2 \leqslant ||f||^2$ *dite inégalité de Bessel, (ou Parseval Bessel).*

On peut remarquer que tout ce qui précède peut se faire dans tout espace vectoriel préhilbertien réel E de dimension infinie, avec un sous-espace vectoriel F de dimension dénombrable stricte, et $(e_n)_{n \in \mathbb{N}}$ base orthonormée de F obtenue par le procédé d'orthonormalisation de Schmidt, à partir d'une base de F.

Par contre, ce qui suit va supposer que F est partout dense dans E (pour la norme préhilbertienne). Soit toujours $f \in E$.

Soit $\varepsilon > 0$, il existe $h \in F$ tel que $||f - h||^2 \leqslant \varepsilon$.

L'élément h de F se décomposant dans la base des $(e_n)_{n \in \mathbb{N}}$ avec un nombre fini de coordonnées non nulles, il existe n_0 dans $\mathbb{N}$ tel que $h \in \text{Vect}\,(e_0, e_1, \ldots, e_{n_0}) = F_{n_0}$.

Si f_{n_0} est la projection orthogonale de f sur F_{n_0}, on a alors

$$||f - h||^2 = ||f - f_{n_0} + f_{n_0} - h||^2$$

avec $f - f_{n_0} \in F_{n_0}^{\perp}$ et $f_{n_0} - h \in F_{n_0}$, donc
$||f - h||^2 = ||f - f_{n_0}||^2 + ||f_{n_0} - h||^2$ d'où $||f - f_{n_0}||^2 \leqslant ||f - h||^2 \leqslant \varepsilon$.

C'est encore :

$$||f - f_{n_0}||^2 = ||f||^2 - ||f_{n_0}||^2 = ||f||^2 - \sum_{k=0}^{n_0}(\langle f, e_k\rangle)^2 \leqslant \varepsilon$$

ou :

$$||f||^2 - \varepsilon \leqslant \sum_{k=0}^{n_0}(\langle f, e_k\rangle)^2 \leqslant ||f||^2$$

d'où, *a fortiori* vu l'inégalité de Benel, (14.38), on a :

$$\forall \varepsilon > 0,\ \exists n_0,\ \forall n \geqslant n_0,\ ||f||^2 - \varepsilon \leqslant \sum_{k=0}^{n}(\langle f, e_k\rangle)^2 \leqslant ||f||^2,$$

14.39. ce qui implique *l'égalité de Benel,* $||f||^2 = \sum_{k=0}^{\infty}(\langle f, e_k\rangle)^2$, *mais aussi le fait que pour la norme préhilbertienne, f est la somme de la série des* $\langle f, e_k\rangle e_k$.

14.40. *Quand on a cette situation, on dit que la famille orthonormée des $(e_k)_{k\in\mathbb{N}}$ est totale dans E* : c'est donc une base orthonormée de F sous-espace de E partout dense et de dimension dénombrable stricte.

Lien avec l'exemple : grâce au théorème de *Stone Weierstrass* (Théorème 12.61), on sait que $F = \{$restrictions à $[a, b]$ des fonctions polynômes$\}$ est partout dense, dans $E = \mathcal{C}^\circ([a, b])$ pour la norme de la convergence uniforme, $||f||_\infty = \sup\{|f(x)|,\ x \in [a, b]\}$.

Comme

$$(||f||)^2 = \int_a^b f^2(t)\rho(t)dt \leqslant \int_a^b ||f||_\infty^2 \rho(t)dt \leqslant ||f||_\infty^2 \int_a^b \rho(t)dt$$

en posant $\alpha = \int_a^b \rho(t)dt$, $\alpha > 0$ puisque ρ est positive continue non nulle, on a $||f|| \leqslant \sqrt{\alpha}||f||_\infty$, donc l'existence d'une suite d'éléments de F, convergeant pour $||\ ||_\infty$ vers un f donné de E, donne en même temps la convergence vers f de cette suite pour la norme préhilbertienne : on a bien F partout dense dans E pour la norme préhilbertienne et ce qui précède s'applique. ■

4. Espaces euclidiens

DÉFINITION 14.41. — *On appelle espace euclidien, tout espace vectoriel réel de dimension finie, muni d'une forme quadratique définie positive.*

On a vu, (théorème 14.8), qu'un tel espace admet des bases orthonormées pour le produit scalaire associé à la forme bilinéaire symétrique. ∎

Si $\mathcal{B} = (e_1, \dots, e_n)$ est une telle base orthonormée de E supposé de dimension n, on a $\forall i, \forall j$, dans $\{1, \dots, n\}$, $\langle e_i, e_j \rangle = 1$ si $i = j$, 0 sinon.

Si $x = \sum_{i=1}^{n} x_i e_i$ et $y = \sum_{i=1}^{n} y_i e_i$, alors le produit scalaire vaut $\langle x, y \rangle = \sum_{i=1}^{n} x_i y_i$ et la norme de x est $||x|| = \left(\sum_{i=1}^{n} x_i^2 \right)^{1/2}$.

Si F est sous-espace vectoriel de E, il est de dimension finie, donc $E = F \oplus F^{\perp}$ et la projection orthogonale sur F existe, (Théorème 14.27).

THÉORÈME 14.42. — *Soit F un sous-espace de dimension q de E espace euclidien de dimension n et $\{a_1, \dots, a_q\}$ une base orthonormée de F. Si $A_1, \dots, A_q$ sont les matrices colonnes des coordonnées de $a_1, \dots, a_q$ dans une base orthonormée B de E, la matrice de la projection orthogonale p de E sur F est $\sum_{j=1}^{q} A_j {}^t A_j$ dans cette base $\mathcal{B}$.*

On sait que $p(x) = \sum_{j=1}^{q} \langle x, a_j \rangle a_j$, la base $\{a_1, \dots, a_q\}$ de F étant orthonormée (conséquence 14.28). On décompose x et les a_j dans la base orthonormée $\mathcal{B}$ en $x = \sum_{i=1}^{n} x_i e_i$ et $a_j = \sum_{i=1}^{n} \alpha_{ij} e_i$. La $k^{\text{ième}}$ composante de $p(x)$ dans la base $\mathcal{B}$ sera : $y_k = \sum_{j=1}^{q} \langle x, a_j \rangle \alpha_{kj}$ ou encore

$$y_k = \sum_{j=1}^{q} \alpha_{k,j} \left(\sum_{i=1}^{n} \alpha_{ij} x_i \right) = \sum_{i=1}^{n} \left(\sum_{j=1}^{q} \alpha_{ij} \alpha_{kj} \right) x_i$$

Si on note $M = (m_{rs})_{1 \leqslant r,\ s \leqslant n}$ la matrice de p dans la base $\mathcal{B}$, on aura donc $m_{ki} = \sum_{j=1}^{q} \alpha_{kj}\alpha_{ij}$, or $\alpha_{kj}\alpha_{ij}$ est le terme de la $k^{\text{ième}}$ ligne, $i^{ième}$ colonne du produit matriciel

$$A_j\,{}^tA_j = \begin{pmatrix} \alpha_{1j} \\ \alpha_{2j} \\ \vdots \\ \alpha_{nj} \end{pmatrix} (\alpha_{1j} \ldots \alpha_{nj}).$$

On a bien $M = \sum_{j=1}^{q} A_j\,{}^tA_j$. ∎

Groupe orthogonal

On a vu que sur E, espace vectoriel muni d'une forme quadratique ϕ, on appelle opérateur orthogonal tout automorphisme u de E vérifiant : $\forall x \in E$, $\phi(u(x)) = \phi(x)$, (Algèbre, définition 11.26).

14.43. Dans le cadre des espaces préhilbertiens, on parlera d'isométrie puisque u conservant ϕ, conserve la norme en fait, et on peut affaiblir la définition parce que ϕ est définie positive.

THÉORÈME 14.44. — *Si u est une application de E dans E, espace euclidien, qui conserve le produit scalaire, alors u est linéaire injective donc c'est une isométrie.*

Linéaire injective impliquera surjective puisque E est de dimension finie. Dans le cadre de E préhilbertien réel, il faudrait imposer u surjective pour conclure u isométrie.

On veut justifier la linéarité de u, c'est-à-dire que $\forall (x, y) \in E^2$ et $\forall (\lambda, \mu) \in \mathbb{R}^2$, on a $u(\lambda x + \mu y) = \lambda u(x) + \mu u(y)$. On dispose d'une forme quadratique définie positive (ou non dégénérée positive). La nullité d'un vecteur sera obtenue s'il est dans le cône isotrope, (ou dans le noyau, démarche utilisée pour l'adjoint, un peu plus loin). C'est pourquoi on calcule $||u(\lambda x + \mu y) - \lambda u(x) - \mu u(y)||^2$, soit encore

$$\langle u(\lambda x + \mu y) - \lambda u(x) - \mu u(y),\ u(\lambda x + \mu y) - \lambda u(x) - \mu u(y)\rangle$$

Si on développe ce produit scalaire, on obtient neuf termes, du type .... $+\langle u(\lambda x + \mu y), -\lambda u(x)\rangle$... par exemple.

Dans chacun de ces termes, on peut, par bilinéarité, expulser les scalaires en facteur de u. Il vient des termes du type

$$\dots(-\lambda)\langle u(\lambda x + \mu y), u(x)\rangle \dots$$

La conservation du produit scalaire permet alors d'éliminer u, puis on fait rentrer les scalaires là où ils étaient avant d'aller faire un tour à l'extérieur : on a

$$\dots(-\lambda)\langle(\lambda x + \mu y), x\rangle \dots$$

puis

$$\dots + \langle(\lambda x + \mu y), -\lambda x\rangle \dots$$

et la somme des neuf termes ainsi transformés n'est autre que le développement de

$$||(\lambda x + \mu g) - \lambda x - \mu y||^2 = 0$$

puisque u a disparu. Magique, n'est-ce pas?

L'injectivité est alors évidente car $||u(x)||^2 = 0$, avec u qui conserve le produit scalaire, donc la norme, implique $||x||^2 = 0$ d'où $x = 0$. ■

Le fait qu'un espace vectoriel soit de dimension finie entraîne, entre autres conséquences, la traduction matricielle des propriétés, ce qui nécessite le choix d'une base. En structure euclidienne, les bases orthonormées s'imposent, d'où la question légitime de savoir ce qu'est la matrice S d'une isométrie, u, dans une base orthonormée $\mathcal{B}$ de E.

Soient x et y deux vecteurs de E, ayant pour matrices colonnes des composantes dans $\mathcal{B}$ les matrices X et Y. On note S la matrice de u.

L'égalité $\langle u(x), u(y)\rangle = \langle x, y\rangle$ se traduit matriciellement par : ${}^t(SX)I_n(SY) = {}^tXI_nY$, I_n matrice du produit scalaire dans la base orthonormée $\mathcal{B}$.

On a donc l'identité ${}^tX({}^tSS)Y = {}^tXI_nY$, valable pour toutes matrices colonnes X et Y d'où l'égalité ${}^tSS = I_n$.

Cette égalité est elle-même équivalente à $S\,{}^tS = I_n$ et à S inversible d'inverse S^{-1}.

DÉFINITION 14.45. — *Soit un corps commutatif K. On appelle matrice orthogonale d'ordre n sur K toute matrice S, carrée d'ordre n vérifiant l'une des 3 propriétés suivantes, équivalentes :*

1) ${}^tSS = I_n$,
2) ${}^tS = S^{-1}$,
3) $S\,{}^tS = I_n$.

14.46. On vérifie alors facilement que les matrices orthogonales sur K forment un *sous-groupe, pour le produit, de $GL(n, K)$, noté $O(n, K)$ (groupe orthogonal d'ordre n sur K) ou encore $O_n(K)$.*

14.47. Nous venons de voir que *le groupe $O(n, \mathbb{R})$ est le groupe des matrices des isométries de E euclidien de dimension n, dans une base orthonormée de E.* ■

On peut analyser un peu plus la situation, jusqu'aux termes de S.

THÉORÈME 14.48. — *Soit S une matrice carrée d'ordre n sur K, de terme général s_{ij}. Elle est orthogonale si et seulement si on a les relations $\sum_{i=1}^{n} s_{ij}s_{ik} = 0$ si $j \neq k$ et 1 si $j = k$; ou les relations $\sum_{j=1}^{n} s_{uj}s_{vj} = 0$ si $u \neq v$, 1 si $u = v$.*

En effet, le terme de la $j^{\text{ème}}$ ligne, $k^{\text{ième}}$ colonne de ${}^tSS$ s'obtient à partir de la $j^{\text{ème}}$ ligne de ${}^tS$, (donc la $j^{\text{ème}}$ colonne de S), et de la $k^{\text{ième}}$ colonne de S et vaut $\sum_{i=1}^{n} s_{ij}s_{ik}$. Les premières égalités signifient donc que ${}^tSS = In$. Les autres traduisent l'égalité $S^tS = I_n$. ■

REMARQUE 14.49. — Si $K = \mathbb{R}$, le premier groupe d'égalités traduit le fait que les vecteurs colonnes de S sont orthonormés pour le produit scalaire euclidien canonique de $\mathbb{R}^n$, ou encore que la *matrice S est dans $O(n, \mathbb{R})$ si et seulement si c'est une matrice de passage d'une base orthonormée à une autre base orthonormée.*

De même ($S \in O(n, \mathbb{R})$) $\Leftrightarrow$ (ses vecteurs lignes forment une famille orthonormée de $\mathbb{R}^n$ euclidien canonique).

REMARQUE 14.50. — *On justifie facilement que $O_n(\mathbb{R})$ est un compact de $\mathbb{R}^{n^2}$.*

Les applications $\theta_{j,k} : S \rightsquigarrow \theta_{jk}(S) = \sum_{i=1}^{n} s_{ij}s_{ik}$ sont continues de $\mathcal{M}_n(\mathbb{R}) = \mathbb{R}^{n^2}$ dans $\mathbb{R}$ car polynômiales, donc

$$O_n(\mathbb{R}) = \left(\bigcap_{\substack{j \neq k \\ 1 \leqslant j,k \leqslant n}} \theta_{jk}^{-1}(\{0\}) \right) \cap \left(\bigcap_{j=1}^{n} \theta_{jj}^{-1}(\{1\}) \right)$$

est donc un fermé de $\mathbb{R}^{n^2}$.

Il est borné car si $\sum_{i=1}^{n} (s_{ij})^2 = 1$, on a chaque $|s_{ij}| \leqslant 1$. On a un fermé borné de $\mathbb{R}^{n^2}$ donc un compact, (Tome 2, corollaire 2.22).

On peut également dire que $\theta : S \rightsquigarrow S\,{}^tS$ est continue de $\mathcal{M}_n(\mathbb{R})$ dans lui-même d'où $O_n(\mathbb{R}) = \theta^{-1}(\{I_n\})$ fermé.

REMARQUE 14.51. — L'égalité $S\,{}^tS = I_n$ implique $(\det S)^2 = 1$, donc, (sur $\mathbb{R}$), $\det S = 1$ ou -1.

Comme $S \rightsquigarrow \det S$ est un morphisme de groupe de $O_n(\mathbb{R})$ dans $\mathbb{R}^*$ multiplicatif, son noyau est un sous-groupe distingué de $O_n(\mathbb{R})$, *noté* $SO_n(\mathbb{R})$ *(sous-groupe orthogonal spécial d'ordre n sur* $\mathbb{R}$*).* L'interversion des initiales venant de la notation anglaise. Comme chacun sait, la traversée de la Manche à pour effet de retourner beaucoup de choses, on roule à gauche, les adjectifs changent de place, sans parler d'autres retournements...

Les isométries associées aux matrices de $SO_n(\mathbb{R})$ sont encore appelées directes, ou rotations. Si l'espace E est orienté, les matrices de $SO_n(\mathbb{R})$ sont encore celles de changement de bases orthonormées, qui conservent l'orientation, notion utilisée dans ce qui suit pour définir le produit mixte et le produit vectoriel.

Produit mixte

Soit E euclidien de dimension n, orienté. Soit $\mathcal{B}$ une base orthonormée directe, c'est-à-dire de même sens que la base dont le choix a orienté l'espace. C'est-à-dire que la matrice de passage de $\mathcal{B}$ à la base de référence est de déterminant positif.

Si $V_1, V_2, \ldots, V_n$ sont les vecteurs colonnes des composantes des vecteurs $v_1, v_2, \ldots, v_n$ dans la base $\mathcal{B}$, on note $\mathcal{V}$ la matrice carrée d'ordre n ayant les V_j pour vecteurs colonnes.

Soit $\mathcal{B}'$ une autre base orthonormée directe, et S la matrice de passage de $\mathcal{B}$ à $\mathcal{B}'$, on sait que S est orthogonale directe.

Soient $V_1', \ldots, V_j', \ldots, V_n'$ les vecteurs colonnes des composantes de $v_1, \ldots, v_n$ dans la base $\mathcal{B}'$ et $\mathcal{V}' = (V_1' | \ldots | V_n')$ la matrice de ces vecteurs colonnes.

Les relations $V_j = SV_j'$ traduisant le changement de base, donnent l'égalité $\mathcal{V} = S\mathcal{V}'$ et comme $\det S = 1$, on a $\det \mathcal{V} = \det \mathcal{V}'$. Ceci justifie la

DÉFINITION 14.52. — *Soit E un espace euclidien orienté de dimension n. On appelle produit mixte de n vecteurs $v_1, \ldots, v_n$, le scalaire noté $(v_1, v_2, \ldots, v_n) = \det(\mathcal{V})$, où $\mathcal{V}$ est la matrice des composantes de $v_1, v_2, \ldots, v_n$ dans une base $\mathcal{B}$ orthonormée directe de E.*

L'application $(v_1, \ldots, v_n) \rightsquigarrow (v_1, \ldots, v_n)$, (remarquez la subtilité des notations, à gauche c'est un n-uplet, à droite un scalaire !) ; disons plutôt : le produit mixte est une application n-linéaire alternée.

14.53. On a $(v_1, \ldots, v_n) = 0 \Leftrightarrow \{v_1, v_2, \ldots, v_n\}$ *famille liée*, puisque ceci équivaut à dire que la matrice $\mathcal{V}$ est de rang $r < n$, et que ce rang est alors celui du système des vecteurs, (Algèbre, Théorème 9.45).

REMARQUE 14.53.bis — *Si $n = 3$, le produit mixte de 3 vecteurs v_1, v_2, v_3 est le volume du parallélépipède d'arêtes v_1, v_2, v_3.*

Produit vectoriel

Soient $v_1, \ldots, v_{n-1}$ des vecteurs fixés dans E euclidien de dimension n, supposé orienté.

L'application $f : E \longmapsto \mathbb{R}$ définie par $v \rightsquigarrow f(v) = (v_1, \ldots, v_{n-1}, v)$, (produit mixte) est une forme linéaire, donc un élément du dual E^*.

Mais alors, δ étant l'isomorphisme de E sur E^* défini par la relation $\delta(y)(x) = \langle x, y \rangle$, $(\forall (x, y) \in E^2)$, il existe un et un seul vecteur w tel que $\delta(w) = f$ ce qui équivaut à :

$$\forall v \in E, \ \langle w, v \rangle = (v_1, \ldots, v_{n-1}, v)$$

(produit mixte).

14.54. *On note $v_1 \wedge v_2 \wedge \ldots \wedge v_{n-1}$ ce vecteur w, appelé produit vectoriel de $v_1, \ldots, v_{n-1}$.*

Il est facile de vérifier que l'application $(v_1, \dots, v_{n-1}) \rightsquigarrow v_1 \wedge v_2 \wedge \dots \wedge v_{n-1}$ est $n-1$ linéaire alternée. On a donc $v_1 \wedge \dots \wedge v_{n-1} = 0 \Leftrightarrow \{v_1, \dots, v_{n-1}\}$ liée.

Si $V_1, \dots, V_{n-1}$ sont les vecteurs colonnes des composantes de $v_1, \dots, v_{n-1}$ dans une base orthonormée directe $\mathcal{B} = (e_1, \dots, e_n)$ de E, et si on note $w = v_1 \wedge \dots \wedge v_{n-1} = \sum_{i=1}^{n} w_i e_i$, on aura $w_i = \langle w, e_i \rangle$ soit

$$w_i = (v_1, \dots, v_{n-1}, e_i) = \begin{vmatrix} V_1 & V_2 & \dots V_{n-1} & \begin{matrix} 0 \\ \vdots \\ 0 \\ 1 \\ 0 \\ \vdots \\ 0 \end{matrix} \end{vmatrix} \; i^{\text{ème}} \text{ ligne}$$

$$= (-1)^{n+i} \Delta_i$$

où Δ_i est le déterminant obtenu en supprimant la i^{ème} ligne de la matrice $(n, n-1)$ des composantes de $v_1, \dots, v_{n-1}$ dans la base $\mathcal{B}$.

A titre d'amusement, et pour voir comment interviennent ces notions, justifions le résultat suivant :

THÉORÈME 14.55. — *Soit E euclidien orienté de dimension n et $v_1, \dots, v_{n-1}$ des vecteurs de E. On a* $||v_1 \wedge \dots \wedge v_{n-1}|| \leqslant \prod_{j=1}^{n-1} ||v_j||$.

On est en structure euclidienne où la notion de base orthonormée est fondamentale. Le produit vectoriel fait intervenir des bases orthonormées.

Le mieux est donc d'attacher une base orthonormée à la famille $\{v_1, \dots, v_{n-1}\}$, si c'est possible, par le procédé d'orthonormalisation de Schmidt, car la matrice de passage étant triangulaire son déterminant se calcule aisément.

Ce préambule, c'est l'analyse de la situation, travail cérébral qui permet alors de partir et de dire :

1° cas $\{v_1, \dots, v_{n-1}\}$ famille liée, $||v_1 \wedge \dots \wedge v_{n-1}|| = ||0|| = 0$, l'inégalité est évidente.

2° cas $\{v_1, \dots, v_{n-1}\}$ est libre. On peut construire une famille orthonormée $\{w_1, \dots, w_{n-1}\}$, par le procédé d'orthonormalisation de

Schmidt. On aura $w_1 = \dfrac{v_1}{||v_1||}$. Puis on cherche $w'_2 = v_2 + \lambda_1 w_1$ de façon que $\langle w'_2, w_1\rangle = 0$. Mais alors $v_2 = w'_2 - \lambda_1 w_1$ donnera $||v_2||^2 = ||w'_2||^2 + \lambda_1^2||w_1||^2$ d'où $||w'_2|| \leqslant ||v_2||$.

On prend alors $w_2 = \dfrac{w'_2}{||w'_2||} = \dfrac{v_2}{||w'_2||}+$ vecteur colinéaire à v_1.

A la $p^{\text{ième}}$ *étape*. On choisit $w'_p = v_p + \sum_{j=1}^{p-1} \alpha_j w_j$, les α_j étant choisis tels que $\langle w'_p, w_j\rangle = \langle u_p, w_j\rangle + \alpha_j = 0$ pour $j = 1, \dots, p-1$.

On a donc $w'_p = v_p+$ un vecteur orthogonal à w'_p : par Pythagore $||v_p||^2 = ||w'_p||^2 + ||$ce vecteur que j'aurais du nommer $||^2 \geqslant ||w'_p||^2$.

On prend alors

$w_p = \dfrac{w'_p}{||w'_p||} = \dfrac{1}{||w'_p||}v_p+$ un vecteur de $\text{Vect}\,(w_1, w_2, \dots, w_{p-1})$, donc un vecteur de $\text{Vect}\,(v_1, v_2, \dots, v_{p-1}) = \text{Vect}\,(w_1, \dots, w_{p-1})$.

La matrice de passage de $v_1, \dots, v_{p-1}$ à $w_1, \dots, w_{p-1}$ est donc triangulaire supérieure du type

$$\begin{array}{c} \begin{array}{cccc} w_1 & w_2 & \cdots & w_{n-1} \end{array} \\ \begin{pmatrix} \dfrac{1}{||v_1||} & & & \\ & \dfrac{1}{||w'_2||} & * & \\ & & \ddots & \\ & 0 & & \dfrac{1}{||w'_{n-1}||} \end{pmatrix} \begin{array}{c} v_1 \\ v_2 \\ \vdots \\ v_{n-1} \end{array} \end{array}$$

Le produit vectoriel étant une application $n-1$ linéaire alternée on a

$$\begin{aligned} w_1 \wedge w_2 \wedge \ldots \wedge w_{n-1} &= \frac{1}{||v_1||}v_1 \wedge \left(\frac{1}{||w'_2||}v_2\right) \wedge \ldots \wedge \left(\frac{1}{||w'_{n-1}||}v_{n-1}\right) \\ &= \frac{1}{||v_1||\,||w'_2||\ldots||w'_{n-1}||}(v_1 \wedge \ldots \wedge v_{n-1}) \end{aligned}$$

les composantes suivant v_1 de w_2, puis suivant v_1 et v_2 de w_3... disparaissant.

Par ailleurs, si w_n est unitaire dans $(w_1, \dots, w_{n-1})^\perp$ on a $w_1 \wedge \ldots \wedge w_{n-1} = \pm w_n$, (vérification facile sur la définition), donc

$||w_1 \wedge \ldots \wedge w_{n-1}|| = 1$ d'où

$$||v_1 \wedge \ldots \wedge v_{n-1}|| = ||v_1||\ ||w'_2|| \ldots ||w'_{n-1}||$$

avec chaque $||w'_j|| \leqslant ||v_j||$, on a bien $||v_1 \wedge \ldots \wedge v_{n-1}|| \leqslant \prod_{j=1}^{n-1} ||v_j||$. ∎

Nous arrivons à une notion importante, (et amusante) dans les espaces euclidiens, celle *d'adjoint d'un opérateur*. Elle est amusante car les opérateurs linéaires vont se balader de droite à gauche, de gauche à droite (est-ce un parcours politique?) dans le produit scalaire, chaque passage faisant gagner une étoile, (c'est militaire) mais les étoiles ne se cumulant pas (pauvres généraux) car deux étoiles valent 0 étoile! Cette notion d'adjoint est tellement importante qu'elle mérite un paragraphe pour elle toute seule.

5. Adjoint d'un opérateur linéaire

THÉORÈME 14.56. — *Soit E euclidien et $u \in \text{Hom}(E)$. Il existe une et une seule application linéaire, notée u^*, de E dans E telle que $\forall (x,y) \in E^2$, $\langle u(x), y\rangle = \langle x, u^*(y)\rangle$.*

Soit δ l'application linéaire de E dans son dual E^* définie par $\delta(y)(x) = \langle x, y\rangle$, pour x et y dans E, (voir Algèbre 11.2, la définition de δ).

La forme bilinéaire produit scalaire étant non dégénérée, le noyau de δ est réduit à $\{0\}$, (Algèbre, Théorème 11.17), donc δ est injective de E dans E^*, espaces vectoriels de même dimension : δ est un isomorphisme.

On a alors

$$\langle u(x), y\rangle = \delta(y)(u(x)) = (\delta(y) \circ u)(x)$$

Comme $\delta(y) \in E^*$, on a $\delta(y) \circ u = {}^t u(\delta(y))$, (Algèbre, définition 6.100 pour ${}^t u$), donc

$$\langle u(x), y\rangle = ({}^t u(\delta(y)))(x)$$

Ce doit-être $\langle x, u^*(y)\rangle = \delta(u^*(y))(x)$. Mais alors, pour y fixé dans E, l'égalité $\delta(u^*(y))(x) = ({}^t u(\delta(y)))(x)$, valable pour tout x de E, équivaut à $\delta(u^*(y)) = {}^t u(\delta(y))$ et conduit à $u^*(y) = (\delta^{-1} \circ {}^t u \circ \delta)(y)$, ce qui prouve l'unicité de u^* telle que $\forall (x,y) \in E^2$, $\langle u(x), y\rangle = \langle x, u^*(y)\rangle$, et l'égalité $u^* = \delta^{-1} \circ {}^t u \circ \delta$ prouve la linéarité de u^*. ■

DÉFINITION 14.57. — *L'opérateur u^* vérifiant $\langle u(x), y\rangle = \langle x, u^*(y)\rangle$ pour tout (x, y) de E^2 s'appelle l'adjoint de u.*

La propriété

14.58. $$\forall (x,y) \in E^2,\ \langle u(x), y\rangle = \langle x, u^*(y)\rangle$$

ou la formule

14.59. $$u^* = \delta^{-1} \circ {}^t u \circ \delta$$

permettent de vérifier très facilement les propriétés suivantes.

THÉORÈME 14.60. — *Sur E euclidien on a :*

1) $\forall (u, v) \in (\mathrm{Hom}\,(E))^2,\ (u+v)^* = u^* + v^*$,

2) $\forall (\lambda, u) \in \mathbb{R} \times \mathrm{Hom}\,(E),\ (\lambda u)^* = \lambda u^*$,

3) $\forall (u, v) \in (\mathrm{Hom}\,(E))^2,\ (u \circ v)^* = v^* \circ u^*$,

4) $\forall u \in \mathrm{Hom}\, E,\ (u^*)^* = u$,

5) $u \in GL(E) \Leftrightarrow u^* \in GL(E)$ *et* $(u^*)^{-1} = (u^{-1})^*$,

6) $\det u^* = \det u$,

7) si A est la matrice de u dans une base orthonormée de E, celle de u^* dans cette base est ${}^t A$.

Par exemple : justifions le 7). Si $\mathcal{B}$ est une base orthonormée de E, la matrice du produit scalaire dans la base $\mathcal{B}$ est I_n, or c'est celle de δ, (Algèbre, Théorème 11.32), donc la matrice de $\delta^{-1} \circ {}^t u \circ \delta$ est $I_n {}^t A I_n = {}^t A$, si A est celle de u. ■

Voici d'autres propriétés.

THÉORÈME 14.61. — *Soit u en endomorphisme de E euclidien et u^* son adjoint. On a* $\mathrm{Im}\, u = (\mathrm{Ker}\, u^*)^{\perp}$ *et* $\mathrm{Ker}\, u = (\mathrm{Im}\, u^*)^{\perp}$.

Soit $y = u(x)$ un élément de $\mathrm{Im}\, u$. Il est dans $(\mathrm{Ker}\, u^*)^{\perp}$ car pour tout z de $\mathrm{Ker}\, u^*$ on a

$$\langle y, z\rangle = \langle u(x), z\rangle = \langle x, u^*(z)\rangle = \langle x, 0\rangle = 0$$

Donc $(\operatorname{Im} u) \subset (\operatorname{Ker} u^*)^\perp$.

Or si u est de range p, u^* est aussi de rang p, les matrices de u et de u^* dans une base orthonormée $\mathcal{B}$ étant de même rang vu le 7) du Théorème 14.60.

Donc $\operatorname{Ker} u^*$ est de dimension $n - p$ et $(\operatorname{Ker} u^*)^\perp$ de dimension $n - (n - p) = p$. Les sous-espaces $(\operatorname{Im} u)$ et $(\operatorname{Ker} u^*)^\perp$ étant de même dimension sont alors égaux.

De même $\operatorname{Ker} u$ et $(\operatorname{Im} u^*)^\perp$ sont tous deux de dimension $n - p$ et $\operatorname{Ker} u \subset (\operatorname{Im} u^*)^\perp$ car si $x \in \operatorname{Ker} u$ et $y = u^*(z) \in \operatorname{Im} u^*$ on a

$$\langle x, y \rangle = \langle x, u^*(z) \rangle = \langle u(x), z \rangle = \langle 0, z \rangle = 0$$

D'où l'égalité $\operatorname{Ker} u = \operatorname{Im} (u^*)^\perp$. ■

Comme $u^{**} = u$, (pauvres généraux !), en remplaçant u par u^* on a :

COROLLAIRE 14.62. — *Soit u un opérateur linéaire d'adjoint u^* sur E euclidien. On a* $\operatorname{Im} u^* = (\operatorname{Ker} u)^\perp$ *et* $\operatorname{Ker} u^* = (\operatorname{Im} u)^\perp$. ■

Pour justifier le théorème 14.61 on a utilisé le fait d'être en dimension finie car en dimension quelconque on peut avoir F sous-espace de E, isomorphe à E avec $F \subsetneq E$. Pour le résultat suivant, on peut aborder la dimension quelconque. Simplement dans ce cas tout opérateur u n'a pas forcément droit à son adjoint : cela devient une faveur obtenue par certains opérateurs seulement !

THÉORÈME 14.63. — *Soit E préhilbertien réel. Si $u \in$* $\operatorname{Hom}(E)$ *est tel qu'il existe $v \in L(E)$ vérifiant*

$$\forall (x, y) \in E^2, \ \langle u(x), y \rangle = \langle x, v(y) \rangle$$

alors v est unique à vérifier cette identité.

Car si on avait aussi w dans $L(E)$ tel que

$$\forall (x, y) \in E^2, \ \langle u(x), y \rangle = \langle x, w(y) \rangle = \langle x, v(y) \rangle$$

on aurait $\langle x, w(y) - v(y) \rangle = 0$, valable $\forall (x, y) \in E^2$, donc, pour y fixé, $w(y) - v(y) \in E^\perp$, noyau réduit à 0 de la forme bilinéaire produit scalaire. D'où, $\forall y \in E$, $w(y) = v(y)$. ■

THÉORÈME 14.64. — *Soit E préhilbertien réel et $u \in \operatorname{Hom}(E)$ ayant un adjoint u^*. Si F est sous-espace de E stable par u, alors $F^\perp$ est stable par u^*.*

Bien sûr, si E est euclidien, $u \in \operatorname{Hom}(E)$ admet un adjoint.

Soit en effet x dans $F^\perp$, on veut prouver que $u^*(x) \in F^\perp$, soit encore que $\forall z$ de F, $\langle z, u^*(x)\rangle = 0$.

Or $\langle z, u^*(x)\rangle = \langle u(z), x\rangle$ avec $z \in F$, stable par u, donc $u(z) \in F$ et $x \in F^\perp$: on a bien $\langle u(z), x\rangle = 0$ d'où le résultat. ■

Ne trouvez-vous pas agréable ce mouvement de bascule entre u et u^* ? C'est du Fragonard ! « Poussez, poussez, l'escarpolette ». Passons aux choses sérieuses concernant deux types d'opérateurs, les auto-adjoints et les isométries.

DÉFINITION 14.65. — *Un opérateur u de E préhilbertien réel est dit symétrique ou auto-adjoint si et seulement si il admet u pour adjoint.*

REMARQUE 14.66. — Pour E euclidien, u est auto-adjoint si et seulement si sa matrice dans une base orthonormée est symétrique, (donc égale à sa transposée). Voir le 7° du Théorème 14.60.

La propriété *fondamentale des opérateurs auto-adjoints sur E euclidien est d'admettre des bases orthonormées de vecteurs propres.*

Pour établir ce résultat, on justifie d'abord :

THÉORÈME 14.67. — *Soit A une matrice carrée d'ordre n sur $\mathbb{R}$, symétrique. Ses valeurs propres sont réelles.*

Soit χ_A le polynôme caractéristique de A, considéré comme à coefficients complexes, λ une racine de χ_A et $Z = \begin{pmatrix} z_1 \\ \vdots \\ z_n \end{pmatrix}$ un vecteur propre, (dans $\mathbb{C}^n$) associé, non nul.

On a $AZ = \lambda Z$, d'où en conjuguant, $\overline{AZ} = \overline{\lambda Z} = A\overline{Z}$ puisque A est à coefficients réels.

Si on calcule le produit matriciel ${}^tZA\overline{Z}$, c'est une matrice (1,1), donc un scalaire, égal à son transposé, ${}^t\overline{Z}{}^tAZ$, d'où comme A est symétrique, l'égalité

$$ {}^tZA\overline{Z} = {}^t\overline{Z}AZ $$

Or

$$ {}^t Z A \overline{Z} = {}^t Z(\overline{\lambda Z}) = \overline{\lambda} \sum_{k=1}^{n} z_k \overline{z}_k $$

et

$$ {}^t \overline{Z} A Z = {}^t \overline{Z}(\lambda Z) = \lambda \sum_{k=1}^{n} \overline{z}_k z_k. $$

Finalement $(\overline{\lambda} - \lambda)\left(\sum_{k=1}^{n} |z_k|^2\right) = 0$, comme $Z \neq 0$, $\sum_{k=1}^{n} |z_k|^2 > 0$: on en déduit que $\lambda = \overline{\lambda}$ est bien réel. ■

THÉORÈME 14.68. — *Soit u auto-adjoint sur E euclidien. Les valeurs propres de u sont réelles. Les sous-espaces propres associés à des valeurs propres distinctes sont orthogonaux entre eux. Il existe une base orthonormée de vecteurs propres pour u.*

La matrice de u dans une base orthonormée de E étant symétrique, ses valeurs propres sont réelles, comme on vient de le justifier.

Soient λ_1 et λ_2 deux valeurs propres distinctes de u et x_1 et x_2 deux vecteurs propres non nuls associés.

On a

$$ \begin{aligned} \lambda_1 \langle x_1, x_2 \rangle &= \langle \lambda_1 x_1, x_2 \rangle = \langle u(x_1), x_2 \rangle \\ &= \langle x_1, u^*(x_2) \rangle = \langle x_1, u(x_2) \rangle, \ (u \text{ symétrique}), \\ &= \langle x_1, \lambda_2 x_2 \rangle = \lambda_2 \langle x_1, x_2 \rangle \end{aligned} $$

donc $(\lambda_1 - \lambda_2)\langle x_1, x_2 \rangle = 0$.

Comme $\lambda_1 - \lambda_2 \neq 0$ c'est que $\langle x_1, x_2 \rangle = 0$: *des sous-espaces propres associés à des valeurs propres distinctes sont orthogonaux entre eux.*

Soit alors $\lambda_1, \ldots, \lambda_k$ toutes les valeurs propres distinctes de u, $F_1, \ldots, F_k$ les sous-espaces propres associés, et $F = \bigoplus_{j=1}^{k} F_j$.

Chaque F_j étant stable par u, F est stable par u donc $F^{\perp}$ est stable par $u^* = u$, (Théorème 14.64).

Supposons $F \neq E$, alors $F^\perp \neq \{0\}$, (il est de dimension $n - \dim F$), et si v est l'endomorphisme induit par u sur $F^\perp$, on a, $\forall (x, y) \in (F^\perp)^2$, $\langle v(x), y\rangle = \langle x, v(y)\rangle$ puisqu'en fait c'est $\langle u(x), y\rangle = \langle x, u(y)\rangle$ et que u est auto-adjoint.

Mais alors v admet encore des valeurs propres réelles (Théorème 14.67), qui sont des valeurs propres de u, donc des λ_j, et avec x vecteur propre associé non nul, on aurait $x \in F^\perp$ mais aussi $x \in F_j \subset F$ donc $x \in F \cap F^\perp = \{0\}$, bizarre!

C'est donc que $F = E = \bigoplus_{j=1}^{k} F_j$: l'endomorphisme u est diagonalisable. Enfin, dans chaque F_j, sous-espace de dimension finie, on peut choisir une base $\mathcal{B}_j$ orthonormée, alors $\mathcal{B} = \bigcup_{j=1}^{k} \mathcal{B}_j$ est une base orthonormée de vecteurs propres pour u. ∎

COROLLAIRE 14.69. — *Une matrice symétrique réelle est diagonalisable dans le groupe orthogonal.*

C'est-à-dire : si ${}^tA = A$, $A \in \mathcal{M}_n(\mathbb{R})$, il existe $P \in O_n(\mathbb{R})$ telle que $P^{-1}AP = {}^tPAP$ soit diagonale.

En effet soit $A \in \mathcal{M}_n(\mathbb{R})$, symétrique. On introduit $\mathbb{R}^n$ euclidien canonique, $\mathcal{B}_0$ la base canonique, orthonormée et u l'endomorphisme de matrice A dans la base $\mathcal{B}_0$. Cet endomorphisme est auto-adjoint donc il existe une base $\mathcal{B}$ orthonormée de vecteurs propres. Si P est la matrice de passage de $\mathcal{B}_0$ à $\mathcal{B}$ elle est orthogonale, (remarque 14.49), et $P^{-1}AP = {}^tPAP$ est diagonale.

COROLLAIRE 14.70. — *(du corollaire 14.69 en fait). Soit A une matrice carrée réelle symétrique. La signature de la forme quadratique ayant A pour matrice dans une base donnée de $E = \mathbb{R}^n$ est le couple (p, q) avec p (resp q) nombre de valeurs propres > 0 (resp < 0) comptées avec leur multiplicité.*

En effet, remplacer A par $A' = {}^tPAP$ c'est changer de base pour une forme quadratique. Si donc P est une matrice de diagonalisation orthogonale, de A, on décompose la forme quadratique en carrés. Il suffit de considérer le spectre de A pour avoir les coefficients d'une décomposition en carrés particulière. ∎

THÉORÈME 14.71. — *Soient φ_0 et φ deux formes bilinéaires symétriques sur $E \simeq \mathbb{R}^n$. On suppose φ_0 définie positive. Alors il existe des bases de E orthonormées pour φ_0 et conjuguées pour φ.*

Sur $E = \mathbb{R}^n$ on met la structure euclidienne de produit scalaire φ_0, noté désormais $\langle\ ,\ \rangle$.

On définit $u \in \mathrm{Hom}\,(E)$ par l'identité :

$$\forall (x, y) \in E^2,\ \langle x, u(y)\rangle = \varphi(x, y)$$

soit avec δ et δ_φ applications de E dans E^* associée aux formes bilinéaires φ et φ_0 (voir Algèbre 11.2), par la relation :

$$\delta(u(y))(x) = \delta_\varphi(y)(x).$$

Pour y fixé, cette égalité valable pour tout x signifie que les formes linéaires $\delta(u(y))$ et $\delta_\varphi(y)$ sont égales, donc, δ étant un isomorphisme de E sur son dual, que $u(y) = \delta^{-1} \circ \delta_\varphi(y)$, ce qui justifie l'existence de u et son caractère linéaire.

Cet opérateur u est autoadjoint car, $\forall (x, y) \in E^2$ on a

$$\begin{aligned}\langle x, u(y)\rangle &= \varphi(x, y) = \varphi(y, x),\ (\varphi \text{ étant symétrique})\\ &= \langle y, u(x)\rangle,\ (\text{définition de } u), \text{ donc c'est aussi}\\ &= \langle u(x), y\rangle, \text{donc } u^* = u.\end{aligned}$$

Mais alors, il existe une base orthonormée $\mathcal{B} = \{\varepsilon_1, \dots, \varepsilon_n\}$ de vecteurs propres pour u. Si $\lambda_1, \dots, \lambda_n$ sont les valeurs propres associées, avec $x = \sum_{i=1}^{n} x_i\varepsilon_i$ et $y = \sum_{i=1}^{n} y_i\varepsilon_i$ on aura

$$\begin{aligned}\varphi(x, y) = \langle x, u(y)\rangle &= \langle \sum_{i=1}^{n} x_i\varepsilon_i,\ \sum_{j=1}^{n} \lambda_j y_j \varepsilon_j\rangle\\ &= \sum_{i=1}^{n} \lambda_i x_i y_i.\end{aligned}$$

La matrice de φ dans la base $\mathcal{B}$ est $\mathrm{diag}\,(\lambda_1, \dots, \lambda_n)$, alors que celle de φ_0 est I_n, (base orthonormée) : on a bien une base $\mathcal{B}$ conjuguée pour φ et orthonormée pour φ_0. ■

COROLLAIRE 14.72. — *Soient A et B deux matrices symétriques réelles, A étant définie positive. Il existe P matrice régulière telle que ${}^tPAP = I_n$ et ${}^tPBP = \text{diag}(\lambda_1, \ldots, \lambda_n)$.*

On se place sur $\mathbb{R}^n$ rapporté à une base $\mathcal{B}_0$, on considère la structure euclidienne associée à la forme φ_0 de matrice A dans $\mathcal{B}_0$, la forme φ de matrice B dans la base $\mathcal{B}_0$ et on applique ce qui précède, avec P matrice de passage de $\mathcal{B}_0$ à $\mathcal{B}$, orthonormée pour φ_0 et conjuguée pour φ. ■

Attention, il s'agit d'une réduction simultanée de deux formes quadratiques, pas d'une diagonalisation, d'ailleurs si ${}^tP = P^{-1}$ et si $P^{-1}AP = I_n$ c'est que $A = PI_nP^{-1} = I_n$ en fait.

Il peut être intéressant de caractériser les matrices symétriques associées à des formes définies positives, ou plus brièvement des matrices définies positives. On a

THÉORÈME 14.73. — *Sur $E \simeq \mathbb{R}^n$, ϕ forme quadratique de matrice A dans une base est définie positive si et seulement si les n mineurs fondamentaux de A sont strictements positifs.*

Si $A = (\alpha_{ij})_{1 \leqslant {i \atop j} \leqslant n}$, on appelle *mineurs fondamentaux* les n déterminants des matrices $A_k = (\alpha_{ij})_{1 \leqslant i,j \leqslant k}$, pour $k = 1, \ldots, n$.

Soit $\mathcal{B} = \{e_1, \ldots, e_n\}$ une base fixée de E.

Si ϕ a pour matrice A dans la base $\mathcal{B}$, et si on note $E_k = \text{Vect}\,(e_1, \ldots, e_k)$ et ϕ_k la restriction de ϕ à E_k, la matrice de ϕ_k dans la base $\mathcal{B}_k = (e_1, \ldots, e_k)$ de E_k est A_k.

Si ϕ est définie positive, il en est de même de chaque ϕ_k sur E_k, donc les valeurs propres de A_k sont > 0 (elles donnent la signature $(k, 0)$ de ϕ_k : corollaire 14.70) donc leur produit, c'est-à-dire $\det A_k$, est strictement positif.

Réciproquement. On procède par récurrence sur n.

Si $n = 1$, $A = (a)$ avec $a > 0$, alors $\phi(x) = ax^2$ est bien définie positive sur $\mathbb{R}$.

On suppose le résultat acquis si $\dim E = n - 1$.

Soit E de dimension n, et A une matrice symétrique ayant tout ses mineurs fondamentaux > 0, *a fortiori* les mineurs fondamentaux de A_{n-1} le sont.

En prenant encore $\mathcal{B} = (e_1, \ldots, e_n)$ une base de E et ϕ forme quadratique de matrice A dans la base $\mathcal{B}$, on a $\phi_{n-1} = \phi\big|_{E_{n-1}}$ avec

$E_{n-1} = \text{Vect}\{e_1, \ldots, e_{n-1}\}$ qui est donc définie positive, vu l'hypothèse de récurrence.

Soit E_{n-1}^0 le conjugué, pour ϕ, de E_{n-1}. Si $x \in E_{n-1} \cap E_{n-1}^0$ on a $\phi(x) = \varphi(x, x) = 0$.

Or, c'est encore $\phi_{n-1}(x)$, avec ϕ_{n-1} définie positive, donc $x = 0$.

Mais alors E_{n-1}^0 est de dimension 1, (on a $\dim E_{n-1} + \dim E_{n-1}^0 = n + \dim(E_{n-1} \cap E^0)$ d'après le Théorème 11.35 du tome 1, Algèbre, donc $\dim E_{n-1} + \dim E_{n-1}^0 \geqslant n$, avec $\dim E_{n-1} = n - 1$ d'où $\dim E_{n-1}^0 \geqslant 1$ et vu l'intersection $E_{n-1} \cap E_{n-1}^0 = \{0\}$, les 2 sous-espaces sont en somme directe, donc $\dim E_{n-1}^0 \leqslant 1$). On a en outre $E = E_{n-1} \oplus E_{n-1}^0$.

Si $E_{n-1}^0 = \mathbb{R}a$, et si $\mathcal{B}_{n-1}$ est une base de E_{n-1}, dans la base $\mathcal{B}_{n-1} \cup \{a\}$ de E la matrice de ϕ sera du type

$$\Omega = \left(\begin{array}{c|c} \Omega_{n-1} & 0 \\ \hline 0 & \lambda \end{array}\right)$$

avec Ω_{n-1} matrice carrée d'ordre $n-1$ de ϕ_{n-1}, et $\lambda = \phi(a) \in \mathbb{R}$.

Avec P matrice de passage, on a $\Omega = {}^tPAP$ donc $\det \Omega = (\det A)(\det P)^2$ d'où $\det \Omega > 0$, soit $(\det \Omega_{n-1})\lambda > 0$ et comme ϕ_{n-1} est définie positive, on a $\det(\Omega_{n-1}) > 0$ d'où $\lambda > 0$.

Finalement, avec $x = x_{n-1} + \xi a$, $(x_{n-1} \in E_{n-1})$ on a $\phi(x) = \phi_{n-1}(x_{n-1}) + \xi^2\lambda \geqslant 0$, et $\phi(x)$ est nul si et seulement si $\xi = 0$ et $\phi_{n-1}(x_{n-1}) = 0$ soit encore $\phi(x) = 0 \Leftrightarrow x = 0$, puisque ϕ_{n-1} est définie positive.

On a bien la réciproque. ■

COROLLAIRE 14.74. — *$\mathcal{S}^+ = \{$matrices carrées symétriques définies positives d'ordre $n\}$ est un ouvert de $\mathcal{S} = \{$matrices carrées symétriques d'ordre $n\}$.*

Car chaque application $\theta_k : A \rightsquigarrow \det(A_k)$, ($k = 1, \ldots, n$, avec les A_k mineurs fondamentaux de A) est continue et $\mathcal{S}^+ = \bigcap_{k=1}^{n} \theta_k^{-1}(]0, +\infty[)$ est alors un ouvert de $\mathcal{S}$. ■

Un autre résultat amusant concerne la norme d'application linéaire associée à une application linéaire, dans le cadre euclidien.

THÉORÈME 14.75. — *Soit E un espace euclidien et $u \in \text{Hom}(E)$. La norme d'application linéaire continue, $|||u|||$ est égale à la racine carrée du rayon spectral de u^*u.*

14.76. **Rappelons que le *rayon spectral* d'une matrice carrée B de $\mathcal{M}_n(\mathbb{R})$ (ou de $\mathcal{M}_n(\mathbb{C})$) est la borne supérieure de l'ensemble des modules des valeurs propres, dans $\mathbb{C}$, de B.**

Il s'agit d'évaluer $|||u||| = \sup\{||u(x)||;\ ||x|| = 1\}$. Les espaces préhilbertiens, c'est le domaine du carré des normes.

On a $||u(x)||^2 = \langle u(x), u(x)\rangle = \langle x, u^*u(x)\rangle$ par définition de l'adjoint.

Or u^*u est un opérateur auto-adjoint ($(u^*u)^* = u^*u^{**} = u^*u$), donc diagonalisable dans le groupe orthogonal.

Soit $\mathcal{B} = (e_1, \dots, e_n)$ une base orthonormée de vecteurs propres pour u^*u, pour les valeurs propres $\lambda_1, \dots, \lambda_n$.

D'abord les λ_i sont $\geqslant 0$ car $\langle e_i, u^*u(e_i)\rangle = \langle e_i, \lambda_i e_i\rangle = \lambda_i ||e_i||^2$ avec e_i unitaire. Mais c'est aussi $\langle u(e_i), u(e_i)\rangle = ||u(e_i)||^2$ d'où $\lambda_i = ||u(e_i)||^2 \geqslant 0$.

Puis, si $x = \sum_{i=1}^{n} x_i e_i$ est de norme 1, on a

$$||u(x)||^2 = \langle x, u^*u(x)\rangle = \langle \sum_{j=1}^{n} x_j e_j, \sum_{i=1}^{n} x_i u^*u(e_i)\rangle$$

avec $u^*u(e_i) = \lambda_i e_i$. Comme la base $\mathcal{B}$ est orthonormée, on a :

$$||u(x)||^2 = \sum_{i=1}^{n} \lambda_i x_i^2 \leqslant \rho(u^*u) \sum_{i=1}^{n} x_i^2 = \rho(u^*u)$$

d'où $\sup\{||u(x)||^2;\ ||x|| = 1\} \leqslant \rho(u^*u)$.

Or le rayon spectral, $\rho(u^*u)$ est atteint pour l'indice i_0, on a $||u(e_{i_0})||^2 = \lambda_{i_0} = \rho(u^*u)$ donc en fait la borne supérieure de $\{||u(x)||^2, ||x|| = 1\}$ est bien $\rho(u^*u)$ et $|||u||| = (\rho(u^*u))^{1/2}$. ■

Voyons maintenant ce que l'on peut dire sur les isométries.

6. Isométries

DÉFINITION 14.77. — *Sur E préhilbertien réel, on appelle isométrie, tout automorphisme u qui conserve la norme.*

THÉORÈME 14.78. — *Une application linéaire u de E dans E, E préhilbertien réel, est une isométrie si et seulement si u admet un adjoint u^* avec $u^* = u^{-1}$.*

Sur E euclidien, donc de dimension finie, l'existence de l'adjoint est un droit pour u, il reste donc (u isométrie) $\Leftrightarrow$ ($u^* = u^{-1}$).

Si u est une isométrie, u est linéaire bijective de E dans E et $\forall(x, y)$ de E^2, $\langle u(x), u(y)\rangle = \langle x, y\rangle$ car la conservation de la forme quadratique $|| \, ||^2$ implique celle de sa forme polaire, ici le produit scalaire.

En posant $u(y) = z$, ou encore $y = u^{-1}(z)$, on a z qui décrit E lorsque y varie dans E et finalement

$$\forall(x, z) \in E^2, \ \langle u(x), z\rangle = \langle x, u^{-1}(z)\rangle$$

ce qui prouve que u admet un adjoint, qui n'est autre que u^{-1}, (Théorème 14.63).

Réciproquement si on suppose que u admet u^{-1} pour adjoint, on a déjà u linéaire bijectif et

$$\forall(x, y) \in E^2, \langle u(x), y\rangle = \langle x, u^{-1}(y)\rangle$$

donc avec $z = u^{-1}(y)$ qui décrit E quand y varie, on a cette fois

$$\forall(x, z) \in E^2, \ \langle u(x), u(z)\rangle = \langle x, z\rangle$$

u conserve le produit scalaire, donc la norme. C'est une isométrie. ■

THÉORÈME 14.79. — *Les seules valeurs propres réelles possibles d'une isométrie sont* 1 *et* −1.

Car si λ est valeur propre réelle d'une isométrie u, et si x est un vecteur propre associé non nul, on a $||u(x)|| = ||\lambda x|| = |\lambda| \, ||x||$.

Or la norme étant conservée, c'est aussi $||x||$, d'où $(1 - |\lambda|)||x|| = 0$ avec $x \neq 0$. On a $|\lambda| = 1$ donc $\lambda = \pm 1$ dans $\mathbb{R}$. ■

Le problème c'est qu'une isométrie peut fort bien ne pas avoir de valeur propre réelle ! C'est le cas des rotations du plan, d'angle non nul modulo π. Mais on a, en dimension finie :

THÉORÈME 14.80. — *Soit u une isométrie de E euclidien, sans valeur propre réelle, elle admet des sous-espaces stables de dimension 2.*

En effet $v = u + u^*$ est auto-adjoint car $u^{**} = u$. On est en dimension finie donc v auto-adjoint à toutes ses valeurs propres réelles (Théorème 14.68). Soit λ une valeur propre réelle de v et x un vecteur propre non nul associé. On a $v(x) = u(x) + u^{-1}(x) = \lambda x$.

On prend l'image par u donc $\lambda u(x) = u^2(x) + x$ d'où

$$u^2(x) = -x + \lambda u(x) \in F = \mathrm{Vect}\,(x, u(x))$$

Comme $u(x) \in F$ ainsi que $u(u(x))$, c'est que F est stable par u. C'est un plan, sinon $u(x)$ serait colinéaire à x et u aurait alors une valeur propre réelle, ce qui est écarté. ■

On a utilisé le fait que u est une isométrie. Mais cette hypothèse est inutile. Plus généralement on a :

THÉORÈME 14.81. — *Soit E un espace vectoriel réel de dimension finie, u un endomorphisme de E n'ayant pas de valeur propre réelle. Alors E admet au moins un sous-espace stable de dimension 2.*

Soit $\mathcal{B}$ une base fixée de E et U la matrice de u dans cette base.

Si λ est une racine, complexe non réelle, du polynôme caractéristique de u, il existe une matrice colonne complexe d'ordre n, Z, non nulle, telle que $UZ = \lambda Z$.

Posons $\lambda = \alpha + i\beta$ avec $\beta \neq 0$ et $Z = X + iY$, X et Y matrices colonnes réelles.

On a

$$UX + iUY = (\alpha + i\beta)(X + iY) = \alpha X - \beta Y + i(\beta X + \alpha Y)$$

d'où $UX = \alpha X - \beta Y$ et $UY = \beta X + \alpha Y$.

De plus $\overline{\lambda} = \alpha - i\beta$ est aussi valeur propre de u, avec $\overline{Z} = X - iY$ pour matrice colonne vecteur propre, (on conjugue $UZ = \lambda Z$). Comme $\lambda \neq \overline{\lambda}$ (car $\beta \neq 0$), Z et $\overline{Z}$ sont indépendants sur $\mathbb{C}$. La matrice de passage de la famille $\{X, Y\}$ à $\{Z, \overline{Z}\}$ est $\begin{pmatrix} 1 & 1 \\ i & -i \end{pmatrix}$, régulière, (déterminant $-2i$), donc les vecteurs colonnes X et Y considérés dans $\mathbb{C}^n$, sont indépendants sur $\mathbb{C}$, donc *a fortiori* sur $\mathbb{R}$.

Mais alors $F = \mathrm{Vect}\,(X, Y)$ est un plan de E stable par u. ■

THÉORÈME 14.82. — *Soit P un plan et u une isométrie de P. Il existe une base orthonormée de P dans laquelle la matrice de P est soit du type* $\begin{pmatrix} \cos\theta & -\sin\theta \\ \sin\theta & \cos\theta \end{pmatrix}$ *si u est directe, soit du type* $\begin{pmatrix} 1 & 0 \\ 0 & -1 \end{pmatrix}$.

Soit $\{x, y\}$ une base orthonormée de P, et $U = \begin{pmatrix} a & b \\ c & d \end{pmatrix}$ la matrice de u dans cette base.

La relation $||u(x)||^2 = ||x||^2 = 1$ donne $a^2 + c^2 = 1$ et $||u(y)||^2 = ||y||^2 = 1$ donne $b^2 + d^2 = 1$.

Il existe donc α et β réels tels que $a = \cos\alpha$, $c = \sin\alpha$ et $b = \cos\beta$, $d = \sin\beta$.

On a aussi $\langle u(x), u(y)\rangle = \langle x, y\rangle = 0$ d'où l'égalité $ab + cd = 0$, soit encore

$$\cos\alpha\cos\beta + \sin\alpha\sin\beta = \cos(\beta - \alpha) = 0,$$

donc $\beta - \alpha = \frac{\pi}{2} + k\pi$.

Si k est pair, $k = 2p$, $\beta = \alpha + \frac{\pi}{2} + 2p\pi$, on a alors $b = -\sin\alpha$ et $d = \cos\alpha$, et la matrice de u est $U = \begin{pmatrix} \cos\alpha & -\sin\alpha \\ \sin\alpha & \cos\alpha \end{pmatrix}$ dans la base orthonormée $\{x, y\}$. On constate que $\det U = 1$: u est directe.

Si k est impair alors $b = \sin\alpha$ et $d = -\cos\alpha$, la matrice est $U = \begin{pmatrix} \cos\alpha & \sin\alpha \\ \sin\alpha & -\cos\alpha \end{pmatrix}$ de déterminant -1, (u est indirecte).

Mais dans ce cas là, le polynôme caractéristique est

$$\chi_u(\lambda) = (\cos\alpha - \lambda)(-\cos\alpha - \lambda) - \sin^2\alpha = \lambda^2 - 1.$$

Il est scindé avec 1 et -1 pour valeurs propres, on est en dimension 2, il existe donc une base de vecteurs propres $\{e_1, e_2\}$ dans laquelle la matrice est $\begin{pmatrix} 1 & 0 \\ 0 & -1 \end{pmatrix}$.

On peut prendre e_1 et e_2 unitaires, (ils sont définis à un facteur multiplicatif près) et comme

$$\begin{aligned} \langle u(e_1), u(e_2)\rangle &= \langle e_1, e_2\rangle \text{ car } u \text{ isométrie} \\ &= \langle e_1, -e_2\rangle, \text{ (vecteurs propres)} \end{aligned}$$

c'est que $2\langle u(e_1), u(e_2)\rangle = 0$ d'où en fait $\langle e_1, e_2\rangle = 0$: on a bien une base orthonormée dans laquelle la matrice de u est $\begin{pmatrix} 1 & 0 \\ 0 & -1 \end{pmatrix}$. ■

Nous sommes à même de justifier le théorème de décomposition des isométries sur E euclidien.

THÉORÈME 14.83. — *Soit u une isométrie de E euclidien. Il existe des bases $\mathcal{B}$ orthonormées de E dans lesquelles la matrice de u est du type*

$$U = \begin{pmatrix} 1 & & & & & & & & \\ & \ddots & & & & & & 0 & \\ & & 1 & & & & & & \\ & & & -1 & & & & & \\ & & & & \ddots & & & & \\ & 0 & & & & -1 & & & \\ & & & & & & \begin{pmatrix} \cos\theta & -\sin\theta \\ \sin\theta & \cos\theta \end{pmatrix} & & \\ & & & & & & & (\ ) & \\ & & & & & & & & \ddots \\ & & & & & & & & (\ ) \end{pmatrix}$$

On sait, (Théorème 14.79), que les seules valeurs propres réelles possibles sont 1 et -1.

Soit donc $E_1 = \mathrm{Ker}\,(u - \mathrm{id}_E)$ et $E_{-1} = \mathrm{Ker}\,(u + \mathrm{id}_E)$, sous-espaces éventuellement réduits à $\{0\}$. Ces sous-espaces sont orthogonaux entre eux car si $x \in E_1$ et $y \in E_{-1}$ on a

$$\begin{aligned} \langle x, y\rangle &= \langle u(x), u(y)\rangle \ (u \text{ isométrie}) \\ &= \langle x, -y\rangle \text{ d'où } 2\langle x, y\rangle = 0. \end{aligned}$$

Soit $F = E_1 \oplus E_{-1}$, il est stable par u, *donc $F^\perp$ est stable par u^**, avec $u^* = u^{-1}$, (Théorèmes 14.64 et 14.78).

Mais $u^{-1}(F^\perp) \subset F^\perp$, avec $F^\perp$ et $u^{-1}(F^\perp)$ de même dimension (u^{-1} injective) finie, (E euclidien) implique $u^{-1}(F^\perp) = F^\perp$, et si on compose par u, bijective, on en déduit que $u(F^\perp) = F^\perp$: $F^\perp$ est stable par u.

Si $F \neq E$, (c'est-à-dire si $F^\perp \neq \{0\}$) soit v induit par u sur $F^\perp$, c'est une isométrie de $F^\perp$, sans valeur propre réelle car le moindre soupçon de vecteur propre pour v, donc pour u, serait dans E_1 ou E_{-1} donc dans F, mais étant au départ dans $F^\perp$, il serait nul.

Mais alors, (Théorème 14.80), il existe P_1 plan de $F^\perp$, stable par v, et l'isométrie v_1 induite par v sur P_1 étant sans valeur propre réelle, il existe une base orthonormée $\mathcal{B}_1$ de P_1 dans laquelle la matrice de v_1 est $\begin{pmatrix} \cos\theta_1 & -\sin\theta_1 \\ \sin\theta_1 & \cos\theta_1 \end{pmatrix}$, d'après le Théorème 14.82.

Si $P_1 = F^\perp$, on arrête, sinon on itère le procédé à partir de $F_1 = E_1 \oplus E_{-1} \oplus P_1 \neq E$, de $F_1^\perp$ stable par $u^* = u^{-1}$... d'où un plan P_2 stable par u... Comme on est en dimension finie, on obtient au bout d'un nombre fini d'opérations, $E = E_1 \oplus E_{-1} \oplus \left(\bigoplus_{i=1}^{k} P_i \right)$ les P_i étant des plans stables par u, les sous-espaces E_1, E_{-1} et les P_i étant orthogonaux entre eux. En réunissant des bases orthonormées de ces sous-espaces, on obtient le résultat voulu. ■

A deux reprises dans cette justification on a utilisé le fait que E, euclidien, est de dimension finie. D'une part, pour obtenir des plans stables pour l'isométrie sans valeur propre réelle, d'autre part pour dire que $F^{\perp}$ étant stable par u^{-1}, il l'est par u. Qu'en est-il en dimension infinie? Eh bien, ces résultats sont faux.

14.84. Exemple d'espace préhilbertien réel et d'isométrie sans valeur propre réelle et sans plan stable

Il nous faut un espace de dimension infinie. Il contiendra donc au moins un espace de dimension dénombrable stricte, donc il y aura une famille orthonormée $(e_n)_{n\in\mathbb{N}}$, (orthonormalisation de Schmidt). Si on décale les e_n d'un cran, $(e_n \rightsquigarrow e_{n+1})$ on conserve la norme mais ce n'est pas surjectif. Aussi va-t'on indexer par $\mathbb{Z}$ pour conserver le caractère bijectif.

Soit $E = \{\text{suites } (a_n)_{n\in\mathbb{Z}}\,;\, a_n \text{ réels presque tous nuls}\}$.

On pose $\langle a, b\rangle = \sum_{n\in\mathbb{Z}} a_n b_n$, la somme étant finie en fait.

On a un espace préhilbertien réel, (vérification rapide laissée à l'amateur).

Soit $u : E \longmapsto E$ défini par $a = (a_n)_{n\in\mathbb{Z}} \rightsquigarrow b = (b_k)_{k\in\mathbb{Z}}$ avec $b_k = a_{k-1}$, $\forall k \in \mathbb{Z}$. On a visiblement $||u(a)|| = ||a||$ donc u conserve la norme, et u est bijective, $u^{-1}(a) = c$ avec $c_n = a_{n+1}$, $\forall n \in \mathbb{Z}$.

L'isométrie u n'a pas de valeurs propres réelles : s'il existe $\lambda \in \mathbb{R}$ et a non nul dans E, tels que $u(a) = \lambda a$, avec $n_0 \in \mathbb{Z}$ tel que $a_{n_0} \neq 0$ et, $\forall k < n_0$, $a_k = 0$, en prenant le terme d'indice n_0 dans l'égalité $u(a) = \lambda a$ il vient $0 = \lambda a_{n_0}$ d'où $\lambda = 0$, mais alors le terme d'indice $n_0 + 1$ donnerait $a_{n_0} = 0$, absurde.

Il n'existe pas de plan stable par u : supposons que a et b soient indépendants dans E et tels que $F = \text{Vect}\,(a, b)$ soit stable par u.

Il existe r_0 dans $\mathbb{Z}$ tel que $\forall n \geqslant r_0$, $a_n = b_n = 0$, (suites de termes presque tous nuls).

Pour tout entier p on devrait avoir $u^p(a) \in F$, or $u^p(a)$ est la suite déduite de a en augmentant les indices des termes non nuls de p, donc, pour p assez grand, les indices des termes non nuls de $u^p(a)$ seront $\geqslant r_0$: on ne pourra pas écrire $u^p(a) = \alpha a + \beta b$. ■

14.85. *Ce même exemple va convenir pour trouver un sous-espace F de E, avec $F^\perp$ stable par une isométrie u^{-1} sans être stable par u.*

Inutile de chercher un sous-espace de dimension finie stable par une isométrie u : il n'y en a pas sinon on aurait un sous-espace euclidien d'où des valeurs propres réelles ou des plans stables.

Dans E, on fixe $p \in \mathbb{Z}$ et on considère
$F_p = \{a \in E;\ \forall n < p,\ a_n = 0\}$
(donc $F_p = \{a;\ a = (\ldots 0, \ldots, 0;\ a_p, a_{p+1}, \ldots, a_q;\ 0, \ldots, 0\}$, q quelconque supérieur à p, et a_p pouvant être nul).

On a $F_p^\perp = \{b;\ b \in E;\ b_n = 0\, \forall n \geqslant p\}$. Avec l'isométrie u précédente, si b est telle que $\forall n \geqslant p$, $b_n = 0$, et si $u^{-1}(b) = c$, comme $c_k = b_{k+1}$, si $k \geqslant p$, $k+1 > p \Rightarrow c_k = b_{k+1} = 0$ donc $c \in F_p^\perp$.

On a bien $F_p^\perp$ stable par u^{-1}, mais pas par u car la suite $d = (\ldots 0 \ldots, \underset{\text{rang } p-1}{\overset{\uparrow}{1}}, 0 \ldots 0 \ldots)$ est dans $F_p^\perp$ et $u(d) = (\ldots, 0; \underset{\text{rang } p}{\overset{\uparrow}{1}}, 0 \ldots 0 \ldots)$ n'est pas dans $F_p^\perp$. ■

Précisons un peu plus la nature des isométries, en considérant, parmi elles les symétries orthogonales.

DÉFINITION 14.86. — *Dans E préhilbertien réel, on appelle symétrie orthogonale toute symétrie s qui est une isométrie.*

Rappelons qu'une symétrie s sur un espace vectoriel E est un endomorphisme de E vérifiant la relation $s^2 = \mathrm{id}_E$. Son polynôme minimal devise donc $x^2 - 1 = 0$, polynôme scindé à racines simples, si $1 \neq -1$, soit en caractéristique différente de 2. On est ici sur $\mathbb{R}$, donc en notant $E_1 = \mathrm{Ker}\,(s - \mathrm{id}_E)$ et $E_{-1} = \mathrm{Ker}\,(s + \mathrm{id}_E)$ on a $E = E_1 \oplus E_{-1}$, et en décomposant x en $u + v$ avec $u \in E_1$ et $v \in E_{-1}$ on a $s(x) = u - v$.

La symétrie est alors une isométrie si et seulement si, pour tout x de E on a $||s(x)||^2 = ||x||^2$ soit encore

$$||u||^2 - 2\langle u, v\rangle + ||v||^2 = ||u||^2 + 2\langle u, v\rangle + ||v||^2$$

ce qui équivaut à : $\forall (u, v) \in E_1 \times E_{-1}$, $\langle u, v\rangle = 0$.

Mais alors $E_{-1} = E_1^{\perp}$ et $E_1 = E_{-1}^{\perp}$, car $x = u + v \in E_1^{\perp}$ si et seulement si $\forall y \in E_1$, $\langle x, y\rangle = 0$. Or c'est encore $\langle u, y\rangle + \langle v, y\rangle = 0$, soit comme $y \in E_1$ et $v \in E_{-1}$, il reste la condition $\langle u, y\rangle = 0$, $\forall y \in E_1$. En particulier pour $y = u$ on a $||u||^2 = 0$ d'où $x = v \in E_{-1}$. On aurait de même $E_1 = E_{-1}^{\perp}$.

14.87. *Mais alors l'existence de la symétrie orthogonale par rapport au sous-espace E_1, (des vecteurs invariants) équivaut à l'existence d'une projection orthogonale sur E_1.*

Comme, pour $x = u+v$ avec $u \in E_1$ et $v \in E_{-1} = E_1^{\perp}$ on a $p(x) = u$, (p projection orthogonale sur E_1), on a aussi, avec q projection orthogonale sur E_{-1}, $q(x) = v$ et pour la symétrie orthogonale par rapport à E_1 :

$$s(x) = u - v = (u + v) - 2v = x - 2q(x)$$

EXEMPLE 14.88. — Dans E préhilbertien on a vu que si F est un sous-espace de dimension finie on a $E = F \oplus F^{\perp}$.

En particulier, soit a un vecteur unitaire, $F = \mathbb{R}a$, et H l'hyperplan $\{a\}^{\perp}$, *la symétrie orthogonale par rapport à H est donnée par* $s(x) = x - 2\langle x, a\rangle a$, (puisque $\langle x, a\rangle a$ est le projeté de x sur la droite vectorielle $\mathbb{R}a$).

Mais attention, la donnée d'un hyperplan, même fermé, n'assure pas l'existence d'une symétrie orthogonale par rapport à cet hyperplan (voir la remarque 14.37).

Plus généralement soit F un sous-espace qui est l'orthogonal d'un sous-espace G de dimension finie, la symétrie orthogonale par rapport à F existe, et si $\{a_1, \ldots, a_n\}$ est une base orthonormée de G on a $s(x) = x - 2\sum_{i=1}^{n}\langle x, a_i\rangle a_i$, toujours parce que $\sum_{i=1}^{n}\langle x, a_i\rangle a_i$ est le projeté orthogonal de x sur G, et que E est somme directe de G et de $G^{\perp} = F$.

Dans le cas d'un espace euclidien les symétries orthogonales par rapport à tout sous-espace existent. En particulier celles par rapport aux hyperplans, qui ne sont donc pas directes, (-1 valeur propre simple et 1 valeur propre d'ordre $n - 1 \Rightarrow \det s = -1$). Ces symétries par rapport aux hyperplans sont intéressantes car on a :

THÉORÈME 14.89. — *Sur E euclidien de dimension n, toute isométrie est un produit d'au plus n symétries orthogonales par rapport à des hyperplans.*

Le résultat est intéressant si $n \geqslant 2$.

Soit u une isométrie et $F = \{x, u(x) = x\}$. On prouve par récurrence descendante que si $\dim F = q$, u admet une décomposition comme produit d'au plus $n - q$ symétries orthogonales par rapport à des hyperplans, (ce qui n'empêche pas l'existence de décompositions avec plus de symétries orthogonales...).

Si $\dim F = n$, $u = \mathrm{id}_E = s^0$ avec s symétrie orthogonale quelconque.

Cela ne semble pas sérieux.

Bon, soit le cas de $\dim F = n - 1$, $F^\perp$ est une droite vectorielle, soit a un vecteur directeur unitaire de la droite $F^\perp$, comme u, isométrie, conserve le produit scalaire on a $u(a) \in F^\perp$, et $u(a)$ unitaire $\Rightarrow u(a) = \pm a$. Si $u(a) = a$, on aurait $a \in F$. C'est exclu donc $u(a) = -a$ et u est la symétrie orthogonale s par rapport à l'hyperplan F.

On suppose le résultat acquis si $\dim F \geqslant p + 1$.

Soit u une isométrie telle que $\dim F = p$. Soit $x_0 \notin F$ alors $a = x_0 - u(x_0) \neq 0$.

Soit σ la symétrie orthogonale par rapport à l'hyperplan $H = \{a\}^\perp$ et l'isométrie $v = \sigma \circ u$.

On a $F \subset \{a\}^\perp$ car si $x \in F$, $\langle x, a\rangle = \langle x, x_0 - u(x_0)\rangle$ donc

$$\langle x, a\rangle = \langle x, x_0\rangle - \langle x, u(x_0)\rangle.$$

Or $x \in F$ donc $u(x) = x$. On a :

$$\langle x, a\rangle = \langle x, x_0\rangle - \langle u(x), u(x_0)\rangle = 0$$

puisque u conserve le produit scalaire, d'où $F \subset \{a\}^\perp$.

Mais alors les éléments de F sont invariants par u, puis par σ, donc par v.

De plus $v(x_0) = x_0$ car, si on pose $u(x_0) = \alpha a + b$ avec $b \in \{a\}^\perp = H$ et α réel, on aura

$$v(x_0) = \sigma(\alpha a + b) = -\alpha a + b.$$

Mais $x_0 = a + u(x_0) = (1 + \alpha)a + b$ et $||x_0||^2 = ||u(x_0)||^2$ implique

$$(1+\alpha)^2||a||^2 + 2(1+\alpha)\langle a, b\rangle + ||b||^2 = \alpha^2||a||^2 + 2\alpha\langle a, b\rangle + ||b||^2$$

avec $\langle a, b\rangle = 0$ et $||a||^2 \neq 0$, il en résulte que $1 + 2\alpha = 0$, soit $\alpha = -\dfrac{1}{2}$, et alors $v(x_0) = \dfrac{1}{2}a + b$ alors que $1 + \alpha = \dfrac{1}{2}$ aussi donc $x_0 = \dfrac{1}{2}a + b$.

Comme $x_0 \notin F$, le sous-espace F' des points laissés invariants par v est de dimension $\geqslant p + 1$, donc $v = \sigma \circ u$ admet une décomposition en un produit d'au plus $n - p - 1$ symétries orthogonales. Pour avoir $u = \sigma \circ v$ on compose par une symétrie de plus d'où le résultat par récurrence. ■

Un mot pour terminer, des rotations et des similitudes sur E euclidien.

DÉFINITION 14.90. — *Sur E euclidien, on appelle rotation toute isométrie de déterminant > 0, donc de déterminant 1.*

L'examen de la forme matricielle d'une isométrie dans une base orthonormée adaptée, (Théorème 14.83), montre que les valeurs propres possibles sont 1, -1 et $e^{i\theta}$, $e^{-i\theta}$, θ variant dans $\mathbb{R}$.

Dans le cas d'une valeur propre complexe $e^{i\theta}$, la valeur propre conjuguée $e^{-i\theta}$ est obtenue avec la même multiplicité (polynôme caractéristique à coefficients réels) donc finalement le déterminant d'une isométrie u est $(-1)^p$ si -1 est valeur propre d'ordre p de u.

En particulier (u est une rotation) $\Leftrightarrow$ (p pair), (ce qui n'est jamais le cas pour les symétries orthogonales par rapport aux hyperplans).

REMARQUE 14.91. — *Sur E euclidien de dimension impaire une rotation admet forcément 1 pour valeur propre d'ordre impair.*

Car -1 est racine d'ordre pair, les valeurs propres complexes sont deux à deux conjuguées avec des multiplicités égales : la somme des multiplicités de -1 et des valeurs propres complexes est paire, il reste donc un entier impair, multiplicité de 1 comme valeur propre.

En particulier, en dimension 3 une rotation de matrice M donnée a pour axe D la droite sous-espace propre pour la valeur propre 1, et pour angle θ tel que $1 + 2\cos\theta = \text{trace } M = 1 + e^{i\theta} + e^{-i\theta}$.

DÉFINITION 14.92. — *On appelle similitude de rapport $\lambda > 0$ dans E euclidien toute application linéaire u de E dans E telle que $\forall x \in E$ on ait $||u(x)|| = \lambda||x||$.*

Si $h_{\lambda^{-1}}$ est l'homothétie de rapport λ^{-1}, $v = h_{\lambda^{-1}} \circ u = u \circ h_{\lambda^{-1}}$ et donc une isométrie, d'où $u = v \circ h_\lambda = h_\lambda \circ v$: une similitude est le produit d'une isométrie par une homothétie de rapport positif. ■

THÉORÈME 14.93. — *Dans E euclidien, une application u de E dans E est une similitude si et seulement si u est linéaire et si elle conserve l'orthogonalité.*

Il est clair qu'une similitude est linéaire et conserve l'orthogonalité car avec $u = h_\lambda \circ v$, si $\langle x, y\rangle = 0$, $\langle u(x), u(y)\rangle = \lambda^2 \langle v(x), v(y)\rangle$ c'est nul puisque l'isométrie v conserve le produit scalaire.

Réciproquement, soit u qui conserve l'orthogonalité et $\mathcal{B} = (e_1 \dots e_n)$ une base orthonormée de E. Si $i \neq j$, les vecteurs $e_i + e_j$ et $e_i - e_j$ sont orthogonaux, $(\langle e_i + e_j, e_i - e_j\rangle = ||e_i||^2 - ||e_j||^2 = 1 - 1 = 0)$, donc $\langle u(e_i) + u(e_j), u(e_i) - u(e_j)\rangle = 0$ d'où $||u(e_i)|| = ||u(e_j)||$.

Posons $\lambda = ||u(e_i)||$, $i = 1, \dots, n$.

Il est clair que si $x = \sum_{i=1}^{n} x_i e_i$ on aura $u(x) = \sum_{i=1}^{n} x_i u(e_i)$ avec des vecteurs $u(e_i)$ 2 à 2 orthogonaux, comme les e_i, d'où

$$||u(x)||^2 = \sum_{i=1}^{n} x_i^2 ||u(e_i)||^2 = \lambda^2 \sum_{i=1}^{n} x_i^2 = \lambda^2 ||x||^2$$

On a bien $||u(x)|| = \lambda ||x||$ donc u est une similitude. ∎

EXERCICES

1. Soit $A \in \mathcal{M}_n(\mathbb{R})$. Montrer que A^tA et ${}^tAA$ ont mêmes valeurs propres. Montrer qu'il existe une matrice orthogonale U telle que ${}^tAA = U^{-1}A^tAU$.

2. Soit $E = \mathbb{R}_n[X]$, $a_0, \dots, a_n$ des nombres réels. Pour P et Q dans E on pose

$$\varphi(P, Q) = \sum_{k=0}^{n} P^{(k)}(a_k) Q^{(k)}(a_k)$$

a) Montrer que φ est un produit scalaire.
b) Montrer qu'il existe une base orthonormée de E, $(P_0, \dots, P_n)$, telle que $\forall k$, $d^\circ P_k = k$. Calculer alors $P_k^{(j)}(a_j)$.
c) Trouver une telle base lorsque $a_0 = a_1 = \dots = a_n = 0$.

3. $A_1, \dots, A_p$ sont des matrices de $\mathcal{M}_n(\mathbb{R})$ vérifiant ${}^tA_iA_j = 0$ pour tout $i \neq j$ et $A_1 + \dots + A_p$ inversible. Montrer que la somme des rangs des A_j est n.

4. Soit S et T deux matrices symétriques de $\mathcal{M}_n(\mathbb{R})$ telles que S et $T - S$ soient définies positives. Montrer que T et $S^{-1} - T^{-1}$ sont inversibles. Trouver l'inverse de $S^{-1} - T^{-1}$.

5. Soit $M \in GL_n(\mathbb{R})$. Montrer qu'il existe un unique couple (U, H) tel que U soit orthogonale, H symétrique définie positive et $M = UH$.

6. Soit A et B dans $\mathcal{M}_n(\mathbb{R})$, symétriques définies positives. Montrer que $\det(A + B) \geqslant \det A + \det B$. Même question lorsque A et B sont seulement symétriques positives.

7. Soit E un espace euclidien et f dans $L(E)$. Montrer que deux des trois propriétés suivantes entraînent la troisième :
(i) $f^2 = -\mathrm{id}$,
(ii) f est une isométrie,
(iii) $\forall x \in E,\ \langle x, f(x)\rangle = 0$.

8. Soit A et B matrices carrées d'ordre n, réelles, symétriques positives. Montrer que $Sp(A + B)$ et $Sp(AB)$ sont contenus dans $\mathbb{R}^+$.

9. Existence et unicité de la racine cubique d'une matrice symétrique réelle.

10. Soit A matrice carrée d'ordre n réelle, symétrique positive. Montrer qu'il existe n vecteurs $v_1, \ldots, v_n$ de $\mathbb{R}^n$ euclidien canonique tels que $A = (\langle v_i, v_j\rangle)_{1 \leqslant i,j \leqslant n}$.

11. Soit A symétrique réelle positive de taille n. Montrer que
$(\det A)^{1/n} \leqslant \dfrac{1}{n} \operatorname{tr} A$.

12. Soit M une matrice symétrique réelle d'ordre n, de terme général $m_{i,j}$, de valeurs propres $\lambda_1, \ldots, \lambda_n$, (distinctes ou non). Exprimer $S(M) = \sum_{p=1}^{n} (\lambda_i)^2$ en fonction des m_{ij}. Montrer que $M \rightsquigarrow S(M)$ est une forme quadratique définie positive sur l'espace vectoriel des matrices symétriques réelles.

13. Sur E euclidien de dimension p, soit $\mathcal{V} = (v_1, \ldots, v_n)$ une famille de n vecteurs, on note $\mathcal{G}(\mathcal{V})$ la matrice des $\langle v_i, v_j\rangle$ (appelée matrice

de *Gramm*). Montrer que $\det(\mathcal{G}(\mathcal{V})) \geqslant 0$. A quelle condition est-ce > 0?
Soit $x \in E$, $F = \mathrm{Vect}(v_1, \ldots, v_n)$, montrer que la distance de x à F est $\sqrt{\dfrac{\det(\mathcal{G}(x, v_1, v_2, \ldots, v_n))}{\det(\mathcal{G}(v_1, \ldots, v_n))}}$ si $(v_1, \ldots, v_n)$ libre.

14. Soient $f_1, \ldots, f_n$, n fonctions de $[a,b]$ dans $\mathbb{R}$, intégrables sur $[a,b]$, et A la matrice carrée des $a_{ij} = \int_a^b f_i(t)f_j(t)dt$. Montrer que $\det A \geqslant 0$. Cas de nullité ?

15. Soit E un espace préhilbertien réel et φ une application de E dans E telle que $\forall (x,y) \in E^2$, $\langle x, \varphi(y)\rangle + \langle y, \varphi(x)\rangle = 0$. Montrer que φ est linéaire.

16. Soit une matrice M carrée d'ordre n, de terme général m_{ij}, telle que les vecteurs colonnes de M soient deux à deux orthogonaux dans $\mathbb{R}^n$ euclidien canonique. Si on a $|m_{ij}| \leqslant C$, $\forall i, \forall j$, montrer que $|\det M| \leqslant C^n n^{n/2}$. Généralisation au cas de M inversible.

17. Sur E euclidien, soit f un opérateur auto-adjoint à valeurs propres strictement positives. Etude de la fonction φ définie pour tout x non nul de E par $\varphi(x) = \dfrac{\langle f(x), x\rangle^2}{||f(x)||^2 ||x||^2}$, (continuité, bornes).

18. Soit $A = (a_{ij})_{1 \leqslant i,j \leqslant n}$ une matrice symétrique définie positive. Montrer que $\det A \leqslant \prod_{i=1}^{n} a_{ii}$.

19. Soit A matrice symétrique réelle définie positive, B symétrique réelle positive, toutes deux d'ordre n. Montrer que
$1 + (\det A)^{1/n} \leqslant (\det(I + A))^{1/n}$ puis que
$(\det B)^{1/n} + (\det A)^{1/n} \leqslant (\det(A + B))^{1/n}$.

20. Soient $a_1, \ldots, a_n$ et $b_1, \ldots, b_n$ des réels > 0. Etude de la forme quadratique sur $\mathbb{R}^n$ de matrice symétrique $A = (\alpha_{ij})_{1 \leqslant i,j \leqslant n}$ avec $\alpha_{ij} = \dfrac{1}{a_i b_j + a_j b_i}$.

SOLUTIONS

1. Une démonstration algébrique du fait que AB et BA ont même polynôme caractéristique, pour A et B dans $\mathcal{M}_n(K)$, est donnée en Algèbre 10.21. En voici une autre propre au cas réel, (ou complexe). Si A est inversible, AB et $A^{-1}(AB)A = BA$, semblables, ont même polynôme caractéristique. Comme $GL_n(\mathbb{R})$ est partout dense dans $\mathcal{M}_n(\mathbb{R})$, et l'application qui à une matrice associe les coefficients du polynôme caractéristique étant continue (fonctions composantes polynômiales) le résultat s'en déduit pour A quelconque.

Ici, A^tA est symétrique (on transpose) réelle positive, car $\forall X$ vecteur colonne d'ordre n, avec $Y = {}^tAX$ on ${}^tX(A^tA)X = {}^tYY = \sum_{i=1}^{n} y_i^2 \geqslant 0$.

On a de même ${}^tAA$ symétrique, positive, avec même spectre.

Mais alors il existe U et V orthogonales telles que $U^{-1}({}^tAA)U$ et $V^{-1}(A^tA)V$ soient diagonales. Si $\{\lambda_1, \dots, \lambda_n\}$ est le spectre commun des 2 matrices, il existe σ permutation de $\{1, \dots, n\}$ telle que :

$$U^{-1}({}^tAA)U = \operatorname{diag}(\lambda_1, \dots, \lambda_n)$$

et

$$V^{-1}(A^tA)V = \operatorname{diag}(\lambda_{\sigma(1)}, \dots, \lambda_{\sigma(n)}).$$

Avec P matrice permutation associée à σ, on aura donc

$$P^{-1}(U^{-1}({}^tAA)U)P = V^{-1}(A^tA)V$$

d'où ${}^tAA = (UPV^{-1})(A^tA)(VP^{-1}U^{-1})$ soit ${}^tAA = W^{-1}(A^tA)W$ avec $W = VP^{-1}U^{-1}$ orthogonale car P l'est.

2. a) L'application φ dépend linéairement de P et Q, elle est symétrique et $\varphi(P, P) = \sum_{k=0}^{n}(P^{(k)}(a_k))^2 \geqslant 0$. Si c'est nul, chaque $P^{(k)}(a_k) = 0$, en particulier $P^{(n)}(a_n) = 0$ or $d^\circ P \leqslant n$, donc $d^\circ P \leqslant n - 1$, mais alors $P^{(n-1)}(a_{n-1}) = 0$ donne $d^\circ P \leqslant n - 2$ et finalement P est une constante, nulle car $P(a_0) = 0$. On a une forme bilinéaire symétrique définie positive.

b) Le procédé d'orthonormalisation de Schmidt (Théorème 14.8) appliqué à la base canonique de $\mathbb{R}_n[x]$ fournit une base $(P_0, \dots, P_n)$ orthonormée, formée de polynômes de degrés échelonnés.

On a $||P_0||^2 = (P_0^{(0)}(a_0))^2 = 1 \Rightarrow P_0^{(0)}(a_0) = \varepsilon_0$ avec $\varepsilon_0 \in \{-1, 1\}$, et P_0 étant constant, $\forall j \neq 0$, $P_0^{(j)}(a_j) = 0$.

Supposons (récurrence) que jusqu'au rang k, on ait $P_k^{(k)}(a_k) = \varepsilon_k \in \{-1, 1\}$ et, $\forall j \neq k$, $P_k^{(j)}(a_j) = 0$.

Pour P_{k+1}, de degré $k + 1$, on a déjà $\forall j > k + 1$, $P_{k+1}^{(j)}(a_j) = 0$.

Puis, $\forall j \leqslant k$, $\langle P_{k+1}, P_j\rangle = 0 = \sum_{r=0}^{n} P_{k+1}^{(r)}(a_r)P_j^{(r)}(a_r)$, avec les $P_j^{(r)}(a_r)$ nuls pour $r \neq j$, et $P_j^{(j)}(a_j) = \varepsilon j$, il ne reste que : $\varepsilon_j P_{k+1}^{(j)}(a_j) = 0$ d'où $P_{k+1}^{(j)}(a_j) = 0$.

Enfin $||P_{k+1}||^2 = \left(P_{k+1}^{(k+1)}(a_{k+1})\right)^2 = 1$ donne $P_{k+1}^{(k+1)}(a_{k+1}) = 1$ ou -1, d'où le résultat par récurrence : $P_k^{(j)}(a_j) = 0$ si $j \neq k$, 1 ou -1 si $j = k$.

c) Si $a_0 = a_1 = \ldots = a_n = 0$, le b) signifie que P_k, de degré k, admet 0 pour zéro d'ordre k, d'où $P_k(X) = \varepsilon_k \dfrac{X^k}{k!}$, avec $\varepsilon_k \in \{-1, 1\}$.

3. On considère $\mathbb{R}^n$ euclidien canonique, on identifie $\mathcal{M}_n(\mathbb{R})$ et $\mathcal{L}(\mathbb{R}^n)$ par le choix d'une base orthonormée de $\mathbb{R}^n$. Comme ${}^tA_iA_j$ fait penser à de l'adjoint, soit $x \in \operatorname{Im} A_i$, $y \in \operatorname{Im} A_j$, avec x' et y' dans $\mathbb{R}^n$ tels que $x = A_ix'$ et $y = A_jy'$ on aura, en identifiant les vecteurs de $\mathbb{R}^n$ et les matrices colonnes de leurs composantes :

$$ {}^tx \cdot y = \langle x, y\rangle = {}^tx'{}^tA_iA_jy' = 0 $$

si $i \neq j$.

Les sous-espaces $\operatorname{Im} A_i$, deux à deux orthogonaux, sont en somme directe donc $\sum_{i=1}^{p} \operatorname{rg}(A_i) \leqslant n$.

Mais $A_1 + \ldots + A_p$ inversible donne $\mathbb{R}^n = \operatorname{Im}(A_1 + \ldots + A_p) \subset \sum_{i=1}^{p} \operatorname{Im}(A_i)$, et une réunion de bases des $\operatorname{Im} A_i$ étant génératrice de $\sum_{i=1}^{p} \operatorname{Im} A_i$ on aura $n \leqslant \sum_{i=1}^{p} \dim(A_i)$ d'où $n = \sum_{i=1}^{p} \operatorname{rang}(A_i)$.

4. Pour $X \in \mathcal{M}_{n,1}(\mathbb{R})$ on a ${}^tXTX = {}^tX(T-S+S)X = {}^tX(T-S)X + {}^tXSX$. C'est une somme de deux scalaires positifs donc c'est positif, et si c'est nul c'est que ${}^tXSX$, et ${}^tX(T-S)X$ sont nuls d'où $X = 0$ puisque S est définie. Donc T est définie positive d'où T inversible.

On a $S^{-1} - T^{-1} = S^{-1}(I - ST^{-1})$ et $T - S = T(I_n - T^{-1}S)$.

Comme $T - S$ et T sont inversibles, $I_n - T^{-1}S$ est inversible, donc 1 n'est pas valeur propre de $T^{-1}S$, or $T^{-1}S$ et ST^{-1} ont même polynôme caractéristique, donc 1 non valeur propre de ST^{-1} d'où $I - ST^{-1}$ inversible d'où $S^{-1} - T^{-1}$ inversible d'inverse $(I - ST^{-1})^{-1}S$, puisque $S^{-1} - T^{-1} = S^{-1}(I - ST^{-1})$.

Or $I - ST^{-1} = (T - S)T^{-1}$, d'où $(I - ST^{-1})^{-1} = T(T - S)^{-1}$ donc $S^{-1} - T^{-1} = T(T - S)^{-1}S$.
Autre calcul $S^{-1} - T^{-1} = T^{-1}(T - S)S^{-1}$ est inversible comme produit de 3 matrices inversibles et conduit à

$$(S^{-1} - T^{-1})^{-1} = S(T - S)^{-1}T$$

5. On suppose $\mathbb{R}^n$ euclidien canonique. Si U et H existent on aura ${}^tMM = {}^tH{}^tUUH = {}^tHH$ car U orthogonale, donc $= H^2$, (H symétrique).
Or ${}^tMM$ est symétrique, définie positive car, avec X vecteur colonne de $\mathbb{R}^n$, ${}^tX({}^tMM)X = {}^t(MX)MX$, et avec $Y = MX$ vecteur colonne des y_j c'est égal à $\sum_{j=1}^{n} y_j^2$, d'où ${}^tX({}^tMM)X \geqslant 0$, nul si et seulement si $Y = 0$ soit $X = 0$ puisque M est régulière.
Mais alors il existe P orthogonale telle que

$$P^{-1}({}^tMM)P = {}^tP({}^tMM)P = \operatorname{diag}(d_1, \dots, d_n) = D$$

avec les $d_j > 0$.
En posant $\Delta = \operatorname{diag}(\sqrt{d_1}, \dots, \sqrt{d_n})$ on a ${}^tMM = P\Delta^2{}^tP = S^2$ avec $S = P\Delta{}^tP$, (ici les d_i ne sont pas forcément distincts).
On a trouvé S matrice symétrique définie positive telle que $S^2 = {}^tMM$. On suppose les valeurs propres indexées sous la forme $d_1, \dots, d_k$, distinctes de multiplicités respectives $\alpha_1, \dots, \alpha_k$. Si on a alors S' symétrique définie positive vérifiant $S'^2 = {}^tMM$, soit μ une valeur propre de S', on a μ^2 valeur propre de $S'^2 = S^2$, donc il existe $j \leqslant k$ tel que $\mu^2 = dj > 0$.
Comme S' est positive on a alors $\mu = \sqrt{dj} > 0$.
De plus, si X est vecteur propre de S' pour la valeur μ, on a

$$S'^2(X) = \mu^2 X = d_j X \Rightarrow \operatorname{Ker}(S' - \mu \operatorname{Id}) \subset \operatorname{Ker}(S^2 - d_j \operatorname{Id})$$

et comme S' et $S^2 = {}^tMM$ sont diagonalisables, les sommes des sous-espaces propres étant directes on a forcément égalité. Mais de même $\operatorname{Ker}(S - \sqrt{d_j}\operatorname{Id}) = \operatorname{Ker}(S^2 - d_j \operatorname{Id})$ d'où en fait $\operatorname{Ker}(S' - \sqrt{d_j}\operatorname{Id}) = \operatorname{Ker}(S - \sqrt{d_j}\operatorname{Id})$: S et S' ont mêmes sous-espaces propres pour les mêmes valeurs propres, ils sont égaux, car il existe P dans $GL_n(\mathbb{R})$ telle que $P^{-1}SP = P^{-1}S'P$ = la matrice diagonale associée à S et S' dans une base commune de vecteurs propres.
Soit $U = MS^{-1}$ (S^{-1} existe car S symétrique définie positive). Comme ${}^tS = S$, on a $({}^tS)^{-1} = {}^t(S^{-1}) = S^{-1}$, donc S^{-1} aussi est symétrique.
On a

$${}^tUU = {}^t(S^{-1}){}^tMMS^{-1} = S^{-1}(S^2)S^{-1} = \operatorname{Id}$$

donc U est bien orthogonale et S symétrique définie positive avec $M = US$. L'unicité de S, régulière, implique celle de U.

6. La matrice A, définie positive, définit une structure euclidienne sur $E = \mathbb{R}^n$. Si $\mathcal{B}$ est une base orthonormée pour A et P la matrice de passage on aura ${}^tPAP = I_n$ et ${}^tPBP = B'$ symétrique, définie positive. On peut trouver une autre base $\mathcal{C}$ orthonormée de vecteurs propres pour B' : donc il existe Q orthogonale telle que

$$Q^{-1}B'Q = {}^tQB'Q = \operatorname{diag}(d_1, \ldots, d_n) = D$$

avec des $d_j > 0$, et $Q^{-1}I_nQ = {}^tQ\, I_nQ = I_n$.
Avec $L = PQ$, on a $L \in GL_n(\mathbb{R})$ telle que ${}^tLAL = I_n$ et ${}^tLBL = D$.
Donc

$$\det({}^tL(A+B)L) = \det(\operatorname{diag}(1+d_1, \ldots, 1+d_n)) = \prod_{i=1}^{n}(1+d_i)$$

alors que

$$\det({}^tLAL) + \det({}^tLBL) = 1 + \prod_{i=1}^{n} d_i.$$

Les d_i étant > 0, $\prod_{i=1}^{n}(1+d_i) \geqslant 1 + \prod_{i=1}^{n} d_i$ d'où

$$(\det L)^2 \det(A+B) \geqslant (\det L)^2(\det A + \det B)$$

donc $\det(A+B) \geqslant \det A + \det B$ avec égalité si et seulement si $n = 1$.
Si A est définie mais pas B, même conclusion, on remplace $d_i > 0$ par $d_i \geqslant 0$, cela ne change rien à l'inégalité finale, large.
Si A et B sont positives non définies toutes les deux, alors $\det A = \det B = 0$ et $A + B$ étant symétrique positive, (${}^tX(A+B)X = {}^tXAX + {}^tXBX$ est somme de 2 termes positifs) on a $\det(A+B) \geqslant 0$.

7. On justifie chaque implication.
1°) *(i) et (ii)* $\Rightarrow$ *(iii)*. On a

$$\begin{aligned}\langle x, f(x)\rangle &= \langle f(x), f^2(x)\rangle, \ (f \text{ isométrie})\\ &= \langle f(x), -x\rangle, \ (f^2 = -\mathrm{id})\end{aligned}$$

donc $2\langle x, f(x)\rangle = 0$ d'où (iii).
2°) *(ii) et (iii)* $\Rightarrow$ *(i)*. On calcule $||x + f^2(x)||^2$ pour prouver sa nullité. C'est

$$\begin{aligned}\langle x+f^2(x), x+f^2(x)\rangle &= \langle x, x\rangle + \langle x, f^2(x)\rangle + \langle f^2(x), x\rangle + \langle f^2(x), f^2(x)\rangle\\ &= 2(||x||^2 + \langle x, f^2(x)\rangle)\end{aligned}$$

puisque f est une isométrie.
Mais (iii) $\Rightarrow \langle x + f(x), f(x) + f^2(x)\rangle = 0$ soit

$$\langle x, f(x)\rangle + \langle x, f^2(x)\rangle + \langle f(x), f(x)\rangle + \langle f(x), f^2(x)\rangle = 0$$

or $\langle x, f(x)\rangle = \langle f(x), f^2(x)\rangle = 0$ d'après (iii) alors que $\langle f(x), f(x)\rangle = \langle x, x\rangle$ d'après (ii), il reste $||x||^2 + \langle x, f^2(x)\rangle = 0$ d'où $||x + f^2(x)||^2 = 0$ et (i).
3°) *(i) et (iii)* $\Rightarrow$ *(ii)*. (iii) $\Rightarrow \langle x + f(x), f(x) + f^2(x)\rangle = 0$ avec ici $f^2 = -\text{id}$, il reste $\langle f(x) + x, f(x) - x\rangle = 0$, soit $||f(x)||^2 = ||x||^2$: f, linéaire qui conserve la norme sur E euclidien, est une isométrie d'où (ii).

8. Comme pour tout X, matrice colonne d'ordre n, on a ${}^tX(A + B)X = {}^tXAX + {}^tXBX$, positif comme somme de deux nombres positifs, la matrice symétrique $A + B$ est positive donc $Sp(A + B) \subset \mathbb{R}^+$.
Soit $\lambda \in Sp(AB)$, (*a priori* $\lambda \in \mathbb{C}$), et Z matrice colonne d'ordre n, complexe, telle que $ABZ = \lambda Z$. Comme B est réelle symétrique, ${}^t\overline{B} = B$ et on a ${}^t\overline{Z}{}^t\overline{B}(ABZ) = \lambda{}^t\overline{Z}BZ = {}^t\overline{Z}({}^tBAB)Z$. Or B, symétrique réelle positive est hermitienne positive donc ${}^t\overline{Z}BZ \geqslant 0$.
Si ${}^t\overline{Z}BZ = 0$, Z est isotrope pour la forme hermitienne associée à B, comme B est positive, c'est que $BZ = 0$, (diagonaliser B dans le groupe unitaire pour le vérifier) donc $ABZ = \lambda Z$ avec $BZ = 0$ et $Z \neq 0$ d'où $\lambda = 0$.
Si ${}^t\overline{Z}BZ > 0$, alors $\lambda = \dfrac{{}^t\overline{Z}({}^tBAB)Z}{{}^t\overline{Z}BZ} = \dfrac{{}^t(\overline{BZ})A(BZ)}{{}^t\overline{Z}BZ}$ est positif puisque A est hermitienne positive.
On a bien $\lambda \geqslant 0$ d'où $Sp(AB) \subset \mathbb{R}^+$.

9. Si A est symétrique réelle, il existe P orthogonale telle que $P^{-1}AP = D$ soit la matrice diag $(\lambda_1, \ldots, \lambda_n)$. Soit Δ la matrice diagonale des $\sqrt[3]{\lambda_j}$, on a $\Delta^3 = D$ d'où $(P\Delta P^{-1})^3 = PDP^{-1} = A$. La matrice $B = P\Delta P^{-1}$ est une solution de l'équation $B^3 = A$.
Non unicité en général : exemple $A = \begin{pmatrix} 1 & 0 \\ 0 & 1 \end{pmatrix}$, avec $B = \begin{pmatrix} 1 & 0 \\ 0 & 1 \end{pmatrix}$ ou $B' = \begin{pmatrix} 1 & -3 \\ 1 & -2 \end{pmatrix}$ on a $B^3 = I = B'^3$. On peut remarquer que B est diagonale mais pas B'.
Si on impose aux solutions B d'être diagonalisables il y a unicité.
Soit en effet $(\lambda_1, \ldots, \lambda_k)$ les valeurs propres distinctes de A, de multiplicités $\alpha_1, \ldots, \alpha_k$, et $E_1, \ldots, E_k$ les sous-espaces propres.
Soit par ailleurs μ une valeur propre de B (vérifiant $B^3 = A$), et $F = \text{Ker}\,(B - \mu I)$. Comme B et $A = B^3$ commutent, F est stable par A, donc pour $x \in F$, $Ax = B^3x = \mu^3x$, les vecteurs non nuls de F sont vecteurs propres de A, donc $\exists j \leqslant k$, tel que $\mu^3 = \lambda j$ et $F \subset E_j$.
Les sous-espaces propres de B sont contenus dans des sous-espaces propres de A. Comme B et A sont diagonalisables, il existe une indexation des

spectres $\{\mu_1, \dots, \mu_k\}$ et $\{\lambda_1, \dots, \lambda_k\}$ de B et A, telle que $\mu_j^3 = \lambda_j$ et $\mathrm{Ker}\,(B - \mu_j I) = \mathrm{Ker}\,(A - \lambda_j I)$: B agit comme l'homothétie de rapport $\sqrt[3]{\lambda_j}$ sur E_j d'où l'unicité.

On peut vérifier que si les valeurs propres de A sont distinctes, la solution B est unique, car si $\{e_1, \dots, e_n\}$ est base de vecteurs propres pour A, avec $Ae_j = \lambda_j e_j$, comme B et $B^3 = A$ commutent, on a $A(Be_j) = B(Ae_j) = \lambda_j(Be_j)$ donc $Be_j \in \mathrm{Ker}\,(A - \lambda_j I) = \mathbb{R}e_j$ d'où μ_j tel que $Be_j = \mu_j e_j$ et $B^3 = A$ donne $\mu_j = \sqrt[3]{\lambda_j}$.

Dans la base $\mathcal{B} = \{e_1, \dots, e_n\}$, la matrice semblable à B est unique, c'est $\mathrm{diag}\,(\sqrt[3]{\lambda_1}, \dots, \sqrt[3]{\lambda_n})$.

Par contre, si A a une valeur propre multiple, il y a non unicité, (utiliser le cas $A = \begin{pmatrix} 1 & 0 \\ 0 & 1 \end{pmatrix}$ pour la mise en forme).

10. Sur $E = \mathbb{R}^n$ euclidien canonique, soit $\mathcal{B} = (e_1, \dots, e_n)$ la base orthonormée canonique, et α l'opérateur de matrice A dans la base $\mathcal{B}$, cet opérateur est auto-adjoint donc il existe une matrice orthogonale P telle que $P^{-1}AP = D = \mathrm{diag}\,(\lambda_1, \dots, \lambda_n)$ avec les $\lambda_i \geqslant 0$. On pose $\mu_i = \sqrt{\lambda_i}$ et $\Delta = \mathrm{diag}\,(\mu_1, \dots, \mu_n)$, on a $\Delta^2 = D$, donc $P^{-1}AP = \Delta\Delta$ d'où $A = P\Delta P^{-1}P\Delta P^{-1}$. Soit β l'opérateur de matrice $B = P\Delta P^{-1}$ dans la base $\mathcal{B}$, on a ${}^tB = B$ donc β est auto-adjoint et comme le terme général a_{ij} de A est $a_{ij} = \langle e_i, \alpha(e_j)\rangle = \langle e_i, \beta^2(e_j)\rangle$ c'est $a_{ij} = \langle \beta^*(e_i), \beta(e_j)\rangle = \langle \beta(e_i), \beta(e_j)\rangle$. La famille des $v_i = \beta(e_i)$ convient.

11. Le déterminant et la trace étant invariants par passage de A à A' semblable, et A symétrique réelle positive étant semblable à $D = \mathrm{diag}\,(d_1, \dots, d_n)$ avec des $d_j \geqslant 0$, le problème équivaut à justifier l'inégalité

$$(d_1 \dots d_n)^{1/n} \leqslant \frac{1}{n}(d_1 + d_2 + \dots + d_n).$$

C'est évident si l'un des d_j est nul, et sinon, c'est équivalent à

$$\frac{1}{n}\sum_{i=1}^{n} \mathrm{Log}\, d_i \leqslant \mathrm{Log}\, \frac{d_1 + \dots + d_n}{n}$$

vrai par concavité de la fonction logarithme.

12. La matrice M symétrique réelle est diagonalisable dans le groupe orthogonal. Avec P orthogonale telle que $P^{-1}MP = \mathrm{diag}\,(\lambda_1, \dots, \lambda_n)$, on a $P^{-1}M^2P = \mathrm{diag}\,(\lambda_1^2, \dots, \lambda_n^2)$ donc $S(M) = \mathrm{trace}\, M^2$. On a donc

$$S(M) = \sum_{i=1}^{n}\left(\sum_{k=1}^{n} m_{ik}m_{ki}\right) = \sum_{i=1}^{n}\left(\sum_{k=1}^{n} (m_{ik})^2\right)$$

puisque ${}^tM = M$.
On obtient pour $S(M)$ le carré de la norme euclidienne de M considéré comme élément de $\mathbb{R}^{n^2}$, d'où

$$S(M) = \sum_{i=1}^{n}(m_{ii})^2 + 2 \sum_{1 \leqslant i < j \leqslant n} (m_{ij})^2$$

est bien forme quadratique définie positive sur les matrices symétriques.

13. Si la famille $\mathcal{V}$ est liée, l'un des v_j est combinaison linéaire des autres : il existe $j \leqslant n$ et des λ_k, $k \neq j$, tels que $v_j = \sum_{\substack{k=1 \\ k \neq j}}^{n} \lambda_k v_k$ d'où, $\forall i$,

$\langle v_i, v_j \rangle = \sum_{\substack{k=1 \\ k \neq j}}^{n} \lambda_k \langle v_i, v_k \rangle$. La $j^{ème}$ colonne de la matrice $\mathcal{G}(\mathcal{V})$ est donc combinaison linéaire des autres donc $\det(\mathcal{G}(\mathcal{V})) = 0$.
Si $\mathcal{V}$ est libre, soit $F = \mathrm{Vect}(v_1, \ldots, v_n)$, alors $\mathcal{G}(\mathcal{V})$ est la matrice de la restriction du produit scalaire à F, dans la base $\mathcal{V}$ de F : c'est une matrice définie positive donc de déterminant strictement positif. On a donc $\det(\mathcal{G}(\mathcal{V})) \geqslant 0$, *et* $(\det(\mathcal{G}(\mathcal{V})) > 0 \Leftrightarrow (\mathcal{V}$ libre).
Si $\mathcal{V}$ est libre, avec $E = F \oplus F^{\perp}$, on décompose x en $y + z$ avec y dans F et z dans $F^{\perp}$ et $(d(x, F))^2 = ||z||^2 = ||x||^2 - ||y||^2$.

En posant $y = \sum_{j=1}^{n} \lambda_j v_j$, on détermine les λ_j en résolvant le système des n équations $\langle x - \sum_{j=1}^{n} \lambda_j v_j, v_i \rangle = 0$, soit encore des équations :

$$\lambda_1 \langle v_1, v_i \rangle + \lambda_2 \langle v_2, v_i \rangle + \ldots + \lambda_n \langle v_n, v_i \rangle = \langle x, v_i \rangle.$$

Donc λ_j est le quotient du déterminant de la matrice obtenue en remplaçant dans $\mathcal{G}(v_1, \ldots, v_n)$, la $j^{ème}$ colonne par les $\langle x, v_i \rangle$, et de $\det(\mathcal{G}(\mathcal{V}))$, (formules de Cramer).
Calculons $\det(\mathcal{G}(x, v_1, v_2, \ldots, v_n))$ en développant par rapport à la première ligne, il vient

$$\det(\mathcal{G}(x, v_1, \ldots, v_n)) = ||x||^2 \det(\mathcal{G}(V)) + \sum_{j=1}^{n}(-1)^{1+j+1} \langle x, v_j \rangle D_j$$

avec

$$D_j = \begin{vmatrix} \langle v_1, x \rangle & \langle v_1, v_1 \rangle & \ldots & \langle v_1, v_{j-1} \rangle & \langle v_1, v_{j+1} \rangle & \ldots & \langle v_1, v_n \rangle \\ \ldots & \ldots & \ldots & \ldots & \ldots & \ldots & \ldots \\ \langle v_n, x \rangle & \langle v_n, v_1 \rangle & \ldots & \langle v_n, v_j \rangle & \langle v_n, v_{j+1} \rangle & \ldots & \langle v_n, v_n \rangle \end{vmatrix}$$

Par $j-1$ transposition, on amène la première colonne en $j^{\text{ème}}$ position et on a le numérateur du quotient donnant λ_j, donc

$$\begin{aligned}\det(\mathcal{G}(x, v_1, v_2, \ldots, v_n)) &= ||x||^2 \det(\mathcal{G}(\mathcal{V})) \\ &\quad + \sum_{j=1}^{n} (-1)^{j+j-1} \langle x, v_j\rangle \lambda_j \det(\mathcal{G}(\mathcal{V})) \\ &= (\det \mathcal{G}(\mathcal{V})) \left(||x||^2 - \sum_{j=1}^{n} \langle x, \lambda_j v_j\rangle \right) \\ &= (\det(\mathcal{G}(\mathcal{V}))) \langle x, x-y\rangle.\end{aligned}$$

Mais $\langle x, x-y\rangle = \langle x, z\rangle = \langle y+z, z\rangle = ||z||^2$ car $y \in F$ et $z \in F^{\perp}$ d'où $\det(\mathcal{G}(x, v_1, v_2, \ldots, v_n)) = ||z||^2 \det(\mathcal{G}(V))$: c'est la relation voulue.

14. Soit E l'espace vectoriel des applications intégrables de $[a, b]$ dans $\mathbf{R}$ et φ la forme bilinéaire symétrique définie par $\varphi(f, g) = \int_a^b f(t)g(t)dt$.

La forme φ est positive, (non définie car $\phi(f) = \int_a^b f^2 = 0$ implique $f(t) = 0$ presque partout, mais pas $f = 0$).
Si $\{f_1, \ldots, f_n\}$ est libre, sur $F = \text{Vect}(f_1, \ldots, f_n)$, la famille $\mathcal{B} = \{f_1, \ldots, f_n\}$ est une base de F et la matrice A est celle de la forme positive $\widetilde{\phi}$ induite par ϕ sur F, dans la base $\mathcal{B}$. Alors $\det(A)$ est le produit des valeurs propres de A qui sont positives d'où $\det(A) \geqslant 0$.
Si $\{f_1, \ldots, f_n\}$ est liée, l'un des vecteurs, f_j, est combinaison linéaire des autres donc une colonne de A est combinaison linéaire des autres. On a $\det A = 0$, d'où $\det A \geqslant 0$.
Si $\det A = 0$, c'est que soit $\{f_1, \ldots, f_n\}$ est liée ; soit elle est libre mais alors le cône isotrope de $\widetilde{\phi}$ n'est pas $\{0\}$ donc il existe $\alpha_1, \ldots, \alpha_n$ scalaires tels que la fonction $\varphi = \alpha_1 f_1 + \alpha_2 f_2 + \ldots + \alpha_n f_n$ soit nulle presque partout.

15. On justifie la nullité de $\varphi(\lambda x + \lambda' x') - \lambda\varphi(x) - \lambda'\varphi(x')$, avec x et x' dans E et λ, λ' dans $\mathbf{R}$, en montrant son appartenance à $E^{\perp} = \{0\}$. Pour tout z de E on a :

$$\begin{aligned}&\langle \varphi(\lambda x + \lambda' x') - \lambda\varphi(x) - \lambda'\varphi(x'), z\rangle \\ &\quad = \langle \varphi(\lambda x + \lambda' x'), z\rangle - \lambda\langle \varphi(x), z\rangle - \lambda'\langle \varphi(x'), z\rangle \\ &\quad = -\langle \lambda x + \lambda' x', \varphi(z)\rangle + \lambda\langle x, \varphi(z)\rangle + \lambda'\langle x', \varphi(z)\rangle \text{ vu l'hypothèse,} \\ &\quad = \langle -\lambda x - \lambda' x' + \lambda x + \lambda' x', \varphi(z)\rangle = 0\end{aligned}$$

(bilinéarité du produit scalaire).

16. Si on note C_j le vecteur colonne des (m_{ij}), $1 \leqslant i \leqslant n$, on a $\langle C_i, C_j \rangle = 0$ pour $i \neq j$. Or le terme général de la matrice symétrique $A = {}^tMM$ est précisément :

$$\alpha_{i,j} = \langle C_i, C_j \rangle = \sum_{k=1}^{n} m_{ik} m_{kj}$$

donc A est une matrice diagonale avec $\alpha_{ii} = \sum_{k=1}^{n} (m_{ki})^2 \leqslant nC^2$ d'où

$$(\det M)^2 = \det({}^tMM) = \prod_{i=1}^{n} \alpha_{ii} \leqslant (nC^2)^n$$

d'où $|\det M| \leqslant C^n n^{\frac{n}{2}}$.

Si M est inversible, la famille des vecteurs colonnes est cette fois libre. On orthogonalise par le procédé d'orthonormalisation de Schmidt : il existe une base $\{B_1, \ldots, B_n\}$ orthogonale, avec des relations du type $B_j = C_j + \sum_{k=1}^{j-1} x_k B_k$, donc une matrice de passage triangulaire T ayant des 1 sur la diagonale, donc $\det(M) = \det(C_1, |C_2| \ldots |C_n) = \det(B_1|B_2| \ldots |B_n)$.

La première partie asosciée à la matrice B des vecteurs colonnes B_j donne $(\det M)^2 \leqslant \prod_{j=1}^{n} ||B_j||^2$, avec $||B_j||^2 = \sum_{k=1}^{n} (\beta_{kj})^2$ si B_j est la colonne des β_{kj}.

Or $C_j = B_j - \sum_{k=1}^{j-1} x_k B_k$, avec $B_1, \ldots, B_{j-1}$ orthogonaux à B_j, donne, pour la norme euclidienne $||B_j||^2 \leqslant ||C_j||^2$, d'où finalement la majoration

$$|\det M| \leqslant \prod_{j=1}^{n} ||C_j|| \leqslant (\sqrt{n}C)^n$$

la même majoration s'obtient.

17. Comme 0 n'est pas valeur propre de f, le noyau de f est réduit à 0 donc φ est définie continue de $E - \{0\}$ dans $\mathbb{R}$.

Soit $\mathcal{B} = (e_1, \ldots, e_n)$ une base orthonormée de vecteurs propres de f pour les valeurs propres $\lambda_1, \ldots, \lambda_n$, telles que

$$0 < \lambda_1 \leqslant \lambda_2 \leqslant \ldots \leqslant \lambda_n$$

Pour $x = \sum_{i=1}^{n} x_i e_i$ on a

$$\varphi(x) = \frac{\left(\sum_{i=1}^{n} \lambda_i x_i^2\right)^2}{\left(\sum_{i=1}^{n} \lambda_i^2 x_i^2\right)\left(\sum_{i=1}^{n} x_i^2\right)}.$$

L'inégalité de Cauchy Schwartz, dans $\mathbb{R}^n$ euclidien canonique, pour les n-uplets $(\lambda_1 x_1, \dots, \lambda_n x_n)$ et $(x_1, \dots, x_n)$ donne :

$$\left(\sum_{i=1}^{n} \lambda_i x_i^2\right)^2 \leqslant \left(\sum_{i=1}^{n} \lambda_i^2 x_i^2\right)\left(\sum_{i=1}^{n} x_i^2\right)$$

d'où $0 \leqslant \varphi(x) \leqslant 1$.

La fonction φ est majorée par 1, borne atteinte pour x tel que x et $\sum_{i=1}^{n} \lambda_i x_i e_i$ soient liés, donc pour les vecteurs propres de chaque sous-espace propre.
On peut constater que φ est invariante par homothétie. Si elle n'est pas constante, avec u et v tels que $\varphi(u) \neq \varphi(v)$, u et v dans $E - \{0\}$ avec $u' = tu$ et $v' = tv$, on a $\lim_{t \to 0^+} \varphi(tu) = \varphi(u)$ et $\lim_{t \to 0^+} \varphi(tv) = \varphi(v)$ donc φ n'est pas prolongeable par continuité en 0.
Donc, si f est une homothétie, φ est constante sur $E - \{0\}$, (égale à 1), donc prolongeable par continuité en 0; sinon, on a au moins deux valeurs propres distinctes et on peut prendre x tel que x et $f(x) = \sum_{i=1}^{n} \lambda_i x_i e_i$ soient indépendants, d'où $\varphi(x) < 1$. Dans ce cas φ est non constante donc non prolongeable par continuité en 0. La borne inférieure existe et est atteinte puisque les valeurs de φ sont les valeurs prises sur la sphère unité compacte.

18. Sur $\mathbb{R}^n$ rapporté à sa base canonique $\mathcal{B} = \{e_1, \dots, e_n\}$, la forme quadratique ϕ de matrice A dans la base $\mathcal{B}$, est définie positive. On applique à la base $\mathcal{B}$ le procédé d'orthonormalisation de Schmidt : on pose $\varepsilon_1 = \dfrac{e_1}{\sqrt{\phi(e_1)}}$, et si on suppose connus les vecteurs $\varepsilon_1, \dots, \varepsilon_{k-1}$, on détermine d'abord $e'_k = e_k - \sum_{j=1}^{k-1} \lambda_j \varepsilon_j$, avec $\varphi(e'_k, \varepsilon_j) = 0, j = 1, \dots, k-1$, puis on prend $\varepsilon_k = \dfrac{e'_k}{\sqrt{\phi(e'_k)}}$. Comme $e_k = e'_k + \sum_{j=1}^{k-1} \lambda_j \varepsilon_j$, les relations d'orthogonalité donnent

$$\phi(e_k) = a_{kk} = \phi(e'_k) + \phi\left(\sum_{j=1}^{k-1} \lambda_j \varepsilon_j\right) \geqslant \phi(e'_k).$$

La matrice de passage P de $\mathcal{B}$ à $\mathcal{C} = \{\varepsilon_1, \ldots, \varepsilon_n\}$ est triangulaire avec les $\dfrac{1}{\sqrt{\phi(e'_k)}}$ sur la diagonale, et comme ${}^tPAP = I_n$, on a

$$\det A = \frac{1}{(\det P)^2} = \prod_{k=1}^{n} \phi(e'_k) \leqslant \prod_{k=1}^{n} a_{kk}.$$

19. La matrice A, symétrique définie positive est diagonalisable dans le groupe orthogonal : il existe S orthogonale telle que $S^{-1}AS = \mathrm{diag}\,(\lambda_1, \ldots, \lambda_n)$ avec les $\lambda_i > 0$. Mais alors $S^{-1}(I + A)S = \mathrm{diag}\,(1 + \lambda_1, \ldots, 1 + \lambda_n)$ et on doit prouver que

$$1 + \left(\prod_{i=1}^{n} \lambda_i\right)^{1/n} \leqslant \left(\prod_{i=1}^{n} (1 + \lambda_i)\right)^{1/n},$$

soit avec F, fonction définie pour $t \geqslant 0$ par $F(t) = \left(\prod_{i=1}^{n} (t + \lambda_i)\right)^{1/n}$, que $F(1) \geqslant 1 + F(0)$.

La fonction F est dérivable, donc par accroissements finis, il existe $c \in]0, 1[$ tel que $F(1) - F(0) = 1F'(c)$.

Or $\dfrac{F'(t)}{F(t)} = \dfrac{1}{n} \displaystyle\sum_{i=1}^{n} \dfrac{1}{t + \lambda_i}$ d'où $F'(t) = \displaystyle\prod_{i=1}^{n} (t + \lambda_i)^{\frac{1}{n}} \cdot \dfrac{1}{n} \displaystyle\sum_{i=1}^{n} \dfrac{1}{t + \lambda_i}$ et

$$\begin{aligned} \mathrm{Ln}\,(F'(t)) &= \frac{1}{n} \sum_{i=1}^{n} \mathrm{Ln}\,(t + \lambda_i) + \mathrm{Ln}\left(\frac{1}{n} \sum_{i=1}^{n} \frac{1}{t + \lambda_i}\right) \\ &= \mathrm{Ln}\left(\frac{1}{n} \sum_{i=1}^{n} \frac{1}{t + \lambda_i}\right) - \frac{1}{n} \sum_{i=1}^{n} \mathrm{Ln}\left(\frac{1}{t + \lambda_i}\right). \end{aligned}$$

Par concavité de la fonction logarithme, on a donc $\mathrm{Ln}\,(F'(t)) \geqslant 0$ d'où $F'(t) \geqslant 1$ et finalement $F(1) \geqslant F(0) + 1$ soit
$(\det\,(I + A))^{1/n} \geqslant 1 + (\det A)^{1/n}$.
Soit maintenant B symétrique positive, on peut réduire simultanément les deux matrices à une forme diagonale : il existe P régulière telle que ${}^tPAP = \mathrm{diag}\,(\lambda_1, \ldots, \lambda_n)$ et ${}^tPBP = \mathrm{diag}\,(\mu_1, \ldots, \mu_n)$ d'où
${}^tP(A + B)P = \mathrm{diag}\,(\lambda_1 + \mu_1, \ldots, \lambda_n + \mu_n)$ avec les $\lambda_i > 0$ et les $\mu_j \geqslant 0$.

On a

$$(\det(A+B))^{1/n} = \frac{1}{(\det P)^{2/n}} \prod_{i=1}^{n} (\lambda_i + \mu_i)^{1/n}$$

et

$$(\det A)^{1/n} + (\det B)^{1/n} = \frac{1}{(\det P)^{2/n}} \left(\prod_{i=1}^{n} \lambda_i^{1/n} + \prod_{i=1}^{n} \mu_i^{1/n} \right)$$

et on doit montrer que

$$\prod_{i=1}^{n} \lambda_i^{1/n} + \prod_{i=1}^{n} \mu_i^{1/n} \leqslant \prod_{i=1}^{n} (\lambda_i + \mu_i)^{1/n}$$

Si l'un des μ_i est nul, c'est évident, (les autres étant $\geqslant 0$) et s'ils sont tous non nuls, c'est équivalent à

$$1 + \prod_{i=1}^{n} \left(\frac{\lambda_i}{\mu_i} \right)^{1/n} \leqslant \prod_{i=1}^{n} \left(1 + \frac{\lambda_i}{\mu_i} \right)^{1/n}$$

ce qui est vérifié d'après la première partie de l'exercice.
On a bien finalement $(\det B)^{1/n} + (\det A)^{1/n} \leqslant (\det(A+B))^{1/n}$.

20. On a $\alpha_{ij} = \dfrac{1}{b_i b_j \left(\dfrac{a_i}{b_i} + \dfrac{a_j}{b_j} \right)}$ donc $\beta_{ij} = b_i b_j \alpha_{ij}$ est tel que $\beta_{ij} = \dfrac{1}{u_i + u_j}$ avec $u_i = \dfrac{a_i}{b_i}$. Soit X et Y deux matrices colonnes d'ordre n, et X' et Y' les matrices colonnes des $x'_i = b_i x_i$ et $y'_i = b_i y_i$. Avec B matrice des β_{ij} on a :

$$\begin{aligned} {}^tXBY &= \sum_{1 \leqslant i,j \leqslant n} \beta_{ij} x_i y_j = \sum_{1 \leqslant i,j \leqslant n} \alpha_{ij} b_i x_i b_j y_j = \sum_{1 \leqslant i,j \leqslant n} \alpha_{ij} x'_i y'_j \\ &= {}^tX' A Y'. \end{aligned}$$

On considère alors l'espace vectoriel E des fonctions définies continues sur $]0,1]$, à valeurs réelles, telles que $\displaystyle\int_0^1 f^2$ converge.

C'est un espace vectoriel car si f et g sont dans E, comme $2|fg| \leqslant f^2 + g^2$, $\displaystyle\int_0^1 fg$ est absolument convergente, donc $\forall (\lambda, \mu) \in \mathbf{R}^2$, $\displaystyle\int_0^1 (\lambda f + \mu g)^2$ converge. On vérifie que $\varphi : E^2 \longmapsto \mathbf{R}$ définie par $\varphi(f,g) = \displaystyle\int_0^1 fg$ est bilinéaire symétrique définie positive.

Soit $f_i : t \rightsquigarrow t^{u_i - \frac{1}{2}}$, $u_i > 0$ les fonctions f_i sont dans E. Si $u_1, \dots, u_n$ sont distincts, les fonctions f_i forment une famille libre (si $\lambda_1, \dots, \lambda_n$ sont tels que $\sum_{i=1}^{n} \lambda_i t^{u_i - 1/2} = 0$, en « simplifiant » par $t^{u_{i_0} - 1/2}$ avec $u_{i_0} = \inf\{u_i, i = 1, \dots, n\}$ et en faisant tendre t vers 0 on a $\lambda_{i_0} = 0$, et on itère), donc dans $F = \mathrm{Vect}\,(f_1, \dots, f_n)$, la matrice des $\dfrac{1}{u_i + u_j}$ est celle des

$$\varphi(f_i, f_j) = \int_0^1 t^{u_i + u_j - 1} dt = \left[\frac{t^{u_i + u_j}}{u_i + u_j} \right]_0^1 = \frac{1}{u_i + u_j}$$

(u_i et $u_j > 0$). Cette matrice est donc définie positive. Mais alors, $\forall X'$ de $\mathcal{M}_{n,1}(\mathbb{R})$, ${}^tX'AX' \geqslant 0$ et c'est nul si et seulement si $X' = 0$, puisque c'est ${}^tXBX$ avec B définie positive, et que $X = 0 \Leftrightarrow X' = 0$.
Si les u_i ne sont pas tous distincts, la forme φ est positive (non définie), donc A sera positive. En fait le rang de B est celui de la famille des f_i, (si $\{f_{i_1}, \dots, f_{i_r}\}$ libre, $\varphi_{|G \times G}$ avec $G = \mathrm{Vect}\,(f_{i_1}, \dots, f_{i_r})$ est définie positive et les colonnes d'indice $j \notin \{i_1, \dots, i_r\}$ sont combinaisons linéaires des colonnes d'indice dans $\{i_1, \dots, i_r\}$), d'où également A de rang égal au nombre de $u_i = \dfrac{a_i}{b_i}$ distincts.

CHAPITRE 15

Séries de Fourier

Nous allons, sur un exemple, appliquer ce que nous avons vu concernant les formes hermitiennes, mais aussi certains raisonnements vus lors de l'étude des espaces préhilbertiens réels.

1. Trois espaces fonctionnels

DÉFINITION 15.1. — *Une fonction f définie sur un intervalle I de $\mathbb{R}$, à valeurs dans E espace topologique est dite continue par morceaux si et seulement si, pour tout segment $[a, b]$ de I elle n'a qu'un nombre fini de discontinuités, et si en chaque discontinuité x_0 $\lim\limits_{\substack{x \to x_0^+ \\ x \in I}} f(x)$ et $\lim\limits_{\substack{x \to x_0^- \\ x \in I}} f(x)$ existent.*

15.2. On dit encore que les discontinuités sont *régulières*.

Il faut remarquer que si x_0 est une base de I la condition d'existence des limites ne porte plus que sur une limite.

15.3. Notations

On introduit alors E, espace vectoriel des applications continues de $\mathbb{R}$ dans $\mathbb{C}$, 2π périodiques; puis F espace des applications de $\mathbb{R}$ dans $\mathbb{C}$, continues par morceaux, 2π périodiques; et enfin D sous-espace de F formé des applications telles qu'en tout point on ait
$f(x_0) = \dfrac{f(x_0+0) + f(x_0-0)}{2}$, avec $f(x_0+0) = \lim\limits_{x \to x_0^+} f(x)$ et $f(x_0-0) = \lim\limits_{x \to x_0^-} f(x)$. Les points de discontinuité de f et de D sont encore dits réguliers de première espèce.

Il faut remarquer que E est sous-espace de D lui-même sous-espace de F.

Sur $F \times F$ définit une forme sesquilinéaire à symétrie hermitienne, φ, par

15.4. $$\varphi(f, g) = \frac{1}{2\pi} \int_0^{2\pi} \overline{f(t)} g(t)\, dt.$$

On a bien semi-linéarité par rapport à la première variable, f, et linéarité par rapport à la seconde, l'intégrale existant puisque $\overline{f}g$ est continue par morceaux sur $[0, 2\pi]$.

La forme hermitienne ϕ associée est positive sur F, non définie, car $\forall f \in F, \phi(f) = \dfrac{1}{2\pi} \displaystyle\int_0^{2\pi} |f(t)|^2\, dt \geqslant 0$, mais $\phi(f) = 0$ implique $f(t) = 0$ en tout point de continuité, mais on ne sait rien de $f(x_0)$ en x_0 point de discontinuité.

Par contre, sur E, (fonctions continues), ϕ induit une forme définie positive, d'où une norme. On notera $\langle f, g \rangle$ au lieu de $\varphi(f, g)$ le produit scalaire induit par φ sur E, et $||f|| = \sqrt{\phi(f)}$ la norme associée.

Soit par ailleurs la famille $(e_n)_{n \in \mathbb{Z}}$ des fonctions de E, donc de D et de F définies par :

15.5. $$\forall n \in \mathbb{Z}, \quad \forall t \in \mathbb{R}, \quad e_n(t) = e^{int}.$$

THÉORÈME 15.6. — *Les fonctions $(e_n)_{n \in \mathbb{Z}}$ forment une famille orthonormée de fonction de E, et de F.*

Car, si $n \neq m$,
$\langle e_n, e_m \rangle = \dfrac{1}{2\pi} \displaystyle\int_0^{2\pi} e^{i(m-n)t}\, dt = \dfrac{1}{2i(m-n)\pi} [e^{i(m-n)t}]_0^{2\pi} = 0$ et si $m = n$, $\langle e_n, e_n \rangle = \dfrac{1}{2\pi} \displaystyle\int_0^{2\pi} dt = 1.$ ■

On note $\varphi(e_n, e_m)$ au lieu de $\langle e_n, e_m \rangle$ si on considère les e_n dans F.

DÉFINITION 15.7. — *On appelle coefficients de Fourier de f dans F, la famille de complexes $(c_n(f))_{n \in \mathbb{Z}}$ définis par $c_n(f) = \varphi(e_n, f)$.*

15.8. Donc $c_n(f) = \dfrac{1}{2\pi} \displaystyle\int_0^{2\pi} f(t) e^{-int}\, dt.$

DÉFINITION 15.9. — *On appelle série de Fourier de f continue par morceaux, 2π périodique, de $\mathbb{R}$ dans $\mathbb{C}$, la série de fonctions des $(c_n(f)e_n)_{n\in\mathbb{Z}}$.*

C'est la série de fonction $x \rightsquigarrow c_n(f)e^{inx}$, $x \in \mathbb{R}$.

Le but de ce chapitre est d'étudier, pour quelles hypothèses, et quel mode de convergence, la série de ces fonctions converge, et vers quoi.

Dans cette démarche on part de f, continue par morceaux, 2π périodique et on calcule les coefficients $c_n(f)$. Mais on pourrait se donner une famille $(c_n)_{n\in\mathbb{Z}}$ de complexes, considérer la série de fonctions de terme général $c_n e_n$ et, moyennant des hypothèses sur les c_n, étudier sa convergence.

15.10. Dans ce cas, on appellera *série trigonométrique* la série de terme général $c_n e_n$.

Un calcul utile dans le cas réel

Comme on a $e^{int} = \cos nt + i \sin nt$, on aura, pour f dans F,

$$c_n(f) = \frac{1}{2\pi}\int_0^{2\pi} f(t)\cos nt\, dt - \frac{i}{2\pi}\int_0^{2\pi} f(t)\sin nt\, dt$$

mais aussi,

$$c_{-n}(f) = \frac{1}{2\pi}\int_0^{2\pi} f(t)\cos nt + \frac{i}{2\pi}\int_0^{2\pi} f(t)\sin nt\, dt$$

d'où

$$c_n(f) + c_{-n}(f) = \frac{1}{\pi}\int_0^{2\pi} f(t)\cos nt\, dt$$

et
$$c_n(f) - c_{-n}(f) = \frac{-i}{\pi}\int_0^{2\pi} f(t)\sin nt\, dt.$$

Traditionnellement, on pose :

15.11 $$a_n(f) = \frac{1}{\pi}\int_0^{2\pi} f(t)\cos nt\, dt \text{ et}$$

$$b_n(f) = \frac{1}{\pi}\int_0^{2\pi} f(t)\sin nt\, dt, \text{ et ceci pour tout } n \text{ de } \mathbb{Z}.$$

Il s'agit de nombres réels si f est à valeurs réelles, appelés également coefficients de Fourier de f.

Le calcul précédent montre que, $\forall n \in \mathbb{Z}$, on a :

$$c_n(f) = \frac{a_n(f) - ib_n(f)}{2}.$$

On peut remarquer que $c_0(f) = \dfrac{a_0(f)}{2}$ car $b_0(f) = 0$. De plus l'application $n \rightsquigarrow a_n(f)$ est paire, alors que $n \rightsquigarrow b_n(f)$ est impaire sur $\mathbb{Z}$. On a alors, en notant a_n, b_n et c_n les coefficients introduits pour $f \in F$, (au lieu de $a_n(f), b_n(f)$ et $c_n(f)$) :

$$\begin{aligned} c_n e^{inx} + c_{-n} e^{-inx} &= \frac{a_n - ib_n}{2}(\cos nx + i \sin nx) \\ &\quad + \frac{a_n + ib_n}{2}(\cos nx - i \sin nx) \\ &= \frac{1}{2}(2a_n \cos nx + 2b_n \sin nx), \text{ soit} \\ c_n e^{inx} + c_{-n} e^{-inx} &= a_n \cos nx + b_n \sin nx, \end{aligned}$$

et on appelle, dans le cas où f est à valeurs réelles, série de Fourier de f la série de fonction de terme général $(a_n(f)\cos nx + b_n(f)\sin nx)$.

C'est une des raisons pour lesquelles, dans le cas complexe, on étudie la série de Fourier de f continue par morceaux, 2π périodique en sommant symétriquement en n et en introduisant les expressions

15.12

$$P_N(f)(x) = \sum_{n=-N}^{N} c_n(f) e^{inx} = \frac{a_0}{2} + \sum_{n=1}^{N} (a_n(f)\cos nx + b_n(f)\sin nx),$$

définies pour $N \in \mathbb{N}^*$. La raison essentielle est que cette expression symétrique se prête mieux aux calculs.

2. Egalité de Bessel

Commençons le travail dans le cadre des fonctions continues, 2π périodiques. L'espace E est préhilbertien, (non de Hilbert).

Pour $f \in E$ et $N \in \mathbb{N}$, on a

$$P_N(f) = \sum_{n=-N}^{N} c_n(f)e_n = \sum_{n=-N}^{N} \langle e_n, f\rangle e_n :$$

c'est la projection orthogonale de f sur $E_N = \text{Vect}(e_{-N}, e_{-N+1}, \dots, e_0, \dots, e_N)$ puisque cette famille est orthonormée, (voir Algèbre, 12.38).

On a alors $f = P_N(f) + f - P_N(f)$, avec $P_N(f)$ dans E_N et $f - P_N(f)$ dans $(E_N^{\perp})$, d'où

$$\|f\|^2 = \|P_N(f)\|^2 + \|f - P_N(f)\|^2$$

avec $$\|P_N(f)\|^2 = \sum_{n=-N}^{N} |\langle e_n, f\rangle|^2,$$

puisque $P_N(f)$ est décomposé dans une base orthonormée de E_N. Il en résulte que, $\forall n \in \mathbb{N}$ on a $\sum_{n=-N}^{N} |c_n(f)|^2 = \|f\|^2 - \|f - P_N(f)\|^2 \leqslant \|f\|^2$.

La série de terme général positif $|c_n(f)|^2$, (indexée par $\mathbb{Z}$), est donc convergente car, $\forall p \in \mathbb{N}$, $\forall q \in \mathbb{N}$, avec $N = \sup(p, q)$, on a

$$\sum_{n=-p}^{q} |c_n(f)|^2 \leqslant \sum_{n=-N}^{N} |c_n(f)|^2 \leqslant \|f\|^2$$

d'où l'existence de la limite des sommes partielles lorsque p et q tendent vers $+\infty$, et le fait que la somme soit majorée par $\|f\|^2$. On obtient ce qu'on appelle

15.13. *l'inégalité de Parseval Bessel : soit f de $\mathbb{R}$ dans $\mathbb{C}$, continue, 2π périodique, la série des $|c_n(f)|^2$ converge et* $\sum_{n\in\mathbb{N}} |c_n(f)|^2 \leqslant \frac{1}{2\pi}\int_0^{2\pi} |f(t)|^2\, dt.$

En fait, on a mieux : il y a égalité.

THÉORÈME 15.14. *(Egalité de Bessel) — Soit f continue, 2π périodique de $\mathbb{R}$ dans $\mathbb{C}$, on a*

$$\sum_{n=-\infty}^{+\infty} |c_n(f)|^2 = \frac{1}{2\pi}\int_0^{2\pi} |f(t)|^2\, dt.$$

En effet, en gardant les notations précédentes, soit Q une fonction dans E_N. On a $f - Q = f - P_N(f) + P_N(f) - Q$ avec $f - P_N(f)$ dans $(E_N)^{\perp}$ et $P_N - Q \in E_N$ d'où $||f-Q||^2 = ||f-P_N(f)||^2 + ||P_N(f)-Q||^2$: il en résulte que $||f - P_N(f)|| \leqslant ||f - Q||$, on dit encore que P_N réalise la meilleur approximation de f dans E_N.

Or l'algèbre des polynômes trigonométriques, c'est-à-dire l'algèbre $\mathcal{A}$ des fonctions du type $t \rightsquigarrow Q(t) = \sum_{k \in \mathbb{Z}} \alpha_k e^{ikt}$, les α_k étant presque tous nuls, est une algèbre qui sépare les points (t, t') lorsque $t - t' \notin 2\pi\mathbb{Z}$, elle contient les constantes et elle est stable par passage au conjugué donc, d'après le Théorème de Stone Weierstrass (Tome 2, corollaire 12.66) on sait qu'elle est partout dense pour la norme de la convergence uniforme dans l'espace des fonctions continues, 2π périodiques.

On a donc :
$\forall \varepsilon > 0$, $\exists Q$ polynôme trigonométrique tel que $||f - Q||_\infty \leqslant \varepsilon$, avec

$$||f - Q||_\infty = \sup\{|f(t) - Q(t)|; t \in [0, 2\pi]\}.$$

Si Q s'écrit $\sum_{k=r}^{s} \alpha_k e_k$, et si $N_0 = \sup\{|r|, |s|\}$, alors

$$\begin{aligned}\forall N \geqslant N_0,\ Q \in E_N \text{ et } ||f - P_N(f)||^2 &\leqslant ||f - Q||^2 \\ &= \frac{1}{2\pi} \int_0^{2\pi} |f(t) - Q(t)|^2\, dt \\ &\leqslant \frac{1}{2\pi} \cdot 2\pi \cdot \varepsilon^2 = \varepsilon^2.\end{aligned}$$

On a donc : $\forall \varepsilon > 0$, $\exists N_0 \in \mathbb{N}$, $\forall N \geqslant N_0$:

$$0 \leqslant ||f - P_N(f)||^2 = ||f||^2 - \sum_{n=-N}^{N} |c_n(f)|^2 \leqslant \varepsilon^2$$

ce qui justifie la convergence de la série des $(|c_n(f)|^2)_{n \in \mathbb{Z}}$ vers $||f||^2$. ■

REMARQUE 15.15. — On a justifié en même temps la convergence de la suite des $P_N(f)$ vers f dans l'espace préhilbertien E, d'où l'on déduit celle de la série des $(c_n(f)e_n)_{n \in \mathbb{Z}}$ vers f dans E car, dans ce qui précède, la sommation symétrique en n n'était pas nécessaire. On pouvait fort bien considérer $\sum_{n=-p}^{q} c_n(f)e_n$, projection orthogonale de f sur $E_{p,q} = \text{Vect}(e_{-p}, \ldots, e_0, \ldots, e_q)$.

En fait, le résultat s'étend à l'espace F des applications continues par morceaux, 2π périodiques.

THÉORÈME 15.16. — *L'égalité de Bessel,* $\sum_{n\in\mathbb{Z}} |c_n(f)|^2 = \frac{1}{2\pi}\int_0^{2\pi} |f(t)|^2\,dt$ *est valable pour f continue par morceaux, 2π périodique de $\mathbb{R}$ dans $\mathbb{C}$.*

On revient donc à l'espace F muni de la forme hermitienne ϕ positive mais non définie cette fois.

On introduit $c_n(f) = \varphi(e_n, f) = \frac{1}{2\pi}\int_0^{2\pi} f(t)e^{-int}dt$, et on considère $P_N(f) = \sum_{n=-N}^{N} c_n(f)e_n$. La famille $(e_k)_{k\in\mathbb{Z}}$ est orthonormée pour φ, donc si on calcule $\varphi(P_N(f) - f, e_k)$ pour $|k| \leqslant N$ il vient

$$\begin{aligned}\varphi(P_N(f) - f, e_k) &= \varphi(P_N(f), e_k) - \varphi(f, e_k)\\ &= \sum_{n=-N}^{N} \overline{c_n(f)}\varphi(e_n, e_k) - \overline{c_k(f)}\end{aligned}$$

avec les $\varphi(e_n, e_k)$ nuls si $n \neq k$ et $\varphi(e_k, e_k) = 1$, donc il reste

$$\varphi(P_N(f) - f, e_k) = \overline{c_k(f)} - \overline{c_k(f)} = 0.$$

On a $f - P_N(f)$ dans le conjugué de $E_N = \text{Vect}(e_{-N}, e_{-N+1}, \ldots, e_N)$ donc conjugué en particulier de $P_N(f)$ et il vient

15.17 $\phi(f) = \phi(f - P_N(f) + P_N(f)) = \phi(f - P_N(f)) + \phi(P_N(f))$.

Comme $\phi(P_N(f)) = \sum_{n=-N}^{N} |c_n(f)|^2$, (on connaît $P_N(f)$ dans une famille orthonormée pour ϕ) on a :

$$\sum_{n=-N}^{N} |c_n(f)^2| = \phi(f) - \phi(f - P_N(f)) \leqslant \phi(f),$$

d'où dans un premier temps la convergence de la série des $|c_n(f)|^2$ et le fait que la somme soit majorée par $\phi(f) = \dfrac{1}{2\pi}\displaystyle\int_0^{2\pi} |f(t)|^2\, dt$, c'est-à-dire l'inégalité de Bessel. Justifions l'égalité.

Sur $[0, 2\pi]$, f présente un nombre fini, p, de discontinuités. Posons $f(t) = u(t) + iv(t)$, u et v à valeurs réelles.

Soit a une discontinuité de f, et soit $\alpha > 0$, assez petit pour que sur $[a - \alpha, a + \alpha]$, a soit le seul point de discontinuité.

On considère les fonctions affines $\widetilde{u}$ et $\widetilde{v}$, définies sur $[a - \alpha, a + \alpha]$ en joignant les points $(a - \alpha, u(a - \alpha))$ et $(a + \alpha, u(a + \alpha))$ d'une part $(a - \alpha, v(a - \alpha))$ et $(a + \alpha, v(a + \alpha))$ d'autre part.

On fait ce bidouillage pour chaque discontinuité de f.

Enfin, pour $a \in]0, 2\pi[$ on impose à α d'être assez petit pour que $[a - \alpha, a + \alpha] \subset [0, 2\pi]$, (ceci en vue d'obtenir une fonction 2π périodique) et si $a = 0$, le travail fait en a est valable en 2π vu la périodicité de f.

En définissant alors $\widetilde{f}$ en dehors des $[a - \alpha, a + \alpha]$ par $\widetilde{f}(t) = f(t)$, on obtient $\widetilde{f}$ fonction continue de $\mathbb{R}$ dans $\mathbb{C}$, 2π périodique, égale à f en dehors de p segments de longueur 2α chacun.

Sur chacun de ces segments, on a $|u(t) - \widetilde{u}(t)| \leqslant 2||u||_\infty$ et $|v(t) - \widetilde{v}(t)| \leqslant 2||v||_\infty$ d'où $|f(t) - \widetilde{f}(t)|^2 \leqslant 4(||u||_\infty^2 + ||v||_\infty^2)$.

On aura donc

$$\phi(f - \widetilde{f}) = \frac{1}{2\pi}\int_0^{2\pi} |f(t) - \widetilde{f}(t)|^2 dt \leqslant \frac{1}{2\pi} \cdot p \cdot (2\alpha) 4(||u||_\infty^2 + ||v||_\infty^2).$$

Il en résulte que $\forall \varepsilon > 0$, on peut choisir α assez petit pour que ce majorant soit inférieur à ε, (p étant fixe), donc $\forall \varepsilon > 0$, $\exists \widetilde{f}$ continue telle que $\phi(f - \widetilde{f}) \leqslant \varepsilon$, ($\widetilde{f}$ étant 2π périodique).

Soit N un entier donné, on aura $f - \widetilde{f} = (f - P_N(f)) - (\widetilde{f} - P_N(\widetilde{f})) + P_N(f) - P_N(\widetilde{f})$ avec $f - P_N(f)$ et $\widetilde{f} - P_N(\widetilde{f})$ dans E_N^0, (conjugué pris dans F pour φ et non plus orthogonal dans E pour $\langle , \rangle$), et $P_N(f) - P_N(\widetilde{f})$ dans E_N. Donc $\phi(f - \widetilde{f}) = \phi(f - P_N(f) - \widetilde{f} + P_N(\widetilde{f})) + \phi(P_N(f) - P_N(\widetilde{f}))$, d'où, ϕ étant à valeurs positives :

$$\forall N \in \mathbb{N}, \text{ on a } \phi(P_N(f) - P_N(\widetilde{f})) \leqslant \varepsilon.$$

Mais alors, en utilisant l'inégalité de Minkowski, valable pour une forme hermitienne positive, (Algèbre, Théorème 12.35) il vient, en partant du calcul donnant l'inégalité de Bessel, (voir 15.17),

$$\begin{aligned}\left(\phi(f) - \sum_{n=-N}^{N} |c_n(f)|^2\right)^{1/2} &= \sqrt{\phi(f - P_N(f))} \\ &= \sqrt{\phi(f - \widetilde{f} + \widetilde{f} - P_N(f))} \\ &\leqslant \sqrt{\phi(f - \widetilde{f})} + \sqrt{\phi(\widetilde{f} - P_N(\widetilde{f}) + P_N(\widetilde{f}) - P_N(f))} \\ &\leqslant \sqrt{\varepsilon} + \sqrt{\phi(\widetilde{f} - P_N(\widetilde{f})} + \sqrt{\phi(P_N(\widetilde{f}) - P_N(f))}\end{aligned}$$

avec $\sqrt{\phi(P_N(\widetilde{f}) - P_N(f))} \leqslant \sqrt{\varepsilon}$, quelque soit N, comme nous venons de le voir.

On a donc, pour ce choix de $\widetilde{f}$, et pour tout N,

$$\left(\phi(f)) - \sum_{n=-N}^{N} |c_n(f)|^2\right)^{1/2} \leqslant 2\sqrt{\varepsilon} + \sqrt{\phi(\widetilde{f} + P_N(\widetilde{f}))}.$$

Mais pour $\widetilde{f}$ continue, 2π périodique on sait que $\lim_{N\to+\infty} \phi(\widetilde{f} - P_N(\widetilde{f})) = 0$ (c'est la traduction de l'égalité de Bessel) donc $\exists n_0$, $\forall N \geqslant n_0$, $\phi(\widetilde{f} - P_N(\widetilde{f})) \leqslant \varepsilon$ d'où finalement :

$$\forall \varepsilon > 0, \exists n_0, \forall N \geqslant n_0, 0 \leqslant \phi(f) - \sum_{n=-N}^{N} |c_n(f)|^2 = \phi(f - P_N(f)) \leqslant 9\varepsilon :$$

ce qui prouve bien la convergence de la série des $|c_n(f)|^2$ vers $\phi(f)$ (égalité de Bessel) et aussi le fait que $\phi(f - P_N(f))$ tend vers 0, mais attention, sur F, *ϕ n'est pas le carré d'une norme.* ■

3. Etude de la convergence uniforme de la série de Fourier

Avoir l'égalité de Bessel c'est bien, mais cela ne donne que la valeur de l'intégrale $\int_0^{2\pi} |f(t)|^2 \, dt$. Si on veut une connaissance des valeurs de la fonction à partir de sa série de Fourier, il faut encore travailler. Peut-il y avoir convergence uniforme de la série de Fourier vers sa fonction? Certainement pas si f n'est pas continue! On va donc se placer dans le cadre de l'espace E des fonctions continues de $\mathbb{R}$ dans $\mathbb{C}$, 2π périodiques. On dispose alors de la norme hermitienne définie par $||f|| = \left(\frac{1}{2\pi}\int_0^{2\pi} |f(t)|^2 dt\right)^{1/2}$, mais aussi de la norme de la convergence uniforme $||f||_\infty = \sup\{|f(t)|; t \in [0, 2\pi]\}$. Comme $||f|| \leqslant ||f||_\infty$, (majoration immédiate dans l'intégrale) il est clair que si la série de Fourier de f continue est convergente, pour $|| \quad ||_\infty$, vers... je ne sais pas moi, disons un élément g de E, alors l'inégalité : $||P_N(f) - g|| \leqslant ||P_N(f) - g||_\infty$, jointe à $\lim\limits_{N\to+\infty} ||P_N(f) - g||_\infty = 0$, implique le fait que les $(P_N(f))_{N\in\mathbb{N}}$ convergent vers g pour la norme hermitienne, d'où $g = f$ puisque l'égalité de Bessel nous assure la convergence des $P_N(f)$ vers f, pour la norme hermitienne.

On a donc :

THÉORÈME 15.18. — *Si la série de Fourier d'une fonction 2π périodique continue f de $\mathbb{R}$ dans $\mathbb{C}$ « converge uniformément » c'est forcément vers f.*

Les guillements sont là pour rappeler que c'est la limite de la suite des sommes symétriques, $P_N(f) = \sum\limits_{n=-N}^{N} c_n(f)e_n$ que l'on considère. ∎

Peut-on alors trouver des conditions de convergence uniforme de cette série? Oui...

THÉORÈME 15.19. — *Si f est 2π périodique de $\mathbb{R}$ dans $\mathbb{C}$, de classe C^p, $(p \geqslant 1)$ ses coefficients de Fourier $c_n(f)$ sont de l'ordre de $\frac{1}{n^p}$, $(n \neq 0)$.*

Une intégration par parties, pour $n \neq 0$, donne

$$\begin{aligned} c_n(f) &= \frac{1}{2\pi}\int_0^{2\pi} \underbrace{f(t)}_{u} \cdot \underbrace{e^{-int}\, dt}_{dv} \\ &= \left[\frac{i}{2\pi n}\, e^{-int} f(t)\right]_0^{2\pi} - \frac{i}{2\pi n}\int_0^{2\pi} f'(t)e^{-int}\, dt \end{aligned}$$

donc $c_n(f) = \frac{1}{in}\, c_n(f')$ puisque, par périodicité de f, le crochet est nul.

Si f est p fois dérivable, on recommence p fois et $c_n(f) = \left(\frac{1}{in}\right)^p c_n(f^{(p)})$.
Comme

$$|c_n(f^{(p)})| = \left|\frac{1}{2\pi}\int_0^{2\pi} f^{(p)}(t)e^{-int}dt\right| \leqslant \frac{1}{2\pi}\cdot 2\pi||f^{(p)}||_\infty = ||f^{(p)}||_\infty$$

on a bien $c_n(f) = 0\left(\frac{1}{n^p}\right)$, (notation de Landau). ■

COROLLAIRE 15.20. — *Une fonction 2π périodique de classe C^2 de $\mathbb{R}$ dans $\mathbb{C}$ est limite uniforme de sa dérivée de Fourier.*

Puisqu'alors $|c_n(f)|$ est $0\left(\frac{1}{n^2}\right)$, la norme infinie de la fonction $t \rightsquigarrow c_n(f)e^{int}$ est $|c_n(f)|$: il y a convergence normale de la série de fonctions, donc convergence uniforme, et on applique le théorème 15.18. ■

En fait on a mieux.

THÉORÈME 15.21. — *Si une fonction f, 2π périodique de $\mathbb{R}$ dans $\mathbb{C}$ est continue, de classe C^1 par morceaux, sa série de Fourier converge uniformément vers f, et même normalement.*

On suppose f de classe C^1 par morceaux donc il existe des réels $\alpha_0 = 0 < \alpha_1 < \ldots < \alpha_k = 2\pi$, en nombre fini, tels que sur chaque $]\alpha_j, \alpha_{j+1}[$, $(j = 0, \ldots, k-1)$ f soit de classe C^1, f et f' ayant des limites à droite et à gauche en chaque α_j.

Ceci n'impose pas la continuité de f, mais ici on la suppose. On a alors, pour $n \neq 0$

$$c_n(f) = \langle f, e_n\rangle = \frac{1}{2\pi}\int_0^{2\pi} f(t)e^{-int}dt = \frac{1}{2\pi}\sum_{j=0}^{k-1}\int_{\alpha_j}^{\alpha_{j+1}} f(t)e^{-int}dt$$

et chaque intégrale $\int_{\alpha_j}^{\alpha_{j+1}} f(t)e^{-int}dt$ se calcule par parties. Avec

$u(t) = f(t)$ et $dv = e^{-int}dt$, il vient $du = f'(t)\,dt$ et $v(t) = \frac{i}{n}\,e^{-int}$ d'où

$$\int_{\alpha_j}^{\alpha_{j+1}} f(t)e^{-int}dt = \frac{i}{n}[f(t)e^{-int}]_{\alpha_j}^{\alpha_{j+1}} - \frac{i}{n}\int_{\alpha_j}^{\alpha_{j+1}} f'(t)\,dt.$$

La continuité de f permet alors, en sommant par rapport à j, d'avoir

$$c_n(f) = \frac{i}{2\pi n}[f(t)e^{-int}]_0^{2\pi} - \frac{i}{2\pi n}\int_0^{2\pi} f'(t)e^{-int}dt = -\frac{i}{n}\, c_n(f')$$

puisque $t \rightsquigarrow f(t)e^{-int}$ est 2π périodique.

Mais la série des $(c_n(f'))_{n\in\mathbb{Z}}$ est de carré sommable ; (égalité de Bessel pour f' qui est continue par morceaux), ainsi que la série des $\frac{-i}{n}$, pour $n \neq 0$, donc la série des $\left|\frac{-i}{n}\, c_n(f')\right|$ converge, puisque $\frac{2}{|n|}|c_n(f')| \leqslant \frac{1}{n^2} + |c_n(f')|^2$ car ceci équivaut à $0 \leqslant \left(\frac{1}{n} - |c_n(f')|\right)^2$ ce qui semble évident, à condition de « connaître par cœur ses identités ». Je profite de ce passage pour vider ma bile. D'aucuns estiment les mathématiques « intellectuellement mutilantes ». C'est leur droit. Mais c'est oublier un peu vite que dans tout domaine de l'activité humaine un apprentissage est nécessaire et que cet apprentissage est fastidieux. Le bébé qui bave en prenant ses premières cuillères de soupe ou de compote doit vraisemblablement juger « mutilante » l'obligation qui lui est faite d'utiliser cet ustensile. Celui qui profite des exercices de violon de l'enfant de son voisin de palier doit trouver cette activité longuement mutilante (pour ses oreilles...) Et pourtant tous nous comprenons la nécessité de ces apprentissages et nul ne vient protester contre le fait qu'on les impose aux enfants. Il en est des mathématiques comme des autres activités humaines. On ne pourra pas en faire sans un minimum d'apprentissage et s'il est vrai qu'un examen superficiel des choses peut laisser paraître mutilante l'acquisition des règles de calcul (à l'époque des calculettes, pensez donc !) ou des identités, une réflexion plus approfondie permettrait de voir qu'il est impossible de faire des calculs sur des polynômes en sortant sa calculette pour trouver les exposants !

Enfin, vouloir à tout prix, que ce que l'on étudie serve tout de suite, (à quoi ça sert M'dame, ça sert à quoi M'sieur) me semble « intellectuellement atrophiant ». Comment envisager des projets d'avenir, avoir un peu d'envergure intellectuelle si on se laisse sans arrêt piéger à court terme. Comment s'étonner alors qu'en général les hommes politiques fassent de la gestion à court terme, au coup par coup. Comment pourraient-ils demander d'être suivis dans un projet d'envergure par des hommes et des femmes rebutés par les premières difficultés et omnubilés par ce fameux « à quoi ça sert ».

Revenons à nos moutons. La convergence absolue de la série des $|c_n(f)|$ donne la convergence normale, donc uniforme de la série des fonctions $t \rightsquigarrow c_n(f)e^{int}$, d'où le théorème 15.21.

4. Autres types de convergence

Il nous reste à examiner ce que l'on peut dire dans le cas des fonctions non continues.

Pour les fonctions 2π périodiques, de classe C^1 par morceaux, la situation sera assez bonne : on aura convergence simple vers la fonction $x \rightsquigarrow \dfrac{f(x+0)+f(x-0)}{2}$. C'est le théorème de Dirichlet.

THÉORÈME 15.22. *(de Dirichlet) — Soit f une fonction 2π périodique de $\mathbb{R}$ dans $\mathbb{C}$, de classe C^1 par morceaux. Il y a convergence simple de la suite des $P_n(f)(x)$ vers la demi-somme $\dfrac{f(x+0)+f(x_0)}{2}$ des limites à droite et à gauche de f en x.*

On aborde la partie la plus technique concernant les séries de Fourier, partie dans laquelle la sommation symétrique va vraiment servir.

On a $P_N(f)(x) = \dfrac{1}{2\pi}\displaystyle\int_0^{2\pi} f(t)\left(\sum_{n=-N}^{N} e^{-int}e^{inx}\right) dt$, (on multiplie $c_n(f)$ par e^{inx} et on somme vu la linéarité de l'intégrale).

Or pour tout $t-x \neq 0$ modulo 2π, $e^{in(x-t)}$ est le terme général d'une progression géométrique de raison différente de 1, donc

$$\begin{aligned}
\sum_{n=-N}^{N} e^{in(x-t)} &= \frac{e^{i(N+1)(x-t)} - e^{-iN(x-t)}}{e^{i(x-t)}-1} \\
&= \frac{e^{-iN(x-t)}}{e^{\frac{i}{2}(x-t)}} \cdot \frac{e^{i(2N+1)(x-t)}-1}{e^{\frac{i}{2}(x-t)} - e^{-\frac{i}{2}(x-t)}} \\
&= e^{-iN(x-t)}e^{-\frac{i}{2}(x-t)}e^{\frac{i}{2}(2N+1)(x-t)}\frac{2i\sin\dfrac{(2N+1)(x-t)}{2}}{2i\sin\dfrac{x-t}{2}} \\
&= \frac{\sin\left(N+\dfrac{1}{2}\right)(x-t)}{\sin\dfrac{x-t}{2}}.
\end{aligned}$$

Si t tend vers x, modulo 2π, le quotient tend vers $2N+1$, valeur de la somme pour $t = x$.

On a donc

15.23. $$P_N(f)(x) = \frac{1}{2\pi}\int_0^{2\pi} f(t)\frac{\sin\left(N+\frac{1}{2}\right)(x-t)}{\sin\frac{(x-t)}{2}}\,dt.$$

Si on considère la fonction constante valant 1, ses coefficients de Fourier sont :

$c_0(1) = \frac{1}{2\pi}\int_0^{2\pi} 1\,dt = 1$ et pour $n \neq 0$, $c_n(f) = \frac{1}{2\pi}\int_0^{2\pi} e^{-int}dt = 0$

d'où $P_N(1)(x) = \sum_{n=-N}^{N} c_n(f)e^{inx} = 1$, et cette belle égalité $1 = \frac{1}{2\pi}\int_0^{2\pi}\frac{\sin\left(N+\frac{1}{2}\right)(x-t)}{\sin\frac{x-t}{2}}\,dt$, qui permet d'écrire $\frac{f(x+0)+f(x-0)}{2}$, sous forme d'intégrale, afin de considérer sa différence avec $P_N(f)(x)$ sous forme d'une intégrale. On obtient :

$$P_N(f)(x) - \frac{f(x+0)+f(x-0)}{2}$$
$$= \frac{1}{2\pi}\int_0^{2\pi}\left(f(t) - \frac{f(x+0)+f(x-0)}{2}\right)\frac{\sin\left(N+\frac{1}{2}\right)(x-t)}{\sin\frac{x-t}{2}}\,dt.$$

Notons $\sigma_N(x)$ cette quantité. On intègre une fonction de t, 2π périodique, sur une période. Un calcul classique montre alors que l'intégrale ne dépend pas de l'intervalle d'intégration, long d'une période. On intègre sur $[x-\pi, x+\pi]$, que l'on coupe en $[x-\pi, x]$ et $[x, x+\pi]$. Sur $[x-\pi, x]$ on effectue le changement de variable $t = x - 2u$, (pour u variant dans $\left[0, \frac{\pi}{2}\right]$, et sur $[x, x+\pi]$ le changement $t = x + 2u$, là encore pour u dans $\left[0, \frac{\pi}{2}\right]$. Il vient :

$$\sigma_N(x) = \frac{1}{2\pi}\left(\int_{\pi/2}^{0}\left(f(x-2u) - \frac{f(x+0)+f(x-0)}{2}\right)\frac{\sin(2N+1)u}{\sin u}(-2du)\right.$$
$$\left. + \int_0^{\pi/2}\left(f(x+2u) - \frac{f(x+0)+f(x-0)}{2}\right)\frac{\sin(2N+1)u}{\sin u}\,2du\right)$$
$$= \frac{1}{\pi}\int_0^{\pi/2}(f(x+2u)+f(x-2u)-f(x+0)-f(x-0))\,\frac{\sin(2N+1)u}{\sin u}\,du.$$

Que faire de cette égalité ? Et bien, f étant de classe C^1 par morceaux, et $\sin u$ équivalent à u lorsque u tend vers 0, se dire que peut-être $\dfrac{f(x+2u)-f(x+0)}{\sin u}$ a une limite si u tend vers 0.

Et oui ! On définit alors, sur $\left]0, \dfrac{\pi}{2}\right]$ la fonction φ par

$$\varphi(u) = \frac{f(x+2u)+f(x-2u)-f(x+0)-f(x-0)}{\sin u}\ :$$

elle est de classe C^1 par morceaux. De plus $\lim\limits_{u\to 0^+}\varphi(u) = 2(f'(x+0) - f'(x-0))$, existe donc la fonction φ est réglée sur $\left[0, \dfrac{\pi}{2}\right]$, (existence en tout point d'une limite à droite et à gauche, Théorème 12.38). Or on dispose du

Lemme de Lebesgue 15.24. — ***Soit φ réglée sur un segment $[a, b]$, on a***

$$\lim_{\substack{|\lambda|\to+\infty\\ \lambda\in\mathbf{R}}}\int_a^b \varphi(u)e^{i\lambda u}du = 0.$$

Comme $\sigma_N(x) = \dfrac{1}{\pi}\displaystyle\int_0^{2\pi}\varphi(u)\cdot\frac{e^{i(2N+1)u} - e^{-i(2N+1)u}}{2i}\,du$, il en résulte bien que $\lim\limits_{N\to+\infty}\sigma_N(x) = 0$, d'où le théorème de Dirichlet. ■

Justification du lemme de Lebesgue. Utilisant le vieux principe de « diviser pour régner », procédons par étapes.

1re étape. Si $\varphi(u) = \text{cte} = k$ sur $[a,b]$, pour $\lambda \neq 0$,
$\displaystyle\int_a^b ke^{i\lambda u}du = \frac{k}{i\lambda}\,(e^{i\lambda b} - e^{i\lambda a})$, et λ étant réel, $|e^{i\lambda b}| = |e^{i\lambda a}| = 1$ d'où
$\displaystyle\left|\int_a^b ke^{i\lambda u}du\right| \leqslant 2\,\frac{|k|}{|\lambda|}$ tend vers 0 si $|\lambda|$ vers l'infini.

2e étape. Si φ est en escalier sur $[a,b]$, avec $x_0 = a < x_1 < \ldots < x_n = b$, suite finie ordonnée de $[a,b]$ telle que φ soit constante, (égale à k_p) sur $]x_p, x_{p+1}[$, on a

$$\int_a^b \varphi(u)e^{i\lambda u}du = \sum_{p=0}^{n-1}\int_{x_p}^{x_{p+1}} k_p e^{i\lambda u}du,$$

somme de n quantités ayant chacune 0 pour limite lorsque $|\lambda|$ tend vers $+\infty$, vu la première étape.

3e étape. Si φ est réglée, il existe g en escalier sur $[a,b]$ arbitrairement proche, pour la norme de la convergence uniforme, de φ. On a donc :
$\forall\varepsilon > 0$, $\exists g$ en escalier telle que $||\varphi - g||_\infty \leqslant \dfrac{\varepsilon}{2(b-a)}$, donc

$$\begin{aligned}\forall\lambda \in \mathbb{R},\quad \left|\int_a^b \varphi(u)e^{i\lambda u}du\right| &= \left|\int_a^b (\varphi(u) - g(u))e^{i\lambda u}du\right| + \left|\int_a^b g(u)e^{i\lambda u}du\right|\\ &\leqslant \int_a^b ||\varphi - g||_\infty du + \left|\int_a^b g(u)e^{i\lambda u}du\right|, \text{ donc}\\ &\leqslant \frac{\varepsilon}{2} + \left|\int_a^b g(u)e^{i\lambda u}du\right|.\end{aligned}$$

Au même $\varepsilon > 0$, on associe $\lambda_0 > 0$ tel que
$|\lambda| \geqslant |\lambda_0| \Rightarrow \displaystyle\left|\int_a^b g(u)e^{i\lambda u}du\right| \leqslant \frac{\varepsilon}{2}$, (deuxième étape appliquée à g en escalier), et finalement on a :

$$\forall\varepsilon > 0,\ \exists\lambda_0 > 0,\ \forall\lambda \in \mathbb{R},\ |\lambda| \geqslant \lambda_0 \Rightarrow \left|\int_a^b \varphi(u)e^{i\lambda u}u\right| \leqslant \varepsilon$$

c'est bien la traduction de $\displaystyle\lim_{|\lambda|\to+\infty}\int_a^b \varphi(u)e^{i\lambda u}du = 0.$ ■

Remarque 15.25. — *Peut-il y avoir convergence uniforme des $P_N(f)(x)$ vers la fonction $x \rightsquigarrow h(x) = \dfrac{f(x+0)+f(x-0)}{2}$?*

Si c'est le cas, les $P_N(f)$ étant continues, la fonction h l'est aussi. Soit alors a un point de discontinuité de f supposée de classe C^1 par morceaux. Dans un voisinage de a, privé de a, f coïncide avec h donc
$f(a+0) = h(a+0) = h(a)$, (puisque h continue) et de même
$f(a-0) = h(a-0) = h(a)$.

Si a est point de discontinuité c'est parce que $f(a)$ est différent des limites communes de f en a, à droite et à gauche. En fait la fonction f est prolongeable par continuité en chaque discontinuité et on se retrouve avec f continue, de classe C^1 par morceaux c'est-à-dire dans le cadre du théorème 15.21.

La situation est donc claire :
si f est continue, (ou prolongeable par continuité) de classe C_1 par morceaux, elle est limite uniforme des $P_N(f)$;
si f est non prolongeable par continuité, de classe C^1 par morceaux, il n'y a que la convergence simple des $P_N(f)$ vers la régularité $\dfrac{f(x+0)-f(x-0)}{2}$.

Et si f est seulement continue par morceaux ?

Alors, en calculant un peu plus, il y a convergence au sens de Césaro des $P_N(f)$ vers la régularisée de f. C'est le théorème de Féjer.

Théorème 15.26. *(de Féjer) — Soit f une fonction 2π périodique de $\mathbb{R}$ dans $\mathbb{C}$, continue par morceaux. On a en chaque x réel*

$$\lim_{N\to+\infty} \frac{(P_0(x)+P_1(x)+\ldots+P_N(x)}{N+1} = \frac{f(x+0)+f(x-0)}{2}.$$

La convergence au sens de Césaro étant la convergence des moyennes arithmétiques calculées à partir de la suite initiale.

On a vu, (15.23), que $P_N(f)(x) = \dfrac{1}{2\pi}\displaystyle\int_0^{2\pi} f(t)\frac{\sin(2N+1)\left(\frac{x-t}{2}\right)}{\sin\frac{x-t}{2}}dt,$

et, qu'avec la fonction constante 1, $1 = \dfrac{1}{2\pi}\displaystyle\int_0^{2\pi} \frac{\sin(2N+1)\left(\frac{x-t}{2}\right)}{\sin\frac{x-t}{2}}dt.$

Abandonnons le f dans la notation $P_N(f)(x)$. En utilisant ce résultat il vient

$$S_N(x) = \frac{P_0(x) + \ldots + P_N(x)}{N+1}$$
$$= \frac{1}{2\pi(N+1)} \int_0^{2\pi} f(t) \left(\sum_{k=0}^{N} \frac{\sin(2k+1)\dfrac{x-t}{2}}{\sin \dfrac{x-t}{2}} \right) dt.$$

On a $\sum_{k=0}^{N} \sin(2k+1)\frac{x-t}{2} = \mathrm{Im}\left(\sum_{k=0}^{N} e^{i(k+\frac{1}{2})(x-t)} \right)$, on a une progression géométrique de raison $e^{i(x-t)}$, différente de 1 si $x \neq t$ modulo 2π, hypothèse faite pour le calcul, le cas $x = t$ étant examiné ensuite.

On a
$$\sum_{k=0}^{N} e^{i\left(k+\frac{1}{2}\right)(x-t)} = \frac{e^{i\left(N+\frac{3}{2}\right)(x-t)} - e^{\frac{i}{2}(x-t)}}{e^{i(x-t)} - 1}$$
$$= \frac{e^{\frac{i}{2}(x-t)}}{e^{\frac{i(x-t)}{2}}} \cdot \frac{e^{i(N+1)(x-t)} - 1}{2i \sin \dfrac{x-t}{2}}$$
$$= e^{i\,\frac{N+1}{2}(x-t)} \cdot \frac{2i \sin(N+1)\dfrac{(x-t)}{2}}{2i \sin \dfrac{x-t}{2}}$$

d'où
$$\left(\sum_{k=0}^{N} \frac{\sin(2k+1)\dfrac{x-t}{2}}{\sin \dfrac{x-t}{2}} \right) = \frac{\sin^2(N+1)\ \dfrac{x-t}{2}}{\sin^2 \dfrac{x-t}{2}}.$$

Pour $x-t = 0$ (modulo 2π) en fait $\dfrac{\sin(2k+1)\left(\dfrac{x-t}{2}\right)}{\sin \dfrac{x-t}{2}}$ vaut $2k+1$ (valeur obtenue par continuité) et on doit calculer $\sum_{k=0}^{N}(2k+1) = 2 \cdot \sum_{k=0}^{N} k + N + 1$ soit encore $2 \cdot N \cdot \dfrac{N+1}{2} + N + 1 = (N+1)^2$, valeur obtenue dans l'expression précédente, par continuité, si t tend vers x, (modulo 2π).

On a donc

$$S_N(x) = \frac{1}{2\pi(N+1)} \int_0^{2\pi} f(t) \left(\frac{\sin(N+1)\left(\frac{x-t}{2}\right)}{\sin \frac{x-t}{2}} \right)^2 dt$$

et
$$1 = \frac{1}{2\pi(N+1)} \int_0^{2\pi} \left(\frac{\sin(N+1)\frac{x-t}{2}}{\sin \frac{x-t}{2}} \right)^2 dt$$

(calcul fait à partir de la fonction constante 1).

On a donc, en multipliant 1 par $\frac{f(x+0)+f(x-0)}{2}$,

$$S_N(x) - \frac{f(x+0)+f(x-0)}{2} =$$

$$\frac{1}{2\pi(N+1)} \int_0^{2\pi} \left(f(t) - \frac{f(x+0)+f(x-0)}{2} \right) \left(\frac{\sin(N+1)\frac{x-t}{2}}{\sin \frac{x-t}{2}} \right)^2 dt.$$

Comme dans le cas de la justification du théorème de Dirichlet, l'intégrale de la fonction périodique, sur un période est indépendante du choix de la période d'intégration. On intègre sur $[x-\pi, x+\pi]$, en coupant en x.

Sur $[x-\pi, x]$ on effectue le changement de variable $x-t=2u$ et sur $[x, x+\pi]$ on pose $x-t=-2u$. Tous calculs faits il vient

$$S_N(x) - \frac{f(x+0)+f(x-0)}{2}$$
$$= \frac{1}{\pi(N+1)} \int_0^{\pi/2} (f(x+2u) + f(x-2u) - f(x+0)$$
$$-f(x-0)) \left(\frac{\sin(N+1)u}{\sin u} \right)^2 du.$$

Partant de $1 = \frac{1}{2\pi(N+1)} \int_0^{2\pi} \left(\frac{\sin(N+1)\frac{x-t}{2}}{\sin \frac{x-t}{2}} \right)^2 dt$, les mêmes transformations conduisent à

15.27. $$1 = \frac{1}{\pi(N+1)} \int_0^{\pi/2} \left(\frac{\sin(N+1)u}{\sin u} \right)^2 du.$$

Soit alors $\varepsilon > 0$, comme $\lim_{u \to 0} f(x+2u)-f(x+0)+f(x-2u)-f(x-0) = 0$, il existe $\alpha > 0$, (on impose $\alpha < \frac{\pi}{2}$) tel que

$$0 < u < \alpha \Rightarrow |f(x+2u) - f(x+0) + f(x-2u) - f(x-0)| \leqslant \frac{\varepsilon}{2}.$$

On obtient donc, par des majorations classiques en coupant l'intégrale en α :

$$\left| S_N(x) - \frac{f(x+0)+f(x-0)}{2} \right| \leqslant \frac{1}{\pi(N+1)} \int_0^{\alpha} \frac{\varepsilon}{2} \left(\frac{\sin(N+1)u}{\sin u} \right)^2 du$$

$$+ \frac{1}{\pi(N+1)} \int_{\alpha}^{\pi/2} 4||f||_{\infty} \left(\frac{\sin(N+1)u}{\sin u} \right)^2 du$$

d'où *a fortiori* $\leqslant \frac{\varepsilon}{2} \left(\frac{1}{\pi(N+1)} \int_0^{\pi/2} \left(\frac{\sin(N+1)u}{\sin u} \right)^2 du \right)$

$$+ \frac{4||f||_{\infty}}{\pi(N+1)} \int_{\alpha}^{\pi/2} \frac{1}{\sin^2 \alpha} du,$$

soit encore, vu l'égalité 15.27,

$$\leqslant \frac{\varepsilon}{2} + \frac{4||f||_{\infty}}{\pi} \cdot \frac{\pi}{2} \cdot \frac{1}{\sin^2 \alpha} \cdot \frac{1}{N+1}.$$

Comme α est fixé par le choix de ε, ce majorant tend vers $\frac{\varepsilon}{2}$ si N tend vers $+\infty$, donc il devient inférieur à ε pour N assez grand.

On a donc : $\forall \varepsilon > 0$, $\exists N_0$, $\forall N \geqslant N_0$,

$$\left| S_N(x) - \frac{f(x+0)+(x-0)}{2} \right| \leqslant \varepsilon,$$

d'où la justification du Théorème de Féjer. ∎

REMARQUE 15.28. — On a $S_N(x) = \frac{1}{N+1} \sum_{k=0}^{N} \left(\sum_{p=-k}^{k} c_p(f) e^{ipx} \right)$.

Le coefficient $c_p(f)$ intervient donc une fois pour chaque $k \geqslant |p|$, donc il intervient $N+1-|p|$ fois d'où une expression de $S_N(x)$:

$$S_N(x) = \sum_{p=-N}^{N} \left(1 - \frac{|p|}{N+1} \right) c_p(f) e^{ipx}$$

expression qui montre la difficulté d'emploi de ce résultat à partir des $c_p(f)$ puisque le passage de S_N à S_{N+1} nécessite la modification de tous les coefficients de e^{ipx}.

EXERCICES

1. Développement en série de Fourier de f, 2π périodique telle que $f(x) = x^2$ sur $[-\pi, \pi]$. En déduire la valeur de $\displaystyle\sum_{n=1}^{\infty} \frac{1}{n^2}$.

2. Montrer que l'application $x \rightsquigarrow |x|$ est limite uniforme sur $[-1, 1]$ d'une suite de polynômes.

3. Soit f continue, 2π périodique de $\mathbb{R}$ dans $\mathbb{C}$. Les coefficients de Fourier de f sont notés c_k. On pose, pour tout x réel,

$$S_n(x) = \sum_{\substack{k=-n \\ k\neq 0}}^{n} \frac{c_k}{k}\, e^{ikx}.$$

Déterminer p_n de telle sorte que $S_n(x) = \dfrac{1}{\pi}\displaystyle\int_{-\pi}^{\pi} f(t)p_n(x-t)$.

Etudier les suites $S_n(0)$ puis $S_n(x)$ pour x fixé dans $\mathbb{R}$. Convergence uniforme des S_n ?

4. Soit $(a_n)_{n\in\mathbb{N}}$ et $(b_n)_{n\in\mathbb{N}}$ deux suites de nombres complexes. On pose, pour x dans $\mathbb{R}$, $u_n(x) = a_n \cos nx + b_n \sin nx$. On suppose que la suite u_n converge uniformément vers 0 sur $[\alpha, \beta]$ avec $\alpha < \beta$. Montrer que les deux suites (a_n) et (b_n) tendent vers 0.

5. Montrer que pour $x \in]0, 2\pi[$, on a $\dfrac{\pi}{8}(\pi - x) = \displaystyle\sum_{n=0}^{+\infty} \frac{\cos\left(n+\frac{1}{2}\right)x}{(2n+1)^2}$.

6. Montrer que $|\sin x| = \dfrac{8}{\pi}\displaystyle\sum_{n=1}^{\infty} \frac{\sin^2 nx}{4n^2-1}$.

7. Développer en série de Fourier la fonction 2π périodique définie, pour $x \in [0, 2\pi[$ par : $x \rightsquigarrow e^{ax}$, ($a$ réel).

En déduire $\displaystyle\sum_{n=1}^{\infty} \frac{1}{n^2 + a^2}$ puis $\displaystyle\sum_{n=1}^{\infty} \frac{1}{n^2}$.

8. Soit $(a_n)_{n\in\mathbb{N}}$ et $(b_n)_{n\in\mathbb{N}}$ les coefficients de Fourier de f, 2π périodique, de classe C^1 de $\mathbb{R}$ dans $\mathbb{R}$. Montrer que, pour $r \in]-1, 1[$,

$$\frac{a_0}{2} + \sum_{n=1}^{+\infty} (a_n \cos nx + b_n \sin nx) r^n = \frac{1}{2\pi} \int_0^{2\pi} \frac{(1 - r^2) f(t)}{1 - 2r \cos(x - t) + r^2} \, dt.$$

Calculer $\displaystyle\lim_{r \to 1_-} \int_0^{2\pi} \frac{1}{2\pi} \frac{(1 - r^2) f(t)}{1 - 2r \cos(x - t) + r^2} \, dt$.

9. Soit f et g deux applications de $\mathbb{R}$ dans $\mathbb{R}$, paires, 2π périodiques, continues, égales aux sommes de leurs séries de Fourier :

$$f(x) = \sum_{n=0}^{\infty} a_n \cos nx \text{ et } g(x) = \sum_{n=0}^{\infty} b_n \cos nx.$$

On définit $h(x) = \displaystyle\sum_{n=0}^{\infty} a_n b_n \cos nx$. Existence? Continuité? la fonction h est-elle égale à la somme de sa série de Fourier?

10. Montrer que sur $]0, 2\pi[$, $\dfrac{\pi - x}{2} = \displaystyle\sum_{n=1}^{\infty} \frac{\sin nx}{n}$. Prouver la non-convergence uniforme sur $[0, 2\pi]$.

Calculer le développement en série de Fourier de g définie par $g(t) = \displaystyle\int_{\pi}^{t} \frac{\pi - x}{2} \, dx$, $t \in [0, 2\pi]$. En déduire la valeur de $\displaystyle\sum_{n=1}^{\infty} \frac{(-1)^n}{n^2}$.

SOLUTIONS

1. La fonction f étant continue, de classe C^1 par morceau, 2π périodique, il y a convergence uniforme de sa série de Fourier vers f. Comme f est paire, les coefficients des $\sin nx$ sont nuls.

On a : $a_n = \dfrac{1}{\pi}\displaystyle\int_{-\pi}^{\pi} x^2 \cos nx \, dx$.

Si $n = 0$, $a_0 = \dfrac{1}{\pi}\left[\dfrac{x^3}{3}\right]_{-\pi}^{\pi} = \dfrac{2\pi^2}{3}$, et pour $n \neq 0$ on intègre par parties, d'où

$$\begin{aligned} a_n &= \frac{1}{\pi}\left(\left[x^2\,\frac{\sin nx}{n}\right]_{-\pi}^{\pi} - \frac{2}{n}\int_{-\pi}^{\pi} x \sin nx \, dx\right) \\ &= \frac{-2}{n\pi}\int_{-\pi}^{\pi} x \sin nx \, dx \\ &= \frac{-2}{n\pi}\left(\left[-x\,\frac{\cos nx}{n}\right]_{-\pi}^{\pi} + \int_{-\pi}^{\pi}\frac{\cos nx}{n}\,dx\right) \\ &= \frac{4(-1)^n}{n^2}. \end{aligned}$$

D'où
$$f(x) = \frac{\pi^2}{3} + \sum_{n=1}^{\infty}(-1)^n\frac{4\cos nx}{n^2}.$$

Posons $S = \displaystyle\sum_{n=1}^{\infty}\frac{1}{n^2}$, $U = \displaystyle\sum_{p=1}^{\infty}\frac{1}{(2p^2)}$ et $V = \displaystyle\sum_{p=1}^{\infty}\frac{1}{(2p-1)^2}$.

On a $U + V = S$; et $U = \dfrac{1}{4}\,S$ d'où $V = \dfrac{3}{4}\,S$.

Or pour $x = 0$, $f(0) = 0 = \dfrac{\pi^2}{3} - 4V + 4U = \dfrac{\pi^2}{3} - 3S + S$, d'où $S = \dfrac{\pi^2}{6}$.

2. Pour $x \in [-1, 1]$, on pose $x = \cos t$, avec $t \in [-\pi, \pi]$.

La fonction $t \rightsquigarrow |\cos t|$ est 2π périodique, continue de classe C^1 par morceaux, donc limite uniforme de sa série de Fourier. Comme elle est paire, on a une expression du type

$$|\cos t| = \lim_{N\to+\infty}\left(\frac{a_0}{2} + \sum_{n=1}^{N} a_n \cos nt\right),$$

la limite étant uniforme, les a_n calculés par $a_n = \dfrac{1}{\pi}\displaystyle\int_{-\pi}^{\pi}|\cos t|\cos nt \, dt$.

Puis
$$\begin{aligned} \cos nt &= \mathcal{R}e(\cos t + i\sin t)^n \\ &= C_n^0\cos^n t - C_n^2\cos^{n-2}t(1-\cos^2 t) \\ &\quad + C_n^4\cos^{n-4}t(1-\cos^2 t)^2 + \ldots \end{aligned}$$

C'est un polynôme en $\cos t$.

Comme on a posé $x = \cos t$, on obtient bien finalement une suite de polynômes en x qui converge uniformément vers $|x|$ sur $[-1,1]$.

3. La série des $\dfrac{1}{k^2}$ converge, celle des $|c_k|^2$ aussi, (égalité de Bessel). Pour $k \neq 0$, on a :

$$2\left|\frac{c_k}{k}\,e^{ikx}\right| = 2\cdot\frac{1}{|k|}|c_k| \leqslant \frac{1}{k^2} + |c_k|^2,$$

donc il y a convergence dominée, (donc uniforme) de la série des $\dfrac{c_k}{k}\,e^{ikx}$: la suite des S_n est uniformément convergente sur $\mathbf{R}$.

On a $S_n(x) = \dfrac{1}{2\pi}\displaystyle\int_{-\pi}^{\pi} f(t)\left(\sum_{\substack{k=-n\\k\neq 0}} \frac{e^{ik(x-t)}}{k}\right)dt$, (on remplace c_k par sa valeur et on utilise la linéarité de l'intégrale). On intègre par parties pour éliminer les k en dénominateur. Soit F une primitive de f, (continue). Avec $f(t)dt = du$ et $\displaystyle\sum_{\substack{k=-n\\k\neq 0}}^{n} \frac{e^{ik(x-t)}}{k} = v$

on aura $u = F$ et $dv = -i \displaystyle\sum_{\substack{k=-n\\k\neq 0}}^{n} e^{ik(x-t)}dt.$

Pour $x - t \neq 0\ (2\pi)$, cette somme se calcule, (progression géométrique). Elle vaut

$$\begin{aligned}&\frac{1 - e^{-in(x-t)} + e^{i(n+1)(x-t)} - e^{i(x-t)}}{e^{i(x-t)} - 1}, \quad \text{(attention à } k \neq 0\text{)},\\ &= -1 + \frac{e^{i(n+1)(x-t)} - e^{-in(x-t)}}{e^{i(x-t)} - 1}.\end{aligned}$$

Si $x - t$ tend vers 0 (modulo 2π) l'expression tend vers $-1 + 2n + 1 = 2n$, valeur de la somme pour $x - t = 0\ (2\pi)$, donc l'expression est valable par continuité. On a donc :

$$S_n(x) = \frac{1}{2\pi}\left[F(t)\sum_{\substack{k=-n\\k\neq 0}}^{n}\frac{e^{ik(x-t)}}{k}\right]_{-\pi}^{\pi}$$

$$+\frac{i}{2\pi}\int_{-\pi}^{\pi}F(t)\left(-1+\frac{e^{i(n+1)(x-t)}-e^{-in(x-t)}}{e^{i(x-t)}-1}\right)dt.$$

$$=\frac{1}{2\pi}\left(F(\pi)\sum_{\substack{k=-n\\k\neq 0}}^{n}e^{ikx}\frac{(-1)^k}{k}-F(-\pi)\sum_{\substack{k=-n\\k\neq 0}}^{n}e^{ikx}\frac{(-1)^k}{k}\right)$$

$$-\frac{i}{2\pi}\int_{-\pi}^{\pi}F(t)\,dt+\frac{i}{2\pi}\int_{-\pi}^{\pi}F(t)\cdot\frac{e^{i(n+1)(x-t)}-e^{-in(x-t)}}{e^{i(x-t)}-1}\,dt,$$

expression dont on cherche la limite si n tend vers l'infini.

Les sommes se regroupent en $\displaystyle\frac{F(\pi)-F(-\pi)}{2\pi}\sum_{\substack{k=-n\\k\neq 0}}^{n}\frac{e^{ik(x-\pi)}}{k}$.

Pour $x=\pi$ (modulo 2π), il reste $\displaystyle\sum_{\substack{k=-n\\k\neq 0}}^{n}\frac{1}{k}=0$ par imparité, et si $x\neq\pi$ modulo (2π), la série converge par transformation d'Abel.

Pour la dernière intégrale, on peut penser utiliser le lemme de Lebesgue (Théorème 15.24), mais pour cela il faudrait que la fonction $t\rightsquigarrow\dfrac{F(t)}{e^{i(x-t)}-1}$ soit réglée. Il suffit pour cela de prendre pour F la primitive de f qui s'annule en x, car alors, si t tend vers x, $e^{i(x-t)}-1\simeq i(x-t)$ et $F(t)=F(t)-F(x)\simeq(t-x)F'(x)=(t-x)f(x)$, le quotient aura une limite. Avec cette primitive, la limite quand n tend vers $+\infty$ des intégrales $\displaystyle\int_{-\pi}^{\pi}\frac{F(t)}{e^{i(x-t)}-1}\,e^{i(n+1)(x-t)}\,dt$ et $\displaystyle\int_{-\pi}^{\pi}\frac{F(t)}{e^{i(x-t)}-1}\,e^{-in(x-t)}dt$ est nulle. (Lemme de Lebesgue, 15.24).

On a donc

$$\lim_{n\to+\infty}S_n(x)=\frac{F(\pi)-F(-\pi)}{2\pi}\underbrace{\sum_{k\in\mathbb{Z}^*}\frac{e^{ik(x-\pi)}}{k}}_{(=0\text{ si }x=\pi)}-\frac{i}{2\pi}\int_{-\pi}^{\pi}F(t)\,dt$$

F étant la primitive de f qui s'annule en x.

4. En posant $a_n=\alpha_n+i\beta_n$ et $b_n=\alpha'_n+i\beta'_n$ on obtient

$$u_n(x)=(\alpha_n\cos nx+\alpha'_n\sin nx)+i(\beta_n\cos nx+\beta'_n\sin nx)$$
$$=v_n(x)+iw_n(x).$$

On a alors convergence uniforme vers 0 des suites de termes généraux $v_n(x)$ et $w_n(x)$. Si on prouve que ceci implique α_n et α'_n tend vers 0 (et aussi β_n et β'_n tend vers 0) on aura la conclusion.
On est donc rassurée à traiter le cas réel de $v_n(x)$.
On a

$$v_n(x) = \sqrt{\alpha_n^2 + \alpha_n'^2}\left(\frac{\alpha_n}{\sqrt{\alpha_n^2 + \alpha_n'^2}}\cos nx + \frac{\alpha'_n}{\sqrt{\alpha_n^2 + \alpha_n'^2}}\sin nx\right)$$

(si $(\alpha_n, \alpha'_n) \neq (0,0)$, le cas $\alpha_n = \alpha'_n = 0$ ne posant pas problème dans la limite). Soit θ_n tel que $\cos\theta_n = \dfrac{\alpha_n}{\sqrt{\alpha_n^2 + \alpha_n'^2}}$ et $\sin\theta = \dfrac{\alpha'_n}{\sqrt{\alpha_n^2 + \alpha_n'^2}}$ on a $v_n(x) = \sqrt{\alpha_n^2 + \alpha_n'^2}\cos(nx - \theta_n)$, avec $\theta_n \in [0, 2\pi]$.
Pour $x \in [\alpha, \beta]$, $nx \in [n\alpha, n\beta]$ avec $\lim\limits_{n\to+\infty}(n\beta - n\alpha) = +\infty$ donc il existe $x_n \in [\alpha, \beta]$ tel que $nx_n - \theta_n = 0$ (modulo 2π) pour n assez grand, d'où $v_n(x_n) = \sqrt{\alpha_n^2 + \alpha_n'^2}$.
La convergence uniforme de la série des v_n implique le critère de Cauchy uniforme en x donc en particulier on a
$\forall\varepsilon > 0$, $\exists n_0$, $\forall n \geqslant n_0$, $\forall x \in \mathbf{R}$, $|v_n(x)| \leqslant \varepsilon$.
En particulier, $\forall n \geqslant n_0$, $|v_n(x_n)| \leqslant \varepsilon$, on a donc $\forall\varepsilon > 0$, $\exists n_0$, $\forall n \geqslant n_0$, $\sqrt{\alpha_n + \alpha_n'^2} \leqslant \varepsilon$, ce qui donne bien la convergence des deux suites des α_n et des α'_n vers 0, et finalement $\lim\limits_{n\to+\infty} a_n = \lim\limits_{n\to+\infty} b_n = 0$.

5. Soit la fonction valant $\dfrac{\pi}{8}(\pi - x)$ sur $[0, 2\pi]$, définie par parité sur $[-2\pi, 0]$, (donc $f(x) = \dfrac{\pi}{8}(\pi + x)$ sur $[-2\pi, 0]$), puis définie sur $\mathbf{R}$ par périodicité de période 4π. La fonction $g : x \rightsquigarrow g(x) = f(2x)$ est 2π périodique, continue, de classe C^1 par morceaux donc sa série de Fourier converge uniformément vers g. De plus, g est paire, donc on a $g(x) = \sum\limits_{n=0}^{+\infty} a_n \cos nx$ avec $a_0 = \dfrac{1}{2\pi}\displaystyle\int_0^{2\pi} g(t)\, dt$ et $a_n = \dfrac{1}{\pi}\displaystyle\int_0^{2\pi} g(t)\cos nt\, dt$ pour $n \geqslant 1$.
Par partié de g, (et des fonctions cosinus), et par périodicité

$$a_0 = \frac{1}{2\pi}\int_{-\pi}^{\pi} g = \frac{1}{\pi}\int_0^{\pi} g = \frac{1}{\pi}\int_0^{\pi}\frac{\pi}{8}(\pi - 2x)dx = \frac{1}{8}[\pi x - x^2]_0^{\pi}$$

soit $a_0 = 0$; puis $a_n = \dfrac{1}{\pi}\displaystyle\int_{-\pi}^{\pi} g(t)\cos nt\, dt = \dfrac{2}{\pi}\displaystyle\int_0^{\pi}\dfrac{\pi}{8}(\pi - 2t)\cos nt\, dt$,
donc $a_n = \dfrac{1}{4}\displaystyle\int_0^{\pi}\pi\cos nt\, dt - \dfrac{1}{2}\displaystyle\int_0^{\pi} t\cos nt\, dt$. L'intégrale du $\cos nt$ est

en $\sin nt$, nul en 0 et π, d'où $a_n = -\frac{1}{2}\int_0^{\pi} t \cos nt \, dt$ qui s'intègre par parties.

On a $u = t$, $dv = \cos nt \, dt$ d'où $du = dt$, $v = \frac{1}{n} \sin nt$ et

$$a_n = -\frac{1}{2}\left(\left[\frac{t}{n} \sin nt\right]_0^{\pi} - \frac{1}{n}\int_0^{\pi} \sin nt \, dt\right) = \frac{1}{2n}\left[\frac{-\cos nt}{n}\right]_0^{\pi}$$
$$= \frac{1}{2n^2}(1 - (1)^n),$$

donc $a_{2k} = 0$ et $a_{2k+1} = \frac{1}{(2k+1)^2}$ d'où, $\forall x \in \mathbb{R}, g(x) = \sum_{k=0}^{+\infty} \frac{\cos(2k+1)x}{(2k+1)^2}$;
avec $g(x) = f(x) = \frac{\pi}{8}(\pi - 2x)$ sur $[0, \pi]$. En posant $2x = t$, il vient, pour $t \in [0, 2\pi]$,

$$\frac{\pi}{8}(\pi - t) = \sum_{n=0}^{\infty} \frac{\cos\left(n + \frac{1}{2}\right)t}{(2n+1)^2},$$

ce qui était cherché.

6. On considère la fonction, paire, g, continue, de classe C^1 par morceaux, valant $g(x) = \sin x$ sur $[0, \pi]$, et 2π périodique, (c'est-à-dire g définie par $g(x) = |\sin x|$). La série de Fourier converge uniformément vers g, donc $g(x) = \sum_{n\in\mathbb{Z}} a_n e^{inx}$ avec

$$a_n = \frac{1}{2\pi}\int_{-\pi}^{\pi} g(x)e^{-inx}dx$$
$$= \frac{1}{2\pi}\int_{-\pi}^{0} -\sin x \, e^{-inx}dx + \frac{1}{2\pi}\int_0^{\pi} \sin x \, e^{-inx}dx.$$

On change x en $-x$ dans la première intégrale, d'où

$$a_n = \frac{1}{2\pi}\int_0^{\pi} \sin x(e^{inx} + e^{-inx})dx = \frac{1}{\pi}\int_0^{\pi} \sin x \cos nx \, dx$$
$$= \frac{1}{2\pi}\int_0^{\pi} (\sin(n+1)x + \sin(1-n)x)dx.$$

Pour $n \neq 1$ et $n \neq -1$,

$$a_n = \frac{1}{2\pi}\left(\left[\frac{-\cos(n+1)x}{n+1}\right]_0^{\pi} - \left[\frac{\cos(1-n)x}{1-n}\right]_0^{\pi}\right),$$

soit $a_n = \frac{1}{2\pi}\left(\frac{1}{n+1} - \frac{1}{n-1} - \frac{(-1)^{n+1}}{n+1} - \frac{(-1)^{n-1}}{1-n}\right)$,

donc $a_{2n} = \frac{1}{2\pi}\left(\frac{1}{2n+1} - \frac{1}{2n-1} + \frac{1}{2n+1} - \frac{1}{2n-1}\right)$

$= \frac{-2}{\pi(4n^2-1)}$,

alors que $a_{2n+1} = 0$.

Puis $a_1 = \frac{1}{2\pi}\int_0^{\pi} \sin 2x \, dx = \left[-\frac{1}{4\pi}\cos 2x\right]_0^{\pi} = 0$ et

$a_{-1} = \frac{1}{2\pi}\int_0^{\pi} \sin 2x \, dx = 0.$

Donc

$$g(x) = |\sin x| = a_0 + \sum_{n=1}^{+\infty} \frac{-2}{\pi(4n^2-1)}(e^{2inx} + e^{-2inx})$$
$$= \frac{2}{\pi} - \sum_{n=1}^{\infty} \frac{4\cos 2nx}{\pi(4n^2-1)}.$$

Comme $\cos 2nx = 1 - 2\sin^2 nx$, on a finalement

$$g(x) = \frac{2}{\pi} - \frac{4}{\pi}\sum_{n=1}^{\infty}\frac{1}{4n^2-1} + \frac{8}{\pi}\sum_{n=1}^{\infty}\frac{\sin^2 nx}{4n^2-1} = |\sin x|.$$

Comme $g(0) = 0$, on a forcément $|\sin x| = \frac{8}{\pi}\sum_{n=1}^{\infty}\frac{\sin^2 nx}{4n^2-1}$; et on peut vérifier que $\frac{2}{\pi} - \frac{4}{\pi}\sum_{n=1}^{\infty}\frac{1}{4n^2-1} = \frac{2}{\pi}\left(1 - \sum_{n-1}^{\infty}\left(\frac{1}{2n-1} - \frac{1}{2n+1}\right)\right)$ c'est $\frac{2}{\pi}\left[1 - \lim_{N\to+\infty}\left(1 - \frac{1}{3} + \left(\frac{1}{3} - \frac{1}{5}\right) + \ldots + \left(\frac{1}{2N-1} - \frac{1}{2N+1}\right)\right)\right] = 0.$

7. La fonction considéré est de classe C^1 par morceaux donc (théorème de Dirichlet) il y a convergence simple de sa série de Fourier vers $g : x \rightsquigarrow \frac{f(x+0) + f(x-0)}{2}$.

En posant $a_n = \frac{1}{\pi}\int_0^{2\pi} f(x)\cos nx\, dx$ et $b_n = \frac{1}{\pi}\int_0^{2\pi} f(x)\sin nx\, dx$ on a

$$a_n + ib_n = \frac{1}{\pi}\int_0^{2\pi} e^{ax}e^{inx}dx = \frac{1}{\pi(a+in)}[e^{(a+in)2\pi} - 1]$$

soit $a_n + ib_n = \dfrac{(e^{2a\pi}-1)(a-in)}{\pi(a^2+n^2)}$, ceci pour $a \neq 0$, car n peut être nul,

d'où $$a_n = \frac{a(e^{2a\pi}-1)}{\pi(a^2+n^2)} \quad \text{et} \quad b_n = \frac{n(1-e^{2a\pi})}{\pi(a^2+n^2)}.$$

En 0, on a $\lim\limits_{x\to 0^-} f(x) = \lim\limits_{x\to 2\pi^-} f(x) = e^{2a\pi}$, et l'égalité

$$g(x) = \frac{f(x+0)+f(x-0)}{2} = \frac{a_0}{2} + \sum_{n=1}^{\infty}(a_n \cos nx + b_n \sin nx)$$

donne, en 0,

$$\frac{e^{2a\pi}+1}{2} = \frac{a(e^{2a\pi}-1)}{2\pi a^2} + \sum_{n=1}^{\infty}\frac{a(e^{2a\pi}-1)}{\pi}\cdot\frac{1}{a^2+n^2}$$

d'où l'on tire :

$$\sum_{n=1}^{\infty}\frac{1}{a^2+n^2} = \frac{\pi}{2a}\cdot\frac{e^{2a\pi}+1}{e^{2a\pi}-1} - \frac{1}{2a^2}, \text{ pour } a \neq 0.$$

Si on définit u_n : $\mathbb{R} \rightsquigarrow \mathbb{R}$ par $u_n(a) = \dfrac{1}{n^2+a^2}$, on a, $(n \geqslant 1)$, $||u_n||_\infty = \dfrac{1}{n^2}$: il y a convergence normale de cette série de fonctions donc continuité de la fonction somme. Un passage à la limite si a tend vers 0 donnera la valeur de $\sum\limits_{n=1}^{\infty}\dfrac{1}{n^2}$. On prend donc un développment limité du second membre. On a :

$$\begin{aligned}\frac{\pi}{2a}\,\frac{e^{2a\pi}+1}{e^{2a\pi}-1}-\frac{1}{2a^2} &= \frac{\pi}{2a}\,\frac{(2+2a\pi+2a^2\pi^2+o(a^2)}{(2a\pi+2a^2\pi^2+\frac{4}{3}a^3\pi^3+o(a^3))}-\frac{1}{2a^2}\\
&= \frac{2\pi}{(2a)(2a\pi)}\,\frac{(1+a\pi+a^2\pi^2+o(a^2))}{(1+a\pi+\frac{2}{3}a^2\pi^2+o(a^2))}-\frac{1}{2a^2}\\
&= \frac{1}{2a^2}\Big[(1+a\pi+a^2\pi^2)(1-a\pi-\frac{2}{3}a^2\pi^2+a^2\pi^2)\\
&\quad +o(a^2)-1\Big]\\
&= \frac{1}{2a^2}\Big(1+a^2(\pi^2-\pi^2+\frac{\pi^2}{3}\Big)+o(a^2)-1\Big)\\
&= \frac{\pi^2}{6}+o(1):\end{aligned}$$

on trouve bien, à la limite quand a tend vers 0, $\displaystyle\sum_{n=1}^{\infty}\frac{1}{n^2}=\frac{\pi^2}{6}$.

8. Comme f est de classe C^1, 2π périodique, sa série de Fourier converge uniformément vers f.

Puis $1-2r\cos\theta+r^2=0$, en tant que trinôme en r, pour $r=\cos\theta\pm(\cos^2\theta-1)^{1/2}=\cos\theta\pm i\sin\theta$, donc $1-2r\cos\theta+r^2=(r-e^{i\theta})(r-e^{-i\theta})$. Donc

$$\frac{1-r^2}{1-2r\cos\theta+r^2}=-1+\frac{\dfrac{1-e^{2i\theta}}{e^{i\theta}-e^{-i\theta}}}{r-e^{i\theta}}+\frac{\dfrac{1-e^{-2i\theta}}{e^{-i\theta}-e^{i\theta}}}{r-e^{-i\theta}},$$

soit pour $\theta\neq 0\ (\pi)$,

$$\begin{aligned}\frac{1-r^2}{1-2r\cos\theta+r^2} &= -1+\frac{1}{2i\sin\theta}\left(-\frac{1-e^{2i\theta}}{e^{i\theta}(1-re^{-i\theta})}+\frac{1-e^{-2i\theta}}{e^{-i\theta}(1-re^{i\theta})}\right)\\
&= -1+\frac{1}{2i\sin\theta}\left(\frac{+2i\sin\theta}{(1-r\,e^{-i\theta})}+\frac{2i\sin\theta}{1-re^{i\theta}}\right)\\
&= -1+\frac{1}{1-re^{-i\theta}}+\frac{1}{1-re^{i\theta}},\ \text{valable } \forall\theta.\end{aligned}$$

Pour $r \in]-1,1[$, la série des $r^n e^{-in\theta}$ et celle des $r^n e^{in\theta}$ convergent normalement en θ, et on a

$$\begin{aligned}\frac{1-r^2}{1-2r\cos\theta+r^2} &= -1+\sum_{n=0}^{\infty} r^n(e^{-in\theta}+e^{in\theta}) \\ &= -1+\sum_{n=0}^{\infty} 2r^n\cos n\theta = 1+2\sum_{n=1}^{\infty} r^n\cos n\theta,\end{aligned}$$

donc

$$\begin{aligned}&\frac{1}{2\pi}\int_0^{2\pi}\frac{(1-r^2)f(t)}{1-2r\cos(x-t)+r^2}\,dt \\ &\qquad = \frac{1}{2\pi}\int_0^{2\pi}\left(1+2\sum_{n=1}^{+\infty} r^n\cos n(x-t)\right)f(t)\,dt.\end{aligned}$$

Comme f est bornée sur $[0,2\pi]$, (continue et $[0,2\pi]$ compact), il y a aussi convergence normale de la série des $r^n\cos n(x-t)f(t)$, on peut donc intégrer terme à terme, et obtenir, pour $r\in]-1,1[$,

$$\begin{aligned}&\frac{1}{2\pi}\int_0^{2\pi}\frac{(1-r^2)f(t)}{1-2r\cos(x-t)+r^2}\,dt \\ &\qquad = \frac{1}{2\pi}\int_0^{2\pi}f(t)\,dt+\frac{1}{\pi}\sum_{n=1}^{\infty}r^n\int_0^{2\pi}\cos n(x-t)f(t)\,dt.\end{aligned}$$

Or $$\begin{aligned}\frac{1}{\pi}\int_0^{2\pi}\cos n(x-t)f(t)\,dt &= \frac{1}{\pi}\int_0^{2\pi}(\cos nx\cos nt\,f(t) \\ &\qquad +\sin nx\,\sin nt f(t))\,dt \\ &= \cos nx\,a_n(f)+\sin nx\,b_n(f),\end{aligned}$$

les $a_n(f)$ et $b_n(f)$ étant les coefficients de Fourier de f, encore notés a_n et b_n. Comme $\frac{1}{\pi}\int_0^{2\pi}f(t)\,dt = a_0$, on a bien

$$\frac{1}{2\pi}\int_0^{2\pi}\frac{(1-r^2)f(t)}{1-2r\cos(x-t)+r^2}\,dt = \frac{a_0}{2}+\sum_{n=1}^{\infty}(a_n\cos nx+b_n\sin nx)r^n.$$

Si on note $F(r)$ le second membre, pour x fixé, c'est une série entière en r qui converge pour $r=1$, (vu la convergence uniforme de la série de Fourier vers f), donc il y a convergence uniforme pour $r \in [0,1]$ dans cette série entière, (Théorème 13.18), d'où continuité et

$$\lim_{r \to 1^-} \frac{1}{2\pi} \int_0^{2\pi} \frac{(1-r^2)f(t)}{1-2r\cos(x-t)+r^2}\, dt = F(1)$$

soit encore $$= \frac{a_0}{2} + \sum_{n=1}^{\infty} (a_n \cos nx + b_n \sin nx) = f(x).$$

9. Une remarque préalable : ici $a_0 = \dfrac{1}{2\pi} \displaystyle\int_0^{2\pi} f(t)\, dt$.

Comme f est continue 2π périodique, la série des $|a_n|^2$ converge, (et sa somme vaut $\dfrac{1}{2\pi} \displaystyle\int_0^{2\pi} |f|^2$, vu l'égalité de Bessel). De même, la série des $|b_n|^2$ converge, et comme on a $|2a_n b_n| \leqslant |a_n|^2 + |b_n|^2$, la série des $a_n b_n$ est absolument convergente. En notant u_n la fonction qui à x associe $a_n b_n \cos nx$, on a $||u_n||_\infty = |a_n b_n|$: il y a convergence normale de la série des u_n, d'où existence et continuite de la fonction :

$$x \rightsquigarrow h(x) = \sum_{n=0}^{\infty} a_n b_n \cos nx.$$

De plus cette fonction h est 2π périodique, paire, et si on calcule ses coefficients de Fourier, on a, pour $n \neq 0$

$$c_n(h) = \frac{1}{\pi} \int_0^{2\pi} \left(\sum_{k=0}^{\infty} a_k b_k \cos kx \right) \cos nx\, dx,$$

avec convergence normale de la série, d'où

$$c_n(h) = \frac{1}{\pi} \sum_{k=0}^{\infty} a_k b_k \int_0^{2\pi} \frac{1}{2} (\cos(k+n)x + \cos(k-n)x) dx.$$

Comme $\displaystyle\int_0^{2\pi} \cos px\, dx$ vaut 2π si $p = 0$, et 0 si $p \neq 0$, on a $c_n(h) = a_n b_n$ pour $n \neq 0$, mais on aurait aussi $c_0(h) = a_0 b_0$.
La série des $a_n b_n \cos nx$ est donc la série de Fourier de h, et elle converge uniformément vers h qui est égale à sa série de Fourier.

10. On définit f, 2π périodique, par $f(0) = 0$, $f(x) = \dfrac{\pi - x}{2}$ sur $]0, 2\pi[$ et $f(2\pi) = 0$. On a $\displaystyle\lim_{x \to 0^-} f = \lim_{x \to 2\pi^-} f = -\frac{\pi}{2}$ et $\displaystyle\lim_{x \to 0^+} f = \frac{\pi}{2}$ donc $f(0) = \dfrac{f(0^+) + f(0^-)}{2}$. La fonction f, continue par morceaux, de classe

C^1 par morceaux est telle qu'en tout point $f(x) = \dfrac{f(x+0)+f(x-0)}{2}$: le théorème de Dirichlet s'applique donc f est égale à sa série de Fourier. On a $f(x) = \dfrac{\pi - x}{2}$ sur $]0,\pi]$ et $f(x) = \dfrac{\pi - (2\pi + x)}{2} = \dfrac{-\pi - x}{2}$ sur $[-\pi, 0[$: f est impaire, donc les $a_n = \dfrac{1}{\pi}\displaystyle\int_{-\pi}^{\pi} f(t)\cos nt\ dt$ sont nuls ($n > 0$) ainsi que $a_0 = \dfrac{1}{2\pi}\displaystyle\int_{-\pi}^{\pi} f(t)\ dt$.

Puis $b_n = \dfrac{1}{\pi}\displaystyle\int_{-\pi}^{\pi} f(t)\sin nt\ dt = \dfrac{2}{\pi}\displaystyle\int_0^{\pi} \dfrac{\pi - t}{2}\sin nt\ dt$ s'intègre par parties :

$$b_n = \frac{1}{\pi}\left(\left[-\frac{\cos nt}{n}(\pi - t)\right]_0^{\pi} - \int_0^{\pi}\frac{\cos nt}{n}\ dt\right) = \frac{1}{\pi}\left(\frac{\pi}{n}\right) = \frac{1}{n},$$

d'où $\dfrac{\pi - x}{2} = \displaystyle\sum_{n=1}^{\infty}\dfrac{\sin(nx)}{n}$ sur $]0, 2\pi[$.

S'il y avait convergence uniforme sur $[0, 2\pi]$, la fonction somme serait 2π périodique continue, or $\displaystyle\lim_{x\to 0^+}\dfrac{\pi - x}{2} = \dfrac{\pi}{2}$ et $\displaystyle\lim_{x\to 2\pi^-}\dfrac{\pi - x}{2} = \dfrac{-\pi}{2}$: c'est exclu.

Soit $g(t) = \displaystyle\int_{\pi}^{t}\dfrac{\pi - x}{2}\ dx = \dfrac{-(\pi - t)^2}{4}$, sur $[0, 2\pi]$, on a $g(0) = -\dfrac{\pi^2}{4}$ et $g(2\pi) = -\dfrac{\pi^2}{4}$, donc si on définit g par 2π périodicité sur R elle est continue, de classe C^1 par morceaux, il y a convergence uniforme de sa série de Fourier vers la fonction g.

Or pour $x \in [\delta, 2\pi - \delta]$ avec $0 < \delta < \pi$, on a $\dfrac{\pi - x}{2} = f(x) = \displaystyle\sum_{n=1}^{\infty}\dfrac{\sin(nx)}{n}$ avec une convergence uniforme sur $[\delta, 2\pi - \delta]$ comme le montre une transformation d'Abel appliquée à $\displaystyle\sum_{n=p}^{q}\dfrac{\sin(nx)}{n}$, avec une majoration de

$$\left|\sum_{n=r}^{s}\sin x\right| \leqslant \frac{1}{\left|\sin\frac{x}{2}\right|} \leqslant \frac{1}{\sin\frac{\delta}{2}},$$

uniforme en x, d'où un critère de Cauchy vérifié uniformément en x.
On a donc, sur $[\delta, 2\pi - \delta]$,

$$g(t) = \sum_{n=1}^{\infty}\frac{1}{n}\int_{\pi}^{t}\sin(nx)\ dx$$

d'où
$$g(t) = \sum_{n=1}^{\infty} \frac{(-1)^n}{n^2} - \sum_{n=1}^{\infty} \frac{1}{n^2} \cos nt.$$

C'est le développement de Fourier de g, et en particulier

$$\begin{aligned} a_0 &= \frac{1}{2\pi} \int_0^{2\pi} g(t)\, dt = -\frac{1}{2\pi} \int_0^{2\pi} \frac{(\pi - t)^2}{4}\, dt \\ &= \frac{1}{2\pi} \left[\frac{(\pi - t)^3}{12} \right]_0^{2\pi} = \sum_{n=1}^{\infty} \frac{(-1)^n}{n^2} \end{aligned}$$

d'où
$$\frac{1}{2\pi} \left(\frac{-\pi^3 - \pi^3}{12} \right) = -\frac{\pi^2}{12} = \sum_{n=1}^{\infty} \frac{(-1)^n}{n^2}.$$

CHAPITRE 16

Calcul différentiel

Au seuil d'une nouvelle théorie, il est peut être bon de faire le point sur ce que l'on connaît, concernant la dérivation.

1. Rappels sur les fonctions de plusieurs variables

Nous avons vu, lors de l'étude des espaces topologiques produits (Tome 2, chapitre 1, §6), que si f est une application de X topologique dans l'espace produit $F = \prod_{j=1}^{p} F_j$, de composantes les f_j, on a f continue en x_0 de X si et seulement si chaque f_j est continue en x_0, (Tome 2, Théorème 1.79), et plus généralement, si $\mathcal{B}$ est une base de filtre sur X, on a $\lim_{\mathcal{B}} f = l$ existe si seulement si, pour chaque espace F_j, $\lim_{\mathcal{B}} f_j = l_j$ existe, et $l = (l_1, l_2, \ldots, l_p)$: c'est le Théorème 1.83 du Tome 2.

Par contre, si X est lui-même un espace produit : $X = \prod_{i=1}^{n} E_i$, les choses sont moins simples : c'est ce qui a conduit à parler de continuité partielle et de voir que la continuité de $f : X \mapsto F$ en $a = (\alpha_1, \ldots, \alpha_n)$ implique la continuité partielle de chaque application $x_i \rightsquigarrow f(\alpha_1, \ldots, \alpha_{i-1}, x_i, \alpha_{i+1}, \ldots, \alpha_n)$ en α_i mais que la réciproque est fausse, (Tome 2, Théorème 1.81).

Qu'en est-il de la dérivation ?

Pour parler de dérivée, on suppose que l'espace de départ est $\mathbb{R}^n$, muni de la topologie usuelle, qui est celle associée à n'importe quelle norme de $\mathbb{R}^n$, puisqu'elles sont toutes équivalentes, (Tome 2, Théorème 6.28). Nous avons vu lors de l'étude des espaces métriques, que cette topologie est encore la topologie produit construite à partir de celle de $\mathbb{R}$.

16.1. Dérivées partielles

Soit donc Ω un ouvert de $\mathbb{R}^n$, f une application de Ω dans F espace vectoriel normé. Soit $a = (\alpha_1, \alpha_2, \dots \alpha_n)$ dans Ω.

Si $x = (x_1, x_2, \dots, x_n)$ est l'élément générique de Ω, *on dit que f admet en a une dérivée partielle par rapport à x_i* si l'application $\varphi_i : x_i \rightsquigarrow f(\alpha_1, \dots, \alpha_{i-1}, x_i, \alpha_{i+1}, \dots, \alpha_n)$ est dérivable en α_i.

Il faut bien voir que, puisque l'application qui à x_i associe le n-uplet $(\alpha_1, \dots, \alpha_{i-1}, x_i, \alpha_{i+1}, \dots, \alpha_n)$ est continue, (ses fonctions composantes le sont, $n-1$ étant constantes, l'autre l'idendité), et qu'elle envoie α_i sur a dans Ω ouvert, il existe un voisinage $V(\alpha_i)$ de α_i dans $\mathbb{R}$ sur lequel φ_i est définie, et on peut chercher la dérivabilité de φ_i en α_i.

16.2. *On notera* $\dfrac{\partial f}{\partial x_i}(a)$ *cette dérivée partielle si elle existe :* c'est donc

$$\frac{\partial f}{\partial x_i}(a) = \lim_{\substack{h_i \to 0 \\ h_i \neq 0}} \frac{f(\alpha_1, \dots, \alpha_{i-1}, \alpha_i + h_i, \alpha_{i+1}, \dots, \alpha_n) - f(\alpha_1, \dots, \alpha_i, \dots, \alpha_n)}{h_i}.$$

Si F, espace d'arrivée est égal à $\mathbb{R}^p$, la dérivée partielle de f en a, par rapport à x_i, existe, si et seulement si chaque fonction composante $f_j : \Omega \mapsto \mathbb{R}$, $(j = 1, \dots, p)$ admet en a une dérivée partielle par rapport à x_i.

16.3. Dérivées d'ordre supérieur

Supposons alors, avec Ω ouvert de $\mathbb{R}^n$, et $f : \Omega \mapsto \mathbb{R}$, que f admette en chaque a de Ω une dérivée partielle par rapport à x_i. On définit ainsi une nouvelle fonction notée $\dfrac{\partial f}{\partial x_i}$, sur Ω. Mais à son tour, cette fonction $\dfrac{\partial f}{\partial x_i}$ peut admettre une dérivée partielle par rapport à x_j en tout a de Ω ce qui nous conduit à introduire la fonction

16.4. $\dfrac{\partial\left(\dfrac{\partial f}{\partial x_i}\right)}{\partial x_j}$, notée conventionnellement $\dfrac{\partial^2 f}{\partial x_j \partial x_i}$, comme si on composait les opérateurs $\dfrac{\partial}{\partial x_j}$ et $\dfrac{\partial}{\partial x_i}$ agissant l'un après l'autre.

Et si, n'ayons pas peur d'imaginer, les dérivées partielles d'abord par rapport à x_j, puis par rapport à x_i existaient, on disposerait de la fonction $\dfrac{\partial^2 f}{\partial x_i \partial x_j}$. Sont-elles égales? Non. C'est bien dommage, car cela aurait simplifié l'écriture!

EXEMPLE 16.5. — On définit $f : \mathbb{R}^2 \mapsto \mathbb{R}$ par $f(0,0) = 0$, et si $(x,y) \neq (0,0)$, par $f(x,y) = xy\,\dfrac{x^2-y^2}{x^2+y^2}$.

Pour $(x,y) \neq (0,0)$ on a

$$\frac{\partial f}{\partial x}(x,y) = y\,\frac{x^2-y^2}{x^2+y^2} + \frac{4x^2y^3}{(x^2+y^2)^2}$$

et
$$\frac{\partial f}{\partial y}(x,y) = x\,\frac{x^2-y^2}{x^2+y^2} - \frac{4x^3y^2}{(x^2+y^2)^2}$$

alors que
$$\frac{\partial f}{\partial x}(0,0) = \lim_{x\to 0} \frac{f(x,0)-f(0,0)}{x} = \lim_{x\to 0} \frac{0}{x} = 0$$

et que
$$\frac{\partial f}{\partial y}(0,0) = \lim_{y\to 0} \frac{f(0,y)-f(0,0)}{y} = \lim_{y\to 0} \frac{0}{y} = 0.$$

On a
$$\frac{\partial^2 f}{\partial y \partial x}(0,0) = \lim_{y\to 0} \frac{\dfrac{\partial f}{\partial x}(0,y) - \dfrac{\partial f}{\partial x}(0,0)}{y} = \lim_{y\to 0} \frac{-y}{y} = -1$$

et
$$\frac{\partial^2 f}{\partial x \partial y}(0,0) = \lim_{x\to 0} \frac{\dfrac{\partial f}{\partial y}(x,0) - \dfrac{\partial f}{\partial y}(0,0)}{x} = \lim_{x\to 0} \frac{x}{x} = 1.$$

Cet exemple montre l'importance de la convention de notation des dérivées partielles : $\dfrac{\partial^2 f}{\partial x \partial y}$ signifie que l'on dérive d'abord en y puis en x. Il n'y a alors pas d'ambiguïté. Mais le monde est mal fait, et on emploie parfois la notation f''_{yx} pour signifier que l'on a d'abord dérivée en y puis en x. Comprenne qui peut! Il est peut être plus sage de n'utiliser f''_{yx} que dans le cas où $f''_{yx} = f''_{xy}$, dans le cas où le théorème de Schwarz s'applique par exemple.

THÉORÈME 16.6. *(de Schwarz). Soit Ω un ouvert de $\mathbb{R}^2$, f une application de Ω dans $\mathbb{R}$. Si les deux dérivées partielles d'ordre 2, $\dfrac{\partial^2 f}{\partial x \partial y}$ et $\dfrac{\partial^2 f}{\partial y \partial x}$ existent sur un voisinage de a dans Ω, et sont continues en a, elles sont égales.*

On forme la quantité $\phi(x_0, y_0) = f(x_0, y_0) - f(\alpha, y_0) - f(x_0, \beta) + f(\alpha, \beta)$, avec $(\alpha, \beta) = a$ et $z = (x_0, y_0)$ dans un voisinage V de a qui sera précisé un peu plus tard, patience.

Si, pour x_0 fixé, on note F_{x_0} la fonction $y \rightsquigarrow F_{x_0}(y) = f(x_0, y) - f(\alpha, y)$ il vient $\phi(x_0, y_0) = F_{x_0}(y_0) - F_{x_0}(\beta)$.

Or, toujours avec x_0 fixé, la fonction F_{x_0} est dérivable sur le segment d'extrémités y_0 et β : on peut lui appliquer la formule des accroissements finis, (Tome 2, Théorème 7.29). Il existe donc η, fonction de y_0, et aussi de x_0, entre β et y_0, tel que $\phi(x_0, y_0) = (y_0 - \beta)(F_{x_0})'(\eta)$.

On a $(F_{x_0})'(y) = \dfrac{\partial f}{\partial y}(x_0, y) - \dfrac{\partial f}{\partial y}(\alpha, y)$. (N'oublions pas que F_{x_0} est une fonction de y.) On a donc

$$\phi(x_0, y_0) = (y_0 - \beta)\left(\frac{\partial f}{\partial y}(x_0, \eta) - \frac{\partial f}{\partial y}(\alpha, \eta)\right).$$

Mais, on considère cette fois que y_0 est fixé, et que c'est x qui varie, de façon que (x, y_0) reste dans V. On a η fixé, et la fonction $x \rightsquigarrow \dfrac{\partial f}{\partial y}(x, \eta)$ est à son tour dérivable, et on peut lui appliquer la formule des accroissements finis, entre x_0 et α, d'où l'existence de ξ, fonction de x_0, et de y_0, entre x et α, tel que :

$$\frac{\partial f}{\partial y}(x_0, \eta) - \frac{\partial f}{\partial y}(\alpha, \eta) = (x_0 - \alpha)\frac{\partial^2}{\partial x \partial y}(\xi, \eta)$$

et finalement, au couple (x_0, y_0) de V on a associé (ξ, η) de V tel que

$$\phi(x_0, y_0) = (x_0 - \alpha)(y_0 - \beta)\frac{\partial^2 f}{\partial x \partial y}(\xi, \eta).$$

J'aurai du préciser au départ que, toutes les normes sur $\mathbb{R}^2$ étant équivalentes et donnant la topologie produit, on prend un voisinage ouvert V du type $]\alpha - r, \alpha + r[\times]\beta - r, \beta + r[$, (pour $\| \ \|_\infty$). Comme cela, pour (x_0, y_0) dans V les (x, y) avec x entre x_0 et α et y entre y_0 et β sont dans V. Mais vous savez ce que c'est, on n'est pas toujours très frais, il est de bonne heure et je ne suis pas encore bien réveillé. Enfin, mieux vaut tard que jamais...

On inverse les rôles, et en notant G_{y_0} la fonction de x définie par $G_{y_0}(x) = f(x, y_0) - f(x, \beta)$, il vient

$$\phi(x_0, y_0) = G_{y_0}(x_0) - G_{y_0}(\alpha) = (x_0 - \alpha)(G_{y_0})'(\xi_1)$$

avec ξ_1 entre x_0 et α et $(G_{y_0})'(x) = \frac{\partial f}{\partial x}(x, y_0) - \frac{\partial f}{\partial x}(x, \beta)$. On a donc

$$\phi(x_0, y_0) = (x_0 - \alpha)\left(\frac{\partial f}{\partial x}(\xi_1, y_0) - \frac{\partial f}{\partial x}(\xi_1, \beta)\right)$$

et comme on peut appliquer la formule des accroissements finis à la fonction qui à y associe $\frac{\partial f}{\partial x}(\xi_1, y)$, entre y_0 et β, il existe η_1 entre y_0 et β tel que

$$\phi(x_0, y_0) = (x_0 - \alpha)(y_0 - \beta)\frac{\partial^2 f}{\partial y \partial x}(\xi_1, \eta_1).$$

Mais alors pour tout (x_0, y_0) de V tel que $x_0 \neq \alpha$ et $y_0 \neq \beta$, on a trouvé ξ et ξ_1 entre x_0 et α, η et η_1 entre y_0 et β, tels que

$$\frac{\phi(x_0, y_0)}{(x_0 - \alpha)(y_0 - \beta)} = \frac{\partial^2}{\partial x \partial y}(\xi, \eta) = \frac{\partial^2 f}{\partial y \partial x}(\xi_1, \eta_1).$$

Il ne reste plus qu'à faire tendre x_0 vers α et y_0 vers β.

Alors (ξ, η) et (ξ_1, η_1) tendent vers $a = (\alpha, \beta)$, et les dérivées secondes $\frac{\partial^2 f}{\partial x \partial y}$ et $\frac{\partial^2 f}{\partial y \partial x}$ étant continues en a, $\frac{\partial^2 f}{\partial x \partial y}(\xi, \eta)$ tend vers $\frac{\partial^2 f}{\partial x \partial y}(\alpha, \beta)$ alors que $\frac{\partial^2 f}{\partial y \partial x}(\xi_1, \eta_1)$ tend vers $\frac{\partial^2 f}{\partial y \partial x}(\alpha, \beta)$. Ces deux quantités étant égales, à la limite on obtient bien

$$\frac{\partial^2 f}{\partial x \partial y}(\alpha, \beta) = \frac{\partial^2 f}{\partial y \partial x}(\alpha, \beta).$$ ■

COROLLAIRE 16.7. — *Soit Ω un ouvert de $\mathbb{R}^n$, $n \geqslant 2$, f une application de Ω dans $\mathbb{R}$ telle que, pour $i \neq j$, $\frac{\partial^2 f}{\partial x_i \partial x_j}(x)$ et $\frac{\partial^2 f}{\partial x_j \partial x_i}(x)$ existent pour x obtenu à partir de $a = (\alpha_1, \ldots, \alpha_n)$, en ne faisant varier que x_i dans un voisinage de α_i et x_j dans un voisinage de α_j. Si ces dérivées sont continues en a elles sont égales.*

En effet, $\forall k \neq i$, $k \neq j$, on fixe $x_k = \alpha_k$ et on a une fonction de deux variables seulement donc le théorème 16.6. s'applique.

COROLLAIRE 16.8. — *Soit Ω un ouvert de $\mathbb{R}^n$, $n \geqslant 2$, f une application de Ω dans $\mathbb{R}$. Si deux dérivées d'ordre total p par rapport aux variables*

$x_1, \ldots, x_n$ *faisant intervenir le même nombre de dérivations par rapport à chaque* x_i*, existent dans un voisinage* V *de* a*, et sont continues sur ce voisinage, elles sont égales.*

Attention au changement d'hypothèses : on suppose la continuité sur un voisinage V de a. En effet, ces deux dérivées sont les dérivées secondes de deux dérivées d'ordre $p-2$. On va procéder par récurrence. Si les deux dérivées d'ordre $p-2$ sont égales sur un voisinage V de a, on leur applique le théorème 16.6, on conclut. Mais l'égalité uniquement en a des deux dérivées d'ordre $p-2$ antérieures ne permet plus d'appliquer le théorème 16.6. Pour obtenir l'égalité des deux dérivées d'ordre $p-2$ sur un voisinage de a, il faut donc des hypothèses de continuité sur un voisinage et non en un point.

Une mise en forme correcte sera faite au paragraphe 4, où on verra comment intervient le groupe symétrique d'ordre n.

Pour l'instant, on peut se borner à dire que :

DÉFINITION 16.9. — *Une fonction* f *de* Ω *ouvert de* $\mathbb{R}^n$ *dans* $\mathbb{R}$ *est dite de classe* C^p *sur* Ω *si ses dérivées de tout ordre total* $q \leqslant p$ *existent sur* Ω *et sont continues sur* Ω.

On a donc, pour f de classe C^p, si deux dérivées d'ordre total $q \leqslant p$ ne diffèrent que par l'ordre des dérivations, elles sont égales.

2. Différentiabilité

Il s'agit d'une notion destinée à généraliser celle de dérivabilité lorsque la variable n'est plus réelle, et pas seulement lorsque la variable n'est pas dans un corps, car lorsque f est une fonction de variable complexe à valeurs complexes nous avons vu, (Théorème 13.68) que sa dérivabilité est autre chose qu'une différentiabilité.

DÉFINITION 16.10. — *Soient* E *et* F *deux espaces vectoriels normés,* Ω *un ouvert de* E*,* f *une application de* Ω *dans* F*. Elle est dite différentiable en* x_0 *si et seulement si il existe une application linéaire continue* u *de* E *dans* F *telle que pour* h *voisin de* 0 *dans* E*,* $f(x_0+h)-f(x_0)-u(h) = o(||h||)$.

Ce $o(||h||)$ signifie que la quantité $f(x_0+h) - (x_0) - u(h)$ s'écrit sous la forme $||h||\alpha(h)$, la fonction α étant définie pour $h \neq 0$, (on divise

$f(x_0 + h) - f(x_0) - u(h)$ par $||h||$), et telle que $\lim_{h \to 0} \alpha(h) = 0$. Ce qui revient encore à dire qu'en posant $\alpha(0) = 0$, α est continue en 0.

THÉORÈME 16.11.bis — *Soit f une application de Ω ouvert de E, dans F, (E et F e.v.n.). S'il existe u linéaire continue de E dans F telle que $f(x_0+h) - f(x_0) - u(h) = o(||h||)$, u est unique à vérifier cette condition.*

Car si on a u et v linéaires continues de E dans F telles que $f(x_0+h) - f(x_0) - u(h) = o(||h||)$ et $f(x_0+h) - f(x_0) - v(h) = o(||h||)$, par soustraction $(v - u)(h) = o(||h||)$.

Soit donc $\varepsilon > 0$, $\exists \alpha > 0$, $||h|| \leqslant \alpha \Rightarrow ||(v - u)(h)|| \leqslant \varepsilon ||h||$ d'où par homothétie, pour $||h|| = \alpha$, $\dfrac{h}{||h||}$ décrit la sphère unité de E et $\left\| (v-u)\left(\dfrac{h}{||h||}\right) \right\| \leqslant \varepsilon$: la norme d'application linéaire continue, $|||v - u|||$, qui est le sup des $||(v - u)(x)||$, x sur la sphère unité, (Tome 2, Théorème 6.24), est majorée par ε, ceci pour tout $\varepsilon > 0$, donc $|||v-u||| = 0$ d'où $v = u$. ■

DÉFINITION 16.11. — *Si f est différentiable en x_0 on appelle différentielle de f en x_0, notée $df(x_0)$, l'unique application linéaire continue u de E dans F telle que $f(x_0 + h) - f(x_0) - u(h) = o(||h||)$.*

La recherche de la différentiabilité est alors facile.

On donne un accroissement h à la variable, et on cherche, dans l'accroissement $f(x_0 + h) - f(x_0)$ la partie linéaire en h. On la note $df(x_0)(h)$. Si $df(x_0)$ est continue en tant qu'application linéaire, on vérifie alors si $f(x_0 + h) - f(x_0) - df(x_0)(h)$ est $o(||h||)$. Si oui, f est différentiable, sinon elle ne l'est pas. De même si $df(x_0)$ est non continue, f n'est pas différentiable.

REMARQUE 16.12. — Si l'espace vectoriel normé E est de dimension finie toute application linéaire est continue : ce point n'est plus à vérifier, (Tome 2, Corollaire 6.31).

DÉFINITION 16.13. — *Soient E et F espaces vectoriels normées, Ω ouvert de E et $f : \Omega \mapsto F$. On dit que f est différentiable sur Ω si pour tout x de Ω, $df(x)$ existe. Dans ce cas l'application df de Ω dans $L_C(E, F)$ qui à x associe $df(x)$ est la différentielle de f.*

Ne pas confondre donc différentielle de f en x et différentielle de f. D'ailleurs il est bon, en calcul différentiel plus qu'ailleurs, de se poser constamment la question suivante : quelle est la nature des objets manipulés. Sinon on va très vite à ajouter des applications linéaires et des vecteurs ou n'importe quoi.

16.14. Comme $L_c(E,F)$ est normé par la norme d'application linéaire continue, si f est différentiable sur Ω, *on dit qu'elle est de classe* C^1 *si* df *est continue de* Ω *dans* $L_C(E,F)$.

Mais à son tour df est peut-être différentiable en x_0, ou sur Ω. Dans ce cas, on notera $d^2f(x_0)$ au lieu de $d(df)(x_0)$ la différentielle d'ordre 2 en x_0 de f. On a donc

16.15 $$d^2f(x_0) \in L_C(E, L_C(E,F))$$

et on comprend que très vite cela va devenir non manipulable sauf si on peut simplifier comme nous le verrons au paragraphe suivant consacré aux fonctions de classe C^p.

Revenons pour l'instant aux propriétés des fonctions différentiables.

THÉORÈME 16.16. — *Si f est différentiable en x_0, elle est continue en x_0.*

Car, avec $df(x_0)$ linéaire continue de E dans F telle que $f(x_0+h)-f(x_0)=df(x_0)(h)+o(||h||)$, il est évident que $\lim\limits_{h\to 0} f(x_0+h)-f(x_0)=0$, d'où la continuité de f en x_0. ■

THÉORÈME 16.17. — *Soient E, F, G trois espaces vectoriels normés, U un ouvert de E, V ouvert de F, f une application de U dans V et g une application de V dans G. Si f est différentiable en x_0 et g en $y_0=f(x_0)$ alors $g\circ f$ est différentiable en x_0 et $d(g\circ f)(x_0)=dg(f(x_0))\circ df(x_0)$.*

Comme f est différentiable en x_0 et g en y_0, on peut, pour h et k non nuls dans E et F respectivement, et de norme assez petite pour que $x_0+h\in U$ et $y_0+k\in V$, définir les fonctions α et β par

16.18. $f(x_0+h)=f(x_0)+u(h)+||h||\alpha(h)$, avec $u=df(x_0)$, et

16.19. $g(y_0+k)=g(y_0)+v(k)+||k||\beta(k)$, avec $v=dg(y_0)$, et on a $\lim\limits_{h\to 0}\alpha(h)=0$ ainsi que $\lim\limits_{k\to 0}\beta(k)=0$. En posant $\alpha(0)=0$ et $\beta(0)=0$, les relations précédentes sont aussi, vérifiées en 0.

On définit alors, pour h non nul, $\varepsilon(h)$ par l'égalité.

$$(g\circ f)(x_0+h)=(g\circ f)(x_0)+(v\circ u)(h)+||h||\varepsilon(h).$$

C'est encore

$$g(f(x_0) + u(h) + ||h||\alpha(h)) = g(y_0) + (v \circ u)(h) + ||h||\varepsilon(h),$$

avec $k = u(h) + ||h||\alpha(h)$, et la relation 16.19 définissant $\beta(k)$:

$$g(y_0) + v[u(h) + ||h||\alpha(h)] + ||[u(h) + ||h||\alpha(h)]||\beta[u(h) + ||h||\alpha(h)] \\ = g(y_0) + (v \circ u)(h) + ||h||\varepsilon(h).$$

Comme v est linéaire, $v \circ u(h)$ figure dans les deux membres, et il reste $||h||v(\alpha(h)) + ||[u(h) + ||h||\alpha(h)]||\beta[u(h) + ||h||\alpha(h)] = ||h||\varepsilon(h)$.

On a donc, pour $h \neq 0$, après simplification par $||h||$,

$$\begin{aligned} ||\varepsilon(h)|| &\leqslant ||v(\alpha(h))|| + \frac{1}{||h||}(|||u||| + ||\alpha(h)||)||h|| \; ||\beta[u(h) + ||h||\alpha(h)]|| \\ &\leqslant ||v(\alpha(h)|| + (|||u||| + ||\alpha(h)||)||\beta[u(h) + ||h||\alpha(h)]||, \end{aligned}$$

et le majorant tend vers 0 si h tend vers 0 puisque v est continue ainsi que u et on compose des limites. Mais $\lim\limits_{h \to 0} \varepsilon(h) = 0$ c'est exactement ce qu'il faut pour dire que $g \circ f$ est différentiable en x_0 avec $d(g \circ f)(x_0) = dg(f(x_0)) \circ df(x_0)$, (= le $v \circ u$ de la justification). ■

Quelques exemples importants

EXEMPLE 16.20. — *Soient E et F vectoriels normés, si $u \in L_C(E, F)$, u est différentiable sur E et $du(x) = u$.*

Car $u(x + h) - u(x) = u(h)$: on a d'emblée la partie linéaire en h de l'accroissement de la fonction, en posant $du(x) = u$, on a bien $du(x)$ linéaire continue de E dans F et $u(x + h) - u(x) - du(x)(h) = 0$, donc c'est $o(||h||)$.

La différentielle du est donc l'application constante : $x \rightsquigarrow u$ de E dans $L_C(E, F)$, du est à son tour différentiable et $d^2u(x) = 0$. En fait u est de classe C^∞ avec du, fonction constante et $d^pu = 0$, $\forall p \geqslant 2$.

EXEMPLE 16.21. — Soit u définie sur $E = \prod\limits_{i=1}^{n} E_i$, un espace vectoriel normé, produit des E_i, espaces vectoriels normés, à valeurs dans F, u étant supposée n-linéaire continue. Il existe une constante K telle que $\forall (x_1, \ldots, x_n) \in E$, $||u(x)|| \leqslant K \prod\limits_{i=1}^{n} ||x_i||$, (continuité des applications n-linéaire, voir Tomes 2, Théorème 6.45). On suppose E normé par $||\ \ ||_\infty$.

Alors u est différentiable sur E et $du(x)(h)$ est la somme des n expressions du type $u(x_1, \dots, x_{i-1}, h_i, x_{i+1}, \dots, x_n)$, **où une seule composante x_i est remplacée par h_i.**

En effet, avec $x = (x_1, \dots, x_n)$ et $h = (h_1, \dots, h_n)$ on a $u(x+h) = u(x_1 + h_1, x_2 + h_2, \dots, x_n + h_n)$ est une somme de 2^n termes, (pour chaque valeur de l'indice i on choisit x_i ou h_i) du type $u(x_1$ ou h_1, x_2 ou h_2, ..., x_n ou $h_n)$.

Il y a là dedans $u(x_1, \dots, x_n)$, puis n termes dépendant linéairement de h : les $u(x_1, \dots, x_{i-1}, h_i, x_{i+1}, \dots, x_n)$; puis des termes contenant au moins 2 composantes de h.

Avec $a > 0$ tel que, $\forall i$, $||x_i|| \leqslant a$, si on impose $||h||_\infty \leqslant a$, on a : $||h_i|| \leqslant ||h||_\infty \leqslant a$, on aura donc

$$||u(x+h) - u(x) - du(x)(h)|| \leqslant (2^n - n - 1)Ka^{n-2}||h||_\infty^2,$$

puisqu'il reste $2^n - n - 1$ termes du type $u(x_1$ ou h_1, x_2 ou h_2, ..., x_n ou $h_n)$, chaque $||h_i||$ et $||x_j||$ étant majorée par a, et deux h_i au moins y figurant.

Cette majoration est du type $||h||\varepsilon(||h||)$ avec $\lim_{h \to 0} \varepsilon(h) = 0$, on a bien u différentiable avec la différentielle indiquée, car la continuité de $du(x)$ est facile à justifier ■

APPLICATION 16.22. — Si $X \in \mathcal{M}_n(\mathbb{R})$, $X \rightsquigarrow \det(X)$ est différentiable, la différentielle en X calculée en H étant la somme des n déterminants obtenus en remplaçant successivement dans $\det X$ la $j^{ième}$ colonne de X par la $j^{ième}$ de H. On peut aussi travailler en lignes.

Lien avec la dérivation. **On a :**

THÉORÈME 16.23. — *Soit Ω un ouvert de $\mathbb{R}$, $f : \Omega \mapsto F$, (F e.v.n) une application. On a f dérivable en x_0 si et seulement si f est différentiable en x_0 et $f'(x_0) = df(x_0)(1)$.*

Car f dérivable en x_0, de dérivée $f'(x_0)$ équivaut à avoir $\lim_{\substack{h \to 0 \\ h \neq 0}} \frac{f(x_0 + h) - f(x_0)}{h} - f'(x_0) = 0$, soit encore, en définissant $\varepsilon(h)$ par $\varepsilon(h) = \frac{f(x_0 + h) - f(x_0)}{h} - f'(x_0)$ pour $h \neq 0$, à avoir $\lim_{h \to 0} \varepsilon(h) = 0$. Mais alors on peut écrire

$$f(x_0 + h) - f(x_0) - hf'(x_0) = h\varepsilon(h) \text{ avec } \lim_{h \to 0} \varepsilon(h) = 0 :$$

ce qui équivaut à f différentiable en x_0 avec $df(x_0)(h) = hf'(x_0)$, d'où en particulier $df(x_0)(1) = f'(x_0)$. ■

COROLLAIRE 16.24. — *Soient E et F deux espaces vectoriels normés, Ω un ouvert de E et $f : \Omega \mapsto F$ différentiable en x_0. Si φ est une application de I intervalle de $\mathbb{R}$ dans Ω, dérivable en t_0, avec $\varphi(t_0) = x_0$, on aura $f \circ \varphi$ dérivable en t_0 et $(f \circ \varphi)'(t_0) = df(\varphi(t_0))(\varphi'(t_0))$.*

Vous pouvez remarquer qu'on fait la seule chose raisonnable avec l'application linéaire $df(\varphi(t_0))$ et le vecteur $\varphi'(t_0)$: on prend l'image du vecteur par l'application linéaire.

En effet φ dérivable en t_0 est différentiable, (Théorème 16.23), donc $f \circ \varphi$ est différentiable, (Théorème 16.17), donc dérivable, (Théorème 16.23), puisque la variable est réelle. De plus on a

$$\begin{aligned}(f \circ \varphi)'(t_0) &= (d(f \circ \varphi)(t_0))(1) = [df(\varphi(t_0)) \circ d\varphi(t_0)](1) \\ &= (df(\varphi(t_0)))(d\varphi(t_0)(1)) = df(\varphi(t_0))(\varphi'(t_0)).\end{aligned}$$ ■

Il est bon d'avoir un stock de parenthèses pour le calcul différentiel sinon, très rapidement, on ne sait plus qui agit sur quoi. Et cela n'est rien à côté des distributions !

EXEMPLE FONDAMENTAL 16.25. — *Soit E, F deux e.v.n., Ω un ouvert de E, $f : \Omega \mapsto F$ différentiable en $a \in \Omega$. Soit x dans E. L'application $\varphi : t \rightsquigarrow f(a + tx)$, ($t$ réel) est dérivable en 0 de dérivée $\varphi'(0) = df(a)(x)$.*

Car $\theta : t \rightsquigarrow a + tx$ est dérivable en 0 et $\theta'(0) = x$, donc $\varphi = f \circ \theta$ est dérivable en 0 et on applique le corollaire 16.24. Il faut remarquer que $\theta(0) = a \in \Omega$ ouvert, donc il existe I intervalle ouvert contenant 0, tel que $\theta(I) \subset \Omega$.

Ce $df(a)(x) = \lim\limits_{\substack{t \to 0 \\ t \in \mathbb{R}^*}} \dfrac{f(a + tx) - f(a)}{t}$ est parfois appelé *dérivée de f en a suivant le vecteur x.*

Venons-en à des théorèmes qui vont permettre de ramener l'étude de la différentiabilité à des cas simples.

THÉORÈME 16.26. — *Soient $F_1, F_2, \dots, F_p$ et E des espaces vectoriels normés, Ω un ouvert de E et f une application de Ω dans $F = \prod\limits_{i=1}^{p} F_i$ espace vectoriel produit normé par $\| \ \|_\infty$. L'application f est différentiable si et* *seulement si chacune de ses composantes $f_i : \Omega \mapsto F_i$ l'est : De plus $df(x)$ est alors l'application de E dans F ayant les $df_i(x)$ pour composantes.*

En effet, s'il existe u linéaire continue de E dans $F = \prod_{i=1}^{p} F_i$ telle que $f(x+h) - f(x) - u(h) = o(||h||)$, c'est que, en notant f_i et u_i les composantes de f et de u, on a :

$$\forall \varepsilon > 0,\ \exists \alpha > 0,\ ||h|| \leqslant \alpha \Rightarrow \sup_{i=1,\dots,p} ||f_i(x+h) - f_i(x) - u_i(h)|| \leqslant \varepsilon ||h||.$$

Il est donc équivalent de dire que chaque f_i est différentiable en x avec $df_i(x) = u_i$ puisque u est continue si et seulement si chaque u_i est continue. ∎

Considérons maintenant le cas où la structure produit est au départ. Les choses sont moins simples.

Soit Ω un ouvert de $E = \prod_{j=1}^{n} E_j$, et f une application de Ω dans F, espace vectoriel normé.

Soit $a = (\alpha_1, \alpha_2, \dots, \alpha_n)$ dans Ω. L'application θ_j de E_j dans E définie par $x_j \rightsquigarrow (\alpha_1, \dots, \alpha_{j-1}, x_j, \alpha_{j+1}, \dots, \alpha_n)$ est continue, ($n-1$ composantes constantes, et une identité), donc il existe un ouvert O_j contenant α_j tel que $\theta_j(O_j) \subset \Omega$. On définit alors la $j^{ième}$ application partielle φ_j qui à x_j tel que $(\alpha_1, \dots, \alpha_{j-1}, x_j, \alpha_{j+1}, \dots, \alpha_n)$ soit dans Ω, associe $\varphi_j(x_j) = f(\theta_j(x_j))$. On a :

THÉORÈME 16.27. — *Soit Ω un ouvert de l'espace vectoriel produit normé $E = \prod_{j=1}^{n} E_j$, et f une application de Ω dans l'espace vectoriel normé F. Si f est différentiable en a, chaque application partielle φ_j l'est en α_j et de plus $df(a)(h) = \sum_{j=1}^{n} d\varphi_j(a)(h_j)$, si $h = (h_1, \dots, h_n)$.*

En effet $\varphi_j = f \circ \theta_j$. Or l'application θ_j admet $n-1$ applications constantes, donc différentiables de différentielle en α_j nulle; et une composante est $x_j \rightsquigarrow x_j$, de différentielle $h_j \rightsquigarrow h_j$ (exemple 16.20).

Comme on compose f différentiable en a et θ_j différentiable en α_j, avec $\theta_j(\alpha_j) = a$, on a bien φ différentiable en α_j et

$$\begin{aligned} d\varphi_j(a)(h_j) &= df(\theta_j(\alpha_j)) \circ d\theta_j(\alpha_j)(h_j) \\ &= df(a)((0,0,\ldots,0,h_j,0,\ldots,0)). \end{aligned}$$

Comme $h = \sum_{j=1}^{n}(0,0,\ldots,0,h_j,0,\ldots,0)$ et que $df(a)$ est linéaire, il en résulte que $df(a)(h) = \sum_{j=1}^{n} d\varphi_j(a)(h_j)$. ■

La réciproque est fausse, mais deviendra vraie si on met des hypothèses donnant des applications de classe C^1. Nous aurons besoin pour la justifier de la formule des accroissements finis, c'est pourquoi elle ne sera justifiée qu'au §4. Pour l'instant, précisons ce qui se passe dans le cas de Ω ouvert de $\mathbb{R}^n$ et de f à valeurs réelles.

COROLLAIRE 16.28. — *Soit Ω un ouvert de $\mathbb{R}^n$, et f une application de Ω dans $\mathbb{R}$ différentiable en a de Ω. Alors les dérivées partielles $\frac{\partial f}{\partial x_j}(a)$ existent, et pour $h = (h_1, \ldots, h_n)$ on a :*

$$df(a)(h) = \sum_{j=1}^{n} \frac{\partial f}{\partial x_j}(a)h_j.$$

En effet, dans ce cas la $j^{\text{ième}}$ application partielle est de variable réelle à valeurs réelles, différentiables en α_j, donc $d\varphi_j(a)(h_j) = d\varphi_j(a)(h_j \cdot 1) = h_j d\varphi_j(a)(1)$ par linéarité de $d\varphi_j(a)$ et on a vu, (Théorème 16.23), que $d\varphi_j(a)(1)$ est la dérivée, en α_j, de l'application $x_j \rightsquigarrow f(\alpha_1, \ldots, \alpha_{j-1}, x_j, \alpha_{j+1}, \ldots, \alpha_n)$, c'est-à-dire ce que nous avons appelé, (16.1), la dérivée partielle de f en α_j.

L'égalité $df(a)(h) = \sum_{j=1}^{n} d\varphi_j(a)(h_j)$ devient donc

16.29 $$df(a) = \sum_{j=1}^{n} \frac{\partial f}{\partial x_j}(a)h_j.$$ ■

Un brin de notations, (et d'abus de notations)

Si on note $(e_1, e_2, \ldots, e_n)$ la base canonique de $\mathbb{R}^n$, l'élément $x = (x_1, \ldots, x_n)$ est encore $x = \sum_{i=1}^{n} x_i e_i$ et l'application $x \rightsquigarrow x_i$ est la forme duale, e_i^*, de e_i. Elle est linéaire continue de $\mathbb{R}^n$ dans $\mathbb{R}$, donc différentiable partout, de différentielle en chaque x, elle-même, (exemple 16.20), donc $de_j^*(x)(h) = e_j^*(h) = h_j$, (attention, c'est $de_j^*(x)$ qui est égale à e_j^*), si bien que l'égalité 11.29 s'écrit encore :

$$df(a)(h) = \left(\sum_{j=1}^{n} \frac{\partial f}{\partial x_j}(a) e_j^* \right)(h), \text{ d'où}$$

16.30. *L'égalité entre applications linéaires :* $df(a) = \sum_{j=1}^{n} \frac{\partial f}{\partial x_j}(a) e_j^*$.

Où sont les abus de notations ? J'y viens, j'y viens... Qui n'a pas, une fois dans sa vie, utilisé l'expression « soit la fonction $\cos x$ » au lieu de « la fonction cosinus » ?

Cette confusion, ici revient à noter « soit la fonction x_j » au lieu de e_j^* ; puis comme $de_j^*(x) = e_j^*$, on confond l'application $x \rightsquigarrow de_j^*(x)$ avec la valeur prise e_j^*, donc on identifie de_j^* avec e_j^*, mais comme on identifie e_j^* et x_j, (je sais, c'est affreux), finalement e_j^* est identifé à dx_j et on obtient une expression $df(a) = \sum_{j=1}^{n} \frac{\partial f}{\partial x_j}(a) dx_j$ encore notée... df. Cette écriture

16.31. $df = \sum_{j=1}^{n} \frac{\partial f}{\partial x_j} dx_j$, (où même a ne figure plus) peut donc se lire

de deux façons : *mathématiquement*, la forme linéaire df est décomposée dans la base duale des e_j^* notés dx_j ; *physiquement* les dx_j sont les valeurs prises par les formes duales, et à ces « petits accroissements » correspondent « l'accroissement » df de la fonction.

Il n'y a aucun inconvénient à ce que ces deux points de vue coexistent, le contexte éclairant ce que l'on fait. Reprenons le point de vue mathématique pour étudier une réciproque du théorème 16.27.

THÉORÈME 16.32. — *Soit Ω un ouvert de $\mathbb{R}^n$, et $f : \Omega \mapsto \mathbb{R}$ une fonction ayant ses n dérivées partielles dans un voisinage V de a continues en a. Alors f est différentiable en a.*

Comme on sait, (Théorème 16.27) que la différentielle doit être $df(a) = \sum_{j=1}^{n} \frac{\partial f}{\partial x_j}(a)e_j^*$, on forme la quantité $f(a+h) - f(a) - \sum_{j=1}^{n} \frac{\partial f}{\partial x_j}(a)h_j$, et on va passer de $a+h$ au point a en ne faisant varier qu'une variable à la fois.

Je note donc $a_0 = a = (\alpha_1, \alpha_2, \ldots, \alpha_n)$ et, pour j variant de 1 à n, $a_j = (\alpha_1 + h_1, \ldots, \alpha_j + h_j, \alpha_{j+1}, \ldots, \alpha_n)$, donc $a_n = a + h$.

On a $f(a+h) - f(a) = f(a_n) - f(a_0) = \sum_{j=1}^{n}(f(a_j) - f(a_{j-1}))$.

Comme on passe de a_{j-1} à a_j en ne faisant varier que la $j^{ième}$ composante de α_j à $\alpha_j + h_j$, par application de la formule des accroissements finis à la fonction $x_j \rightsquigarrow f(\alpha_1 + h_1, \ldots, \alpha_{j-1} + h_{j-1}, x_j, \alpha_{j+1}, \ldots, \alpha_n)$ entre α_j et $\alpha_j + h_j$, (c'est possible si $||h||$ est assez petit pour que l'on reste dans le voisinage V), il existe $\theta_j \in]0, 1[$ tel que

$$f(a_j) - f(a_{j-1}) = h_j \frac{\partial f}{\partial x_j}(\alpha_1 + h_1, \ldots, \alpha_{j-1} + h_{j-1}, \alpha_j + \theta_j h_j, \alpha_{j+1}, \ldots, \alpha_n).$$

On note $z_j = (\alpha_1 + h_1, \ldots, \alpha_{j-1} + h_{j-1}, \alpha_j + \theta_j h_j, \alpha_{j+1}, \ldots, \alpha_n)$, on a donc des points $z_1, \ldots, z_n$ tels que $f(a_j) - f(a_{j-1}) = h_j \frac{\partial f}{\partial x_j}(z_j)$ d'où

$$f(a+h) - f(a) - \sum_{j=1}^{n} \frac{\partial f}{\partial x_j}(a)h_j = \sum_{j=1}^{n} \left(\frac{\partial f}{\partial x_j}(z_j) - \frac{\partial f}{\partial x_j}(a) \right) h_j.$$

Or $||z_j - a|| \leqslant ||h||$, et les $\frac{\partial f}{\partial x_j}$ sont continues en a donc, $\forall \varepsilon > 0$, $\exists \eta > 0$ tel que $||h|| \leqslant \eta$ implique, pour chaque j, $\left| \frac{\partial f}{\partial x_j}(z_j) - \frac{\partial f}{\partial x_j}(a) \right| \leqslant \frac{\varepsilon}{n}$, d'où, comme $|h_j| \leqslant ||h|| = \sup_{j=1\ldots n} \{|h_j|\}$ finalement on a

$\left| f(a+h) - f(a) - \sum_{j=1}^{n} \frac{\partial f}{\partial x^j}(a)h_j \right| \leqslant \varepsilon ||h||$, ce qui montre bien la différentiabilité en a. ■

REMARQUE SUBTILE 16.33. – Pour $j = 1$, si on considère l'expression

$$f(a_1) - f(a_0) - \frac{\partial f}{\partial x_1}(a)h_1 = \\ f(\alpha_1 + h_1, \alpha_2, \ldots, \alpha_n) - f(\alpha_1, \ldots, \alpha_n) - h_1 \frac{\partial f}{\partial x_1}(a)$$

cette expression est $o(|h_1|)$ du simple fait l'existence de $\dfrac{\partial f}{\partial x_1}(a)$. Il est donc inutile de passer par le point z_1, et on peut donc se passer de la continuité en a de $\dfrac{\partial f}{\partial x_1}$, ce qui donne le résultat suivant : *si $f : \Omega \mapsto \mathbb{R}$, ($\Omega$ ouvert de $\mathbb{R}^n$) admet $n-1$ dérivées partielles dans un voisinage de a, continues en a, la dernière dérivée partielle existant en a, alors f est différentiable en a.*

COROLLAIRE 16.34. — *Soit Ω un ouvert de $\mathbb{R}^n$ et f une application de Ω dans $\mathbb{R}$, elle est de classe C^1 sur Ω si et seulement si chaque dérivée partielle $\dfrac{\partial f}{\partial x_j}$ existe sur Ω et est continue sur Ω.*

Car avec $\{e_1, \ldots, e_n\}$ base canonique de E, si f est de classe C^1 sur Ω on a $df(x) = \displaystyle\sum_{j=1}^{n} \frac{\partial f}{\partial x_j}(x) e_j^*$, (égalité 16.30), donc les applications $x \rightsquigarrow \dfrac{\partial f}{\partial x_j}(x)$ sont les composantes de df dans la base duale de E^* : elles sont continues.

Réciproquement, si ces applications sont continues sur Ω le théorème 16.32 s'applique en chaque x de Ω, donc f est différentiable sur Ω, et df est continue puisque ses fonctions composantes le sont. ∎

Si on considère alors $f : \Omega \mapsto \mathbb{R}^p$, ($\Omega$ ouvert de $\mathbb{R}^n$), de fonctions composantes les f_i, en appliquant le théorème 16.26 on obtient :

COROLLAIRE 16.35. — *Soit Ω un ouvert de $\mathbb{R}^n$ et f une application de Ω dans $\mathbb{R}^p$. Elle est de classe C^1 si et seulement si chaque $\dfrac{\partial f_i}{\partial x_j}$ existe sur Ω, en étant continue sur Ω.*

Les np applications $x \rightsquigarrow \left(\dfrac{\partial f_i}{\partial x_j}\right)_{\substack{1 \leqslant i \leqslant p \\ 1 \leqslant j \leqslant n}}$ sont donc les composantes de l'application df de Ω dans $L(\mathbb{R}^n, \mathbb{R}^p)$, et on a f de classe C^1, c'est-à-dire df continue, si et seulement si chaque $\dfrac{\partial f_i}{\partial x_j}$ est continues. ■

On peut remarquer que, pour x fixé, $df(x)$, en tant qu'application linéaire de $\mathbb{R}^n$ dans $\mathbb{R}^p$ va avoir une matrice par rapport aux bases canoniques de $\mathbb{R}^n$ et $\mathbb{R}^p$. En notant Y la matrice colonnes des y_i, $1 \leqslant i \leqslant p$, coordonnées dans $\mathbb{R}^p$ de $df(x)(h)$, A la matrice de $df(x)$ et H la matrice colonne des coordonnées de h, on doit avoir la relation matricielle $Y = AH$, d'où l'on tire la $i^{ème}$ coordonnée $y_i = \sum_{j=1}^{n} a_{ij} h_j$, si $A = (a_{ij})_{\substack{1 \leqslant i \leqslant p \\ 1 \leqslant j \leqslant n}}$.

Comme $y_i = df_i(x)(h) = \sum_{j=1}^{n} \dfrac{\partial f_i}{\partial x_j}(a) h_j$, c'est que $a_{ij} = \dfrac{\partial f_i}{\partial x_j}(a)$.

DÉFINITION 16.36. — *Soit Ω un ouvert de $\mathbb{R}^n$ et f une application de Ω dans $\mathbb{R}^p$, différentiable en a de Ω. On appelle matrice jacobienne de f en a la matrice*

$$J(f)(a) = \left(\frac{\partial f_i}{\partial x_j}(a)\right)_{\substack{1 \leqslant i \leqslant p \\ 1 \leqslant j \leqslant n}}.$$

C'est donc la matrice de $df(a)$ dans les bases canoniques de $\mathbb{R}^n$ et $\mathbb{R}^p$.

Si on veut considérer le cas des différentielles d'ordre 2, 3, ou plus on remplace $f : \Omega \mapsto \mathbb{R}^p$, par $df : \Omega \mapsto L(\mathbb{R}^n, \mathbb{R}^p)$ qui admet pour composantes les $\dfrac{\partial f_i}{\partial x_j}$. *On aura donc f de classe C^2 sur Ω si et seulement si, en plus, toutes les dérivées partielles d'ordre 2, $\dfrac{\partial^2 f_i}{\partial x_j \cdot \partial x_k}$ existent et sont continues sur Ω*, et plus généralement f sera de classe C^r si et seulement si toutes les dérivées partielles d'ordre total inférieur ou égal à r, existent sur Ω et sont continues.

On sait alors, (Théorème de Schwarz et Corollaire 16.8), qu'il y en a beaucoup d'égales, c'est ce que nous allons généraliser au paragraphe suivant.

3. Différentielles d'ordre supérieur

Soit E et F deux espaces vectoriels normés, Ω un ouvert de E et f une application différentiable de Ω dans F. La différentielle df, est une application de Ω dans $\mathcal{L}_c(E, F)$. On la suppose à son tour différentiable, donc $d(df)$, notée $d^2 f$ est une application de Ω dans $\mathcal{L}_c(E, \mathcal{L}_c(E, F))$. Il y a une convention de notations à adopter.

Si $x \in \Omega$, $d(df)(x)$ est un élément de $\mathcal{L}_c(E, \mathcal{L}_c(E, F))$ et $u \rightsquigarrow [d(df)(x)](u)$ est linéaire, continue de E dans $\mathcal{L}_c(E, F)$.

Puis, pour u fixé dans E, et v variant dans E, on a une application linéaire continue : $v \rightsquigarrow [(d(df)(x))(u)](v)$ de E dans F.

16.37. *On notera* $d^2 f(x)(u, v)$ *cet élément de* F, *valant* $[(d(df)(x))(u)](v)$. Mais ce serait plus commode s'il n'y avait pas toutes ces parenthèses. Ce sera possible si f est de classe C^2, et même du simple fait de l'existence de la différentiabilité d'ordre 2. Voyons d'abord le plus simple.

THÉORÈME 16.38. — *Soient E et F deux espaces vectoriels normés et Ω un ouvert de E. Si f est de classe C^2 sur Ω l'application $(u, v) \rightsquigarrow d^2 f(x)(u, v)$ est bilinéaire symétrique continue de $E \times E$ dans F, avec $F \simeq \mathbb{R}^n$.*

(On suppose $F \simeq \mathbb{R}^n$ pour appliquer le théorème de Schwarz).

Le x qui figure est, je vous rappelle, le point de Ω où l'on prend la différentielle d'ordre 2. Dans le préambule fixant les notations on a justifié des continuités partielles, pas la continuité par rapport au couple (u, v). Par contre, la bilinéarité a été justifiée.

Comme $v \rightsquigarrow [(d(df)(x))(u)](v)$ est linéaire continue, on a

$$\|[(d(df)(x))(u)](v)\| \leqslant |||(d(df)(x))(u)||| \ \|v\|.$$

Puis, $u \rightsquigarrow (d(df)(x))(u)$ est elle-même linéaire continue de E dans $\mathcal{L}_c(E, F)$, donc la norme de l'application linéaire continue $(d(df)(x))(u)$ vérifie :

$$|||(d(df)(x))(u)||| \leqslant |||d(df)(x)||| \ \|u\|,$$

d'où finalement

$$\|[(d(df)(x))(u)](v)\| \leqslant |||d(df)(x)||| \ \|u\| \ \|v\| :$$

en tant qu'application bilinéaire, $d^2 f(x)$ est continue, (Tome 2, Théorème 6.45), ou $d^2 f(x)$ représente $d(df)(x)$.

Reste la symétrie.

Soient u et v fixés dans E, on considère l'application θ de $\mathbb{R}^2$ dans E définie par $\theta(s,t) = x + su + tv$.

On a $\theta(0,0) = x \in \Omega$ ouvert donc il existe O voisinage de $(0,0)$ dans $\mathbb{R}^2$, sur lequel l'application H définie par $(s,t) \rightsquigarrow f(x+su+tv)$ est définie. On a $H = f \circ \theta$ avec f de classe C^2 sur Ω et θ de classe C^∞, (ses dérivées partielles en s et t existent et sont continues, à tout ordre) donc H est de classe C^2, si bien que $\dfrac{\partial^2 H}{\partial s \partial t}(0,0) = \dfrac{\partial^2 H}{\partial t \partial s}(0,0)$ d'après le théorème de Schwarz, (Théorème 16.6.), appliqué aux composantes de H.

Or $\dfrac{\partial H}{\partial s}(s_0, t_0)$ est la dérivée, en s_0, de la fonction qui à s associe $f(x + su + t_0 v)$, c'est donc, (exemple fondamental 16.25) :
$\dfrac{\partial H}{\partial s}(s_0,t_0) = df(x + s_0 u + t_0 v)(u)$.

Posons $G(s,t) = df(x+su+tv)(u) = \dfrac{\partial H}{\partial s}\ (s,t)$.

A son tour
$$\frac{\partial^2 H}{\partial t \partial s}\ (s_0,t_0) = \frac{\partial G}{\partial t}\ (s_0,t_0) = \lim_{h \to 0} \frac{G(s_0, t_0+h) - G(s_0,t_0)}{h}.$$

On a donc :

$$\frac{\partial^2 H}{\partial t \partial s}\ (s_0,t_0) = \lim_{h \to 0} \left(\frac{df(x + s_0 u + t_0 v + hv) - df(x_0 + s_0 u + t_0 v)}{h} \right)(u).$$

On a $\dfrac{df(x+s_0u+t_0v+hv) - df(x_0+s_0u+t_0v)}{h} \in \mathcal{L}_c(E,F)$, et l'application de $\mathcal{L}_c(E,F) \times E \mapsto F$ qui à un couple (φ, u) associe $\varphi(u)$ est bilinéaire continue puisque $||\varphi(u)|| \leqslant |||\varphi|||\ ||u||$. Comme ici u est fixé, et que $g = df$ est différentiable, et $t \rightsquigarrow x + s_0 u + tv$ dérivable, on sait, (toujours l'exemple fondamental) que

$$\lim_{h \to 0} \frac{df(x+s_0u+t_0v+hv) - df(x+s_0u+t_0v)}{h} = d(df)(x+s_0u+t_0v))(v)$$

donc
$$\frac{\partial^2 H}{\partial t \partial s}(s_0,t_0) = [d(df(x+s_0u+t_0v)(v)](u) = d^2 f(x+s_0u+t_0v)(v,u),$$
avec nos conventions de départ.

Finalement $\frac{\partial^2 H}{\partial t \partial s}(0,0) = d^2 f(x)(v,u)$, et un calcul analogue conduirait à $\frac{\partial^2 H}{\partial s \partial t}(0,0) = d^2 f(x)(u,v)$ d'où la symétrie voulue. ■

REMARQUE 16.39. — Dans le cas d'une fonction f de classe C^2, définie sur Ω ouvert de $\mathbb{R}^n$, à valeurs réelles, la différentielle d'ordre 2 sera une forme bilinéaire symétrique, et l'étude du signe de la forme quadratique associée servira dans l'étude des extrema éventuels de f.

REMARQUE 16.40. — Plus généralement, si f est une application de classe C^p de Ω ouvert de E dans F, (E et F e.v.n.) la différentielle d'ordre p est une application p-linéaire symétrique de E^p dans F, continue.

Mais avant de justifier ce résultat, on va montrer un résultat plus précis. En effet, on a conclu à la symétrie de la différentielle d'ordre 2 en supposant des hypothèses trop fortes. En fait, on a, avec cette fois F vectoriel quelconque :

THÉORÈME 16.41. — *Soient E et F deux espaces vectoriels normés, Ω un ouvert de E et f une application de Ω dans F telle que $d^2 f(a)$ existe. Alors, $\forall (u,v) \in E^2$ on a*

$$d^2 f(a)(u,v) = d^2 f(a)(v,u).$$

Mais, ne mettons pas la charrue avant les bœufs : la justification de ce résultat utilise la formule des accroissements finis que nous allons donc étudier au préalable.

4. Formule des accroissements finis

Au chapitre 7, (Tome 2), nous avons établi un certain nombre de résultats : formule des accroissements finis, formules de Taylor Lagrange et Young, dans le cas de fonctions de variable réelle à valeurs réelles. Ce sont ces résultats que nous cherchons à étendre au cas général des espaces vectoriels normés.

Commençons par un résultat technique.

THÉORÈME 16.42. — *Soit f continue de $[a,b]$ dans E espace vectoriel normé et g continue de $[a,b]$ dans $\mathbb{R}$. On suppose f et g dérivables à droite sur $[a,b]$, avec $||f'_d(t)|| \leqslant g'_d(t)$ sur $[a,b[$. Alors $||f(b)-f(a)|| \leqslant g(b)-g(a)$.*

Soit $\varepsilon > 0$, on va montrer que pour tout t de $[a, b[$ on a $\|f(t)-f(a)\| \leqslant g(t)-g(a)+\varepsilon(t-a)$. Par continuité de f et de g, l'inégalité sera valable pour $t = b$, et ε étant quelconque, on aura $\|f(b)-f(a)\| \leqslant g(b)-g(a)$, en faisant tendre ε vers 0. Pour établir l'inégalité du départ, on considère $I(\varepsilon) = \{t; t \in [a,b]; \forall u \in [a,t], \|f(u)-f(a)\| \leqslant g(u)-g(a)+\varepsilon(u-a)\}$. $I(\varepsilon)$ est non vide car $a \in I(\varepsilon)$; c'est un intervalle car si t_1 et t_2 sont dans $I(\varepsilon)$, avec $t_1 < t_2$, pour tout t de $[t_1, t_2]$, et pour tout $u \in [a, t]$, comme $u \in [a, t_2]$ on a bien l'inégalité voulue en u. C'est un intervalle fermé, car si c est la borne supérieure de $I(\varepsilon)$, il existe une suite t_n d'éléments de $I(\varepsilon)$ qui converge vers c par valeurs inférieures, et les inégalités $\|f(t_n)-f(a)\| \leqslant g(t_n)-g(a)+\varepsilon(t_n-a)$ donnent, par continuité, $\|f(c)-f(a)\| \leqslant g(c)-g(a)+\varepsilon(c-a)$.

Enfin $c = b$, car si $c < b$, on peut écrire que f et g ont une dérivée à droite en c, donc à $\varepsilon > 0$, (le même), on associe $h > 0$ tel que, pour tout t de $]c, c+h[\subset [a,b]$, on ait

$$\left\|\frac{f(t)-f(c)}{t-c} - f'_d(c)\right\| \leqslant \frac{\varepsilon}{2} \text{ et } \left|\frac{g(t)-g(c)}{t-c} - g'_d(c)\right| \leqslant \frac{\varepsilon}{2}$$

d'où l'on déduit :

$\|f(t)-f(c)\| \leqslant \left(\frac{\varepsilon}{2} + \|f'_d(c)\|\right)(t-c)$ et $g'_d(c) \leqslant \dfrac{g(t)-g(c)}{t-c} + \dfrac{\varepsilon}{2}$, d'où *a fortiori* l'inégalité $g'_d(c)(t-c) \leqslant g(t)-g(c)+\dfrac{\varepsilon}{2}(t-c)$, pour tout t de $]c, c+h[$.

Mais alors, pour $t \in]c, c+h[$, on a :

$$\begin{aligned}\|f(t)-f(c)\| &\leqslant \|f'_d(c)\|(t-c) + \frac{\varepsilon}{2}(t-c)\\ &\leqslant g'_d(c)(t-c) + \frac{\varepsilon}{2}(t-c)\\ &\leqslant g(t)-g(c)+\varepsilon(t-c).\end{aligned}$$

Par ailleurs $c \in I(\varepsilon)$ donc

$$\|f(c)-f(a)\| \leqslant g(c)-g(a)+\varepsilon(c-a),$$

d'où

$$\begin{aligned}\|f(t)-f(a) &\leqslant \|f(t)-f(c)\| + \|f(c)-f(a)\|\\ &\leqslant g(t)-g(a)+\varepsilon(t-a).\end{aligned}$$

On aurait donc $]c, c+h[\subset I(\varepsilon)$, avec c borne supérieure de $I(\varepsilon)$, c'est absurde. D'où $c = b$, et le résultat voulu. ∎

COROLLAIRE 16.43. — *Soit ϕ une application dérivable à droite de $[a, b]$ dans E espace vectoriel normé, continue, et telle que $||\phi'_d(t)|| \leqslant k$ sur $[a, b[$. Alors on a*

$$||\phi(b) - \phi(a)|| \leqslant k(b - a).$$

C'est en effet le théorème appliqué avec la fonction g définie par $g(t) = kt$. ■

Il va sans dire, (et encore mieux en le disant) que suivant vos goûts vous pouvez formuler ces résultats avec des dérivées à gauche. Simplement n'oubliez pas que la dérivabilité à droite implique la continuité à droite, mais pas la continuité.

THÉORÈME 16.44. — *Soient E et F deux espaces vectoriels normés, Ω un ouvert de E et f une application différentiable de Ω dans F. Si sur Ω on a $|||df(z)||| \leqslant k$ et si x et y de Ω sont tels que le segment d'extrémités x et y est dans Ω, alors $||f(x) - f(y)|| \leqslant k||x - y||$.*

Le segment d'extrémités x et y est l'ensemble des $x + t(y - x)$, pour t réel compris entre 0 et 1, encore noté $\{ty + (1 - t)x ; 0 \leqslant t \leqslant 1\}$. La condition est donc vérifiée si Ω est convexe par exemple.

Soit donc x et y dans Ω tels que le segment d'extrémités x et y soit dans Ω. La fonction $t \rightsquigarrow x + t(y - x)$ étant dérivable sur $[0, 1]$, et f différentiable sur Ω, la fonction $\phi : t \rightsquigarrow f(x + t(y - x))$ devient dérivable sur $[0, 1]$ et

$$\begin{aligned} ||\phi'(t)|| = ||df(x + t(y - x))(y - x)|| &\leqslant |||df(x + t(y - x))|||\ ||y - x|| \\ &\leqslant k||y - x||. \end{aligned}$$

(Une fois de plus, remarquez l'importance des propriétés de la norme d'application linéaire continue.)

Le corollaire 16.43 s'applique et donne :

$$||\phi(1) - \phi(0)|| \leqslant k||y - x||(1 - 0)$$

soit encore

$$||f(y) - f(x)|| \leqslant k||y - x|| :$$

c'est ce que l'on voulait. ■

C'est ce résultat de majoration qui porte le nom de

16.45. *formule des accroissements finis*, formule que nous allons exploiter.

COROLLAIRE 16.46. — *Soit Ω un domaine, (ouvert connexe) d'un espace vectoriel normé E et f une application de Ω dans F, (e.v.n), différentiable. On a f constante si et seulement si sa différentielle est nulle.*

Il est évident que f constante est différentiable avec, $\forall x \in \Omega$, $df(x)$ application linéaire nulle de E dans F.

Réciproquement, on suppose que pour tout x de Ω, ouvert connexe, $df(x) = 0$. Soit $a \in \Omega$ et $A = \{x; x \in \Omega, f(x) = f(a)\}$. D'abord, $A = f^{-1}(\{f(a)\})$ est un fermé de Ω comme image réciproque d'un fermé par f continue car différentiable, non vide car $a \in A$, et c'est aussi un ouvert de Ω : si x_0 est dans A, $\exists r > 0$, $\mathcal{B}_0(x_0, r) \subset \Omega$, or cette boule ouverte est convexe donc $\forall y \in \mathcal{B}_0(x_0, r)$, le segment d'extrémités x_0 et y est dans Ω, et $|||df(z)||| = 0$ sur Ω, d'où $||f(y) - f(x_0)|| \leqslant 0||y - x_0||$: on a $f(y) = f(x_0) = f(a)$ d'où $\mathcal{B}_0(x_0, r) \subset A$.

Mais alors, $A = \Omega$, (ah la connexité !), donc f est constante sur Ω. ■

COROLLAIRE 16.47. — *Sous les mêmes hypothèses, f est affine continue si et seulement si df est constante.*

En effet, f est affine continue si et seulement si il existe u linéaire continue de E dans F telle que f soit la restriction à Ω de l'application $x \rightsquigarrow f(x) = f(a) + u(x - a)$, avec a fixé dans Ω.

Mais alors, si on suppose f affine continue, pour $h \neq 0$ dans E, on a $f(x + h) - f(x) = u(h)$, en posant $df(x) = u$, (linéaire continue) on a bien $f(x + h) - f(x) - df(x)(h) = o(||h||)$ puisque c'est nul, donc la différentielle est l'application constante $x \rightsquigarrow df(x) = u$.

Réciproquement, si pour tout x, $df(x) = u$, considérons $g : \Omega \mapsto F$ définie par $g(x) = f(x) - u(x)$, elle est différentiable sur Ω et $dg(x) = df(x) - u$, (la différentielle en x, de u linéaire continue est u, voir exemple 16.20), donc dg est nulle, le corollaire 16.46 donne g constante : si $a \in \Omega$ on a $f(x) - u(x) = f(a) - u(a)$ soit $f(x) = f(a) + u(x - a)$ puisque u est linéaire : c'est bien la forme de f affine. ■

COROLLAIRE 16.48. — *Soient $E_1, \ldots, E_n$ et F des espaces vectoriels normés, Ω un ouvert de $E = \prod_{j=1}^{n} E_j$, $a = (\alpha_1, \ldots, \alpha_n)$ dans Ω et f une application de Ω dans F ayant ses n différentielles partielles qui existent dans un voisinage de a et qui sont continues en a. Alors f est différentiable en a.*

C'est donc une réciproque du théorème 16.27, que nous allons justifier en reprenant les notations de ce théorème.

On note φ_j l'application définie sur un voisinage de α_j dans E_j par : $x_j \rightsquigarrow \varphi_j(x_j) = f(\alpha_1, \ldots, \alpha_{j-1}, x_j, \alpha_{j+1}, \ldots, \alpha_n)$, on sait que $d\varphi_j(\alpha_j)$ existe, et on considère la quantité $A(h) = f(a+h) - f(a) - \sum_{j=1}^{n} d\varphi_j(\alpha_j)(h_j)$ qu'il s'agit de rendre $o(||h||)$. Pour cela, on passe de a à $a+h$ en ne faisant varier qu'une composante à la fois. En notant $g_j(h_j)$ l'expression

$$\begin{aligned} g_j(h_j) = {} & f(\alpha_1 + h_1, \ldots, \alpha_{j-1} + h_{j-1}, \alpha_j + h_j, \alpha_{j+1}, \ldots, \alpha_n) \\ & - f(\alpha_1 + h_1, \ldots, \alpha_{j-1} + h_{j-1}, \alpha_j, \ldots, \alpha_n) - d\varphi_j(\alpha_j)(h_j), \end{aligned}$$

on a $A(h) = \sum_{j=1}^{n} g_j(h_j)$. Or l'application $h_j \rightsquigarrow g_j(h_j)$ est différentiable en 0, et en notant $df_{x_j}(x)$ la différentielle partielle de f par rapport à la $j^{ième}$ variable, en x, si on note X_j le n-uplet $X_j = (\alpha_1 + h_1, \ldots, \alpha_{j-1} + h_{j-1}, \alpha_j + h_j, \alpha_{j+1}, \ldots, \alpha_n)$ il vient, (un effort) $dg_i(h_j) = df_{x_j}(X_j) - d\varphi_j(\alpha_j)$, car $d\varphi_j(\alpha_j)$ est une application linéaire continue, donc sa différentielle n'importe où est elle-même. Attention, on a pris les différentielles en h_j, par les valeurs prises sur des vecteurs : on a donc des applications linéaires continues.

C'est encore $dg_j(h_j) = df_{x_j}(X_j) - df_{x_j}(a)$, or df_{x_j} était continue en a, et $||X_j - a||_\infty \leqslant ||h||_\infty$: $\forall \varepsilon > 0$, $\exists \eta > 0$ tel que $||h||_\infty \leqslant \eta \Rightarrow |||df_{x_j}(X_j) - df_{x_j}(a)||| \leqslant \varepsilon$, soit $|||dg_j(h_j)||| \leqslant \varepsilon$.

Par application de la formule des accroissements finis, on a donc $||g_j(h_j) - g_j(0)|| \leqslant \varepsilon ||h_j||$, or $g_j(0) = 0$, et finalement

$$\begin{aligned} \forall \varepsilon > 0, \exists \eta > 0, ||h|| \leqslant \eta \Rightarrow ||A(h)|| & \leqslant \varepsilon \Big(\sum_{j=1}^{n} ||h_j|| \Big) \text{ soit} \\ & \leqslant \varepsilon ||h||_1. \end{aligned}$$

On a bien la différentiabilité de f. ■

Comme dans la remarque subtile, (16.33) qui suit le théorème 16.32, on peut remarquer que l'on peut se passer de l'hypothèse de différentiabilité partielle locale pour une variable, car la seule existence de $df_{x_1}(a)$ assure que $f(\alpha_1 + h_1, \alpha_2, \ldots, \alpha_n) - f(\alpha_1, \ldots, \alpha_n) - df_{x_1}(a)(h_1)$ est $o(||h_1||)$.

Après cette étude des accroissements finis dans le cadre vectoriel, nous allons préciser les résultats lorsque l'espace d'arrivée est $\mathbb{R}$. Là si on se promène de x à y le long d'un segment paramétré par $\varphi : t \rightsquigarrow x+t(y-x)$ pour t variant de 0 à 1, la fonction $f\circ\varphi$ est devenue fonction de $[0,1]$ dans $\mathbb{R}$, de classe celle de f puisque φ est de classe C^∞, donc on peut obtenir la formule des accroissements finis classique, et celle de Taylor-Lagrange.

Or $\varphi'(t) = y - x$ est une constante en t, donc $\varphi'' = 0$. Mais alors, on a les dérivations suivantes. D'abord $(f \circ \varphi)' = (df \circ \varphi)(\varphi')$, puis $t \rightsquigarrow (df(\varphi(t)))(\varphi'(t))$ est composée de $t \rightsquigarrow (u(t), v(t))$ avec $u(t) = (df \circ \varphi)(t)$ et $v(t) = \varphi'(t)$, puis de $\theta : (u,v) \rightsquigarrow u(v)$, application bilinéaire continue donc différentiable, de différentielle $d\theta(u,v)$ définie par $d\theta(u,v)(h,k) = u(k) + h(v)$.

Il en résulte que $(f \circ \varphi)''(t) = d\theta(u,v)(u'(t), v'(t))$ soit encore $(f \circ \varphi)''(t) = u'(t)(v(t)) + u(t)(v'(t))$ avec ici $v'(t) = \varphi''(t) = 0$ et $u'(t) = (df(\varphi(t)))' = (d^2(f) \circ \varphi)(\varphi'(t))$ d'où $(f\circ\varphi)''(t) = (d^2 f\circ\varphi)(\varphi',\varphi')$. Ce calcul, si f est de classe C^p se poursuit et

16.49. $$(f \circ \varphi)^{(p)}(t) = (d^p f \circ \varphi(t))(\varphi'(t), \varphi'(t), \dots, \varphi'(t)), \ (p \text{ fois}).$$

On applique ceci avec $y = x + u$, u dans E, il vient $\varphi(t) = x + tu$, pour t dans $[0,1]$, et on a :

Théorème 16.50. — *Soit Ω un ouvert de l'espace vectoriel E, f une application différentiable de Ω dans $\mathbb{R}$. Si le vecteur u de E est tel que le segment d'extrémités x et $x + u$ soit dans Ω, il existe $\theta \in]0,1[$ tel que*

$$f(x+u) - f(x) = df(x+\theta u)(u).$$

C'est la formule des accroissements finis, (Tome 2, Théorème 7.29) pour la fonction dérivable $f \circ \varphi$ de $[0,1]$ dans $\mathbb{R}$. ∎

De même, si f est de classe C^{p+1}, la formule de Taylor-Lagrange, (Tome 2, Théorème 7.44), s'appliquera, et donnera :

Théorème 16.51. — *Soit f de classe C^{p+1} de Ω ouvert de E dans $\mathbb{R}$, et u dans E tel que le segment d'extrémités x et $x + u$ soit dans Ω. Il existe θ, (fonction de x, u et p) dans $]0,1[$ tel que*

$$f(x+u) = f(x) + \sum_{k=1}^{p} \frac{1}{k!}\, d^k f(x) \underbrace{(u,\dots,u)}_{k \text{ fois}}$$
$$+ \frac{1}{(p+1)!} d^{p+1} f(x+\theta u) \underbrace{(u,\dots,u)}_{(p+1 \text{ fois})}.$$

En effet, en reprenant les notations 16.49 où φ désigne l'application $t \rightsquigarrow x + tu$, on a

$$(f \circ \varphi)^{(k)}(t) = d^k f(x+tu)(u, u, \dots, u), \ u \text{ intervenant } k \text{ fois},$$

avec $d^k f(x+tu)$ application k-linéaire symétrique de E^k dans $\mathbb{R}$, donc on peut trouver un réel, θ, entre 0 et 1, donnant ce résultat. ■

On peut, dans le cas de $E = \mathbb{R}^n$, expliciter les formes k-linéaires symétriques $d^k f(x)$, k variant de 1 à p.

Posons $u = (u_1, \dots, u_n)$. Si $x = (x_1, \dots, x_n)$ est l'élément générique de E, (et aussi le point fixé de Ω où on travaille, encore un abus de plus), on a, en notant F la fonction $t \rightsquigarrow F(t) = f(x+tu)$:

$F'(t) = \sum_{j=1}^{n} \frac{\partial f}{\partial x_j}(x+tu)u_j$ et on a une somme de n produits des réels $\frac{\partial f}{\partial x_j}$ $(x+tu)$ et u_j.

On a donc

$$F''(t) = \sum_{j=1}^{n} \left(\sum_{k=1}^{n} \frac{\partial^2 f}{\partial x_k \partial x_j} \ (x+tu)u_k \right) u_j,$$

et en utilisant le théorème de Schwarz, (f de classe C^2 au moins) on obtient

$$F''(t) = \sum_{j=1}^{n} \frac{\partial^2 f}{\partial x_j^2} \ (x+tu)u_j^2 + 2 \sum_{1 \leqslant j < k \leqslant n} \frac{\partial^2 f}{\partial x_j \partial x_k} \ (x+tu)u_j u_k.$$

Les coefficients de $\frac{\partial^2 f}{\partial x_j^2} \ u_j^2$ et $\frac{\partial^2 f}{\partial x_j \partial x_k} \ u_j u_k$ sont ceux que l'on l'obtient en développant le carré d'une somme de n termes.

16.52. Ceci conduit à définir une *puissance symbolique, notée*

$$\left[\sum_{j=1}^{n} \frac{\partial f}{\partial x_j} \ u_j \right]^{[k]}$$

avec la convention suivante : on développe comme une puissance d'ordre k, mais l'expression $\dfrac{\partial f}{\partial x_{j_1}}\dfrac{\partial f}{\partial x_{j_2}}\dots\dfrac{\partial f}{\partial x_{j_k}}$ *est remplacée par* $\dfrac{\partial^k f}{\partial x_{j_1}\partial x_{j_2}\dots\partial x_{j_k}}$.

Avec cette convention, on constate que

$$F''(t) = \left[\sum_{j=1}^{n} \frac{\partial f}{\partial x_j}\, u_j\right]^{[k]},$$

et on justifie que $F^{(k)}(t) = \left[\sum_{j=1}^{n} \dfrac{\partial f}{\partial x_j}\, u_j\right]^{[k]}$, car, si on n'utilise pas trop tôt le théorème de Schwarz, on a, par une récurrence immédiate sur k,

$$F^{(k)}(t) = \sum_{j_1=1}^{n}\sum_{j_2=1}^{n}\dots\sum_{j_k=1}^{n} \frac{\partial^k f(x+tu)}{\partial x_{j_k}\dots\dots\partial x_{j_1}}\, u_{j_1}\dots u_{j_k},$$

car si on redérive, chacun de ces n^k termes en redonne n du type $\dfrac{\partial^{k+1} f(x+tu)}{\partial x_{j_{k+1}}\partial x_{j_k}\dots\partial x_{j_1}}\, u_{j_1}\dots u_{j_k}u_{j_{k+1}}$, et compte tenu de la convention de notations, c'est ce qu'on obtient en calculant

$$\left(\sum_{j_1=1}^{n} \frac{\partial f}{\partial x_{j_1}}\, u_{j_1}\right)\left(\sum_{j_2=1}^{n} \frac{\partial f}{\partial x_{j_2}}\, u_{j_2}\right)\dots\left(\sum_{j_{k+1}=1}^{n} \frac{\partial f}{\partial x_{j_{k+1}}}\, u_{j_{k+1}}\right)$$
$$= \left[\sum_{j=1}^{n} \frac{\partial f}{\partial x_j}\, u_j\right]^{[k+1]}.$$

En fait, cette puissance symbolique s'exploite de deux façons essentielles :

– *à l'ordre 2 pour n variables,*

– *à l'ordre n pour 2 variables,* car on dispose alors des formules de Newton pour calculer les coefficients.

Je ne saurai clore ce paragraphe sans associer à Taylor Lagrange, son compère, Taylor Young, mais là, comme il s'agit d'un résultat local, traduisant une limite, on peut revenir au cas de f à valeurs vectorielles, et établir quelques résultats intermédiaires.

LEMME 16.53. — *Soit V un voisinage de 0 dans E, (e.v.n) et g une application de V dans l'espace vectoriel normé F, différentiable à l'ordre* *p en 0, telle que $g(0), dg(0), \ldots, d^p g(0)$ soient nuls, dans leurs espaces vectoriels respectifs. Alors $||g(u)|| = o(||u||^p)$.*

On procède par récurrence sur p.

Si $p = 1$, g est nulle en 0, $dg(0) = 0$, donc la relation d'existence de $dg(0)$, se traduit par

$$g(u) = g(u) - g(0) - dg(0)(u) = o(||u||) : \text{ c'est le résultat.}$$

On suppose le résultat vérifié à l'ordre $p - 1$.

Soit g vérifiant les hypothèses du lemme et $h = dg$, alors $h(0) = 0$, $dh(0) = 0, \ldots, dh^{p-1}(0) = 0$ donc :

$$\forall \varepsilon > 0,\ \exists \alpha > 0, ||u|| \leqslant \alpha \Rightarrow |||dg(u)||| = |||h(u)||| \leqslant \varepsilon ||u||^{p-1}.$$

Posons $\phi(t) = g(tu)$, on a $\phi'(t) = dg(tu)(u)$ donc $||\phi'(t)|| \leqslant \varepsilon ||tu||^{p-1} ||u|| \leqslant \varepsilon ||u||^p$ pour t réel dans $[0, 1]$. Mais alors (corollaire 16.43) on a $||\phi(1) - \phi(0)|| = ||g(u) - g(0)|| = ||g(u)|| \leqslant \varepsilon ||u||^p$ dès que $||u|| \leqslant \alpha$: on a bien $g(u) = o(||u||^p)$. ■

THÉORÈME 16.54, *(Taylor Young)*. — *Soient E et F vectoriels normés, Ω ouvert de E et f différentiable à l'ordre p en a, on a*

$$f(a + u) = f(a) + \sum_{k=1}^{p} \frac{1}{k!} d^k f(a) \underbrace{(u, \ldots, u)}_{(k \text{ fois})} + o(||u||^p).$$

Pour justifier ce résultat, on a besoin de montrer que $d^p f(a)$ est une application p linéaire symétrique continue du simple fait qu'elle existe, et pour cela commencer par justifier le théorème 16.41. laissé en plan. (Pour les gens pressés, voir 16.59).

Rappelons donc l'énoncé du théorème 16.41 :

Soit Ω ouvert de E, $f : \Omega \mapsto F$ telle que $d^2 f(a)$ existe, alors $d^2 f(a)$ est bilinéaire symétrique continue de E^2 dans F.

Soient u et v dans E.

Comme $d^2 f(a)$ existe, df existe sur un voisinage de a, et elle est différentielle en a donc :

$$\forall \varepsilon > 0, \exists \alpha > 0, ||u|| \leqslant \alpha \Rightarrow |||df(a + u) - df(a) - d(df)(a)(u)||| \leqslant \varepsilon ||u||$$

ce qui se traduit encore, vu la définition des normes d'applications linéaires continues par :

$$\forall u \in E, ||u|| \leqslant \alpha \text{ et } \forall v \in E,$$
$$||df(a+u)(v) - df(a)(v) - (d(df)(a)(u))(v)|| \leqslant \varepsilon ||u||\ ||v||$$

soit encore, *a fortiori*, si $||u||$ et $||v||$ sont inférieurs à α,

16.55. $$||df(a+u)(v) - df(a)(v) - d^2f(a)(u,v)|| \leqslant \varepsilon ||u||\ ||v||$$

(puisqu'on a noté $d^2f(a)(u,v)$ pour $(d(df)(a)(u))(v)$, voir 16.37 au début du §3).

Mais, par symétrie des rôles joués, on a aussi

16.56. $$||df(a+v)(u) - df(a)(u) - d^2f(a)(v,u)|| \leqslant \varepsilon ||u||\ ||v||$$

dès que $||u|| \leqslant \alpha$ et $||v|| \leqslant \alpha$.

Par un procédé analogue à celui employé pour justifier le théorème de Schwarz, on considère alors

$$g(u,v) = f(a+u+v) - f(a+u) - f(a+v) + f(a) - d^2f(a)(u,v).$$

Si on pose $h(s) = f(a+u+s) - f(a+s) - d^2f(a)(u,s)$, on obtient, vu la bilinéarité de $d^2f(a)$:

$$\begin{aligned} h(v) - h(0) &= f(a+u+v) - f(a+v) - d^2f(a)(u,v) - f(a+u) + f(a) \\ &= g(u,v). \end{aligned}$$

Par ailleurs la fonction $s \rightsquigarrow h(s)$ est différentiable, et comme $s \overset{\varphi}{\rightsquigarrow} d^2f(a)(u,s) = \varphi(s)$ est linéaire, on a $d\varphi(s) = \varphi$, d'où $d\varphi(s)(t) = \varphi(t)$ et :

$$\begin{aligned} dh(s)(t) &= df(a+u+s)(t) - df(a+s)(t) - d^2f(a)(u,t) \\ &= df(a+u+s)(t) - df(a)(t) - d^2f(a)(u+s,t) \\ &\quad - (df(a+s)(t) - df(a)(t) - d^2f(a)(s,t)) \end{aligned}$$

(toujours la bilinéarité de $d^2f(a)$). Sous cette forme, si on impose $||u|| \leqslant \frac{\alpha}{2}$, $||s|| \leqslant \frac{\alpha}{2}$ et $||t|| \leqslant \frac{\alpha}{2}$, en appliquant deux fois la majoration 16.55, on a, puisqu'alors $||u+s|| \leqslant \alpha$,

$$\begin{aligned} ||dh(s)(t)|| &\leqslant \varepsilon ||u+s||\ ||t|| + \varepsilon ||s||\ ||t|| \\ &\leqslant 2\varepsilon(||u|| + ||s||)\ ||t|| \quad \textit{a fortiori}. \end{aligned}$$

Mais alors, pour s fixé, avec $||s|| \leqslant \frac{\alpha}{2}$, si $||t|| = \frac{\alpha}{2}$, $\frac{t}{||t||}$ décrit la sphère unité de E et la majoration précédente donne $|||dh(s)||| \leqslant 2\varepsilon(||u|| + ||s||)$, (norme d'application linéaire continue).

On veut majorer $||h(v) - h(0)||$ en appliquant le théorème des accroissements finis, (Théorème 16.44) et, si on reprend la justification de ce résultat on s'aperçoit qu'on utilise un majorant de $|||dh(s)|||$ lorsque s décrit le segment d'extrémités 0 et v, mais si on impose aussi la condition $||v|| \leqslant \frac{\alpha}{2}$, on aura alors $||s|| \leqslant ||v||$, et sur ce segment, $|||dh(s)||| \leqslant 2\varepsilon(||u|| + ||v||)$ d'où $||g(u,v)|| = ||h(v) - h(0)|| \leqslant 2\varepsilon||v||(||u|| + ||v||)$.

On considère alors

$$g(v,u) = f(\alpha + v + u) - f(a + v) - f(a + u) + f(a) - d^2 f(a)(v,u),$$

c'est encore $= h_1(u) - h_1(0)$ en posant

$$h_1(t) = f(a + v + t) - f(a + t) - d^2 f(a)(v,t)$$

et le même calcul va conduire d'abord à

$$|||dh_1(t)||| \leqslant 2\varepsilon(||v|| + ||t||), \text{ (pour } ||v|| \text{ et } ||t|| \leqslant \frac{\alpha}{2}),$$

et donc si t décrit le segment d'extrémités 0 et v, à $|||dh_1(t)||| \leqslant 2\varepsilon(||u|| + ||v||)$ pour $||v|| \leqslant \frac{\alpha}{2}$ et finalement à $||g(v,u)|| \leqslant 2\varepsilon||u||(||u|| + ||v||)$.

Or $g(u,v) - g(v,u) = d^2 f(a)(v,u) - d^2 f(a)(u,v)$, d'où finalement : $\forall\varepsilon > 0$, $\exists\alpha > 0$ tel que $||u|| \leqslant \frac{\alpha}{2}$ et $||v|| \leqslant \frac{\alpha}{2}$ impliquent

$$||d^2 f(a)(v,u) - d^2 f(a)(u,v)|| \leqslant 2\varepsilon(||u|| + ||v||)^2$$

par inégalité triangulaire.

Mais, pour $(u_0, v_0) \in E^2$ avec u_0 et v_0 non nuls, il existe λ réel $\neq 0$, tel que λu_0 et λv_0 soient de normes inférieures à $\frac{\alpha}{2}$ d'où, (bilinéarité de $d^2 f(a)$) :

$$\lambda^2||d^2 f(a)(v_0,u_0) - d^2 f(a)(u_0,v_0)|| \leqslant 2\varepsilon\lambda^2(||u_0|| + ||v_0||)^2,$$

on simplifie par $\lambda \neq 0$, et on fait tendre ε vers 0 il en résulte que $d^2 f(a)(v_0,u_0) = d^2 f(a)(u_0,v_0)$ lorsque u_0 et v_0 sont non nuls, cette égalité étant évidente si l'un des deux est nul.

On a donc justifié le fait que $d^2 f(a)$ est symétrique dès qu'elle existe. ■

COROLLAIRE 16.57. — *Si Ω est un ouvert de $E = \mathbb{R}^n$ et si en a de Ω, pour $i \neq j$ on a $\dfrac{\partial^2 f}{\partial x_i \partial x_j}(a) \neq \dfrac{\partial^2 f}{\partial x_j \partial x_i}(a)$, f n'est pas différentiable à l'ordre 2 en a.*

THÉORÈME 16.58. — *Soient E et F vectoriels normés, Ω un ouvert de E et $f : \Omega \mapsto F$ telle que $d^p f(a)$ existe, alors l'application p linéaire continue $d^p f(a)$ est symétrique.*

C'est-à-dire que $\forall \sigma \in \mathfrak{S}_p$, groupe symétrique d'ordre p

$$d^p f(a)(h_{\sigma(1)}, \ldots, h_{\sigma(p)}) = d^p f(a)(h_1, \ldots, h_p).$$

On procède par récurrence sur p. C'est vrai si $p = 2$.

Soit f telle que $d^p f(a)$ existe, alors la différentielle d'ordre $p-1$ de f existe sur un voisinage de a.

Soient $h_1, h_2, \ldots, h_p$ fixés dans E et g de Ω dans F définie par $g(x) = d^{p-1} f(x)(h_2, \ldots, h_p)$.

On trouve $dg(a)(h_1)$ en formant la différence

$$g(a + h_1) - g(a) = (d^{p-1} f(a + h_1) - d^{p-1} f(a))(h_2, \ldots, h_p).$$

Or $d^{p-1} f(a+h_1) - d^{p-1} f(a) = d^p f(a)(h_1) + o(||h_1||)$, cette égalité étant écrite entre des applications $p-1$ fois linéaires, et ce sont ces applications que l'on calcule en $h_2, \ldots, h_p$, d'où $dg(a)(h_1) = d^p f(a)(h_1, h_2, \ldots, h_p)$, et comme, (hypothèse de récurrence) g est invariante si on permute $h_2, h_3, \ldots, h_p$ ensembles, il en est de même pour $d^p f(a)$.

Si maintenant on introduit $g : \Omega \mapsto F$ définie par $g(x) = d^{p-2} f(x)(h_3, h_4, \ldots, h_p)$, et qu'on lui applique le résultat pour la différentielle d'ordre 2, on aura $dg(a)(h_1, h_2) = dg(a)(h_2, h_1)$, soit encore

$$d^p f(a) = (h_1, h_2, h_3, \ldots, h_p) = d^p f(a)(h_2, h_1, h_3, \ldots, h_p).$$

La relation $d^p f(a)(h_{\sigma(1), \ldots, h_{\sigma(p)}}) = d^p f(a)(h_1, \ldots, h_p)$ est valable pour la transposition de 1 et 2, $\mathcal{T}_{1,2}$ et pour toute permutation laissant 1 fixé : elle l'est alors pour la permutation circulaire $\gamma; (1, 2, \ldots, p) \rightsquigarrow (2, 3, \ldots, p, 1)$ car on obtient γ par $(1, 2, 3, \ldots, p)$ donne $(2, 1, 3, \ldots, p)$ puis dans les $p-1$ derniers entiers, on les permute en laissant 2 fixé, pour obtenir $(2, 3, \ldots, p-1, p, 1)$.

Mais $(\mathcal{T}_{1,2}, \gamma)$ étant système générateur de $\mathfrak{S}_p$, (algèbre, Tome 1, Théorème 4.51), le théorème 16.58 est justifié. ■

16.59. *Venons-en à la justification de la formule de Taylor-Young.*

Par ici les pressés : vous démarrez la justification de Taylor-Young, (Théorème 16.54), ici, en admettant que $d^p f(a)$ est p-linéaire symétrique, (continue) ou bien, si vous avez des scrupules, en vous disant qu'on suppose l'existence de $d^p f(x)$ dans un voisinage de a, et la continuité en a de $d^p f$, d'où, (par le théorème de Schwarz) une justification plus rapide du côté symétrique de $df(a)$, mais avec des hypothèses trop fortes.

On suppose ici que $f : \Omega \mapsto F$ admet en a, une différentielle d'ordre p, donc pour $k = 1, \ldots, p$, $d^k f(a)$ existe et c'est une application k-linéaire symétrique continue.

On définit g sur un voisinage de 0 dans E par

$$g(u) = f(a+u) - f(a) - df(a)(u) - \frac{d^2 f(a)(u,u)}{2!} - \ldots - \frac{d^p f(a)(u,\ldots,u)}{p!}$$

et on va vérifier que $g(0), dg(0), \ldots, d^p g(0)$ sont nuls, (dans les espaces respectifs les contenant), pour appliquer le lemme 16.53. Il est évident que $g(0) = 0$.

Soit θ_k l'application k-linéaire continue symétrique :

$$u \rightsquigarrow \theta_k(u) = d^k f(a)(u, u, \ldots, u).$$

Vu l'exemple 16.21, et l'aspect, et l'aspect symétrique de $d^k f(a)$, on a $d\theta_k(u)h_1 = kd^k f(a)(h_1, u, \ldots, u)$, et u intervient $k-1$ fois linéairement et symétriquement. Mais alors $d\theta_k(0)(h_1) = 0$ si $k \geqslant 2$, ($u = 0$ figure...) et $d^2\theta_k(u)(h_1, h_2) = k(k-1)d^k f(a)(h_1, h_2, u, \ldots, u)$, ce qui donnera, si $k \geqslant 3$, la nullité de $d^2\theta_k(0)$ et la possibilité de calculer la différentielle d'ordre 3.

On obtient ainsi :

$$dg(u)(h_1) = df(a+u)(h_1) - df(a)(h_1) - \sum_{k=2}^{p} \frac{1}{(k-1)!} d^k f(a)(h_1, u, \ldots, u)$$

d'où $dg(0) = 0$, (pour tout h_1, le second membre est nul), puis

$$d^2 g(u)(h_1, h_2) = d^2 f(a+u)(h_1, h_2) - d^2 f(a)(h_1, h_2) - \sum_{k=3}^{p} f(a)(h_1, h_2, u, \ldots, u)$$

donc $d^2 g(0) = 0$, et ainsi de suite, jusqu'à

$$d^{(p)} g(u)(h_1, \ldots, h_p) = d^p f(a+u)(h_1, \ldots, h_p) - d^p f(a)(h_1, \ldots, h_p)$$

ce qui donne $d^p g(0) = 0$.

Alors le lemme s'applique et donne $g(u) = o(||u||^p)$ ce qui était la conclusion cherchée. ■

5. Extrema des fonctions à valeurs réelles

DÉFINITION 16.60. — *Soit Ω un ouvert de E, espace vectoriel normé, et f une application de Ω dans $\mathbb{R}$. On dit que f présente en $a \in \Omega$ un maximum local, (resp. minimum local), si et seulement si il existe un voisinage V de a tel que $\forall x \in V \cap \Omega$, $f(x) \leqslant f(a)$, (resp. $f(x) \geqslant f(a)$).*

Ce maximum, (ou minimum) local est dit strict si pour $x \neq a$ les inégalités sont strictes.

On parle *d'extremum* quand il s'agit d'un maximum ou d'un minimum. Un extremum peut être absolu si les inégalités sont valables pour tout x de Ω. Enfin les pluriels de ces noms latins sont en a : maxima, extrema, minima.

THÉORÈME 16.61. — *Soit Ω ouvert de E, (e.v.n.) et $f : \Omega \mapsto \mathbb{R}$ une fonction présentant en a de Ω un extremum. Si f est différentiable en a, on a $df(a) = 0$.*

En effet, soit u dans E, la fonction $\theta : t \rightsquigarrow a + tu$ de $\mathbb{R}$ dans E est continue et $\theta(0) \in \Omega$ ouvert donc il existe I, intervalle ouvert contenant 0 tel que $\theta(I) \subset \Omega$, puis θ dérivable en 0 et f différentiable en a : il en résulte que $\varphi = f \circ \theta$ est dérivable en 0 et $\varphi'(0) = df(a)(u)$ (exemple fondamental 16.25). Comme la fonction φ de variable réelle, à valeurs réelles, dérivable en 0, présente en 0 un extremum, on a $\varphi'(0) = 0$ d'où $df(a)(u) = 0$ et ce pour tout u. ■

DÉFINITION 16.62. — *On appelle point critique de $f : \Omega \mapsto \mathbb{R}$, différentiable, les points a de l'ouvert Ω où $df(a) = 0$.*

Si on prend alors le cas de f, définie sur une partie A de E, (e.v.n.), les points a de A en lesquels f peut présenter un extremum sont à chercher :

1) parmi les point de $A \setminus \overset{\circ}{A}$,

2) parmi les points de $\overset{\circ}{A}$ où f n'est pas différentiable,

3) et enfin, parmi les points critiques, mais il ne faut pas négliger les points des deux premières sortes.

Comment voir si en un tel point il y a extremum?

En étudiant le signe de $f(a+u) - f(a)$ pour u dans un voisinage de 0 tel que $a + u \in A$. Il peut se faire que des conditions de bon sens permettent de conclure.

Par exemple A compact, deux points candidats a et b seulement, l'examen des valeurs $f(a)$ et $f(b)$ dira où est atteint le maximum absolu et le minimum absolu.

En un point critique, et si $d^2 f(a)$ existe, on peut poursuivre l'étude. En effet, par la formule de Taylor-Young, (Théorème 16.54), on sait que

$$f(a+u) = f(a) + df(a)(u) + \frac{1}{2!} d^2 f(a)(u,u) + o||u||^2)$$

donc, comme $df(a)$ est la forme nulle, le signe de $f(a+u) - f(a) = \frac{1}{2}\, d^2 f(a)(u,u) + o(||u||^2)$, va être lié à celui de la forme quadratique $d^2 f(a)$.

LEMME 16.63. — *Si $d^2 f(a)$ n'est pas positive, il n'y a pas de minimum local.*

En effet, dans ce cas il existe v tel que $d^2 f(a)(v,v) < 0$, en particulier $v \neq 0$.

Soit alors $\varepsilon > 0$, $\exists \alpha > 0$ tel que $||u|| \leqslant \alpha$ entraîne

$$\left| f(a+u) - f(a) - \frac{1}{2}\, d^2 f(a)(u,u) \right| \leqslant \varepsilon ||u||^2,$$

d'où

$$f(a+u) \leqslant f(a) + \frac{1}{2}\, d^2 f(a)(u,u) + \varepsilon ||u||^2.$$

On applique ceci avec $u = \lambda v$, λ réel tel que $|\lambda|\ ||v|| \leqslant \alpha$, on a

$$f(a+\lambda v) \leqslant f(a) + \lambda^2 \Big(\frac{1}{2}\, d^2 f(a)(v,v) + \varepsilon ||v||^2 \Big)$$

vu l'aspect bilinéaire de $d^2 f(a)$.

Mais alors si $\varepsilon ||v||^2 < -\frac{1}{2}\, d^2 f(a)(v,v)$, soit si $\varepsilon < -\frac{1}{2||v||^2}\, d^2 f(a)(v,v)$, (ce qui a un sens puisque $d^2 f(a)(v,v) < 0$), on aura pour λ tel que $0 < |\lambda| < \frac{\alpha}{||v||}$, l'inégalité stricte $f(a+\lambda v) < f(a)$, et comme ces $a + \lambda v$

sont arbitrairement proches de a, il ne peut pas y avoir de minimum local en a. ■

LEMME 16.64. — *Si $d^2f(a)$ n'est pas négative, il n'y a pas de maximum local, et donc, si la forme quadratique $d^2f(a)$ prend des valeurs des deux signes il n'y a pas maximum et pas minimum local en a.*

On voudrait une conclusion plus précise, mais pour cela on va être amené à supposer l'espace E de dimension finie car on va supposer la sphère unité compacte, et on sait que ces deux propriétés sont équivalentes, (Tome 2, Théorème 6.36).

THÉORÈME 16.65. — *Soit Ω un ouvert de $\mathbb{R}^n$ et f une application de Ω dans $\mathbb{R}$. Si en a de Ω, point critique, la forme quadratique $d^2f(a)$ est définie positive la fonction f présente en a un minimum local, et si $d^2f(a)$ est définie négative, il y a maximum local.*

La sphère $S = \{u, ||u|| = 1\}$ est un compact de $\mathbb{R}^n$, donc la forme quadratique $u \rightsquigarrow d^2f(a)(u,u)$, continue atteint sa borne inférieure, k, sur S, donc $k > 0$. Mais alors, pour tout u non nul de E on a

$$d^2f(a)\left(\frac{u}{||u||}, \frac{u}{||u||}\right) = \frac{1}{||u||^2}\, d^2f(a)(u,u) \geqslant k,$$

soit encore $d^2f(a)(u,u) \geqslant k||u||^2$.

Soit alors $\varepsilon < \frac{k}{2}$, $\exists \alpha > 0$, $||u|| \leqslant \alpha \Rightarrow$
$\left|f(a+u) - f(a) - \frac{1}{2}\, d^2f(a)(u,u)\right| \leqslant \varepsilon||u||^2$, d'où *a fortiori*

$$\begin{aligned} f(a+u) &\geqslant f(a) + \frac{1}{2}\, d^2f(a)(u,u) - \varepsilon||u||^2 \\ &\geqslant f(a) + \frac{k}{2}||u||^2 - \varepsilon||u||^2 \\ &\geqslant f(a) + \left(\frac{k}{2} - \varepsilon\right)||u||^2. \end{aligned}$$

Comme $\frac{k}{2} - \varepsilon > 0$, on en déduit l'inégalité stricte $f(a+u) > f(a)$ pour u tel que $0 < ||u|| \leqslant \alpha$: il y a minimum local strict.

Le cas de $d^2f(a)$ définie négative s'en déduit en remplaçant f par $-f$. ■

REMARQUE 16.66. — *Si $d^2f(a)$ est positive sans être définie*, la seule chose générale que l'on puisse dire est que *f ne présente pas de maximum local*, car comme il existe u avec $d^2f(a)(u,u) > 0$ on aura des points $a + \lambda u$, (λ réel qui tend vers 0) arbitrairement proches de a, avec $f(a+\lambda u) > f(a)$.

On comprend aussi que si $d^2f(a) = 0$ et que f admet en a des différentielles d'ordre 3, 4, ..., on peut faire intervenir le premier entier p tel que $d^pf(a) \neq 0$, écrire le développement de Taylor-Young de f en a à l'ordre p :

$$f(a+u) = f(a) + \frac{1}{p!}\, d^pf(a)(u,\ldots,u) + o(||u||^p)$$

et reprendre, à l'ordre 2. On en déduit :

THÉORÈME 16.67. — *Soit Ω un ouvert de $\mathbb{R}^n$, et $f : \Omega \mapsto \mathbb{R}$ une fonction ayant a de Ω pour point critique. Soit p le plus petit entier tel que $d^pf(a) \neq 0$. Pour que f présente en a un minimum (resp. maximum) il faut que p soit pair et que la forme p-linéaire symétrique $d^pf(a)$ soit positive (resp. négative) et il suffit que p soit pair et $d^pf(a)$ définie positive (resp. définie négative).*

En particulier, si p est impair, avec v_0 tel que $d^pf(a)(v_0,\ldots,v_0) \neq 0$ et $u = \lambda v_0$, λ réel, pour $\lambda \neq 0$, λ^p prendra des valeurs opposées en λ et $-\lambda$ donc la forme $d^pf(a)$ prenant des valeurs des 2 signes il n'y a ni maximum, ni minimum. ■

REMARQUE 16.68. — Dans le cas de p pair, ($p = 2$ par exemple) et d'une forme de signe constant mais non définie, il faut comprendre qu'on ne conclut pas de manière générale à cause du terme en $o(||u||^p)$ qui, quoique négligeable, a un signe s'il est non nul. Dans des cas particuliers il se peut que ce $o(||u||^p)$ soit mieux connu et que l'on puisse conclure.

REMARQUE 16.69. — Avec Ω ouvert de $\mathbb{R}^n$ et a de Ω point critique pour f telle que $d^2f(a)$ existe, on a

$$f(a+u) - f(a) = \frac{1}{2!}\left(\sum_{i=1}^{n} \frac{\partial^2 f}{\partial x_i^2}(a)u_i^2 + 2\sum_{1\leqslant i<j\leqslant n} \frac{\partial^2 f}{\partial x_i \partial x_j}(a)u_iu_j\right) + o(||u||^2)$$

puisque l'expression symétrique en u et v de $d^2f(a)(u,v)$ est connue, et on doit étudier le signe de la forme quadratique ainsi écrite. *Mais il se peut qu'un développement limité à l'ordre 2 par rapport aux u_i* dispense du calcul des dérivées secondes.

EXEMPLE 16.70. — Dans $\mathbb{R}^3$, l'ensemble des points $m = (x, y, z)$ avec $z = f(x, y)$; $(x, y) \in \Omega$ ouvert de $\mathbb{R}^2$ *est une nappe d'équation* $z = f(x, y)$.

Si en $a = (\alpha, \beta)$, point critique, $d^2 f(a)$ existe, en posant $u = (h, k)$ on aura pour $x = \alpha + h$ et $y = \beta + k$,

$$f(x,y) - f(\alpha,\beta) = \frac{1}{2}\left(\frac{\partial f}{\partial x^2}(\alpha,\beta)h^2 + 2\frac{\partial^2 f}{\partial x \partial y}\, hk + \frac{\partial^2 f}{\partial y^2}\, k^2\right) + o(h^2+k^2).$$

En posant $r = \dfrac{\partial^2 f}{\partial x^2}\ (\alpha, \beta)$, $s = \dfrac{\partial^2 f}{\partial x \partial y}\ (\alpha, \beta) = \dfrac{\partial^2 f}{\partial y \partial x}\ (\alpha, \beta)$ et $t = \dfrac{\partial^2 f}{\partial y^2}\ (\alpha, \beta)$, on étudie la forme quadratique $rh^2 + 2shk + tk^2$, de matrice $\begin{pmatrix} r & s \\ s & t \end{pmatrix}$, de déterminant $rt - s^2$, produit des valeurs propres. Donc

– *si* $rt - s^2 > 0$ *:* on a deux valeurs propres de même signe, (celui de r ou de t, c'est le même) la forme $d^2 f(a)$ est
définie positive si $r > 0$: il y a minimum local strict,
définie négative si $r < 0$: il y a maximum local strict ;

– *si* $rt - s^2 = 0$ *:* on a deux valeurs propres de signes contraires donc ni maximum, ni minimum ;

– *si* $rt - s^2 = 0$ *:* on ne conclut pas.

Mais en un tel point, le plan $z = f(\alpha, \beta)$ est tangent à la nappe et suivant les cas la nappe est localement au-dessus, (minimum local) en dessous (maximum local) ou traverse le plan tangent. ■

Au chapitre suivant nous examinerons le problème dit des extrema liés, qui fait intervenir le Théorème des fonctions implicites.

Terminons ce chapitre par un mot sur les fonctions homogènes et les fonctions convexes.

6. Fonctions homogènes, fonctions convexes

DÉFINITION 16.71. — *Une partie C de E espace vectoriel réel est appelée cône positif si et seulement si, $\forall x \in C$, $\forall t > 0$, $tx \in C$.*

C'est en fait le type « jolicône » que l'on déguste au cinéma. (Publicité gratuite, orthographe non garantie, il y a longtemps que je ne suis plus allé au cinéma. Vous savez ce que c'est, on vieillit, il y a les soucis de l'existence. Vivement que j'aie terminé ce livre pour retourner au cinéma, théâtre, concert...)

On appelle *cône* dans E vectoriel sur un corps K quelconque toute partie stable par les homothéties, (donc C telle que $\forall x \in C, \forall t \in K, tx \in C$). Nous avons ainsi recontré les *cônes isotropes* des formes quadratiques.

Pourquoi cette envie subite de se restreindre à des cônes positifs ? C'est parce qu'en calcul différentiel on va prendre des parties ouvertes, et le seul cône ouvert est E puisque si Ω ouvert contient 0, il contient une boule ouverte de centre 0 et par homothéties positives tout $x \neq 0$ de E se ramène dans cette boule. Une autre raison c'est la difficulté qu'il y a à « traverser 0 » dans $\mathbb{R}$!

DÉFINITION 16.72. — *Soit E et F deux espaces vectoriels réels, C un cône positif. Une application f de C dans F est dite positivement homogène de poids, (ou de degré), $r \in \mathbb{R}$ si et seulement si, $\forall x \in C$, $\forall t > 0$, $f(tx) = t^r f(x)$.*

Ainsi, sur E, une norme est positivement homogène de poids 1, une forme quadratique l'est de poids 2. On comprend aussi la nécessité de supposer $t > 0$ pour traiter le cas de r réel quelconque.

THÉORÈME 16.73. — *Soient E et F deux espaces vectoriels normés, C un cône positif ouvert et f une application différentiable de C dans F. Elle est homogène de poids r si et seulement si, $\forall x \in C$ on a $df(x)(x) = rf(x)$.*

Cette relation est appelée *identité d'Euler*.

Si f, différentiable, est homogène de degré r, on a, $\forall t > 0$ et $\forall x \in C$: $f(tx) = t^r f(x)$. Comme f est différentiable, la fonction $t \rightsquigarrow f(tx)$ est dérivable et la dérivée s'écrit $df(tx)(x) = rt^{r-1}f(x)$. Pour $t = 1$ on a l'identité d'Euler.

Réciproquement, si on a l'identité d'Euler, pour x dans C et $t > 0$ on a $df(tx)(tx) = rf(tx)$ soit encore $tdf(tx)(x) - rf(tx) = 0$, puisque $df(tx)$ est linéaire.

Or la fonction $t \rightsquigarrow \varphi(t) = t^{-r}f(tx)$ a pour dérivée

$$\begin{aligned}\varphi'(t) &= -rt^{-r-1}f(tx) + t^{-r}df(tx)(x)\\ &= t^{-r-1}(tdf(tx)(x) - rf(tx)).\end{aligned}$$

On a donc φ' nulle sur $]0, +\infty[$ donc φ fonction constante, et l'identité $\varphi(t) = \varphi(1)$ s'écrit encore :

$$\forall x \in C,\ \forall t > 0,\ f(tx) = t^r f(x). \qquad \blacksquare$$

On peut alors se demander quelles sont les conséquences pour df, du fait que f soit positivement homogène de degré r. On a :

THÉORÈME 16.74. — *Soit E et F deux espaces vectoriels normés réels, C un cône positif ouvert de E et f une application différentiable, homogène de degré r de C dans F, alors df est homogène de degré $r-1$ de C dans $\mathcal{L}_c(E,F)$.*

En effet si on différentie en x l'identité $f(tx) = t^r f(x)$, avec $\theta : x \rightsquigarrow tx$, application linéaire de E dans E, on sait que $d\theta(x) = \theta$ est l'homothétie de rapport t, donc

$$d(f \circ \theta)(x) = df(\theta(x)) \circ \theta = tdf(tx)$$

et on a l'égalité $tdf(tx) = t^r df(x)$, d'où comme $t > 0$, l'égalité $df(tx) = t^{r-1} df(x)$ vérifiée pour tout $t > 0$ et tout x de C. ■

Passons maintenant aux fonctions convexes, en rappelant d'abord qu'une *partie A de E vectoriel réel est convexe* si et seulement si, $\forall (a,b)$ de A^2, $\forall t$ réel dans $[0,1]$, le segment d'extrémités a et b est dans A, soit encore l'ensemble des $ta + (1-t)b$ est inclus dans A.

DÉFINITION 16.75. — *Une fonction f définie sur une partie convexe A de E vectoriel réel, à valeurs dans $\mathbb{R}$ est dite convexe si et seulement si :*

$$\forall (x,y) \in A^2, \forall t \in [0,1], f(tx + (1-t)y) \leqslant tf(x) + (1-t)f(y).$$

THÉORÈME 16.76. — *Une fonction f de A convexe de E, dans $\mathbb{R}$, est convexe si et seulement si pour chaque (x,y) de A^2, l'application $t \rightsquigarrow \theta_{xy}(t) = f(tx + (1-t)y)$ est convexe de $[0,1]$ dans $\mathbb{R}$.*

En effet, si chaque θ_{xy} est convexe, comme $\theta_{xy}(1) = f(x)$ et $\theta_{xy}(0) = f(y)$, en écrivant $t = t(1) + (1-t)0$, on a $\theta_{xy}(t) \leqslant t\theta_{xy}(1) + (1-t)\theta_{xy}(0)$ soit $f(tx + (1-t)y) \leqslant tf(x) + (1-t)f(y)$ et f est convexe.

Réciproquement si f est convexe, soient t et t' dans $[0,1]$, $\lambda \in [0,1]$ on considère $\theta_{xy}(\lambda t + (1-\lambda)t')$: on a

$$\theta_{xy}(\lambda t + (1-\lambda)t') = f[(\lambda t + (1-\lambda)t')x + (1 - \lambda t - (1-\lambda)t)y],$$

soit, comme $1 = \lambda + 1 - \lambda$, c'est encore

$$\begin{aligned} &= f[\lambda tx + (1-\lambda)t'x + \lambda(1-t)y + (1-\lambda)(1-t')y] \\ &= f[\lambda(tx + (1-t)y) + (1-\lambda)(t'x + (1-t')y)] \\ &\leqslant \lambda f(tx + (1-t)y) + (1-\lambda)f(t'x + (1-t')y) \end{aligned}$$

par convexité de f, puisque $tx + (1-t)y$ et $t'x + (1-t')y$ sont dans A convexe, et c'est bien

$$\theta_{xy}(\lambda t + (1-\lambda)t') \leqslant \lambda\theta_{xy}(t) + (1-\lambda)\theta_{xy}(t').$$

Le lien entre la convexité de f et celle des θ_{xy} va nous donner des résultats déduits de ceux portant sur les fonctions convexes d'un intervalle I de $\mathbb{R}$ dans $\mathbb{R}$. Et lorsque la variable est réelle on récupère la structure ordonnée de $\mathbb{R}$, les propriétés de monotonie... Commencons donc par établir quelques propriétés des fonctions convexes de variable réelle.

THÉORÈME 16.77. — *Soit f une fonction d'un intervalle I de $\mathbb{R}$ dans $\mathbb{R}$. Il y a équivalence entre*

1) $\forall (x,y) \in I^2$, $\forall t \in [0,1]$, $f(tx + (1-t)y) \leqslant tf(x) + (1-t)f(y)$,

2) $\forall (x,y,z) \in I^3$, $(x < y < z) \Rightarrow$
$\left(\dfrac{f(y)-f(x)}{y-x} \leqslant \dfrac{f(z)-f(x)}{z-x} \leqslant \dfrac{f(z)-f(y)}{z-y}\right)$,

3) $\forall a \in I$, $x \rightsquigarrow \dfrac{f(x)-f(a)}{x-a}$ *est croissante sur* $I - \{a\}$.

16.78. *Une fonction vérifiant l'une de ces conditions est dite convexe.*

La seule astuce sur la convexité consiste à savoir que si un réel, y est compris entre deux réels x et z distincts, il existe un et un seul t de $[0,1]$, tel que $y = tx + (1-t)z$. En effet, ceci équivaut à $y - z = t(x-z)$, et comme $x \leqslant y \leqslant z$, avec $x \neq z$, on a l'existence de $t = \dfrac{y-z}{x-z} = \dfrac{z-y}{z-x}$ qui est positif, (quotient de deux nombres de même signe), inférieur à 1 puisque $0 \leqslant z - y \leqslant z - x$.

On a 1) ⇒ 2), car si $x < y < z$, avec $t = \dfrac{y-z}{x-z}$ on a

16.79
$$\begin{aligned} f(y) &\leqslant \frac{y-z}{x-z}\, f(x) + \left(1 - \frac{y-z}{x-z}\right) f(z) \text{ d'où} \\ f(y) - f(x) &\leqslant \left(\frac{y-z}{x-z} - 1\right) f(x) + \left(1 - \frac{y-z}{x-z}\right) f(z) \text{ soit} \\ &\leqslant \frac{x-y}{x-z}\, f(z) - \frac{x-y}{x-z}\, f(x) \\ &\leqslant \frac{(y-x)}{z-x}\, (f(z) - f(x)), \text{ et comme } y - x > 0 \end{aligned}$$

on a bien

$$\frac{f(y)-f(x)}{y-x} \leqslant \frac{f(z)-f(x)}{z-x}.$$

Mais 11.79 implique également

$$f(y) - f(z) \leqslant \frac{y-z}{x-z}\,(f(x) - f(z)),$$

soit encore $\dfrac{z-y}{z-x}\,(f(z) - f(x)) \leqslant f(z) - f(y)$, ce qui, après division par $z - y > 0$ donne $\dfrac{f(z) - f(x)}{z - x} \leqslant \dfrac{f(z) - f(y)}{z - y}$.

2) ⇒ 3) : Car soient x' et x'' distincts dans $I - \{a\}$, si par exemple $x' < x'' < a$, la condition 2) écrite avec $x = x'$, $y = x''$, $z = a$ donne en particulier

$$\frac{f(a) - f(x')}{a - x'} \leqslant \frac{f(a) - f(x'')}{a - x''},$$

donc en notant $p_a(x) = \dfrac{f(x) - f(a)}{x - a}$ pour $x \neq a$, on a $p_a(x') \leqslant p_a(x'')$ dans ce cas. Les autres cas, ($x' < a < x''$ ou $a < x' < x''$) se traitent de la même façon.

3) ⇒ 1) D'abord si $x = y$, 1) : $f(tx + (1-t)y) \leqslant tf(x) + (1-t)f(y)$ est vérifiée. On suppose $x \neq y$, par exemple $x < y$.

Si $t = 0$ ou $t = 1$, l'inégalité se réduit à $f(y) \leqslant f(y)$ ou à $f(x) \leqslant f(x)$: c'est vérifié.

On suppose donc $x < y$ et $0 < t < 1$, donc $u = tx + (1-t)y$ est tel que $x < u < y$. La croissance de $z \rightsquigarrow \dfrac{f(z) - f(y)}{z - y}$ sur $I - \{y\}$ donne alors

$$\frac{f(x) - f(y)}{x - y} \leqslant \frac{f(u) - f(y)}{u - y} = \frac{f(y) - f(u)}{y - u},$$

et comme $y - u > 0$, on a encore $\dfrac{y-u}{x-y}\,(f(x) - f(y)) \leqslant f(y) - f(u)$, d'où

$$f(u) \leqslant f(y) - \frac{y-u}{x-y}\,(f(x) - f(y)) = \frac{u-y}{x-y}\,f(x) + \left(1 - \frac{u-y}{x-y}\right)f(y).$$

Comme $t = \dfrac{u-y}{x-y}$, on a bien

$$f(tx + (1-t)y) \leqslant tf(x) + (1-t)f(y).$$

■

THÉORÈME 16.80. — *Soit f une fonction convexe d'un intervalle I de $\mathbb{R}$ dans $\mathbb{R}$. Alors en tout a de $\overset{\circ}{I}$ f admet une dérivée à droite et une à gauche. De plus, si a et b de $\overset{\circ}{I}$ sont tels que $a < b$ on a*

$$f'_g(a) \leqslant f'_d(a) \leqslant \frac{f(b)-f(a)}{b-a} \leqslant f'_g(b) \leqslant f'_d(b).$$

En effet, si $a \in \overset{\circ}{I}$ et si $\alpha > 0$ est tel que $[a-\alpha, a+\alpha] \subset I$ pour tout t de $I - \{a\}$, la fonction $p_a(t)$ définie par $p_a(t) = \dfrac{f(t)-f(a)}{t-a}$ est croissante; si $t \in [a-\alpha, a+\alpha] - \{a\}$ on a $p_a(a-\alpha) \leqslant p_a(t) \leqslant p_a(a+\alpha)$ donc $\lim\limits_{t \to a^-} p_a(t) = \sup\{p_a(t), a-\alpha \leqslant t < a\}$ existe, (fonction croissante majorée par $p_a(a+\alpha)$), ainsi que $\lim\limits_{t \to a^+} p_a(t) = \inf\{p_a(t), a < t \leqslant a+\alpha\}$.

De plus pour $t_0 \in [a-\alpha, a[$, et pour tout t de $]a, a+\alpha]$ on a $p_a(t_0) \leqslant p_a(t)$ d'où $p_a(t_0) \leqslant f'_d(a)$, ceci pour tout $t_0 < a$ en fait, donc $f'_g(a) = \lim\limits_{t \to a^-} p_a(t) \leqslant f'_d(a)$.

La monotonie de p_a donne l'encadrement

$$f'_d(a) \leqslant \frac{f(b)-f(a)}{b-a} \leqslant f'_g(b). \qquad \blacksquare$$

COROLLAIRE 16.81. — *Si f est convexe sur I; à valeurs réelles, les dérivées à droite et à gauche sont des fonctions croissantes sur $\overset{\circ}{I}$.*

Cela résulte immédiatement des inégalités du Théorème 16.80.

COROLLAIRE 16.82. — *Une fonction f définie sur un intervalle ouvert I de $\mathbb{R}$, à valeurs réells est convexe si et seulement si elle est continue et admet sur I une dérivée à droite croissante.*

D'après le Théorème 16.80, f convexe est dérivable à droite et à gauche sur $\overset{\circ}{I}$, donc continue à droite et à gauche, (Tome 2, Théorème 7.18), sur $\overset{\circ}{I} = I$, de plus la dérivée à droite est croissante.

Réciproquement, soit $x < y$ et $z = tx + (1-t)y$ avec $t \in]0,1[$. On a $x < z < y$, et si $u \in [z, y]$, on a $f'_d(z) \leqslant f'_d(u) \leqslant f'_d(y)$ donc la fonction continue $g : u \rightsquigarrow f(u) - uf'_d(z)$ a une dérivée à droite positive sur $[z, y]$, donc elle est croissante, (Tome 2, Théorème 7.32).

En particulier $g(z) \leqslant g(y)$ soit $f(z) - zf'_d(z) \leqslant f(y) - yf'_d(z)$ ou encore $(y-z)f'_d(z) \leqslant f(y) - f(z)$ et comme $y - z > 0$ on a :

$$f'_d(z) \leqslant \frac{f(y)-f(z)}{y-z}.$$

Mais de même $u \rightsquigarrow f(u) - uf'_d(z)$ est décroissante sur $[x, z]$, (dérivée à droite négative), on en déduit l'inégalité $\dfrac{f(z)-f(x)}{z-x} \leqslant f'_d(z)$.

Mais alors on a $\dfrac{f(z)-f(x)}{z-x} \leqslant \dfrac{f(y)-f(z)}{y-z}$ avec $z - x > 0$ d'où $f(z) - f(x) \leqslant \dfrac{z-x}{y-z}\,(f(y) - f(z))$ qui implique

$$f(z)\Big(1 + \frac{z-x}{y-z}\Big) = f(z)\Big(\frac{y-x}{y-z}\Big) \leqslant f(x) + \frac{z-x}{y-z}\,f(y)$$

soit, comme $\dfrac{y-x}{y-z} > 0$, on a

$$f(z) \leqslant \frac{y-z}{y-x}\,f(x) + \frac{z-x}{y-x}\,f(y),$$

avec $z = tx+(1-t)y$ donc $t = \dfrac{z-y}{x-y} = \dfrac{y-z}{y-x}$ et $1-t = \dfrac{y-x}{y-x} - \dfrac{y-z}{y-x} = \dfrac{z-x}{y-x}$, l'inégalité s'écrit

$$f(tx + (1-t)y) \leqslant tf(x) + (1-t)f(y).$$

Si $t = 0$ ou 1, ou si $x = y$ cette inégalité est évidente, si $y < x$, le changement de t en $1 - t$ la redonne : finalement on a bien $\forall (x, y) \in I^2$, $\forall t \in [0, 1]$, $f(tx + (1-t)y) \leqslant tf(x) + (1-t)f(y)$ donc f est convexe. ■

COROLLAIRE 16.83. — *Si f est deux fois dérivable de I intervalle ouvert dans $\mathbb{R}$ elle est convexe si et seulement si $f'' > 0$ sur I.*

Car f convexe deux fois dérivable ayant sa dérivée f' croissante, (Corollaire 16.82), est telle que $f'' \geqslant 0$, et l'hypothèse $f'' \geqslant 0$ implique f' croissante et f continue donc, (Corollaire 16.82), f convexe.

Après ce détour par les fonctions de variable réelle, revenons aux fonctions convexes sur une partie A convexe d'un espace vectoriel normé E.

THÉORÈME 16.84. — *Soit f une fonction différentiable de Ω ouvert convexe de E, (e.v.n.), dans $\mathbb{R}$. Elle est convexe si et seulement si $\forall(x,y)\in\Omega^2$,*

$$f(x) \geqslant f(y) + df(y)(x-y).$$

Si f est convexe, la fonction $\theta_{xy} : t \rightsquigarrow f(tx+(1-t)y)$ est convexe, (Théorème 16.76) de $[0,1]$ dans $\mathbb{R}$, donc, (Théorème 16.80),

$$\theta'_{xy}(0) = (\theta_{xy})'_d(0) \leqslant \frac{\theta_{xy}(1)-\theta_{xy}(0)}{1}$$

avec $\theta'_{xy}(t) = df(tx+(1-t)y)(x-y)$, d'où

$$df(y)(x-y) \leqslant f(x) - f(y) : \text{ on a l'inégalité.}$$

Réciproquement, si la condition est remplie, pour $(x,y) \in \Omega^2$ et $(t,u)\in[0,1]^2$, on a $ux+(1-u)y-(tx+(1-t)y) = (u-t)(x-y)$, donc $f(ux+(1-u)y) \geqslant f(tx+(1-t)y) + df(tx+(1-t)y)((u-t)(x-y))$ soit encore

16.85.
$$\theta_{xy}(u) \geqslant \theta_{xy}(t) + (u-t)\theta'_{xy}(t),$$

mais de cette inégalité on déduit la convexité de θ_{xy}, car on va justifier la croissance de θ'_{xy} et le corollaire 16.82 s'appliquera.

Supposons 16.85, avec $u<t$, on a $u-t<0$ et on en déduit

$$\frac{\theta_{xy}(u)-\theta_{xy}(t)}{u-t} \leqslant \theta'_{xy}(t).$$

Mais on a aussi $\theta_{xy}(t) \geqslant \theta_{xy}(u) + (t-u)\theta'_{xy}(u)$, la place de u par rapport à t n'intervenant pas pour établir 16.85. Comme cette fois $t-u>0$ on en déduit l'inégalité

$$\frac{\theta_{xy}(t)-\theta_{xy}(u)}{t-u} \geqslant \theta'_{xy}(u)$$

et finalement pour $u<t$, l'inégalité $\theta'_{xy}(u) \leqslant \theta'_{xy}(t)$.

Mais alors θ_{xy} est convexe sur $]0,1[$, (ouvert car le corollaire 16.82 suppose I ouvert). Comme par ailleurs θ_{xy} est continue sur $[0,1]$, un passage à la limite donne la convexité sur $[0,1]$. Ceci étant vrai pour tout (x,y) de Ω^2, d'après le Théorème 16.76 on a bien f convexe. ∎

De même on a :

THÉORÈME 16.86. — *Soit f deux fois différentiable de Ω ouvert convexe de E, (e.v.n.) dans $\mathbb{R}$. Elle est convexe si et seulement si la forme quadratique $h \rightsquigarrow d^2f(a)(h,h)$ est positive pour tout a de Ω.*

On a (f convexe) $\Leftrightarrow$ ($\forall(x,y) \in \Omega^2$, θ_{xy} convexe) avec, vu les hypothèses, θ_{xy} deux fois dérivable sur $[0,1]$, donc, (Corollaire 16.83), (f convexe) $\Leftrightarrow$ ($\theta''_{xy}(t) \geqslant 0$ sur $[0,1]$) et ce pour tout (x,y) de Ω^2.

Supposons f connexe. On a $\theta''_{xy}(t) \geqslant 0$. Or on a

$$\theta'_{xy} = df(tx + (1-t)y)(x-y)$$

donc $$\theta''_{xy}(t) = d^2f(tx + (1-t)y)(x-y, x-y).$$

Mais alors soit $a \in \Omega$, $h \in E - \{0\}$, $\exists r > 0$ tel que la boule fermée de centre a et de rayon r soit dans Ω. Avec $x = \left(a + r\,\dfrac{h}{||h||}\right)$ et $y = \left(a - r\,\dfrac{h}{||h||}\right)$, on a x et y dans Ω, $x - y = \dfrac{2r}{||h||}\,h$, et si $t = \dfrac{1}{2}$, $\dfrac{1}{2}x + \dfrac{1}{2}y = a$, d'où

$$d^2f(a)\Big(\frac{2r}{||h||}\,h, \frac{2r}{||h||}\,h\Big) = \Big(\frac{2r}{||h||}\Big)^2 d^2f(a)(h,h) \geqslant 0.$$

Donc (f convexe) $\Rightarrow$ ($d^2f(a)(h,h) \geqslant 0$), $\forall h$ de E, non nul, avec $d^2f(a)(0,0) = 0$ par bilinéarité, d'où la forme quadratique $d^2f(a)$ positive.

Réciproquement, si $\forall h \in E$, $\forall a \in \Omega$, $d^2f(a)(h,h) \geqslant 0$, en particulier $\theta''_{xy}(t) = d^2f(tx + (1-t)y)(x-y, x-y)$ est positif donc f est convexe.■

EXERCICES

1. Soit $f : \mathbb{R}^2 \mapsto \mathbb{R}^2$ définie par $f(0,0) = (0,0)$ et si $(x,y) \neq (0,0)$ par $f(x,y) = \left(\dfrac{xy}{(x^2+y^2)^\alpha}, xy\right)$. Valeurs de α pour que f soit différentiable ? De classe C^1 ?

2. Différentiabilité de f définie sur $\mathbb{R}^2$ par $f(0,0) = 0$ et $f(x,y) = (x^2+y^2)\sin\dfrac{1}{x^2+y^2}$ si $(x,y) \neq (0,0)$.

3. Soit f de classe C^2 de $\mathbb{R}$ dans $\mathbb{R}$, on définit g de $\mathbb{R}^2$ dans $\mathbb{R}$ par $g(x,x) = f'(x)$ et, si $x \neq y$, $g(x,y) = \dfrac{f(x)-f(y)}{x-y}$. Différentiabilité de g ?

4. Etude de la différentiabilité de la fonction définie par $f(x,y) = \displaystyle\sum_{n=0}^{\infty} \frac{(-1)^n}{x+ny}$, ($x$ et y réels).

5. Existence, continuité, différentiabilité de f définie par $f(x,y) = \dfrac{|y|}{x}\, e^{-\frac{|y|}{x^2}}$.

6. Etude de la différentiabilité à l'ordre 2 de la fonction f définie par $f(x,0) = 0$ et $f(x,y) = y^2 \sin\dfrac{x}{y}$ si $y \neq 0$.

7. Etude de la fonction f définie, pour x et y réels par $\displaystyle\sum_{n=0}^{\infty} \sin(x^n y)$: définition, continuité, différentiabilité.

8. Défiintion, continuité, différentiabilité de f définie par $f(x,y) = \displaystyle\sum_{n=1}^{\infty} \frac{x^n \cos ny}{\sqrt{n}}$.

9. Extrema de $f : \mathbb{R}^2 \mapsto \mathbb{R}$ définie par

$$f(x,y) = \frac{1}{2}\, xy + (47 - x - y)\left(\frac{x}{3} + \frac{y}{4}\right).$$

10. **Extrema de $f : \mathbb{R}_+^* \times \mathbb{R} \mapsto \mathbb{R}$ définie par**

$f(x,y) = (2\pi x)^{-\frac{n}{2}} \exp\left(-\frac{1}{2x}\sum_{i=1}^{n}(a_i - y)^2\right)$, **où** $(a_1,\ldots,a_n)$ **est donné dans** $\mathbb{R}^n$**.**

11. **Soit une fonction φ de classe C^2 de $\mathbb{R}$ dans $\mathbb{R}$, et l'espace vectoriel $E = \mathcal{C}^0([a,b],\mathbb{R})$ normé par la norme de la convergence uniforme. On définit $\phi : E \mapsto \mathbb{R}$ par $\phi(f) = \int_a^b \varphi(f(t))dt$. Différentiabilité de ϕ.**

SOLUTIONS

1. La fonction f est de classe C^∞ sur $\Omega = \mathbb{R}^2 - \{(0,0)\}$, les fonctions composantes l'étant, ayant des dérivées partielles de tout ordre. La deuxième composante est même C^∞ sur $\mathbb{R}^2$ car polynomiale.

Soit $u(x,y) = \dfrac{xy}{(x^2+y^2)^\alpha}$ la première composante. Pour $(x,y) \neq (0,0)$ on pose $x = \rho\cos\theta$, $y = \rho\sin\theta$ et $u(x,y) = \dfrac{\rho^2\cos\theta\,\sin\theta}{\rho^{2\alpha}}$ tend vers 0 si (x,y) tend vers $(0,0)$ si et seulement si $\alpha < 1$. Donc f est continue sur $\mathbb{R}^2 \Leftrightarrow \alpha < 1$.

Puis $\dfrac{\partial u}{\partial x}(0,0) = \lim\limits_{\substack{x\to 0\\ x\neq 0}} \dfrac{u(x,0)-u(0,0)}{x} = 0$ ainsi que $\dfrac{\partial u}{\partial y}(0,0) = 0$.

On aura différentiabilité en $(0,0)$ si et seulement si $u(h,k) - u(0,0) - 0h - 0k = o(||(h,k)||)$, soit, en passant en polaires avec $h = r\cos\varphi$ et $k = r\sin\varphi$, si et seulement si $\dfrac{r^2\cos\varphi\,\sin\varphi}{r^{2\alpha}} = o(r)$, ou si $\lim\limits_{r\to 0^+} \dfrac{r\cos\varphi\,\sin\varphi}{r^{2\alpha}} = 0$, et ce pour tout φ : on a f différentiable en $(0,0) \Leftrightarrow \alpha < \dfrac{1}{2}$.

Classe C^1 sur $\mathbb{R}^2$? Il reste à étudier la continuité en $(0,0)$ des dérivées partielles, et vu la symétrie en x et y on examine

$$\frac{\partial u}{\partial x} = \frac{y}{(x^2+y^2)^\alpha} - \frac{2\alpha y x^2}{(x^2+y^2)^{\alpha+1}} = \rho^{1-2\alpha}\sin\theta - 2\alpha\rho^{1-2\alpha}\cos^2\theta\,\sin\theta$$
$$= \rho^{1-2\alpha}(1-2\alpha\cos^2\theta)\sin\theta.$$

On a continuité de $\dfrac{\partial u}{\partial x}$ en $(0,0)$ si et seulement si $\alpha < \dfrac{1}{2}$, d'où f de classe C^1 sur $\mathbb{R}^2$ si et seulement si $\alpha < \dfrac{1}{2}$.

2. La fonction f est C^∞ sur l'ouvert $\Omega = \mathbb{R}^2 - \{(0,0)\}$, continue sur $\mathbb{R}^2$, (en polaires, si $x = \rho\cos\theta$ et $y = \rho\sin\theta$, $f(x,y) = \rho^2 \sin\dfrac{1}{\rho^2}$ tend vers 0 si ρ tend vers 0).

On a $\dfrac{\partial f}{\partial x}(0,0) = \lim\limits_{x\to 0+} \dfrac{x^2\sin\dfrac{1}{x^2} - 0}{x} = 0$, et, (symétrie en x et y) $\dfrac{\partial f}{\partial y}(0,0) = 0$.

Puis

$$f(0+h, 0+k) - f(0,0) - h\,\frac{\partial f}{\partial x}(0,0) - k\,\frac{\partial f}{\partial y}(0,0) = (h^2+k^2)\sin\frac{1}{h^2+k^2}$$
$$= ||(h,k)||^2 \sin\frac{1}{h^2+k^2}$$

est $o(||(h,k)||)$, d'où f différentiable en $(0,0)$.

Puis $\dfrac{\partial f}{\partial x} = 2x\sin\dfrac{1}{x^2+y^2} - \dfrac{2x}{(x^2+y^2)}\cos\dfrac{1}{x^2+y^2}$, on passe en polaires, il vient :

$$\frac{\partial f}{\partial x} = 2\rho\cos\theta\sin\frac{1}{\rho^2} - \frac{2}{\rho}\cos\theta\cos\frac{1}{\rho^2}.$$

On a $\lim\limits_{\rho\to 0} 2\rho\cos\theta\sin\dfrac{1}{\rho^2} = 0$, mais si $\cos\theta \neq 0$, (soit $\theta \neq \dfrac{\pi}{2}(\pi)$), $\lim\limits_{\rho\to 0+}\dfrac{1}{\rho} = +\infty$ alors que $\cos\dfrac{1}{\rho^2}$ prend toutes les valeurs dans $[-1,1]$ puisque $\dfrac{1}{\rho^2}$ tend vers $+\infty$, donc $\dfrac{\partial f}{\partial x}(x,y)$ n'a pas de limite quand (x,y) tend vers $(0,0)$: f n'est pas de classe C^1 sur $\mathbb{R}^2$.

3. La diagonale $\Delta = \{(x,x), x\in\mathbb{R}\}$ est un fermé de $\mathbb{R}^2$, ($\mathbb{R}$ séparé) et sur l'ouvert $\Omega = \mathbb{R}^2 \setminus \Delta$, g est de classe C^2. Différentiabilité en (a,a) de Δ. On cherche l'existence de $g'_x(a,a)$ donc de $\lim\limits_{\substack{h\to 0\\ h\neq 0}} \dfrac{1}{h}(g(a+h,a) - g(a,a))$.

On a $\dfrac{1}{h}(g(a+h,a)-g(a,a)) = \dfrac{1}{h}\left[\dfrac{f(a+h)-f(a)}{h} - f'(a)\right]$. Comme f est classe C^2, $\exists\theta(a,h)\in]0,1[$ tel que $f(a+h) = f(a)+hf'(a)+\dfrac{h^2}{2}f''(a+\theta h)$, (Taylor-Lagrange à l'ordre 2) donc $\dfrac{1}{h}\left[\dfrac{f(a+h)-f(a)}{h} - f'(a)\right]$ vaut $\dfrac{1}{2}f''(a+\theta h)$ d'où $g'_x(a) = \dfrac{1}{2}f''(a)$ existe, ainsi que $g'_y(a) = \dfrac{1}{2}f''(a)$, car $g(a,a+k) = \dfrac{f(a)-f(a+k)}{-k} = \dfrac{f(a+k)-f(a)}{k}$: un calcul analogue est possible.

Or pour $x \neq y$, $g'_x(x,y) = \dfrac{(x-y)f'(x) - (f(x)-f(y))}{(x-y)^2}$ et,
(toujours Taylor-Lagrange, cette fois entre y et x),
$f(y) - f(x) = (y-x)f'(x) + \dfrac{(y-x)^2}{2} f''(x)$, ξ entre x et y, donc
$g'_x(x,y) = \dfrac{f''(\xi)}{2}$ d'où $\lim\limits_{(x,y)\to(a,a)} g'_x(x,y) = \dfrac{f''(a)}{2} = g'_x(a,a)$ et on établit de même la continuité de g'_y en (a,a) d'où finalement g de classe C^1 sur $\mathbb{R}^2$.

4. Soit D_n la droite $D_n = \{(x,y); x+ny=0\}$, les $u_n(x,y) = \dfrac{(-1)^n}{x+ny}$ ne sont définies toutes que sur $\mathbb{R}^2 - \left(\bigcup\limits_{n\in\mathbb{N}} D_n\right)$.

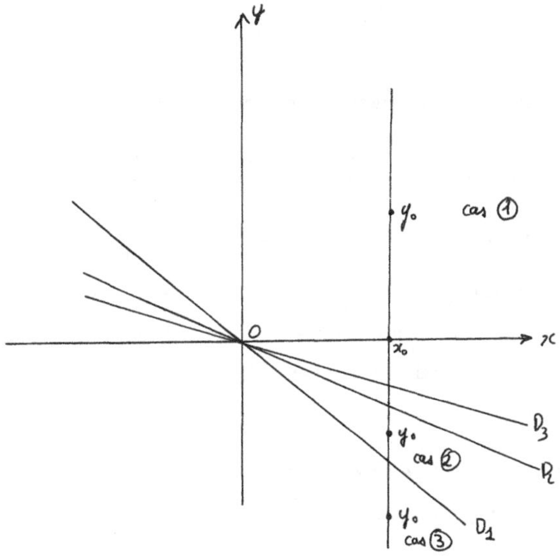

De plus, si $y \neq 0$, et x sont fixés, pour n assez grand $x+ny$ est du signe de y, donc la série des u_n est devenue alternée, $|u_n(x,y)| \sim \dfrac{1}{n|y|}$, donc tend vers 0, de plus si $y > 0$, $|U_n(x,y)|$ devient $\dfrac{1}{ny+x}$, il décroit avec n croissant, alors que pour $y < 0$, $|u_n(x,y)|$ devient $\dfrac{1}{n(-y)-x}$ là aussi décroissant :

sur $\Omega = (\mathbf{R} \times \mathbf{R}^*) - \left(\bigcup_{n \in \mathbf{N}} D_n \right)$, la série des u_n est convergente suivant le critère des séries alternées.

Soit $m_0 = (x_0, y_0) \in \Omega$, avec $y_0 \neq 0$, $x_0 \neq 0$ sinon $m_0 \in D_0$, il existe $r > 0$ tel que $\mathcal{B}_0(m_0, r)$ reste dans Ω car les points d'abscisse x_0 sur les D_n ont pour ordonnée $-\dfrac{x_0}{n}$, et si on suppose par exemple $x_0 > 0$, on a soit $y_0 > 0$, (cas ①), soit $\exists ! n$ tel que $-\dfrac{x_0}{n+1} < y_0 < -\dfrac{x_0}{n}$, (cas ②), soit $y_0 < -x_0$, (cas ③), mais dans chaque cas, un voisinage de m_0 reste dans Ω.

On peut donc majorer $\left| f(x,y) - \sum_{n=0}^{N-1} \dfrac{(-1)^n}{x+ny} \right|$ par $\dfrac{1}{|x+Ny|}$ localement pour le même N assez grand, d'où une convergence uniforme «locale» et une continuité de f sur Ω.

Si $y = 0$, et $x \neq 0$, $u_n(x,0) = \dfrac{(-1)^n}{x}$ ne tend pas vers 0 : il y a divergence.

Puis $\dfrac{\partial u_n}{\partial x} = \dfrac{(-1)^{n+1}}{(x+ny)^2}$: $\left| \dfrac{\partial u_n}{\partial x} \right| \sim \dfrac{1}{n^2 y^2}$ pour $y \neq 0$, (on est dans Ω : il y a une convergence localement uniforme en (x,y) donc $\dfrac{\partial f}{\partial x} = \sum_{n=0}^{\infty} \dfrac{(-1)^{n+1}}{(x+ny)^2}$ est continue en (x,y). Quand à $\dfrac{\partial u_n}{\partial y} = \dfrac{(-1)^{n+1} n}{(x+ny)^2}$, c'est de nouveau une série alternée, dont le module, équivalent à $\dfrac{1}{ny^2}$ tend vers 0, en décroissant car ce module est $\dfrac{n}{(x+ny)^2} = v_n$ et $\dfrac{dv_n}{dn} = \dfrac{x-ny}{(x+ny)^3} \underset{n \to +\infty}{\sim} -\dfrac{1}{n^2 y^2}$: devient négatif, on a encore une convergence en série alternée, localement uniforme, d'où l'existence et la continuité de $\dfrac{\partial f}{\partial y}$, et finalement f est de classe C^1 sur Ω.

5. La fonction f est de classe C^∞ sur $\Omega = \mathbf{R}^* \times \mathbf{R}^*$.

Etude en $(0, b)$. Pour $x \neq 0$, $f(x,y) = x \dfrac{|y|}{x^2} e^{-\frac{|y|}{x^2}}$.

Or, pour t réel $\lim\limits_{t \to +\infty} te^{-t} = 0$, donc pour $y \neq 0$, $\lim\limits_{x \to 0} \dfrac{|y|}{x^2} e^{-\frac{|y|}{x^2}} = 0$, on peut poser $f(0,y) = 0$ pour $y \neq 0$. Comme pour $y = 0$ et $x \neq 0$, $f(x,0) = 0$, on pose finalement $f(0,y) = 0$ pour tout y de $\mathbf{R}$: et f devient continue sur $\mathbf{R}^2$ car si (x,y) tend vers $(0, y_0)$, on a soit $x = 0$, (et y tend vers y_0) auquel cas $f(x,y) = f(0,y) = 0$ tend vers 0, soit $x \neq 0$ et $f(x,y) = x\left(\dfrac{|y|}{x^2} e^{-\frac{|y|}{x^2}} \right)$ avec x qui tend vers 0 et $\dfrac{|y|}{x^2} e^{-\frac{|y|}{x^2}}$ borné donc là encore $\lim\limits_{(x,y) \to (0,y_0)} f(x,y) = 0 = f(0, y_0)$.

Différentiabilité en $(a, 0)$*, avec* $a \neq 0$.

Pour $y > 0$, $f(a, y) = \frac{y}{a}\, e^{-\frac{y}{a^2}}$ donc $\frac{f(a, y) - f(a, 0)}{y} = \frac{1}{a}\, e^{-\frac{y}{a^2}}$ tend vers $\frac{1}{a}$ si y tend vers 0^+, alors que $f(a, y) = -\frac{y}{a}\, e^{\frac{y}{a^2}}$ si $y < 0$ et $\lim_{y \to 0^-} \frac{f(a, y) - f(a, 0)}{y} = -\frac{1}{a}$, donc $\frac{\partial f}{\partial y}(a, 0)$, avec $a \neq 0$, n'existe pas : f est non différentiable en $(a, 0)$, $a \neq 0$.

Différentiabilité en $(0, b)$.

On a $f(0, y) = 0$ pour tout y donc $\frac{\partial f}{\partial y}(0, y_0) = 0$ en fait en chaque $(0, y_0)$.

Puis, pour $x \neq 0$, $f(x, b) = \frac{|b|}{x}\, e^{-\frac{|b|}{x^2}}$ donc, comme $f(0, b) = 0$, $\lim_{x \to 0} \frac{f(x, b) - f(0, b)}{x} = \lim_{x \to 0} \frac{|b|}{x^2}\, e^{-\frac{|b|}{x^2}}$.

Si $b = 0$, les valeurs sont nulles, donc tendent vers 0, si $b \neq 0$ $\frac{|b|}{x^2} = t$ tend vers $+\infty$ et te^{-t} tend alors vers 0, donc $\frac{\partial f}{\partial x}\,(0, b) = 0$ pour tout b. Il en résulte que la seule différentielle possible en $(0, b)$ est l'application nulle. Voyons si $f(h, b + k)$ est $o(||(h, k)||)$, soit si $\lim_{(h,k) \to (0,0)} \frac{f(h, b + k)}{\sqrt{h^2 + k^2}} = 0$.

On a
$$\frac{f(h, b + k)}{\sqrt{h^2 + k^2}} = 0 \quad \text{si } h = 0, \text{ et}$$
$$= \frac{|b + k| e^{-\frac{|b+k|}{h^2}}}{h\sqrt{h^2 + k^2}} \quad \text{si } h \neq 0,$$
$$= \frac{h}{\sqrt{h^2 + k^2}} \cdot \frac{|b + k|}{h^2}\, e^{-\frac{|b+k|}{h^2}},$$

et si $b \neq 0$, $t = \frac{|b + k|}{h^2}$ tend vers $+\infty$ si (h, k) tend vers $(0, 0)$, donc te^{-t} tend vers 0 alors que $\left|\frac{h}{\sqrt{h^2 + k^2}}\right| \leqslant 1$: on a finalement f différentiable en $(0, b)$ si $b \neq 0$.

Et en $(0, 0)$*?* a-t-on $\lim_{(h,k) \to (0,0)} \frac{f(h, k)}{\sqrt{h^2 + k^2}} = 0$? Si $h = 0$, oui, mais avec $k = h^2$, $h \neq 0$, on a $\frac{f(h, k)}{\sqrt{h^2 + k^2}} = \frac{h^2}{h\sqrt{h^2 + k^4}}\, e^{-1}$ quantité équivalente à $\frac{h}{e|h|}$ qui tend vers $\frac{1}{e}$ ou $-\frac{1}{e}$ suivant que h tend vers 0^+ ou 0^-, mais qui ne tend pas vers 0 : f n'est pas différentiable en $(0, 0)$.

6. La fonction f est de classe C^{∞} sur $\mathbf{R} \times \mathbf{R}^*$, et le sinus étant borné par 1, $\lim_{(x,y)\to(x,0)} y^2 \sin\dfrac{x}{y}$: elle est continue sur $\mathbf{R}^2$.

Différentiabilité en $(x_0, 0)$.

On a $\lim_{h\to 0} \dfrac{f(x_0+h,0)-f(x_0,0)}{h} = \lim_{h\to 0} 0 = 0 \Rightarrow \dfrac{\partial f}{\partial x}(x_0,0) = 0$,

puis $\lim_{k\to 0} \dfrac{f(x_0,k)-f(x_0,0)}{k} = \lim_{k\to 0} k \sin\dfrac{x_0}{k} = 0 \Rightarrow \dfrac{\partial f}{\partial y}(x_0,0) = 0$.

On considère alors $\dfrac{f(x_0+h,k)}{\sqrt{h^2+k^2}}$, en passant en polaires, avec $h = \rho\cos\theta$ et $k = \rho\sin\theta$, on étudie donc $\lim_{\rho\to 0} \rho \sin^2\theta \sin\left(\dfrac{x_0+\rho\cos\theta}{\rho\sin\theta}\right) = 0$: il y a différentiabilité en $(x_0, 0)$.

Classe C^1 éventuelle ? Pour $y \neq 0$, on a $\dfrac{\partial f}{\partial x} = y\cos\dfrac{x}{y}$, et $\lim_{(x,y)\to(x_0,0)} \dfrac{\partial f}{\partial x} = 0$: cette dérivée partielle est continue en $(x_0, 0)$. Par contre, on a $\dfrac{\partial f}{\partial y} = 2y\sin\dfrac{x}{y} - x\cos\dfrac{x}{y}$. Si $x_0 \neq 0$, $\dfrac{x}{y}$ prend toutes valeurs de $\mathbf{R}^*$ si (x,y) tend vers $(x_0, 0)$, $\cos\dfrac{x}{y}$ n'a pas de limite, donc $\dfrac{\partial f}{\partial y}$ n'a pas de limite. Par contre, si $x_0 = 0$, $x\cos\dfrac{x}{y}$ tend vers 0 donc $\lim_{(x,y)\to(0,0)} \dfrac{\partial f}{\partial y}(x,y) = 0$.

Finalement f n'est pas de classe C^1 mais df est continue en $(0,0)$.
Pour la différentiabilité d'ordre 2, en $(x_0, 0)$ avec $x_0 \neq 0$, comme df n'est pas continue en $(x_0, 0)$ elle n'est pas différentiable.

En $(0,0)$, $\dfrac{\partial^2 f}{\partial y \partial x}(0,0) = \lim_{y\to 0} \dfrac{y\cos\dfrac{0}{y}}{y} = 1$, alors que $\dfrac{\partial^2 f}{\partial x \partial y}(0,0) = \lim_{x\to 0} \dfrac{\dfrac{\partial f}{\partial y}(x,0) - \dfrac{\partial f}{\partial y}(0,0)}{x} = 0$: comme $\dfrac{\partial^2 f}{\partial x \partial y}(0,0) \neq \dfrac{\partial^2 f}{\partial y \partial x}(0,0)$, $d^2 f(0,0)$ n'existe pas.

7. Pour $|x| < 1$, $|\sin(x^n y)| \sim |x^n|\,|y|$ si $y \neq 0$, d'où la convergence absolue de la série; vraie aussi si $y = 0$. En fait $|\sin t| \leqslant |t|$ donne $|\sin(x^n y)| \leqslant |x^n|\,|y| \leqslant a^n b$ si on a $|x| \leqslant a < 1$ et $|y| \leqslant b$: il y a convergence normale sur $[-a, a] \times [-b, b]$, (avec $0 < a < 1$, d'où continuité de la fonction somme, f, sur $]-1, 1[\times\mathbf{R}$.
Pour $x = 1$, $u_n(x,y) = \sin(x^n y) = \sin y$: il y a divergence si $y \neq k\pi$, (le terme général ne tend pas vers 0) mais $u_n(1, k\pi) = 0$ donc $f(1, k\pi) = 0$ ainsi que plus généralement $f(p, k\pi)$ pour $(p,k) \in \mathbf{Z}^2$.

Pour $|x| > 1$, $\lim_{n\to+\infty} |x^n y| = +\infty$, (si $y \neq 0$), mais par valeurs discrètes. Que fait alors $\sin(x^n y)$? mystère ! Tirons un voile pudique, sur les questions que l'on ne sait pas résoudre et revenons à l'ouvert $\Omega =]-1, 1[\times\mathbf{R}$.

On a $\dfrac{\partial}{\partial x} u_n(x,y) = nx^{n-1}y\cos(x^n y)$ donc, si $|x| \leqslant a < 1$ et $|y| \leqslant b$, on a $\left|\dfrac{\partial}{\partial x} u_n(x,y)\right| \leqslant n|a|^{n-1}b$: il y a convergence normale, d'où existence et continuité de $\dfrac{\partial f}{\partial x} = \displaystyle\sum_{n=0}^{\infty} nx^{n-1}\cos(x^n y)$ sur Ω.

Comme $\left|\dfrac{\partial f}{\partial y}\, u_n(x,y)\right| = |x^n\cos(x^n y)| \leqslant a^n$, on a aussi existence et continuité de $\dfrac{\partial f}{\partial y}$ sur Ω d'où f de classe C^1.

Mais on comprend en fait qu'il en est de même des dérivées de tout ordre (sommes de termes en $|x|^{n-\mathrm{cte}}$ facteur d'un cosinus ou d'un sinus) d'où f de classe C^∞ sur $]-1, 1[\times\mathbf{R}$ en fait.

8. Pour $|x| \leqslant a < 1$, $|u_n(x,y)| = \left|\dfrac{x^n\cos ny}{\sqrt{n}}\right| \leqslant \dfrac{a^n}{\sqrt{n}}$: on a convergence normale sur $[-a,a]\times\mathbf{R}$ de la série des fonctions u_n, d'où continuité de f sur $\Omega =]-1, 1[\times\mathbf{R}$.

Puis $\dfrac{\partial u_n}{\partial x} = \sqrt{n}\, x^{n-1}\cos ny$ donc $\left|\dfrac{\partial u_n}{\partial x}\right| \leqslant \sqrt{n}\, a^{n-1}$ sur $[-a,a]\times\mathbf{R}$, toujours avec $0 \leqslant a < 1$, on a convergence uniforme (car normale) de la série des dérivées donc $\dfrac{\partial f}{\partial x}$ existe sur Ω. Comme $\dfrac{\partial u_n}{\partial y} = -\sqrt{n}\, x^n \sin ny$, on majore en module par $\sqrt{n}\, a^n$ d'où la même conclusion, donc existence et continuité de $\dfrac{\partial f}{\partial x}$ et $\dfrac{\partial f}{\partial y}$ sur Ω par convergence normale des séries de fonctions sur tout $[-a,a]\times\mathbf{R}$ avec $a < 1$. On a donc f de classe C^1 sur Ω, et même de classe C^∞, car les dérivées de toute ordre en x et y se majorent en module par une somme finie de termes du type (cte). $n^p|a|^n$ sur $[-a,a]\times\mathbf{R}$, d'où convergence normale des séries des dérivées si $|a| < 1$.

Voyons si on peut ici préciser le domaine de définition.

$F = \{ny + 2p\pi : (n,p) \in \mathbf{Z}^2\}$ est sous-groupe de $\mathbf{R}$, donc partout dense ou du type $\alpha\mathbf{Z}$, (voir Tome 2, chapitre 5 exercice 1).

Si $\overline{F} = \mathbf{R}$, ($\Leftrightarrow \dfrac{y}{\pi} \notin \mathbf{Q}$), il existe une infinité de n dans $\mathbf{Z}$ tels que $\cos(ny) \geqslant \dfrac{1}{2}$, or cosinus est paire, il y a donc une infinité d'indices tels que $\cos(ny) \geqslant \dfrac{1}{2}$ avec $n \in \mathbf{N}$, si $|x| > 1$, comme $\lim_{n\to+\infty} \dfrac{|x|^n}{\sqrt{n}} = +\infty$, $u_n(x,y)$ ne tend pas vers 0, d'où divergence si $y \notin \pi\mathbf{Q}$.

Si $y \in \pi\mathbb{Q}$, en écrivant $y = \dfrac{p_0\pi}{q_0} = \dfrac{2p_0\pi}{2q_0}$ si $n = k \cdot 2q_0$, $\cos ny = \cos(2kp_0\pi) = 1$, avec $|x| > 1$ on a encore $\displaystyle\lim_{k\to+\infty} \frac{|x|^n|\cos ny|}{\sqrt{n}} = \infty$: divergence.

Donc si $|x| > 1$, il y a non existence de f, pour tout y.

Enfin si $|x| = 1$, pour $x = 1$, $u_n(1,y) = \dfrac{\cos ny}{\sqrt{n}} = \mathcal{R}e\Big(\dfrac{e^{iny}}{\sqrt{n}}\Big)$ par transformation d'Abel, il y a convergence si $y \neq 0\ (2\pi)$, (sommes $\Big|\displaystyle\sum_{n=p}^{q} e^{iny}\Big|$ bornées en p et q et $\dfrac{1}{\sqrt{n}}$ tend vers 0 en décroissant), d'où existence de $f(1,y)$ pour $y \neq 0\ (2\pi)$ et pour $x = -1$, $u_n(-1,y) = \dfrac{\cos n(y+\pi)}{\sqrt{n}}$ d'où existence de $f(-1,y)$ si $y \neq \pi\ (2\pi)$.

Il y a continuité sur le domaine de convergence $\mathcal{D}$, avec

$$\mathcal{D} = \Omega \cup \{(1,y); y \neq 0(2\pi)\} \cup \{(-1,y); y \neq \pi(2\pi)\}.$$

En effet posons $S_{p,q} = \displaystyle\sum_{n=p}^{q} \cos ny$, pour $q \geqslant p$.

Pour $n > p$ on a :

$u_n = \dfrac{x^n}{\sqrt{n}} \cos ny = \dfrac{x^n}{\sqrt{n}} (S_{p,n} - S_{p,n-1})$ donc, avec $u_p = S_{p,p}\, \dfrac{x^p}{\sqrt{p}}$

$$\sum_{n=p}^{q} u_n(x,y) = \sum_{r=p}^{q-1} S_{p,r}\Big(\frac{x^r}{\sqrt{r}} - \frac{x^{r+1}}{\sqrt{r+1}}\Big) + \frac{x^q}{\sqrt{q}}\, S_{p,q}.$$

Supposons que $x_0 = 1$ et $y_0 \neq 0\ (2\pi)$. On impose $x \in [0,1]$ et $|y - y_0| \leqslant \alpha$, α assez petit pour que y ne soit pas nul modulo 2π.

En fait $|S_{p,q}| \leqslant \dfrac{1}{\left|\sin \dfrac{y}{2}\right|} \leqslant M$ = constante en y, les $\dfrac{x^r}{\sqrt{r}} - \dfrac{x^{r+1}}{\sqrt{r+1}}$ sont positifs, d'où $\Big|\displaystyle\sum_{n=p}^{q} u_n(x,y)\Big| \leqslant M\, \dfrac{x^p}{\sqrt{p}} \leqslant \dfrac{M}{\sqrt{p}}$: on obtient le critère de Cauchy uniformément en x dans $[0,1]$, $y \in [y_0 - \alpha; y_0 + \alpha]$ d'où la convergence uniforme de la série des $u_n(x,y)$ et la continuité de f en $(1, y_0)$. On fait le même travail en $(-1, y_1)$ avec $y_1 \neq \pi\ (2\pi)$ car alors $u_n(-1,y_1) = \dfrac{\cos n(y_1+\pi)}{\sqrt{n}}$ avec $y_1 + \pi \neq 0\ (2\pi)$.

9. Comme f, polynômiale est de classe C^∞ sur $\mathbb{R}^2$ les extrema éventuels sont atteints en des points critiques.

Or $\dfrac{\partial f}{\partial x} = -\dfrac{2}{3}\,x - \dfrac{1}{12}\,y + \dfrac{47}{3}$ et $\dfrac{\partial f}{\partial y} = -\dfrac{1}{12}\,x - \dfrac{1}{2}\,y + \dfrac{47}{4}$, d'où (x,y) point critique si et seulement si (x,y) est solution de $\begin{cases} 8x + \ y = 188 \\ x + 6y = 141 \end{cases}$. On utilise les multiplicateurs $\left| \begin{matrix} -6 \\ 1 \end{matrix} \right.$ puis $\left| \begin{matrix} 1 \\ -8 \end{matrix} \right.$ d'où

$$\begin{cases} -47x = 47(-24+3) \\ -47y = 47(4-24) \end{cases} \Leftrightarrow \begin{cases} x = 21 \\ y = 20 \end{cases}.$$

Comme $\dfrac{\partial^2 f}{\partial x^2} = -\dfrac{2}{3}$, $\dfrac{\partial^2 f}{\partial x \partial y} = -\dfrac{1}{12}$ et $\dfrac{\partial^2 f}{\partial y^2} = -\dfrac{1}{2}$, et que, f étant polynômiale de degré 2, la formule de Taylor-Lagrange (ou Young) est exacte à l'ordre 2, on a.

$$\begin{aligned} f(21+h, 20+k) &= f(21,20) + \frac{1}{2}\Big(-\frac{2}{3}\,h^2 - \frac{2}{12}\,hk - \frac{1}{2}\,k^2\Big) \\ &= f(21,20) - \frac{1}{24}(8h^2 + 2hk + 6k^2) \\ &= f(21,20) - \frac{1}{12}\Big(\Big(2h + \frac{k}{4}\Big)^2 + \frac{47}{16}\,k^2\Big) : \end{aligned}$$

il y a donc maximum absolu strict en $(21,20)$.

10. La fonction f est C^∞ sur $\mathbf{R}_+^* \times \mathbf{R}$: les extrema sont à chercher parmi les points critiques. Mais comme f est à valeurs strictement positives et que la fonction Log est strictement croissante sur $]0,+\infty[$, on peut chercher les extrema de $g(x,y) = \operatorname{Log} f(x,y)$ sur $\mathbf{R}_+^* \times \mathbf{R}$, g étant aussi C^∞. On a $g(x,y) = -\dfrac{n}{2}\,\operatorname{Ln}(2\pi x) - \dfrac{1}{2x}\displaystyle\sum_{i=1}^{n}(a_i - y)^2$ d'où

$\dfrac{\partial g}{\partial x} = \dfrac{-n}{2x} + \dfrac{1}{2x^2}\displaystyle\sum_{i=1}^{n}(a_i - y)^2$ et $\dfrac{\partial g}{\partial y} = \dfrac{1}{x}\displaystyle\sum_{i=1}^{n}(a_i - y)$.

On a (x_0, y_0) point critique si et seulement si :

$y_0 = \dfrac{1}{n}\displaystyle\sum_{i=1}^{n} a_i$, et $x_0 = \dfrac{1}{n}\displaystyle\sum_{i=1}^{n}(a_i - y_0)^2$, d'où $x_0 \geqslant 0$. C'est encore $x_0 = \dfrac{1}{n}\displaystyle\sum_{i=1}^{n} a_i^2 - \dfrac{2y_0}{n}\sum_{i=1}^{n} a_i + y_0^2$.

Comme $\displaystyle\sum_{i=1}^{n} a_i = n y_0$, il reste

$$x_0 = \frac{1}{n}\sum_{i=1}^{n} a_i^2 - 2y_0^2 + y_0^2 = \frac{1}{n}\sum_{i=1}^{n} a_i^2 - \frac{1}{n^2}\Big(\sum_{i=1}^{n} a_i\Big)^2,$$

soit $\quad x_0 = \frac{1}{n}\Big(\sum_{i=1}^{n} a_i^2 - \frac{1}{n}\Big(\sum_{i=1}^{n} a_i\Big)^2\Big).$

On a un seul point critique et en fait x_0 est positif ou nul, nul seulement si tous les a_i sont égaux, et si $y_0 = a = a_i$, $\forall i$. Donc si $a_1 = a_2 = \ldots = a_n$, pas de point critique dans l'ouvert $\Omega = \mathbb{R}_+^* \times \mathbb{R}$, pas d'extremum. Si les a_i ne sont pas tous égaux, en (x_0, y_0) on calcule la différentielle d'ordre 2.

On a $r = \dfrac{\partial^2 g}{\partial x^2}(x_0, y_0) = \dfrac{n}{2x_0^2} - \dfrac{1}{x_0^3}\sum_{i=1}^{n}(a_i - y_0)^2$ avec $\sum_{i=1}^{n}(a_i - y_0)^2 =$ nx_0, d'où $r = \dfrac{n}{2x_0^2} - \dfrac{n}{x_0^2} = -\dfrac{n}{2x_0^2}$. Puis $s = \dfrac{\partial^2 g(x_0, y_0)}{\partial x \partial y} = -\dfrac{1}{x_0^2}\sum_{i=1}^{n}(a_i -$ $y_0)$

$= -\dfrac{1}{x_0^2}\Big(\sum_{i=1}^{n} a_i - \sum_{i=1}^{n} a_i\Big) = 0$, (vu la valeur de y_0).

Enfin, $t = \dfrac{\partial^2 g(x_0, y_0)}{\partial y^2} = -\dfrac{n}{x_0}$, d'où la différentielle d'ordre 2 valant $d^2 g(x_0, y_0)(u, v) = -\dfrac{n}{2x_0^2}u^2 - \dfrac{n}{x_0}v^2$, avec $x_0 > 0$, elle est définie négative : il y a maximum local strict en (x_0, y_0) de g, donc de f.

11. D'abord, comme $\varphi \circ f$ est continue sur $[a, b]$, $\phi(f)$ existe. On donne à f un accroissement h, on a $\phi(f+h) = \int_a^b \varphi(f(t)+h(t))dt$, or, (Taylor-Lagrange à l'ordre 2, pour φ, entre $f(t)$ et $f(t) + h(t)$), il existe $\theta(t, h)$ entre 0 et 1 tel que :

$$\varphi(f(t) + h(t)) = \varphi(f(t)) + h(t)\varphi'(f(t)) + \frac{h^2(t)}{2!}\varphi''(f(t) + \theta(t, h)h(t)),$$

$$\text{d'où} \quad \phi(f + h) - \phi(f) = \int_a^b h(t)\varphi'(f(t))dt$$

$$+\frac{1}{2}\int_a^b h^2(t)\varphi''(f(t) + \theta(t, h)h(t))dt.$$

On comprend bien que la première intégrale est linéaire en h, et que la seconde est sans doute $o(||h||_\infty)$.

Posons $d\phi(f)(h) = \int_a^b h(t)(\varphi' \circ f)(t)dt$, $d\phi(f)$ est linéaire et $|d\phi(f)(h)| \leqslant (b-a)||\varphi' \circ f||_\infty ||h||_\infty$ donc $d\phi(f)$ est $(b-a)||\varphi' \circ f||_\infty$ Lipschitzienne : elle est continue. Il reste à voir si

$$\phi(f + h) - \phi(f) - d\phi(f)(h) = \frac{1}{2}\int_a^b h^2(t)\varphi''(f(t) + \theta(t, h)h(t))dt$$

est $o(||h||_\infty)$.

On commence par imposer $||h||_\infty \leqslant 1$, comme $0 \leqslant \theta(t,h) \leqslant 1$, les $f(t)+\theta(t,h)h(t)$ sont dans $K = [-||f||_\infty - 1, ||f||_\infty + 1]$, compact, sur lequel $M = \sup\{|\varphi''(x)|; x \in K\}$ existe, et alors

$$\left|\frac{1}{2}\int_a^b h^2(t)\varphi''(f(t)+\theta(t,h)h(t))dt\right| \leqslant \frac{1}{2}(b-a)||h||_\infty^2 M$$

est bien $o(||h||_\infty)$ d'où ϕ différentiable et $d\phi(f)(h) = \displaystyle\int_a^b h(t)(\varphi' \circ f)(t)dt$.

CHAPITRE 17

Difféomorphismes, fonctions implicites

Ce chapitre, assez court, va permettre de déboucher sur le théorème des fonctions implicites, point de départ de l'étude des arcs de courbes, des nappes, et plus généralement des variétés en implicite. Nous allons utiliser des résultats, (Théorème de Banach, ou des approximations successives), établir au chapitre VI sur les espaces vectoriels normés.

1. Difféomorphismes

Soit U et V deux espaces topologiques. On a défini, (Tome 2 définition 1.38)), les homéomorphismes de U sur V, c'est-à-dire les bijections f de U sur V telles que f et la bijection réciproque f^{-1} soient continues.

Qu'en est-t-il de la différentiabilité, si on suppose que U et V sont des ouverts de E et F espaces vectoriels normés ?

D'abord, le fait qu'un homéomorphisme f de U sur V soit différentiable n'implique pas que f^{-1} le soit. Ainsi, pour $U = V = \mathbb{R}$, l'application $f : x \rightsquigarrow x^3$ est un homéomorphisme de U sur V, dérivable partout, mais $f^{-1} : t \rightsquigarrow t^{1/3}$ n'est pas dérivable en 0.

Cependant, si un homéomorphisme f de U sur V, (ouverts dans des e.v.n) est différentiable en a, et si f^{-1} est différentiable en $b = f(a)$, les deux applications linéaires continues $df(a)$ et $df^{-1}(b)$ sont inverses l'une de l'autre, car l'identité $\left(f^{-1} \circ f\right)(x) = x$, pour tout x de U, donne en différentiant en a, (Théorème 16.17) : $df^{-1}(f(a)) \circ df(a) = \mathrm{id}_E$ puisque la différentielle de $x \rightsquigarrow x$, (linéaire continue) en n'importe quel point est cette application linéaire elle-même, (exemple 16.20). Mais de même, $\forall y \in V,\ f \circ f^{-1}(y) = y$ donne $df(a) \circ df^{-1}(b) = \mathrm{id}_F$ d'où le résultat. ■

Cette propriété admet une réciproque dans le cadre des espaces complets.

THÉORÈME 17.1. — *Soit U et V deux ouverts de E et F, Banach, et f un homéomorphisme de U sur V différentiable en a de U. Alors f^{-1} est différentiable en $b = f(a)$ si et seulement si $df(a) \in \mathrm{Isom}_c(E, F)$, et alors $df^{-1}(f(a)) = (df(a))^{-1}$.*

Ce qui précède montre que la condition est nécessaire, sans les hypothèses E et F Banach d'ailleurs.

Elle est suffisante, car supposons $df(a)$ dans $\mathrm{Isom}_c(E, F)$, ensemble des isomorphismes continus de E sur F, et pour y voisin de b dans V, avec $x = f^{-1}(y)$ dans U on a :

$$y - b = f(x) - f(a) = df(a)(x - a) + ||x - a||\varepsilon(x),$$

avec $\lim\limits_{x \to a} \varepsilon(x) = 0$. On prend les images des deux membres par $(df(a))^{-1}$, il vient, en transformant un peu,

17.2. $$\begin{aligned} x - a &= f^{-1}(y) - f^{-1}(b) \\ &= (df(a))^{-1}(y - b) - ||x - a||\,(df(a))^{-1}(\varepsilon(x)) \end{aligned}$$

En fait, $(df(a))^{-1}$ est *linéaire continue* de F sur E, (Tome 2, corollaire 6.41) et si on montre que $||x - a||\,(df(a))^{-1}(\varepsilon(x))$ est $o(||y - b||)$, l'égalité précédente s'écrivant $f^{-1}(y) - f^{-1}(b) = (df(a))^{-1}(y - b) + o(||y - b||)$ prouvera bien la différentiabilité de f^{-1} en b, avec l'égalité $df^{-1}(b) = \left(df(f^{-1}(b))\right)^{-1}$.

Or avec $x = f^{-1}(y)$ et f^{-1} continue, on a $\lim\limits_{y \to b} \varepsilon\left(f^{-1}(y)\right) = 0$ puisqu'alors x tend vers a, et comme $(df(a))^{-1}$ est continue, *a fortiori* $\lim\limits_{y \to b} (df(a))^{-1}\left(\varepsilon(f^{-1}(y))\right) = 0$.

Puis en repartant de l'égalité 17.2, en norme on a $||x - a|| \leqslant |||\,(df(a))^{-1}\,|||\;||y - b|| + ||x - a||\;||\,(df(a))^{-1}\left(\varepsilon(f^{-1}(y))\right)||$. Soit $\frac{1}{2}$, il existe α tel que $||y - b|| \leqslant \alpha \Rightarrow ||(df(a))^{-1}(\varepsilon(f^{-1}(y)))|| \leqslant \frac{1}{2}$, d'où en fait $\left(1 - \frac{1}{2}\right)||x - a|| \leqslant |||\,(df(a))^{-1}\,|||\;||y - b||$, et on peut majorer alors $||x - a||\;||\,(df(a))^{-1}(\varepsilon(x))||$, (pour $x = f^{-1}(y)$ associé) par $2||y - b||\;|||\,(df(a))^{-1}\,|||\;||\,(df(a))^{-1}\left(\varepsilon(f^{-1}(y))\right)||$, ce qui donne bien l'aspect $o(||y - b||)$ de la quantité $f^{-1}(y) - f^{-1}(b) - (df(a))^{-1}(y - b)$, (on a $||y - b||$ en facteur de quelque chose qui tend vers 0 si y tend vers b). ■

La connaissance de $df^{-1}(b) = \left(df(f^{-1}(b))\right)^{-1}$ va nous permettre d'étudier une éventuelle continuité de df^{-1}.

Justifions d'abord le

THÉORÈME 17.3. — *Soit E et F deux Banach. L'ensemble* $\mathrm{Isom}_c(E, F)$ *des isomorphismes continus de E sur F est un ouvert de $L_c(E, F)$ et s'il est non vide, l'application $u \rightsquigarrow u^{-1}$ est continue de* $\mathrm{Isom}_c(E, F)$ *dans* $\mathrm{Isom}_c(F, E)$ *(et dans $L_c(F, E)$, puisque* $\mathrm{Isom}_c(F, E)$ *est ouvert dans $L_c(F, E)$).*

D'abord, si $\mathrm{Isom}_c(E, F)$ est vide, il est ouvert, et la suite du théorème est obtenue puisque le cas ne se pose pas.

Supposons $\mathrm{Isom}_c(E, F) \neq \emptyset$, soit u_0 dans $\mathrm{Isom}_c(E, F)$, on veut inverser u voisin de u_0. En fait, si on revient par u_0^{-1} dans E, on peut utiliser un résultat plus simple :

LEMME 17.4. — *Soit E un Banach et v dans $L_c(E, E)$ tel que $|||v||| < 1$, l'application linéaire* $\mathrm{id}_E - v$ *est inversible.*

(Penser : $\dfrac{1}{1-x} = \sum\limits_{n \geqslant 0} x^n \ldots$)

On sait, (Tome 2, Théorème 6.25), que $L_c(E, E)$ est complet, (comme E) pour la norme d'application linéaire continue. Dans cet espace complet, la série des v^n est absolument convergente car $|||v^n||| \leqslant |||v|||^n$: on a une série géométrique convergente puisque $|||v||| < 1$, donc la série des v_n converge (Théorème 11.12).

Soit $S = \sum\limits_{n=0}^{\infty} v^n = \lim\limits_{p \to +\infty} S_p$ avec $S_p = \sum\limits_{n=0}^{p} v^p$.

On a $(\mathrm{id}_E - v) \circ S_p = \mathrm{id}_E - v^{p+1}$, et comme $\lim\limits_{p \to +\infty} v^{p+1} = 0$, et que le produit de composition est continue de $(L_c(E, E))^2$ dans $L_c(E, E)$ (bilinéaire, 1· Lipschitzien car $|||a \circ b||| \leqslant |||a|||\ |||b|||$), à la limite on a $(\mathrm{id}_E - v) \circ S = \mathrm{id}_E$, et on justifierait de même l'égalité $S \circ (id_E - v) = \mathrm{id}_E$, d'où le lemme. ∎

Retour au théorème. On a u de $L_c(E, F)$ inversible si et seulement si $u_0^{-1} \circ u = w$ l'est, de E dans E cette fois. Pour appliquer le lemme, on met w sous la forme $\mathrm{id}_E - v$, soit

$$\begin{aligned} v &= \mathrm{id}_E - u_0^{-1} \circ u = u_0^{-1} \circ u_0 - u_0^{-1} \circ u \\ &= u_0^{-1} \circ (u_0 - u) \text{ d'où } |||v||| \leqslant |||u_0^{-1}|||\ |||u_0 - u||| \end{aligned}$$

et, si $|||u_0 - u||| < \dfrac{1}{|||u_0^{-1}|||}$, on aura $|||v||| < 1$, donc $u_0^{-1} \circ u = \mathrm{id}_E - v$ inversible, donc u inversible : la boule ouverte de centre u_0 de rayon $\dfrac{1}{|||u_0^{-1}|||}$ est dans $\mathrm{Isom}_c(E, F)$ qui est bien un ouvert de $L_c(E, F)$.

De plus $u = u_0 \circ (\mathrm{id}_E - v)$, avec les mêmes notations,

donc $u^{-1} = (\mathrm{id}_E - v)^{-1} \circ u_0^{-1}$ et $u^{-1} - u_0^{-1} = \left(\sum_{n=0}^{\infty} v^n\right) \circ u_0^{-1} - u_0^{-1}$

soit $u^{-1} - u_0^{-1} = \left(\sum_{n=1}^{\infty} v^n\right) \circ u_0^{-1}$ d'où

$$||u^{-1} - u_0^{-1}|| \leqslant \left(\sum_{n=1}^{\infty} |||v|||^n\right) |||u_0^{-1}||| = |||u_0^{-1}||| \frac{|||v|||}{1 - |||v|||}.$$

On a $\lim_{v \to 0} \dfrac{|||v|||}{1 - |||v|||} = 0$, et comme $|||v||| \leqslant |||u_0^{-1}|||\ |||u_0 - u|||$, finalement $\lim_{u \to u_0} |||v||| = 0$ d'où $\lim_{u \to u_0} u^{-1} = u_0^{-1}$, ce qui donne la continuité de l'application $u \rightsquigarrow u^{-1}$. ■

REMARQUE 17.5. — Même si j'aime beaucoup cette justification, et tout ce chapitre où en fait on utilise tous les résultats établis de-ci de-là, il faut quand même garder les pieds sur terre et dire un mot de ce qui se passe en dimension finie, cadre essentiel d'application pratique du calcul différentiel.

Le lemme peut se justifier comme suit : si $\mathrm{id}_E - v$ est non inversible, c'est qu'il existe $x \neq 0$ tel que $x - v(x) = 0$, mais alors $\dfrac{||v(x)||}{||x||} = 1$ donc $|||v||| \geqslant 1$: contredit $|||v||| < 1$.

Mais on peut justifier le théorème 17.3 sans le lemme car si E et F de dimensions finies n et p sont tels qu'il existe u_0 isomorphisme de E sur F, on a $n = p$, et, en fixant des bases de E et F on peut travailler sur les matrices carrées d'ordre n. Alors dans $\mathcal{M}_n(\mathbb{R}) \simeq \mathbb{R}^{n^2}$, $\mathrm{Isom}_c(E, F)$ est $\det^{-1}(\mathbb{R}^*)$, l'application déterminant étant polynômiale donc continue, $\mathrm{Isom}_c(E, F) = GL_n(\mathbb{R})$ dans ce cas, est un ouvert de $\mathcal{M}_n(\mathbb{R})$, puis $A \rightsquigarrow A^{-1}$, avec $A^{-1} = \dfrac{1}{\det A}\,{}^t(\text{comatrice de } A)$, est continue, ses n^2 fonctions composantes étant des fractions rationnelles par rapport aux coordonnées a_{ij} de A, dont le dénominateur ne s'annule pas. ■

DÉFINITION 17.6. — *Soient U et V deux ouverts des espaces vectoriels normés E et F. On dit que $f : U \mapsto V$ est un C^1 difféomorphisme de U sur V si et seulement si f est un homéomorphisme de U sur V, f et f^{-1} étant de classe C^1.*

On définirait de même un difféomorphisme de classe, C^p, et on peut dire qu'un homéomorphisme est un C^0 difféomorphisme.

THÉORÈME 17.7. — *Soient U et V des ouverts de E et F, espaces de Banach et f un homéomorphisme de U sur V, de classe C^1. C'est un C^1 difféomorphisme si et seulement si, $\forall x \in U$, $df(x) \in \mathrm{Isom}_c(E, F)$.*

On suppose donc f bijective de U sur V, avec df continue de $L_c(E, F)$ dans $L_c(F, E)$ et telle que, $\forall x \in U$, $df(x)$ est bijective. Donc le Théorème 17.1 s'applique, f^{-1} est différentiable, et en $y = f(x), df^{-1}(y) = \left(df(f^{-1}(y))\right)^{-1}$.

Mais alors, df^{-1} est composée de $y \rightsquigarrow f^{-1}(y) = x$, puis de $x \rightsquigarrow df(x) = u$ et enfin de $u \rightsquigarrow u^{-1}$ de $\mathrm{Isom}_c(E, F)$ dans $L_c(F, E)$. Toutes ces applications étant continues, (c'est le Théorème 17.3 pour $u \rightsquigarrow u^{-1}$) on a bien df^{-1} continue d'où f est un C^1 difféomorphisme.

La réciproque est évidente. ■

On peut remarquer que si f est de classe C^1, et si a de U est tel que $df(a) \in \mathrm{Isom}_c(E, F)$ ouvert de $L_c(E, F)$, par continuité de df, localement $df(x)$ restera bijective.

Nous allons voir qu'en plus f elle-même va être localement bijective.

2. Théorème d'inversion locale

THÉORÈME 17.8. — *Soit E et F deux Banach, Ω un ouvert de E, f une application de classe C^1 de Ω dans F et a dans Ω tel que $df(a) \in \mathrm{Isom}_c(E, F)$. Alors il existe des ouverts U et V de E et F, avec $a \in U \subset \Omega$, tels que f réalise un C^1 difféomorphisme de U sur V.*

Le côté bijectif de $df(a)$ permet d'inverser localement la fonction f.

On va commencer par chercher un voisinage U_1 de a tel que f réalise une bijection de U_1 sur $V_1 = f(U_1)$. C'est un problème du type : partant de y proche de $f(a)$, trouver un et un seul x tel que $f(x) = y$. Or, dans les Banach, nous disposons d'outils pour résoudre des équations : c'est le Théorème du point fixe, ou celui des approximations successives. Mais pour les employer, il faut travailler sur un seul espace, c'est ce que nous allons faire en remarquant que f sera localement bijective si et seulement si $f_1 = (df(a))^{-1} \circ f$ l'est, avec $f_1 : \Omega \mapsto E$ cette fois.

On sait alors, (Tome 2, Théorème 6.37 dit des approximations successives), qu'avec $r > 0$ tel que $\mathcal{B}_0(a, r) \subset \Omega$, et si $\varphi : x \rightsquigarrow x - f_1(x)$ soit contractante sur cette boule, f_1 réalisera un homéomorphisme d'un ouvert U_1 contenant a sur $V_1 = \mathcal{B}_0(f_1(a), (1-k)r)$, φ étant $k\cdot$ Lipschitzienne en fait.

Il nous faut donc avoir φ contractante, et pour majorer $||\varphi(x) - \varphi(y)||$ on va utiliser le Théorème des accroissements fini, (Théorème 16.44).

On a $\qquad d\varphi(x) = \mathrm{id}_E - df_1(x)$, avec $f_1 = (df(a))^{-1} \circ f$

donc $\qquad df_1(x) = (df(a))^{-1} \circ df(x)$,

(ne pas oublier que la différentielle d'une application linéaire continue, u, en n'importe quel point, c'est u).

Donc $d\varphi(x) = \mathrm{id}_E - (df(a))^{-1} \circ df(x)$ est telle que $d\varphi(a) = 0$.

Soit donc $k \in]0, 1[$, par continuité de $d\varphi$, (f est de classe C^1 donc df est continue), il existe $r > 0$ tel que

$$\mathcal{B}_0(a, r) \subset \Omega \text{ et } |||d\varphi(x)||| \leqslant k \quad (< 1) \text{ sur } \mathcal{B}_0(a, r).$$

Par accroissements finis, φ est $k\cdot$ Lipschitzienne sur $\mathcal{B}_0, (a, r)$ donc on a déjà un ouvert U_1, avec $a \in U_1 \subset \mathcal{B}_0(a, r) \subset \Omega$, tel que f_1 réalise un homéomorphisme de U_1 sur $\mathcal{B}_0(f_1(a), (1-k)r)$, d'où, comme $df(a)$ est ouverte, $(df(a))^{-1}$ est continue) et comme $f = df(a) \circ f_1$, on sait que f réalise un homéomorphisme de U_1 sur $V_1 = df(a)(\mathcal{B}_0\,(f_1(a), (1-k)r))$.

Puis $df(a) \in \mathrm{Isom}_c(E, F)$, ouvert de $L_c(E, F)$, (Théorème 17.3), et df est continue, donc il existe U_2 ouvert de E contenant a et inclus dans Ω tel que, $\forall x \in U_2$, $df(x) \in \mathrm{Isom}_c(E, F)$. Mais alors, avec $U = U_1 \cap U_2$, ouvert avec $a \in U \subset \Omega$ et $V = f(U)$ ouvert car U est ouvert de U_1, et f est un homéomorphisme de U_1 sur V_1, donc V, ouvert de V_1, lui-même ouvert de F, est un ouvert de F, on a un homéomorphisme f de U sur V tel que, $\forall x \in U$, $df(x) \in \mathrm{Isom}_c(E, F)$: le Théorème 17.7 s'applique, d'où f difféomorphisme de U sur V de classe C^1. ■

DÉFINITION 17.9. — *Si f est différentiable en a, on dit que f est étale en a lorsque $df(a) \in \mathrm{Isom}_c(E, F)$.*

On vient donc de voir qu'une application de classe C^1, étale en a est un difféomorphisme local, tout ceci dans le cadre des espaces de Banach, évidemment.

L'application essentielle à ce niveau du Théorème 17.8 est le Théorème des fonctions implicites.

THÉORÈME 17.10. — *(Dit des fonctions implicites). Soient E, F, G trois Banach, Ω un ouvert de $E \times F$ et $f : \Omega \mapsto G$ une application de classe C^1. Soit $(a,b) \in \Omega$ tel que la différentielle partielle $df_y(a,b)$ soit un isomorphisme de F sur G. Alors il existe un voisinage ouvert U de (a,b) dans Ω, et un voisinage ouvert W de a dans E ainsi qu'une application g de classe C^1 de W dans F, telle que :*

$$((x,y) \in U \text{ et } f(x,y) = f(a,b)) \Leftrightarrow (x \in W \text{ et } y = g(x)) .$$

Ce théorème semble monstrueux et rebutant. En fait son idée est simple : localement, l'équation $f(x,y) = f(a,b)$, d'inconnue x, se résoud en $y = g(x)$, avec g de classe C^1.

Nous allons justifier le résultat en supposant que $f(a,b) = 0$, sinon on s'y ramène en remplaçant f par $f - f(a,b)$.

On définit $f_1 : \Omega \mapsto E \times G$ par $f_1(x,y) = (x, f(x,y))$.

La fonction f_1 est de classe C^1 car ses composantes le sont et, pour (h,k) dans $E \times F$ on a :

$$df_1(a,b)(h,k) = \big(h, df_x(a,b)(h) + df_y(a,b)(k)\big) ,$$

(voir au corollaire 16.48 cette notation des différentielles partielles). Mais alors $df_1(a,b)$ est bijective de $E \times F$ sur $E \times G$ car si on se donne (r,s) dans $E \times G$, et si on cherche (h,k) tel que $df_1(a,b)(h,k) = (r,s)$ forcément $h = r$, puis $k = \big(df_y(a,b)\big)^{-1} (s - df_x(a,b)(r))$: l'existence et l'unicité d'un antécédent donne bien $df_1(a,b)$ bijective. Mais alors, le Théorème 17.8 d'inversion locale s'applique. Il existe dans $E \times F$ un ouvert U contenant (a,b), et dans $E \times G$ un ouvert V contenant $f_1(a,b) = (a,0)$, tel que f_1 réalise un C^1 difféomorphisme de U sur V.

En notant $z = f(x,y)$ pour (x,y) dans U, comme $f_1(x,y) = (x,z)$ l'application f_1^{-1}, au couple (x,z) de V va associer un antécédent (x,y) avec y fonction de x et de z, notée $g_1(x,z)$, et on a

$$((x,y) \in U \text{ et } z = f(x,y)) \Leftrightarrow ((x,z) \in V \text{ et } y = g_1(x,z)) ,$$

car c'est traduire $f_1(x,y) = (x,z)$ et $(x,y) = f_1^{-1}(x,z)$.

Mais alors,

$$((x,y) \in U \text{ et } f(x,y) = 0) \Leftrightarrow ((x,0) \in V \text{ et } y = g_1(x,0)) .$$

En notant alors $W = \{x \in E, (x,0) \in V\}$, on a un ouvert de E car si $x_0 \in W$, il existe un ouvert élémentaire $\omega_E \times \omega_F$ de l'espace produit $E \times F$ tel que $(x_0, 0) \in \omega_E \times \omega_F \subset V$. Mais alors, pour tout x' de ω_E, $(x', 0)$ est dans V donc $\omega_E \subset W$, on a bien W voisinage de x_0 et ce pour tout x_0 de W.

On a finalement

$$((x,y) \in U \text{ et } f(x,y) = 0) \Leftrightarrow (x \in W \text{ et } y = g(x))$$

si on note $g(x) = g_1(x, 0)$, définissant ainsi g de classe C^1 car composée de $x \rightsquigarrow (x, 0)$, (classe C^∞) et de g_1 qui est de classe C^1, (composante de f_1^{-1}). C'est fini ! On a g. ■

L'ennui de ce théorème des fonctions implicites est son aspect local d'une part, et le fait que g n'est pas connue. Mais on va voir par contre que dg est localement connue.

Comment déborder l'aspect local

Sous les hypothèses du Théorème 17.10, à savoir Ω ouvert de $E \times F$ et f de classe C^1 telle que $df_y(a,b)$ soit un isomorphisme de F sur G, par continuité de df_y, il existe un ouvert Ω' contenant (a,b) tel que sur Ω', df_y reste à valeurs dans $\mathrm{Isom}_c(F,G)$, ouvert de $L_c(F,G)$.

Soit alors W et W' deux voisinages ouverts de a dans E, et g et g' deux applications de classe C^1 de W et W' respectivement dans F telles que l'on ait deux ouverts U et U' de $E \times F$ contenant (a,b) avec :

$$((x,y) \in U \text{ et } f(x,y) = f(a,b)) \Leftrightarrow (x \in W, y = g(x))$$

et $$\big((x,y) \in U' \text{ et } f(x,y) = f(a,b)\big) \Leftrightarrow (x \in W' \text{ et } y = g'(x)),$$

alors sur W'' = la composante connexe de a dans $W \cap W'$, à condition que pour tout x de W'', $(x, g(x))$ et $(x, g'(x))$ soient dans Ω', (ouvert sur lequel df_y reste un isomorphisme) on a $g = g'$, car si on introduit $A = W'' \cap ((g - g')^{-1}(\{0\}))$, c'est un fermé de W'', ($g - g'$ continue), et un ouvert car en $x_0 \in A$, $g(x_0) = g'(x_0) = y_0$ et comme on peut appliquer le Théorème 17.10 en (x_0, y_0) puisque $df_y(x_0, y_0) \in \mathrm{Isom}_c(F,G)$, g et g' coïncident dans un voisinage (inconnu) de x_0 avec la seule solution locale fournie par le Théorème 17.10, on a un voisinage de x_0 sur lequel $g = g'$, ce voisinage (quitte à le restreindre) est dans A. Comme $a \in A$, et que W'' est connexe, $A = W''$ et finalement $g = g'$ sur W''.

Calcul de la différentielle de la fonction implicite.

Avec les hypothèses du Théorème 17.10, si on a localement $f(x,y) = f(a,b) \Leftrightarrow (y = g(x)$ et $x \in W)$, avec g de classe, C^1, c'est que, $\forall x \in W, f(x,g(x)) = f(a,b)$ est constante en x, donc en différentiant on obtient :

$$df_x(x,g(x)) + df_y(x,g(x)) \circ dg(x) = 0,$$

et comme les hypothèses sont telles que, $\forall x$ de W, $(x, g(x))$ reste dans l'ouvert sur lequel df_y est à valeur dans $\mathrm{Isom}_c(E,F)$, (sinon par continuité, on restreint W pour qu'il en soit aussi) on a

17.11. $$dg(x) = -\left[df_y(x,g(x))\right]^{-1} \circ df_x(x,g(x)).$$

Un cas particulier important

THÉORÈME 17.12. — *Soit Ω un ouvert de $\mathbb{R}^n$, f une application de classe C^p de Ω dans $\mathbb{R}$ et $a = (\alpha_1, \ldots, \alpha_n)$ dans Ω un point tel que $\dfrac{\partial f}{\partial x_n}(a) \neq 0$. Il existe un voisinage U de a dans $\mathbb{R}^n$, un voisinage W de $(\alpha_1, \ldots, \alpha_{n-1})$ dans $\mathbb{R}^{n-1}$ et une application g de classe C^p de W dans $\mathbb{R}$, tels que*

$$((x_1, \ldots, x_n) \in U \text{ et } f(x_1, \ldots, x_n) = f(\alpha_1, \ldots, \alpha_n)) \Leftrightarrow ((x_1, \ldots, x_{n-1}) \in W \text{ et } x_n = g(x_1, \ldots, x_{n-1})).$$

De plus, pour $j = 1, \ldots, n-1$, on a sur W,

$$\frac{\partial g}{\partial x_j}(x_1, \ldots, x_{n-1}) = -\frac{\dfrac{\partial f}{\partial x_j}(x_1, \ldots, x_{n-1}, g(x_1, \ldots, x_{n-1}))}{\dfrac{\partial f}{\partial x_n}(x_1, \ldots, x_{n-1}, g(x_1, \ldots, x_{n-1}))}.$$

J'ai toujours trouvé très longs les énoncés de calcul différentiel. Pas vous ?

On applique le Théorème 17.10 à $E = \mathbb{R}^{n-1}, F = G = \mathbb{R}$, on note $\alpha = (\alpha_1, \ldots, \alpha_{n-1}) \in E, \beta = \alpha_n \in F$ et $a = (\alpha, \beta)$. On considère $x = (x_1, \ldots, x_{n-1})$ et $y = x_n$. La différentielle partielle $df_y(\alpha, \beta)$ est l'application linéaire de $\mathbb{R}$ dans $\mathbb{R}$ définie par t réel donne $\dfrac{\partial f}{\partial x_n}(\alpha, \beta) \cdot t$, (produit dans $\mathbb{R}$), c'est donc un isomorphisme de $\mathbb{R}$ dans $\mathbb{R}$, le théorème s'applique.

L'identité locale $f(x_1, \ldots, x_{n-1}, g(x_1, \ldots, x_{n-1})) = 0$ conduit, en prenant la dérivée partielle par rapport à x_j, à l'égalité :

$$f'_{x_j}(x_1,\ldots,x_{n-1},g(x_1,\ldots,x_{n-1}))$$
$$+f'_{x_n}(x_1,\ldots,x_{n-1},g(x_1,\ldots,x_{n-1}))g'_{x_j}(x_1,\ldots,x_{n-1})=0$$

qui donne l'expression voulue de $g'_{x_j}(x_1,\ldots,x_{n-1})$ vu la non nullité de $f'_{x_n}(x_1,\ldots,x_{n-1},g(x_1,\ldots,x_{n-1}))$, et cette expression permet de voir que g est de classe C^p car toutes les dérivées partielles d'ordre inférieur à p de g vont exister et être continues sur W.

17.13. *Si $n = 2$, on obtient les arcs de courbe en implicite :* si Ω est un ouvert de $\mathbb{R}^2$, f une application de classe C^p de Ω dans $\mathbb{R}$, $(x_0, y_0) \in \Omega$ tel que $f(x_0,y_0) = 0$ et $f'_y(x_0,y_0) \neq 0$, on a localement, $(f(x,y)=0) \Leftrightarrow (y=\varphi(x))$ avec φ de classe C^p, vérifiant $\varphi(x_0) = y_0$.

L'identité (locale) $f(x,\varphi(x))=0$ donne $f'_x + f'_y\varphi'(x) = 0$ d'où

$$\varphi'(x) = -\frac{f'_x(x,\varphi(x))}{f'_y(x,\varphi(x))}.$$

La tangente en $M_0(x_0,y_0)$, à l'arc de courbe a pour équation

$$y-y_0 = \varphi'(x_0)(x-x_0) = -\frac{f'_x(x_0,\varphi(x_0))}{f'_y(x_0,\varphi(x_0))}(x-x_0)$$

ou, plus symétriquement :

17.14. $(x-x_0)f'_x(x_0,y_0) + (y-y_0)f'_y(x_0,y_0) = 0$,
équation de la tangente que l'on obtient également si on avait au départ $f'_x(x_0,y_0) \neq 0$, et que l'on avait tiré implicitement x fonction de y.

17.15. *Si $n = 3$, on obtient les nappes en implicite :* très brièvement, soit Ω un ouvert de $\mathbb{R}^3$, $f : \Omega \mapsto \mathbb{R}$ de classe C^p, (x_0,y_0,z_0) dans Ω tel que $f(x_0,y_0,z_0) = 0$ et $df(x_0,y_0,z_0) \neq 0$, alors localement, $f(x,y,z) = 0 \Leftrightarrow$ (l'une des coordonnées est fonction, (de classe C^p) des 2 autres), donc M de coordonnées (x,y,z) est localement sur une nappe paramétré, de plan tangent ayant pour équation :

17.16. $(X-x)f'_x(x,y,z) + (Y-y)f'_y(x,y,z) + (Z-z)f'_z(x,y,z) = 0.$

En effet supposons $\frac{\partial f}{\partial z}(x_0, y_0, z_0) \neq 0$, on obtient localement z fonction de (x, y) : $z = \varphi(x, y)$, et l'identité

$$f(x, y, \varphi(x, y)) = 0 \quad \text{donne} \quad \varphi'_x = -\frac{f'_x(x, y, \varphi)}{f'_z(x, y, \varphi)},$$

et
$$\varphi'_y = -\frac{f'_y(x, y, \varphi)}{f'_z(x, y, \varphi)}.$$

La nappe paramétrée par $(x, y, \varphi(x, y)) = F(x, y, z)$ est telle que les vecteurs $F'_x = (1, 0, \varphi'_x)$ et $F'_y = (0, 1, \varphi'_y)$ sont indépendants, on a un plan tangent d'équation :

$$\begin{vmatrix} X - x & Y - y & Z - z \\ 1 & 0 & \varphi'_x \\ 0 & 1 & \varphi'_y \end{vmatrix} = 0$$

qui se développe en

$$(X - x)(-\varphi'_x) - (Y - y)\varphi'_y + Z - z = 0, \quad \text{soit encore}$$

en
$$(X - x)\frac{f'_x}{f'_z} + (Y - y)\frac{f'_y}{f'_z} + Z - z = 0$$

ce qui donne l'expression symétrique, avec $z = \varphi(x, y)$,

$$(X - x)f'_x(x, y, \varphi(x, y)) + (Y - y)f'_y(x, y, z) + (Z - z)f'_z(x, y, z) = 0.$$

3. Problèmes d'extrema liés

Un exemple. Promenons-nous, dans $\mathbb{R}^3$ euclidien, sur la sphère unité, S, d'équation $x^2 + y^2 + z^2 = 1$. A chaque point m de S on peut associer la somme des distances aux plans de coordonnées, c'est-à-dire $f(x, y, z) = |x| + |y| + |z|$ et comme cela, tout d'un coup on se demande, tiens, quant est-ce que f est extrémale ?

On cherche donc les extrema de f, fonction de x, y, z, les variables étant liées par la relation $g(x, y, z) = 0$ avec $g(x, y, z) = x^2 + y^2 + z^2 - 1$.

Généralisons ce problème.

THÉORÈME 17.17. — *Soient f et g deux fonctions définies sur Ω ouvert de E espace vectoriel normé, à valeurs réelles, de classe C^1, et $S = \{x;\ x \in \Omega, g(x) = 0\}$. Si la restriction de f à S présente en a de S un extremum, et si $dg(a) \neq 0$, alors il existe λ réel tel que $df(a) = \lambda dg(a)$.*

En effet, comme $dg(a) \neq 0, \exists v$ dans E avec $dg(a)(v) \neq 0$.

Soit u quelconque dans E. On définit deux fonctions des variables s et t réelles par

$$F(s,t) = f(a + su + tv) \text{ et } G(s,t) = g(a + su + tv).$$

Comme $\theta : (s,t) \rightsquigarrow a + su + tv$ est continue et que $\theta(0,0)$ est dans Ω ouvert, il existe un voisinage ouvert $\mathcal{O}$ de $(0,0)$ dans $\mathbb{R}^2$ tel que $\theta(\mathcal{O}) \subset \Omega$.

Soit $A = \{(s,t);\ (s,t) \in \mathcal{O};\ G(s,t) = 0\}$, la fonction $F|_A$ présente en $(0,0)$ un extremum, car il existe un voisinage V de a dans E tel que $x \in V \cap S \Rightarrow f(x) \leqslant f(a)$ par exemple, (si l'extremum est un maximum local), mais il existe W voisinage de $(0,0)$ dans $\mathbb{R}^2$ tel que

$$(s,t) \in W \Rightarrow \theta(s,t) = a + su + tv \in V$$

donc si $(s,t) \in W \cap A$, comme alors $\theta(s,t) \in V \cap S$, on a bien

$$F(s,t) = f(\theta(s,t)) \leqslant f(\theta(0,0)) = f(a) = F(0,0).$$

Or $G'_t : dg(a + su + tv)(v)$, donc $G'_t(0,0) = dg(a)(v) \neq 0$, on peut appliquer le théorème des fonctions implicites à G, et localement, $G(s,t) = 0 \Leftrightarrow t = \varphi(s)$, avec $\varphi(0) = 0$, φ de classe C^1, et de plus $\varphi'(s) = -\dfrac{G'_s(t,\varphi)}{G'_t(t,\varphi)}$.

Cette fois-ci, c'est la fonction $s \rightsquigarrow F(s,\varphi(s))$, définie sur un voisinage de 0 dans $\mathbb{R}$, dérivable, qui présente en 0 un extremum, donc sa dérivée en 0 est nulle, soit encore $F'_s(0,0) + F'_t(0,0)\varphi'(0) = 0$.

Il ne reste plus qu'à calculer ces dérivées partielles et on obtient :

$$df(a)(u) + df(a)(v)\left(-\frac{dg(a)(u)}{dg(a)(v)}\right) = 0,$$

d'où, avec λ réel égal à $\dfrac{df(a)(v)}{dg(a)(v)}$, (ne pas oublier que $df(a)(v)$ est un réel...) on a,

$$\forall u \in E, df(a)(u) = \lambda\, dg(a)(u)$$

d'où la proportionnalité des différentielles en a. ■

Si on revient au cas le plus général de deux fonctions f et g définies sur une partie K pas forcément ouverte de E, à valeurs réelles, et si $A = \{x;\ x \in K, g(x) = 0\}$ *les extrema de la restriction de* f *à* A *sont à chercher :*

1) parmi les points de $A \cap (K \setminus \overset{\circ}{K})$;

2) ceux de $A \cap \overset{\circ}{K}$ *où* f, *(ou* g*) n'est pas de classe* C^1;

3) ceux de $A \cap \overset{\circ}{K}$ *où, avec* f *et* g *de classe* C^1, *on a* $dg = 0$;

4) enfin ceux de $A \cap \overset{\circ}{K}$ *où* f *et* g *étant de classe* C^1, *on a* $dg \neq 0$ *et* $df(a)$ *proportionnelle à* $dg(a)$.

Cette liste semble longue, mais, si vous êtes un lecteur honnête, vous ne pouvez appliquer le Théorème 17.17 que si ses hypothèses sont vérifiées, ce qui amène à considérer ces différents cas.

Que fait-on quand on tient un tel point a? On étudie le signe de $f(a+u) - f(a)$ pour u dans un voisinage de 0, (dans E) mais tel que $g(a+u) = 0$. Parfois, l'utilisation de développements limités obtenus en traduisant l'égalité $g(a+u) = 0$ facilite les choses.

Dans le cas où a est tel que $df(a) = \lambda dg(a)$ avec $dg(a) \neq 0$ on peut poursuivre un peu l'étude théorique.

En effet soit φ définie par $\varphi = f - \lambda g$, pour u tel que $g(a+u) = 0$, on a

$$\varphi(a+u) - \varphi(a) = f(a+u) - f(a).$$

Par ailleurs $d\varphi(a) = df(a) - \lambda dg(a) = 0$. Si on suppose f et g différentiable à l'ordre 2 en a, on a (formule de Taylor Young, Théorème 16.54) :

$$\varphi(a+u) - \varphi(a) = \frac{1}{2} d^2\varphi(a)(u,u) + o(||u||^2),$$

et on est ramené à l'étude de la forme quadratique $u \rightsquigarrow d^2\varphi(a)(u,u)$ mais pour les u tels que $g(a+u) = 0$, ce qui, si $u \in \mathbf{R}^n$, ramène à $n-1$ variables, car en écrivant

$$0 = g(a+u) - g(a) = dg(a)(u) + o(||u||)$$

avec $dg(a) \neq 0$ on exprime un u_j sous la forme $u_j = \sum_{\substack{i=1 \\ i \neq j}}^{n} \beta_i u_i + o(||u||)$, les β_i étant des constantes et l'expression de $\varphi(a+u) - \varphi(a)$ devient une forme quadratique en les u_i, pour $i \neq j$, plus un terme $o(||u||^2)$: on est ramené à l'étude faite en 16.63, 16.64, 16.65 et on peut théoriquement s'en sortir.

Enfin, toute remarque de bon sens éliminant les calculs est la bienvenue. Par exemple, si on est sur un compact, les bornes sont atteints; ou bien si dans tout voisinage de a on trouve des valeurs de f de part et d'autre de $f(a)$ il n'y a pas d'extremum...

Je traiterai pour terminer l'exemple du départ

Les fonctions $f : (x, y, z) \rightsquigarrow |x| + |y| + |z|$
et $g : (x, y, z) \rightsquigarrow x^2 + y^2 + z^2 - 1$
sont définies sur $\mathbb{R}^3$. La sphère $S = \{(x, y, z);\ g(x, y, z) = 0\}$ est un compact de $\mathbb{R}^3$, donc f, continue, y atteint un maximum et un minimum absolu.

La fonction f n'est pas différentiable si x (ou y, ou z) est nul, les fonctions sont paires en x, y, z : on étudie d'abord sur l'ouvert $\Omega =]0, +\infty[^3$. Alors $f(x, y, z) = x + y + z$ et la proportionalité de $df(a)$ et de $dg(a)$ se traduit par les conditions

$$\frac{2x}{1} = \frac{2y}{1} = \frac{2z}{1},$$

(proportionnalité des dérivées partielles),

$$\text{d'où } x = y = z = a \text{ avec } 3a^2 = 1, \text{ soit } a = \frac{1}{\sqrt{3}}$$

(on suppose $x, y, z, > 0$).

On étudie le signe de

$$f\left(\frac{1}{\sqrt{3}} + u, \frac{1}{\sqrt{3}} + v, \frac{1}{\sqrt{3}} + w\right) - f\left(\frac{1}{\sqrt{3}}, \frac{1}{\sqrt{3}}, \frac{1}{\sqrt{3}}\right) = u + v + w$$

sachant que

$$\left(\frac{1}{\sqrt{3}} + u\right)^2 + \left(\frac{1}{\sqrt{3}} + v\right)^2 + \left(\frac{1}{\sqrt{3}} + w\right)^2 = 1,$$

donc que

$$\frac{2}{\sqrt{3}}(u + v + w) + (u^2 + v^2 + w^2) = 0.$$

Ici le calcul est facile, (vous ne pensiez pas que j'allais traiter un exemple difficile, et puis quoi encore). On doit étudier le signe de

$$-\frac{\sqrt{3}}{2}(u^2+v^2+w^2) :$$

c'est négatif, il y a maximum local en $\left(\frac{1}{\sqrt{3}}, \frac{1}{\sqrt{3}}, \frac{1}{\sqrt{3}}\right)$ et en chaque point $\left(\frac{\varepsilon_1}{\sqrt{3}}, \frac{\varepsilon_2}{\sqrt{3}}, \frac{\varepsilon_3}{\sqrt{3}}\right)$, les ε_i valant 1 ou -1, vu les parités. La valeur de f est alors de $\sqrt{3}$.

Et sur les cercles $x = 0$, ou $y = 0$, ou $z = 0$?

Si $z = 0$, on a (x, y) dans $\mathbb{R}^2$ tel que $x^2 + y^2 = 1$, et on étudie la fonction $f_1(x, y) = |x| + |y|$. On peut se ramener à $x \geqslant 0$ et $y \geqslant 0$, poser $x = \cos t, y = \sin t$, et étudier les variations de $f_1(\cos t, \sin t) = \cos t + \sin t$ pour $t \in [0, \frac{\pi}{2}]$.

C'est encore $\varphi_1(t) = \sqrt{2}\cos\left(t - \frac{\pi}{4}\right)$, donc φ_1 croît de 1 à $\sqrt{2}$ puis décroît jusqu'en 1.

Comme sur le compact S, le minimum absolu doit être atteint quelque part, c'est aux points du type $(1, 0, 0)$ ou $(0, 1, 0)$ ($t = 0$ ou $\frac{\pi}{2}$), et plus généralement aux points $(\varepsilon_1, 0, 0)$, $(0, \varepsilon_2, 0)$ et $(0, 0, \varepsilon_3)$, $\varepsilon_i = \pm 1$, la valeur de f étant 1.

Il reste le cas, $\left(t = \frac{\pi}{4}\right)$ des points du type $x = \frac{\sqrt{2}}{2}, y = \frac{\sqrt{2}}{2}, z = 0$, (et de ceux déduits par symétries), où f vaut $\sqrt{2}$.

En $a : \left(\frac{\sqrt{2}}{2}, \frac{\sqrt{2}}{2}, 0\right)$), si on se déplace sur le cercle $z = 0$ on vient de voir qu'il y a un maximum local.

On va se rapprocher de a sur le grand cercle $x = y$, que l'on peut paramétrer. Comme $2x^2 + z^2 = 1$, prenons $x = \frac{\sin t}{\sqrt{2}} = y, z = \cos t$: on se rapprochera de a, avec x, y, z positifs, si t croît vers $\frac{\pi}{2}$.

On a alors $f(x, y, z) = \Psi(t) = \sqrt{2}\sin t + \cos t$ et $\Psi'(t) = \sqrt{2}\cos t - \sin t$ tend vers -1 si t tend vers $\frac{\pi}{2}$: la fonction Ψ décroît vers $\frac{\pi}{2}$, il y a minimum local en a sur ce grand cercle, donc ni maximum ni minimum en a.

Attention au sens de parcours : le paramétrage $x = \frac{\cos t}{\sqrt{2}}, z = \sin t$ conduit à $f(x, y, z) = \varphi(t) = \sqrt{2}\cos t + \sin t$ avec un $\varphi'(0) = 1$ mais, si t

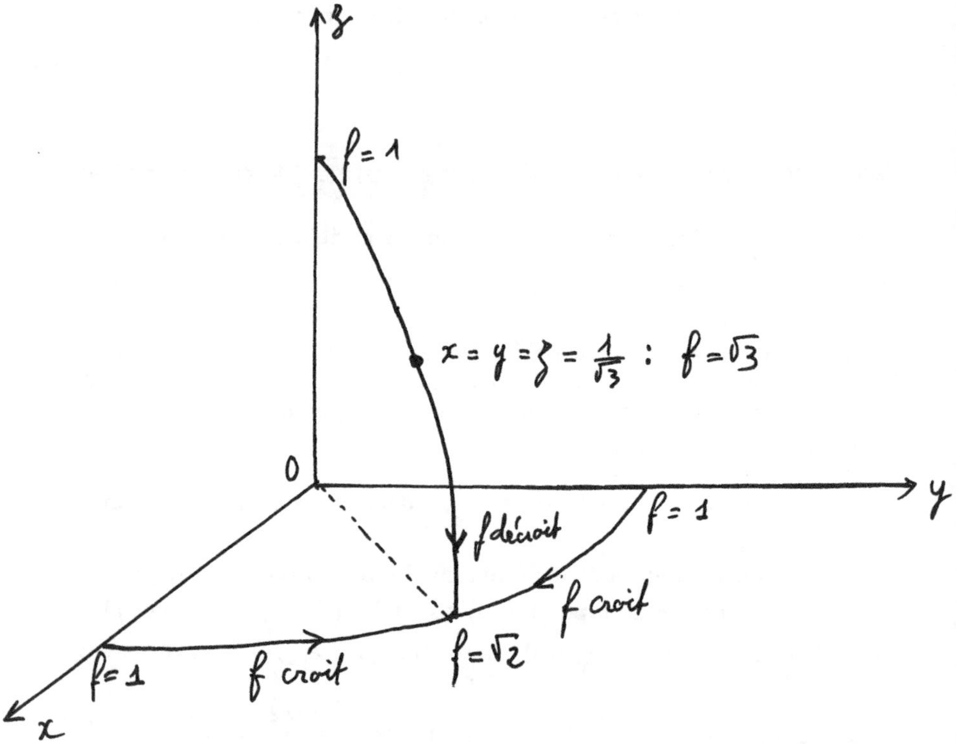

tend vers 0 en décroissant le point (x, y, z) se rapproche de a, alors que les variations de φ s'étudient avec t croissant : si le point se rapproche de a, il faut faire décroître t pour garder $z \geqslant 0$: dans l'utilisation de paramétrisation des arcs, il ne faut pas oublier de tenir compte de l'orientation de ces arcs.

EXERCICES

1. Soit $\phi : (x, y, z) \rightsquigarrow (x + 3y^2 - z^3, 2x^2yz, 2z^2 - xy)$.
Montrer qu'on voisinage de $(1, -1, 0), \phi$ est bijective. Matrice jacobienne de ϕ^{-1} en $\phi(1, -1, 0)$.

2. Extrema de la fonction $(x, y, z) \rightsquigarrow f(x, y, z) = x \operatorname{Ln} x + y \operatorname{Ln} y + z \operatorname{Ln} z$ avec x, y, z liés par $x + y + z = 3a, \quad a > 0$.

3. Soit f de classe C^1 de $\mathbb{R}$ dans $\mathbb{R}$, avec $|f'(x)| \leqslant k < 1$ pour tout x de $\mathbb{R}$. On définit $\varphi = \mathbb{R}^2 \mapsto \mathbb{R}^2$ par $\varphi(x, y) = (x - f(y), y - f(x))$. Montrer que :

1) Si P est une partie bornée de $\mathbb{R}^2$, $\varphi^{-1}(P)$ est aussi bornée.
2) $\varphi(\mathbb{R}^2)$ est un fermé de $\mathbb{R}^2$.
3) φ est un C^1 difféomorphisme de $\mathbb{R}^2$ sur $\mathbb{R}^2$.

4. Soit f de classe C^1 de $\mathbb{R}^2$ dans $\mathbb{R}$. Montrer que la fonction implicite $z = \varphi(x, y)$ définie par la relation $f(x^2 - y^2, y^2 - z^2) = 0$ vérifie la relation $y\varphi\,\varphi'_x + x\varphi\,\varphi'_y = xy$.

5. Maximum du produit des distances d'un point M d'un triangle ABC, aux trois côtés du triangle.

6. Extrema de $f : \mathbb{R}^3 \mapsto \mathbb{R}$ définie par $f(x, y, z) = xy + yz + zx$, avec x, y, z liés par la relation $x + y + z = 1$.

7. La relation $x^2 + y^2 = e^{2 \operatorname{Artg}\left(\frac{y}{x}\right)}$, pour $(x, y) \in \mathbb{R}^* \times \mathbb{R}$ permet de définir y fonction implicite de x, par $y = \varphi(x)$.

Exprimer $\dfrac{(1 + \varphi'^2)^3}{\varphi''^2(x^2 + \varphi^2)}$.

8. Soient a, b, c, k des réels strictements positifs. Extrema de la fonction $f : (x, y, z) \rightsquigarrow f(x, y, z) = (1 + x)(1 + y)(1 + z)$, avec x, y, z liés par la relation $a^x b^y c^z = k$, où a, b, c sont distincts de 1.

SOLUTIONS

1. La fonction ϕ est de classe C^∞ de $\mathbb{R}^3$ dans $\mathbb{R}^3$, ses fonctions composantes, u, v, w l'étant car polynômiales. La matrice jacobienne de ϕ est

$$J(\phi, (x, y, z)) = \begin{pmatrix} 1 & 6y & -3z^2 \\ 4xyz & 2x^2z & 2x^2y \\ -y & -x & 4z \end{pmatrix},$$

et en $a = (1, -1, 0)$ elle vaut

$$A = \begin{pmatrix} 1 & -6 & 0 \\ 0 & 0 & -2 \\ 1 & -1 & 0 \end{pmatrix}$$

de déterminant 10 non nul.
Donc ϕ est étale en $a = (1, -1, 0)$, elle établit un difféomorphisme local d'un voisinage ouvert U de a sur un voisinage ouvert V de $\phi(a) = b = (4, 0, 1)$, ϕ^{-1} ayant pour différentielle en $(u, v, w) = \phi(x, y, z)$, $\left(d\phi(\phi^{-1}(u, v, w))\right)^{-1}$. En particulier en b, la matrice jacobienne est

$$A^{-1} = \frac{1}{10}\begin{pmatrix} -2 & 0 & 12 \\ -2 & 0 & 2 \\ 0 & -5 & 0 \end{pmatrix}.$$

2. La fonction f est définie sur l'ouvert $]0, +\infty[^3 = \Omega$, x, y et z jouant des rôles symétriques.
Elle est de classe C^∞ sur Ω, et la proportionnalité des différentielles de f et de $g : (x, y, z) \rightsquigarrow x + y + z - 3a$ se traduit par

$$\frac{1 + \operatorname{Ln} x}{1} = \frac{1 + \operatorname{Ln} y}{1} = \frac{1 + \operatorname{Ln} z}{1}$$

soit par $x = y = z$, avec $x + y + z = 3a$, donc $x = y = z = a$.
On étudie le signe de l'accroissement de la fonction :

$$f(a + u, a + v, a + w) - f(a, a, a), \text{ avec } u + v + w = 0.$$

On a $f(a + u, a + v, a + w) = (a + u) \operatorname{Ln}(a + u)$
$+(a + v) \operatorname{Ln}(a + v) + (a + w) \operatorname{Ln}(a + w)$
avec $\operatorname{Ln}(a + u) = \operatorname{Ln} a + \operatorname{Ln}\left(1 + \frac{u}{a}\right) = \operatorname{Ln} a + \frac{u}{a} - \frac{u^2}{2a^2} + o(u^2)$
donc, par développement limité,

$$f(a + u, a + v, a + w) = 3a \operatorname{Ln} a + (u + v + w)(1 + \operatorname{Ln} a)$$
$$+(u^2 + v^2 + w^2)\left(\frac{1}{a} - \frac{1}{2a}\right) + o(u^2 + v^2 + w^2).$$

Comme $f(a, a, a) = 3a \operatorname{Ln} a$, et que $u + v + w = 0$, il reste

$$f(a+u, a+v, a+w) - f(a, a, a) = \frac{1}{2a}(u^2 + v^2 + w^2) + o(u^2 + v^2 + w^2) :$$

la quantité reste localement positive, (nulle si $u = v = w = 0$) : il y a minimum local strict en (a, a, a).

3. 1) Soient $a_1 = (x_1, y_1)$ et $a_2 = (x_2, y_2)$ dans $\mathbb{R}^2$ et $A_1 = (X_1, Y_1)$ $A_2 = (X_2, Y_2)$ les images par φ. On norme $\mathbb{R}^2$ par la norme somme des modules des composantes.

On a $||A_1 - A_2|| = |x_1 - x_2 - (f(y_1) - f(y_2))|$
$+ |y_1 - y_2 - (f(x_1) - f(x_2))|$.

Or $|x_1 - x_2 - (f(y_1) - f(y_2))| \geqslant \big| |x_1 - x_2| - |f(y_1) - f(y_2)| \big|$
d'où $|X_1 - X_2| \geqslant |x_1 - x_2| - |f(y_1) - f(y_2)|$,
(un réel est inférieur à sa valeur absolue), avec, (accroissements finis),
$|f(y_1) - f(y_2)| \leqslant k|y_1 - y_2|$, d'où finalement
$|X_1 - X_2| \geqslant |x_1 - x_2| - k|y_1 - y_2|$. Mais de même
$|Y_1 - Y_2| \geqslant |y_1 - y_2| - k|x_1 - x_2|$, d'où, en sommant,

$$||A_1 - A_2|| \geqslant (1 - k)(|x_1 - x_2| + |y_1 - y_2|) = (1 - k)||a_1 - a_2||.$$

Mais alors soit P une partie bornée de $\mathbb{R}^2$, a_1, a_2 dans $\varphi^{-1}(P)$, c'est que $A_1 = \varphi(a_1)$ et $A_2 = \varphi(a_2)$ sont dans P, et comme $||a_1 - a_2|| \leqslant \dfrac{1}{1-k} ||A_1 - A_2||$, on a $||a_1 - a_2||$ majoré d'où $\varphi^{-1}(P)$ bornée.

2) Soient des A_k de $\varphi(\mathbb{R}^2)$ convergeant vers L adhérent à $\varphi(\mathbb{R}^2)$, en traduisant cette convergence on obtient les A_k dans une partie bornée de $\mathbb{R}^2$, notée P. Mais avec a_k dans $\mathbb{R}^2$ tels que $\varphi(a_k) = A_k$ les $a_k \in \varphi^{-1}(P)$, partie bornée, donc aussi à $\overline{\varphi^{-1}(P)}$ compact de $\mathbb{R}^2$, (fermé borné).

Il existe une suite extraite $\left(a_{\theta(k)}\right)_{k \in \mathbb{N}}$ convergente, de limite a, comme φ est continue, (ses composantes le sont), on a :

$\varphi(a) = \lim\limits_{k \to +\infty} \varphi\left(a_{\theta(k)}\right) = \lim\limits_{k \to +\infty} A_{\theta(k)} = L,$

d'où $L \in \varphi(\mathbb{R}^2)$ qui est fermé.

3) La matrice jacobienne de φ est

$$J(x) = \begin{pmatrix} 1 & -f'(y) \\ -f'(x) & 1 \end{pmatrix}$$

de déterminant $1 - f'(x)f'(y) \neq 0$ car $|f'(x)f'(y)| < 1$.

Le théorème du difféomorphisme local s'applique en tout point de $\mathbb{R}^2$, donc $\varphi(\mathbb{R}^2)$ est un ouvert de $\mathbb{R}^2$. (Si $A = \varphi(a) \in \varphi(\mathbb{R}^2)$, il existe U ouvert de $\mathbb{R}^2$ contenant a et V ouvert de $\mathbb{R}^2$ contenant A tel que φ réalise un difféomorphisme de classe C^1 de U sur V, d'où V ouvert contenant A et inclus dans $\varphi(\mathbb{R}^2)$). Mais $\mathbb{R}^2$ est connexe et $\varphi(\mathbb{R}^2)$ non vide donc $\varphi(\mathbb{R}^2) = \mathbb{R}^2$: φ est surjective.

Enfin φ est injective car si $\varphi(a_1) = \varphi(a_2) = A$, comme alors $||a_1 - a_2|| \leqslant \dfrac{1}{1-k}||A - A||$, (voir 1), on a $a_1 = a_2$.

La bijection φ ayant sa différentielle bijective partout, on a bien un C^1 difféomorphisme de $\mathbb{R}^2$ sur $\mathbb{R}^2$.

4. On suppose qu'effectivement, $f(x^2 - y^2, y^2 - z^2) = 0$ permet de tirer z fonction implicite de x et y, donc qu'en notant u et v les variables génériques de f, on soit en un point (x_0, y_0, z_0) tel que $f(x_0^2 - y_0^2, y_0^2 - z_0^2) = 0$ et $-z_0 f'_v(x_0^2 - y_0^2, y_0^2 - z_0^2) \neq 0$.
La relation $f(x^2 - y^2, y^2 - \varphi^2(x, y)) = 0$ donne alors

$$2x f'_u - 2\varphi\, \varphi'_x f'_v = 0$$

et

$$-2y f'_u + 2y f'_v - 2\varphi\, \varphi'_y f'_v = 0.$$

On multiplie par y la première, par x la deuxième, on ajoute, il vient :

$$2f'_v \left[-y\varphi\, \varphi'_x + xy - x\varphi\, \varphi'_y\right] = 0,$$

soit comme on travaille sur un voisinage où $f'_v \neq 0$, la relation voulue

$$x\varphi\, \varphi'_y + y\varphi\, \varphi'_x = xy.$$

5. Soit M point du triangle A, B, C; a, b, c les longueurs des côtés BC, CA, AB et d_A, d_B, d_C les distances de M aux côtés BC, CA, AB respectivement.
On a déjà $d_A d_B d_C \geqslant 0$, et ce produit est nul, (donc minimum) si M est sur un côté.
L'aire de MBC est $\frac{1}{2} d_A a$, donc en notant u, v, w les aires de MBC, MCA, MAB, on a $u + v + w = S$, aire du triangle, et

$$uvw = \frac{1}{8}(abc)\; d_A d_B d_C.$$

On cherche donc le maximum de $f(u, v, w) = \frac{8}{abc} uvw$ sachant que $u + v + w = S$, dans l'intérieur du triangle.
La proportionnalité des différentielles s'écrit $\frac{vw}{1} = \frac{uw}{1} = \frac{uv}{1}$
ou encore $\frac{uvw}{u} = \frac{uvw}{v} = \frac{uvw}{w}$
d'où $u = v = w$, (pour un point intérieur au triangle, on a u, v et $w > 0$).
Il y a un seul point critique pour $u = v = w = \frac{S}{3}$, mais alors aire $(MBC) = \frac{1}{3}$ aire (ABC) donc la distance de M à la base BC est le tiers de la distance du sommet à cette base, M est sur la parallèle à BC passant par G centre de gravité du triangle, mais les 3 côtés jouent des rôles symétriques donc M est centre de gravité du triangle, et comme le maximum absolu de $d_A d_B d_C$, (fonction continue de M) sur le triangle ABC, compact, est atteint quelque part, que ce n'est pas sur le bord, et qu'il n'y a qu'un point critique à l'intérieur, le maximum est atteint au centre de gravité.

6. La fonction f étant de classe C^∞ sur $\mathbf{R}^3$, les seuls extrema possibles sont en des points critiques où il y a proportionalité des différentielles, donc des points tels que $x+y+z=1$ et

$$\frac{y+z}{1}=\frac{x+z}{1}=\frac{y+x}{1}\Leftrightarrow x=y=z=\frac{1}{3}.$$

On a

$$f\left(\frac{1}{3}+u,\frac{1}{3}+v,\frac{1}{3}+w\right)-f\left(\frac{1}{3},\frac{1}{3},\frac{1}{3}\right)$$
$$=\frac{2}{3}(u+v+w)+uv+vw+wu$$

mais u,v,w sont tels que $\frac{1}{3}+u+\frac{1}{3}+v+\frac{1}{3}+w=1$ donc $u+v+w=0$. Il reste $f\left(\frac{1}{3}+u,\frac{1}{3}+v,\frac{1}{3}+w\right)-f\left(\frac{1}{3},\frac{1}{3},\frac{1}{3}\right)=uv+vw+wu$. On décompose par la méthode de Gauss en :

$$(u+w)(v+w)-w^2=\frac{1}{4}(u+v+2w)^2-\frac{1}{4}(u-v)^2-w^2,$$

et comme $u+v+w=0$,
il reste $\frac{1}{4}w^2-\frac{1}{4}(u-v)^2-w^2=-\frac{1}{4}(u-v)^2-\frac{3}{4}(w^2)$:
on a $f\left(\frac{1}{3}+u,\frac{1}{3}+v,\frac{1}{3}+w\right)-f\left(\frac{1}{3},\frac{1}{3},\frac{1}{3}\right)\leqslant 0$:
il y a maximum absolu en $\frac{1}{3},\frac{1}{3},\frac{1}{3}$.

7. La fonction $f\ :\ (x,y)\rightsquigarrow x^2+y^2-e^{2\text{Arctg}\frac{y}{x}}$ est de classe C^∞ sur l'ouvert $\Omega=\mathbf{R}^*\times\mathbf{R}$ de $\mathbf{R}^2$, où $x^2+y^2>0$ donc $f(x,y)=0\Leftrightarrow \ln(x^2+y^2)-2\text{Arctg}\,\frac{y}{x}=0$.

Comme l'application $(r,\theta)\overset{F}{\rightsquigarrow}(r\cos\theta,r\sin\theta)$ est un C^∞ difféomorphisme de $]0,+\infty[\times]-\frac{\pi}{2},\frac{\pi}{2}[\cup]0,+\infty[\times]\frac{\pi}{2},\frac{3\pi}{2}[$ sur Ω, on peut aussi remplacer cette relation par la relation équivalente $2\ln r-2\theta=0$, ou $r=e^\theta$ qui donnera x et y fonction de θ : $x=e^\theta\cos\theta, y=e^\theta\sin\theta$, avec $\theta\in]-\pi/2,\pi/2[$, ou par la relation $2\ln r-2\left(\theta-\frac{\pi}{2}\right)=0$ qui donnera $x=e^{-\frac{\pi}{2}}e^\theta\cos\theta$ et $y=e^{-\frac{\pi}{2}}e^\theta\sin\theta$ lorsque $\theta\in\left]\frac{\pi}{2},\frac{3\pi}{2}\right[$. On continue pour θ dans $\left]-\frac{\pi}{2},\frac{\pi}{2}\right[$.

On a alors :

$$dy=e^\theta(\sin\theta+\cos\theta)d\theta;\ dx=e^\theta(\cos\theta-\sin\theta)$$

donc, pour $\theta \neq \frac{\pi}{4}(\pi)$ on aura

$$\frac{dy}{dx} = \frac{(\sin\theta + \cos\theta)e\theta}{(\cos\theta - \sin\theta)e^{\theta}} = \frac{x+y}{x-y}.$$

On peut tirer y fonction de x, si on peut inverser $\theta \rightsquigarrow e^{\theta}\cos\theta$ donc au voisinage de tout point $\theta_0 \neq \frac{\pi}{2}$ et $\neq \frac{\pi}{4}(\pi)$.

Puis $$\varphi'' = \frac{d^2y}{dx^2} = \frac{(1+\varphi')(x-\varphi) - (1-\varphi')(x+\varphi)}{(x-\varphi)^2}$$

$$= \frac{\frac{2x}{x-y}(x-y) - \left(\frac{-2y}{x-y}\right)(x+y)}{(x-y)^2} = \frac{2(x^2+y^2)}{(x-y)^3}$$

d'où $$\frac{(1+\varphi'^2)^3}{\varphi''^2(x^2+\varphi^2)} = \frac{\left(1+\left(\frac{x+y}{x-y}\right)^2\right)^3}{\frac{4(x^2+y^2)^2}{(x-y)^6}(x^2+y^2)}$$

$$= \frac{(2(x^2+y^2))^3(x-y)^6}{(x-y)^6\,4(x^2+y^2)^3} = 2.$$

Sur l'ouvert $\Omega' = \{(x,y) \in \mathbf{R}^2, x \neq 0,\ x \neq y\}$ on a donc y fonction implicite avec l'identité $\frac{(1+\varphi'^2)^3}{\varphi''^2(x^2+\varphi^2)} = 2$ le long de l'arc en implicite. (Si $\theta \in \left]\frac{\pi}{2}, \frac{3\pi}{2}\right[$, le facteur d'homothétie disparait dans le résultat final.)

8. On peut encore chercher les extrema de f, x, y et z étant liés par $x\ln a + y\ln b + z\ln c = \ln k$. Comme f est de classe C^{∞} sur $\mathbf{R}^3$, on cherche les points où les différentielles sont proportionnelles, soit x, y, z tels que

$$\frac{(1+y)(1+z)}{\ln a} = \frac{(1+x)(1+z)}{\ln b} = \frac{(1+x)(1+y)}{\ln c}.$$

C'est l'équivalent à :

$$\begin{cases} (1+z)\,[(1+y)\ln b - (1+x)\ln a] = 0 \\ (1+x)\,[(1+z)\ln c - (1+y)\ln b] = 0. \end{cases}$$

1er cas : $1+z=0$. Il reste $-(1+x)(1+y)\ln b = 0$ d'où $(1+x)(1+y)=0$, on a :

soit $x=-1$, y quelconque,

soit $y=-1$, x quelconque.

Vu les rôles symétriques des variables x, y et z, on a donc les points avec 2 coordonnées égales à -1, et la troisième calculée par la relation liant x, y, z.

Par exemple en $x_0 = -1, y_0 = -1$, et z_0 avec $c^{z_0} = abk$ soit $z_0 = \dfrac{\ln(abk)}{\ln c}$, puis en $x_1 = -1, z_1 = -1$ et

$$y_1 = \frac{\ln(ack)}{\ln b} \text{ et en } x_2 = \frac{\ln(bck)}{\ln a}, y_2 = z_2 = -1.$$

En ces points f est nulle. Considérons (x_0, y_0, z_0).

Pour $x = -1 + u, y = -1 + v, z = \dfrac{\ln abk}{\ln c} + w$ par exemple,

$f(x, y, z) = uv(1 + \dfrac{\ln abk}{\ln c} + w)$, avec u, v, w liés par la relation

$$(-1 + u)\ln a + (-1 + v)\ln b + \left(\frac{\ln(abk)}{\ln c} + w\right)\ln c = \ln k$$

soit $u \ln a + v\ln b + w\ln c = 0$, donc on étudie le signe de

$$uv\left(1 + \frac{\ln(abk)}{\ln c} - \frac{u\ln a + v\ln b}{\ln c}\right) = uv\frac{(\ln(abck) - u\ln a - v\ln b)}{\ln c}.$$

Si $\ln(abck) \neq 0$ le signe dépend de celui de uv, non constant dans un voisinage de 0, alors que si $\ln(abck) = 0$ on a $f(x, y, z) = -\dfrac{1}{\ln c}(u \ln a + v \ln b)uv$ qui change de signe quand (u, v) donne $(-u, -v)$, (fonction homogène de degré 3). Finalement en ces points, pas d'extremum.

2e cas : $z \neq -1, x \neq -1, y \neq -1$

On résoud le système :

$$\begin{cases} x\ln a + y\ln b + z\ln c = \ln k \\ -x\ln a + y\ln b = \ln a - \ln b \\ y\ln b - z\ln c = \ln c - \ln b \end{cases}$$

d'où $3y\ln b = \ln \dfrac{ack}{b^2}$, et on obtient un point critique, (calculs affreux vraiment, qu'est-ce que je regrette d'avoir choisi et exercice), de coordonnées

$$x_0 = \frac{\ln \frac{bck}{a^2}}{3\ln a},\ y_0 = \frac{\ln \frac{ack}{b^2}}{3\ln b} \text{ et } z_0 = \frac{\ln \frac{(abk)}{c^2}}{3\ln c}.$$

On prend un accroissement u, v, w de façon que

$$(x_0 + u)\ln a + (y_0 + v)\ln b + (z_0 + w)\ln c = \ln k,$$

soit, comme

$$x_0 \ln a + y_0 \ln b + z_0 \ln c = \ln k,$$

tel que

① $$u \ln a + v \ln b + w \ln c = 0.$$

On a $f(x_0 + u, y_0 + v, z_0 + w) - f(x_0, y_0, z_0)$ qui vaut

$$(1 + x_0 + u)(1 + y_0 + v)(1 + z_0 + w) - (1 + x_0)(1 + y_0)(1 + z_0).$$

On développe en ordonnant en u, v, w. La partie du premier degré disparaît compte tenu de ① . Il reste

$$(1 + x_0)vw + (1 + y_0)uw + (1 + z_0)uv + uvw$$

soit

$$\frac{\ln(abck)}{3}\left[\frac{vw}{\ln a} + \frac{uw}{\ln b} + \frac{uv}{\ln c}\right] + uvw$$

avec u, v, w vérifiant ① .

On étudie donc, avec $w = \dfrac{-u \ln a - v \ln, b}{\ln c}$ le signe de

$$\frac{\ln(abck)}{3}\left[-\frac{uv}{\ln c} - \frac{v^2 \ln b}{\ln a \ln c} - \frac{u^2 \ln a}{\ln b \ln c} - \frac{uv}{\ln c} + \frac{uv}{\ln c}\right] + uvw$$

$$= -\frac{\ln(abck)}{3}\left(\frac{(u \ln a)^2 + u \ln a \, v \ln b + (v \ln b)^2}{\ln a \ln b \ln c}\right) + uvw$$

or la forme quadratique $(u \ln a)^2 + (u \ln a)(v \ln b) + (v \ln b)^2$ est définie positive : c'est $(u \ln a + \frac{1}{2} v \ln b)^2 + \frac{3}{4}(v \ln b)^2$; donc il y a un extremum si $\ln(abck) \neq 0$, dont la nature dépend du signe de $-\dfrac{\ln(abck)}{\ln a \ln b \ln c}$, alors que si $\ln(abck) = 0$, il reste le signe de uvw qui change de signe dans un voisinage de 0, donc pas d'extremum.

Un tel exercice est ignoble ! Mais je me suis peut-être trompé. Il y a des jours où on ferait mieux de rester couché !

CHAPITRE 18

Equations différentielles

Ce chapitre est à la fois un aboutissement et un point de départ. Aboutissement parce que nous utiliserons des résultats tels que le théorème du point fixe pour obtenir l'unicité locale des solutions sous certaines conditions, l'axiome de Zorn pour l'existence de solutions maximales, les séries entières pour la recherche de solutions particulières, les réductions d'endomorphismes pour les équations linéaires à coefficients constants.

Point de départ, parce qu'en fait les applications des équations différentielles à la physique sont innombrables, mais aussi parce qu'en mathématiques c'est la porte ouverte à l'algèbre de Lie, mais aussi aux techniques numériques de résolution.

Sur un plan plus personnel, c'est un aboutissement parce que j'ai décidé de clore ce cours par ce chapitre, et de retourner ensuite à des occupations plus saines, vannerie, cannage de chaises, jardinage... d'où un point de départ vers une existence dégagée de cette obligation de rediger chaque jour quelques pages (même en ce 1er janvier 93, à ce propos, meilleurs vœux !)

1. Généralités sur les équations différentielles

Soit un Banach E, A une partie de $\mathbb{R} \times E^{n+1}$ et ϕ une application de A dans E qui à $(t, x_0, x_1, \ldots, x_n)$ associe $\phi(t, x_0, x_1, \ldots, x_n)$.

18.1. *On appelle équation différentielle d'ordre n, sur E, associée à ϕ, l'équation :*

18.2. $\phi\left(t, x(t), x'(t), \ldots, x^{(n)}(t)\right) = 0$

où l'on cherche des couples (I, x) avec I intervalle de $\mathbb{R}$ et x fonction n fois dérivable de I dans E, vérifiant la relation 18.2.

18.3. Si pour $t_0 \in I$ on a $x(t_0) = \alpha_0$, $x'(t_0) = \alpha_1, \dots, x^{(n-1)}(t_0) = \alpha_{n-1}$ on dira que $(t_0, \alpha_0, x_1, \dots, \alpha_{n-1})$ est une *donnée initiale* vérifiée par la solution (I, x).

Le problème ainsi posé, c'est celui que l'on rencontre, en physique par exemple, lorsqu'on traduit l'étude d'un système physique.

Il faut cependant reconnaître que le plus souvent, on ne sait rien faire.

Alors on va renforcer les hypothèses. Supposons que ϕ soit de classe C^1 sur un ouvert, $\mathring{A}$ par exemple, et qu'en $a = (t_0, \alpha_0, \alpha_1, \dots, \alpha_{n-1}, \alpha_n)$ dans $\mathring{A}$, $\dfrac{\partial \phi}{\partial x_n}(a) \neq 0$.

On sait alors que localement l'égalité $\phi(t, x_0, \dots, x_n) = 0$ sera équivalente à une relation du type

$$x_n = \varphi(t, x_0, \dots, x_{n-1}) \text{ avec } \varphi(t_0, \alpha_0, \dots, \alpha_{n-1}) = \alpha_n,$$

φ étant de classe C^1. C'est le théorème des fonctions implicites (Théorème 17.10) qui nous donne ce résultat.

On appelle *forme résoluble*, la forme

18.4. $$x^{(n)}(t) = \varphi(t, x(t), x'(t), \dots, x^{(n-1)}(t))$$

d'une équation différentielle, et c'est sur cette forme que l'on va travailler, en se ramenant d'abord à une équation d'ordre 1 sur E^n.

Soit donc le Banach $G = E^n$. Si I est un intervalle de $\mathbb{R}$ et x une fonction n fois dérivable de I dans E on introduit la fonction Y, dérivable, de I dans G, définie par $Y(t) = (y_1(t), y_2(t), \dots, y_n(t))$ avec :

18.5.
$$\begin{aligned}
y_1(t) &= x(t) \\
y_2(t) &= x'(t) \qquad = y_1'(t) \\
y_3(t) &= x''(t) \qquad = y_2'(t) \\
&\cdots\cdots\cdots\cdots\cdots \\
y_n(t) &= x^{(n-1)}(t) = y_{n-1}'(t).
\end{aligned}$$

On a alors (I, x) solution locale de 18.4 si et seulement si, avec les relations précédentes, y_n vérifie l'égalité

$$y_n'(t) = x^{(n)}(t) = \varphi\left(t, x(t), \dots, x^{(n-1)}(t)\right) = \varphi\left(t, y_1(t), \dots, y_n(t)\right),$$

ou encore si et seulement si x est la première composante de la fonction Y, à valeurs dans $G = E^n$, solution locale de :

18.6. $Y'(t) = \Psi(t, Y(t))$,
avec Ψ, définie sur la partie Ω de $\mathbb{R} \times E^n$ où φ était définie, par ses n composantes $\Psi_1, \Psi_2, \ldots, \Psi_n$:

18.7.
$$\begin{aligned} \psi_1(t,Y) &= y_2 \\ \psi_2(t,Y) &= y_3 \\ &\ldots\ldots\ldots\ldots \\ \psi_{n-1}(t,Y) &= y_n \\ \psi_n(t,Y) &= \varphi(t, y_1, y_2, \ldots, y_n). \end{aligned}$$

Au terme de cette étude, on est donc ramené à considérer une équation différentielle du type :

18.8. $Y'(t) = \Psi(t, Y(t))$

Ψ fonction définie sur une partie de $\mathbb{R} \times G$, à valeurs dans G, (Banach), équation sur laquelle, le plus souvent, on ne sait rien faire.

Alors... on va renforcer les hypothèses.

2. Théorème de Cauchy Lipschitz

Soit une équation différentielle, *résoluble, du premier ordre :*

18.9. $y'(t) = f(t, y(t))$

avec f définie sur un ouvert Ω de $\mathbb{R} \times E$, E Banach.

18.10. *On appelle solution locale de donnée initiale $(t_0, y_0) \in \Omega$ de l'équation différentielle 18.9, tout couple (I, φ) avec I intervalle ouvert de $\mathbb{R}$, contenant t_0, et φ fonction dérivable de I dans E vérifiant :*

$$\varphi(t_0) = y_0 \quad et, \quad \forall t \in I, (t, \varphi(t)) \in \Omega \quad et \quad \varphi'(t) = f(t, \varphi(t)).$$

DÉFINITION 18.11. — *L'application f définie de Ω ouvert de $\mathbb{R} \times E$, à valeurs dans E, espace vectoriel normé est dite localement Lipschitzienne en y, $(y \in E)$ au point (t_0, y_0) de Ω s'il existe un voisinage V de (t_0, y_0) dans Ω et une constante positive k telle que $\forall (t, y_1) \in V$, $\forall (t, y_2) \in V$, $\|f(t, y_1) - f(t, y_2)\| \leqslant k \|y_1 - y_2\|$.*

Le terme « Lipschitzienne en y » s'explique donc par le fait que l'accroissement ne porte que sur y. Un tel énoncé est rébarbatif mais en fait facile à justifier car, si f admet une différentielle partielle en y, continue sur Ω, df_y sera localement bornée, (car continue) donc par application du théorème des accroissements finis, (Théorème 16.44) f sera localement Lipschitzienne en y.

THÉORÈME 18.12. — *Soit E un Banach, Ω un ouvert de $\mathbb{R} \times E$ et f une application continue de Ω dans E, localement Lipschitzienne en y, au point (t_0, y_0) de Ω. Alors l'équation différentielle 18.9 : $y' = f(t, y)$ admet au moins une solution locale de donnée initiale (t_0, y_0).*

C'est le *Théorème de Cauchy Lipschitz*, point de départ de cette étude.

Analysons la situation : on veut conclure : « $\exists$ machin chose... » c'est ce que j'appelle un théorème existentiel, donc du type : Rolle, Taylor Lagrange sur $\mathbb{R}$, ($\exists c \ldots$), fonction continue de K compact dans $\mathbb{R}$, (sup et inf atteints), point fixe..., tiens, tiens, point fixe, c'est du contractant dans un Banach... nous y voilà.

Par ailleurs, si les hypothèses le permettent, $t \rightsquigarrow \int_{t_0}^{t} f(s, g(s))ds$ sera dérivable, de dérivée $f(t, g(t))$, si donc cette intégrale valait $g(t) +$ constante, la dérivée g' serait la bonne...

On cherche donc g, « point fixe » de $g \rightsquigarrow h$, h fonction définie par $h(t) = cte + \int_{t_0}^{t} f(s, g(s))ds$ en quelque sorte. Nous allons procéder par étapes.

Comme f est continue, il existe un voisinage V_1 de (t_0, y_0) dans Ω et une constante positive M telle que

18.13. $(t, y) \in V_1 \Rightarrow ||f(t, y)|| \leqslant M$,
(continuité avec ε et $M = \varepsilon = ||f(t_0, y_0)||$).

Comme f est localement lipschitzienne en y, il existe $V_2 \subset \Omega$, voisinage de (t_0, y_0) et une constante positive, k, tels que

18.14. $(t, y_1) \in V_2, (t, y_2) \in V_2 \Rightarrow ||f(t, y_1) - f(t, y_2)|| \leqslant k||y_1 - y_2||$.

18.15. Soit alors $\alpha > 0$ tel que $k\alpha < 1$ et que pour $|t - t_0| \leqslant \alpha$ et $||y - y_0|| \leqslant M\alpha$ on ait (t, y) dans $V_1 \cap V_2$.

La boule fermée de centre y_0, de rayon $M\alpha$ est un fermé de E complet, c'est donc un espace complet, noté B. Soit pour α' vérifiant $0 < \alpha' < \alpha$, l'intervalle $I = [t_0 - \alpha', t_0 + \alpha']$ et F l'espace $\mathcal{C}^0(I, B)$ des applications continues de I, compact dans B. Il est normé par la norme de la convergence uniforme, $||g||_\infty = \sup\{||g(t)||, t \in I\}$ si $g \in F$ et F ainsi normé est complet, (Théorème 12.50).

Pour g dans F, on définit la fonction $\phi(g)$ sur I par

18.16. $$\phi(g)(t) = y_0 + \int_{t_0}^{t} f(s, g(s))ds.$$

Ceci a un sens car $g \in F$ et $s \in I \Rightarrow g(s) \in B$, donc, (voir 18.15), $(s, g(s)) \in (V_1 \cap V_2) \subset \Omega$: la fonction $s \rightsquigarrow f(s, g(s))$ est alors continue sur le segment I, (composé d'applications continues), donc l'intégrale existe et on définit une fonction dérivable de t, de dérivée $f(t, g(t))$, (Théorème 12.68).

De plus $\phi(g) \in F$. Nous devons vérifier que $\phi(g)$ est à valeur dans B, or $||\phi(g)(t) - y_0|| = \left\|\int_{t_0}^{t} f(s, g(s))ds\right\| \leqslant \left|\int_{t_0}^{t} ||f(s, g(s))||ds\right|$, la valeur absolue étant là pour tenir compte de la place de t par rapport à t_0.

Or $(s, g(s))$ est dans V_1 donc, (18.13), $||f(s, g(s))|| \leqslant M$ et comme $|t - t_0| \leqslant \alpha' < \alpha$ on a $||\phi(g)(t) - y_0|| \leqslant M|t - t_0| \leqslant M\alpha$: la fonction $\phi(g)$ est bien à valeur dans B.

Enfin ϕ est contractante car : avec g_1 et g_2 dans F, on a

$$||\phi(g_1)(t) - \phi(g_2)(t)|| = \left\|\int_{t_0}^{t} [f(s, g_1(s)) - f(s, g_2(s))]\, ds\right\|$$
$$\leqslant \left|\int_{t_0}^{t} ||f(s, g_1(s)) - f(s, g_2(s))||ds\right|.$$

Or $(s, g_1(s))$ et $(s, g_2(s))$ sont dans V_2 donc, (voir 18.14),

$$||f(s, g_1(s)) - f(s, g_2(s))|| \leqslant k||g_1(s) - g_2(s)|| \leqslant k||g_1 - g_2||_\infty$$

d'où, comme $|t - t_0| \leqslant \alpha' < \alpha$, on a, pour tout t de I,

$$||\phi(g_1)(t) - \phi(g_2)(t)|| \leqslant k\alpha||g_1 - g_2||_\infty, \text{ donc}$$
$$||\phi(g_1) - \phi(g_2)||_\infty \leqslant k\alpha||g_1 - g_2||_\infty \text{ avec } k\alpha < 1.$$

Mais alors, ϕ contractante de F complet dans lui-même admet un et un seul point fixe, (Tome 2, Théorème 4.102) : il existe une et une seule fonction φ définie sur

$$I = [t_0 - \alpha', t_0 + \alpha'] \text{ vérifiant, } \forall t \in I, \varphi(t) = y_0 + \int_{t_0}^{t} f(s, \varphi(s))ds.$$

En particulier φ est dérivable, $\varphi(t_0) = y_0$ et $\varphi'(t) = f(t, \varphi(t))$: on a bien existence d'une solution locale de donnée initiale (t_0, y_0), c'est le Théorème de Cauchy Lipschitz, en prenant l'intervalle ouvert $]t_0 - \alpha', t_0 + \alpha'[$ pour intervalle de définition de φ. ■

Mais on a plus, on a l'unicité locale au sens suivant. Si (I_1, φ_1) et (I_2, φ_2) sont deux solutions locales de même donnée initiale (t_0, y_0), comme φ_1 et φ_2 sont en particulier continues, il existera un $\alpha' < \alpha$ tel que $[t_0 - \alpha', t_0 + \alpha'] \subset I_1 \cap I_2$ et qu'en plus, pour tout t de $[t_0 - \alpha', t_0 + \alpha']$, $\varphi_1(t)$ et $\varphi_2(t)$ soient dans B.

Mais alors les restrictions de φ_1 et de φ_2 à $[t_0 - \alpha', t_0 + \alpha'] = I$ coïncident avec le seul point fixe de ϕ sur $F = \mathcal{C}^0(I, B)$.

COROLLAIRE 18.17. — *Si en (t_0, y_0) de Ω le Théorème de Cauchy Lipschitz s'applique et si on a deux solutions locales de donnée initiale (t_0, y_0), elles coïncident localement : c'est en ce sens qu'on parle d'unicité locale.* ■

Ce résultat apparemment peu utile va nous servir pour étudier les solutions maximales. Mais 1er janvier oblige, je vais quitter cette histoire passionnante pour aller rendre visite à ma sœur dans le Nord. A bientôt...

Bonjour ! J'espère que les lendemains de fête ne sont pas trop pénibles pour vous. On continue.

DÉFINITION 18.18. — *Soient deux solutions (I_1, φ_1) et (I_2, φ_2) de l'équation différentielle 18.9 : $y' = f(t, y)$. On dit que (I_2, φ_2) prolonge (I_1, φ_1) si on a $I_1 \subset I_2$ et si la restriction de φ_2 à I_1 est φ_1.*

Il est facile de vérifier que l'on définit ainsi une relation d'ordre, (partiel) sur les solutions de l'équation différentielle. On notera donc $(I_1, \varphi_1) \leqslant (I_2, \varphi_2)$ lorsque (I_2, φ_2) prolonge (I_1, φ_1).

18.19. *Une solution sera dite maximale s'il n'existe pas de solution la prolongeant.*

THÉORÈME 18.20. — *Soit une équation différentielle 18.9 : $y' = f(t, y)$ avec f continue de Ω ouvert de $R \times E$ dans E, (espace de Banach), f étant localement lipschitzienne en y en tout point de Ω. Alors, pour chaque (t_0, y_0) de Ω il existe une et une seule solution maximale (I, φ) de donnée initiale (t_0, y_0), avec, $\forall t \in I, (t, \varphi(t)) \in \Omega$.*

Qui dit maximal dit... Zorn (Algèbre 2.42).

On va justifier que l'ensemble des solutions de 18.9, de donnée initiale (t_0, y_0) est inductif, en commençant par établir le

LEMME 18.21. — *Soit* (I_1, φ_1) *et* (I_2, φ_2) *deux solutions de 18.9 :* $y' = f(t, y)$ *de même donnée initiale* (t_0, y_0). *Si le théorème de Cauchy Lipschitz s'applique partout sur* Ω, *et si les graphes de* φ_1 *et* φ_2 *sont dans* Ω, *alors* φ_1 *et* φ_2 *coïncident sur* $I_1 \cap I_2$.

D'abord $I = I_1 \cap I_2$ est un intervalle contenant t_0, ouvert car I_1 et I_2 le sont.

Puis $J = \{t;\ t \in I, \varphi_1(t) = \varphi_2(t)\} = (\varphi_1 - \varphi_2)^{-1}(\{0\})$ est un fermé de I, ($\varphi_1 - \varphi_2$ continue car dérivable), non vide puisque $\varphi_1(t_0) = \varphi_2(t_0)$.

C'est aussi un ouvert de I car si $t_1 \in J$, en posant $y_1 = \varphi_1(t_1) = \varphi_2(t_1)$, on a $(t_1, y_1) \in \Omega$ et, l'unicité locale en (t_1, y_1) où le Théorème de Cauchy Lipschitz s'applique, montre que φ_1 et φ_2 coïncident sur un voisinage ouvert de t_1, donc $\exists \alpha > 0$ avec $]t_1 - \alpha, t_1 + \alpha[\subset J$.

Mais I étant connexe, car intervalle, et J ouvert et fermé de I, non vide, on a $J = I$ d'où $\varphi_1 = \varphi_2$ sur $I_1 \cap I_2$. ■

LEMME 18.22. — *Sous les mêmes hypothèses, on peut construire* (I_3, φ_3), *de donnée initiale* (t_0, y_0) *qui prolonge* (I_1, φ_1) *et* (I_2, φ_2), *en posant* $I_3 = I_1 \cup I_2$ *et en définissant* φ_3 *par :*

$$\varphi_3(t) = \varphi_1(t) \text{ si } t \in I_1 \text{ et } \varphi_3(t) = \varphi_2(t) \text{ si } t \in I_2.$$

Ceci a un sens puisque φ_1 et φ_2 coïncident sur $I_1 \cap I_2$; l'intervalle I_3 est ouvert, (union de deux intervalles ouverts contenant t_0); on a $\varphi_3(t_0) = \varphi_1(t_0) = \varphi_2(t_0) = y_0$; $\forall t \in I_3$, $(t, \varphi_3(t))$ est dans Ω car c'est un $(t, \varphi_1(t))$ avec $t \in I_1$ ou un $(t, \varphi_2(t))$ avec $t \in I_2$; enfin φ_3 est dérivable et sa dérivée vérifie l'équation différentielle 18.9 car, $\forall t \in I_3$ on a soit $t \in I_1$, soit $t \in I_2$, par exemple $t \in I_1$, mais I_1 est ouvert donc il y a un voisinage de t inclus dans I_1, sur lequel $\varphi_3 = \varphi_1$, d'où φ_3 dérivable et $\varphi_3'(t) = \varphi_1'(t) = f(t, \varphi_1(t)) = f(t, \varphi_3(t))$: on a bien une solution prolongeant (I_1, φ_1) et (I_2, φ_2). ■

LEMME 18.23. — *L'ensemble* $\mathcal{S}$ *des solutions de 18.9 :* $y' = f(t, y)$, *de donnée initiale* (t_0, y_0), *est inductif pour l'ordre partiel «prolonge», (toujours avec la condition : graphe des solutions dans* Ω*).*

En effet soit $C = \{(I_\alpha, \varphi_\alpha);\ \alpha \in A\}$ une partie totalement ordonnée de $\mathcal{S}$. Les I_α, intervalles ouverts, sont des connexes contenant t_0, donc leur réunion I est un connexe de $\mathbb{R}$, donc un intervalle, ouvert comme réunion d'ouverts, (Tome 2, Théorèmes 3.7, 3.6 et 4.77).

On définit $\varphi = I \mapsto E$ par $\varphi(t) = \varphi_\alpha(t)$ si α de A est tel que $t \in I_\alpha$.

Ceci a un sens car si pour β de A, $t \in I_\beta$, on a vu par le lemme 18.21 que $\varphi_\alpha = \varphi_\beta$ sur $I_\alpha \cap I_\beta$ qui contient t.

On vérifie encore que (I, φ) est une solution de 18.9 de donnée initiale (t_0, y_0), (comme précédemment au lemme 18.22), et il est clair que (I, φ) prolonge chaque $(I_\alpha, \varphi_\alpha)$. ∎

Mais alors, (axiome de Zorn), il existe au moins une solution maximale (I_1, φ_1) de donnée initiale (t_0, y_0). Il n'y en a qu'une, car si (I_2, φ_2) en est une autre, on définit une solution (I_3, φ_3) sur $I_3 = I_1 \cup I_2$, (lemme 18.22), mais $(I_1, \varphi_1) \leqslant (I_3, \varphi_3)$ et (I_1, φ_1) maximale, implique $(I_1, \varphi_1) = (I_3, \varphi_3)$, et de même $(I_2, \varphi_2) \leqslant (I_3, \varphi_3)$ et (I_2, φ_2) maximale implique $(I_2, \varphi_2) = (I_3, \varphi_3)$ d'où $(I_1, \varphi_1) = (I_2, \varphi_2)$, (et une fois de plus on démontre que deux machins sont égaux parce qu'ils sont chacun égal à un troisième machin). ∎

Une remarque de bon sens. Quand on étude une équation différentielle $y' = f(t, y)$ avec f définie *a priori* sur une partie D de $\mathbb{R} \times E$, on commence par déterminer le plus grand ouvert Ω de $\mathbb{R} \times E$ sur lequel Cauchy-Lipschitz s'applique, on sait alors que, pour chaque (t_0, y_0) de Ω il existe une et une seule solution maximale de donnée initiale (t_0, y_0), et qui « reste dans Ω », ce qui prouve que deux solutions de ce type, ne se coupent pas dans Ω sans être identiques, mais aussi que, si (I, φ) est maximale, c'est :

1) *soit parce que* $I = \mathbb{R}$, (comment alors prolonger?),

2) *soit* $I = (\ldots, b[, (ou\ ]a, \ldots))$, avec $\lim\limits_{t \to b^-} \varphi(t)$ qui n'existe pas, ou bien, lorsque $\lim\limits_{t \to b^-} \varphi(t) = y_1$, existe, c'est parce que $(b, y_1) \notin \Omega$, qu'il n'y a pas de prolongement.

Sinon, si $(b, y_1) \in \Omega$, on a une solution locale en (b, y_1) qui se raccorde avec (I, φ) et qui définirait une solution majorant (I, φ), maximale.

Ces remarques sont à exploiter, lorsque par exemple, on étudie les équations différentielles avec $E = \mathbb{R}$, par les méthodes pratiques, et que l'on trace la famille des courbes intégrales. Ne pas oublier alors que *sur l'ouvert Ω où Cauchy-Lipschitz s'applique, les courbes intégrales ne se recoupent pas.*

Nous les appliquerons aussi dans le cas des équations différentielles linéaires au paragraphe suivant.

Que se passe-t-il enfin sur la partie D de $\mathbb{R} \times E$ où f est définie, et où Cauchy-Lipschitz ne s'applique peut-être pas partout.

Pour $(t_0, y_0) \in D$, on peut définir une solution (I, φ) de donnée initiale (t_0, y_0), considérer l'ensemble $\mathcal{S}$ des solutions de donnée initiale (t_0, y_0), il est encore inductif car si on prend des solutions $(I_\alpha, \varphi_\alpha)_{\alpha \in A}$ toutes comparables entre-elles, sur $I = \bigcup_{\alpha \in A} I_\alpha$ on peut définir φ comme précédemment parce que les solutions sont comparables ; donc il y a des solutions maximales mais cette fois-ci, le lemme 18.21 ne s'applique plus, donc si (I_1, φ_1) et (I_2, φ_2) sont deux solutions maximales comme elles ne sont pas forcément comparables, on ne peut plus construire (I_3, φ_3) les prolongeant, *et on ne peut plus conclure à l'unicité d'une solution maximale.*

Il peut y avoir des ramifications.

Dernière (c'est promis) remarque : les solutions locales sont des restrictions des solutions maximales, et Cauchy Lipschitz c'est la colle, (ou la ficelle de Dubout) qui permet de les recoller.

3. Equations linéaires

Dans le cadre des équations différentielles linéaires, les résultats vont se préciser. Soit un espace de Banach E, I un intervalle ouvert de $\mathbb{R}$, u une application de I dans $\mathcal{L}_c(E, E)$, (espace de Banach des applications linéaires continues de E dans E, voir Tome 2, Théorème 6.25), et b une application de I dans E.

On considère alors *équation différentielle, dite linéaire,*

18.24. $y'(t) = u(t)(y) + b(t) = f(t, y)$

la fonction f étant définie sur l'ouvert $\Omega = I \times E$ de $\mathbb{R} \times E$.

Si u et b sont continues, le théorème de Cauchy Lipschitz s'applique en chaque (t_0, y_0) de Ω. En effet, f est continue, car $(t, y) \rightsquigarrow b(t)$ est continue, la projection $(t, y) \rightsquigarrow t$ l'étant, ainsi que b, puis l'application

$(t, y) \rightsquigarrow u(t)(y)$ se décompose en $(t, y) \rightsquigarrow (u(t), y)$ continue car ses deux composantes sont $(t, y) \rightsquigarrow t$ suivie de $t \rightsquigarrow u(t)$ et la projection $(t, y) \rightsquigarrow y$, continue.

Puis, l'application de $\mathcal{L}_c(E, E) \times E \mapsto E$ qui au couple (v, y) associe $v(y)$ est bilinéaire, 1· Lipschitzienne, donc continue, car $||v(y)|| \leqslant |||v|||\ ||y||$, (voir Tome 2, Théorème 6.45).

Elle est ensuite localement Lipschitzienne en y car

$$\begin{aligned} ||f(t, y_1) - f(t, y_2)|| &= ||u(t)(y_1) - u(t)(y_2)|| = ||u(t)(y_1 - y_2)|| \\ &\leqslant |||u(t)|||\ ||y_1 - y_2||, \end{aligned}$$

(on utilise la linéarité de $u(t)$). Or l'application u, continue, est localement bornée donc il existe $V(t_0)$, voisinage de t_0 tel que pour $t \in V(t_0)$, $|||u(t)||| \leqslant k$. Mais alors, pour tous (t, y_1) et (t, y_2) de $V(t_0) \times E$ on obtient $||f(t, y_1) - f(t, y_2)|| \leqslant k||y_1 - y_2||$.

Il résulte alors du Théorème 18.20, que pour tout (t_0, y_0) de $I \times E$, il existe une et une seule solution maximale de donnée initiale (t_0, y_0), à valeurs dans $I \times E$.

En fait on va retrouver ce résultat, en le précisant même car on va justifier que cette solution maximale est définie sur I entier.

THÉORÈME 18.25. — *Soit I un intervalle ouvert de $\mathbb{R}$, E un Banach, u et b des applications continues de I dans $\mathcal{L}_c(E, E)$ et E respectivement. Alors pour tout (t_0, y_0) de $I \times E$ il existe une et une seule solution de l'équation différentielle linéaire (18.24) $y'(t) = u(t)(y) + b(t)$, définie sur l'intervalle I, de donnée initiale (t_0, y_0).*

On définit la suite de fonctions, de I dans E, par $y_0(t) = y_0$, pour tout $t \in I$, puis la relation de récurrence

18.26. $$y_{p+1}(t) = y_0 + \int_{t_0}^{t} u(s)(y_p(s))ds + \int_{t_0}^{t} b(s)ds.$$

D'abord, les fonctions $s \rightsquigarrow u(s)(y_0)$ et $s \rightsquigarrow b(s)$ étant continues, (donc réglées) de I dans E, sur le segment d'extrémités t_0 et t, sont intégrables et la relation 18.26 pour $p = 0$, définit une fonction y_1 continue, (et même dérivable).

Mais par récurrence, si y_p existe en étant continue sur I, on a de même l'existence et la continuité de la fonction y_{p+1}.

Sur tout compact $[a, b]$ de I, contenant t_0, il y a convergence uniforme de la suite des y_p.

En effet, ceci équivaut à la convergence uniforme de la série des $y_{p+1} - y_p$, pour $p \geqslant 0$. Sur le compact $[a, b]$, les fonctions continues $t \rightsquigarrow |||u(t)|||$ et $t \rightsquigarrow ||b(t)||$ sont bornées, (et atteignent leurs bornes). Soient α et β ces bornes.

On a $$\begin{aligned} ||y_1(t) - y_0(t)|| &= \left\| \int_{t_0}^{t} u(s)(y_0)ds + \int_{t_0}^{t} b(s)ds \right\| \\ &\leqslant \left| \int_{t_0}^{t} |||u(s)||| \, ||y_0||ds \right| + \left| \int_{t_0}^{t} ||b(s)||ds \right| \\ &\leqslant |t - t_0|(\alpha||y_0|| + \beta), \text{ sur } [a, b]. \end{aligned}$$

Si on suppose que, pour tout t de $[a, b]$, on a, pour $p \geqslant 1$,

$$||y_p(t) - y_{p-1}(t)|| \leqslant \frac{|t - t_0|^p}{p!}(\alpha||y_0|| + \beta)\alpha^{p-1},$$

(vrai si $p = 1$), il vient alors

$$||y_{p+1}(t) - y_p(t)|| \leqslant \left| \int_{t_0}^{t} |||u(s)||| \, ||y_p(s) - y_{p-1}(s)||ds \right|,$$

avec la valeur absolue autour de l'intégrale pour tenir compte de la place de t par rapport à t_0. Or $|||u(s)||| \leqslant \alpha$, et on applique l'hypothèse de récurrence : il vient

$$\begin{aligned} ||y_{p+1}(t) - y_p(t)|| &\leqslant \left| \int_{t_0}^{t} \alpha \cdot \frac{\alpha^{p-1}}{p!}(\alpha||y_0|| + \beta)|s - t_0|^p ds \right|, \text{soit} \\ &\leqslant \frac{\alpha^p}{p!}(\alpha||y_0|| + \beta) \left| \int_{t_0}^{t} |s - t_0|^p ds \right|. \end{aligned}$$

Si $t \geqslant t_0$, l'intégrale vaut

$$\int_{t_0}^{t} (s - t_0)^p ds = \frac{1}{p+1}(t - t_0)^{p+1} = \frac{|t - t_0|^{p+1}}{p+1},$$

alors que pour $t < t_0$, c'est

$$-\int_{t_0}^{t} (t_0 - s)^p ds = \left[\frac{(t_0 - s)^{p+1}}{p+1} \right]_{t_0}^{t} = \frac{(t_0 - t)^{p+1}}{p+1}$$

donc c'est encore $\dfrac{|t - t_0|^{p+1}}{p+1}$: on obtient finalement la majoration

18.27. $||y_{p+1}(t) - y_p(t)|| \leqslant \dfrac{\alpha^p}{(p+1)!}(\alpha||y_0|| + \beta)|t - t_0|^{p+1}$, valable pour tout p, donc *a fortiori*, comme $|t - t_0| \leqslant (b - a)$ sur $[a, b]$, l'inégalité

$$\textbf{18.28.}\quad ||y_{p+1}(t) - y_p(t)|| \leqslant \frac{\alpha^p(b-a)^{p+1}}{(p+1)!}(\alpha||y_0|| + \beta) \text{ sur } [a, b].$$

Mais alors, dans l'espace complet $C^0([a, b], E)$ pour la norme de la convergence uniforme, on a convergence normale de la série des fonctions $y_{p+1} - y_p$, donc convergence uniforme de cette série, mais aussi convergence uniforme de la suite des y_p vers une fonction y continue de $[a, b]$ dans E.

Cette convergence uniforme, implique également la convergence uniforme des $u(s)(y_p(s))$ vers $u(s)(y(s)$, car si on forme

$$||u(s)(y_p(s)) - u(s)(y(s)|| \text{ c'est } ||u(s)(y_p(s) - y(s))||$$

par linéarité de $u(s)$, et c'est donc majoré par

$$|||u(s)||| \; ||y_p(s) - y(s)|| \text{ donc } \textit{a fortiori} \text{ par } \alpha||y_p - y||_\infty$$

sur le segment $[a, b]$, d'où $\lim\limits_{p\to+\infty} ||u(s)(y_p(s)) - u(s)(y(s))|| = 0$, uniformément en s.

La relation 18.26 de définition des y_p donne alors, en passant à la limite, l'égalité

$$\textbf{18.29.}\quad y(t) = y_0 + \int_{t_0}^{t} u(s)(y(s))ds + \int_{t_0}^{t} b(s)ds,$$

valable sur $[a, b]$, mais ceci, quelque soit $[a, b]$ de I contenant t_0, donc finalement 18.29 est vérifiée sur I, et y étant continue, (continue sur tout $[a, b] \subset I\ldots$) le second membre est dérivable en t, (Théorème 12.68) et on a

$$y'(t) = u(t)(y(t)) + b(t).$$

Enfin $y(t_0) = y_0$. On a donc l'existence d'une solution définie sur I, de donnée initiale (t_0, y_0) pour l'équation différentielle 18.24.

L'unicité provient du lemme 18.21, car si deux solutions y et z sont définies sur I, avec $y(t_0) = z(t_0) = y_0$, on justifie encore que $J = \{t, \in I, y(t) = z(t)\}$ est fermé, ouvert, non vide de I connexe, donc c'est I, (l'aspect ouvert étant obtenu parce que le théorème de Cauchy Lipschitz s'applique partout sur $I \times E$).

REMARQUE 18.30. — On peut majorer les valeurs prises par la solution de donée initiale (t_0, y_0), sur chaque segment $[a, b]$ de I.

En effet, toujours avec $\alpha = \sup\{|||u(t)|||, t \in [a, b]\}$ et

$$\beta = \sup\{||b(t)||, t \in [a, b]\}, \text{ on a } \sum_{p=0}^{\infty}(y_{p+1}(t) - y_p(t)) = y(t) - y_0,$$

donc avec la majoration 18.27 on a :

$$\begin{aligned} ||y(t) - y_0|| &\leqslant \sum_{p=0}^{\infty} \alpha^p(\alpha||y_0|| + \beta)\frac{|t - t_0|^{p+1}}{(p+1)!}, \text{ soit, pour } \alpha \neq 0, \\ &\leqslant ||y_0|| \sum_{p=0}^{+\infty} \frac{(\alpha|t - t_0|)^{p+1}}{(p+1)!} + \frac{\beta}{\alpha}\sum_{p=0}^{+\infty}\frac{(\alpha|t - t_0|)^{p+1}}{(p+1)!} \\ &\leqslant \left(||y_0|| + \frac{\beta}{\alpha}\right)\left(e^{\alpha|t-t_0|} - 1\right), \end{aligned}$$

et *a fortiori*, avec $|t - t_0| \leqslant b - a$, l'inégalité

18.31. $||y(t)|| \leqslant ||y_0||e^{\alpha(b-a)} + \dfrac{\beta}{\alpha}(e^{\alpha(b-a)} - 1).$

Un peu de vocabulaire

Le point de départ de l'étude des équations différentielles a été la considération d'équations avec y fonction dérivable de variable réelle à valeurs réelles. Dans le cas des équations linéaires, il s'agit donc d'équations du type

18.32. $a(t)y'(t) + b(t)y(t) = c(t)$, avec a, b, c fonctions définies sur un intervalle I de $\mathbb{R}$, à valeurs réelles.

Une telle équation est dite avec second membre, $(c(t))$, et l'équation

18.33. $a(t)y'(t) + b(t)y(t) = 0$ est dite équation homogène, ou linéaire sans second membre associée.

C'est pour cela que dans le cadre de notre belle théorie, avec E Banach, u continue de I dans $\mathcal{L}_c(E, E)$ et b continue de I dans E, on dit encore que l'équation

18.34. $y'(t) = u(t)(y(t)) + b(t)$ est avec second membre, ce second membre étant $b(t)$, alors que l'équation

18.35. $y'(t) = u(t)(y(t))$ est dite homogène ou sans second membre, associée.

Pendant que j'y suis, la première ne dépend pas linéairement mais de manière affine, de y, c'est la deuxième qui est linéaire. Enfin, que vous voulez-vous, sans ces abus, la vie serait monotone !

On a alors :

THÉORÈME 18.36. — *Soit E un Banach, I un intervalle de $\mathbb{R}$, u et b deux applications continues de I dans $\mathcal{L}_c(E, E)$ et E respectivement. Les solutions de l'équation 18.34 : $y'(t) = u(t)(y(t)) + b(t)$ forment un espace affine, de direction l'espace vectoriel F des solutions de l'équation 18.35 homogène associée : $y'(t) = u(t)(y(t))$. Cet espace vectoriel F est isomorphe à E.*

Soit $\mathcal{F} = \{\text{solutions de 18.34}\}$ et $F = \{\text{solutions de 18.35}\}$.

Il est clair que, si y_1 et y_2 vérifient 18.34, par linéarité de $u(t)$ on aura

$$\begin{aligned}(y_1 - y_2)'(t) &= u(t)(y_1(t)) + b(t) - \big(u(t)(y_2(t)) + b(t)\big)\\ &= u(t)(y_1(t) - y_2(t)), \text{ donc } y_1 - y_2 \in F.\end{aligned}$$

On vérifie facilement que F est un espace vectoriel, (sous-espace de $C^0(I, E)$ en fait) car la fonction nulle est dans F qui est stable par combinaisons linéaires. On a déjà $\mathcal{F}$ espace affine de direction F.

Pour $t_0 \in I$, fixé, on sait que pour chaque y_0 de E il existe une et une seule solution y de 18.35 : $y'(t) = u(t)(y(t))$ valant y_0 si $t = t_0$.

Notons alors $w(t_0)$ l'application de F dans E qui à une solution φ de 18.35 associe sa valeur $\varphi(t_0)$. Nous venons de voir que, $\forall y_0 \in E, \exists! y \in F$, avec $w(t_0)(y) = y_0$: l'application $w(t_0)$ est donc une bijection de F sur E. Elle est linéaire, car si φ_1, φ_2 sont dans F et λ_1, λ_2 dans $\mathbb{R}$, on a

$$w(t_0)(\lambda_1\varphi_1 + \lambda_2\varphi_2) = (\lambda_1\varphi_1 + \lambda_2\varphi_2)(t_0),$$

valeur en t_0 de la solution $\lambda_1\varphi_1 + \lambda_2\varphi_2$, d'où

$$w(t_0)(\lambda_1\varphi_1 + \lambda_2\varphi_2) = \lambda_1\varphi_1(t_0) + \lambda_1\varphi_2(t_0),$$

d'après la structure vectorielle sur $C^0(I, E)$, donc c'est

$$\lambda_1 w(t_0)(\varphi_1) + \lambda_2 w(t_0)(\varphi_2).$$

On a bien isomorphisme, $w(t_0)$, entre l'espace F des solutions de l'équation sans second membre, et l'espace vectoriel E. ■

COROLLAIRE 18.37. — *Des solutions, $\varphi_1, \varphi_2, \ldots, \varphi_n$ de l'équation homogène $y'(t) = u(t)(y(t))$ sont linéairement indépendantes dans $C^0(I, E)$ si et seulement si il existe $t_0 \in I$ tel que les vecteurs $\varphi_1(t_0), \varphi_2(t_0), \ldots, \varphi_n(t_0)$ soient indépendants dans E.*

C'est évident, puisque l'on passe du système $\{\varphi_1, \ldots, \varphi_n\}$ de vecteurs de F au système $\{\varphi_1(t_0), \ldots, \varphi_n(t_0)\}$ de vecteurs de E par l'isomorphisme $w(t_0)$.

Il est donc aussi équivalent de dire que pour chaque t de I les vecteurs $\varphi_1(t), \varphi_2(t), \ldots, \varphi_n(t)$ sont indépendants dans E.

Ce corollaire va nous servir au paragraphe suivant pour étudier les solutions de l'équation avec second membre et faire le bilan de ce que l'on connaît vraiment, (bien peu de chose, assurément).

18.38. Mais avant, *un mot de* $w(t_1)w(t_0)^{-1} = r(t_1, t_0)$. C'est quoi? Et bien un isomorphisme de E, puisque $w(t)$ est isomorphisme de F sur E, pour chaque t de I. Cet isomorphisme c'est le procédé qui au vecteur x *de E associe la valeur pour $t = t_1$ de la solution de l'équation différentielle homogène valant x lorsque $t = t_0$.*

18.39. On peut constater que $r(t_1, t_0) \circ r(t_0, t_1) = \mathrm{id}_E$, et que $r(t_1, t_2) \circ r(t_2, t_3) = r(t_1, t_3)$. L'opérateur $r(t, s)$ s'appelle le *résolvant* de l'équation différentielle linéaire homogène et $w(t)$ le *wronskien*. Mais c'est surtout en dimension finie que ces notions sont exploitées.

4. Cas des équations différentielles linéaires en dimension finie

Voyons d'abord un cas particulier important : *l'équation différentielle scalaire linéaire d'ordre 1. C'est le cas de $E = \mathbb{R}$*, (d'où le terme scalaire, les fonctions étant à valeurs dans $\mathbb{R}$ donc étant des scalaires dans la terminologie usuelle).

THÉORÈME 18.40. — *Soit a et b deux fonctions définies continues d'une partie de $\mathbb{R}$, dans $\mathbb{R}$. Sur tout intervalle I où la fonction a ne s'annule pas, l'équation différentielle homogène $a(t)y' + b(t)y = 0$ admet un espace vectoriel de solutions de dimension* 1. *La solution prenant la valeur y_0 pour $t = t_0$ dans I est donnée par $y(t) = y_0 e^{-\int_{t_0}^{t} \frac{b(s)}{a(s)} ds}$.*

En effet, sur I où a ne s'annule pas, on peut mettre l'équation sous la forme équivalente $y'(t) = -\frac{b(t)}{a(t)}y(t)$ et appliquer le Théorème 18.36, on a donc un espace de solution de dimension un, et la fonction donnée dans le théorème vaut bien y_0 si $t = t_0$, elle est dérivable sur I, avec

$$y' = y_0 \left(-\frac{b(t)}{a(t)}\right) e^{-\int_{t_0}^{t} \frac{b(s)}{a(s)} ds} = -\frac{b(t)}{a(t)}y(t) :$$

on a bien la solution cherchée. ■

REMARQUE 18.41. — Pour l'équation $a(t)y' + b(t)y = 0$, avec a de valeurs réelles, continue sur un ouvert Ω de $\mathbb{R}$, sur chaque composante connexe I de $\Omega' = \{t;\ t \in \Omega, a(t) \neq 0\}$, ($\Omega'$ ouvert de $\mathbb{R}$, est réunion de ses composantes connexes, qui sont des intervalles ouverts de $\mathbb{R}$, notés I), on a un espace vectoriel de dimension 1. Si I_1 et I_2 sont deux composantes connexes ayant une borne comme c, il se peut qu'il y ait des solutions y définies en c, dérivables en c, (de dérivée continue ou non en c), avec $a(c)y'(c) + b(c)y(c) = 0$; comme il se peut qu'il n'y en ait pas. Il se peut qu'une solution sur I_1 se raccorde avec une seule (ou toutes les) solution(s) sur I_2, ou avec aucune... cela dépend des exemples. Sur $I_1 \cup I_2$ on a donc un espace de solutions de dimension 2, (attention, $c \notin I_1 \cup I_2$, il y a un trou) mais sur $I_1 \cup I_2 \cup \{c\}$ on peut avoir un espace vectoriel de solutions de dimension 1, 2 ou seulement la solution nulle. *De plus on peut choisir ou non d'imposer la continuité de y' en c.*

Cas de l'équation scalaire avec second membre, du type

18.42. $a(t)y' + b(t)y = c(t)$, avec a, b, c fonctions continues de $\Omega \subset \mathbb{R}$, dans $\mathbb{R}$.

Là encore on se place sur un intervalle ouvert I où a ne s'annule pas.

Les solutions de l'équation sans second membre sont connues, ce sont les fonctions du type

$$y(t) = \lambda e^{-\int_{t_0}^{t} \frac{b(s)}{a(s)} ds},$$

avec t_0 fixé dans I et λ quelconque dans $\mathbb{R}$. Notons $y(t) = \lambda z(t)$ cette *solution générale*, $z(t)$ étant *une solution particulière*. On emploie la méthode dite de *variation des constantes* pour résoudre 18.42. Comme la fonction z ne s'annule pas, une fonction y est dérivable si et seulement si $\lambda = \frac{y}{z}$ l'est. On cherche alors $y = \lambda z$ solution de 18.42, avec λ dérivable.

On a : $y' = \lambda' z + \lambda z'$, donc y est solution de 18.42 si et seulement si

$$a(\lambda' z + \lambda z') + b\lambda z = c = \lambda(az' + bz) + a\lambda' z,$$

soit, comme $az' + bz = 0$, (z solution de l'équation sans second membre), on aura λz solution de 18.42 si et seulement si $a(t)\lambda'(t)z(t) = c(t)$.

Or, sur $I, a(t)$ ne s'annule pas, mais $z(t)$ non plus, (c'est une exponentielle) donc c'est équivalent à avoir $\lambda'(t) = \dfrac{c(t)}{a(t)z(t)}$.

Si $t \rightsquigarrow \lambda_0(t)$ définit une primitive λ_0 de la fonction continue $\dfrac{c}{az}$, on a donc $\lambda = \lambda_0 + cte$ et finalement, avec $k \in \mathbb{R}$, $y(t) = \lambda_0(t)z(t) + kz(t)$: c'est bien la forme d'une fonction variant dans un espace affine, et pour $t_0 \in I, \exists! k$ tel que $y(t_0) = y_0$, pour un y_0 donné, puisque $z(t_0) \neq 0$.

Donc, les équations linéaires scalaires du 1er ordre avec ou sans second membre : on sait résoudre.

Voyons maintenant ce que l'on peut dire du cas $E = \mathbb{R}^n, n > 1$.

Si on considère l'équation différentielle linéaire

18.43. $y'(t) = u(t)(y(t)) + b(t)$

avc $u(t)$ linéaire continue de $\mathbb{R}^n$ dans $\mathbb{R}^n$, (donc linéaire suffit), et $b(t)$ dans E, on va avoir une écriture matricielle de cette équation et on parlera de système linéaire.

On introduit les matrices colonnes $B(t)$ et $Y(t)$, d'ordre n, de composantes $b_i(t)$ et $y_i(t)$, ainsi que la matrice $U(t)$, carrée d'ordre n, de terme général $u_{ij}(t)$, associée à $u(t)$ dans la base canonique de $\mathbb{R}^n$, la relation 18.43 équivaut à l'égalité matricielle

18.44. $Y'(t) = U(t)Y(t) + B(t)$

qui condense les n équations du type :

$$y_i'(t) = u_{i1}(t)y_1(t) + u_{i2}(t)y_2(t) + \ldots + u_{in}(t)y_n(t) + b_i(t)$$

lorsque i varie de 1 à n, équations formant le système différentiel d'ordre 1 proprement dit.

Que sait-on exactement, et que sait-on faire? Pas grand chose. D'un point de vue théorique, les solutions du système 18.44 forment un espace affine $\mathcal{F}$ dont la direction est formée de l'espace vectoriel F, de dimension n, des solutions du système homogène associé :

18.45. $Y'(t) = U(t)Y(t)$.

On ne sait pas résoudre 18.45 d'une manière générale. Nous verrons par la suite comment grignoter ce bloc. Mais on sait résoudre le système avec second membre quand on connaît n solutions indépendantes du système homogène 18.45 associé.

On a vu, (Corollaire 18.37), que n solution $\varphi_1, \varphi_2, \ldots, \varphi_n$ de 18.45 sont indépendantes si et seulement si les valeurs prises en un t_0 de I, (intervalle où U et B sont définies), sont des vecteurs indépendants dans $\mathbb{R}^n$.

On va retrouver ce résultat. En effet on considère ici $\varphi_j(t)$ comme la matrice colonne des $\varphi_{i,j}(t), i = 1, \ldots, n$, et soit $W(t)$ le déterminant de la matrice des composantes de $\varphi_1(t), \ldots, \varphi_n(t)$. On a

$$((\varphi_1, \ldots, \varphi_n) \text{ famille libre de solutions de 18.45}) \Leftrightarrow (\exists t_0, W(t_0) \neq 0).$$

Nous allons le rejustifier.

On peut dériver $W(t)$. On obtient, (dérivée d'un déterminant), $W'(t)$ comme la somme des n déterminants obtenus en remplaçant successivement la $i^{ème}$ ligne par la $i^{ème}$ ligne des dérivées donc $\varphi_{ij}(t)$ sera remplacé par

$$\varphi'_{ij}(t) = \sum_{k=1}^{n} u_{ik}(t)\varphi_{k,j}(t),$$

(on prend la $i^{ème}$ ligne de l'égalité matricielle $\varphi'_j = U(t)\varphi_j(t)$).

On a donc $W'(t) = \sum_{i=1}^{n} D_i(t)$, avec $D_i(t)$ déterminant valant

$$D_i(t) = \begin{vmatrix} \varphi_{11}(t) & \varphi_{12}(t) & \cdots & \varphi_{1j}(t) & \cdots & \varphi_{1,n}(t) \\ \cdots & \cdots & \cdots & \cdots & \cdots & \cdots \\ \varphi_{i-1,1} & \varphi_{i-1,2} & \cdots & \varphi_{i-1,j} & \cdots & \varphi_{i-1,n} \\ \sum_k u_{ik}\varphi_{k1} & \sum_k u_{ik}\varphi_{k2} & \cdots & \sum_k u_{ik}\varphi_{kj} & \cdots & \sum_k u_{ik}\varphi_{kn} \\ \cdots & \cdots & \cdots & \cdots & \cdots & \cdots \\ \varphi_{n,1} & \varphi_{n,2} & \cdots & \varphi_{n,j} & \cdots & \varphi_{n,n} \end{vmatrix},$$

et on constate que $D(t)$ est obtenu à partir du déterminant $W(t)$ en remplaçant sa $i^{ème}$ ligne L_i, par la combinaison $\sum_{k=1}^{n} u_{ik}L_k$, donc

$D_i(t) = u_{ii}(t)W(t)$, et finalement le déterminant $W(t)$ vérifie l'équation différentielle

$$\textbf{18.46.}\quad W'(t) = \left(\sum_{i=1}^{n} u_{ii}(t)\right) W(t) = (trace\ U(t))\, W(t).$$

Il résulte de l'étude faite au début de ce paragraphe de l'équation scalaire d'ordre 1, que l'on a, pour $t_0 \in I$,

$$W(t) = W(t_0)e^{\int_{t_0}^{t}(\text{trace } U(s))ds},$$

(Théorème 18.40), et on retrouve le fait que ce déterminant ne peut pas s'annuler sans être identiquement nul.

DÉFINITION 18.47. — *On appelle Wronskien d'une famille* $(\varphi_1, \ldots, \varphi_n)$ *de* n *solutions du système homogène 18.45* $Y' = U(t)(Y)$, *le déterminant de la matrice des composantes de ces solutions dans la base canonique de* $\mathbb{R}^n$.

La matrice $\mathcal{W}(t)$ de ces composantes est *la matrice wronskienne*, et on remarque que c'est la matrice de l'isomorphisme $w(t)$ de F, (espace des solutions de 18.45 dans $\mathbb{R}^n$, par rapport à la base $(\varphi_1, \ldots, \varphi_n)$ de F et la base canonique de $\mathbb{R}^n$, (voir Théorème 18.36).

Retour au système avec second membre : c'est-à-dire au système noté 18.44 : $Y'(t) = U(t)Y(t) + B(t)$ dont on connaît l'espace des solutions du système homogène, noté 18.45 : $Y'(t) = U(t)Y(t)$ associé, espace vectoriel de base $\{\varphi_1, \varphi_2, \ldots, \varphi_n\}$.

Pour chaque t de I intervalle ouvert où sont définies U et B, les vecteurs $\varphi_1(t), \ldots, \varphi_n(t)$ forment une base de $\mathbb{R}^n$, donc on peut chercher $Y(t)$ solution sous la forme $Y(t) = \sum_{j=1}^{n} z_j(t)\varphi_j(t)$.

Si on note $Z(t)$ le vecteur colonne des $z_j(t)$, on constate que, les $z_j(t)$ étant les composantes de $Y(t)$ dans la base des $\varphi_j(t)$, et la matrice wronskienne $\mathcal{W}(t)$ étant la matrice de passage de la base canonique de $\mathbb{R}^n$ à celle des $\varphi_j(t)$, $Z(t)$ et $Y(t)$ vérifient :

$$Y(t) = \mathcal{W}(t)Z(t) \text{ d'où } Z(t) = (\mathcal{W}(t))^{-1}Y(t),$$

et les coefficients de $\mathcal{W}(t)$ étant dérivables, ceux de $(\mathcal{W}(t))^{-1}$ le sont aussi, (fractions rationnelles par rapport aux $w_{ij}(t)$, à dénominateurs non nuls) donc Y dérivable équivaut à Z dérivable.

On a : $Y'(t) = \sum_{j=1}^{n} z'_j \varphi_j + \sum_{j=1}^{n} z_j \varphi'_j$ vérifie 18.44 si et seulement si, (linéarité de $U(t)$)

$$\sum_{j=1}^{n} z'_j \varphi_j + \sum_{j=1}^{n} z_j \varphi'_j = \sum_{j=1}^{n} z_j (U \varphi_j) + B(t).$$

Comme $\varphi'_j = U\varphi_j$, ceci équivaut à la relation

$$\sum_{j=1}^{n} z'_j(t) \varphi_j(t) = B(t),$$

autrement dit, à dire que les z'_j sont les coordonnées de $B(t)$ dans la base des $\varphi_j(t)$, donc que l'on a, matriciellement

$$B(t) = \mathcal{W}(t) Z'(t) \text{ ou encore } Z'(t) = (\mathcal{W}(t))^{-1} B(t).$$

RECETTE 18.48. — Pour résoudre *le système avec second membre*, connaissant ce qu'on appelle parfois *l'intégrale générale de l'équation sans second membre* le travail est donc simple : on détermine la matrice colonne $Z'(t) = (\mathcal{W}(t))^{-1}B(t)$, on prend une primitive de chaque $z'_j(t)$, d'où la solution cherchée sous la forme $\sum_{j=1}^{n} z_j(t)\varphi_j(t)$, les constantes dans les primitives donnant bien une fonction dans un espace affine de dimension n. ■

Voilà ce que l'on sait faire avec certitude. Quand à obtenir l'intégrale générale de l'équation sans second membre, alors là... rien de général.

RECETTE 18.49. — *On peut cependant, si on connaît p solutions indépendantes, ($p < n$) se ramener à un système sur $\mathbb{R}^{n-p}$. C'est la technique de l'abaissement de l'ordre.* En particulier, si $p = n - 1$, on sera ramené à une équation scalaire que l'on sait résoudre. Voyons ce dont il s'agit.

On dispose de $\varphi_1, \ldots, \varphi_p$, solutions indépendantes du système homogène 18.45 : $Y'(t) = U(t)Y(t)$.

On sait alors, (corollaire 18.37), que pour chaque t_0 de I les vecteurs $\varphi_1(t_0), \ldots, \varphi_p(t_0)$ sont indépendants dans $\mathbb{R}^n$, donc il existe $e_{p+1}, \ldots, e_n$

dans $\mathbb{R}^n$ tels que $\mathcal{B}(t_0) = \{\varphi_1(t_0), \ldots, \varphi_p(t_0), e_{p+1}, \ldots, e_n\}$ soit une base de $\mathbb{R}^n$, et elle le reste localement en t_0, (car on a un déterminant non nul en t_0, fonction continue de t).

Donc il existe un intervalle J contenant t_0 tel que pour tout t de J, $\mathcal{B}(t)$ soit une base de $\mathbb{R}^n$: c'est sur cet intervalle qu'on poursuit le travail. Sur $I - J$, on change de vecteurs $e_{p+1}, \ldots, e_n$.

On cherche $Y(t)$ sous la forme

$$Y(t) = \sum_{j=1}^{p} u_j(t)\varphi_j(t) + \sum_{j=p+1}^{n} u_j(t)e_j,$$

les u_j étant dérivables si et seulement si Y est dérivable, la matrice changement de base de la base canonique à la base $\mathcal{B}(t)$ ayant ses coefficients dérivables car ce sont les composantes des $\varphi_j(t)$, dérivables, ou des constantes.

On a donc
$$Y' = \sum_{j=1}^{p} u_j'\varphi_j + \sum_{j=1}^{p} u_j\varphi_j' + \sum_{j=p+1}^{n} u_j'e_j,$$

et Y solution de 18.45 équivaut à :

$$Y' = UY = \sum_{j=1}^{p} u_jU\varphi_j + \sum_{j=p+1}^{n} u_jUe_j,$$

soit comme $\varphi_j' = U\varphi_j$, on obtient Y solution si et seulement si

18.50. $$\sum_{j=1}^{p} u_j'\varphi_j + \sum_{j=p+1}^{n} u_j'e_j = \sum_{j=p+1}^{n} u_j(Ue_j).$$

Cette relation est exploitable si on calcule la décomposition ds Ue_j dans la base $\mathcal{B}(t)$.

Posons
$$Ue_k = \sum_{j=1}^{p} \lambda_{jk}\varphi_j + \sum_{j=p+1}^{n} \lambda_{jk}e_j,$$
il vient dans 18.50

$$\sum_{j=1}^{p} u_j'\varphi_j + \sum_{j=p+1}^{n} u_j'e_j = \sum_{k=p+1}^{n} u_k\left(\sum_{j=1}^{p} \lambda_{jk}\varphi_j + \sum_{j=p+1}^{n} \lambda_{jk}e_j\right)$$
$$= \sum_{j=1}^{p}\left(\sum_{k=p+1}^{n} \lambda_{jk}u_k\right)\varphi_j + \sum_{j=p+1}^{n}\left(\sum_{k=p+1}^{n} \lambda_{jk}u_k\right)e_j$$

et on aura Y solution de 18.45 sur l'intervalle J si et seulement si les u_j vérifient les relations :

18.51. pour $j = p+1, p+2, \dots n$: $\quad u'_j = \sum_{k=p+1}^{n} \lambda_{jk} u_k$; puis,

18.52. pour $j = 1, \dots, p$: $\quad u'_j = \sum_{k=p+1}^{n} \lambda_{jk} u_k$.

Mais les relations 18.51 : $u'_j = \sum_{k=p+1}^{n} \lambda_{jk} u_k$ pour $p+1 \leqslant j \leqslant n$, donnent un système linéaire homogène sur $\mathbb{R}^{n-p}$, et c'est en cela que l'on a abaissé l'ordre. Si on sait le résoudre, (et c'est le cas si $p = n-1$), on détermine ces u_j pour $j \geqslant p+1$, d'où, par calcul de primitives, les u_j pour $j \leqslant p$.

EXEMPLE 18.53. — *Résoudre le système différentiel* :

$$(I) \begin{cases} (t^2+1)x' = tx + y \\ (t^2+1)y' = x + ty. \end{cases}$$

On constate que le couple $(1, t)$ est solution.

Dans $\mathbb{R}^2$, on cherche un vecteur tel que la matrice

$$\begin{pmatrix} 1 & \alpha \\ t & \beta \end{pmatrix}$$

avec α et β constantes, soit régulière pour tout t, $\alpha = 0$, $\beta = 1$ convient.

Posons donc $Z(t) = \begin{pmatrix} 1 \\ t \end{pmatrix}$ et $e = \begin{pmatrix} 0 \\ 1 \end{pmatrix}$. On cherche Y sous la forme

$$Y = u(t)Z(t) + v(t)e = \begin{pmatrix} u(t) \\ tu(t) + v(t) \end{pmatrix}.$$

Le système (I) s'écrit :

$$\begin{cases} (t^2+1)u' = -tu + tu + v \\ (t^2+1)(u + tu' + v') = u + t^2u + tv \end{cases}$$

$$\Leftrightarrow \begin{cases} (t^2+1)u' = v \\ t(t^2+1)u' + (t^2+1)v' = tv, \text{ soit comme } t(t^2+1)u' = tv \end{cases}$$

$$\Leftrightarrow \begin{cases} (t^2+1)u' = v \\ (t^2+1)v' = 0 \end{cases}$$

d'où l'intégration immédiate $v = \alpha$ est constant, puis $u' = \dfrac{\alpha}{t^2+1} \Leftrightarrow$ $u(t) = \alpha \text{Arctg}\, t + \beta$, ($\beta$ constante), d'où le couple

$$Y(t) = (\alpha \text{Arctg}\, t + \beta,\ \alpha(1 + t\,\text{Arctg}\, t) + \beta t).$$

5. Equations différentielles scalaires d'ordre n

Il s'agit d'équations différentielles du type

18.54. $\alpha_0(t)y^{(n)} + \alpha_1(t)y^{(n-1)} + \ldots + \alpha_n(t)y = \beta(t)$, où $\alpha_0, \alpha_1, \ldots, \alpha_n$,

β sont des fonctions définies sur un intervalle ouvert I de $\mathbb{R}$, continues de I dans $\mathbb{R}$, et où on cherche y, n fois dérivable sur un sous-intervalle ouvert J de I, vérifiant l'équation. On peut, au choix du client, exiger que $y^{(n)}$ soit continue ou non, ce choix ne devenant effectif qu'aux zéros de α_0.

On va se ramener au paragraphe précédent sur tout sous-intervalle de I sur lequel α_0 ne s'annule pas, un problème de traversée des zéros éventuels de α_0 se posant.

On suppose donc α_0 ne s'annulant pas sur I, on divise par α_0, et en définissant les $a_j(t) = \dfrac{\alpha_j(t)}{\alpha_0(t)}$ et $b(t) = \dfrac{\beta(t)}{\alpha_0(t)}$, l'équation se met alors sous la forme équivalente

18.55. $y^{(n)}(t) + a_1(t)y^{(n-1)}(t) + \ldots + a_n(t)y(t) = b(t)$

et on considérera aussi l'équation dite sans second membre, ou homogène, associée :

18.56. $y^{(n)}(t) + a_1(t)y^{(n-1)}(t) + \ldots + a_n(t)y(t) = 0.$

En reprenant alors la technique du paragraphe 1, (voir 18.5), pour se ramener à une équation du premier ordre, on pose $y_1 = y$, puis on définit $y_2, \ldots, y_n$ par les égalités

$$y_1' = y_2, y_2' = y_3, \ldots, y_{n-1}' = y_n$$

d'où

$$y_2 = y', y_3 = y'', \ldots, y_n = y^{(n-1)}$$

en fait *et y est solution de 18.55, (ou de 18.56) si et seulement si, en plus des relations définissant les y_j, on a :*

$$y_n' = -a_1 y_n - a_2 y_{n-1} - \ldots - a_n y_1 + b$$

(ou la relation sans b).

On est donc amené à considérer le système

18.57.
$$\begin{aligned} y_1' &= y_2 \\ y_2' &= y_3 \\ &\ldots\ldots\ldots\ldots \\ y_{n-1}' &= y_n \\ y_n' &= -a_n y_1 - a_{n-1} y_2 - \ldots - a_1 y_n + b \end{aligned}$$

ou encore, en considérant la matrice colonne $Y(t)$ des $y_i(t)$, l'équation différentielle du premier ordre mise sous forme matricielle

18.58. $Y'(t) = A(t)Y(t) + B(t)$, **ou**

$$\begin{pmatrix} y_1' \\ y_2' \\ \vdots \\ \vdots \\ y_n' \end{pmatrix} = \begin{pmatrix} 0 & 1 & 0 \ldots\ldots 0 \\ 0 & 0 & 1 \ldots\ldots 0 \\ & & \ddots \\ & & \ddots \\ 0 & 0 & 0 \ldots\ldots 1 \\ -a_n & -a_{n-1} & -a_{n-2} \cdots\cdots - a_1 \end{pmatrix} \begin{pmatrix} y_1 \\ y_2 \\ \vdots \\ \vdots \\ y_n \end{pmatrix} + \begin{pmatrix} 0 \\ 0 \\ \vdots \\ 0 \\ b(t) \end{pmatrix},$$

et $y(t)$ est solution de 18.55 si et seulement si c'est la première composante de $Y(t)$ solution de 18.58. On a la même équivalence pour y solution de 18.56 avec Y solution du système homogène

18.59. $Y' = A(t)Y$, **associé.**

THÉORÈME 18.60. — *Les solutions de l'équation différentielle linéaire scalaire d'ordre n, 18.55 : $y^{(n)}+a_1(t)y^{(n-1)}+\ldots+a_n(t)y=b(t)$ forment un espace affine de dimension n, de direction l'espace vectoriel des solutions de l'équation homogène associée. (On suppose les a_j et b fonctions continues de I dans $\mathbb{R}$.)*

En effet, si y et z sont solutions de 18.55, $y-z$ est solution de 18.56 : $y^{(n)}+a_1(t)y^{(n-1)}+\ldots+a_n(t)y=0$, (on soustrait), et on va montrer que les solutions de 18.56 forment un espace vectoriel.

Soit F l'espace vectoriel des solutions du système 18.59. On sait, (Théorème 18.36), que cet espace vectoriel F est dimension n car il est isomorphe à $\mathbb{R}^n$.

Soit $\{\phi_1,\phi_2,\ldots,\phi_n\}$ une base de F, et φ_j la première composante de ϕ_j. Comme ϕ_j vérifie 18.59, c'est que la matrice colonne ϕ_j est égale à

18.61.
$$\phi_j=\begin{pmatrix}\varphi_j\\ \varphi_j'\\ \varphi_j''\\ \vdots\\ \varphi^{(n-1)}(j)\end{pmatrix}$$

et si la famille $\{\varphi_1,\ldots,\varphi_n\}$ était liée, avec des scalaires $\lambda_1,\ldots,\lambda_n$ tels que $\sum_{j=1}^{n}\lambda_j\varphi_j(t)=0$, on aurait en dérivant i fois, $\sum_{j=1}^{n}\lambda_j\varphi_j^{(i)}(t)=0$, ce qui traduit le fait que $\phi_1,\ldots,\phi_n$ seraient des éléments liés de F. Il en résulte que $\{\varphi_1,\ldots,\varphi_n\}$ est une famille libre de solutions de 18.56. Or les solutions de 18.56 forment un espace vectoriel $\mathcal{E}'$, (vérification immédiate car 0 est solution et il y a stabilité par combinaisons linéaires) donc $\mathcal{E}'$ est de dimension n au moins.

Mais réciproquement, si $\{\varphi_1,\ldots,\varphi_p\}$ est une famille libre de solutions de 18.56, les fonctions ϕ_j définies par les relations 18.61 sont solutions de 18.59, indépendantes car une relation de dépendance linéaire donnerait une relation de dépendance linéaire entre les premières composantes, soit entre les φ_j.

D'où $p\leqslant n$: le rang maximum des familles libres de $\mathcal{E}'$ est n; on a $\dim\mathcal{E}'\leqslant n$, donc finalement $\dim\mathcal{E}'=n$.

COROLLAIRE 18.62. — *Des solutions $y_1,y_2,\ldots,y_n$ de l'équation homogène 18.56 : $y^{(n)}+a_1(t)y^{(n-1)}+\ldots+a_n(t)y=0$ sont indépendantes si et* *seulement si leur Wronskien*

$$\det(\mathcal{W}(t)) = \begin{vmatrix} y_1(t) & y_2(t) & \dots & y_n(t) \\ y_1'(t) & y_2'(t) & \dots & y_n'(t) \\ \dots & \dots & \dots & \dots \\ y_1^{(n-1)}(t) & y_2^{(n-1)}(t) & \dots & y_n^{(n-1)}(t) \end{vmatrix} \neq 0, \text{ pour un } t \text{ de } I.$$

(Ou, ce qui revient au même, si la matrice wronskienne $\mathcal{W}(t)$ est inversible).

C'est la transcription du résultat sur les systèmes linéaires. On constate là encore que le Wronskien $\mathrm{W}(t) = \det \mathcal{W}(t)$ ne peut pas s'annuler sans être identiquement nul car on a

$$W(t) = W(t_0)e^{-\int_{t_0}^t a_1(s)ds},$$

la trace de la nature $A(s)$ du système 18.59, ici étant $-a_1(s)$.

REMARQUE 18.63. — Le Wronskien est constant si et seulement si $y^{(n-1)}$ ne figure pas dans l'équation.

Et si on faisait le point sur ce que l'on sait faire exactement ? Eh bien, on déchante ! En effet :

1) *on sait vérifier si des solutions* $y_1, \dots, y_n$ *sont indépendantes (pour l'équation homogène 18.56)*;

2) *dans ce cas, on sait résoudre 18.55 par la méthode dite de variation des constantes.*

En effet, à partir de $y_1, \dots, y_n$ solutions indépendantes de 18.56, on dispose des solutions indépendantes $Y_j, j = 1, \dots, n$ du système homogène 18.59 associé.

On sait alors que y solution de 18.55 est la première composante de Y solution du système 18.58, laquelle solution Y se cherche sous la forme $\sum_{j=1}^{n} u_j(t)Y_j(t)$, les u_j vérifiant

18.64
$$\mathcal{W}(t)\begin{pmatrix} u_1' \\ u_2' \\ \vdots \\ u_n' \end{pmatrix} = B(t) = \begin{pmatrix} 0 \\ 0 \\ \vdots \\ b(t) \end{pmatrix}$$

(voir recette 18.48, où les u_j sont notés z_j).

On a donc $y = \sum_{j=1}^{n} u_j y_j$, *les* u_j *se calculant en prenant des primitives des* u'_j *déterminés par l'égalité matricielle*

18.65.
$$\begin{pmatrix} u'_1 \\ u'_2 \\ \vdots \\ u'_n \end{pmatrix} = (\mathcal{W}(t))^{-1} \begin{pmatrix} 0 \\ 0 \\ \vdots \\ b(t) \end{pmatrix}$$

Deux cas particuliers importants

Equation scalaire d'ordre 1 : $y'(t) + a(t)y(t) = b(t)$.

Ayant $y(t) = \lambda e^{-\int_{t_0}^{t} a(s)ds} = \lambda y_1$, intégrale générale de l'équation homogène, la matrice « wronskienne » est $w(t) = (y_1)$ et la méthode de variation des constantes conduit à prendre $\lambda(t)$ vérifiant :

$$\lambda' y_1 + \lambda y'_1 + a(t)\lambda y_1 = b(t),$$

soit comme $\quad y'_1 + a y_1 = 0, \quad \lambda' y_1 = b(t)$

ou $\quad \lambda'(t) = \dfrac{b(t)}{y_1(t)} = (W(t))^{-1}\, b(t)$:

c'est la théorie générale qui s'applique, et qui redonne le résultat vu en 18.42.

Equation scalaire d'ordre 2 : $y'' + a(t)y' + b(t)y = c(t)$.

On suppose trouvées, (par quel miracle?) y_1 et y_2 solutions indépendantes de $y'' + a(t)y + b(t)y = 0$.

Vous avez peut être déjà rencontré la technique qui consiste à dire : « On cherche y sous la forme $y = u_1 y_1 + u_2 y_2$.

Alors $y' = u'_1 y_1 + u'_2 y_2 + u_1 y'_1 + u_2 y'_2$ et on impose (De quel droit pensiez-vous alors, car le droit de parler et de questionner, l'aviez-vous vraiment? Alors que le droit de ne pas comprendre ça on l'a toujours.), on impose donc $u'_1 y_1 + u'_2 y_2 = 0$. Pourquoi pas! D'ailleurs pourquoi u_1 et u_2 sont-elles dérivables?

Alors $y'' = u'_1 y'_1 + u'_2 y'_2 + u_1 y''_1 + u_2 y''_2$ et on doit avoir

$$u'_1 y'_1 + u'_2 y'_2 + u_1(y''_1 + a y'_1 + b y_1) + u_2(y''_2 + a y'_2 + b y_2) = c$$

soit $u'_1 y'_1 + u'_2 y'_2 = c$, puisque y_1 et y_2 sont solutions de l'équation homogène.

On résoud (est-ce possible? osaient murmurer les moins timides) le système

$$\begin{cases} u_1' y_1 + u_2' y_2 = 0 \\ u_1' y_1' + u_2' y_2' = c \end{cases}$$

ont intègre et on a y solution générale de l'équation avec second membre.

Alors là, écœuré ou largué, sentant approcher la fin de l'année, pensant déjà aux vacances, cousins, cousines, copains, copines... rares étaient les mordus qui suivaient (quoi dans le fond?) encore.

Alors qu'ici, on a $y = u_1 y_1 + u_2 y_2$ et la condition 16.85 s'écrit

$$\begin{pmatrix} y_1 & y_2 \\ y_1' & y_2' \end{pmatrix} \begin{pmatrix} u_1' \\ u_2' \end{pmatrix} = \begin{pmatrix} 0 \\ c(t) \end{pmatrix} \text{ soit } \begin{cases} u_1' y_1 + u_2' y_2 = 0 \\ u_1' y_1' + u_2' y_2' = c(t) \end{cases} :$$

on retrouve la condition imposée et le système précédent.

La matrice wronskienne étant inversible, on peut résoudre le système en u_1', u_2' d'où l'intégrale générale de l'équation avec second membre.

Et que fait-on pour trouver l'intégrale générale de l'équation homogène ?

On se débrouille comme on peut!

On peut essayer des développements en série entière.

On peut employer la technique d'abaissement de l'ordre...

Mais on ne dispose pas de méthode générale. Il ne faut pas rêver. C'est dans le cas des coefficients constants que l'on maîtrisera complètement le problème.

6. Equations linéaires à coefficients constants

Nous avons vu qu'il n'y a pas de méthode générale donnant la solution générale d'une équation linéaire homogène :

$$y'(t) = a(t)(y(t))$$

avec $y(t)$ dans E, espace vectoriel, et $a(t) \in \mathcal{L}_c(E, E)$.

Mais dans le cas de a constant par rapport à t on connaît la solution générale de :

18.66. $y'(t) = a(y(t))$.

THÉORÈME 18.67. — *Soit E un Banach et a dans $\mathcal{L}_c(E,E)$, la solution de l'équation 18.66 : $y'(t) = a(y(t))$ valant y_0 pour $t = t_0$ est définie par $y(t) = \left(e^{(t-t_0)a}\right)(y_0)$.*

Il s'agit d'une vérification.

D'abord, dans $\mathcal{L}_c(E,E)$, complet, (Tome 2, Théorème 6.25), la série des $\dfrac{((t-t_0)a)^n}{n!}$ est absolument convergente donc convergente. De plus $e^{0\cdot a} = \mathrm{id}_E$ donc $y(t)$ existe et $y(t_0) = y_0$.

Puis $t \rightsquigarrow e^{ta}$ est dérivable, de dérivée $a \circ e^{ta} = e^{ta} \circ a$.

En effet, pour h réel non nul,

$$\frac{1}{h}\left(e^{(t+h)a} - e^{ta}\right) = \frac{1}{h}\left(e^{ta} \circ e^{ha} - e^{ta}\right)$$

car ta et ha commutent, et la convergence absolue des séries définissant e^{ta} et e^{ha} permet alors de justifier l'égalité $e^{ta} \circ e^{ha} = e^{ta+ha}$.

Donc

$$\frac{1}{h}\left(e^{(t+h)a} - e^{ta}\right) = e^{ta} \circ \frac{(e^{ha} - \mathrm{id}_E)}{h} = e^{ta} \circ \left(\sum_{n=1}^{\infty} \frac{h^{n-1}a^n}{n!}\right).$$

Pour $|h| \leqslant 1$, $\dfrac{|||h^{n-1}a^n|||}{n!} \leqslant \dfrac{|||a|||^n}{n!}$: la convergence uniforme en h de cette série de fonctions de h, continues sur $[-1,1]$, permet de conclure à la continuité en 0 donc $\lim\limits_{h\to 0} \sum\limits_{n=1}^{\infty} \dfrac{h^{n-1}a^n}{n!} = a$ d'où $(e^{ta})' = e^{ta} \circ a$, par continuité aussi de l'application bilinéaire $(u,v) \rightsquigarrow u \circ v$ de $(\mathcal{L}_c(E,E))^2$ dans $\mathcal{L}_c(E,E)$.

Comme $e^{(t-t_0)a} = e^{ta} \circ e^{-t_0 a}$, on en déduit que $t \rightsquigarrow e^{(t-t_0)a}$ est dérivable de dérivée

$$e^{ta} \circ a \circ e^{-t_0 a} = e^{ta} \circ e^{-t_0 a} \circ a = e^{(t-t_0)a} \circ a$$

puisque a et les polynômes en a commutent, donc a et $e^{-t_0 a}$ commutent aussi.

Enfin, l'application bilinéaire continue $(u,x) \rightsquigarrow u(x)$ de $\mathcal{L}_c(E,E) \times E$ dans E étant différentiable, (exemple 16.21), on conclut à la dérivabilité de $t \rightsquigarrow \left(e^{(t-t_0)a}\right) y_0 = y(t)$ avec

$$y'(t) = \left(a \circ e^{(t-t_0)a}\right)(y_0) = a\left(e^{(t-t_0)a}(y_0)\right) = a(y(t)).$$

Comme on sait, qu'il n'y a qu'une solution convenant, c'est celle-là. ■

COROLLAIRE 18.68. *Pour que l'équation différentielle 18.66 :* $y'(t) = a(y(t))$, *avec* $a \in L_c(E, E)$, *admette une solution de la forme* $t \rightsquigarrow e^{\lambda t} y_0$, *avec* λ *réel et* y_0 *dans* E, *Banach, il faut et il suffit que* λ *soit valeur propre de* a *et* y_0 *vecteur propre associé.*

En effet $t \rightsquigarrow e^{\lambda t} y_0$ solution équivaut à

$$\lambda e^{\lambda t} y_0 - a(e^{\lambda t} y_0) = 0,$$

mais $e^{\lambda t}$ est un scalaire et a est linéaire, c'est donc équivalent à $e^{\lambda t}(\lambda y_0 - a(y_0)) = 0$, soit à $a(y_0) = \lambda y_0$ puisque $e^{\lambda t} \neq 0$: c'est bien avoir λ valeur propre de a et y_0 vecteur propre associé. ■

Cas de $E = \mathbb{R}^n$. On considère donc l'équation 18.66 : $y'(t) = a(y(t))$ avec a opérateur linéaire de E, ou sa traduction matricielle

18.69. $Y'(t) = AY(t)$, avec $Y(t)$ vecteur colonne de $\mathbb{R}^n$ et A matrice carrée d'ordre n.

18.70. Premier cas : *A est diagonalisable*

Si $\lambda_1, \ldots, \lambda_n$ sont les valeurs propres de a, (ou de A), distinctes ou non, et si $\{e_1, \ldots, e_n\}$ est une base de vecteurs propres associés, les fonctions $y_j : t \rightsquigarrow e^{\lambda_j t} e_j$ sont solutions de 18.66, (corollaire 18.68), indépendantes car si $t = 0$ on a : $y_j(0) = e_j$ donc les valeurs prises par ces solutions pour $t = 0$ sont indépendantes, (Corollaire 18.37). Comme l'espace vectoriel des solutions est de dimension n, les y_j en forment une base.

REMARQUE 18.71. — Si $C_j = \begin{pmatrix} \alpha_{1j} \\ \vdots \\ \alpha_{nj} \end{pmatrix}$ est la matrice colonne des composantes de e_j dans la base de départ, le déterminant de la matrice wronskienne est visiblement

$$e^{(\lambda_1 + \ldots + \lambda_n)t} \det \left(C_1 \middle| C_2 \middle| \ldots \middle| C_n \right).$$

Or $\lambda_1 + \ldots + \lambda_n =$ trace (a) et det $\left(C_1\middle|\ldots\middle|C_n\right) = W(0)$, on retrouve la formule

$$W(t) = e^{\int_0^t (\text{trace}\, a) ds} W(0) = e^{(\text{trace}\, a)t} W(0)$$

justifiée en 18.46.

REMARQUE 18.72. — Si A est diagonalisable sur $\mathbb{C}$, on peut prendre une base de vecteurs propres deux à deux conjugués pour les valeurs propres complexes conjuguées.

Si $\lambda \in \mathbb{C} \setminus \mathbb{R}$ est valeur propre de a, de vecteur propre associé Z, les deux fonctions $t \rightsquigarrow e^{\lambda t} Z$ et $t \rightsquigarrow e^{\overline{\lambda} t} \overline{Z}$ sont dérivables de $\mathbb{R}$ dans $\mathbb{C}$ et vérifient l'équation différentielle $z'(t) = a(z(t))$, (car $a(Z) = \lambda Z$ et $a(\overline{Z}) = \overline{\lambda Z}$), et si $\lambda = \alpha + i\beta$, ($\alpha$ et β réels) et $Z = X + iY$, (X et Y, vecteurs colonnes dans $\mathbb{R}^n$), on a $z(t) = e^{\lambda t} Z$ qui s'écrit :

$$z(t) = e^{\alpha t}(\cos \beta t + i \sin \beta t)(X + iY) \text{ soit}$$
$$z(t) = (e^{\alpha t} \cos \beta t) X - \left(e^{\alpha t} \sin \beta t\right) Y + i\left((e^{\alpha t} \sin \beta t) X + (e^{\alpha t} \cos \beta t) Y\right)$$

et les deux fonctions

$$u : t \rightsquigarrow \left(e^{\alpha t} \cos \beta t\right) X - \left(e^{\alpha t} \sin \beta t\right) Y$$

et
$$v : t \rightsquigarrow \left(e^{\alpha t} \sin \beta t\right) X + \left(e^{\alpha t} \cos \beta t\right) Y$$

qui sont encore définies par $2u(t) = z(t) + \overline{z}(t)$ et $2iv(t) = z(t) - \overline{z}(t)$, sont des solutions de 18.66, valant X et Y si $t = 0$, donc indépendantes car Z et $\overline{Z}$ le sont comme vecteurs propres pour λ et $\overline{\lambda}$ distincts, et on passe de $(Z, \overline{Z})$ à (X, Y) par la matrice régulière $\begin{pmatrix} \frac{1}{2} & \frac{1}{2i} \\ \frac{1}{2} & \frac{-1}{2i} \end{pmatrix}$, d'où X et Y indépendants sur $\mathbb{C}$ donc sur $\mathbb{R}$.

On obtient donc facilement l'intégrale générale de $y'(t) = a(y(t))$ lorsque a est diagonalisable sur $\mathbb{R}$, (ou $\mathbb{C}$). ■

On poursuit l'étude sur $\mathbb{C}$, (en travaillant avec des expressions conjugués on obtient les solutions réelles) et on suppose cette fois :

18.73. Deuxième cas : A non diagonalisable

Soit $\lambda_1, \ldots, \lambda_k$ les valeurs propres distinces, de multiplicités respectives $m_1, \ldots, m_k$ de a. On sait que l'espace vectoriel $E = \mathbb{C}^n$ est somme directe des k sous-espace caractéristiques $C_j = \mathrm{Ker}\,(a - \lambda_j \mathrm{id})^{mj}, C_j$ de dimension m_j. (Algèbre, corollaire 10.53).

Pour chaque j fixé, avec $j \leqslant k$, soit $Z_{1,j}$; $Z_{2,j}; \ldots, Z_{m_j,j}$ une base de C_j.

On sait alors que la solution prenant la valeur $Z_{p,j}$, (pour $1 \leqslant p \leqslant m_j$), pour $t = t_0$ est donnée par $y_{p,j}(t) = \left(e^{(t-t_0)a}\right)(Z_{p,j})$, (Théorème 18.67).

Or $(t - t_0)a = (t - t_0)(a + \lambda_j \mathrm{id} - \lambda_j \mathrm{id})$

$$= (t - t_0)\lambda_j \mathrm{id} + (t - t_0)(a - \lambda_j \mathrm{id}),$$

l'homothétie $(t - t_0)\lambda_j \mathrm{id}$ commutant à $(t - t_0)(a - \lambda_j \mathrm{id})$.

Il en résulte que $e^{(t-t_0)a} = \left(e^{(t-t_0)\lambda_j}\right) \mathrm{id} \circ e^{(t-t_0)(a-\lambda_j \mathrm{id})}$,

$$\text{donc } y_{p,j}(t) = e^{(t-t_0)\lambda_j}\left(\sum_{q=0}^{\infty} \frac{(t-t_0)^q}{q!}(a - \lambda_j \mathrm{id})^q (Z_{p,j})\right),$$

et comme $Z_{p,j} \in C_j = \mathrm{Ker}\,(a - \lambda_j \mathrm{id})^{mj}$, la série est tronquée au rang $m_j - 1$ d'où :

Pour λ_j valeur propre de multiplicité m_j, et pour $Z_{p,j}$ dans le sous-espace caractéristique $C_j = \mathrm{Ker}\,(a - \lambda_j \mathrm{id})^{mj}$, la solution de 18.66 : $y'(t) = a(y(t))$ valant $Z_{p,j}$ si $t = t_0$ est donnée par

$$y_{p,j}(t) = \left(\sum_{q=0}^{m_j-1} e^{(t-t_0)\lambda_j}\frac{(t-t_0)^q}{q!}(a - \lambda_j \mathrm{id})^q\right)(Z_{p,j}). \qquad \blacksquare$$

En particulier, les n solutions $(Y_{p,j})$, pour $j = 1, \ldots, k$, et pour $1 \leqslant p \leqslant m_j$, définies par.

18.74. $y_{p,j}(t) = \left(\sum_{q=0}^{m_j-1} \frac{t^q}{q!} e^{\lambda_j t}(a - \lambda_j \mathrm{id})^q\right)(Z_{p,j})$, sont n solutions indépendantes de 18.66 puisque pour $t = 0$ elles valent $Z_{p,j}$ et que les $(Z_{p,j})_{\substack{1 \leqslant j \leqslant k \\ 1 \leqslant p \leqslant m_j}}$ forment une base de $\mathbb{C}^n = E = \bigoplus_{j=1}^{k} C_j$.

On a donc ainsi l'intégrale générale de 18.66 lorsque a n'est pas diagonalisable.

REMARQUE 18.75. — Pour les valeurs propres complexes, λ_j et $\overline{\lambda}_j$ de même multiplicité, avec $Z_{p,j}$ et $\overline{Z}_{p,j}$, on obtient des solutions réelles en prenant les parties réelles et imaginaires des $y_{p,j}$ en fait.

REMARQUE 18.76. — Partant du système 18.69 : $Y'(t) = A(Y(t))$, si on sait trigonaliser A, avec P régulière, (et constante en t) telle que $P^{-1}AP = B$ soit triangulaire, (18.69) $\Leftrightarrow$ $P^{-1}Y'(t) = (P^{-1}AP)(P^{-1}Y(t))$, donc en posant $Z(t) = P^{-1}Y(t)$, on aura $Z'(t) = P^{-1}Y'(t)$ et (18.69) $\Leftrightarrow Y(t) = PZ(t)$ avec $Z'(t) = BZ(t)$ qui se développe en :

18.77.
$$\begin{cases} z_1'(t) = b_{11}z_1(t) + \ldots + b_{1n}z_n(t) \\ z_2'(t) = b_{22}z_2(t) + \ldots + b_{2n}z_n(t) \\ \ldots\ldots\ldots\ldots\ldots\ldots\ldots\ldots\ldots \\ z_n'(t) = \qquad\qquad\qquad b_{nn}z_n(t) \end{cases}$$

Le système 18.77 s'intègre en remontant, la dernière équation donnant

$$z_n(t) = (\text{cte})e^{b_{nn}t}, \text{ d'où}$$
$$z_{n-1}' = b_{n-1,n-1}z_n + b_{n-1,n}(\text{cte})e^{b_{nn}t}$$

linéaire du 1er ordre que l'on sait intégrer, et on obtient ainsi successivement chaque $z_j(t)$.

Cas d'une équation scalaire d'ordre n à coefficients constants,

18.78. $y^{(n)}(t) + a_1y^{(n-1)}(t) + \ldots + a_ny(t) = 0.$

L'étude théorique, (Théorème 18.60) conduit à dire que les solutions de 18.78 forment un espace vectoriel de dimension n, et que ce sont les premières composantes des solutions du système

18.79. $Y'(t) = AY(t)$, avec

$$A = \begin{pmatrix} 0 & 1 & 0 & & 0 \\ 0 & 0 & 1 & & 0 \\ & & \ddots & & \\ & & & \ddots & \\ & & & & 1 \\ -a_n & -a_{n-1} & -a_{n-2} & \cdots & -a_1 \end{pmatrix}.$$

L'étude précédente, (A diagonalisable ou non), conduit à chercher les valeurs propres de A, racines du polynôme caractéristique

$$\mathcal{X}_A(\lambda) = (-1)^n(\lambda^n + a_1\lambda^{n-1} + \ldots + a_{n-1}\lambda + a_0),$$

(on développe par rapport à la dernière ligne det $(A - \lambda I_n)$, voir le calcul fait en Algèbre, en 10.45, où on travaille en colonnes).

Si $\lambda_1, \ldots, \lambda_k$ sont les racines distinctes de $\mathcal{X}_A(\lambda)$, de multiplicités respectives $m_1, \ldots, m_k$, les formules 18.74 montrent alors que y sera une combinaison linéaire des fonctions $t \rightsquigarrow t^q e^{\lambda_j t}$, pour $0 \leqslant q \leqslant m_j - 1$ et pour $j = 1, 2, \ldots, k$.

On a donc, en notant $\mathcal{E}$ l'espace vectoriel des solutions de 18.78,

$$\mathcal{E} \subset \operatorname{Vect}\{t^q e^{\lambda_j t};\ j = 1, 2, \ldots, k;\ 0 \leqslant q \leqslant m_j - 1\},$$

avec $\mathcal{E}$ de dimension n et avec n fonctions du type $t^q e^{\lambda_j t}$: c'est que $\mathcal{E} = \operatorname{Vect}\{t^q e^{\lambda_j t};\ j = 1, 2, \ldots k;\ 0 \leqslant q \leqslant m_j - 1\}$ et que ces n fonctions sont indépendantes.

On connaît donc la forme de l'intégrale générale de 18.78, et on peut remarquer qu'en cherchant une solution de 18.78 sous la forme $t \rightsquigarrow e^{\lambda t}$, on est conduit à avoir λ vérifiant

18.80 $\lambda^n + a_1 \lambda^{n-1} + \ldots a_{n-1} \lambda + a_0 = 0,$

équation caractéristique du système, ce qui est une recette ou un moyen mnémotechnique de se rappeller le résultat. ■

Le lecteur curieux, (en existe-t-il), aura remarqué le lien avec l'étude des suites récurrentes : voir Tome 2, Théorème 10.24.

7. Quelques recettes de cuisine

On rencontre souvent les équations différentielles du premier ordre bien avant de disposer du théorème de Cauchy Lipschitz et on est conduit à employer des procédés d'intégration sur le bien fondé desquels on se pose souvent des questions. Je vais tenter un mot d'explication et, si je ne parviens pas à clarifier les choses, du moins je vous donnerai entre autre la recette des coquilles Saint Jacques et du cassoulet. Ne cherchez pas, il n'y a aucun rapport, mais c'est bon quand même.

Considérons une fonction f définie sur une partie A de $\mathbb{R}^3$, et l'équation différentielle

$$(E) : f(x, y, y') = 0.$$

Dans tout ce qui précède nous avons eu *un point de vue fonctionnel*, en cherchant des fonctions y de x, solutions de (E), c'est-à-dire des couples

(I, φ) avec I intervalle de $\mathbb{R}$, φ fonction dérivable sur I, avec $\forall x$ de I, $(x, \varphi(x), \varphi'(x)) \in A$ et $f(x, \varphi(x), \varphi'(x)) = 0$.

Mais on peut avoir *un point de vue géométrique* et chercher des *courbes intégrales*.

En effet, à une solution (I, φ) de (E) on peut associer l'arc $\Gamma = \{x, \varphi(x)); \ x \in I\}$.

Par ailleurs on peut aussi définir des arcs de $\mathbb{R}^2$ par une *paramétrisation*, c'est-à-dire se donner un intervalle J de $\mathbb{R}$ et deux applications u et v de J dans $\mathbb{R}$ et considérer l'ensemble $\Gamma_1 = \{(u(t), v(t)); \ t \in J\}$.

On suppose en outre u et v de classe C^1.

Un point $M = (u(t_0), v(t_0))$ est dit *régulier* sur (Γ_1) si le vecteur $(u'(t_0), v'(t_0))$ de $\mathbb{R}^2$ est non nul. Mais alors, si $u'(t_0) \neq 0$, on a localement u monotone, on peut l'inverser et, avec $t = u^{-1}(x)$, obtenir une équation cartésienne d'un sous-arc de Γ_1, du type $y = v \circ u^{-1}(x)$.

Si $v'(t_0) \neq 0$, on aura localement une équation cartésienne $x = u \circ v^{-1}(y)$.

Enfin on a vu, (en 17.13), que si g est une fonction de classe C^1 de Ω ouvert de $\mathbb{R}^2$ dans $\mathbb{R}$, l'ensemble

$$\Gamma_3 = \{(x, y) \in \Omega, g(x, y) = 0 \text{ et } dg(x, y) \neq 0\}$$

est un arc de courbe dit *d'équation implicite* $g(x, y) = 0$, puisqu'on peut localement tirer y fonction de x, ou x fonction de y.

Il résulte de ce bref aperçu, qu'au lieu de chercher des fonctions y de x, solutions de (E), on peut obtenir des courbes intégrales en paramétrique ou en implicite, d'où, pour les portions d'arcs convenables, une fonction y de x solution.

Les procédés d'intégration que nous allons considérer conduisent ainsi à des paramétrisations ou des équations implicites

18.81. Equations à variables séparées

Elles s'écrivent sous la forme $f(x)dx = g(y)dy$.

Si F et G sont des primitives de f et g, les courbes d'équation implicite $F(x) - G(y) =$ constante sont courbes intégrales.

18.82. Equations incomplètes, du type $f(x, y') = 0$ ou $f(y, y') = 0$. Si on sait paramétrer l'arc d'équation $f(u, v) = 0$ on sait les « résoudre », les guillements pour rappeler qu'une étude précise nécessite la détermination des ouverts sur lesquels on peut tirer y' fonction de x ou de y, appliquer Cauchy Lipschitz et recoller les morceaux.

On suppose donc que $(f(u,v)=0) \Leftrightarrow (u=\varphi(t)$ et $v=\psi(t))$, avec φ et ψ dérivables, définies sur un intervalle de $\mathbb{R}$.

Dans le cas de $f(x,y')=0$ avec $x=\varphi(t)$ et $dy=\psi(t)dx$, comme $dx=\varphi'(t)dt$ on obtient $dy=\psi(t)\varphi'(t)dt$ d'où y fonction de t, (avec une primitive de $\psi\varphi'$) et une paramétrisation des courbes intégrales.

Dans le cas de $f(y,y')=0$, on a $y=\varphi(t)$ et $dy=\psi(t)dx$. Sur tout intervalle où ψ ne s'annule pas, on obtient donc $dx=\dfrac{\varphi'(t)}{\psi(t)}dt$ d'où x fonction de t et une paramétrisation des courbes intégrales.

Si pour $t_0, \psi(t_0)=0$, la droite d'équation $y=\varphi(t_0)$ est solution car alors $y'=\dfrac{dy}{dx}=0$, et $f(\varphi(t_0),\psi(t_0))=f(y,y')=0$

18.83. Equations homogènes

Ce sont des équations du type $(E): F(x,y,y')=0, F$ étant homogène en deux des variables.

Cas d'une équation $y'=f\left(\dfrac{y}{x}\right)$.

On pose $\dfrac{y}{x}=t$, d'où $dy=f(t)dx$, mais aussi $dy=tdx+xdt$, d'où l'équation $(f(t)-t)dx=xdt$.

Si t_0 est tel que $f(t_0)=t_0$, la droite $y=t_0x$ est courbe intégrale, ($y'=t_0$, on a bien $y'=f(\dfrac{y}{x})$ le long de la droite).

Sur tout intervalle où $f(t)-t\neq 0$, on a $\dfrac{dx}{x}=\dfrac{dt}{f(t)-t}$ d'où x fonction de t, (x ne s'annulant pas) et $y=tx$ aussi fonction de t : on a une paramétrisation des courbes intégrales.

Si l'équation est du type $F(y',\dfrac{y}{x})=0$, et si $F(u,v)=0$ se paramètre en $u=\varphi(t)$ et $v=\psi(t)$, on pose

$$y'=\frac{dy}{dx}=\varphi(t) \text{ et } y=\psi(t)x$$

d'où deux expressions de dy que l'on égale :

$$\varphi(t)dx=\psi'(t)xdt+\psi(t)dx$$

d'où $(\varphi(t)-\psi(t))dx=\psi'(t)xdt$, équation à variables séparées.

Equation homogène en $F(x, \frac{y'}{y}) = 0$.

Comme on travaille sur des intervalles où y, continue car dérivable, ne s'annule pas, on pose $z = \text{Log}\,|y|$, (y de signe constant), et on a une équation incomplète $F(x, z') = 0$.

Enfin, si on a $F(y, \frac{y'}{x}) = 0$, comme x est sensé ne pas s'annuler, on pose $x^2 = t$, $\frac{y'}{x} = \frac{dy}{xdx} = \frac{2dy}{2xdx} = \frac{2dy}{dt}$, et on étudie l'équation incomplète $F(y, 2\frac{dy}{dt}) = 0$ qui donnera (peut être), y fonction de $t = x^2$.

18.84. Equation de Bernouilli : du type $y' + P(x)y + Q(x)y^n = 0$. On constate que si P et Q sont continues, en posant $f(x,y) = P(x)y + Q(x)y^n$ on a f continue en (x,y), localement Lipchitzienne en y, (le théorème des accroissements finis s'applique) donc, (Cauchy Lipschitz) par tout point du plan il passe une et une seule courbe intégrale d'équation $y = \varphi(x)$, maximale. J'oubliai de dire que n est entier $\geqslant 2$.

La solution $y \equiv 0$ convient, donc tout autre solution ne s'annule pas, (si $y(x_0) = 0$, y est nulle : unicité de la solution de donnée initiale $(x_0, 0)$).

Ceci justifie la division par y^n, on obtient l'équation $\frac{y'}{y^n} + P(x)\frac{1}{y^{n-1}} + Q(x) = 0$, où, avec $u = \frac{1}{y^{n-1}}$, on a $\frac{-u'}{n-1} + P(x)u + Q(x) = 0$, équation linéaire en u, d'où u, d'où y.

18.85. Equation de Ricatti : du type $y' + A(x)y^2 + B(x)y + C(x) = 0$.

Là encore, si A, B, C sont continues, Cauchy Lipschitz s'applique partout sur $\mathbb{R}^2$.

Si on connaît une solution particulière, y_1, on pose $y = y_1 + z$ et z ne pourra s'annuler sans être identiquement nulle, pour y solution.

On obtient y solution si

$$z' + y_1' + A(x)(y_1^2 + 2y_1 z + z^2) + B(x)y_1 + B(x)z + C(x) = 0$$

soit, y_1 étant solution, si

$$z' + A(x)z^2 + (2A(x)y_1(x) + B(x))z = 0 :$$

on est ramené au type Bernouilli.

18.86. Equation de Lagrange, *(ou à isoclines rectilignes)*. Ce sont des équations du type $y = xf(y') + g(y')$.

18.87. On appelle *isocline de pente* m l'ensemble des points du plan où passe une courbe intégrale telle qu'en ces points $y' = m$.

L'isocline de pente m est donc sur la droite d'équation $y = xf(m) + g(m)$, d'où le terme isocline rectiligne.

On paramètre les solutions en fonction de $t = y'$. On a donc $dy = tdx$ et $y = xf(t) + g(t)$ qui donne $dy = f(t)dx + (xf'(t) + g'(t))dt$, d'où l'égalité

$$(t - f(t))\,dx = (xf'(t) + g'(t))dt$$

soit encore

$$(t - f(t))\frac{dx}{dt} - f'(t)x = g'(t)$$

équation linéaire en x, (sauf si $f(t) = t$ pour tout t), d'où x fonction de t, puis $y = xf(t) + g(t)$ aussi fonction de t.

18.88. *Le cas $f(t) = t$ pour tout t, c'est-à-dire $y = xy' + g(y')$: c'est* ***l'équation de Clairault*** et le même procédé la ramène à $(x+g'(t))dt = 0$

Les droites d'équation $y = xm + g(m)$, (m constante) sont des solutions, et la courbe paramétrée

$$\begin{cases} x = -g'(t) \\ y = xt + g(t) = -g'(t)t + g(t) \end{cases}$$

est une autre solution enveloppe des précédentes en fait.

Un mot pour terminer des équations différentielles d'ordre 2 *de quelques types.*

Incomplètes : on se ramène au 1er ordre.

Dans $f(x, y', y'') = 0$, on pose $y' = z$, on a $f(x, z, z') = 0$.

Dans $f(y, y', y'') = 0$ on cherche y' fonction de y.

Si on pose $y' = \varphi(y), y'' = \dfrac{dy'}{dx} = \varphi'(y)\dfrac{dy}{dx} = \varphi'\varphi$ et on résoud l'équation du 1er ordre $f(y, \varphi, \varphi\varphi') = 0$

Homogènes du type $f(x, \frac{y'}{y}, \frac{y''}{y}) = 0$, en posant $z = \frac{y'}{y}$ on a

$$z' = \frac{y''}{y} - \frac{y'^2}{y^2} \text{ d'où } \frac{y''}{y} = z' + z^2$$

et on est ramené au premier ordre $f(x, z, z' + z^2) = 0$.

Je vous ai concocté quelques exemples dans les exercices. Me voici parvenu au terme que je m'étais fixé et je vais enfin pouvoir retourner jardiner. Mais chose promise, chose due, voici les recettes prévues.

18.89. Pour les coquilles Saint-Jacques : (8 personnes). Il vous faut 8 coquilles Saint-Jacques ; 1 litre de moules ; 150 g de crevettes grises, 200 g de champignons de Paris, 1 échalotte.

Faites cuire les moules avec l'échalotte hachée, dans un demi litre de Coteaux du Loyon, (moelleux).

Faites blondir les champignons, coupés en petits dés, avec du beurre et un filet de citron.

Faites cuire les coquilles Saint-Jacques dans un Sauternes de votre choix.

Décortiquer les crevettes grises.

Garnir les coquilles des ingrédients. Avec les jus de cuisson préparer une sauce blanche pour recouvrir le tout.

Au moment de servir, faites chauffer au four. C'est très bon avec un Gewurtztraminer « vendanges tardives » ou mieux, pour les connaisseurs, « grains nobles ».

18.90. Quant au cassoulet, royal bien sûr, c'est une affaire de longue haleine. Il vous faut, (pour 8 personnes) :

Du temps.

Du confit de canard, du porc (600 g échine), mouton, (600 g), un saucisson à cuire, du lard fumé (250 g) des couennes (200 g) et des haricots (800 g).

Faire cuire les haricots avec une carotte, oignons piqués de clous de girofle, et les couennes dans la 2e eau.

Faire revenir dans la graisse de confit l'échine et le mouton, puis les laisser mijoter (trois quart d'heure) en mouillant du jus de cuisson des haricots, avec bouquet garni et tomates pelées.

Ensuite tapisser la, (ou les) terrine(s), en terre de préférence, des couennes, garnir des viandes coupées en morceaux, du saucisson à l'ail et du confit, ainsi que des haricots, en couches successives.

Ajouter les jus de cuisson jusqu'en haut de la terrine, saupoudrer de chapelure, faire cuire à four doux, (thermostat 2) une heure environ. Crever la croute et remettre de la chapelure.

Le lendemain, faire chauffer à four doux encore 1 à 2 heures en remouillant si nécessaire, en remettant de la chapelure, en crevant la croute... 7 fois disent les symbolistes.

Avec, suivant vos goûts, un Pommard ce sera chaleureux, mais un Margaux donnera plus de profondeur.

Si vous commencez par les coquilles, suivies du cassoulet vous devez être en forme pour le fromage. Si vous ne connaissez pas, essayez un Vin jaune pour accompagner un comté. Vous glisserez ainsi doucement au dessert où peut-être un Sauternes vous attendra.

Si vous le pouvez, philosophez alors sur les mathématiques! Bon appétit!

EXERCICES

1. Soit l'équation différentielle (E) : $y'' + p(x)y = 0$ où p est définie de $[0, +\infty[$ dans $\mathbb{R}$, dérivable, croissante, avec $\lim\limits_{x \to +\infty} p(x) = +\infty$. Monter que toute solution de (E) sur $[0, +\infty[$ est bornée.

2. Soit l'équation différentielle (E) : $y'' + e^{-t^2} y = \sin t$. Montrer que si f est solution de (E) sur $[1, +\infty[$, bornée et telle que $\int_1^{+\infty} f^2$ converge, on a $\lim\limits_{t \to +\infty} f(t) = 0$.

3. Résoudre le système

$$\begin{cases} x' = x + y \quad -z \\ y' = -x + 2y + z \\ z' = x \quad + z \end{cases}$$

4. Résoudre, pour $(\alpha, \beta) \in (\mathbb{R} - \{0\})^2$, le système

$$\begin{cases} x'' = (\alpha + \beta)x + \beta y \\ y'' = -\beta x + (\alpha - \beta)y \end{cases}$$

5. Résoudre l'équation différentielle $2x(1+y'^2)-y'^3=0$.

6. Intégrer l'équation différentielle $|x|y'+(x-1)y=x^2$.

7. Soit $p\in\mathcal{C}^0(]A,+\infty[,\mathbb{R})$. On suppose que pour $x\geqslant A$ on a $0<m\leqslant p(x)\leqslant M$. Soit l'équation différentielle $y''+p(x)y=0$.
1) Montrer que l'ensemble des zéros d'une solution est dénombrable strict si cette solution est non nulle.
2) Soit $x_0>A$. Montrer que toute solution s'annule sur $[x_0,x_0+\dfrac{\pi}{\sqrt{m}}]$.
3) Montrer que les zéros d'une solution non nulles sont isolés et que la distance entre deux zéros consécutifs est ou moins de $\dfrac{\pi}{\sqrt{M}}$.

8. Intégrer l'équation différentielle $xy'+y^2e^x-y=0$.

9. Intégrer l'équation différentielle $y'(1-x^3)=y^2-x^2y-2x$.

10. Intégrer l'équation différentielle $xy'(2y-x)=y^2$.

SOLUTIONS

1. Comme $\lim\limits_{x\to+\infty}p(x)=+\infty$, $\exists a>0,\ \forall x\geqslant a,\ p(x)>0$.
Soit y une solution de (E), si on considère la fonction z définie par

$$z(x)=y^2+\frac{y'^2}{p},\ \text{sur } [a,+\infty[,\ \text{on a}$$

$$z'=2yy'+\frac{2y'y''}{p}-y'^2\frac{p'}{p^2}=\frac{2y'}{p}(py+y'')-p'\frac{y'^2}{p^2},$$

soit $z'=-p'\dfrac{y'^2}{p^2}$ puisque y est solution de (E). Comme p est croissante, on a $z'\leqslant 0$, z décroît d'où, $\forall x\geqslant a$,

$$y^2(x)+\frac{y'^2}{p(x)}\leqslant y^2(a)+\frac{y'^2(a)}{p(a)},$$

a fortiori on a, puisque $p(x) > 0$ si $x \geqslant a$,

$$y^2(x) \leqslant y^2(a) + \frac{y'^2(a)}{p(a)}, \text{ constante.}$$

La solution y est bornée sur $[a, +\infty[$, et sur $[0, a]$ compact, où elle est continue, donc elle est bornée sur $[0, +\infty[$.

2. On a $\left|f''(t) - \sin(t)\right| = e^{-t^2}|f(t)| \leqslant e^{-t^2}||f||_\infty$ puisque f est bornée, ceci sur $[1, +\infty[$ donc l'intégrale $\displaystyle\int_1^{+\infty} (f'' - \sin t)dt$ est absolument convergente.

De plus on a $e^{-t^2} \leqslant e^{-t}$ si $t \geqslant 1$ d'où :

$$\left|\int_1^x (f'' - \sin t)dt\right| \leqslant ||f||_\infty \int_1^{+\infty} e^{-t}dt = \frac{||f||_\infty}{e},$$

d'où, pour

$$x \geqslant 1, -\frac{||f||_\infty}{e} \leqslant f'(x) + \cos x - f'(1) - \cos 1 \leqslant \frac{||f||_\infty}{e},$$

d'où l'on tire :

$$-\frac{||f||_\infty}{e} + f'(1) + \cos 1 - \cos x \leqslant f'(x) \leqslant -\cos x + f'(1) + \cos 1 + \frac{||f||_\infty}{e}$$

et en fait

$$|f'(x)| \leqslant B = \frac{||f||_\infty}{e} + 2 + |f'(1)|.$$

Mais $\displaystyle\int_1^{+\infty} f^2$ converge et $|f'|$ bornée : on a $\displaystyle\int_1^{+\infty} f^2 f'$ absolument convergente. Donc, avec $I(x) = \displaystyle\int_1^x f^2 f' = \frac{1}{3}(f^3(x) - f^3(1))$ on a $\displaystyle\lim_{x \to +\infty} I(x)$ qui existe, d'où finalement $\displaystyle\lim_{x \to +\infty} f^3(x) = l$ existe.

Si $l \neq 0$, on aura $\displaystyle\lim_{x \to +\infty} f^2(x) = l^{2/3} > 0$, ce qui est absurde car $\displaystyle\int_1^{+\infty} f^2$ converge, donc finalement $\displaystyle\lim_{x \to +\infty} f = 0$.

3. La matrice $A = \begin{pmatrix} 1 & 1 & -1 \\ -1 & 2 & 1 \\ 1 & 0 & 1 \end{pmatrix}$ a pour polynôme caractéristique $(1 - \lambda)(2 - \lambda)(1 - \lambda) + 1 + (2 - \lambda) + (1 - \lambda) = (2 - \lambda)[(1 - \lambda)^2 + 2]$, de valeurs propres distinctes sur $\mathbb{C}$, 2 et $1 \pm i\sqrt{2}$.

Sauf erreur, on trouve pour vecteurs propres $V_2 = (1,2,1)$ et $V_{1\pm i\sqrt{2}} = (\pm i\sqrt{2}, -1, 1)$, d'où les solutions sur $\mathbb{C}$ en

$$Z(t) = \alpha e^{2t}\begin{pmatrix}1\\2\\1\end{pmatrix} + \beta e^{t(1+i\sqrt{2})}\begin{pmatrix}i\sqrt{2}\\-1\\1\end{pmatrix} + \gamma e^{t(1-i\sqrt{2})}\begin{pmatrix}-i\sqrt{2}\\-1\\1\end{pmatrix}$$

et sur $\mathbb{R}$, avec $\gamma = \overline{\beta} = \lambda - i\mu$

$$X(t) = \alpha\begin{pmatrix}e^{2t}\\2e^{2t}\\e^{2t}\end{pmatrix} + 2e^t\begin{pmatrix}-\sqrt{2}(\lambda\sin\sqrt{2}t + \mu\cos\sqrt{2}t)\\-\lambda\cos\sqrt{2}t + \mu\sin\sqrt{2}t\\\lambda\cos\sqrt{2}t - \mu\sin\sqrt{2t}\end{pmatrix}$$

ou encore

$$X(t) = \alpha\begin{pmatrix}e^{2t}\\2e^{2t}\\e^{2t}\end{pmatrix} + \lambda\begin{pmatrix}-2\sqrt{2}e^t\sin\sqrt{2}t\\-2e^t\cos\sqrt{2}t\\2e^t\cos\sqrt{2}t\end{pmatrix} + \mu\begin{pmatrix}-2\sqrt{2}e^t\cos\sqrt{2}t\\2e^t\sin\sqrt{2}t\\-2e^t\sin\sqrt{2}t\end{pmatrix}.$$

4. On a un espace vectoriel de solutions de dimension 4, (si on ramène au 1er ordre, on est sur $\mathbb{R}^4$).
Si on somme les équations, avec $z = x + y$ on a $z'' = \alpha z$ avec $\alpha \neq 0$, que l'on sait intégrer sur $\mathbb{R}$. Si $\alpha = \omega^2$ est positif on aura $z(t) = ae^{\omega t} + be^{\omega t}$, et si $\alpha = -\omega^2$ est négatif ce sera $z(t) = a\cos\omega t + b\sin\omega t$.
Poursuivons avec $\alpha = \omega^2 > 0$.
La première équation s'écrit $x'' = (\alpha + \beta)x + \beta y = \alpha x + \beta(x + y)$ avec $x + y = z$ connu, soit encore

$$x'' - \alpha x = \beta a e^{\omega t} + \beta b e^{-\omega t}.$$

L'équation sans second membre, $x'' - \alpha x = 0$ donne $x = ue^{\omega t} + ve^{-\omega t}$.
On cherche une solution particulière, (avec second membre) de la forme $x = (u_1 t + v_1)e^{\omega t} + (u_2 t + v_2)e^{-\omega t}$, ($\omega$ et $-\omega$ racines simples de l'équation caractéristique) ce qui après des calculs d'identification, conduit sauf erreur, à :

$$\begin{cases} x(t) = \dfrac{\beta a}{2\omega}te^{\omega t} - \dfrac{\beta b}{2\omega}te^{-\omega t} + ce^{\omega t} + de^{-\omega t} \\ y(t) = a(1 - \dfrac{\beta t}{2\omega})e^{\omega t} + b(1 - \dfrac{\beta t}{2\omega})e^{-\omega t} + ce^{\omega t} + de^{-\omega t}, \end{cases}$$

avec a, b, c, d, 4 constantes d'intégration.
Il y aurait lieu ensuite de traiter le cas de $\alpha = -\omega^2$.

5. L'équation du troisième degré $y'^3 - 2xy'^2 - 2x = 0$ n'admet pas de solutions constantes, ($y' = 0$ sur un intervalle, nécessite $x = 0$ sur cet intervalle).

La relation $f(x, y') = y'^3 - 2xy'^2 - 2x = 0$ permet de tirer y' fonction de classe C^∞ de x, par le théorème des fonctions implicites si $\dfrac{\partial f}{\partial y'} \neq 0$.
Or $\dfrac{\partial f}{\partial y'} = 3y'^2 - 4xy' = y'(3y' - 4x)$. Si on a, à la fois, $\dfrac{\partial f}{\partial y'} = 0$ et $f = 0$ c'est que soit $y' = 0$ et $x = 0$, soit $3y' = 4x$ et $2y'^3 - 4xy'^2 - 4x = 0$ soit encore

$$2y'^3 - 3y'^3 - 3y' = -y'^3 - 3y' = -y'(y'^2 + 3) = 0$$

d'où là encore $y' = 0$ et $x = 0$.
Si on suppose donc $x \neq 0$, soit sur l'ouvert $\mathbb{R}^* \times \mathbb{R}$ de $\mathbb{R}^2$ on peut tirer implicitement y' fonction de classe C^1 de x et y, le théorème de Cauchy Lipschitz s'applique et par tout point de $\Omega = \mathbb{R}^* \times \mathbb{R}$ il passe une et une seule courbe intégrale restant dans Ω.
L'équation est incomplète. La cubique $2u(1 + v^2) - v^3 = 0$ se paramètre en $u = \dfrac{v^3}{2(1 + v^2)}, v = v$.
On pose donc

$$y' = \frac{dy}{dx} = v \text{ et } x = u = \frac{v^3}{2(1 + v^2)} \text{ d'où}$$

$$dy = vdx \text{ avec } dx = \frac{3v^2(1 + v^2) - 2v^4}{2(1 + v^2)^2} dv = \frac{v^2(v^2 + 3)dv}{2(1 + v^2)^2}$$

d'où $$dy = \frac{v^4 + 3v^2}{2(1 + v^2)^2} vdv = \frac{1}{4}\left(1 + \frac{1}{1 + v^2} - \frac{2}{(1 + v^2)^2}\right) d(v^2)$$

donc $$\begin{cases} y = \dfrac{1}{4}(v^2 + \operatorname{Log}(1 + v^2) + \dfrac{2}{1 + v^2} + y_0) \\ x = \dfrac{v^3}{2(1 + v^2)} \end{cases}$$

est une paramétrisation des courbes intégrales, y_0 constante d'intégration.
On constate que pour un $x = \alpha \neq 0$ donné, et $y = \beta$, il existe un seul $v \neq 0$ tel que $\dfrac{1}{2\alpha} = \dfrac{1}{v^3} + \dfrac{1}{v}$, car l'équation du 3e degré $\dfrac{1}{v^3} + \dfrac{1}{v} - \dfrac{1}{2\alpha} = 0$ est telle que $4p^3 + 27q^2 = 4 + \dfrac{27}{4\alpha^2} > 0$.
Pour ce v trouvé, il y a un seul y_0 tel que $y(v) = \beta$.
L'abscisse ne s'annule que si $v = 0$. Si $v \in]0, +\infty[$ x décrit $]0, +\infty[$ de manière monotone, ($\dfrac{1}{2x} = \dfrac{1}{v} + \dfrac{1}{v^3}$ fonction décroissante de v), et si y_0 varie les courbes intégrales se déduisent l'une de l'autre par translation parallèle à $0y$.

Enfin, si v tend vers 0, x tend vers 0, y vers $\frac{1}{4}(2 + y_0)$ et y' vers 0, $(dy = vdx)$: il y a raccord unique d'une courbe pour $v < 0$ et $v > 0$. Le paramétrage est celui des courbes intégrales dans $\mathbb{R}^2$.

6. Sur $]-\infty, 0[$, on a l'équation linéaire $-xy' + (x-1)y = x^2$, l'équation sans second membre $y' = (1-\frac{1}{x})y$ a pour intégrale générale $y = \lambda e^{\int (1-\frac{1}{x})dx} = \lambda e^{x-\ln|-x|}$, donc en changeant λ en $-\lambda$, du type $y = \lambda \frac{e^x}{x}$. La méthode de variation des constantes conduit à $\lambda' = -x^2 e^{-x}$; on cherche λ du type $(ax^2 + bx + c)e^{-x}$, d'où la condition $-ax^2 - bx - c + 2ax + b = -x^2$, qui conduit à : $a = 1, b = 2, c = 2$ et une solution en $y = \frac{x^2 + 2x + 2}{x} + \mu \frac{e^x}{x}$ pour $x < 0$.

Le même travail, sur $]0, +\infty[$, à partir de l'équation $xy' + (x-1)y = x^2$ conduit à : $y' = (\frac{1}{x} - 1)y$ pour l'équation sans second membre, d'où $y = \lambda x e^{-x}$, or $y = x$ est solution particulière, d'où l'espace affine des solutions : $y = x + \lambda x e^{-x}$ sur $]0, +\infty[$.

Y-a-t-il des solutions définies sur $\mathbb{R}$? Pour cela il faut que y et y' soient prolongeables par continuité en 0, (si on veut avoir y' continue).

Pour $x < 0$, x proche de 0, $y = \dfrac{2 + \mu + x(2+\mu) + x^2(1 + \frac{\mu}{2}) + o(x^2)}{x}$ on doit *avoir* $\mu = -2$ pour prolonger par continuité, avec $\lim\limits_{x \to 0^-} y(0) = 0$ dans ce cas et $\lim\limits_{x \to 0} y'(0) = 0$ aussi.

Or, pour $x > 0$, $y = x(1+\lambda) - \lambda x^2 + o(x^2)$ donc, si $\lambda = -1$ on aura aussi $\lim\limits_{x \to 0^+} y' = 0$ et $\lim\limits_{x \to 0^+} y = 0$.

Donc pour $\lambda = -1$ et $\mu = -2$, on définit une (et c'est la seule) solution sur $\mathbb{R}$.

7. La 1er est une conséquence du 2e car si z_0 est un zéro d'une solution sur $[x_0, x_0 + \frac{\pi}{\sqrt{m}}]$, il y aura un zéro z_1 sur $[x_0 + \frac{2\pi}{\sqrt{m}}, x_0 + \frac{3\pi}{\sqrt{m}}]$ forcément distinct de z_0, et ainsi de suite, les intervalles $[x_0 + \frac{2p\pi}{\sqrt{m}}, x_0 + (2p+1)\frac{\pi}{\sqrt{m}}]$ étant disjoints, une suite (z_p) de zéros distincts. On verra de plus que les zéros sont de cardinal dénombrable.

Justifions le 2e. Soit y une solution de $y'' + p(x)y = 0$ et z une solution de $z'' + mz = 0$. On « entrelace » y et z en considérant $w = yz' - y'z$. On a $w' = yz'' - y''z$ donc $w' = y(-mz) - z(-p(x)y) = yz(p(x) - m)$, avec $p(x) - m \geqslant 0$.

Supposons que y ne s'annule pas sur $[x_0, x_0 + \frac{\pi}{\sqrt{m}}]$, par exemple y reste > 0. On prend z définie par $z(x) = \sin \sqrt{m}(x - x_0)$ dans ce qui précède, alors $w'(x) = y(x)z(x)(p(x)-m)$ est $\geqslant 0$ sur $[x_0, x_0+\frac{\pi}{\sqrt{m}}]$, donc w croit. Or $z(x_0) = z(x_0 + \frac{\pi}{\sqrt{m}}) = 0$, et on a $z'(x) = \sqrt{m}\cos\sqrt{m}(x - x_0)$ donc $z'(x_0) = \sqrt{m}$ et $z'(x_0 + \frac{\pi}{\sqrt{m}}) = -\sqrt{m}$, d'où $w(x_0) = \sqrt{m}y(x_0) > 0$, alors que $w(x_0 + \frac{\pi}{\sqrt{m}}) = -\sqrt{m}y(x_0 + \frac{\pi}{\sqrt{m}}) < 0$: w n'est pas croissante.

Donc y s'annule sur $[x_0, x_0 + \frac{\pi}{\sqrt{m}}]$.

*Justifions le 1er* : on a au moins une infinité dénombrable stricte de zéros vu le 2e. Or sur un segment $[a, b]$, $a < b$, de $]A, +\infty[$, s'il y a une infinité de zéros, il y a un point d'accumulation de ces zéros, d'où une suite de zéros distincts, $(z_n)_{n\in\mathbb{N}}$ convergent vers $c \in [a, b]$, mais entre z_n et z_{n+1}, y' s'annule en x_n, (Rolle) et les x_n convergent vers c, d'où $y(c) = y'(c) = 0$ et y serait nulle, la donnée initiale étant nulle.

Comme $]A, +\infty[= \bigcup_{n\in\mathbb{N}} [A+\frac{1}{n}, n]$ et que sur chaque segment les zéros sont en nombre fini, on a une famille dénombrable stricte de zéros d'une solution non nulle, zéros de plus isolés.

3) Soit y une solution de $y'' + py = 0$ s'annulant en x_0. On a $y'(x_0) \neq 0$, (sinon $y = 0$ car la donnée initiale serait nulle).

Soit $x_1 = \inf\{x, z$ zéro de y, $x > x_0\}$. Il existe, (on a des zéros sur $[x_0 + 1, x_0 + 1 + \frac{\pi}{\sqrt{m}}]$), et $x_1 > x_0$ car les zéros sont isolés comme on l'a vu précédemment. Sur $]x_0, x_1[$ y garde un signe constant, par exemple $y > 0$.

Soit $u(x) = \sin\sqrt{M}(x-x_0)$, on a $u > 0$ sur $]x_0, x_0+\frac{\pi}{\sqrt{M}}[$ et on considère h définie par $h(x) = y'u - yu'$, on a

$$h' = y''u - yu'' = -pyu + yMu = yu(M - p),$$

avec $M - p$ positive.

Si on avait $x_1 < x_0 + \frac{\pi}{\sqrt{M}}$, y serait positive sur $[x_0, x_1]$, ainsi que u et $M-p$, donc h serait croissante sur ce segment. Or $h(x_0) = 0$ car $u(x_0) = 0$ et $y(x_0) = 0$, alors que $h(x_1) = y'(x_1)u(x_1)$ avec $u(x_1) > 0$. Il nous faut le signe de $y'(x_1)$. Mais $y'(x_0)$ et $y'(x_1)$ sont non nuls, (sinon y aurait une donnée initiale nulle) et comme on a supposé $y > 0$ sur $]x_0, x_1[$, le seul choix possible est $y'(x_0) > 0$ et $y'(x_1) < 0$, mais alors $h(x_1) < 0$: la fonction h n'est pas croissante.

C'est donc que $x_1 \geqslant x_0 + \frac{\pi}{\sqrt{M}}$.

Un travail analogue se fait pour $x_2 = \sup\{x;\ y(x) = 0, x < x_0\}$ si cet ensemble est non vide, on a donc une distance de $\frac{\pi}{\sqrt{M}}$ au moins entre deux zeros consécutifs de y.

8. Sur $\Omega = \mathbf{R}^* \times \mathbf{R}$ le théorème de Cauchy Lipschitz s'applique.
Par un point $(x_0, 0)$ avec $x_0 \neq 0$, la solution constante $y = 0$ passe, c'est la seule solution qui y passe. Les autres solutions ne s'annulent pas, (sauf peut être si x tend vers 0).
L'équation est *de Bernouilli*, on divise par y^2, elle devient

$$x\frac{y'}{y^2} - \frac{1}{y} + e^x = 0, \text{ ou, avec } \quad z = \frac{1}{y}, \quad xz' + z = e^x.$$

Sans second membre on a $z = \dfrac{\lambda}{x}$. La variation de la constante conduit à $\lambda' = e^x$ d'où $\lambda = e^x + b$ et $z = \dfrac{1}{y} = \dfrac{e^x + b}{x}$. Les solutions cherchées sont donc du type $y = \dfrac{x}{e^x + b}$, b constante.
Au voisinage de 0, $y = \dfrac{x}{(1+b) + x + o(x)}$ tend vers 0 si $b \neq -1$. On peut constater que pour $b \neq -1$, il y a prolongement en 0 des solutions : par $(0, 0)$ passent une infinité de courbes intégrales.

9. Pour $x \neq 1$, on a $y' = \dfrac{y^2 - x^2y - 2x}{1 - x^3} = f(x, y)$ avec f continue en (x, y), localement Lipschitzienne en y puisque $\dfrac{\partial f}{\partial y}$ existe en étant continue donc localement bornée : Cauchy Lipschitz s'applique sur l'ouvert $\Omega = (\mathbf{R} - \{1\}) \times \mathbf{R}$.
La fonction $y = -x^2$ est solution, $(-2x(1 - x^3) = x^4 + x^4 - 2x)$, on pose $y = -x^2 + z$ *dans cette équation de Ricatti*. On a :

$$(-2x + z')(1 - x^3) = x^4 - 2zx^2 + z^2 + x^4 - x^2z - 2x$$

soit $z'(1 - x^3) = -3zx^2 + z^2$ équation de Bernouilli dans laquelle on cherche les solutions ne s'annulant pas.
Avec $u = \dfrac{1}{z}$ on a, en divisant par z^2,

$$-u'(1 - x^3) + 3x^2u = 1.$$

L'équation sans second membre, $u'(1 - x^3) = 3x^2u$ conduit à $u = \dfrac{\lambda}{1 - x^3}$ d'où, (variation de la constante), $-\lambda' = 1$ donc $\lambda = -x + a$.
On obtient $u = \dfrac{a - x}{1 - x^3}$, donc $z = \dfrac{1 - x^3}{a - x}$ et les solutions du type $y = -x^2 + \dfrac{1 - x^3}{a - x}$, a paramètre réel.

10. L'équation est homogène et sur $\Omega = \{(x, y) \in \mathbf{R}^2, x \neq 0, x \neq 2y\}$ le théorème de Cauchy Lipschitz s'applique.

On constate que la fonction constante nulle est solution, donc dans Ω aucune autre solution ne s'annule.
On paramètre par $y = tx$, d'où $x^2y'(2t-1) = t^2x^2$, et sur $\Omega, (x \neq 0)$ on a $y' = \dfrac{t^2}{2t-1}$. On en déduit

$$dy = tdx + xdt = \frac{t^2}{2t-1}dx, \text{ soit}$$
$$\left(\frac{t^2}{2t-1} - t\right)dx = xdt = \frac{t-t^2}{2t-1}dx.$$

On est amené à diviser par $t(1-t)$. Or $t = 0$ conduit à la solution nulle, $y = 0$, déjà trouvée, alors que $t = 1$ donne $y = x$, effectivement solution, $(x \cdot 1(2x - x) = x^2$ est vérifiée). Comme dans Ω les solutions ne se recoupent pas, les autres solutions seront obtenus pour $t \neq 0$ et $t \neq 1$, on peut donc écrire

$$\frac{dx}{x} = \frac{2t-1}{t(1-t)}dt = \left(\frac{-1}{t} + \frac{1}{1-t}\right)dt$$

ce qui conduit à $x = \dfrac{k}{t(1-t)}$, k constante d'intégration.
Les courbes intégrales sont donc paramétrées par :

$$x = \frac{k}{t(1-t)} \text{ et } y = \frac{k}{1-t}, \text{ pour } t \neq 0 \text{ et } \neq 1,$$

auxquelles il faut adjoindre les droites $y = x$ et $y = 0$.
En fait $t = \dfrac{y}{x}$ d'où $y = \dfrac{k}{1 - \dfrac{y}{x}} = \dfrac{kx}{x-y}$ et on a aussi la famille de coniques d'équations implicites $y(x-y) - kx = 0$.
Une étude graphique montre que la droite $y = \dfrac{x}{2}$, (écartée au départ) correspond aux points à tangentes verticales de ces hyperboles, qui par ailleurs, pour $x = 0$ passent toutes à l'origine, donc en $(0,0)$ il y a une infinité de courbes intégrales et en $(0, y_0)$ avec $y_0 \neq 0$ aucune.

Lexique

Achevé d'imprimer
sur les presses numériques de Dupli-Print (95)

Imprimé en France